Brinkmann/Zacher · Die Evolution der Segelflugzeuge

Die deutsche Luftfahrt
Buchreihe über die Entwicklungsgeschichte der deutschen Luftfahrttechnik

Begründet von Dr. Theodor Benecke (†)
Herausgegeben in Zusammenarbeit mit dem Deutschen Museum (München), dem Bundesverband der Deutschen Luft- und Raumfahrtindustrie e.V. (Bonn) und der Deutschen Gesellschaft für Luft- und Raumfahrt – Lilienthal-Oberth e.V. (Bonn)

Günter Brinkmann / Hans Zacher

Die Evolution der Segelflugzeuge

Bernard & Graefe Verlag Bonn

Schwarzweiß-Umschlagbild: Anfänge auf der Wasserkuppe: Darmstadt FSV-X von 1912.
Farb-Umschlagbild: Ventus 2cT (siehe Seite 114). Kleines Farbbild: RRG Falke, konstruiert 1927, nachgebaut 1986 in England.

Vorsatz vorn: *Ferdinand Schulz* startet auf dem »Besenstiel« zum Dauerweltrekord von 8 Stunden, 42 Minuten, über der Kurischen Nehrung (1924).
Vorsatz hinten: Mit dem »Fafnir« segelt *Günther Groenhoff* über der Wasserkuppe (1930).

Fotos Rückseite: *Willy Pelzner* in seinem Hängegleiter (1920).
Das möwenähnliche »Moazagotl« (dreißiger Jahre).
Rhönwettbewerb 1934.

Bildnachweis:

Brinkmann (104), Archiv (42)
Zacher (4), Archiv (205, darunter Fotos und Zeichnungen der Akafliegs bzw. der Herstellerfirmen)
Selinger (26), Archiv (12)
Ewald (Umschlagfotos)
Wilsch (2)
Bellinger, Archiv (3)
Deutsches Segelflugmuseum Wasserkuppe (24)
Deutsches Museum (6)
Frank (1)
Rack (2)
Rochelt (2)
Schwedes (1)
Ciba Geigy Limited Duxford (1)
Schäfer (1)
Lässig (1, sowie Überarbeitung zahlreicher Zeichnungen)

© Bernard & Graefe Verlag Bonn 1992 – 2. Auflage 1999
Alle Rechte vorbehalten. Nachdruck und fotomechanische Wiedergabe, auch auszugsweise, nur mit Genehmigung des Verlages.
Satz: Manz AG, Dillingen; Gruber, Regensburg
Druck: Wiener Verlag, Himberg bei Wien
Reproduktionen: Repro GmbH, Ergolding
Herstellung und Layout: Walter Amann, München
Printed in Austria

ISBN 3-7637-6119-5

Inhalt

Vorwort	8
Einleitung	9
Die Evolution geht weiter	10

Der Weg zum Gleitflugzeug 11

Frühe Pioniere	11
Otto Lilienthal und seine Nachfolger	14
Der »Normal-Segelapparat«	15
Die »Schule Lilienthal«	18
Gleitflugpioniere um 1910	20
Darmstadt FSV X	21

Der Weg zum Segelflugzeug 23

Harth-Messerschmitt	23
Die ersten Rhönwettbewerbe	26
Der »Schwarze Düwel«	27
Die »Blaue Maus«	28
H 1 »Vampyr«	29
D 9 »Konsul«	32
Willy Messerschmitt	34
Ferdinand Schulz	36
FS 3 »Besenstiel«	37

Schulflugzeuge für Gleit- und Segelflug 39

D 7 »Margarete«	39
Die Leitlinie Schulgleiter	40
Schulgleiter 38 (SG 38)	42
Die Leitlinie Übungssegelflugzeuge	43
Die Leitlinie Grunau »Baby«	45

Frühe Motorsegler 47

D 8 »Karl der Große«	48
Messerschmitt M 17	49

Wissenschaft und Technik weisen neue Wege 50

Max Kegels Gewitterflug	51
Die »Kassel«	52
Die Darmstädter Schule	52
D 12 »Roemryke Berge«	52
D 15 »Westpreußen«	53
D 17 »Darmstadt I« und D 19 »Darmstadt II«	53
Alexander Lippisch und seine Konstruktionen	55
»Professor«	57
»Wien«	58
»Fafnir«	59
Neue Startart: Flugzeugschlepp	63
Zu neuen Grenzen	65
Ku 4 »Austria«	65
Kr 1a – ein fast vergessener Doppelsitzer	67
D 28 »Windspiel«	67
ISTUS und OSTIV	70
»Gleichschaltung«	70

Die großen Leitlinien der dreißiger Jahre 71

Wolf Hirth und seine Flugzeuge	71
Vom »Moazagotl« zur »Minimoa«	71
Der Doppelsitzer Gö 4	73
Der Motorsegler Hi 20 »MoSe«	74
Heini Dittmar und seine Flugzeuge	78
»Condor« I-IV	75
Egon Scheibe und seine Flugzeuge	78
Mü 13	78
Hans Jacobs und seine Flugzeuge	80
»Rhönadler«	80
»Rhönbussard«	81
»Rhönsperber«	82
Mehr Sicherheit durch »Sturzflugbremse«	83
»Kranich«	83
»Habicht«	84
»Reiher«	85
»Weihe«	87
»Olympia-Meise«	88
»Kranich III«	89
Die Gebrüder Horten und ihre Nurflügel-Segelflugzeuge	90
»Horten I« und »Horten II«	90
»Horten III« und »Horten IV«	91
D 30 »Cirrus« als Höhepunkt der Vorkriegsentwicklung	93

Motorlose Flugzeuge im Zweiten Weltkrieg	96
Lastensegler: DFS 230	96
Go 242 und Me 321 »Gigant«	98
»Stummelhabicht«	98
Wiederbeginn des Segelfluges in Deutschland	99
ES 49	99
»Doppelraab«	100
Leistungssegelflug – international	100
Rudolf Kaisers Weg zur Ka 6	101
Von der Ka 7 zur ASK 13	104
Die technische Revolution im Segelflugbau	105
Der Weg zum Laminarprofil	105
Dr. August W. Raspet (1913–1960)	105
Flugzeuge der Entwicklungsgemeinschaft Haase-Kensche-Schmetz (HKS)	107
Lommatzsch »Libelle Laminar«	109
fs-24 »Phönix«	109
»Phoebus«	113
Meilensteine und Leitlinien im Kunststoffzeitalter	115
Björn Stender (1934–1963) und seine BS 1	115
Die Akaflieg Darmstadt und ihre D 36 »Circe«	116
Professor Dr.-Ing. Franz Xaver Wortmann (1921)–1985)	119
Die Leitlinie »ASW«	120
ASW 12	120
ASW 15	121
ASW 17	121
ASW 19	122
Rudolf Kaisers Kunststoff-Segelflugzeuge	123
ASK 21	124
ASK 23	125
Schempp-Hirth mit und unter Holighaus	125
»Cirrus«	126
»Standard-Cirrus«	127
»Nimbus 1« und »Nimbus 2«	128
»Janus«	129
»Mini-Nimbus«	130
»Ventus«	131
»Discus«	132
Kunststoff-Segelflugzeuge mit Klapptriebwerk	133
Glasflügel – Eugen und Ursula Hänle	134
Von der Hütter H-30 TS zur H-301 »Libelle«	134
»Standard-Libelle«	135
»Kestrel«	135
Glasflügel 604	135
»Club-Libelle« – »Hornet« – »Mosquito«	136
Start und Flug: H-101 »Salto«	137
Lemke-Schneider: Die Leitlinie LS 1 bis LS 8	137
LS 1	138
LS 2	138
LS 3	138
LS 4	139
LS 5	140
LS 6	140
LS 7	140
LS 8	141
Burkhart Grob Flugzeugbau	141
G-102 »Astir CS«	141
G-103 »Twin-Astir«	142
Glaser-Dirks – DG 100 bis 800	143
DG 100	143
DG 200	144
DG 300 Elan	144
DG 400	145
DG 500	145
DG 600	146
DG 800	147
Parallelen in der Evolution der Segelflugzeuge	147
Der Weg zu den »Superorchideen«	148
CFK – erstmalig in der SB 10	148
Die CFK-Versionen »Nimbus 2 C« und »Mini Nimbus C«	150
»Nimbus 3«	152
»Nimbus 4«	152
ASW 22 und ihre Versionen	154
ASH 25	156
Superorchideen als Motorsegler	157
Von der ASW 24 zur ASW 27	158
Die deutschen Segelflughersteller	159
Wesen und Bedeutung der akademischen Fliegergruppen	160
Wie die Akafliegs arbeiten	162
Die Idaflieg-Vergleichsfliegen	163
Experimente und Experimentalflugzeuge der Akafliegs	164
Flugzeuge mit veränderter Flächengeometrie	164
fs 29	164
SB 11	166
Mü 27	167
D 40	167
Weitere Akaflieg-Aktivitäten	169
Sonderkonstruktionen	169
Von der DFS zur DLR	172

Die Oskar-Ursinus-Vereinigung (OUV)	173	**Anhang**	209
Motorsegler und ihre Rolle in der Evolution der Segelflugzeuge	174	*Zeittafel*	209
		Technische Entwicklung der Segelflugzeuge	215
Motorsegler von Egon Scheibe	177	Flügelumrisse der Segelflugzeuge	216
Scheibe SF 25 C 2000	179	Charakteristische Flügelprofile ihrer Zeit	217
Motorsegler von Alfred Pützer	181	Leitwerke	218
Motorsegler von Rudolf Kaiser	182	Enten-, Tandem- und Nurflügelbauart	219
Motorsegler – eine Kategorie für sich	183	Segelkunstflugzeuge	221
Die dritte Motorsegler-Generation	184	Flügelaufbau	223
Stemme S 10	187	Klappen an Segelflugzeugen	225
Valentin »Kiwi« mit TOP	189	Ausrüstung der Segelflugzeuge	228
Die »Motorisierung des Segelfluges«	190	Lufttüchtigkeitsforderungen	230
		Lebensdauer und Betriebstüchtigkeit	230
Zurück zu den Anfängen	191	Aeroelastizität	231
»ULF« 1	191	Beiwert und Geschwindigkeitspolaren	233
Hängegleiter und Drachen	191	Flugmessungen	236
Ultraleichtflugzeuge	194	Zur Entwicklung der Hauptdaten der Segelflugzeuge	244
Gleitschirme	196	Wieviel kostet ein Segelflugzeug?	246
Muskelkraftflugzeuge	198	Sportliche Leistungen	247
Propeller-Muskelkraftflugzeuge von Georg König 1919/20	198	Zahl der Segelflugzeuge und Motorsegler	248
Schwingenflugzeuge von Dr. Brustmann 1925–1931	198	LBA-zugelassene Muster	249
Haeßler-Villinger 1935	199	Tabellen der Segelflugzeug-Daten	254
Durchbruch der Amerikaner	202	Anschriften	273
Deutsche Muskelkraft- und Solarflugzeuge der achziger und neunziger Jahre	202	Literaturverzeichnis	275
		Abkürzungen, Bezeichnungen	279
Auswirkungen des Segelfluges auf die allgemeine Luftfahrtentwicklung	206	**Personenregister**	281
Die Zukunft des Segelfluges	207	**Sachregister**	284
Das »eta«-Projekt	208	**Danksagung**	287
		Die Autoren	288

Vorwort

> Wenn jemand glaubt, daß ich mich irre,
> neige ich dazu, ihm zuzustimmen.
>
> *Henry Adams* (1838–1918), USA-Historiker

Der Mensch fliegt! Eine Sensation, die nach der Jahrhundertwende ungläubiges Staunen, Freude und Begeisterung hervorgerufen, Hunderttausende auf die ersten Flugfelder getrieben hat. Inzwischen ist Fliegen ganz selbstverständlich geworden. Seine Vorteile wie die Zeitersparnis bei längeren Reisen nehmen wir als gegeben hin; ein Hauch von Abenteuer und das Restrisiko werden uns allenfalls bei Zwischenfällen und Pannen bewußt. Sogar den Blick aus dem Flugzeug versäumt so mancher Fluggast beim Lesen der Tageszeitung.

Doch es sind gar nicht so wenige, die sich den Sensor für die Faszination des Fliegens bewahrt haben. Zu ihnen zählen die Sportpiloten und unter diesen vor allem die Segelflieger. Sie fliegen allein um des Fliegens willen.

Der Mensch fliegt! Fliegt er wirklich? Nimmt man es wörtlich, so ist noch kein Mensch selber geflogen, vielmehr wird er geflogen oder er fliegt mit. Er vertraut sich einem technischen Gerät an, das er seinem Willen unterwerfen, also steuern kann – oder von dem er (als Fluggast) weiß, wohin es ihn bringen wird. Der Grad seines Vertrauens ist fast ein Maßstab des technischen Fortschritts.

Wenn es heißt »Der Mensch fliegt«, so trifft das noch am ehesten auf die Segelflieger zu – zwar nicht auf das Fliegen an sich, aber auf das »Obenbleiben« ohne Motor. Selbst der Motorsegler benutzt den Motor normalerweise nur zum Start oder zur Überbrückung von Flauten.

Sobald es möglich ist, beginnt das Spiel mit dem Aufwind. Um ihn ausnutzen zu können, müssen die Segelflieger die Naturkräfte, die Bewegungsgesetze der Luft und ihre Physik kennen und feinfühlig fliegend anwenden. Die Nutzanwendung aerodynamischer Erkenntnisse, die Verfeinerung der Bauweisen und meteorologische Forschungsergebnisse ermöglichen ihnen, immer höher, schneller, weiter, länger und nicht zuletzt sicherer zu fliegen. In Verbindung mit Wagemut, Entscheidungsfreudigkeit und Ausdauer kommen sie zu immer besseren »Leistungen« – soweit sie den Sport im Sinn haben – oder zu reinerem Genuß des Fliegens aus Lebensfreude.

Der Mensch fliegt! Vor hundert Jahren flog *Otto Lilienthal* bis zu 250 m weit mit einem Gleitflugzeug aus Weidenruten – **es** flog, und sein Schöpfer flog lediglich mit. So sehr wir seinen persönlichen Mut und seine körperliche Gewandtheit bewundern – entscheidend für seinen Erfolg war das Gerät, das die Möglichkeit dazu bot. Seine besondere Leistung liegt darin, daß er es aus dem Nichts heraus selbst geschaffen hat. Das muß heute niemand mehr erbringen. Wenn inzwischen bereits weit mehr als hundert Segelflieger zum »Club der Tausender« gehören, also mehr als tausend Kilometer in einem Flug zurückgelegt haben und bereits zweitausend Kilometer (hin und zurück) geschafft worden sind, so sollte uns nicht allein die fliegerische Leistung beeindrucken. Der erstaunliche Fortschritt im Laufe von hundert Jahren beruht gleichermaßen auf der aerodynamischen, flugmechanischen, konstruktiven und baumethodischen Verbesserung der Segelflugzeuge.

Darüber ist weit weniger geschrieben worden als über die Geschichte der Segelflugleistungen, und so sind die technischen Entwicklungslinien der Segelflugzeuge und die großen Leistungen der Konstrukteure und Erbauer in den Hintergrund getreten, obgleich gerade dadurch entscheidende Impulse auch für die allgemeine Luftfahrtentwicklung gegeben wurden.

Der Schwerpunkt dieses Buches liegt auf der flug**technischen** Entwicklung der Segelflugzeuge und Motorsegler, die zum besseren Verständnis in einen knapp formulierten Abriß der Segelfluggeschichte eingebettet ist.

Vollständigkeit konnten die Verfasser schon aus Platzgründen nicht anstreben – die Zahl der Segelflugzeuge und Motorsegler, die konstruiert und in mindestens einem Exemplar gebaut wurden, liegt weit über 1500! Bei der Auswahl haben sie sich bemüht, die wesentlichen Entwicklungslinien und Einzelkonstruktionen herauszuarbeiten. Die Darstellung beschränkt sich fast ausschließlich auf deutsche Muster – bedingt durch die Tatsache, daß Deutschland das Zentrum der Segelflugentwicklung war und nach kriegsbedingter Unterbrechung längst wieder ist. Bei vergleichender Einbeziehung beispielsweise auch der französischen, britischen, amerikanischen, polnischen, tschechischen und russischen Konstruktionen wäre die Auswahl noch viel schwieriger und wohl auch unübersichtlicher geworden.

Anzumerken ist, daß die technischen Daten und Leistungsangaben nicht nur bei historischen Segelflugzeugen oft uneinheitlich sind. Selbst Erstflüge oder besondere Leistungen lassen sich nicht immer tagesgenau datieren. Die Verfasser haben sich jedoch bemüht, durch Quellenvergleiche den jeweils höchsten Wahrscheinlichkeitsgrad herauszufinden.

Einleitung

Fliegen – das ist der Traum von einer neuen Freiheit.
Karl R. Popper

»Fliegen – ein Traum«, »Traum vom Fliegen« – so oder ähnlich lauten Titel von Ausstellungen oder Büchern, die dem großen Thema »Luftfahrt und Kunst« gewidmet sind. Die Künstler, die sich mit dem Fliegen, dem Schweben oder der Schwerelosigkeit beschäftigen, setzen voraus, daß eine Art Flugsehnsucht in den tiefsten Seelenschichten wohl aller Menschen verankert ist. Im »Traum vom Fliegen«, in Flugträumen, die fast jeder kennt und die sicherlich auch den Menschen früherer Zeiten nicht fremd waren (wie Mythen, Märchen und religiöse Vorstellungen aller Kulturkreise beweisen), streifen diese verborgenen Wünsche das Bewußtsein.

Auch Menschen früherer Tage werden ihre Flugträume als etwas Wirres, nicht Greifbares erlebt haben. Doch in der Realität, ihrer nächsten Umgebung, konnten sie wirkliche Flieger beobachten: die Vögel in ihrem Schwingenflug, ihrem Gleiten und Segeln. Fliegen war also möglich, und je größer ein Vogel war, je sicherer er schwebte, desto eher konnte er ein Vorbild auch für den Menschenflug sein. Darum taucht der Mensch mit Flügel und Gefieder schon in den frühesten uns überlieferten Vorstellungen auf. Aus der Spannung zwischen Traum und Wirklichkeit entstanden Flugvorstellungen bei allen Völkern. Oft verbinden sie sich mit dem Drang nach Befreiung und Freiheit und decken damit eine weitere Wurzel der Flugsehnsucht auf: den Wunsch, dem meist recht strapaziösen Alltag früherer Zeiten, besonderen Gefahren oder tatsächlicher Gefangenschaft auf dem Luftwege zu entkommen – am deutlichsten wohl in der Sage von Daidalos und Ikaros. Die Vögel wiesen den Weg und waren das Vorbild.

In einer langen Evolution hatten sie ihr Flugvermögen erworben, es unterschiedlichen Anforderungen angepaßt und es – wieder in Millionen Jahren – gewandelt und verfeinert. Die Natur verhielt sich wie überall: Auch in der Evolution der Vögel kam es zu erstaunlichen »Erfindungen« und »Konstruktionen«. Die Ergebnisse wurden erprobt; sie bewährten sich, oder sie erwiesen sich als untauglich und verschwanden. Doch auch das Bewährte machte Besserem Platz oder erfuhr Veränderungen, wenn sich andere Bedingungen einstellten. Zufällig eingeschlagene Seitenwege verloren sich oder wirkten auf den Hauptstrang zurück, wie überhaupt der Zufall oder zufällige Begegnungen eine große Rolle gespielt haben und mit »Mutationen« ganz neue Arten entstehen ließen. In der uns umgebenden Natur wirkt die Evolution weiter, und vielleicht »läßt sie sogar wirken« – durch den Menschen, durch seine Intelligenz und Kreativität. In diesem Buch wurde für die Autoren und vielleicht auch für die Leser etwas Überraschendes und Erstaunliches deutlich: Auch von Menschen Erdachtes und Geformtes, Geräte, Maschinen, technisch-wissenschaftliche Prozesse – also selbst alles, was nicht zu unserer biologischen Umgebung, zur »Natur« zu gehören scheint, unterliegt den Gesetzen der Evolution. Besonders deutlich wird das bei der »Evolution« der Segelflugzeuge, wohl weil eine künstliche Energiequelle, der Motor, keine oder nur eine untergeordnete Rolle spielt. Die Evolution der Segelflugzeuge konnte sich nur unter permanenter Optimierung jeweils gegebener und erkannter Möglichkeiten in Wissenschaft (Aerodynamik, Meteorologie) und Technik (Leichtbau in Holz bzw. Kunststoff) vollziehen. Auf einem ganz anderen Gebiet kam der Wissenschaftler *Professor Gerd Binnig,* der u. a. das Raster-Tunnel-Mikroskop mit entwickelte und dafür 1986 den Nobelpreis für Physik erhielt, zu ähnlichen Überlegungen. Für ihn ist die menschliche Kreativität, auf der ja jeder wissenschaftliche und technische Fortschritt beruht, nichts anderes als eine Nachahmung und eine Weiterführung der Natur. In seinem Buch »Aus dem Nichts« schrieb er:

»Der Mensch hat teil an der gesamten Evolution des Universums, denn er baut einerseits Maschinen und Gegenstände, die es vorher noch nicht gegeben hat, ermöglicht andererseits auch etwas prinzipiell Neues, indem er geistige Gebäude aufbaut, die vorher nicht existierten. Natürlich baut er dabei auf einer Entwicklung auf, die im Tier- bzw. in Pflanzenreich begonnen hat ...«

In einem Interview sagte er:

»... Und wir schaffen mit unserem Gehirn, mit unseren Denkstrukturen Neues. Auch diese Denkstrukturen sind eines Tages entstanden. Sie sind nicht von vornherein dagewesen in dem Augenblick, in dem Leben auf der Welt war, sondern sie mußten sich genau so wie das Leben oder die Materie erst entwickeln. Man kann annehmen, daß sich all diese Dinge nach ähnlichen Kriterien entwickelt haben. Ich glaube sogar, daß die Mechanismen, nach denen sie sich entwickelt haben, fast identisch sind ...«

Ein Hauch von tiefgehenden Fragen also selbst im Zusammenhang mit der vergleichsweise bescheidenen Evolution der Segelflugzeuge – doch die Parallele zur biologischen Evolution drängt sich bei Fluggeräten, die der Natur näher stehen als jede andere »Maschine«, geradezu auf. Vielleicht liegt hierin auch der tiefere Grund dafür, daß wohl jeder ein Segelflugzeug als ästhetisch formvollendet, als »schön« empfindet, vor allem wenn es sich in seinem ureigenen Element bewegt, also wenn es fliegt. Das gilt ebenso für den »Normal-Segelapparat« von *Otto Lilienthal* wie für die »Super-Orchideen« unserer Tage – auch wenn 100 Jahre Evolution dazwischenliegen.

Die Evolution geht weiter

Anmerkungen zur zweiten Auflage 1999

Anfang der neunziger Jahre schien es, als sei ein Endpunkt der Segelflugzeugentwicklung, wie sie die neuen Technologien der fünfziger und sechziger Jahre (Kunststoffbauweise und Laminarprofile) ermöglicht hatten, erreicht. Es gab bereits »Super-Orchideen«, die an die bis heute nicht überschrittene Gleitzahl 60 herankommen und bei denen die Sicherheit für den Piloten eine zunehmende Rolle spielt. In der »Verschnaufpause«, als die sich die neunziger Jahre aus heutiger Sicht darstellen, gab es zwar in Bauweise und Profilierung Verfeinerungen, aber nichts grundlegend Neues. Immerhin: schon geringfügige Leistungssteigerungen können teuer werden, aber bei Wettbewerben oder bei Rekordversuchen entscheidend sein. Am äußeren Bild der Flugzeuge ändert sich durch die Optimierung allerdings wenig. Auffallend ist bei den neuen Mustern lediglich die Zunahme der Winglets, über deren Wirksamkeit seit Anfang der neunziger Jahre noch diskutiert wurde. (Eine Parallelentwicklung zeigt sich bei den Großflugzeugen, z. B. bei den verschiedenen Airbus-Mustern.)

Für die zweite Auflage dieses Buches bedeutet das, daß das meiste, was bis 1992 geschildert oder in Fotos und Zeichnungen dokumentiert wurde, heute noch gültig ist, zumal es sich ja um ein technisch-*historisches* Buch handelt. Soweit es sich aus Platz- oder Termingründen ermöglichen ließ, wurden Weiter- und Neuentwicklungen berücksichtigt.

Die »Evolution« bezieht sich nicht nur auf die Flugzeuge der Offenen Klasse, sondern auch auf die Klassen mit begrenzt vorgegebener Spannweite. Gerade sie haben Leistungssteigerungen erfahren und in Bauweise und Profilgebung von den Forschungsarbeiten an den »Super-Orchideen« profitiert. Zwar sind sie dadurch teurer geworden, aber für viele Segelflieger und Vereine doch erschwinglich geblieben. Flugzeuge der »Rennklasse« (15 m Spannweite), wie die ASW 27, erreichen heute Leistungswerte wie die der »Offenen Klasse« in den achziger Jahren.

Wer heute einen Segelflugplatz aufsucht, den er lange nicht gesehen hat, wird bemerken, daß die Zahl der Holzflugzeuge gegenüber den (meist eleganteren) Kunststoff-Seglern erheblich abgenommen hat. Sogar die Anfängerschulung findet nicht mehr ausschließlich auf Holz-Stahlrohr-Flugzeugen wie der altbewährten AS K 13 statt, sondern bereits auf einem GFK-Doppelsitzer wie der AS K 21. Ein so vorgebildeter Flugschüler absolviert seinen ersten Alleinflug auch nicht mehr auf der K 8, sondern auf einem leicht zu fliegenden Clubklasse-Flugzeug.

Geschult wird oft auch von Anbeginn auf Motorseglern (herbei dominieren in den Vereinen meist noch die Flugzeuge in Gemischtbauweise. Erst wenn der Schüler fliegerisch sicher geworden ist, kann er auf das Segelflugzeug umsteigen.

Auf vielen Segelflugplätzen hat auch die Zahl der eigenstartfähigen Segelflugzeuge mit Klapptriebwerk, die von der Winde und vom Flugzeugschlepp unabhängig sind, zugenommen.

Auf einigen Flugplätzen wird bereits Flugzeugschlepp mit (ausreichend motorisierten und trotzdem leisen) Motorseglern praktiziert – um 1990 war das für viele Segelflieger noch kaum vorstellbar.

Ob sie je kommen werden, die neuen Technologien, die den Segelflug nicht nur schrittweise, sondern mit einem großen Sprung voranbringen? Mit der letzten »Revolution« dieser Art durch Kunststoffbauweise und Laminarprofile haben sich die bis dahin erreichten Flugleistungen annähernd verdoppelt. Zugleich konnte aber auch die Sicherheit für den Piloten verbessert werden.

Wer die »Evolution der Segelflugzeuge« verfolgt hat, wird damit rechnen, daß es weitere »Revolutionen« geben wird, auch wenn wir sie uns noch nicht vorstellen können.

Der Weg zum Gleitflugzeug

> Fehlschläge sind nicht unfruchtbar.
>
> *Antoine de Saint-Exupéry*

Trotz des Vorbildes der Vögel waren noch im 19. Jahrhundert namhafte Wissenschaftler der Meinung, daß der Menschenflug mit einem Gerät »schwerer als Luft« unmöglich sei. Sie verharrten in der Vorstellung, daß er in Nachahmung des Vogelfluges ein Schwingenflug sein müsse. Zu den bedeutendsten Wissenschaftlern des 19. Jahrhunderts gehört der Physiker und Physiologe *Hermann von Helmholtz* (1821–1894). Nach sorgfältiger Beobachtung des Flugverhaltens kleiner und auch großer Vögel sowie Studien über ihren Körperbau sah er in Vögeln von der Größe der Geier die obere Grenze für die Möglichkeit eines Schwingenfluges. 1873 schrieb er in einem Gutachten:

»Unter diesen Umständen ist es kaum als wahrscheinlich zu betrachten, daß der Mensch auch durch den allergeschicktesten flügelähnlichen Mechanismus, den er durch seine eigene Muskelkraft zu bewegen hätte, in den Stand gesetzt würde, sein eigenes Gewicht in die Höhe zu heben und dort zu erhalten.«

Soweit das Gutachten den Schwingenflug betraf, hatte *Helmholtz* durchaus recht. Schon aus mechanischen Gründen, aber auch wegen des Körperbaues und der für Flügelschläge zu geringen Muskelkraft des Menschen ist er bis heute nicht verwirklicht worden. Daß ein begrenzter Muskelkraftflug dagegen mehr als ein Jahrhundert später nicht durch Schwingenflug, sondern durch Propellerantrieb eines extrem leicht gebauten Fluggerätes doch noch möglich wurde, konnte selbst ein *Helmholtz* nicht ahnen.

Sein Gutachten ist allerdings in der damaligen wissenschaftlichen Welt so mißverstanden worden, als sei der Menschenflug überhaupt unmöglich. Dadurch hat es das Wirken der frühen Flugenthusiasten beeinträchtigt, wurde es doch als Vorwand benutzt, ihnen jede Unterstützung zu verweigern, ja sie der Lächerlichkeit preiszugeben. Selbst *Otto Lilienthal* hat die Auswirkungen noch zu spüren bekommen. Sogar beweisbare Erfolge wurden mit einem »Unmöglich« abgetan – nicht nur in Deutschland, sondern auch in anderen Ländern wie z. B. in Frankreich.

Ein weiteres Handicap war die damals noch recht schwierige Kommunikation im Bereich der Wissenschaft und Technik. So erfuhr, wenn überhaupt, der eine Forscher oder Erfinder nur eher zufällig vom anderen. Erst recht waren persönliche Begegnungen durch die noch unvollkommenen und zeitraubenden Verkehrsmöglichkeiten erschwert. Manches von dem, was damals schon erreicht wurde, ist erst in unserer Zeit durch intensive Forschungsarbeit theoretisch erklärt worden. Da nicht wenige der verkannten Pioniere resignierten, ist ihr Wirken zu ihrer Zeit kaum über ihre engen Grenzen hinausgedrungen und selbst in ihrer nächsten Umgebung schnell in Vergessenheit geraten.

Frühe Pioniere

Einer der bedeutendsten frühen Pioniere der Luftfahrt und vor allem des Segelfluges war der Franzose *Alphonse Pénaud* (1850–1880). Schon in jungen Jahren verfaßte er Beiträge zum Flugproblem in der Zeitschrift »L'Aéronaute«, zu deren Redaktion er zeitweise gehörte. Kaum zwanzigjährig, baute er ein Flugmodell, das von einem (von ihm erfundenen) Gummimotor über eine Druckschraube angetrieben wurde. Es besaß ein gewölbtes Flügelprofil. *Pénaud* hatte – wie nach ihm erst wieder die *Brüder Lilienthal* – herausgefunden, daß eine schwache Flügelwölbung den günstigsten Auftrieb liefert. Die Stabilität um die Längsachse erreichte er durch eine leichte V-Form des Flügels, die Stabilität um die Querachse durch eine hintenliegende Höhenflosse, die einen geringeren Einstellwinkel besaß als

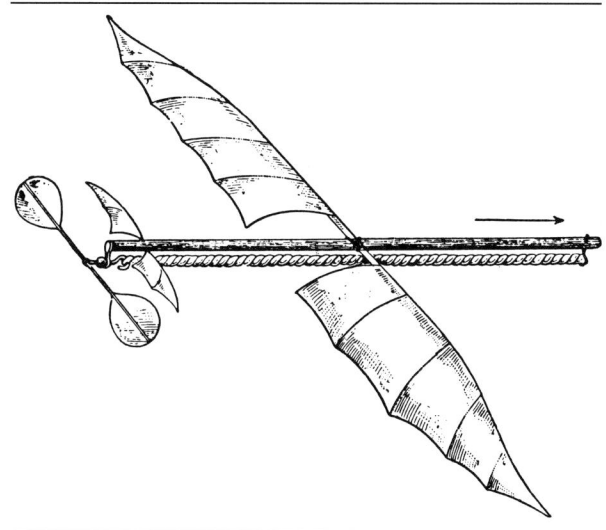

Der »Planophore«, ein freifliegendes Flugmodell von *Alphonse Pénaud* (1872).

der Tragflügel. Damit war das Problem der Flugstabilität gelöst! Fast alle später erfolgreichen Fluggeräte folgten den gleichen Prinzipien. Selbst bei den modernsten Flugzeugkonstruktionen – seien es Jets oder Segelflugzeuge – werden sie noch angewandt. Ob »Jumbo« oder »Janus« – sie werden durch Flügel-V-Form und Höhenflosse stabilisiert. Doch der Entdecker dieses Prinzips ist kaum bekannt und hat auch zu seinen Lebzeiten nie Anerkennung gefunden! Seinen »Planophore«, wie er sein Flugmodell von nur 60 cm Spannweite genannt hatte, führte er 1872 den Mitgliedern der Société de Navigation Aérienne vor. In den Gärten der Tuilerien flog es völlig stabil mehr als 40 m weit. Es rief jedoch weder Staunen noch Bewunderung, sondern lediglich Heiterkeit der erlauchten Gesellschaft hervor und wurde als Spielzeug abgetan. Von dieser Enttäuschung und der auch später ausbleibenden Anerkennung hat sich der kränkliche *Pénaud* nie mehr erholt. Mit 30 Jahren schied er freiwillig aus dem Leben.

Pénaud wußte bereits, daß es in der Atmosphäre aufsteigende Luftströmungen gibt. Als eine der Ursachen erkannte er die Hindernisse auf der Erdoberfläche: Durch Anhöhen, an Steilküsten, an Waldrändern wird die darüberstreichende Luft nach oben abgelenkt. Was uns heute selbstverständlich erscheint und durch hangsegelnde Vögel immer wieder vor Augen geführt wird, war damals eine neue Erkenntnis. Er hat auch den thermischen Aufwind und seine Ursache in der unterschiedlichen Erwärmung der Erdoberfläche bei Sonneneinstrahlung richtig beschrieben und wußte, daß sich die Luft etwa über Sandflächen stärker erwärmt als über Wäldern. Ein Beweis dafür waren für ihn die Sandwirbel, die an heißen Sommertagen über trockenen Feldern aufsteigen – thermische Ablösungen, wie wir sie heute nennen. Selbst die Quellwolken am Sommerhimmel hat er richtig gedeutet. Dabei halfen ihm sicherlich die praktischen Erfahrungen, die er bei verschiedenen Ballonaufstiegen machen konnte. Hierfür hatte er ein Barometer zur Anzeige kleinster Druck- und Höhendifferenzen konstruiert. Sogar den Segelflug des Menschen mit einem motorlosen Flugzeug hat er vorausgesagt – und dabei zugleich erahnt, daß der Segelflug mit einem aufs höchste verfeinerten Gerät Wegbereiter eines künftigen Motorfluges sein werde.

Pénaud teilt das Schicksal vieler hochbegabter Forscher und Erfinder: Er war zu früh da, die Zeit war noch nicht reif für seine Ideen.

Noch deutlicher wird das bei *Leonardo da Vinci* (1452–1519), der als Naturforscher, Erfinder und Ingenieur seiner Zeit um fast 400 Jahre voraus war, als Maler und Bildhauer die Renaissance jedoch herausragend repräsentiert. Bei ihm ist übrigens erstmals erkennbar, daß sich eine starke künstlerische Begabung nicht selten mit einer fast leidenschaftlichen Neigung zum »Fliegen« im weitesten Sinne verbindet, wie es sich später auch beispielsweise bei dem Maler *Arnold Böcklin* (1827–1901) und bei *Otto Lilienthal* (1848–1896) zeigte.

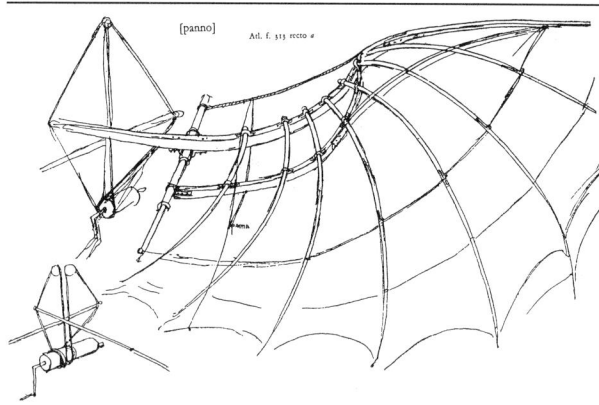

Flügelskizze *Leonardo da Vincis* aus »I libri del Volo«, in dem er Überlegungen zu Fluggeräten aus dem Tierflug herleitet (Anfang 16. Jahrhundert).

Leonardo da Vinci hat sich 25 Jahre mit dem Flugproblem beschäftigt. Ein Ergebnis war sein Buch »I libri del volo«. Darin sind in Skizzen und Texten seine Beobachtungen und Überlegungen in vier Abschnitten zusammengefaßt: Schwingenflug der Vögel – Gleitflug – Fliegen an sich – Konstruktion von Flugmaschinen. Er beschreibt sogar den Segelflug der Vögel, den er (wie später auch *Otto Lilienthal*) auf eine Aufwärtskomponente des Windes zurückführt. Richtige Vorstellungen hatte er von Auftrieb, Widerstand und Schwerpunktlage, und er machte sich bereits Gedanken über eine Steuerung beim Gleitflug. *Leonardo* war fest davon überzeugt, daß sich der Mensch ein Gerät zur Nachahmung des Vogelfluges, zumindest des Gleitfluges der Vögel, schaffen könne:

»*Es wird seinen ersten Flug nehmen der große Vogel vom Rücken des Hügels aus, das Universum mit Verblüffung, alle Schriften mit seinem Ruhme füllend, und ewige Glorie dem Ort, wo er geboren ward*« (Ausspruch Leonardos *aus dem Jahre 1497 in der Übersetzung, die für das Lilienthal-Denkmal in Berlin-Lichterfelde gewählt wurde*).

In der Tat stand der Windmühlenberg bei dem Dorf Derwitz westlich von Potsdam, wo *Otto Lilienthal* 1891 der erste wirkliche Menschenflug gelungen war, im Jubiläumsjahr »Hundert Jahre Luftfahrt« im Mittelpunkt des Interesses. *Leonardos* Studien und Entwürfe zu Flugmaschinen gehen von fledermausähnlichen Flügeln aus. Daß er Modellversuche unternommen hätte, ist nicht überliefert. Wahrscheinlich beschäftigten ihn zu viele andere Interessen und Aufgaben, oder er fühlte sich schon zu alt, um ein manntragendes Gerät auszuführen. Da sein Manuskript bis ins 19. Jahrhundert hinein unveröffentlicht blieb, ging auch keine Wirkung auf andere Flugbesessene von ihm aus. Doch ohne Zweifel ist er die erste herausragende Persönlichkeit der Luftfahrtgeschichte. Von ihm stammen auch die ersten Entwürfe zu einem Hubschrauber und zum Fallschirm.

Erst durch neuere Forschungen wurde ein weiterer bedeutender Luftfahrtpionier der Vergessenheit entrissen: der englische Landedelmann *Sir George Cayley* (1773–1857). Sein Ausgangspunkt war jedoch nicht der Vogelflug, sondern der Flugdrachen, mit dem er sich schon in seinen Jugendjahren beschäftigt hatte. Seine Erfolge beruhten darauf, daß er für seine Experimente von Anbeginn starre, gewölbte Tragflächen wählte und gegen die Flugrichtung anstellte. Sehr genau unterschied er bereits zwischen dem Auftrieb als der »hebenden« und dem Widerstand als der »retardierenden« Kraft. Er wußte sogar schon, daß Schwerpunkt und Auftriebsmittelpunkt zusammenfallen mußten, um einen stabilen Flug zu gewährleisten. Es war ihm klar, daß er zum Fliegen einen Vortrieb brauchte, doch da kein Motor zum Antrieb einer Luftschraube (ihm schon bekannt) zur Verfügung stand, beschränkte er sich bewußt auf die Schwerkraft als Kraftquelle und damit auf den Gleitflug. Von ihm überlieferte Skizzen zeigen Gleitflugzeuge mit gewölbter Tragfläche und kreuzförmigem Höhen- und Seitenleitwerk.

Das erste Gleitflugmodell in der Geschichte der Luftfahrt hat er 1809 in dem heimatlichen Brompton Dale in der Grafschaft Yorkshire (Mittelengland) erfolgreich erprobt. Dank leichter V-Stellung der Tragflächen (wie sie heute noch bei freifliegenden Flugmodellen angewandt wird) flog es stabil mit einem »Winkel von 18 Grad gegenüber dem Horizont«. Sicherlich hat *Cayley* noch weitere Gleitermodelle gebaut, bis er sich an einen manntragenden Apparat heranwagte. Er erprobte ihn zunächst mit einer Zuladung von etwas über 40 kg, indem er ihn am Seil gegen den Wind startete. Nach mehreren erfolgreichen Flügen endete das Fluggerät durch Bruch – Totalschaden.

Erst viel später baute *Cayley* einen weiteren Gleiter, mit dem offenbar ein zehnjähriger Junge von einem Hügel »einige Yards« über den Erdboden dahinschwebte. 1853 folgte schließlich der »New Flyer«, der einen Passagier (es war *Cayleys* zu diesem »Dienst« befohlener Kutscher) etwa 50 m talwärts trug. Der Mann, dessen Name John Appleby war, überstand die offenbar harte Landung unverletzt, kündigte aber auf der Stelle: »Ich bin zum Fahren, nicht zum Fliegen eingestellt worden!« Daß er der erste Flieger der Weltgeschichte war, ist ihm wohl nie bewußt geworden.

Cayley hat vieles von dem wiederentdeckt, was schon *Leonardo* wußte (ohne je von dessen flugtechnischen Aufzeichnungen gehört zu haben), aber auch manche darüber hinausgehende Erkenntnis gewonnen. Doch auch für ihn war die Zeit noch nicht reif.

Gleiches gilt für zwei französische Flugpioniere in der zweiten Hälfte des 19. Jahrhunderts: *Jean-Marie Le Bris* (1817–1874) und *Louis-Pierre Mouillard* (1834–1897). *Le Bris* baute ein Gleitflugzeug mit 15 m Spannweite, hoher Flügelstreckung und stromlinienförmigem Rumpf, mit dem er 1857, gezogen von einem Pferdegespann, im Seewind an der bretonischen Küste fast 100 m Höhe erreicht haben und

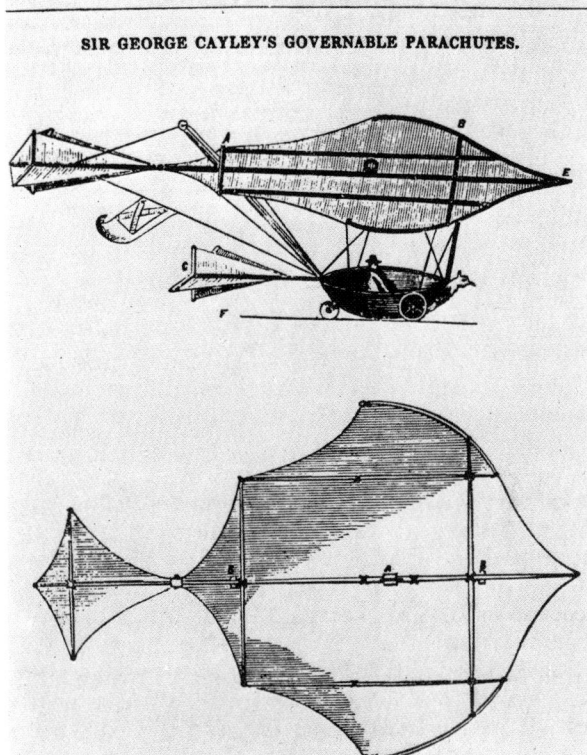

Cayleys »lenkbarer Fallschirm« von 1852 in einer Londoner Zeitschrift.

Der Nachbau des Gleitflugzeuges von *Sir George Cayley* aus dem Jahre 1852 – zum Beweis der Flugfähigkeit 1974 geflogen von dem englischen Segelflieger *Derek Piggott* im Autoschlepp.

nach Reißen des Schleppseils im Gleitflug glatt niedergegangen sein soll. Am langen Hebel konnte er die Schwanzflächen seines vogelähnlichen Gleiters auf und ab bewegen. *Mouillards* Gleitflugversuche waren weniger erfolgreich: Bei einem Absturz brach er sich ein Bein. Seine Bedeutung liegt darin, daß er wie *Pénaud* die Möglichkeit des Segelfluges, auch des thermischen Segelfluges, klar erkannt und richtig beschrieben hat. Seine Bücher »Le vol sans battement« (Flug ohne Flügelschlag) sowie »L'empire de l'air« (Das Luftreich) entstanden aus der Beobachtung segelnder Geier in Nordafrika.

Otto Lilienthal und seine Nachfolger

Otto Lilienthal (1848–1896), den der Segelflug der Störche zeitlebens faszinierte, ist der Ruhm als »erster Flieger« zugefallen, und er hat durch sein Werk, das durch seine Vorträge und Schriften weite Verbreitung fand, seine Nachfolger nachhaltig beeinflußt. Seine Gleitflüge bei Derwitz im Sommer 1891, bei denen er aus einer Absprunghöhe von 5 bis 6 m Flugweiten bis zu 25 m erreichte, gelten in aller Welt als der Beginn des »Zeitalters der Luftfahrt«. Zugute kam ihm dabei, daß seine Flüge – wie auch die in den folgenden Jahren – nicht nur durch Augenzeugen, sondern auch durch photographische Momentaufnahmen dokumentiert wurden. So konnte er Beweise vorbringen wie vor ihm noch kein anderer Luftfahrtpionier. Die Zeit war jetzt reif – auch durch die Weiterentwicklung von Erfindungen, die nichts mit der Luftfahrt zu tun zu haben schienen.

Zusammen mit seinem Bruder *Gustav* hat er schon als Junge im Peenebruch bei seiner Heimatstadt Anklam die Vögel beobachtet, vor allem die dort damals noch sehr zahlreichen Störche, und sich an ihrer »Fliegekunst« begeistert. Es waren wohl diese Jugenderlebnisse, die ihn dazu gebracht haben, lebenslang den Geheimnissen des Vogelfluges nachzuspüren und ihn im Rahmen seiner Möglichkeiten schrittweise nachzuahmen.

Seine technisch-wissenschaftliche wie künstlerische Begabung kam ihm dabei zu Hilfe. Ein glücklicher Umstand war auch, daß seine schulische und berufliche Ausbildung seinen vielseitigen Fähigkeiten entsprach, sie verfeinerte und förderte. Zunächst war er als Ingenieur im Maschinenbau tätig. Eine Reihe bemerkenswerter Erfindungen, darunter die des Schlangenrohrkessels für Dampfmaschinen, ermöglichte ihm 1881 die Gründung einer eigenen Werkstatt, die sich bald zu einer kleinen Fabrik entwickelte.

Doch selbst während dieser beruflichen Entwicklungsphase hat er nie die Beschäftigung mit dem Flugproblem aus den Augen verloren, sondern – zum Teil zusammen mit seinem Bruder – mit lediglich kurzen Unterbrechungen seine Forschungen und Experimente fortgesetzt. Mit Hilfe des von ihm entwickelten Rundlaufgerätes fand er heraus, daß schwach gewölbte Flächen die günstigsten Luftwiderstandswerte aufwiesen (den Luftwiderstand teilte er in die »hebende« und die »hemmende« Komponente auf). Die Meßergebnisse hielt er in Diagrammform fest. Daraus gingen die Polardiagramme hervor, wie sie heute noch zur Darstellung des Verhältnisses von Auftrieb zu Widerstand eines Flügelprofils verwendet werden. Weniger erfolgreich verliefen die Experimente mit Schlagflügeln, die letztlich bestätigten, daß die menschliche Muskelkraft zur Nachahmung des Schwingenfluges nicht ausreiche. In Vorträgen und Artikeln in technisch-naturwissenschaftlichen Fachzeit-

Otto Lilienthal im Gleiter Nr. 3, mit dem ihm 1891 bei dem Dorf Derwitz die ersten Flüge bis zu 25 m gelangen.

Mit einem nachgebauten Lilienthal-Doppeldecker (Normal-Segelapparat mit aufgesetzter Zusatztragfläche) flog *Michael Plazer* 1978 auf der Wasserkuppe.

schriften berichtete *Otto Lilienthal* von diesen Versuchen, die er mit allen Ergebnissen schließlich in dem 1889 erschienenen Werk »Der Vogelflug als Grundlage der Fliegekunst – Ein Beitrag zur Systematik der Flugtechnik« zusammenfaßte. Er geht jedoch weit darüber hinaus und gibt zugleich eine Anleitung zur Verwirklichung des Gleitfluges. Obgleich von dem Buch nur rund 400 Exemplare verkauft wurden – heute ist die Originalausgabe eine gesuchte und kostbare Rarität –, gilt es als eines der grundlegenden Werke der Aerodynamik.

Mit der Verwirklichung des Gleitfluges begann *Otto Lilienthal* noch im selben Jahr: Er baute einen Gleiter, der mit starken Weidenruten als Holme und dem Holmkreuz in der Mitte bereits wesentliche Merkmale der späteren Lilienthalgleiter aufwies. Damit gelangen ihm 1891 die ersten Gleitflüge in Derwitz. In seinem Buch hatte er beschrieben, wie Jungstörche, die er aufgezogen hatte, das Fliegen erlernten. Jetzt hielt er sich beim Fliegenlernen genau an dieses Vorbild: Zunächst erfühlte er die Tragkraft seiner Flügel im Stand bei verschiedenen Windgeschwindigkeiten. Danach lief er mit ihnen gegen den Wind und versuchte dabei das Gleichgewicht zu halten. Schließlich unternahm er kurze, und als er sich dabei sicher fühlte, längere Sprünge – die schließlich zu den bescheidenen 15- bis 25-m-Flügen führten, mit denen die Luftfahrt begann. Nach den Erfahrungen, die *Lilienthal* dabei machte, hat er seine Gleiter ständig verbessert bzw. wechselnden Anforderungen angepaßt (z. B. ihre Spannweite verringert, um auch bei starkem Wind fliegen zu können). Alles in allem sind 18 bzw. 14 (siehe Übersicht und Tabelle) verschiedene Flugzeugmuster von ihm entwickelt worden, darunter Eindecker, die zur Erleichterung des Transportes zusammengefaltet werden konnten, Doppeldecker, die wegen ihrer geringeren Flächenbelastung langsamer flogen und sich besser steuern ließen, und sogar Gleiter mit Schlagflügelenden, die von einem selbstkonstruierten Kohlensäuremotor angetrieben wurden. Noch in seinem letzten Lebensjahr entwickelte *Lilienthal* dicke, doppelt bespannte Flügel, und zur Erleichterung der Landung bereitete er ein Höhenruder vor. Die Steuerung durch Schwerpunktverlagerung, die große Kraft und Gewandtheit voraussetzte und nicht immer schnell genug wirksam war, sollte durch eine Flügelverwindung ergänzt werden. Doch dazu kam es nicht mehr.

Lilienthal hat seine Gleiter auf verschiedenen Fluggeländen mit zunehmenden Abflughöhen selbst erprobt und dabei mehrere tausend Flüge mit einer Gesamtflugdauer von mehr als fünf Stunden ausgeführt, in den Rhinower Bergen mit Flugweiten bis zu 250 m. Am 9. August 1896 ist er dort am Gollenberg bei Stölln nach dem Start mit seinem »Normal-Segelapparat« wahrscheinlich durch eine thermische Ablösung in Bodennähe, eine sogenannte Sonnenböe, in eine überzogene Fluglage geraten und aus 15 m Höhe abgestürzt. Mit gebrochenem Rückgrat starb er am folgenden Tag im Krankenhaus.

Der »Normal-Segelapparat«

Dieses Gleitflugzeug aus dem Jahre 1894 war *Lilienthals* sicherlich bemerkenswerteste Konstruktion, denn es war als Ergebnis der bisherigen Erfahrungen flugtechnisch ausgereift und das erste Fluggerät der Luftfahrtgeschichte, das zum Zwecke des Verkaufs in mehreren Exemplaren hergestellt wurde. Schon die Bezeichnung läßt erkennen, daß *Lilienthal* darin ein Fluggerät sah, das wir heute als Standardmuster bezeichnen würden. Mindestens zehn Exemplare wurden in *Lilienthals* Fabrik gebaut, acht davon für 500 Mark – damals ein stolzer Preis – an in- und ausländische Fluginteressenten verkauft. Von diesen Apparaten wurden einige an Museen weitergegeben. Originale befinden sich noch im Science Museum in London, im National Air Museum des Smithsonian-Instituts in Washington und im Shukowski Museum in Moskau. Der im Deutschen Museum gezeigte Eindecker ist ein Nachbau. Das im Zweiten Weltkrieg beschädigte Original befindet sich im Depot.

Lilienthals Doppeldecker entstanden durch Aufsetzen einer zweiten Fläche auf den »Normal-Segelapparat« bzw. den »Sturmflügelapparat«. Er hat diese Sonderform, von der der österreichische Luftfahrpionier *Wilhelm Kreß* (1846–1913) nach einem Besuch bei *Lilienthal* die nach seiner Ansicht unzureichende Befestigung der oberen Tragfläche kritisiert hatte, wegen ihrer Flugstabilität besonders gern geflogen. *Kreß*, der in seinen Arbeiten vor allem an *Pénaud* anknüpfte, führte später *Lilienthals* Absturz auf diese vermeintliche strukturelle Schwäche zurück, übersah dabei jedoch, daß *Lilienthal* zu dem Unglücksflug den Eindecker benutzt hatte.

Der Normal-Segelapparat, von dem weltweit die größte Wirkung ausgegangen ist, hat 6,70 m Spannweite. Seine

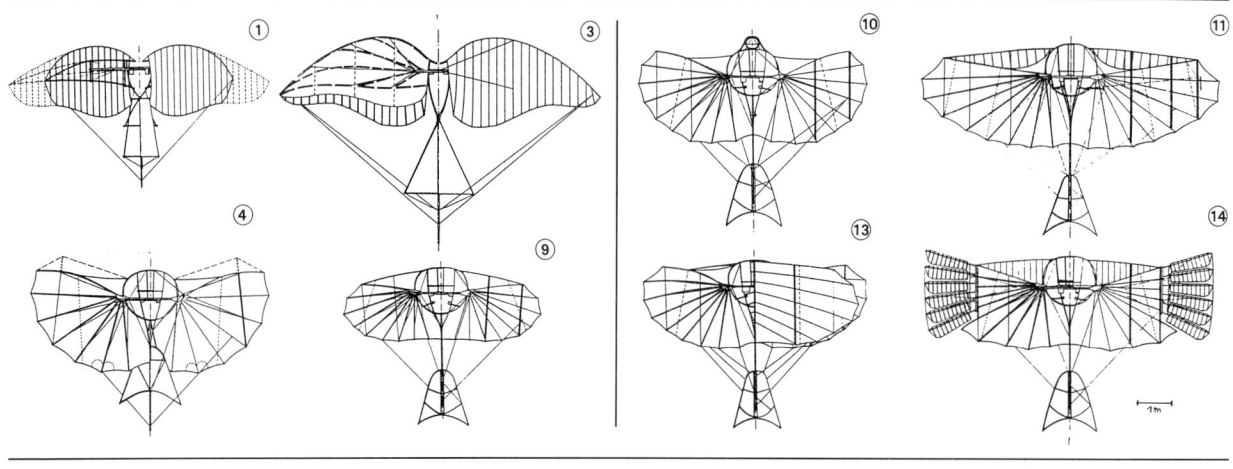

① Nr. nach St. Nitsch   ① Derwitz   ④ Maihöhe   ⑩ Normal-Segelapparat   ⑬ großer DD
③ Südende   ⑨ Sturmflügel   ⑪ Vorflügel   ⑭ großer Schlagflügel

Acht Gleitflugzeuge von *Otto Lilienthal*

Manntragende Lilienthal-Hängegleiter

Zählweise nach Nitsch	Halle	Bezeichnung	Jahr	Spann-weite (m)	Fläche (m²)	Leer-masse (kg)	
1	3	Derwitz	1891	7,6→5,5	10→8	≈18	Fläche nach Reparatur verkleinert
3	4	Südende	1892	9,5	15	≈20	»Über Leergerüst gebaut . . .«
4	6	Maihöhe-Rhinow	1893	7,0	14	≈20	Fläche faltbar
5	16	Kleiner Schlagflügel	1893/6	6,8	12	≈20	Versuche mit 2-PS-Kohlensäure-Motor (20 kg)
7	9	Modell Stölln	1894	6,7	13		Profilversuche
8	8	Seiler	(1893/4)	7,1	(13,4)		
9	10	Sturmflügel	1894	6,0	9,7		
10	11	Normal-Segelapparat	1894	6,7	13	≈20	Standard-Eindecker mit Prellbügel; 8 verkauft
11	12	Vorflügel	1895	8,8	19		Steuerungsversuche mit Vorflügel
12	13	Kleiner Doppeldecker	1895	6,0/5,2	18		aus Sturmflügel entwickelt
13	14	Großer Doppeldecker	1895	6,6/6,3	25		erfolgreichste Flüge
14	17	Großer Schlagflügel	1896	8,5	10+7,2		nicht mehr erprobt

Nach *G. Halle* (1962) und *W. Schwipps* (1984) gab es 18 Muster, nach *St. Nitsch* (1991) 14 Muster manntragender Hängegleiter, von denen einige nicht realisiert wurden.

größte Flügeltiefe beträgt 2,50 m, die gesamte Flügelfläche 13 m². Jeweils neun Rippen aus Weidenruten gehen von kräftig gebauten Gelenktaschen strahlenförmig aus; durch zwei Profilschienen auf der Oberseite wird die Flügelwölbung stabilisiert. Bespannt ist nur die Oberseite. *Lilienthal* hat dazu mit Wachs durchtränkten Schirting, einen festen Baumwollstoff, verwendet. Auf dem Holmkreuz befinden sich manschettenartige Polster zum Abstützen der Oberarme. Die Höhenflosse mit Seitenflosse (in der kreuzförmigen Anordnung von *Lilienthal* »Schweif« genannt) hat er weiter nach hinten gesetzt als bei seinen vorangegangenen Konstruktionen und dadurch eine bessere Längsstabilität erreicht.

Der fertig aufgerüstete »Normal-Segelapparat« wog trotz seiner robusten Bauweise nur 20 kg. Zur »Lieferung« an die Kunden gehörte eine sorgfältig verfaßte Anleitung, in der das Aufrüsten, notwendige Sicherheitsüberprüfungen sowie die vorsichtigen Übungsschritte vom Stand bis zum freien Flug genau beschrieben waren.

Offenbar zielte *Lilienthal* damit auf Käufer, die den Gleiter

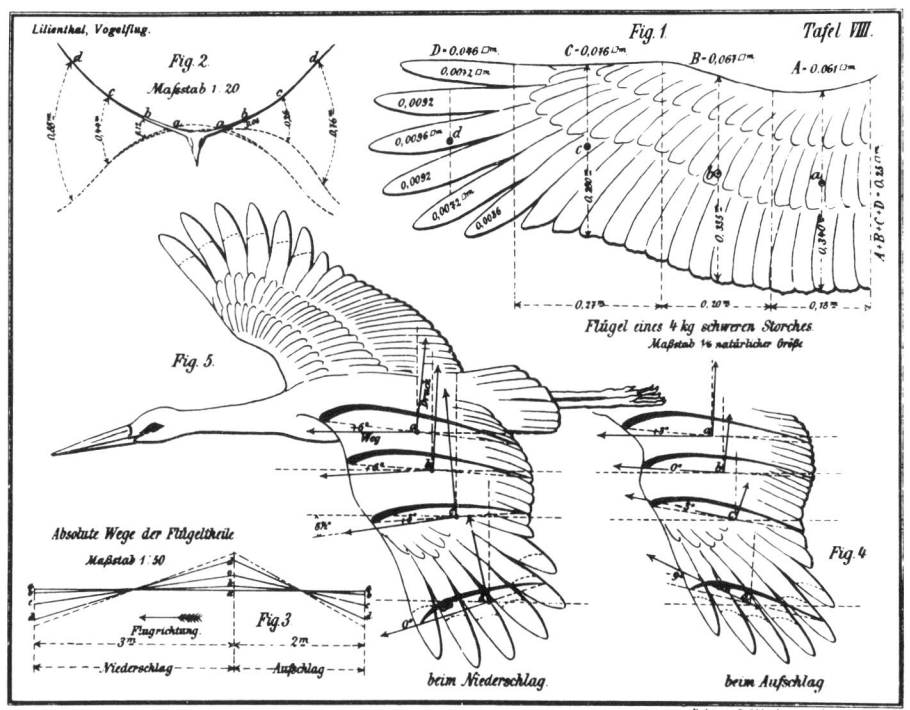

Von *Otto Lilienthal* gezeichnete Tafel mit den Ergebnissen von Untersuchungen am Storchenflügel (aus seinem Buch »Der Vogelflug als Grundlage der Fliegekunst«, 1889).

nicht nur aus wissenschaftlich-technischem Interesse, sondern auch aus sportlichen Gründen erwerben wollten. Er hoffte, vor allem junge Leute für einen Luftsport zu interessieren. Doch es fehlte in Berlin und seiner nächsten Umgebung an einem geeigneten Fluggelände. *Lilienthal* hatte sich zwar in seinem Wohnort Lichterfelde einen 15 m hohen Flughügel aufschütten lassen – er ist heute eine Lilienthal-Gedenkstätte –, doch seine Wunschvorstellung war ein doppelt so hoher Flughügel, den er sich aber nicht leisten konnte. Er schrieb:

»Wenn die Rhinower Berge in unmittelbarer Nähe Berlins gelegen wären, würde sich sicher ein regulärer Fliegesport herausbilden, denn mit dem wundervollen, anstrengungslosen Dahingleiten durch die Luft läßt sich keine der bisherigen Sportarten vergleichen... Jedenfalls gäbe es kein Mittel, welches mehr als dieses zur Förderung der Flugfrage beitragen würde; denn in kurzer Zeit würden hunderte von jungen Leuten sich solche billig herzustellenden Segelapparate halten und in der Weite der Segelflüge sich zu überbieten suchen. Daß hierdurch sehr schnell noch wesentliche Verbesserungen in Bauart und Anwendung der Apparate sich einstellen würden, ist selbstverständlich.«

Wahrhaft prophetische Worte, die sich mit der Entwicklung des Segelfluges bestätigt haben und heute noch gültig sind. Bezeichnend ist, daß der erste Flieger zugleich der erste Sportflieger war.

Der Persönlichkeit *Otto Lilienthals* wird man erst voll gerecht, wenn man nicht allein sein Wirken als Ingenieur,

Otto Lilienthal in seinem »Normal-Segelapparat« von 1894 am Fliegeberg in Lichterfelde. Nach dem Absprung aus etwa 15 m Höhe erreichte er dort Flugweiten bis zu 80 m. Bis zu 250 m legte er in den Rhinower Bergen zurück.

Forscher und Flieger würdigt. Als Fabrikant nahm er sich der sozialen Probleme des ausgehenden 19. Jahrhunderts an und bemühte sich um Lösungen; so führte er in seiner Maschinenfabrik die Gewinnbeteiligung der Arbeiter ein.

Um den Arbeitern auch kulturelle Werte zu erschließen, beteiligte er sich an einem Volkstheater, in dem er gelegentlich selbst als Amateurschauspieler und Sänger auftrat. Er hat sogar ein Schauspiel und Gedichte verfaßt, er musizierte, malte und formte – seine vielseitigen Begabungen kamen aber vor allem seiner Flugbegeisterung zugute. Seine frei veröffentlichten Erkenntnisse haben in Verbindung mit seiner starken Persönlichkeit weitergewirkt und geradezu eine „Schule Lilienthal" entstehen lassen.

Die »Schule Lilienthal«

Hierzu gehörte der Schotte *Percy Sinclair Pilcher* (1869–1899), der durch *Lilienthal* zum Bau eigener Gleiter angeregt worden war. In seiner Heimat gelang *Pilcher* 1895 der erste wirkliche und gesteuerte Gleitflug von etwa 20 Sekunden. Für seinen vierten Gleiter »Hawk« (»Habicht«) entwickelte er eine besondere Startmethode: Mit einem mehrere hundert Meter langen Seil, das über Umlenkrollen von einem Pferd oder mehreren Männern gezogen wurde, ließ er sich hochschleppen. Dabei soll er im freien Flug bis zu einer Minute in der Luft geblieben sein. Bei einer Vorführung riß ein Spanndraht, *Pilcher* stürzte ab und erlag kurz darauf seinen Verletzungen.

Zu Lilienthals »Schülern« gehörte auch der französische Flugpionier *Ferdinand Ferber* (1862–1909). *Ferber* hatte 1898 von den Flugerfolgen des deutschen Ingenieurs erfahren und war dadurch zu eigenen Versuchen angeregt worden. Besonders beeindruckt hatte ihn die Methode, mit der sich *Lilienthal* selbst das Fliegen beigebracht hat. *Ferber* brachte sie mit den Worten »Vom Schritt zum Sprung, vom Sprung zum Flug« auf eine kurze Formel. Noch ein weiteres treffendes Motto stammt von ihm: »Eine Flugmaschine zu erfinden bedeutet wenig, sie zu bauen nicht viel, sie zu erproben ist alles.« Im Jahre 1906 gelang ihm der wahrscheinlich erste Schleppflug hinter einem Auto. Drei Jahre später teilte *Ferber* das Schicksal seines verehrten »Maître«, als er bei einem Flugversuch in Boulogne ebenfalls tödlich abstürzte.

Lilienthal stand ferner in Kontakt mit dem Ingenieur *Alois Wolfmüller* (1864–1948) aus Landsberg am Lech, der einen »Normal-Segelapparat« von ihm erwarb. *Wolfmüller* stellte damit auf dem Lechfeld Versuche an und baute später eigene Flugapparate. Mit *Lilienthal* korrespondierte er über eine Flügelverwindung als mechanische Steuerung sowie über eine Sitzgelegenheit im Gleiter.

Zu den Bewunderern *Lilienthals* zählte auch *Octave Chanute* (1832–1910), geboren in Paris, aber schon als Kind mit seinen Eltern nach Amerika ausgewandert. Sein Interesse am Flugproblem erwachte erst in seinen mittleren Jahren. In Anlehnung an *Lilienthal*, dessen Wirken er durch Artikelserien in den USA bekanntgemacht hatte, baute *Chanute* mehrere Gleiter und erprobte sie am Michigan-See.

Über seine Erfahrungen berichtete er kritisch-distanziert, wie er es aus seiner beruflichen Arbeit als Ingenieur gewöhnt war. Einer seiner späteren Gleiter, mit dem er bessere Erfolge hatte, entsprach in seiner Grundform dem Kastendrachen, den der Australier *Lawrence Hargrave* 1893 konstruiert und der seitdem weltweite Verbreitung gefunden hatte. Damit gelangen zahlreiche unfallfreie Flüge, denn der Doppeldecker-Gleiter besaß eine ausgezeichnete Flugstabilität.

Chanute arbeitete zeitweise mit dem jüngeren Ingenieur *Augustus Moore Herring* (1867–1926) zusammen, der offenbar nach Fotos oder Skizzen drei Lilienthalgleiter nachgebaut und in kurzen Flügen erprobt hatte. Sie waren zu leicht und deshalb in ihrer Festigkeit unbefriedigend gewesen. Sicherer waren für ihn die Doppeldecker *Chanutes*, zu dessen besonderen Verdiensten es gehört, daß er in seinem Buch »Progress in flying machines« Fragen der Flugstabilität und der Steuerung (durch Ruderflächen statt durch Schwerpunktverlagerung) behandelt und dadurch den *Brüdern Wright*, mit denen er in Verbindung stand, den Weg bereitet hatte.

Wilbur (1867–1912) und *Orville Wright* (1871–1948) hatten in ihrer Flugbegeisterung, die schon in jungen Jahren durch den Bau von Flugdrachen geweckt worden war, schon früh den Kontakt zu *Chanute* gesucht. Er empfahl ihnen einschlägige Literatur, darunter auch die Schriften *Otto Lilienthals*, der dadurch, wie die *Wrights* selbst bekunden, zu ihrem »Lehrmeister« wurde. Die Form ihrer Flugzeuge entlehnten sie jedoch wie *Chanute* dem Hargraveschen Kastendrachen. Hängegleiter zu bauen, hatten sie von Anfang an verworfen. In allen ihren Doppeldecker-Gleitern lagen sie auf der unteren Tragfläche. Damit hatten sie die Hände frei für die Betätigung mechanischer Steuervorrichtungen. Mit der Flügelverwindung, die später zum heute noch üblichen Querruder weiterentwickelt wurde, hatten sie das Problem

Orville Wright über den Dünen von Kitty Hawk, North Carolina. Am 24. Oktober 1911 gelang ihm dort mit diesem Flugzeug im Hangaufwind ein Segelflug von fast 10 Minuten.

der Steuerung und Stabilitätserhaltung um die Längsachse gelöst – eine der wichtigsten Voraussetzungen für ihre Gleitflüge sowie für den ersten Motorflug, der ihnen am 17. Dezember 1903 gelang. Erst 1900 hatten sie nach theoretischen Studien und Modellversuchen mit Gleitflügen begonnen. Die Stabilität um die Querachse erreichten sie nicht (wie *Pénaud* und *Lilienthal*) durch Schwanzflossen, sondern durch einen Kopfflügel nach dem Entenprinzip, das hin und wieder heute noch angewandt wird. Durch Mißerfolge im ersten Jahr ließen sie sich nicht entmutigen. Mit einem verbesserten Gleiter, mit dem sie 1901 in den Dünen von Kill Devil Hill in North Carolina übten, gelangen ihnen über tausend sichere Flüge, die sie zu dem entscheidenden Schritt, den Einbau eines selbstkonstruierten Motors, ermutigten. Dem Gleit- und Segelflug blieben sie aber trotz ihrer Motorflugerfolge treu. Mit einem Doppeldecker-Gleiter gelang *Orville Wright* am 24. Oktober 1911 bei Kitty Hawk, ebenfalls in North Carolina, im Hangaufwind der Dünen ein beabsichtigter und bewußter Segelflug von fast 10 Minuten Dauer; er legte dabei 600 m zurück – erste, allerdings noch nicht registrierte Segelflugrekorde.

Zumindest in seinen Anfängen war auch der österreichische Flugzeugkonstrukteur *Igo Etrich* (1879–1967) von *Lilienthal* beeinflußt. 1898 hatte er im Auftrag seines flugbegeisterten Vaters von den Erben in Berlin einen Lilienthalgleiter für 100 Mark zu Studienzwecken erworben. Nach einigem Experimentieren auch mit eigenen Flugmodellen stieß *Etrich* auf eine Schrift von *Professor Friedrich Ahlborn* (Hamburg): »Über die Stabilität der Drachenflieger«, der darin auf die Flugsamen der Zanonia, einer auf Java vorkommenden Kürbisart, aufmerksam machte. Als Nurflügel mit leicht gebogener Vorderkante und negativer Schränkung an den Flügelenden flogen sie stabil mit sehr flachem Gleitwinkel. Nach erfolgreichen Modellen in Zanonia-Form konstruierte *Etrich* einen Gleiter mit 12 m

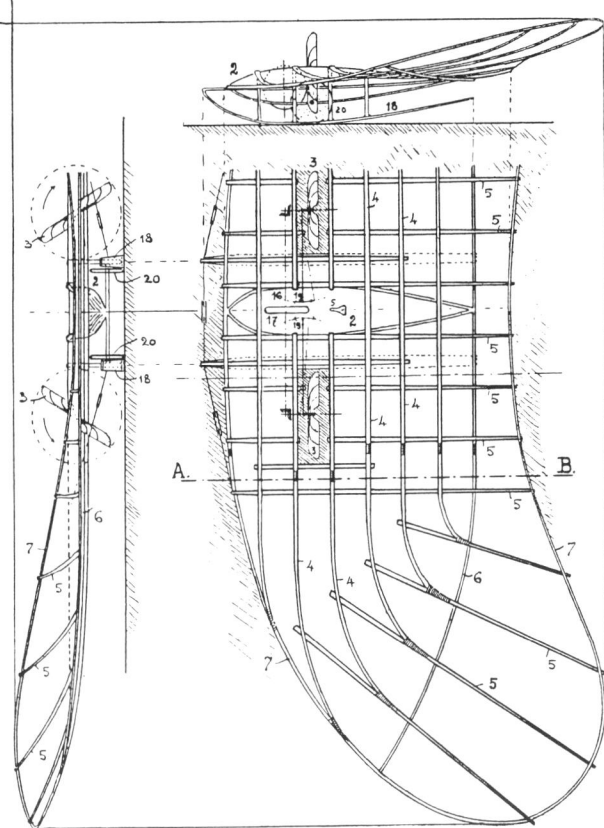

Der Etrich-Wels-Gleiter (1906).

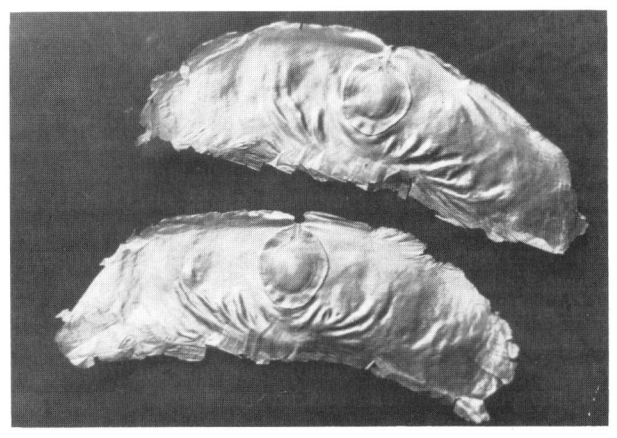

Flugsamen der Zanonia macrocarpa (Spannweite um 15 cm).

Die hervorragende Flugfähigkeit des Zanonia-Samens veranlaßte *Igo Etrich* und *Franz Wels* zum Bau eines Gleiters mit gleichem Flügelgrundriß. Bei mehreren Flügen erwies er sich als ungewöhnlich flugstabil.

Spannweite und 36 m² Fläche, mit dem *Franz Wels* im Oktober 1906 Gleitflüge vom Hang bis zu 250 m Weite ausführte. Der Zanoniagleiter war der Vorläufer der später berühmten Etrich-Rumpler-Taube, die vor dem Ersten Weltkrieg in Deutschland zum Inbegriff des Motorflugzeugs wurde.

Verdienste um die Entwicklung des motorlosen Fluges hat sich auch *José Weiß* (1859–1919), ein in England lebender Elsässer, erworben. Nach theoretischen Arbeiten und dem Bau von Flugmodellen wagte er sich zwischen 1907 und 1914 an die Konstruktion von Hängegleitern und Seglern, die meist schwanzlos waren und ein gepfeiltes, sich stark verjüngendes Tragwerk hatten. Am 27. Juni 1909 soll dem Piloten *Gordon-England* damit von einem Hang ein Flug von 1600 m gelungen sein.

In Deutschland war dagegen das Interesse für den Gleitflugsport nach *Lilienthals* Tod zunächst fast eingeschlafen. Nach den Erfolgen der *Brüder Wright* und einiger Franzosen hatten sich die meisten Flugbegeisterten dem Motorflug zugewandt.

Gleitflugpioniere um 1910

Einer allerdings, der heute fast vergessen ist, arbeitete ernsthaft an der Vervollkommnung des Gleitfluges weiter: der Ingenieur *Erich Offermann* (1885–1930). Seine Flugzeuge erprobte er zwischen 1908 und 1912 nahe bei seiner Heimatstadt Aachen und im Hohen Venn, wo er sich einen 12 m hohen Abflughügel aufgeschüttet hatte. Gestartet wurde mit einer Katapultanlage, die ihre Energie von einem Fallgewicht bezog. Anfangs baute *Offermann* Doppeldecker nach dem Wright-Prinzip mit vorn liegendem Höhenruder. Später setzte er die Höhenflosse nach hinten und wählte eine größere Flügelstreckung. Der Flügel war um die Querachse drehbar, so daß sowohl der Einstellwinkel der Gesamtfläche als auch der Flügelhälften für sich verändert werden konnte; damit war Höhensteuerung und »Verwindung« möglich. Dieses Prinzip der Flügelsteuerung wurde später von *Harth/Messerschmitt* und anderen übernommen, in der Vorstellung, daß damit der »dynamische Segelflug« (von dem noch die Rede sein wird) verwirklicht werden könne. Bei weiteren Konstruktionen war *Offermann* darauf bedacht, die schädlichen Widerstände so gering wie möglich zu halten – beispielsweise durch liegende Anordnung des Piloten in einem schlanken Rumpf. Er wendete auch wohl erstmals die Mittelkufe an, die später für die Segelflugzeuge im »Zeitalter des Gummiseilstarts« allgemein üblich wurde. Trotz aller Schwierigkeiten bei Bau und Betrieb seiner Konstruktionen hat er viel zur Entwicklung des Segelflugzeugs beigetragen.

Von besonderer Bedeutung für die Entwicklung des Segelfluges in technischer, wissenschaftlicher, sportlicher und organisatorischer Hinsicht war die Gründung der Zeitschrift »*Flugsport*« im Jahre 1908 durch *Oskar Ursinus* (1878–1952), einem flugbegeisterten Tiefbau-Ingenieur. Sie erschien alle zwei Wochen bis 1944 und ist bis heute die wichtigste Quelle für alles, was sich in diesem Zeitraum im Gleit- und Segelflug, aber auch im Motorflug mit Motorseglern und Leichtflugzeugen getan hat. Flieger, Flugmodellbauer, Konstrukteure, Flugtechniker, Meteorologen und nicht zuletzt Flugsport-Förderer und -organisatoren hatten nun ein Sprachrohr und (wie man heute sagen würde) ein Diskussionsforum. Hier konnten sie Mitteilungen, Ausschreibungen und Aufrufe erscheinen lassen, Gedanken und Erfahrungen austauschen und vor allem Anregungen finden. Wie wichtig das war, sollte sich vor allem bei der stürmischen Entwicklung des Segelfluges nach dem Ersten Weltkrieg erweisen, die ohne den »Flugsport« und ohne die mitreißende Begeisterung und das Durchstehvermögen eines *Oskar Ursinus* sich so nicht vollzogen hätte. Doch auch schon vorher hat *Ursinus* Steine ins Rollen gebracht. Mit durch ihn vorbereitet, fand 1909 in Frankfurt die *Internationale Luftfahrt-Ausstellung (ILA)* statt. Neben Flugmotoren, Propellern, Ballonen, Luftschiffteilen und einem *Euler*-Doppeldecker mit Adler-Motor waren auch drei *Euler*-Hängegleiter ausgestellt, die während der Flugwoche von *Euler*-Schülern praktisch vorgeführt wurden. An dem 10 m hohen Absprunghügel mit Startrampe und Schuppen zeigten auch *Bruno Poelke* und Mitglieder des Flugtechnischen Vereins ihre Gleiter. Die größte Flugweite betrug 44,5 m.

Entenkonstruktion (Leitwerk vorn) von *Erich Offermann* (Aachen). Bemerkenswert ist der schlanke Rumpf mit Mittelkufe.

Offermann-Ente beim Abflug vom Flughügel. Hier ist die hohe Flügelstreckung erkennbar. Sein Ziel war ein möglichst widerstandsarmes Flugzeug.

Bruno Poelke, ein aus Ostpreußen nach Frankfurt zugewanderter Handwerksmeister, in seinem Gleiter während der ILA 1909. Sein »Rekordflug«: 4 m hoch, 30 m weit.

So bescheiden die fliegerischen Erfolge auch waren – sie wirkten anregend. Außer in Frankfurt und Umgebung (so in Kronberg am Taunus) wurden auch in Berlin, Breslau, Dresden, Oberhausen, im Erzgebirge und in der Eifel Gleiter gebaut und erprobt. Besondere Bedeutung gewann allerdings nur eine Gruppe Darmstädter Gymnasiasten, die sich unter dem Eindruck der ILA zur »Flugsportvereinigung Darmstadt« (FSV) zusammengeschlossen hatten. Ihr wichtigster Erfolg war ein durch Hangaufwind gestreckter Gleitflug, der dem Darmstädter Oberschüler *Hans Gutermuth* am 22. Juli 1912 am Nordhang der Wasserkuppe gelang: 838 m in 112 Sekunden. Nach einfachen Hängegleitern, die sie in Darmstadt und Umgebung ausprobierten, hatten sie ihre Konstruktionen zu aerodynamisch steuerbaren Doppeldecker-Sitzgleitern verfeinert. Auf der Suche nach einem Gelände, das ihnen bessere Flugmöglichkeiten als das Flachland um Darmstadt bot, hatten sie auf Anregung ihres Mitgliedes *Karl Pfannmüller* die Rhön erwandert und dabei die herausragende Wasserkuppe mit ihren kahlen Abhängen unterschiedlicher Neigung und Richtung als ideales Gelände entdeckt. Bereits im Sommer 1911 waren ihnen dort Flüge bis zu 330 m gelungen.

Darmstadt FSV X

Für seinen Rekordflug benutzte *Gutermuth* den Doppeldecker FSV X, das zehnte Flugzeug der Vereinigung. Er war aus Bambusstangen gebaut und mit Leinen bespannt. Um den Stoff luftdicht zu machen, hatte man dünnen Stärkekleister aufgestrichen. Die Tragflächen des Doppeldeckers waren leicht gepfeilt und gestaffelt. Die obere konnte an beiden Enden durch Seilzug vom Führersitz aus verwunden werden.

Auch 1913 fand noch ein Fliegerlager auf der Wasserkuppe

Kopftitel und Emblem »Gleit- und Segelflug« aus der Zeitschrift »Flugsport«, herausgegeben von *Oskar Ursinus.*

FSV VIII mit *Willy Nerger* auf der Wasserkuppe (1911).

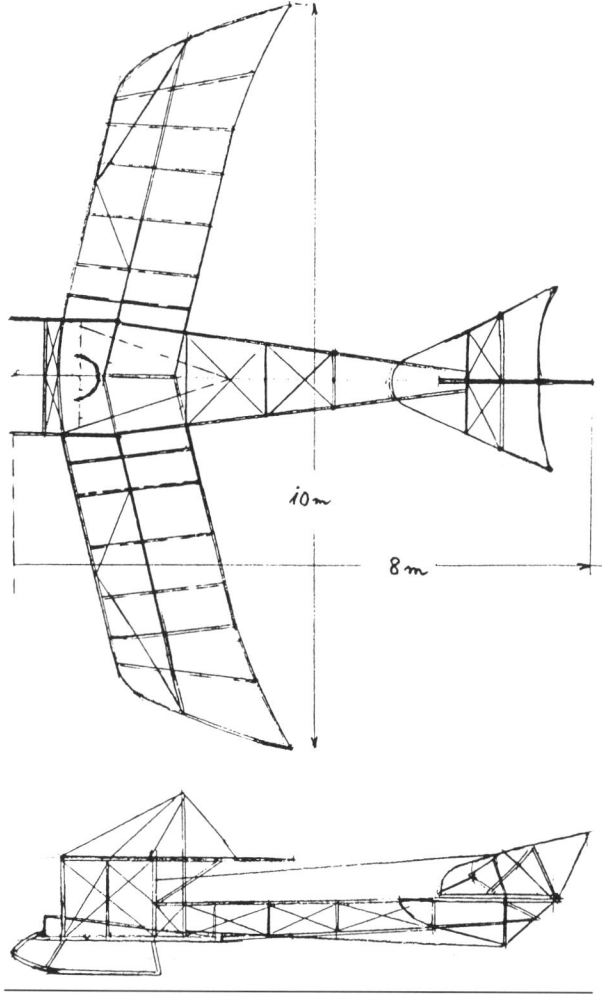

Die erfolgreiche FSV X von 1912 (Foto auf dem Umschlag).

statt. Den Rumpf der erfolgreichen »Darmstadt FSV X« hatten die Mitglieder der Gruppe inzwischen stromlinienförmig verkleidet. Wegen ungünstigen Wetters konnte die Leistung von 1912 jedoch nicht überboten werden. Der Erste Weltkrieg setzte weiteren Aktivitäten der Flugsportvereinigung Darmstadt ein Ende. *Hans Gutermuth, Karl Pfannmüller* und einige weitere Mitglieder der Gruppe sind gefallen. Den Bemühungen des Vaters von *Hans Gutermuth* war es zu danken, daß bereits 1913 an der Technischen Hochschule Darmstadt ein Lehrstuhl für Flugtechnik errichtet wurde. Mit der Gründung weiterer örtlicher Vereine und vor allem der Akaflieg Darmstadt im Jahre 1920 wurde die luftsportlich-technische Tradition fortgesetzt. Viele erfolgreiche Flugzeuge und Konstrukteure sind aus dieser akademischen Fliegergruppe hervorgegangen.

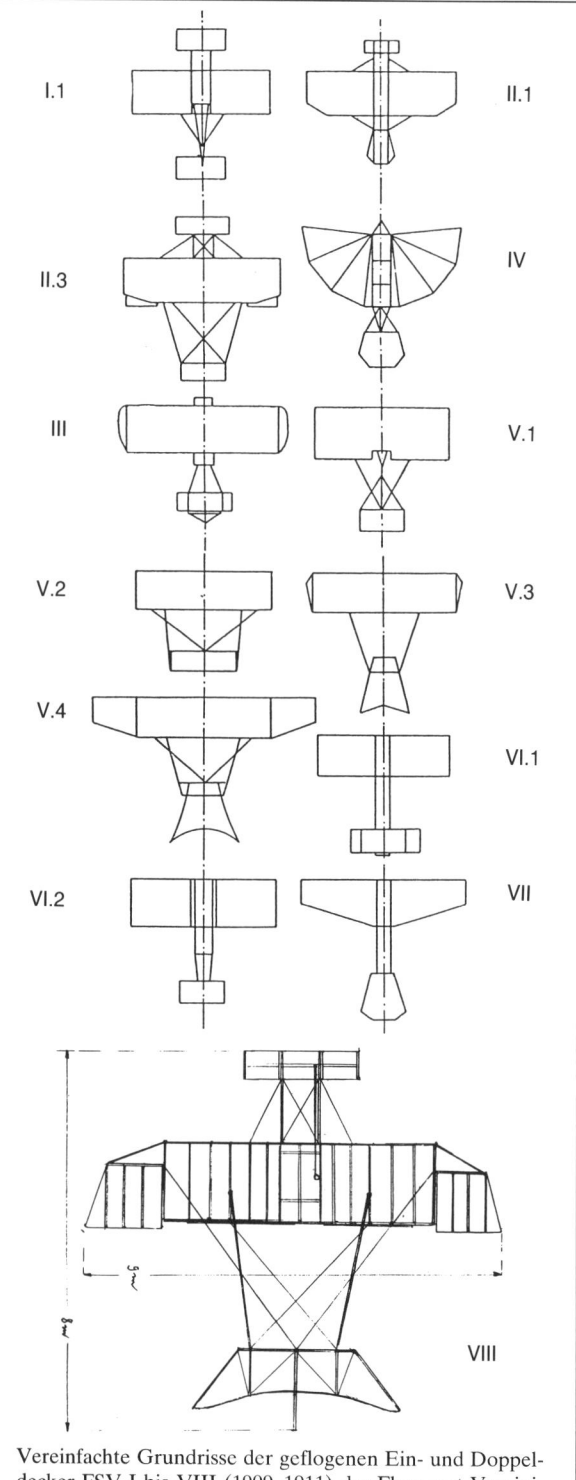

Vereinfachte Grundrisse der geflogenen Ein- und Doppeldecker FSV I bis VIII (1909–1911) der Flugsport-Vereinigung Darmstadt

Der Weg zum Segelflugzeug

Der Segelflug ist zweifellos das Beste, was die Deutschen je aus einem verlorenen Krieg gemacht haben.

Dieter Vogt

»Zwölf Jahre Wasserkuppe. Sie bedeuten zwölf Jahre Kampf. Kampf mit den Kleingläubigen, den Besserwissern und den Überschlauen, Kampf mit der Materie selber, Kampf um das finanzielle Fundament und Kampf mit Wind, Wetter, Frost, Nebel und langen Wintern. Schließlich bedeuten sie aber auch Kampf jedes einzelnen mit sich selber.«

So schreibt *Fritz Stamer* in seinem Buch »Zwölf Jahre Wasserkuppe«, das 1933 erschienen ist. Darin schildert er aus eigenem Erleben, wie und wodurch die höchste Erhebung der Rhön zum Berg der Segelflieger wurde. Die locker-saloppe Ausdrucksweise, die er gleichermaßen für die guten wie für die bitteren Stunden benutzt, spiegelt den vielzitierten »Rhöngeist« treffend wider. Bezeichnet wird damit ein gruppendynamischer Prozeß unter den Segelfliegern der Pionierjahre, der Gemeinsinn forderte, ihn notfalls sogar mit allerlei Schabernack erzwang, aber jede Individualität förderte, sogar den Nährboden für »Originale« bildete, in der Gemeinschaft Mißerfolge gelassen hinnahm, an den meist mühsam errungenen Erfolgen einzelner jedoch neidlose Freude ermöglichte.

Die technische Entwicklung, die sich nur zum kleinen Teil auf der Wasserkuppe vollzog, tritt in dem Stamer-Buch gegenüber der erlebnisbetonten menschlichen Seite in den Hintergrund. Der »Rhöngeist« hingegen, der zwischen den Zeilen deutlich wird, ist ein Schlüssel zum Verständnis der Wege und Irrwege der Segelflugentwicklung vor allem in den zwanziger Jahren. Die »Stunde der Wahrheit« schlug für die vielen Enthusiasten, die sich überall im Lande mit der Konstruktion und dem Bau von Segelflugzeugen befaßten, in den alljährlich veranstalteten Rhönwettbewerben. Die Wasserkuppe war das wichtigste »Kommunikationszentrum«, der Turnierplatz im Blickfeld der Öffentlichkeit, die Entwicklungs- und Erprobungsstelle, von der entscheidende Impulse ausgingen. Und so ist es nicht verwunderlich, daß der Initiator und Veranstalter dieser Wettbewerbe, *Oskar Ursinus,* außer dem Ehrennamen »Rhönvater« auch den Spitznamen »Rhöngeist« bekam.

Harth-Messerschmitt

Mit am Anfang des langen Weges zum Segelflugzeug steht allerdings ein einzelner, dem der »Rhöngeist« sicherlich fremd gewesen wäre: der Bamberger Regierungsbaumeister *Friedrich Harth* (1880–1936). Wie bei so vielen anderen Flugpionieren hat auch bei ihm die Beobachtung des

Friedrich Harth in seiner S 1 bei einem Abflugversuch von einer schiefen Ebene.

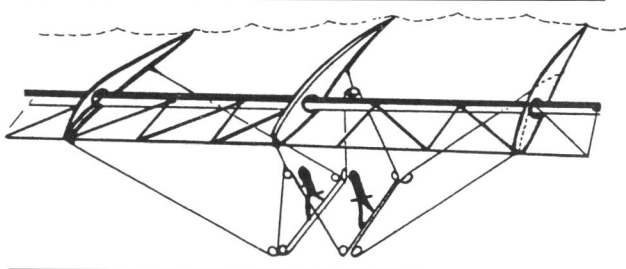

Das Foto vom Mittelstück eines Harth-Eindeckers und die Zeichnung verdeutlichen das Prinzip der Flügelsteuerung: Der Einstellwinkel kann sowohl am gesamten Flügel (Höhensteuerung) als auch an den Flügelhälften (Quersteuerung) verändert werden.

Vogelfluges schon in jungen Jahren die Flugbegeisterung geweckt. In seinem oberfränkischen Heimatdorf Zentbechhofen, wo sein Vater Oberförster war, hatte ihn vor allem der Flug der Störche und der Greifvögel fasziniert. Nach vergeblichen Schwingenflugversuchen baute er 1909 sein erstes Gleitflugzeug, das in seinem Grundaufbau mit rechteckiger Tragfläche, Kopfsteuer und Verwindung dem Wright-Vorbild entsprach. Vor dem ersten Flugversuch wurde es durch einen Sturm zerstört. Noch im selben Jahr begann er mit dem Bau eines verbesserten Flugzeugs, das er als S 1 (S für Segelflugzeug) bezeichnete. Es war wieder ein Ententyp, besaß aber einen profilierten, beidseitig bespannten Flügel mit verdickter Vorderkante – wie sie auch segelnde Vögel besaßen. Die Flugversuche begannen Ende November 1910 auf der Ludwager Kulm in der Nähe von Bamberg, verliefen aber zunächst wenig erfolgreich. Erst nach systematischen Steuerübungen, bei denen es immer wieder Beschädigungen gab, gelangen *Harth* im Sommer 1911 einige glatte Flüge, bis das Gerät zu Bruch ging. Bei der S 2 verzichtete *Harth* auf die Kopfsteuerung, die sich als zu empfindlich erwiesen hatte, zugunsten einer hintenliegenden Höhenflosse. Die Flügelenden konnten um den Mittelholm verwunden werden. Über Fesselflugversuche kam die S 2 nicht hinaus. Mit der S 3 wurde schließlich die Flügelsteuerung, die *Harth* schon lange vorschwebte, verwirklicht: Die Veränderung des Einstellwinkels am gesamten Flügel bewirkte die Höhensteuerung, die der Flügelhälften für sich die Quersteuerung. Es sei vorweggenommen, daß sich die Flügelsteuerung als Irrweg erwies. Interessant ist aber, daß auch die systematische Weiterentwicklung eines (festigkeitsmäßig und steuerungstechnisch) ungünstigen Prinzips zu Erfolgen führen kann – eine Evolution auf einem Seitenstrang. *Harth*, dessen Ziel von Anfang an der Segelflug war, wollte mit der Flügelsteuerung den dynamischen Segelflug verwirklichen, indem er unterschiedliche Windgeschwindigkeiten (Windscherungen, Grenzschicht am Boden) ausnutzte. Mit der S 3, die bereits eine Mittelkufe besaß, gelangen *Harth* nach Balancierübungen auf der Kulm bei starkem Wind einige Flüge. Bemerkenswert ist, daß in seinem Tagebuch, das heute in der Staatsbibliothek Bamberg aufbewahrt wird, für den 26. März 1913 der Name *Messerschmitt* als Helfer bei den Flugversuchen auf der Kulm auftaucht, und zwar gleich dick unterstrichen.

Willy Messerschmitt (1898–1978), der in Bamberg zur Schule ging, kam durch den Bau von Flugmodellen mit *Harth* in Kontakt und wurde durch sein technisches Geschick bald sein wichtigster Mitarbeiter. Weil auf der Kulm nur kurze Flüge möglich waren, wurde 1914 ein günstigeres Fluggelände gesucht und in der Rhön an dem der Wasserkuppe benachbarten Heidelstein gefunden. Der Kriegsausbruch verhinderte jedoch zunächst weitere Flugversuche, weil *Harth* sofort eingezogen wurde. Die S 4, die schon in die Rhön gebracht worden war, wurde im neuerbauten Schuppen mutwillig zerstört. Nach Skizzen in Briefen und auf Feldpostkarten von *Harth* baute *Messerschmitt* in Bamberg die S 5 als Ersatz. Während eines Fronturlaubs im Spätsommer 1915 gelangen dem Unermüdlichen damit am Heidelstein zwar Flüge bis zu 300 m; er war jedoch mit der Stabilität um die Querachse nicht zufrieden, so daß gleich Pläne für die S 6 geschmiedet wurden. Anfang 1916 wurde *Harth* nach München versetzt, wo er sich nun auch selbst um den Neubau kümmern konnte. Mit diesem Flugzeug von 12 m Spannweite, einer Flügeltiefe von 1,90 m und einem Eigengewicht von etwas über 50 kg gelang *Harth* Mitte August 1916 ein Flug von 3½ Minuten mit etwa 15 m Startüberhöhung – doch er endete mit Bruch. Auch Versuche mit der S 7 fanden im Oktober 1918 nach schweren Beschädigungen ein vorzeitiges Ende. Erst mit der S 8 war ihm – trotz einer Reihe notwendiger Umbauten und Reparaturen – nachhaltiger Erfolg beschieden. Schon bei der ersten Erprobung am Heidelstein am 3. August 1919 zeigte es sich, daß er das Flugzeug bei mittlerem Wind ohne fremde Hilfe vom Boden abheben konnte: durch schnelle Veränderung des Einstellwinkels mit Hilfe der Flügelsteuerung. Es folgten eine Reihe glatter Flüge ohne besondere Dauer- oder Streckenleistung, die im Herbst 1920 mit mehr Erfolg und Startüberhöhungen bis zu 50 m fortgesetzt wurden. *Harth* hat sicherlich dem Ersten Rhönwettbewerb auf der Wasserkuppe, von dem noch die Rede sein wird, einen Besuch abgestattet, sich aber nicht daran beteiligt. Auch vorher und nachher war er immer bemüht, seine Arbeiten, vor allem die Flügelsteuerung, die er als den Schlüssel zum Segelflug ansah, möglichst geheim zu halten. Sein Selbstbewußtsein hat durch das, was während der »Ersten Rhön« gezeigt wurde, sicherlich keinen Schaden genommen. Die S 8 erhielt verstärkte, sich verjüngende Flügel und wurde im Spätsommer 1921 erneut erfolgreich erprobt. *Harth* konnte sich jedoch wieder nicht entschließen, an dem nun schon zweiten Wettbewerb auf der benachbarten Wasserkuppe teilzunehmen, sondern hielt sich mit *Messerschmitt* und einem weiteren Helfer weiterhin abseits auf dem Heidelstein. Am 13. September gelang ihm dort bei 12 m/s böigem Südwestwind der erste längere Segelflug in Deutschland: 21 Minuten 37 Sekunden. Nach dem 10-Minuten-Flug von *Orville Wright* im Oktober 1911 in Kitty Hawk war es der zweite wirkliche Segelflug in der Geschichte der Luftfahrt und zugleich neuer Weltrekord. Doch vor den beiden einzigen Zeugen endete er tragisch mit einem Absturz, der wahrscheinlich auf aerodynamische Eigenheiten der Flügelsteuerung zurückzuführen war: Wegen der Druckpunktwanderung sind möglicherweise die Steuerkräfte bei erhöhter Geschwindigkeit so angewachsen, daß *Harth* das Flugzeug aus steiler Gleitfluglage nicht mehr aufrichten konnte. Mit schweren Kopfverletzungen und Knochenbrüchen kam er ins Krankenhaus, wo er erst nach Tagen das Bewußtsein wiedererlangte. Zeit seines Lebens hat er unter den Folgen seines Absturzes gelitten, doch er gab nicht auf: Die S 9 »Pilotus«, flügelgesteuert wie die Vorläufer, wurde von Bamberger Segelfliegern mehrfach nachgebaut und jahrelang als Schulflugzeug geflogen. S 10 war eine verbesserte und robuster gebaute S 8, die ebenfalls als Schulflugzeug Verwendung fand, u. a. in der 1922 gegründeten Messerschmitt-Flugschule auf der Wasserkuppe. Zu dieser Zeit hatte sich *Messerschmitt* schon weitgehend von *Harth* gelöst, auch wenn er zunächst weiterhin flügelgesteuerte Segelflugzeuge baute. Davon wird später noch die Rede sein.

Gegenüber der S 8 besaß die S 10 eine etwas größere Spannweite von 14 m bei einer Flügeltiefe von 1,5 m und einer Rumpflänge von nur 4,50 m. Die Tragfläche war einholmig mit Holzrippen und sperrholzbeplankter Nase ausgeführt und mit Stoff bespannt. Statt vom Spannturm mit Drahtseilen wurde sie von zwei festen Stielen, die von der Kufe zum ersten Drittel der Flügelspannweite reichten, gehalten. Wie bei der S 8 bestand der offene Rumpf aus Stahlrohren im Dreiecksverband. Statt 48 kg betrug das Leergewicht der S 10 wegen der robusteren Bauweise 80 kg.

Harth-Messerschmitt S 10 über der Kurischen Nehrung.

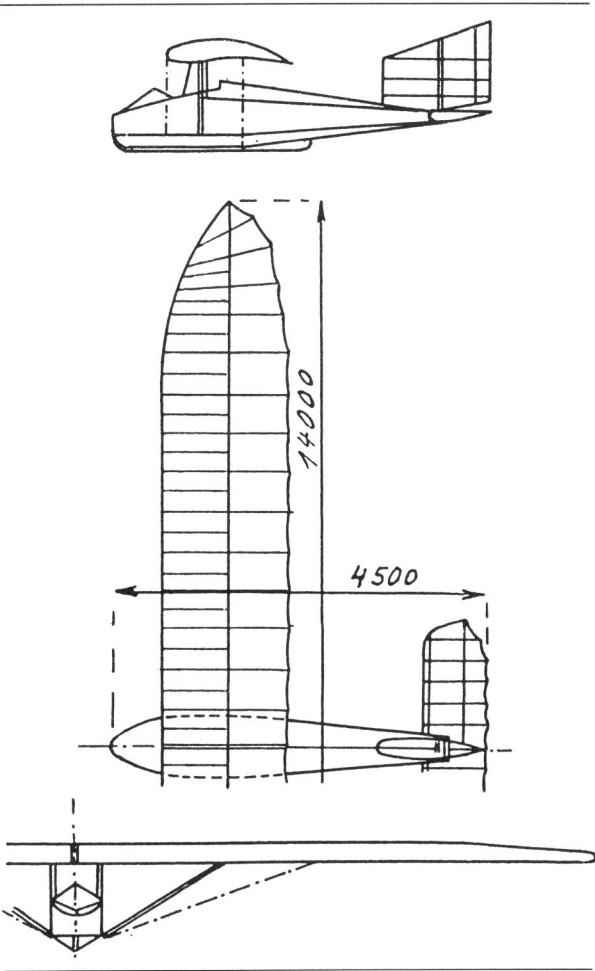

Die S 12, die ebenfalls noch Flügelsteuerung mit zwei Steuerknüppeln, aber bereits einen verkleideten Rumpf aufwies.

Harth-Messerschmitt S 9 »Pilotus« diente den Bamberger Segelfliegern noch bis gegen Ende der zwanziger Jahre als Schulgleiter.

Mäzens Konsul *Dr. Karl Kotzenberg* (1866–1940), Chef eines bedeutenden Handelshauses, über die größten Schwierigkeiten hinweghalf. *Kotzenberg* blieb auch später dem Segelflug als begeisterter Förderer eng verbunden.

Der Wettbewerb begann am 15. Juli. Nach und nach trafen die Teilnehmer ein. Es waren flugbegeisterte und technisch interessierte Leute verschiedener Altersstufen, darunter auch ehemalige Weltkriegsflieger, die als einzige fliegerische Erfahrung mitbrachten. Fast alle schafften ihre größtenteils noch unfertigen Gleiter, von denen die meisten wie Motorflugzeuge ohne Motor aussahen, per Hand- oder Pferdewa-

Am Führersitz waren die Doppelhebel für die Flügelsteuerung und die Fußhebel für das Seitenruder angebracht. Trotz der schweren Unfallfolgen beteiligte sich *Harth* mit der S 10 an der »3. Rhön« im Jahre 1922. Wie *Peter Riedel* in seiner »Erlebten Rhöngeschichte" (Band 1) berichtet, gelang ihm am letzten Wettbewerbstag, dem 24. August, bei starkem Wind auf der Wasserkuppe ein Abflug ohne Starthilfe – nur durch die Flügelsteuerung: rasche Vergrößerung des Einstellwinkel der Tragflächen zum Abheben und anschließende sofortige Verringerung zum Vorwärtsgleiten. Zwar gewann *Harth* damit einen Preis, doch den Beweis für die Möglichkeit des dynamischen Segelfluges, an die er bis zu seinem Tode fest glaubte, hatte er damit nicht geliefert.

Willi Pelzner in seinem Hängegleiter über der Wasserkuppe – fast immer war er der erste, manchmal der einzige, der während der Wettbewerbstage 1920 flog.

Die ersten Rhönwettbewerbe

Im Jahre 1922 hatten weltweit beachtete Segelflugerfolge auf der Wasserkuppe die tragisch beendete Einzelleistung am Heidelstein schon weit in den Schatten gestellt. Nach tastenden, teilweise dilettantischen Anfängen hatte dort eine zukunftweisende Entwicklung begonnen. Am Anfang stand der Aufruf zu einem Gleit- und Segelflugwettbewerb durch *Wolfgang Klemperer* und *Erich Meyer* (beide Studenten an der TH Dresden und Mitglieder im Flugtechnischen Verein Dresden), der am 24. März 1920 in der Zeitschrift »Flugsport« erschienen war. Der Herausgeber *Oskar Ursinus* hatte seine volle Unterstützung für Organisation und Durchführung des Wettbewerbs, der schon im kommenden Sommer auf der Wasserkuppe stattfinden sollte, zugesagt. »Vollgas-Meyer«, wie er gegenüber dem bedächtigeren *Klemperer* genannt wurde, hatte darauf gedrängt, weil schon im Zusammenhang mit einer Artikelserie von ihm in »Flugsport« ein zunehmendes Interesse am Gleit- und Segelflug deutlich geworden war. Die umfangreichen Vorbereitungsarbeiten bewältigte *Ursinus* fast allein, wobei ihm die ideelle und finanzielle Unterstützung des Frankfurter

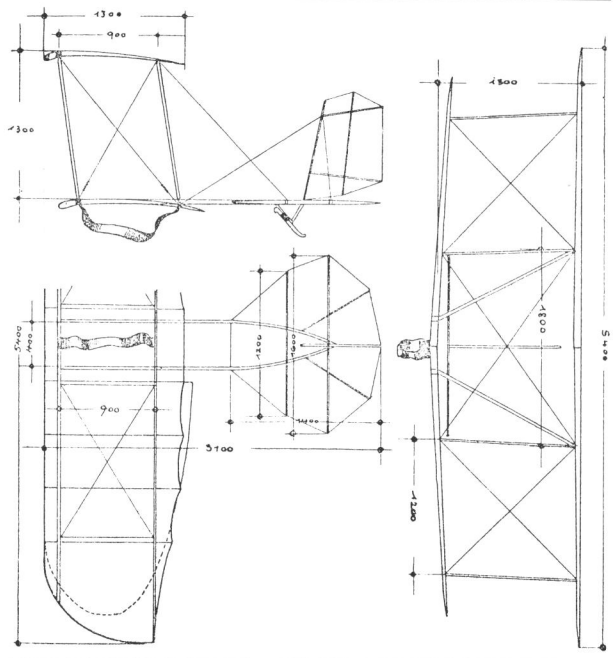

Pelzner-Hängegleiter 1920: Spannweite 5,40 m, Masse 12,5 kg, Materialkosten 18,50 Reichsmark.

Rhönwettbewerb 1920: Im selbstgebauten »Rhönbaby« lernte der damals erst vierzehnjährige *Peter Riedel* auf diese Weise fliegen.

Der Dreidecker von *Richter* und *Hauenstein,* der nur 4 m Spannweite hatte, flog 206 m weit und konnte sich im Wettbewerb an 5. Stelle plazieren.

Hier brachten die drei Flügel nichts: Der »Maikäfer« von Maykemper, ein Dreidecker in Tandemanordnung, war nicht zum Fliegen zu bringen.

gen auf die Wasserkuppe. Dort oben, wo für Teilnehmer und Flugzeuge drei alte Heereszelte aufgestellt waren, begann bald ein eifriges Sägen und Hämmern. Begeisterung und guter Wille konnten allerdings nicht über mangelnde technische Erfahrung und notorische Geldknappheit der meisten Teilnehmer hinwegtäuschen. Erst am 6. August fand ein Wettbewerbsflug statt: *Bruno Poelke* flog mit seinem Doppeldecker-Sitzgleiter, der schon eine Mittelkufe besaß, ganze acht Sekunden. Ein Hängegleiterflieger, *Willi Pelzner,* schwebte von nun an fast jeden Tag und oft als einziger zu Tal – bis zu 52 Sekunden lang und bis zu 452 m weit. Nach seinem bevorzugten Startplatz erhielt der »Pelznerhang« auf der Wasserkuppe seinen Namen. Jüngster Teilnehmer war der erst vierzehnjährige *Peter Riedel,* der damals auf seinem selbstgebauten Doppeldecker »Rhönbaby« im Fesselflug fliegen gelernt hat. Auch die meisten anderen Gleitflugzeuge waren den damals vorherrschenden Motor-Doppeldeckern nachempfunden, einige jedoch zu leicht gebaut. Darauf war auch der erste tödliche Absturz zurückzuführen: *Eugen von Loeßl,* der schon mit den Darmstädter Schülern auf der Wasserkuppe gewesen war, wurde aus seinem nach Bruch des Höhenleitwerks abstürzenden Doppeldecker herausgeschleudert, da er nicht angeschnallt war. Soweit die übrigen Teilnehmer überhaupt zum Fliegen kamen, blieben ihre Leistungen bescheiden: Als Bester legte der Dreidecker von *Richter* und *Hauenstein* in 22 Sekunden 206 m zurück. Erst gegen Schluß des Wettbewerbs gab es einen Hoffnungsschimmer: *Wolfgang Klemperer* erschien mit Studenten der »Flugwissenschaftlichen Vereinigung Aachen« und dem »Schwatzen Düwel« (Schwarzen Teufel). Mit diesem Flugzeug, das als Eindecker mit dickem Flügel und verkleidetem Rumpf sehr ungewohnt wirkte, führte er am 4. September erstmals den von ihm erfundenen Gummiseilstart vor. Bis dahin hatte man die Gleiter auf der Wasserkuppe von Hand in die Luft gezogen. Nach zwei kurzen Probestarts flog *Klemperer* vom Westhang talwärts und landete glatt bei Tränkhof: In 2 Minuten 22 Sekunden hatte er 1830 m zurückgelegt – endlich ein spektakulärer Erfolg, der weitere Rhönwettbewerbe aussichtsreich erscheinen ließ. Die neue Startart bewährte sich so gut, daß sie für Gleit- und Segelflugzeuge bis in die vierziger Jahre hinein vorherrschend blieb.

Der »Schwatze Düwel«

Nach der Initiierung des ersten Rhönwettbewerbs war *Wolfgang Klemperer* von der TH Dresden als Assistent von *Professor Th. von Kármán* (1881–1963) nach Aachen übergewechselt und der dortigen Flugwissenschaftlichen Vereinigung beigetreten. Um noch zum Rhönwettbewerb zurechtzukommen, hatte er sogleich mit dem Entwurf eines freitragenden Tiefdeckers – angelehnt an die Ideen und Patente von *Professor Hugo Junkers* (1859–1935) – begon-

Der »Schwatze Düwel« im Bau. Bemerkenswert ist die große Bauhöhe des Flügels.

Der »Schwatze Düwel« vor dem Abtransport zur Wasserkuppe.

nen. Der leicht trapezförmige dicke Flügel von 9,5 m Spannweite wurde teilweise mit Pappe beplankt und mit schwarzem imprägnierten Voile bespannt (deshalb »Schwatze Düwel«). Die Querruder waren außen etwas hochgezogen, der Flügel dadurch zur Stabilitätsverbesserung geschränkt. In dem sehr niedrigen Rumpf saß der Pilot ziemlich frei. Zwei verkleidete »Beine« mit gefederten Kufen stützten das Flugzeug, das 62 kg wog (also heute als »ultraleicht« gelten würde), am Boden ab. Die Mitglieder der Flugwissenschaftlichen Vereinigung hatten den »Schwatzen Düwel« in aller Eile gebaut, so daß sie mit ihm auf der Wasserkuppe gerade noch rechtzeitig eintrafen.

Die »Blaue Maus«

Nach den Erfahrungen, die *Klemperer* bei seinen Flügen gemacht hatte, wurde für die »Zweite Rhön« 1921 ein äußerlich fast gleiches, aber in Einzelheiten wesentlich verbessertes Flugzeug gebaut, die »Blaue Maus«. Sie wog

Gummiseilstart der »Blauen Maus« beim Rhönwettbewerb 1921.

nur 53 kg. Vor allem zur Verringerung des Luftwiderstandes saß der Pilot tiefer im Rumpf. Vor sich hatte er neben einem Geschwindigkeitsmesser auch noch einen »Beanspruchungsmesser«, der auf Beschleunigung ansprach und damit eine Änderung des Steigens oder Fallens anzeigte.

Die »Blaue Maus« war zunächst der Star des Wettbewerbs, obgleich *Karl Koller* auf dem flügelgesteuerten »Münchner Eindecker«, der den Harth-Messerschmitt-Flugzeugen sehr ähnlich war, die bessere Gesamtflugdauer und -strecke erreichte. Ein spektakulärer Flug gelang *Klemperer* erst nach dem offiziellen Ende des Wettbewerbs: Er flog vom Westhang mit anfänglichem Höhengewinn auf fast 100 m in 13 min 5 s bis nach Gersfeld – Luftlinie 5 km. Merkwürdigerweise wurde damals noch nicht klar erkannt, daß die Startüberhöhung und die gegenüber der normalen Sinkgeschwindigkeit von 1 m/s (bei rund 400 m Höhenunterschied) mehr als verdoppelte Flugdauer auf den Hangaufwind zurückzuführen war. *Klemperer* und andere Piloten waren vielmehr fest davon überzeugt, daß ein »dynamischer Segelflug« gelungen sei – wie ihn die Ausschreibung zum Ziel des Wettbewerbes erklärt hatte (»Ausnutzung der natürlichen Windenergie beim Fluge ohne motorischen Antrieb«). Über die Möglichkeit eines Segelfluges durch Ausnutzung der »Ungleichmäßigkeiten des natürlichen Windes« hatte sich der Physiker und Begründer der modernen Aerodynamik *Professor Ludwig Prandtl* (1875–1953) in einem Aufsatz über den Segelflug im Juli 1921 eher skeptisch geäußert und im Hinblick auf den oft als Vorbild angeführten Segelflug großer Vögel über dem offenen Meer zu bedenken gegeben: ». . . daß ja auch jede einzelne große Meereswoge eine Ablenkung des Windes nach oben ergibt, die die Vögel sich zunutze machen«. *Prandtl*, der schon am 1. Rhönwettbewerb als Beobachter teilgenommen und in seinen Göttinger Vorlesungen und Schriften die Diskussion über den Segelflug gewissermaßen akademisch legitimiert hatte, empfahl als Konstruktionsziel für Segelflugzeuge eine hohe Flügelstreckung, stärker gewölbte, also hohen Auftrieb liefernde Profile und geringere Widerstandsbeiwerte, um durch eine möglichst geringe Sinkgeschwindigkeit dem Ziel Segelflug, den er als »motorlosen Flug ohne Höhenverlust« definierte,

Der »Weltensegler« von *Dr. Wenk*: 16 m Spannweite, ohne Leitwerk, Knickflügel – »ein riesiger, weißer Albatros«, wie *Peter Riedel* ihn beschreibt.

Der »Weltensegler« mit *Willy Leusch* – kurz vor seinem Absturz.

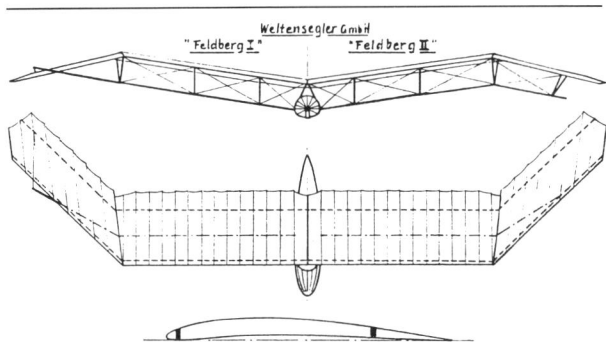

Die zurückspringenden Flügelenden dienten als Höhenruder. Der Pilot konnte nur Tiefenruder geben – Rückstellung und Höhenruder erfolgten durch Federkraft, die im Flug nicht genügte. Dadurch kam es zum Absturz.

näherzukommen. Die Abkehr von der irreführenden Theorie des dynamischen Segelfluges und die Verwirklichung zunächst des Hangsegelfluges ließ nicht mehr lange auf sich warten. Am Ende des Rhönwettbewerbes 1921, der mit dem Piloten *Wilhelm Leusch* beim Absturz des schwanzlosen »Weltenseglers« von *Friedrich Wenk* leider wieder ein Opfer gefordert hatte, erschien der »Vampyr« der Akaflieg Hannover auf der Wasserkuppe.

H 1 »Vampyr«

entsprach bereits weitgehend den Forderungen, die *Professor Prandtl* aufgestellt hatte, war meisterhaft sorgfältig gebaut und führte jedem vor Augen, wie ein Segelflugzeug aussehen muß. Auf Anhieb gelangen *Arthur Martens* (1897–1937) damit gute Flüge bis 15 min 40 s Dauer und 7,5 km Strecke.

Bei der »Dritten Rhön« 1922 ging *Martens* erneut mit dem »Vampyr« an den Start. Nach den Erfahrungen des Vorjah-

Der »Vampyr« von 1921 besaß Querruderklappen, deren Wirkung kaum ausreichte.

Die große Verwindung und ein vergrößertes Seitenleitwerk gaben dem »Vampyr« von 1922 eine gute Ruderwirkung.

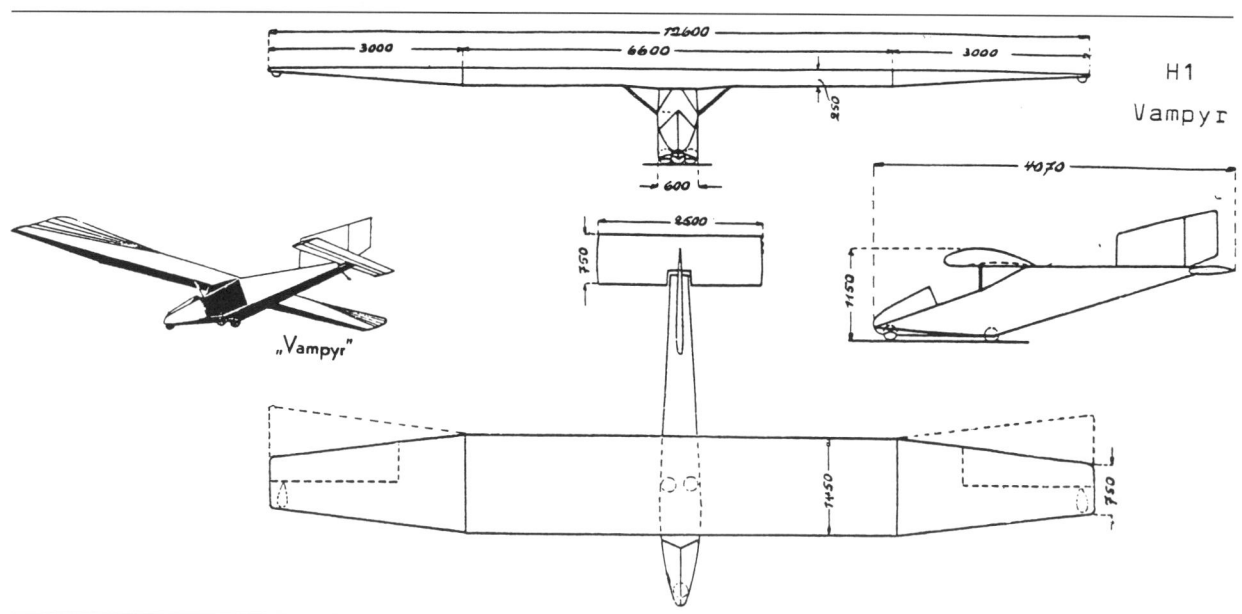

Rißzeichnung des »Vampyr« in der Erstversion von Dipl.-Ing. *Georg Madelung* (die Umrißform wurde 1922 geändert). Ein Nachbau dieses Musters nach Originalplänen ist in Arbeit – im Auftrag des Deutschen Segelflugmuseums auf der Wasserkuppe.

res hatten die Hannoveraner ihr Flugzeug geringfügig geändert, beispielsweise die Seitenflosse vergrößert und die Querruder als Verwindung ausgelegt. Vor allem aber wandte *Martens* nach Hinweisen von *Professor Walter Georgii*, der die Segelflieger auf der Wasserkuppe seit 1921 meteorologisch beriet und Aufwindmöglichkeiten erforschte, eine neue Taktik an: Um in dem verhältnismäßig schmalen Bereich des Hangaufwindes zu bleiben, flog er nach dem Gummiseilstart vor dem Hang große Achten. So gelang ihm am 18. August 1922 der erste Stundenflug (eine Stunde 6 min mit 108 m Startüberhöhung und 8,9 km Flugstrecke). *Professor Georgii* bezeichnete diesen Tag später als »den eigentlichen Geburtstag des Segelfluges«.

Fritz Hentzen im »Vampyr«.

Der »Vampyr« von 1922 in der Luftfahrtabteilung des Deutschen Museums in München.

Mit den horizontalen Achten im Aufwindbereich vor dem Hang war *Martens* – bewußt oder unbewußt – dem Vorbild *Fritz Peschkes* gefolgt, der fast auf den Tag genau schon zwei Jahre vorher mit einem von *Dr. Wenk* konstruierten schwanzlosen Knickflügelsegelflugzeug auf der Höhe des Großen Feldbergs im Schwarzwald mit dieser Taktik deutlich Höhe gewonnen und gehalten hatte, allerdings nach einem Segelflug von zwei Minuten durch einen Konstruktionsfehler in der Steuerung abgestürzt war. Die Ursache des Absturzes, bei dem Peschkes glücklicherweise unverletzt geblieben war, wurde damals falsch gedeutet und führte 1921 zum tödlichen Absturz von *Willi Leusch* mit der Nachfolgekonstruktion.

Fritz Hentzen (1897–1978) blieb am 19. August 2 Stunden 10 min und am 24. August gleich 3 Stunden 6 min in der Luft. Mit ihm flogen jetzt auch noch andere Segelflieger auf anderen Flugzeugen in großen Achten am Hang und blieben längere Zeit in der Luft: *Hans Hackmack* auf dem flügelgesteuerten »Geheimrat«, *Albert Botsch* auf »Edith« und *Martens* auf »Greif«. Unbestritten war jedoch der »Vampyr« den anderen in Sinkgeschwindigkeit sowie Gleitzahl und auch in seinen gutmütigen Flugeigenschaften überlegen. Die Nachricht von den motorlosen Stundenflügen auf der Wasserkuppe wurde zu einer Weltsensation, und man nahm den bisher ignorierten oder gar belächelten Segelflug nun plötzlich ernst. Die »Vogelmenschen«, wie sie von der »Berliner Illustrirten« genannt wurden, hatten den Durchbruch vom Gleit- zum Segelflug geschafft.

H 1 »Vampyr« war ein freitragender Hochdecker mit einer Spannweite von 12,6 m und einer Flügelstreckung von 10 bei einer Fläche von 16 m². Die Leermasse betrug 120 kg; bei einem Pilotengewicht von 75 kg ergab sich eine Flächenbelastung von 12,3 kg/m². Das verwendete Flügelprofil Gö 482 wurde auf den Rat von *Professor Albert Betz* (1885–1968) aus den Profilen Gö 384 und Gö 441 entwickelt und hatte eine größte Dicke von 17% in 30% Flügeltiefe. Nach den Messungen an einem »Vampyr«-Modell in dem damals schon bestehenden Göttinger Windkanal konnte mit einer Gleitzahl von 16 und mit einer Sinkgeschwindigkeit von rund 0,8 m/s gerechnet werden. Die geringste Fluggeschwindigkeit wurde mit 39 km/h ermittelt; bei 70 km/h war ein Sinken von 1,85 m/s zu erwarten. Der Gesamtentwurf des »Vampyr« stammte von (dem späteren Professor) *Georg Madelung* (1889–1972), der in seiner Diplomarbeit (1919, »Entwurf zu einem Reiseflugzeug«) an der TH Berlin-Charlottenburg das »Bredtsche Verfahren« zur Dimensionierung von Hohlkörpern auf die freitragende einholmige Tragfläche angewendet hatte. Dieses Verfahren war bereits 1896 von *Rudolph Bredt* unter dem Titel »Kritische Bemerkungen zur Drehungselastizität« in der Zeitschrift des Vereins Deutscher Ingenieure veröffentlicht worden, aber lange Zeit unbeachtet geblieben, denn die Flugzeuge der Pionierjahre hatten dünne Profile und meist verspannte oder verstrebte Tragwerke. Erst das *Junkers*-Patent von 1910 führte zum

Die wegweisende Flügelkonstruktion des »Vampyr« mit Torsionsnase.

freitragenden Flügel mit dickem Profil in aufgelöster Bauweise mit mehreren »Holmen«. Es wurde erstmals 1915 von *Junkers* selbst verwirklicht (im J 1 »Blechesel«) und im Segelflugzeugbau 1920 von *Klemperer* beim »Schwatzen Düwel« und der »Blauen Maus« angewendet. *Madelung* hatte diese Bauweise während seiner Tätigkeit bei *Junkers* in Dessau, wo er für dicke Profile, Flügelsteifigkeit, Torsion und Leistungsrechnung zuständig war, kennengelernt.

Die Erkenntnisse aus seiner Diplomarbeit sowie seine Tätigkeit bei *Junkers* befähigten *Madelung* 1920/21, auf eine Anregung von *Professor Arthur Pröll* (1876–1957) an der TH Hannover einzugehen. *Pröll*, der die Konstruktionen und Flugversuche des 1. Rhönwettbewerbs gesehen hatte, empfahl *Madelung* den Entwurf eines Segelflugzeugs als freitragenden Hochdecker mit einem dicken Profil und nur einem Holm mit Torsionsnase. Dazu wurde ein den Piloten bis auf den Kopf umschließender, sperrholzbeplankter eckiger Rumpf mit vorn heruntergezogenem Bug entwor-

Der »Greif«, eine Weiterentwicklung des »Vampyr« mit gerundetem Rumpf, blieb hinter den erwarteten Leistungen zurück. Der Strömungsverlauf wurde durch den Kopfausschnitt gestört.

Die E 3 wird von *Martin Schrenk* eingeflogen.

fen. Die weitere Konstruktion lag in Händen der Akaflieg-Mitglieder *Walter Blume* (1896–1964), *Fritz Hentzen* und *Arthur Martens*. Gebaut wurde der »Vampyr« durch die Hannoversche Waggonfabrik (HAWA) unter der Leitung von *Dipl.-Ing. Hermann Dorner* (1882–1963), der als erfahrener Flugzeugbauer eine Reihe praktischer Verbesserungen einbrachte, z. B. den Einbau von drei Fußbällen als »Fahrgestell«; es war weitaus niedriger und widerstandsärmer als das der »Blauen Maus«.

25 Jahre waren nach der Bredtschen Veröffentlichung vergangen, als erstmals ein Flugzeug einholmig mit drehsteifer Flügelnase in die Luft kam – solange brauchte eine wichtige wissenschaftliche Erkenntnis, bis sie praktische Anwendung fand. Kaum ein Jahr verging jedoch vom ersten Entwurf bis zum ersten Flug des »Vampyr« durch das glückliche Zusammentreffen von *Pröll, Madelung, Blume, Hentzen, Martens* und *Dorner*. Der »Vampyr« wurde in leicht variierter Form mehrfach nachgebaut, so als »Strolch«, »Max« und »Moritz«, und er diente als Vorbild für weitere berühmte Segelflugzeuge der frühen Jahre wie dem »Greif« der Akaflieg Hannover (1922, mit rundem Rumpfquerschnitt zur Verringerung des Luftwiderstandes), dem »Geheimrat« der Akaflieg Darmstadt (mit Flügelsteuerung), der *Espenlaub* E 3 (1922, freitragend mit 17 m Flügelspannweite und der bis dahin höchsten Flügelstreckung) und dem »Konsul«, von dem noch die Rede sein wird. Die »Vampyr«-Flügelbauweise – einholmig mit Torsionsnase – wurde bald auch vom Motorflugzeugbau übernommen (z. B. von *Klemm* mit der L 20 und den Nachfolgemustern sowie von *Messerschmitt* mit der M 17 und der M 23) und wird bis heute bei praktisch allen Segelflugzeugen in Holzbauweise angewendet.

Das Jahr 1923 brachte weitere wesentliche Fortschritte. Trotz der rasch zunehmenden Inflation vollendete die Akaflieg Darmstadt gleich vier bemerkenswerte Flugzeuge (durchweg in Verbindung mit Diplomarbeiten): den Doppelsitzer D 7 »Margarete«, den zweisitzigen Motorsegler D 8 »Karl der Große«, das Versuchsflugzeug D 10 »Hessen« mit veränderlicher Profilwölbung und den D 9 »Konsul«, der nach dem H 1 »Vampyr« zu einem weiteren bedeutenden Meilenstein in der Evolution der Segelflugzeuge wurde.

D 9 »Konsul«

Die Neukonstruktion übertraf mit 18,70 m Spannweite alle bisherigen Segelflugzeuge. *Albert Botsch, Fritz Hoppe* und *Rudolf Spies* hatten ihn entworfen. Vorangegangen war eine Diplomarbeit von *Hoppe-Spies,* mit der sie die Segelflugzeug-Geschwindigkeits-Polare einführten und an ihr den Einfluß von Auf- und Ab-, Gegen- und Mitwind verdeutlichten und daraus die Notwendigkeit einer guten Gleitzahl und

Espenlaub in seiner E 3 mit 17 m Spannweite.

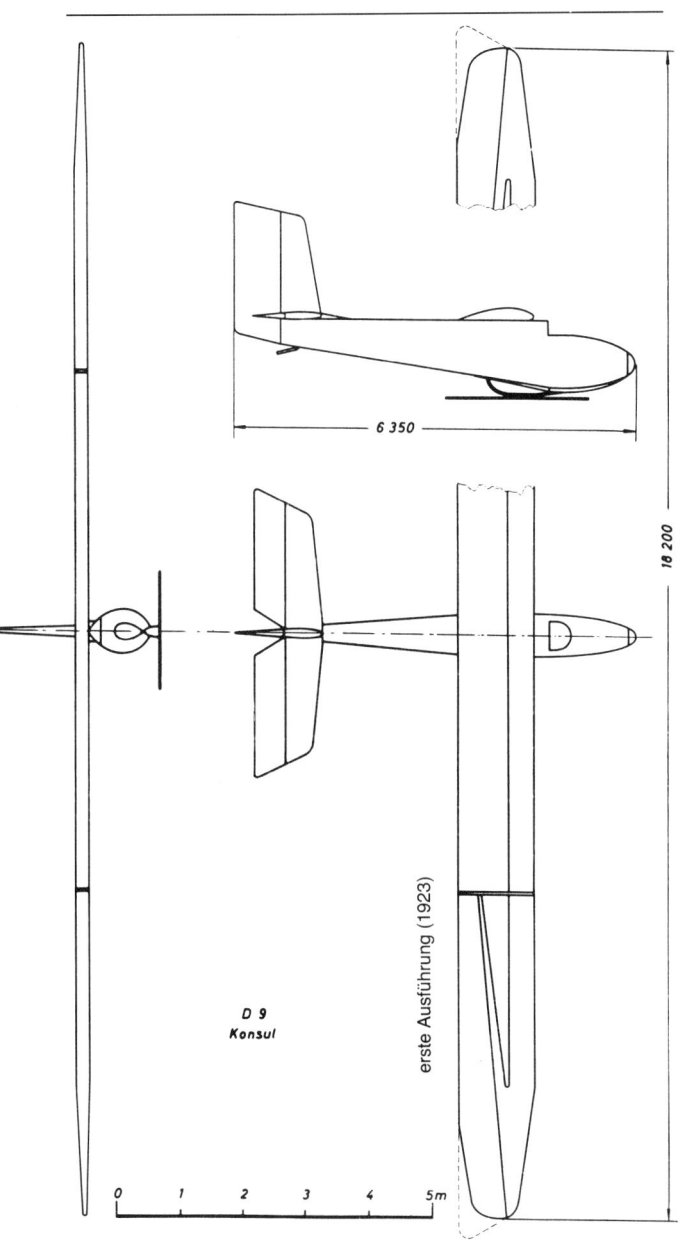

Der »Konsul« – »das beste, richtungweisende Flugzeug« des Jahres 1923. Mit dem erweiterten, hier gestrichelt gezeichneten Randbogen hat es 18,7 m Spannweite.

D 9 »Konsul« wird startfertig gemacht.

Der »Konsul« im Landeanflug.

Der »Konsul« – »Vater« aller künftigen Leistungssegelflugzeuge.

damit einer großen Flügelstreckung herleiteten. Für den Bau des »Konsul« wurden umfangreiche systematische Festigkeits- und Steifigkeitsversuche mit Holmen, Torsionsnasen, Rumpfschalen u. a. vorgenommen, um auch bei einem so großen Flügel eine sichere Festigkeit zu gewährleisten. Dabei waren ferner die Erfahrungen mit der Espenlaub E 3 sehr nützlich. Gebaut wurde der »Konsul« nach den Plänen der Akaflieg von der Bahnbedarf A.G. Darmstadt (BAG) mit finanzieller Unterstützung verschiedener Stellen, insbesondere aber des Konsuls *Dr. Kotzenberg,* der den Segelflug schon mehrfach großmütig gefördert hatte.

Der 18,70 m spannende Flügel des »Konsul« war dreiteilig und hatte eine für die damalige Zeit außergewöhnliche Streckung von über 16. Im Innenteil besaß er einen Kasten-, in den Außenteilen einen I-Holm, beide durchgehend mit drehsteifer Nase aus Sperrholz. Das Profil – später Gö 535 genannt – war aus dem Gö 430 durch Vergrößerung der Ordinaten speziell entwickelt worden, um für die Torsionsaufnahme eine möglichst dicke Nase zu bekommen, ohne daß sich der Profilwiderstand unverhältnismäßig stark vergrößerte. Gö 535 war lange Zeit das meistgewählte Segelflugzeugprofil bei den Einholmern; für Zweiholmer, die ohnehin als Leistungssegelflugzeuge nur selten konstruiert wurden, hatte es den Nachteil einer relativ geringen Höhe für den Hinterholm. Der Außenflügel des »Konsul« ging in ein symmetrisches Profil über. Das angelenkte Querruder war bei dem Prototyp recht groß. Um die Steuerkraft zu vermindern, wurde es 1924 verkleinert; dadurch verringerte sich die Spannweite auf 18,2 m. Die Querruder erhielten erstmals zur Verkleinerung der schädlichen Giermomente und damit zur Verbesserung der Wendigkeit ein Differential, das zudem in besonderer Weise über ein Zahnsegment-Zahnstangen-Getriebe mit den Seitenruderseilen verbunden war: In Nullstellung des Seitenruders war der Querruderausschlag nach oben und unten gleich; bei Seitenruderausschlag beispielsweise nach rechts schlug das rechte Querruder stärker nach oben aus als das linke nach unten und umgekehrt. Diese Anordnung hat sich beim »Konsul« ebenso bewährt wie viel später noch bei der »Starkenburg« und beim »Windspiel«. Beim »Konsul« hatte man das Seitenruder besonders groß und mit hoher Streckung ausgelegt, da bei fast allen Vorgängern die Ruderwirkung nur mäßig gewesen war. Der schlanke Spindelrumpf mit fast elliptischem Querschnitt besaß oben und unten scharfe Kanten, die eine Kielwirkung erzeugen sollten. Er war durchweg mit Sperrholz beplankt und besaß eine gut gefederte Mittelkufe. Als *Professor Prandtl* den »Konsul« landen sah, meinte er, daß ein Flugzeug so hoher Gleitzahl – um 20 – doch »Luftbremsen« haben müsse. Diese wurden jedoch, und zwar zunächst aus anderen Gründen, erst mehr als zehn Jahre später allgemein üblich.

Als »das beste, richtungsweisende Segelflugzeug des Jahres« (1923) erhielt der »Konsul« den Konstruktionspreis der »Wissenschaftlichen Gesellschaft für Luftfahrt« (WGL). Er bewährte sich bereits kurz nach dem (verspäteten) Eintreffen auf der Wasserkuppe, als *Albert Botsch* am 29. September mit ihm 18,7 km nach Westen in Richtung Fulda gegen den Wind flog und damit den bestehenden Streckenweltrekord auf mehr als das anderthalbfache steigerte. Die hohe Gleitzahl, auch bei relativ hohen Geschwindigkeiten, und die guten Flugeigenschaften, vor allem die Wendigkeit trotz der großen Spannweite machten den »Konsul«, der heute noch modern wirkt, zum »Vater« aller künftigen Leistungssegelflugzeuge. Fairerweise sollten der »Vampyr« als der vorangegangene Meilenstein der Segelflugzeugentwicklung als der »Großvater« und die »Blaue Maus« als »Urgroßvater« eingestuft werden.

Albert Botsch hatte schon 1922 in Vorträgen und später auch in der Zeitschrift »Luftfahrt« im Hinblick auf den Segelflug über der Ebene darauf hingewiesen, daß »das Ausnutzen thermischer Strömungen von der Steuerfähigkeit unserer Maschinen abhängt«. Seitdem wurden bei der Akaflieg Darmstadt neben der Leistungssteigerung immer auch große Wendigkeit und harmloses Langsamflugverhalten angestrebt. Ohne diese Eigenschaften hätte beispielsweise ein *Johannes Nehring* seine Hangstreckenflüge, die meist in Bodennähe vor sich gingen, nicht ausführen können.

Die Konstruktion des »Konsul« und seine Erfolge führten dazu, daß sich eine »Darmstädter Schule« (so genannt von *Georg Brütting, Hans Jacobs* und *Peter Riedel*) herausbildete. Akaflieg-Mitglieder konstruierten für Firmen und Vereine auf der Basis des »Konsul« Flugzeuge, die sich so bewährten, daß manche noch bis Mitte der dreißiger Jahre an Wettbewerben teilnehmen konnten (siehe das Kapitel »Die Darmstädter Schule«).

Die Datenübersicht auf der folgenden Seite zeigt, wie sich Spannweite, Flügelstreckung, Masse, Flächenbelastung sowie gerechnete bzw. geschätzte Gleitzahl und Sinkgeschwindigkeit im Laufe der ersten vier Rhönwettbewerbe entwickelt haben. Daraus ergibt sich, daß der Schwung und die Entwicklungsimpulse im wesentlichen von den Akademischen Fliegergruppen ausgingen – ohne daß dadurch die Leistungen, das fachliche Können und der gute Wille der zahlreichen anderen Konstrukteure, Erbauer und Wettbewerbsteilnehmer, die eine Fülle guter Ideen beigetragen haben, geschmälert werden. Nur einige von ihnen können hier beispielhaft angeführt werden.

Willy Messerschmitt

Willy Messerschmitt, der 1918 sein Maschinenbaustudium an der TH München aufgenommen hatte, war nach Harths Absturz auf sich allein gestellt. Doch auch vorher schon hatte er sich weitgehend von ihm gelöst und die S 10 als Weiterentwicklung der S 8 selbständig konstruiert. Gebaut wurde dieses Flugzeug von Messerschmitts erstem Flugschüler *Wolf Hirth* (1900–1959), der später einer der erfolgreichsten Segelflieger werden sollte, zusammen mit einem Flugzeugschreiner in einer kleinen Werkstatt in Bischofsheim in der Rhön. Sobald *Hirth* die S 10 fliegen konnte, trug ihm *Messerschmitt* die Leitung seiner Segelflugschule auf der Wasserkuppe an, die *Hirth* am 1. März 1923 übernahm. Die S 10 bewährte sich als Schulflugzeug in mehreren Nachbauten.

Ohne Mitwirkung von *Harth* konstruierte *Messerschmitt* 1922 die S 11 mit Sperrholzrumpf, den er 1923 auch für die S 12 verwendete. Durch die Wahl eines neuen Profils, das dem späteren Gö 535 entsprach, trat jedoch bei der Flügelsteuerung eine stärkere Druckpunktwanderung als bei den bisher verwendeten Profilen auf. Dadurch kam es zu mehreren Abstürzen. Die mit der S 12 gemachten bitteren Erfahrungen berücksichtigte Messerschmitt bei der Konstruktion der S 13, die zudem statt der zwei Steuerknüppel wie bei den bisherigen Harth-Messerschmitt-Konstruktionen die inzwischen übliche Einknüppel-Steuerung besaß.

Name	Gruppe	Entwurf (Bau)	Baujahr	art	Werkstoffe	Profil	Spannweite [m]	Flügelfläche [m²]	Streckung [–]	Leermasse [kg]	Zuladung [kg]	Flugmasse [kg]	Flächenbelastung [kg/m²]	Gleitzahl [–]	Sinkgeschwindigkeit [m/s]
FVA-1 »Schwatzer Teuwel«	Flugwissenschaftl. Vereinigung Aachen	W. Klemperer (FVA)	1920	TD	Holz Bambus Pappe Stoff	Gö 442	9,5	15,0	6,0	62	75	137	9,1	≈ 10?	≈ 1,0?
FVA-2 »Blaue Maus«	Flugwissenschaftl. Vereinigung Aachen	W. Klemperer (FVA)	1921	TD	Holz Bambus Pappe Stoff	Gö 442	9,7	15,5	6,0	53	75	128	8,3		
H 1 »Vampyr«	Akaflieg Hannover	G. Madelung Blume, Hentzen, Martens, Dorner (HAWA)	1921	HD	Holz Sph Stoff	Gö 482	12,6	16,0	10,0	120	75	195	12,2	≈ 16	≈ 0,8
			1922	HD	Holz Sph Stoff	Gö 482	12,6	18,2	8,7	120	75	195	10,7		
D 9 »Konsul«	Akaflieg Darmstadt	A. Botsch, F. Hoppe, R. Spies (BAG)	1923	SD	Holz Sph Stoff	Gö 535	18,7	21,8	16,1	200	80	280	12,8		
			1924			Gö 535	18,2	21,0	15,8	200	80	280	13,3	≈ 21,4	≈ 0,7

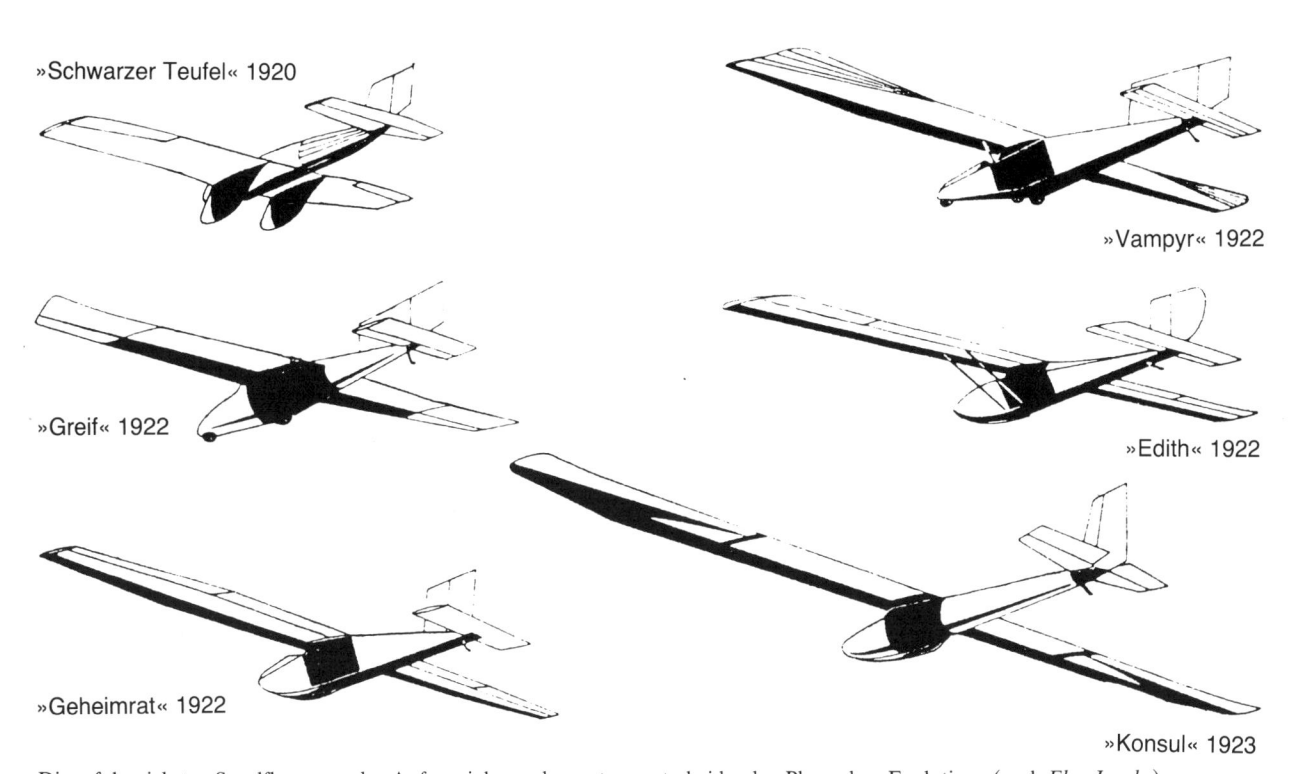

»Schwarzer Teufel« 1920

»Vampyr« 1922

»Greif« 1922

»Edith« 1922

»Geheimrat« 1922

»Konsul« 1923

Die erfolgreichsten Segelflugzeuge der Anfangsjahre – der ersten, entscheidenden Phase der »Evolution« (nach *Elze-Jacobs*).

Messerschmitts S 14, sein letztes und erfolgreichstes Segelflugzeug.

Der »Besenstiel« von *Ferdinand Schulz*.

Doch auch mit diesem Muster kam es am 7. Juli 1923 zu einem schweren Unfall: Durch Ausknicken einer Stahlrohr-Stoßstange in der Flügelsteuerung stürzte *Wolf Hirth* erneut ab. Aber selbst dieser Rückschlag konnte *Messerschmitt* nicht entmutigen. Mit geringen Änderungen und Verbesserungen wurde noch die S 14 konstruiert, die endlich auch die ersehnten Erfolge brachte: Beim Rhönwettbewerb 1923 gewann *Hackmack* mit 303 m Startüberhöhung den Höhenpreis, und *Messerschmitt* selbst erhielt den Konstruktionspreis. Die Konstruktionsunterlagen wurden von der TH München als Diplomarbeit für *Messerschmitt* anerkannt. Die S 14 war das letzte flügelgesteuerte Segelflugzeug, das *Messerschmitt* konstruiert hat. Er wandte sich von nun an dem Motorsegler und danach der Konstruktion von Motorflugzeugen zu, mit denen er weltbekannt wurde.

Ferdinand Schulz

Ferdinand Schulz (1892–1929) gehörte ebenfalls zu den »Einzelgängern«, die den Segelflug, sei es technisch oder durch die Auswirkung ihrer besonderen Leistungen, wesentlich voranbrachten. Im Weltkrieg war er Flieger gewesen, und aus anhaltender Flugbegeisterung hatte er gleich danach mit der Konstruktion und dem Bau von Gleit- und Segelflugzeugen begonnen. Sein karges Gehalt als Dorfschullehrer in Ostpreußen zwang ihn dazu, so einfach und so sparsam wie möglich zu arbeiten. Mit seinem Doppel-

Nachbau des »Besenstiel« im Segelflugmuseum auf der Wasserkuppe.

decker FS 1 von 6,40 m Spannweite hatte er am Rhönwettbewerb 1921 teilgenommen, zwar keine Preise, aber immerhin mit sechs »Prüfungsflügen« bis zu 46 Sekunden Dauer und 365 m Strecke den Segelfliegerausweis erflogen. Sein nächstes Flugzeug war ein Hängegleiter – *Pelzners* Flüge auf der Wasserkuppe hatten ihn dazu angeregt. Von seinen insgesamt zehn Flugzeugen wurde FS 3 das erfolgreichste. Ein Nachbau von *Klaus Heyn* dieses extrem einfachen Flugzeugs, das als »Besenstiel« in die Luftfahrtgeschichte eingegangen ist, hängt im Segelflugmuseum auf der Wasserkuppe.

FS 3 »Besenstiel«

In der Zeitschrift »Flugsport« (1922) schreibt Ferdinand Schulz:

»Mein diesjähriges Segelflugzeug ist ein einkufiger, normal verspannter Eindecker mit zweiholmigem, offenen Gitterträger . . . Es wurde vor allem Wert darauf gelegt, die Starrheit unbedingt zu wahren. 2½ und 2 mm Stahldraht halten die Flächen. Die Holme sind Doppel-T-Träger von 7 cm Höhe und liegen gleichweit vom Druckmittelpunkt entfernt. Das Flächenprofil wurde nach eigenen Überlegungen heraus konstruiert und hat sich trotz der zusätzlichen Widerstände durch Drähte und Körper des Führers als recht leistungsfähig erwiesen. Der Rumpf besteht aus zwei übereinanderliegenden Holmen, die nach dem ersten Innenverspannungs-Knotenpunkt verspannt sind. Da sie, um Start und Landung zu ermöglichen, stark gebogen werden mußten, kam nur gewachsenes Rundholz infrage, das bei bedeutend größerer Belastungsfähigkeit eine Elastizität aufweist, an die geschnittenes Holz nicht im entferntesten heranreicht. In der Hauptsache war das Flugzeug ein Versuchstyp, um eine neue Steuerung auszuprobieren. Es hatte sich im Vorjahre die Unzulänglichkeit der Normalsteuerung für Segelflugzeuge herausgestellt. Es tritt hierbei beim Betätigen der Verwindung ein bremsendes Moment (das sog. Querrudergiermoment, die Verf.) auf, das die Maschine entgegen der gewollten Richtung herumzieht. Hierauf sind viele Stürze zurückzuführen gewesen. Die daraufhin konstruierte neue Steuerung besteht aus einem normalen Höhensteuer und je einer an den äußeren Flügelenden, unabhängig von der anderen zu betätigenden Klappe unter Fortfall des Seitensteuers. Die Maschine gehorchte ihr in jeder Lage . . .«

Auffällig an der FS 3 waren die beiden Steuerknüppel über dem Führersitz, der nur aus einem schmalen Brett bestand. Mit ihnen wurden die Klappen an den Flächenenden betätigt. Der Flügel von 12,5 m Spannweite war rechteckig und nicht geschränkt, der Gitterrumpf nur 4,5 m lang. Die Leermasse betrug 65 kg, die Zuladung bis zu 80 kg. Im Vergleich zu den anderen Segelflugzeugen des Rhönwettbewerbs 1922 wirkte die FS 3 wohl zunächst nicht sehr vertrauenerweckend, denn die Technische Kommission (TEKO) verweigerte ihr die Zulassung. Als Hauptgrund wurde das Fehlen von Spannschlössern angegeben. Der erboste *Ferdinand Schulz* flog trotzdem, konnte dabei aber lediglich die neue Steuerung ausprobieren. Segelflüge gelangen ihm erst in seiner Heimat am Kurischen Haff bei starkem Wind. Hier erzielte er am 11. Mai 1924 einen Dauerweltrekord von 8 Stunden 42 Minuten, der damals eine Sensation bedeutete. Er machte jedoch deutlich, daß es beim Hangsegelflug weniger auf die technisch-aerodynamische Qualität des Flugzeugs, sondern vielmehr auf das fliegerische Geschick, die Zähigkeit und die Ausdauer des Piloten ankam – und natürlich auf die Stetigkeit des Hangaufwindes. Nachdem der Belgier *André Massaux* am 26. Juli 1925 am Hang von Vauville (bei Cherbourg) auf dem ebenfalls nicht sonderlich leistungsfähigen Ponçelet-Eindecker die Zehnstundengrenze erheblich überschritten hatte, holte sich *Schulz* am 2. Oktober auf der Krim den Dauerweltrekord mit 12 Stunden 6 Minuten zurück. Im selben Jahr hatte *Nehring* im »Konsul« den Streckenweltrekord auf 24,4 km gesteigert – allein im Hangaufwind. Beide Leistungen – auch die Strecke im Hangaufwind – wurden später immer wieder überboten: *Robert Kronfeld* flog im Mai 1929 am Teutoburger Wald 102 km und im Dauerflug brachte es *Ernst Jachtmann* im September 1943 im Einsitzer »Weihe« an der Steilküste von Brüsterort auf fast 56 Stunden. Doch selbst diese Ausdauerleistung wurde überboten: Im April 1952 blieb der Franzose *Charles Atger* am Hang von St. Remy de Provence 56 Stunden 16 Minuten in der Luft. Kurz darauf segelte in derselben Gegend ein Doppelsitzer vom Muster »Kranich III« mit den Franzosen *Dauvint* und *Couston* 57 Stunden 10 Minuten – die bisher längste Flugzeit eines Segelflugzeugs. Damit war die Grenze der menschlichen Leistungsfähigkeit erreicht. Nach dem tödlichen Absturz von *Dauvint* im Dezember 1954 infolge Übermüdung bei einem Versuch, den Dauerweltrekord

Ferdinand Schulz in der »Westpreußen« (1927).

»Rhönstimmung« der zwanziger Jahre: Start der »Roemryke Berge«.

auch im Einsitzer zu überbieten, beschloß die FAI, Dauerflugleistungen nicht mehr in den Weltrekordlisten zu führen. Den Segelfliegern in der Rhön wurden die Grenzen des Hangsegelfluges Mitte der zwanziger Jahre bewußt. Solange noch keine anderen Aufwindmöglichkeiten erkannt und erschlossen waren, steckte der Segelflug in einer Sackgasse.

Schulflugzeuge für den Gleit- und Segelflug

> Man muß den Schüler zum Stillhalten des Knüppels bewegen.
>
> *Fritz Stamer*

Soweit sie nicht Kriegsflieger gewesen waren, brachten sich die frühen Pioniere auf der Wasserkuppe das Fliegen selbst oder gegenseitig bei. *Peter Riedel* wurde 1920 auf der Wasserkuppe in die Anfangsgründe des Fliegens im Fesselflug eingeführt: An kurzen Halteseilen mit Holzgriffen, die an den unteren Flächenenden seines Doppeldecker-Gleiters angebracht waren, zog man ihn bei starkem Wind in die Luft und ein vorweglaufender ehemaliger Kriegsflieger rief ihm zu, was er tun solle, »Ziehen«, »Drücken«, »Seitenruder . . .«. Den Abschluß bildete jeweils ein kurzer Freiflug aus wenigen Metern Höhe.

Diese Art der improvisierten Ausbildung war auf die Dauer nicht befriedigend. Kein Wunder also, daß mit den Fortschritten in der Segelflugentwicklung sehr bald der Wunsch aufkam, am Doppelsteuer zu schulen, wie es bei der Motorfliegerei schon seit langem üblich war. Den ersten Segelflug-Doppelsitzer, einen Doppeldecker von 12 m Spannweite mit Gitterrumpf, konstruierte der Holländer *Anthony Fokker*, der im Krieg durch seine in Schwerin gebauten Jagdflugzeuge bekannt geworden war. Der Erstflug fand im August 1922 auf der Wasserkuppe statt. Kurz darauf flog *Fokker* mit Passagier fast 13 Minuten – Weltrekord! Im Oktober 1922 gelang ihm ein Flug von über 37 Minuten am Hang von Itford Hill bei Brighton in Südengland, den der englische Segelflieger *Olley* mit Passagier wenig später mit 49 Minuten überbot. Doch für die Schulung war der Doppeldecker mit ungeschränkten Tragflächen, die stets ausreichend »Fahrt« voraussetzten, nicht geeignet.

Ein Jahr später stellte die Akaflieg Darmstadt auf der Wasserkuppe ein Segelflugzeug vor, das speziell für die Doppelsitzerschulung entworfen worden war:

D 7 »Margarete«

Nach dem Entwurf von *Erich Schatzki, Rudolf Kercher* und *Fritz Hoppe* war die D 7 »Margarete« 1923 bei der Akaflieg Darmstadt gebaut worden. Trotz ihrer Spannweite von 15,30 m wirkte sie sehr kompakt. Der Flügel, der zweigeteilt war, besaß nur eine Streckung von 10,1. Die Flügelhälften, zweiholmig mit Sperrholznase und Stoffbespannung, waren durch kräftige V-Streben zur Rumpfunterseite abgefangen. Für den Innenteil hatten die Konstrukteure das Profil Göttingen 533 gewählt; nach außen hin ging es in ein symmetrisches Profil über. Die geometrische und aerodynamische Schränkung gab dem Doppelsitzer harmlose Flugeigenschaften und machte ihn dadurch für die Schulung besonders geeignet. Im überzogenen Flugzustand kippte er nicht wie die meisten anderen damaligen Muster über den Flügel weg, sondern nach vorn und holte dabei die nötige Fahrt auf. Der Rumpf bestand aus Längsgurten und Spanten und war mit Sperrholz beplankt. Bei einem Leergewicht von 200 kg betrug die Zuladung 150 kg. Die errechnete beste Gleitzahl lag zwar nur bei 15, doch die beste Sinkgeschwindigkeit war mit 1,1 m/s (doppelsitzig) recht gut. Bei der »5. Rhön« im Jahre 1924 gelang *Otto Fuchs* mit Passagier eine Wasserkuppen-Bestleistung mit einem Segelflug von fast 20 Minuten. Die »Margarete« konnte in den folgenden Jahren auch noch weitere Preise und Rekorde erfliegen, bis sie 1927 zu Bruch ging. Für die Schulung, die ja mangels anderer

Der Fokker-Doppelsitzer von 1922.

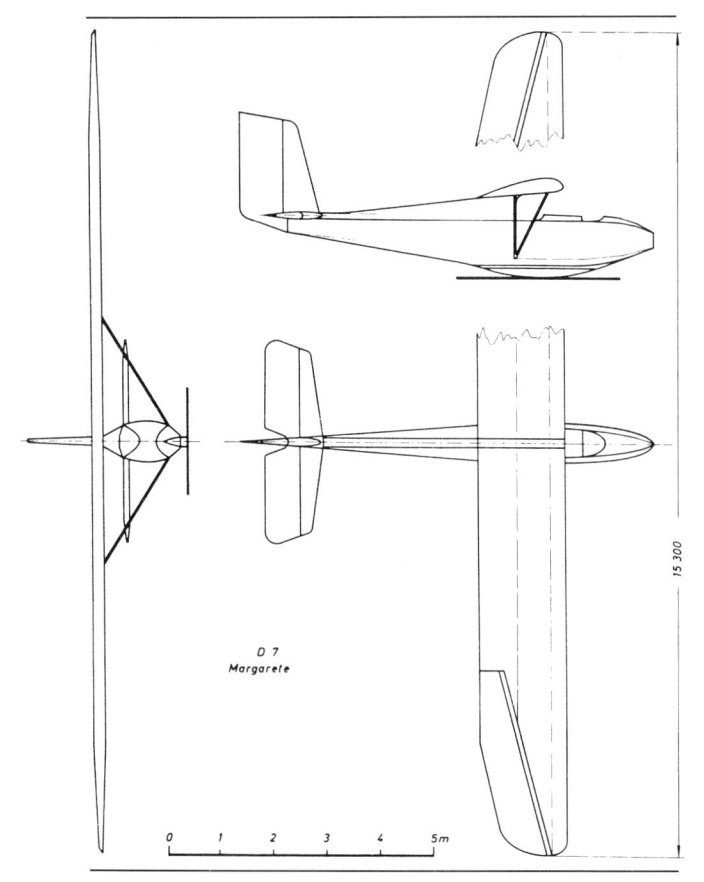

D 7 »Margarete«.

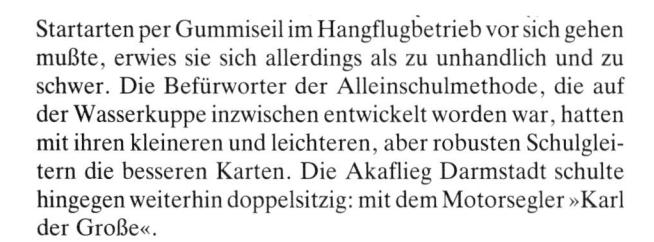

Der Doppelsitzer D 7 »Margarete« mit *Otto Fuchs*.

Gummiseilstart der »Margarete«.

Startarten per Gummiseil im Hangflugbetrieb vor sich gehen mußte, erwies sie sich allerdings als zu unhandlich und zu schwer. Die Befürworter der Alleinschulmethode, die auf der Wasserkuppe inzwischen entwickelt worden war, hatten mit ihren kleineren und leichteren, aber robusten Schulgleitern die besseren Karten. Die Akaflieg Darmstadt schulte hingegen weiterhin doppelsitzig: mit dem Motorsegler »Karl der Große«.

Die Leitlinie Schulgleiter

Die Alleinschulmethode stammte im wesentlichen von *Fritz Stamer*. Sie fußte auf Erfahrungen, die *Kurt Student* (der spätere Fallschirmjäger-General) als erster Gleitfluglehrer auf der Wasserkuppe gemacht hatte. Für die Einweisung seiner Schüler hatte er 1921 den Schul-Doppeldecker »Gersfeld« auf ein nach allen Richtungen schwenkbares Holzgestell gesetzt, den »Wackeltopf«. Damit ließen sich alle halbwegs normalen Fluglagen simulieren, und der Flugschüler konnte die jeweils richtigen Steuerausschläge einüben. Danach machte ihm das Fliegen auf dem Sitzgleiter in der Praxis meist keine besonderen Schwierigkeiten mehr. Nach *Stamers* Alleinschulmethode begann die Gleitflugausbildung mit dem »Pendeln« im Wind, bei dem der Schüler die Wirkung der Ruder am Boden erproben und erfühlen konnte. Bei den anschließenden »Rutschern« galt es, die Querlage auch in der Bewegung zu halten. Bei den »Sprüngen« bis zu 3 m Höhe kam die Bedienung der übrigen Ruder hinzu. Bei den »Flügen« nach dem Start mit dem entsprechend gedehnten Gummiseil ging es darum, das Flugzeug in der Normallage zu halten und mit Hilfe des Seitenruders genau geradeaus zu fliegen. Für den A-Prüfungsflug wurde eine Flugzeit von mindestens 30 Sekunden gefordert. Bei der »B«-Schulung wurden Richtungsänderungen geübt. Die B-Prüfung hatte bestanden, wer am Hang mit einem »S-Voraus« mindestens 60 Sekunden geflogen

Der »Wackeltopf« war eine frühe Form des Flugsimulators. Der Schuldoppeldecker »Gersfeld« konnte auf den gekreuzten halbrunden Holzscheiben »kardanisch« bewegt werden.

Der Schulgleiter »Zögling 35«.

Der Schulgleiter »Gersfeld« – wenn es Bruch gab, wurden gleich zwei Tragflächen zusammengeschlagen.

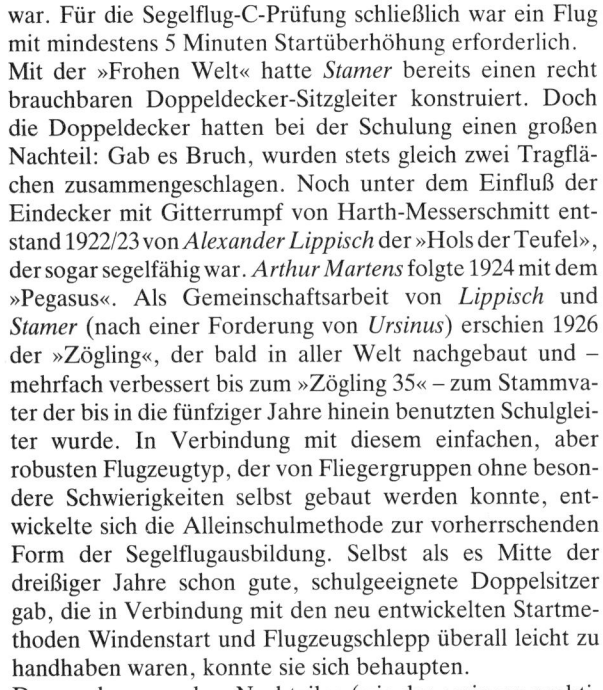

Der Schulgleiter »Gersfeld« beim Gummiseilstart.

war. Für die Segelflug-C-Prüfung schließlich war ein Flug mit mindestens 5 Minuten Startüberhöhung erforderlich.

Mit der »Frohen Welt« hatte *Stamer* bereits einen recht brauchbaren Doppeldecker-Sitzgleiter konstruiert. Doch die Doppeldecker hatten bei der Schulung einen großen Nachteil: Gab es Bruch, wurden stets gleich zwei Tragflächen zusammengeschlagen. Noch unter dem Einfluß der Eindecker mit Gitterrumpf von Harth-Messerschmitt entstand 1922/23 von *Alexander Lippisch* der »Hols der Teufel«, der sogar segelfähig war. *Arthur Martens* folgte 1924 mit dem »Pegasus«. Als Gemeinschaftsarbeit von *Lippisch* und *Stamer* (nach einer Forderung von *Ursinus*) erschien 1926 der »Zögling«, der bald in aller Welt nachgebaut und – mehrfach verbessert bis zum »Zögling 35« – zum Stammvater der bis in die fünfziger Jahre hinein benutzten Schulgleiter wurde. In Verbindung mit diesem einfachen, aber robusten Flugzeugtyp, der von Fliegergruppen ohne besondere Schwierigkeiten selbst gebaut werden konnte, entwickelte sich die Alleinschulmethode zur vorherrschenden Form der Segelflugausbildung. Selbst als es Mitte der dreißiger Jahre schon gute, schulgeeignete Doppelsitzer gab, die in Verbindung mit den neu entwickelten Startmethoden Windenstart und Flugzeugschlepp überall leicht zu handhaben waren, konnte sie sich behaupten.

Denn neben manchen Nachteilen (wie der geringen praktischen Flugerfahrung des Schülers infolge der Kürze der Gleitflüge) hatte sie eine Reihe wesentlicher, vor allem psychologischer Vorteile. *Stamer* schrieb dazu:

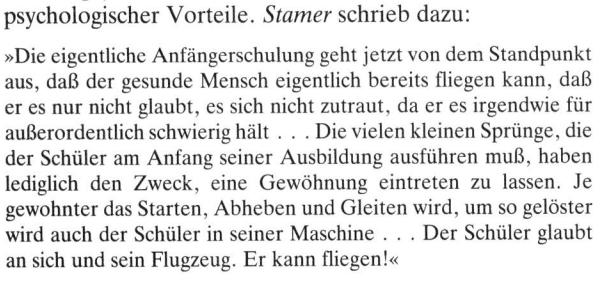

»Die eigentliche Anfängerschulung geht jetzt von dem Standpunkt aus, daß der gesunde Mensch eigentlich bereits fliegen kann, daß er es nur nicht glaubt, es sich nicht zutraut, da er es irgendwie für außerordentlich schwierig hält . . . Die vielen kleinen Sprünge, die der Schüler am Anfang seiner Ausbildung ausführen muß, haben lediglich den Zweck, eine Gewöhnung eintreten zu lassen. Je gewohnter das Starten, Abheben und Gleiten wird, um so gelöster wird auch der Schüler in seiner Maschine . . . Der Schüler glaubt an sich und sein Flugzeug. Er kann fliegen!«

Die ES 29, heute bekannter als »Grunau 9«, mit dem »Schädelspalter«, der Strebe vor dem Pilotensitz.

Tatsächlich schulte die Einsitzermethode das Selbstvertrauen und das Verantwortungsgefühl des Flugschülers, denn von Anbeginn war niemand anders mit im Flugzeug, auf dessen Reaktionsvermögen und Erfahrung er sich hätte verlassen können. Da nur in der Gemeinschaft Gleichgesinnter geflogen werden konnte, bedeutete die Einsitzerschulung zugleich eine Erziehung zu uneigennützigem Verhalten. Nur der, dessen Flugbegeisterung ausreichte, die Mühen der Anfahrt, des Aufrüstens eines Schulgleiters, des oft kilometerweiten Transports zum Startplatz, des Startbetriebs mit dem Gummiseil und des Rücktransports auf sich zu nehmen, blieb bei der Stange. So brachte es die Alleinschulmethode mit sich, daß Angeber und »Herrenflieger« dem Segelflug meist sehr bald den Rücken kehrten. Selbst heute noch, unter völlig veränderten technischen, politischen und sozialökonomischen Bedingungen, stellt der Segelflug an die »innere Einstellung« höhere Anforderungen als jede andere fliegerische Ausbildung.

1924 entwickelte auch *Gottlob Espenlaub,* der zusammen mit dem ihm befreundeten *Edmund Schneider* der Einladung einer Fluggruppe nach Grunau gefolgt war, einen Schulgleiter. Die Ähnlichkeit mit den Konstruktionen von *Lippisch* und *Stamer* war unverkennbar, doch das lag in der Natur der Sache. Unter Mitwirkung von *Robert Schwede,* der später die Segelflugschule Grunau leitete, entstand daraus beim neugegründeten Flugzeugbau Schneider die ES-29, heute bekannter als »Grunau 9«. Der wesentliche, sofort erkennbare Unterschied zum »Zögling« bestand darin, daß vor dem Führersitz eine kräftige Strebe angebracht war, an der sich der Schüler mit einer Hand festhalten konnte. Ihr sarkastischer Spottname »Schädelspalter« hat sich, soweit den Autoren bekannt, nicht bewahrheitet. Aus den Erfahrungen mit dem »Zögling« und der »Grunau 9« entstand 1938 nach dem Entwurf von *Edmund Schneider* in Zusammenarbeit mit *Ludwig Hofmann* von der NSFK-Erprobungsstelle in Trebbin und dem Fluglehrer *Rehberg,* der im Flugzeugbau Schneider in Grunau tätig war, ein weiterer Schulgleiter.

Schulgleiter 38 (SG 38)

Das neue Muster SG 38 wurde (neben kaum zu zählenden Nachbauten in Vereinen) nach einer Aufstellung von *Peter Selinger* allein zwischen 1941 und Ende 1944 in 8745 Exemplaren industriell hergestellt. Der SG 38 war daher das wichtigste und am weitesten verbreitete Fluggerät zur Alleinschulung.

Der SG 38, von den Benutzern später scherzhaft »Bauernadler« genannt, ist ein verspannter Hochdecker mit Gitterrumpf und Spannturm mit rechteckiger, geschränkter Tragfläche von 10,4 m Spannweite. Die Streckung, das Seiten-

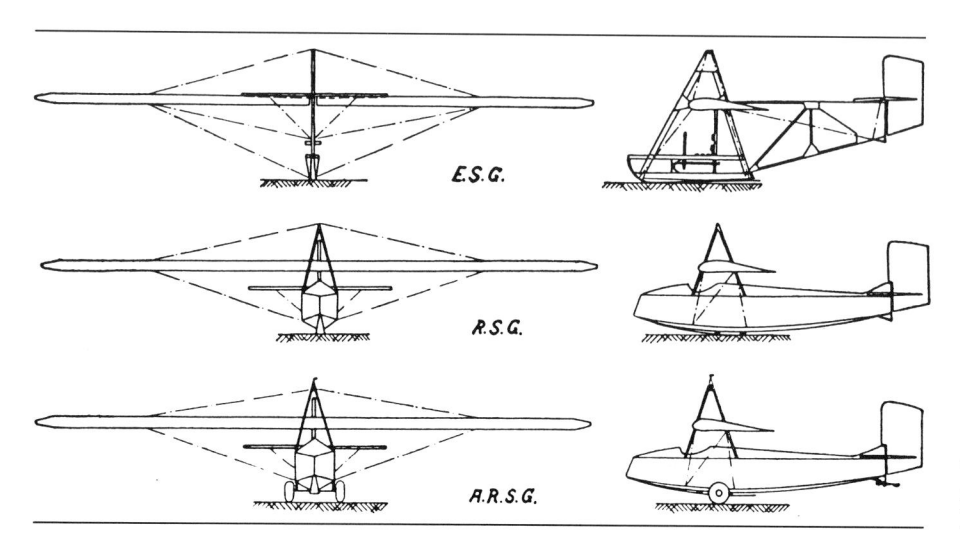

Weiterentwicklungen vom offenen Schulgleiter »Grunau 9« zum Rumpfflugzeug.

Der Schulgleiter 38, entwickelt aus den Erfahrungen, die mit der »Grunau 9« und dem »Zögling« gemacht worden waren.

verhältnis, liegt bei 6,5, die Rüstmasse bei 100 kg. Das Profil wurde aus dem des »Zögling 35« weiterentwickelt. Die Tragfläche (mit Differentialquerruder) ist zweiteilig, hat zwei gleiche I-Holme und ist überwiegend stoffbespannt. Das Auf- und Abrüsten wird durch eine starke Spindel im Spannturm und Einhängebeschläge wesentlich erleichtert. Der Spannturm ist der obere Teil des besonders fest gebauten Rumpfgestells, an dem der leichtere Leitwerksträger mit zwei Bolzen befestigt wird. Höhen- und Seitenflosse sind mit den Ruderflächen ebenfalls in Holzbauweise ausgeführt. Die Kufe (Eschenholz) wird durch Stoßdämpfer (anfangs Gummiklötze) abgefedert. Wenn notwendig, läßt sich die Kopf- oder Schwanzlastigkeit, die durch unterschiedliches Gewicht der vor dem Schwerpunkt sitzenden Piloten entstehen kann, durch Trimmgewichte in speziellen Halterungen im vorderen und hinteren Teil des Rumpfgestells ausgleichen. Bei dem hohen Luftwiderstand des Piloten und der Verspannung beträgt die Gleitzahl nur etwa 10. Sie verbessert sich geringfügig, wenn zwei luftwiderstandsvermindernde Halbschalen um den Pilotensitz am Spannturm befestigt werden. Mit diesem »Boot« eignet sich der SG 38 auch zum Windenhochstart. Gelegentlich wurden damit sogar »C-Prüfungen« geflogen.

Von diesem Schulgleiter existieren noch mehrere Originale und nicht wenige neuere Nachbauten, mit denen einige »Oldtimer«-Segelflieger im Gummiseilstart gern ihre Jugenderinnerungen auffrischen – so beim gelegentlichen Nostalgiefliegen auf der Wasserkuppe. Tatsächlich sind Tausende junger Flugbegeisterter mit der Alleinschulmethode auf dem »SG 38« in den Gleit- und Segelflug eingeführt worden – und hunderte davon als Segel- oder Motorflieger auch 50 Jahre später noch aktiv.

Ebenso beliebt ist das Oldtimerfliegen mit Segelflugzeugmustern der dreißiger Jahre wie mit dem Übungssegler »Baby« (Farbfotos gegenüber Seite 144 und folgende).

Die Leitlinie Übungssegelflugzeuge

Bereits in den zwanziger Jahren wurde die Flugausbildung nach der Alleinschulmethode im Anschluß an die Gleitflugprüfungen mit eigens dafür konstruierten Übungsseglern fortgesetzt. Auch bei diesen Mustern ergibt sich eine Leitlinie: Sie beginnt 1922 mit dem Segelflugzeug D 4

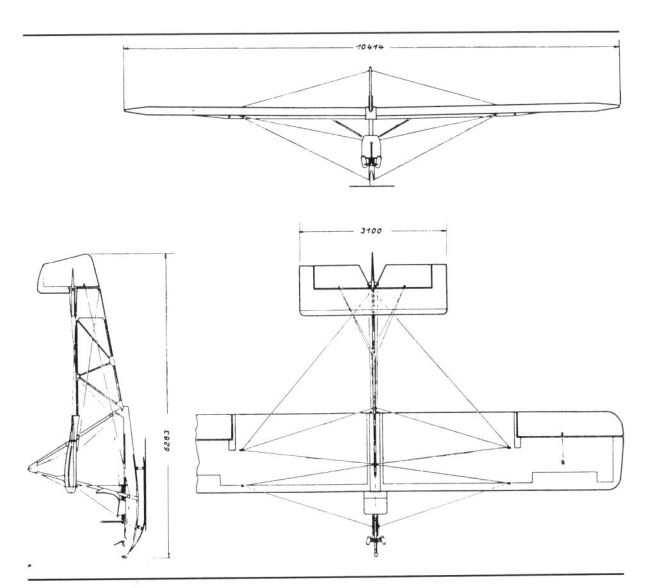

Der SG 38 – das meistgebaute Gleitflugzeug.

Übungssegelflugzeug D 4 »Edith« mit *Albert Botsch*.

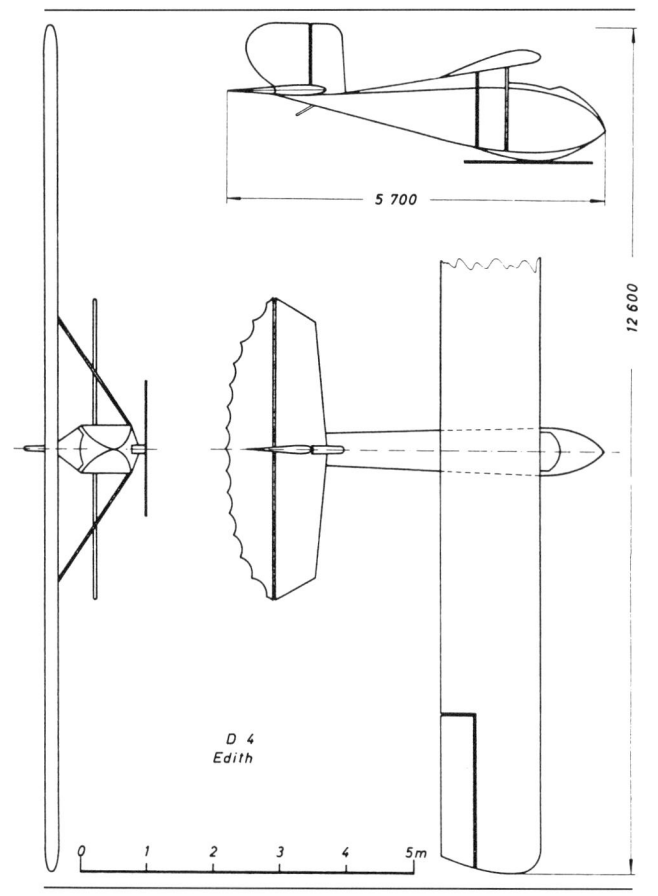

Die »Edith«. Charakteristisch ist die spitze Rumpfnase.

Der »Prüfling« von 1926.

RRG-»Falke« mit gepfeilter Tragfläche.

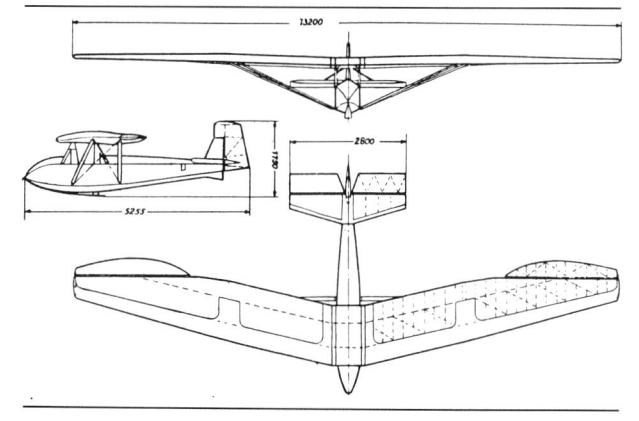

Der »Falke« – entwickelt aus dem schwanzlosen »Storch«.

»Edith« der Akaflieg Darmstadt (Taufpatin war die Tänzerin *Edith Bielefeld,* die einen Teil der Baukosten beigesteuert, »ertanzt« hatte). Die »Edith« war ein abgestrebter Hochdecker von 12,60 m Spannweite, einer Flügelstreckung von 8,5 und einer Rüstmasse von 110 kg. Die Tragfläche – Profil Göttingen 426 – war rechteckig mit abgerundeten Randbögen und zweiteilig. Ihre beiden Holme, der vordere mit Sperrholznase, wurden mit je zwei Streben zur Rumpfunterseite abgefangen. Der Rumpf, bestehend aus vier Längsgurten und Spanten, war ganz mit Sperrholz beplankt. Auffallend war der spitz zulaufende Rumpfbug. Beim Rhönwettbewerb wurde das Flugzeug als beste Werkstattarbeit bewertet. In seiner kompakten, robusten Bauweise wurde es zum Vorbild für eine Reihe weiterer Übungssegelflugzeuge, so für die »Bremen«, die *Fritz Stamer* 1922/23 entwarf. Der »Prüfling« von *Lippisch* und *Stamer* folgte 1926. Nach den damit gemachten Erfahrungen entwickelte *Lippisch* den »Hangwind« (benannt nach dem Spitznamen von *Lippisch*) und daraus 1927 den »Falken«. Die Konstruktionsarbeit oblag *Hans Jacobs,* der als frisch ausgebildeter Ingenieur gerade erst zur »Abteilung Flugtechnik« unter *Lippisch* gestoßen war. Der »Falke« wurde noch bis weit in die dreißiger Jahre gern geflogen, obwohl ihm das »Baby II« (ab 1933) längst den Rang abgelaufen hatte.

Das wahrscheinlich letzte und einzige Original eines »Falken«, das in gutem Zustand erhalten geblieben ist, hängt im Deutschen Segelflugmuseum auf der Wasserkuppe. Charakteristisch ist der pfeilförmige Flügel, der in Verbindung mit einer starken Schränkung dem Flugzeug eine ausgezeichnete Stabilität um alle Achsen gab. Hauptgrund für die Pfeilung, die den Auftriebsmittelpunkt des Flügels weiter nach hinten legte, war jedoch der Schutz für den Piloten, der beim »Falken« unter und nicht wie allgemein üblich vor der Tragfläche saß und noch dazu von den kräftigen Stützstreben für die Flügelhalterung umgeben war. Tatsächlich hat es bei den (nicht gerade seltenen) Brüchen mit diesem Übungssegler nie schwere Verletzungen gegeben – ein verständlicher Grund für seine Beliebtheit, obgleich es fast artistischer Gewandtheit bedurfte, um überhaupt in den Pilotensitz hinein- und wieder herauszukommen. Wegen der im Pfeilflügel schräg angeordneten Rippen waren der Gruppennachbau sowie Reparaturen schwierig.

Die Leitlinie Grunau »Baby«

Die Geschichte dieses Übungssegelflugzeugs, das weltweite Verbreitung fand, bestätigt den Evolutionsgedanken besonders deutlich. Mit einer Produktionszahl von weit über 5000 ist es bis heute das meistgebaute Segelflugzeug in der Welt. Seine Konstruktion wird nicht selten *Wolf Hirth* zugeschrieben. Im Wesentlichen stammt sie jedoch von *Edmund Schneider* (1901–1968), einem der fähigsten, zugleich aber auch bescheidensten Konstrukteure der dreißiger Jahre. Wie *Espenlaub* und *Hirth* war er Schwabe. Im Ersten Weltkrieg hatte er als junger Flugzeugbauer bei der Reparatur verschiedener damaliger Flugzeugmuster große praktische Erfahrungen sammeln können. Danach war er kurze Zeit Luftpolizist. Seine sichere Beamtenposition gab er jedoch zugunsten des Segelflugzeugbaues zunächst auf der Wasserkuppe, später in Grunau auf. Schon bald nach Gründung seiner eigenen Werkstatt konstruierte er dort »Wiesenbaude I« und »Wiesenbaude II«. *Wolf Hirth,* der von 1931 an die Segelflugschule Grunau leitete, schätzte die bei *Schneider* hergestellten Flugzeuge sehr hoch ein; wie Filmaufnahmen zeigen, traute er sich mit dem Schulgleiter »Grunau 9« sogar Loopings zu fliegen. In Zusammenarbeit mit ihm entwarf *Schneider* die »ES 31 Stanavo« (16 m Spannweite), wobei er die Erfahrungen mit den »Wiesenbaude«-Mustern nutzte. Daraus entstand im Winter 1930/31 ein kleineres und einfacheres Übungssegelflugzeug, das

ES 31 »Stanavo« – 16 m Spannweite.

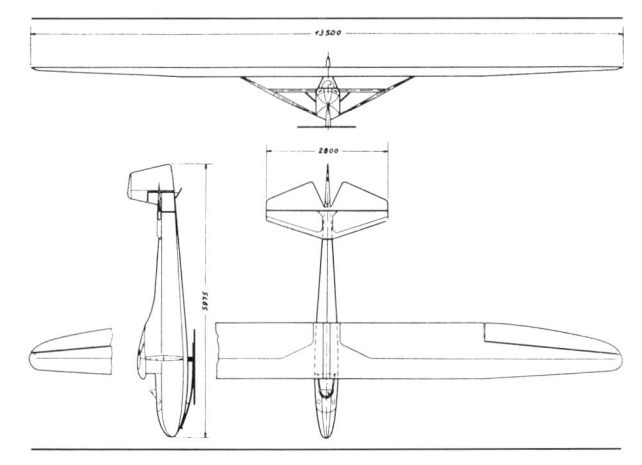

»Baby II A«.

»Baby II B« mit Sturzflugbremse.

»Baby II B« als beliebter Oldtimer.

»Baby III« mit geschlossener Haube.

Das »Motor-Baby« mit dem 18-PS-Köller-Motor.

»Grunau-Baby«. Bei 12,87 m Spannweite wog es nur 98 kg. Das Profil, abgeleitet aus Gö 535, hatte sich schon bei der »Stanavo« bewährt. Auch der Rumpf ähnelte dem Vorgänger: Er war sechseckig in üblicher Holzkonstruktion und vollständig mit Sperrholz beplankt. Der junge Ingenieur *Paul Steinig,* der bei *Schneider* schon an der Entwicklung der ES-29 mitgearbeitet hatte, übernahm die Flugerprobung, die recht vielversprechend verlief. Tatsächlich fand der neue Übungssegler sofort Anklang. Da die schnelle Entwicklung des Segelfluges bald aber festere und wendigere Muster notwendig machte, ließ *Schneider* seine Konstruktion durch den damals erst 24jährigen Statiker *Emil Rolle* überarbeiten. Der Flügel, dessen Spannweite geringfügig auf 13,50 m vergrößert wurde, erhielt einen Hilfsholm. Verstärkt wurde auch die Flügelbefestigung. Das praktisch neue Muster erhielt den Namen »Baby II«. Erneut nahm die Nachfrage schnell zu, so daß *Schneider* seine Produktionsmöglichkeiten erweitern mußte. Einen zusätzlichen Schub gab es, als *Paul Steinig* beim Rhönwettbewerb 1933 mit dem einfachen »Baby« gegen die große Konkurrenz immerhin noch den 8. Platz belegen und *Kurt Schmitt* am 3. und 4. August 1933 über Korschenruh in Ostpreußen im selbstgebauten »Baby« einen neuen Dauerweltrekord von 36 Stunden und 36 Minuten aufstellen konnte.

Trotz dieser Erfolge kam es noch 1933 zu einer Weiterentwicklung: Durch Verstärkung des Rumpfhecks, Vergrößerung der Querruder zur Verbesserung der Wendigkeit und Einbau einer abwerfbaren Haube mit Windschild (»Halskrause«) entstand das »Baby II A«. 1938 wurde es noch einmal durch Vergrößerung der Querruder und den Einbau der von *Schempp–Hirth* entwickelten Sturzflugbremse neuen Erfordernissen angepaßt und jetzt als »Baby II B« bezeichnet, das zudem statt der Kufe bald auch noch ein fest eingebautes Rad bekam. Bei einer Spannweite von 13,50 m hatte dieses letzte Vorkriegsmuster, das sogar beschränkt kunstflugtauglich war, ein Seitenverhältnis von 12,2 und eine Rüstmasse von 137 kg. Die Zuladung betrug 90 kg. Die beste Gleitzahl von 17 wurde bei 55 km/h erreicht, die günstigste Sinkgeschwindigkeit von 0,85 m/s bei 45 km/h. Trotz dieser im Verhältnis zu den Leistungssegelflugzeugen der dreißiger Jahre nicht sehr günstigen Werte sind mit dem »Baby« Streckenflüge über 200 km gelungen. Für die Bedingungen zum Silbernen Leistungsabzeichen – 5 Stunden Dauerflug, 1000 m Startüberhöhung und 50 km Strecke – war es geradezu das Standardflugzeug.

Nach Wiederzulassung des Segelfluges im Jahre 1951 wurde es als »Baby III« mit kleinen Verbesserungen neu aufgelegt. Ein wesentlicher Fortschritt war lediglich die geschlossene Haube über dem Pilotensitz. In manchen Vereinen und vor allem von Oldtimer-Liebhabern wird das »Baby III« heute noch gern geflogen. Die Flügelaufhängung mit drei Bolzen ist allerdings etwas problematisch.

Eine Variante in den dreißiger Jahren war das »Motor-Baby«, das auf Initiative von *Emil Rolle* konstruiert wurde und mit einem 18 PS(14 kW)-Köller-Motor als einer der ersten wirklich brauchbaren Motorsegler gilt; 25 Exemplare wurden gebaut.

Frühe Motorsegler

Mit dem »Motor-Baby« war Mitte der dreißiger Jahre bereits ein Teil-Ziel erreicht: die Motorisierung eines bewährten Segelflugzeug-Musters mit einem relativ zuverlässigen Leichtmotor. Die 18 PS (14 kW) des Köller-Motors reichten zum Start ohne fremde Hilfe aus, und wenn es keine Panne gab, war die Flugdauer nur durch die mitgeführte Treibstoffmenge beschränkt. Doch kaum jemand traute sich, den Motor in ausreichender Höhe abzuschalten und zum reinen Segelflug überzugehen. Das große, noch ungelöste Problem war das zuverlässige Wiederanlassen des Motors während des Fluges. Zwar bedeutete der Köller-Motor (benannt nach seinem Konstrukteur; er ist auch als Kroeber-M-4-Motorm, nach der Herstellerfirma, bekannt geworden) gegenüber bisher benutzten Leichtmotoren bereits einen großen Fortschritt an Zuverlässigkeit, doch zum »Motor-Segeln«, wie wir es heute verstehen und wie es der Gesetzgeber definiert hat, reicht er bei weitem noch nicht aus.

Der Gedanke, ein Gleit- oder Segelflugzeug zur Erleichterung des Starts und der Rückholung mit einem Motor auszurüsten, geht auf das Jahr 1920 zurück. Damals schlug *Eugen von Loeßl* kurz vor seinem tödlichen Unfall das »Segelflugzeug mit Hilfsmotor« vor. *Oskar Ursinus*, dem Organisator der Rhön-Segelflug-Wettbewerbe, schwebte dagegen eher ein Leichtflugzeug mit einem Motor von 10–15 PS vor. Ein erster Wettbewerb dafür wurde für die »5. Rhön« 1924 ausgeschrieben. Für »Motorgleiter« – dieser Begriff tauchte jetzt erstmals auf – wurden vorgeschrieben: bei Einsitzern Motoren bis zu 750 cm^3 und 30 kg Masse, bei Doppelsitzern bis zu 1000 cm^3 und 40 kg Masse. Ausreichende Gleit- oder auch gar Segeleigenschaften waren nicht gefordert. Das führte zu einer Verzerrung der Ergebnisse. Statt eines »Motorgleiters« siegte ein Leichtflugzeug: U 7 »Kolibri« (10 m Spannweite), geflogen von *Ernst Udet* – allerdings nur im Motorflug, denn für den Gleit- oder Segelflug war dieses Muster kaum geeignet. Flugzeuge die den Begriff »Motorgleiter« oder gar »Motorsegler« gerechtfertigt hätten wie *Willy Messerschmitts* S 15 oder *Paul Bäumers* »Roter Vogel« (siehe unten), scheiterten an der Unzulänglichkeit ihrer Motoren. Kurz darauf gab es auch in Rossitten an der Kurischen Nehrung einen Leichtflugzeug-Wettbewerb. *Arthur Martens* war es, der seine motorisierten Segelflugzeuge »Max« und »Moritz« erstmals als »Motorsegler« bezeichnete. *Messerschmitt* erschien mit der M 16, einem Hochdecker mit 20 PS (14,7 kW)-Motor, der jedoch von seiner Auslegung her eher ein Leichtflugzeug als ein Motorsegler war. Als erster wirklicher Motorsegler gilt ein Flugzeug der »Darmstädter«: D 8 »Karl der Große«.

Einige Luftfahrthistoriker halten die »K. F.« von 1923 für den ersten Motorsegler, weil sie aus einem Segelflugzeug der Flugwissenschaftlichen Vereinigung Aachen (»FVA Rheinland«) hervorgegangen ist. Angetrieben von einem 7,5-PS-Motorradmotor machte die »K. F.« nach einigen unsicheren Flügen auf der Wasserkuppe total Bruch, wobei der Pilot schwer verletzt wurde. Als Ursache wird Querruderflattern vermutet. Da der eigentliche Wettbewerb erst später stattfand und die Leistungen der »K. F.« nur schwach waren, geriet das Flugzeug in Vergessenheit.

Paul Bäumers »Roter Vogel« mit 8-PS-Motor.

D 8 »Karl der Große« – doppelsitziger Motorsegler zur Schulung.

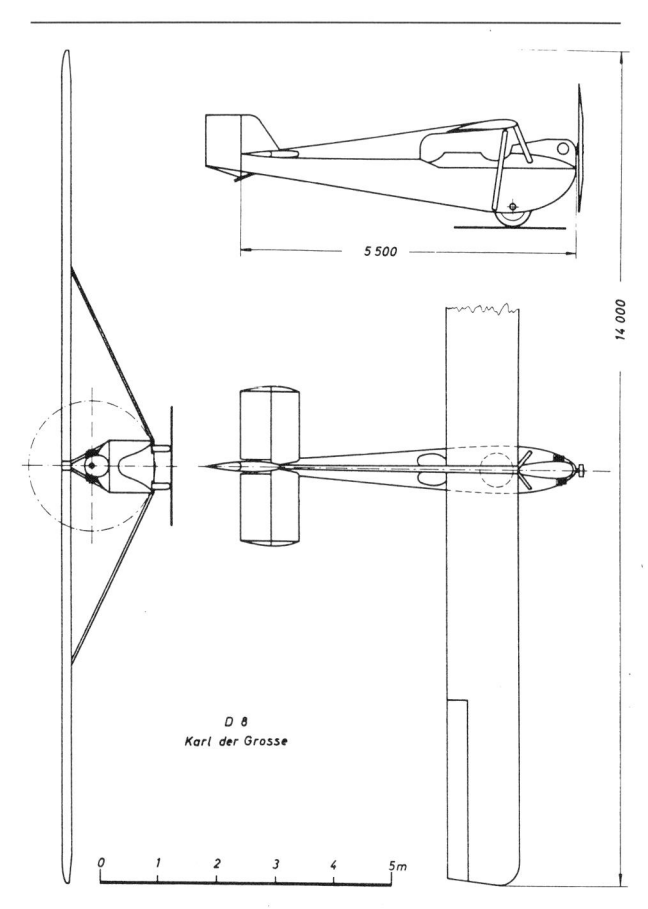

D 8 »Karl der Große«

Von *Karl Plauth,* Mitglied der Akaflieg Darmstadt, wurde die D 8, inoffiziell auch »Plauth-Kahn« genannt, 1923 konstruiert und noch im selben Jahr von der Bahnbedarf AG Darmstadt gebaut. Es war ein zweisitziger, offener, abgestrebter Hochdecker. Seine im Vergleich zu anderen leichteren Motorflugzeugen große Spannweite von 14 m und hohe Flügelstreckung von 11 kennzeichnete ihn als Motorsegler. Schon vom Grundkonzept her war er auf das Fliegen mit abgestellten Motor vor allem zum Zwecke der Segelflugschulung ausgelegt, und hierbei hat er sich auch außerordentlich bewährt. *Otto Fuchs* (1897–1987) hat darauf eine Reihe später berühmter Segelflieger ausgebildet, darunter auch *Johannes Nehring* und *Peter Hesselbach*. Das Tragwerk der D 8 war zweiteilig und einholmig; mit seiner Sperrholz-Torsionsnase besaß es den gleichen Aufbau wie der »Vampyr« und der »Konsul«. Zur Verringerung des Bauaufwandes hatte der Flügel einen rechteckigen Umriß und nur geringe Schränkung. Mit dem segelflugbewährten Profil Göttingen 426 erreichte das Flugzeug immerhin eine Gleitzahl von annähernd 15 bei einem günstigsten Sinken von 1,4 m/s (Motor im Leerlauf). Der Rumpf, der aus vier Gurten mit Spanten bestand und mit Sperrholz beplankt war, trug vorn den Haacke 2-Zylinder-Boxermotor von 30 PS (22 kW), dessen Zuverlässigkeit leider zu wünschen übrigließ. Trotzdem erwies sich »Karl der Große« als recht erfolgreich. Mit ihm gelang *Otto Fuchs* im Frühsommer 1925 der wahrscheinlich erste bewußte und beabsichtigte Thermikflug. Nachdem er seinen Flugschülern *Nehring* und *Hesselbach* mitgeteilt hatte, was er vorhatte, startete er auf dem Babenhausener Exerzierplatz, über dem er schließlich mit abgestelltem Motor kreisend deutlich Höhe gewann. Kurze

D 8 »Karl der Große«.

D 11 »Mohamed«.

Zeit später flog *Peter Hesselbach* die D 8 erfolgreich bei der »6. Rhön«.

Im selben Jahr glückte *Otto Fuchs* ein weiterer Thermikflug mit einer Darmstädter Konstruktion: Mit dem Leichtflugzeug D 11 »Mohamed«, einem Tiefdecker mit 10,70 m Spannweite und einem 20-PS(15 kW)-2-Zylinder Blackburn-Motor, segelte er bei einem Wettbewerb nach Motorausfall bewußt thermisch über Fürth. Auf der »6. Rhön« hatte *Hesselbach* auch dieses neue Muster vorgeführt. Es hieß ursprünglich »Mahomet« – nach den Konstrukteuren (**Ma**ssenbach und **Ho**ppe **m**achen **e**inen **T**iefdecker). Weitere erfolgreiche Darmstädter Leichtflugzeuge – an der Grenze zum Motorsegler – waren die von *Albert Botsch* entworfenen BAG E I, D I, D II und II a aus den Jahren 1924/25 sowie die von *Hermann Hofmann* stammenden GMG 1, 1a und 2 von 1927. BAG bedeutet, daß diese Muster von der Firma Bahnbedarf AG (unter Aufsicht der Akaflieg) gebaut wurden. Die GMG-Muster entstanden bei der Firma Gebrüder Müller, Griesheim. Dem Trend der Zeit entsprach es, daß von nun an bei den Akafliegs eine Reihe beachtenswerter Motorflugzeuge entstanden – und bei Segelflugzeugen sehr leistungsfähige Muster. Der Trend zum Motorflugzeug – teils aus Enttäuschung über die Mitte der zwanziger Jahre stagnierende Segelflugentwicklung, teils im Hinblick auf die besseren Zukunftschancen – zeigte sich am deutlichsten bei *Willy Messerschmitt*, dessen Sport- und Übungsflugzeug M 17 aus dem Jahre 1925 seine letzte Konstruktion war, die »an der Grenze zum Motorsegler« angesiedelt werden kann. Danach hat er nur noch Motorflugzeuge konstruiert.

Messerschmitt M 17

Das Sportflugzeug M 17 war ein freitragender Schulterdecker in der üblichen Holzbauweise, der von einem 25-PS-(18,4 kW)-Bristol-»Cherub«-Motor angetrieben wurde. Das Ein- und Aussteigen war wegen der schmalen Einstiegsöffnungen direkt unter der Tragfläche denkbar unbequem und ohne fremde Hilfe kaum möglich, doch die guten Flugeigenschaften und -leistungen der M 17 kompensierten diesen Nachteil weitgehend. Das Flugzeug hatte 11,60 m Spannweite und eine Flügelstreckung von knapp 10. Die Zuladung entsprach der Rüstmasse von 186 kg und war damit außerordentlich günstig wie auch bei vielen späteren Sportflugzeugmustern von *Messerschmitt*. 1925 siegte die M 17 im Oberfrankenflug. Im Herbst 1926 überquerten *Werner von Langsdorff* und *von Conta* mit diesem Flugzeug auf einem Fernflug von Bamberg nach Rom die Zentralalpen. Gebaut wurden wahrscheinlich nur vier Exemplare. Eines davon hängt heute im Deutschen Museum in München. Seinen guten Erhaltungszustand verdankt es einem amerikanischen Offizier, der es nach 1945 in einer Flugzeughalle vorfand, es wieder instandsetzte und sogar damit geflogen sein soll.

Messerschmitt M 17 im Deutschen Museum – mit diesem Flugzeug wurden die Alpen doppelsitzig überquert.

Die weitere Entwicklung der Motorsegler wird in einem späteren Kapitel zusammenhängend geschildert.

Wissenschaft und Technik weisen neue Wege

Es gibt nichts Praktischeres als eine gute Theorie.

Ludwig Prandtl

Segelflug ist Sport, doch seine technischen und taktischen Hilfsmittel basieren auf wissenschaftlichen Erkenntnissen und erfordern deshalb zu ihrer Weiterentwicklung intensive und koordinierte wissenschaftliche Arbeit. Andererseits bietet der Segelflug in den ihn berührenden Disziplinen ein Erfahrungs- und Experimentierpotential, wie es sich die Wissenschaft kaum besser wünschen kann.

Das wurde schon Anfang der zwanziger Jahre klar erkannt. Um Sport, Wissenschaft und Technik im Zusammenhang mit dem Segelflug und zu seiner Förderung straffer zu organisieren und vor allem auch im Wettbewerbe als wichtigste Gradmesser des jeweiligen Entwicklungsstandes vorzubereiten und zu veranstalten, wurde am 31. August 1924 auf der Wasserkuppe die »Rhön-Rossitten-Gesellschaft« (RRG) gegründet. In ihr schlossen sich die beiden damals bedeutendsten Segelflugzentren Wasserkuppe und Rossitten zu gemeinsamer Entwicklungsarbeit zusammen. Einer der Initiatoren und langjährigen Förderer des Segelfluges, Konsul *Dr. Karl Kotzenberg* (1866–1940), übernahm den Vorsitz der Gesellschaft. Am 1. April 1925 wurde der RRG ein Forschungsinstitut angegliedert, das zunächst *Professor Dr. D. Wilhelm Schlink,* doch schon ab 1926 *Professor Dr. Walter Georgii* (1888–1968) leitete. *Georgii* war Professor der Meteorologie in Darmstadt. Vom 1. Oktober 1925 an gehörte auch die Martens-Fliegerschule auf der Wasserkuppe zum Forschungsinstitut; die Schulleitung übernahm *Fritz Stamer* (1897–1969). Für die flugtechnische Abteilung war *Alexander Lippisch* (1894–1976) zuständig. Aus dieser Dreiteilung ergaben sich die drei Aufgabenschwerpunkte des Forschungsinstituts:

1. Erforschung der atmosphärischen Bedingungen des Segelfluges *(Georgii)*
2. Konstruktion leistungsfähiger motorloser Flugzeuge und Erstellung von Zeichnungen für den Nachbau durch Fliegergruppen *(Lippisch)*
3. Systematische Segelflugausbildung und Weiterentwicklung der Alleinschulmethode *(Stamer).*

Die Alleinschulmethode und die dazu erforderlichen Flugzeuge wurden bereits geschildert. Ergebnisse und Erfolge der Aufgabengebiete 1. und 2. umreißen die folgenden Abschnitte und Kapitel.

Um die Mitte der zwanziger Jahre befand sich der Segelflug in einer Krise, die darauf beruhte, daß nach der anfänglich euphorischen Überschätzung des Hangsegelfluges in der Öffentlichkeit nun seine engen Grenzen deutlich wurden.

Trotz einzelner hervorragender Leistungen (wie dem Streckenweltrekord von *Nehring* mit dem »Konsul« von 24,4 km und seinem Höhenweltrekord von 435 m im Hangflug) stagnierte, wie es schien, die weitere Entwicklung zur Enttäuschung mancher Flugbegeisterter, von denen sich nicht wenige dem inzwischen wieder freigegebenen Motorflug zuwandten. Selbst *Professor Georgii* befürchtete das »Ende weiterer Fortschritte im motorlosen Flug«, doch er setzte seine Forschungsarbeiten mit dem Ziel, außer dem Hangaufwind auch noch weitere Aufwindmöglichkeiten in der freien Atmosphäre nutzbar zu machen, unbeirrt fort. Anfangs hatte er – wie *Friedrich Harth* – den dynamischen Segelflug (Ausnutzung von mit der Höhe sich verändernder Windgeschwindigkeiten und -richtungen) für möglich gehalten, aber sehr bald erkannt, daß er sich mit den vorhandenen technischen Möglichkeiten nicht verwirklichen ließ. Jetzt konzentrierte *Georgii* seine Forschungsarbeit, u. a. angeregt durch *Kurt Wegener* und *Albert Botsch,* auf die thermischen Aufwinde und ihre Nutzung für den freien Segelflug. Doch andere Fachleute waren geneigt, der Krisenstimmung nachzugeben und den Segelflug als eine kurze, nicht sehr bedeutende Episode der Luftfahrtgeschichte abzutun. Es bestand die Gefahr, daß die ohnehin geringen Fördermittel für die Wettbewerbe bald ganz ausblieben.

Altmeister des Segelfluges der zwanziger Jahre: *Espenlaub – Kegel – Nehring – Papenmeyer – Schulz.*

Max Kegels Gewitterflug

In dieser Lage kam wieder einmal ein Zusammentreffen günstiger Umstände dem Segelflug zu Hilfe.
Der Rhönwettbewerb 1926 war zunächst ohne besondere Höhepunkte verlaufen. Das zeitweise ungünstige Wetter brachte die Wettbewerbsleitung dazu, Flüge mit Ziellandung auf vorgegebenen Plätzen, etwa dem »Zuckerfeld« oder der »Eube«-Hochfläche, auszuschreiben. Diese waren schwieriger als erwartet, da die damaligen Segelflugzeuge noch keine Landehilfe wie z. B. Bremsklappen hatten. Krampfhafte Landeversuche führten dazu, daß es an einem Tag, dem 1. August, gleich sechs Brüche gab – ein weiterer Minuspunkt für den Segelflug in den Augen der Öffentlichkeit. Einer der Betroffenen war *Max Kegel* (1894–1983), Beamter der Luftpolizei auf der Wasserkuppe. Mit nur einem Helfer hatte er sich ein Segelflugzeug ähnlich dem »Konsul« gebaut, aber erheblich fester – glücklicherweise, wie sich bald zeigen sollte. Vor einem schweren Bruch durch Baumberührung hatte ihn die robuste Bauweise allerdings nicht bewahren können. In Tag- und Nachtarbeit und mit vielfältiger Unterstützung baute er seine »Kassel« wieder auf, so daß er sie schon am 6. August wieder einfliegen konnte. Bezeichnend ist, daß sein Flug nach Gersfeld an diesem Tag zugleich seine »C-Prüfung« war. Am 12. August scheiterte zunächst ein Dauerflugversuch, doch *Kegel* startete am frühen Nachmittag noch einmal – vor einem aufziehenden Gewitter. Außer einem Fahrtmesser mit Schalenkreuz gab es in seinem Flugzeug keine Fluginstrumente, und ein Fallschirm war beim Segelfliegen schon aus Kostengründen noch nicht üblich. In seiner »Kassel« wurde *Kegel* zum Entsetzen der übrigen Wettbewerbsteilnehmer und Besucher in die Wolke hineingesogen. Als das Gewitter nach Platzregen und Hagel wieder abgezogen war, begann vom Flugzeug aus die Suche nach den vermeintlichen

Max Kegel in seiner »Kassel«.

Trümmern der »Kassel«, doch in weitem Umkreis fand man keine Spur von einem abgestürzten Segelflugzeug. Nach bangen Stunden gab es am späten Nachmittag einen Telefonanruf, den *Professor Georgii* entgegennahm: *Kegel* meldete sich aus Gompertshausen bei Coburg. Dort war er nach seinem Gewitterflug glatt und unverletzt gelandet – 55,2 km von der Wasserkuppe entfernt. Die Freude und Begeisterung kannte kaum Grenzen. Es war nicht allein die Erleichterung darüber, daß »Gewittermaxe«, wie er bald überall genannt wurde, heil davongekommen war und einen spektakulären Streckenweltrekord aufgestellt hatte, sondern auch die Erkenntnis, daß er mit diesem ersten Segelflug unabhängig vom Hangaufwind allein im Aufwind der freien Atmosphäre neue Möglichkeiten eröffnet und den Segelflug vor der Stagnation und Resignation bewahrt hatte. Sein Flug wurde auch in der breiten Öffentlichkeit als sensationell

Kegels Start auf der Wasserkuppe – er ahnte noch nicht, daß ihm ein Gewitterflug bevorstand.

empfunden und wertete den von manchen schon abgeschriebenen motorlosen Flug wieder auf. Ein Ende der Rhönwettbewerbe, das wegen ausbleibender Zuschüsse und Spenden befürchtet werden mußte, stand nicht mehr zur Diskussion.

Die »Kassel« von Max Kegel

Das von *Kegel* selbst konstruierte und gebaute Flugzeug, die »Kassel«, hat allein durch ihre feste Bauweise das glückliche Ende des gefährlichen Abenteuers ermöglicht. Über dieses Flugzeug gibt es kaum noch Unterlagen – lediglich die Fotos, die beim Start zum Gewitterflug und im Zusammenhang damit entstanden sind, und eine Beschreibung von *Max Kegel* selbst, die in *Peter Riedels* »Start in den Wind« veröffentlicht ist. Darin heißt es:

»Nachdem ich in den Wettbewerben 1923, 1924 und 1925 in Rhönwettbewerben sowie 1924 und 1925 in Rossitten immer mit nichteigenen Flugzeugen geflogen war, wurde mir klar, daß ich den Wettbewerb 1926 mit einem selbstkonstruierten und gebauten Segelflugzeug bestreiten müsse. Dadurch, daß ich viele Segelflugzeugtypen – gute, sehr gute und schlechte – geflogen hatte und außerdem in den Wettbewerben mit offenen Augen sämtliche Flugzeugtypen auf ihre Leistungen und Flugeigenschaften beobachtet hatte, konnte ich mir ein Bild machen, wie mein neues Segelflugzeug aussehen mußte. Gleich nach dem Rhönwettbewerb 1925 wurden Skizzen und Entwürfe gemacht und es wurde über den Daumen gepeilt. Ich wurde mir über Form, Seitenverhältnis, Profil usw. klar. Folgende Hauptpunkte wurden bei der Konstruktion ins Auge gefaßt: 1. Normale gute Flugleistungen. 2. Sehr gute Stabilitätseigenschaften und ausgezeichnete Wendigkeit. 3. Gute Sichtverhältnisse und schnelle Montage. 4. Hohe Festigkeit. All diese Punkte auf einen Nenner zu bekommen und dabei ausgezeichnete Flugleistungen herauszuholen, war schon eine lohnende Aufgabe. Als ich nun mit dem Bau beginnen wollte, kam mir das Schicksal dabei zu Hilfe: *Arthur Martens* hatte einen tüchtigen Flugzeugschreiner entlassen. Er hieß Paul, genannt Paulchen. Ich machte ihm den Vorschlag, bei mir auf der Wasserkuppe in einer Baracke der Rhön-Rossitten-Gesellschaft mit mir zusammen ein Segelflugzeug zu bauen. Unter recht primitiven Verhältnissen ... wurde mit dem Bau begonnen. Es wurden die wichtigsten Werkzeuge und hochwertiges Material – polnische Kiefer, Sperrholz usw. – gekauft. Das Zuschneiden des Holzes mußte in Gersfeld beim Schreiner vorgenommen werden. Nicht zu vergessen ist noch: Während des Bauens entschloß ich mich, die schon fertigen Flügelholme noch zu verstärken, um später das Flugzeug mit einem Hilfsmotor ausrüsten zu können. Es wurde auf den fertigen Kastenholm noch ein Ober- und Untergurt aufgeleimt und dann nochmals mit Sperrholz beplankt, also doppelter Kastenholm. Dieses hat sich später im Wettbewerb 1926 bei meinem Gewitterflug günstig ausgewirkt ...«

Soweit *Max Kegel* über Konstruktion und Bau seiner »Kassel«, die eine Spannweite von 16 m und eine Flügelstreckung von rund 15 hatte. Leer- und Flugmasse sowie Leistungsdaten sind nicht bekannt. Die Gleitzahl lag schätzungsweise zwischen 18 und 20.

Der Jubel über *Kegels* Flug drängte eine fliegerische Leistung, die streng genommen weit mehr zur Loslösung des Segelfluges von den Fesseln des Hangaufwindes beigetragen hat, in den Hintergrund: den Milseburgflug von *Johannes Nehring* (1902–1930) am Tag danach. Bei nur mäßigem Wind war er auf der Wasserkuppe gestartet, um zur 6 km entfernten Milseburg und zurück zu fliegen. Der Meister des Hangsegelfluges erfüllte diese damals außerordentlich schwierige Wettbewerbsaufgabe – doch nur dadurch, daß ihn beim Abflug eine entstehende Cumuluswolke auf über 300 m emporhob. *Professor Georgii* hatte sie beobachtet und *Nehrings* Steigen richtig gedeutet, doch noch schien ihm eine Nutzung thermischer Aufwinde nur zufällig möglich. Erst zwei Jahre später, nach *Kronfelds* Himmeldunkbergflug, erkannte er die Thermik als universell und systematisch nutzbare Aufwindart.

Die Darmstädter Schule

Dieser erste Ziel-Rückkehrflug der Segelfluggeschichte gelang *Nehring* auf einem Flugzeug der Darmstädter Schule:

D 12 »Roemryke Berge«

Der Entwurf der D 12 (1924) stammte von *Erich Schatzki* von der Akaflieg Darmstadt. In Weiterentwicklung des »Konsul« war »Roemryke Berge« (Ruhmreiche Berge) aerodynamisch noch besser durchgebildet. Der Rumpf verjüngte sich tropfenförmig, und er besaß hinter dem (noch frei dem Fahrtwind ausgesetzten) Kopf des Piloten einen sich ebenfalls verjüngenden Aufsatz, der einen aerodynamisch günstigen Rumpf-Flügel-Übergang ermöglichte. Diese Lösung wurde auch bei den Nachfolgemustern übernommen. Erstmals besaßen die Flügel durchgehende Wölbklappen, die an den trapezförmigen Außenflügeln Querruderfunktion hatten und das bereits 1924! Das Seitenruder war auf dem Rumpfende befestigt; der Rumpf ging in das Höhenruder über. Beide Ruder waren ungedämpft. Die gefederte Mittelkufe ließ sich, wie auch der kräftige Sporn, in den Rumpf einziehen – alles in allem also eine sehr fortschrittliche Konstruktion. Die Holzbauweise mit Stoff-

Die »Roemryke Berge« mit Wölbklappen im Mittelbereich des Flügels.

bespannung entsprach dem Bewährten: Das dreiteilige, einholmige Tragwerk mit Torsionsnase war freitragend, der spindelförmige Rumpf von elliptischem Querschnitt mit Gurten und Spanten sperrholzbeplankt. Bei 16 m Spannweite lag die Flügelstreckung bei 14,6. Bei einer Leermasse von 144 kg betrug die Zuladung 80 kg. Die Gleitzahl wird auf 18–20 geschätzt, die geringste Sinkgeschwindigkeit auf 0,80 m/s.

D 15 »Westpreußen«

Diese Konstruktion von *Hermann Hofmann* entstammte ebenfalls der »Darmstädter Schule«, wies zwar keine Besonderheiten auf wie die »Roemryke Berge«, war jedoch handlicher und trotz geringerer Leermasse (120 kg) robuster. Obgleich für *Ferdinand Schulz* konstruiert, blieb sie als erstes Leistungssegelflugzeug kein Einzelstück, sondern wurde in kleiner Serie (mit Spannweiten zwischen 14,50 m und 16 m) nachgebaut. Die Bauweise entsprach den vorangegangenen Flugzeugen. Der Rumpf lief breiter aus als bei »Roemryke Berge«, der Aufsatz für den Rumpf-Flügel-Übergang war nur angedeutet. Der Sitzausschnitt, ursprünglich eckig, wurde bei späteren Ausführungen immer besser verkleidet und sogar kabinenartig geschlossen. Als Profil hatte *Hofmann* Göttingen 535 gewählt; auch Göttingen 430 und 431 wurden teilweise verwendet. Nach Schätzungen lag die Gleitzahl zwischen 18 und 23, das beste Sinken zwischen 0,65 und 0,80 m/s. *Ferdinand Schulz* hielt mit seiner »Westpreußen«, die in Marienburg in einer Dachkammer gebaut worden war, zeitweise alle Segelflugrekorde (3. Mai 1927 in Rossitten 14 Stunden 7 Minuten; 14. Mai 1927 60,2 km von Rossitten nach Memel; 10. Juli 1928 über Grunau im Riesengebirge 560 m Startüberhöhung). Die »Westpreußen«-Typen wurden bis 1934 gern und erfolgreich geflogen.

Vom »Vampyr«, noch deutlicher vom »Konsul« führt eine Leitlinie, die vor allem von der Akaflieg Darmstadt verfolgt wurde, über die zuletzt genannten Muster zur »Darmstadt«.

D 17 »Darmstadt I« und D 19 »Darmstadt II«

In beiden Flugzeugen, vor allem aber in der »Darmstadt II«, steckte die Summe der bisher gemachten Erfahrungen; sie waren, im eingangs genannten Sinne, die Ergebnisse einer echten Evolution, entsprechend erfolgreich und beispielhaft für die Segelflugzeugentwicklung auch außerhalb Mitteleuropas. Mehrere Jahre prägten sie das Bild des Segelflugzeugs in der Öffentlichkeit, bis mit dem Knickflügel Anfang der dreißiger Jahre die Vogelähnlichkeit »modern« wurde. *Hans Völker* hatte die »Darmstadt I« 1927 entworfen, GMG (Gebrüder Müller Griesheim) sie gebaut. Das Ziel war ein Flugzeug, das eine möglichst gute Gleitzahl auch bei erhöhter Geschwindigkeit aufweisen sollte, um bei dem damals noch fast ausschließlich üblichen Hangsegeln »Durststrecken«, aufwindlose Zwischenräume, vor allem bei Streckenflügen besser und schneller überwinden zu können. Tatsächlich siegte *Johannes Nehring* nach nur wenigen vorangegangenen Übungsflügen auf dem neuen Flugzeug beim Rhönwettbewerb 1927; mit einem Flug von 51,8 km an den Hängen der Rhön und des Thüringer Waldes errang er den »Fernsegelflugpreis«, und ihm gelang erneut ein Ziel-Rückkehrflug, diesmal zum Heidelstein.

Die »Darmstadt I« hatte 16 m Spannweite und eine Flügelstreckung von 15,5. Bei einer Leermasse von 155 kg und einer Zuladung von 95 kg lag ihre Flächenbelastung mit 13,5 kg/m^2 im Rahmen des damals üblichen (heute doppelt bis vierfach höher). Das Tragwerk war dreiteilig; die Außenflügel besaßen einen fast elliptischen Umriß und waren geschränkt. Als Profil hatte *Völker* das bewährte Göttingen 535 gewählt. Der Flügel saß noch etwas höher als bei der »Roemryke Berge« auf einem Aufsatz (dem »Türmchen«) auf dem Rumpf mit elliptischen Querschnitt. Eine Besonderheit war der automatische Querruderanschluß, der heute allgemein üblich ist. Höhen- und Seitenruder waren als Pendelruder ausgelegt. Die Gleitzahl lag um 20; als bestes Sinken wurde 0,65 m/s angegeben.

Nehring hatte noch eine Reihe weiterer bedeutender Erfolge auf der »Darmstadt I«. Bei einer Expedition der Rhön-Rossitten-Gesellschaft nach den USA im Jahre 1928 stellte *Peter Hesselbach* mit diesem Flugzeug mehrere amerikanische Rekorde auf. Nach einem Bruch bei einer harten Landung wurde es an den Amerikaner *Jack O'Meara* verkauft und wieder aufgebaut. Unter dem neuen Namen »Chanute« errang es weitere amerikanische Rekorde und Wettbewerbssiege. Als eines der ältesten erhalten gebliebenen Segelflugzeuge befindet es sich heute im National Soaring Museum in Elmira, dem amerikanischen Segelflugzentrum. Die Neukonstruktion D 19 »Darmstadt II« im Jahre 1928 stammte von *Franz Groß* der schon an der »I« mitgearbeitet

D 19 »Darmstadt II«.

Vor der »Darmstadt I« *Johannes Nehring* als erfolgreichster Pilot sowie die Konstrukteure *Hans Völker/Franz Groß* (v.l.n.r.).

Franz Groß

brachte die »Darmstadter Schule« nach den USA, nachdem er 1928 in Darmstadt sein Diplom erworben hatte. In Akron, Ohio, entwarf und baute er zwei Segelflugzeuge, kehrte aber schon nach zwei Jahren nach Deutschland zurück, um zu promovieren. Professor *Georg Madelung* von der TH Stuttgart war sein Doktorvater. Sein Thema lautete »Beiträge zur Entwicklung des Schleppfluges«, das er aufgrund seiner Untersuchungen und Überlegungen auf mehrsitzige Segelflugzeuge erweiterte. Dadurch gewann es später im Hinblick auf die Entwicklung von Lastenseglern eine unerwartete Bedeutung (siehe Seite 96). Nach seiner Promotion im Juli 1931 kehrte er nach den USA zurück und baute dort selbst mehrsitzige Segelflugzeuge, mit denen er oft Gastflüge unternahm. Dem amerikanischen Segelflugzentrum Elmira – südlich von New York – blieb er eng verbunden. 1998 ist er gestorben.

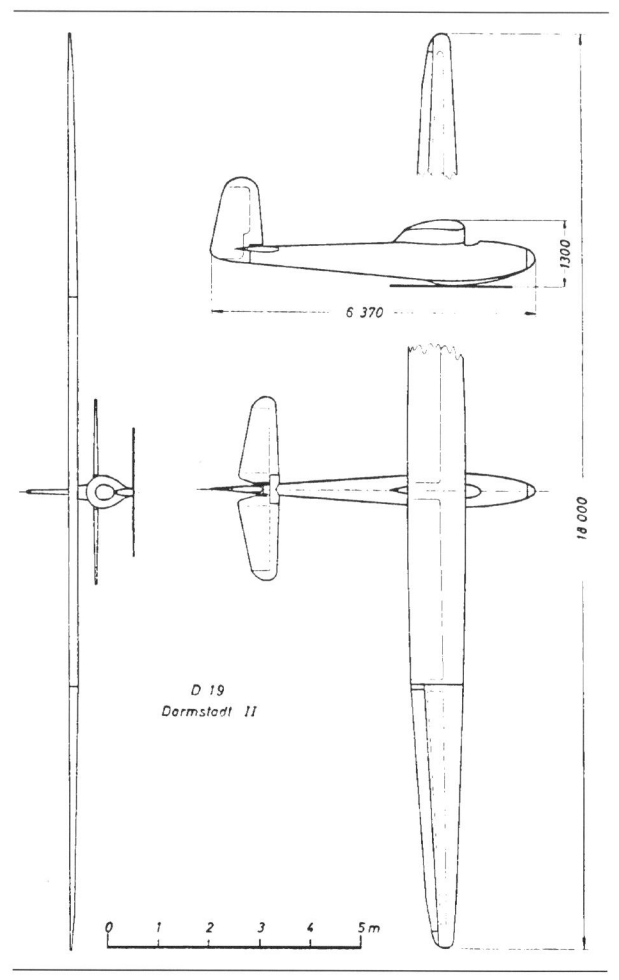

hatte und die damit gemachten bautechnischen und fliegerischen Erfahrungen berücksichtigen konnte. Mit Unterstützung der Akaflieg wurde das neue Flugzeug bei GMG in nur zwei Monaten gebaut, damit es noch an den sommerlichen Wettbewerben (zunächst im Juli in Vauville in Frankreich und im August in der Rhön) teilnehmen konnte. *Johannes Nehring* war auf beiden sehr erfolgreich. Von der Wasserkuppe aus steigerte er den Streckenweltrekord wieder mit einem Hangflug (nach Treffurt) auf über 70 km. »Darmstadt II« besaß bei gleicher Bauart wie »I« dank größerer Spannweite (18 m) und Flügelstreckung (19,2) bei gleichem Sinken eine bessere Gleitzahl (22). Dazu trugen wohl auch die höhere Leermasse (162 kg) und die etwas größere Flächenbelastung (14,3 kg/m²) bei. *Groß* hatte außerdem ein anderes, etwas dickeres Profil gewählt (nach *Joukowski*). Dank des elliptischen Flügelgrundrisses und mäßiger Schränkung sowie groß bemessener Ruder hatte die »Darmstadt II« sehr gute Flugeigenschaften. Ihre Steuerbarkeit und ihr harmloses Abkippverhalten ermöglichten – so *Peter Riedel* – sehr niedrige Hangsegelflüge, die mit den meisten anderen damaligen Mustern zu gefährlich gewesen wären. War die »Darmstadt II« schon von Anbeginn ein guter Wurf, blieb sie bis 1934 auf Wettbewerben selbst gegen aufwendigere Konstruktionen erfolgreich. Die Akaflieger *Hermann Hofmann* und *Paul Laubenthal* entwarfen mehrere Nachfolgemuster, darunter für *Wolf Hirth* die »Lore«, die »Würtemberg« und das »Musterle« sowie »Stadt Stuttgart«, »Hornberg«, »Hugo« und für *Edgar Dittmar* »Schloß Mainberg«, die alle der »Darmstädter Schule« zugerechnet werden.

D 19 »Darmstadt II«.

Alexander Lippisch und seine Konstruktionen

Seine Aufgabe als Leiter der Flugtechnischen Abteilung beim Forschungsinstitut der RRG war klar umrissen: Konstruktion leistungsfähiger motorloser Flugzeuge und Erstellung von Zeichnungen für den Nachbau durch Fliegergruppen. Bei seiner vielseitigen Begabung und seiner Freude am Experimentieren beschäftigten ihn jedoch immer wieder Sonderkonstruktionen, die – wie *Lippisch* selbst schrieb – für den Segelflug wenig geeignet waren, aber immerhin zunächst motorlos erprobt wurden.

Hierzu gehörte die RRG »Ente«, zu der *Lippisch* wahrscheinlich durch eine Entenkonstruktion von *Wolfgang Klemperer* aus dem Jahre 1921 inspiriert worden war. Um den damals noch für möglich gehaltenen dynamischen Segelflug zu erproben, war *Klemperer* von der Vorstellung ausgegangen, daß ein Flugzeug mit vorn liegendem Höhenruder besser geeignet sei, horizontale Windstärkeschwankungen durch schnelle Anstellwinkeländerungen zum Segelflug auszunutzen als eine Normalkonstruktion. Wegen eines Bruchs beim ersten Startversuch war es damals nicht zu Probeflügen gekommen. Vielleicht erhoffte sich *Lippisch* jetzt ebenfalls Aufschlüsse über die Eignung einer Entenkonstruktion für den Segelflug. *Fritz Stamer* hat den nicht gerade elegant wirkenden Vogel eingeflogen, und nach kleinen Änderungen sollen, wie *Peter Riedel* schreibt, die Flugeigenschaften und -leistungen »zufriedenstellend« gewesen sein. *Johannes Nehring* hat die »Ente« später sogar im Hangsegelflug erprobt. Besondere Bedeutung gewann sie aber in ganz anderem Zusammenhang: *Fritz Stamer* hat mit ihr am 10. Juni 1928 den ersten Flug eines Menschen mit Raketenantrieb ausgeführt. Nach erfolgreichen Fahrten eines raketengetriebenen Rennwagens auf der Avus durch *Fritz von Opel* hatte sich der Raketenpionier *Max Valier* auf der Wasserkuppe nach einem für den Einbau eines solchen »Motors« geeigneten Segelflugzeug umgesehen und es in der »Ente« gefunden, denn bei ihr war wegen des vorn liegenden Leitwerks kein Schaden durch den Feuerstrahl zu erwarten. Von den Raketenflügen auf der Wasserkuppe berichtet die ZFM (Zeitschrift für Flugtechnik und Motorluftschiffahrt) in Heft 12/1928:

> »Die ersten Flüge mit Raketenantrieb wurden auf der Wasserkuppe am 11. 6. 1928 mit dem Segelflugzeug »Ente« des Forschungsinstitutes der Rhön-Rossiten-Gesellschaft durchgeführt. Pilot war *Fritz Stamer*. Gestartet wurde auf dem Motorflugplatz, dem sogen. Pelzner-Hang, mit dem Gummiseil. Die Sander Schwarzpulver-Raketen waren am Rumpfende in einem dreieckigen Stahlrohrgestell . . . eingebaut und wurden vom Führersitz aus elektrisch gezündet. Mit einer 12 bzw. 15 kg Schubrakete erreichte Stamer bei den beiden ersten Flügen ca. 200 m Flugstrecke. Für den dritten Flug wurden zwei Raketen mit je 20 kg Schubkraft eingebaut. Das Flugzeug kam mit Unterstützung der ersten Rakete gut vom Boden ab und konnte an Höhe gewinnen. Nach einem Geradeausflug von ca. 200 Metern und zwei Rechtskurven zündete *Stamer* die zweite Rakete, die sofort den Weiterflug ermöglichte und landete dann in der Nähe der Startstelle . . . Die gesamte Flugstrecke einschließlich der Kurven betrug ca. 1400 m, die Gesamtflugzeit ca. 70 Sekunden.«

Bei einem weiteren Start mit stärkeren Raketen kam es zu einer Explosion, die den hinteren Teil des Rumpfes in Brand setzte. Wie er trotzdem heil davonkam, schildert *Stamer* humorvoll in seinem Buch »12 Jahre Wasserkuppe«. Immerhin ist die häßliche »Ente« auf diese heiße Weise in die Luftfahrtgeschichte eingegangen.

Auch weitere Sonderkonstruktionen von *Lippisch* sollten Geschichte machen. Seinem schwanzlosen »Storch«, einem abgestrebten Hochdecker mit stark gepfeiltem Flügel (wie er auch beim Übungssegler »Falke« verwendet wurde) aus

Die RRG »Ente«.

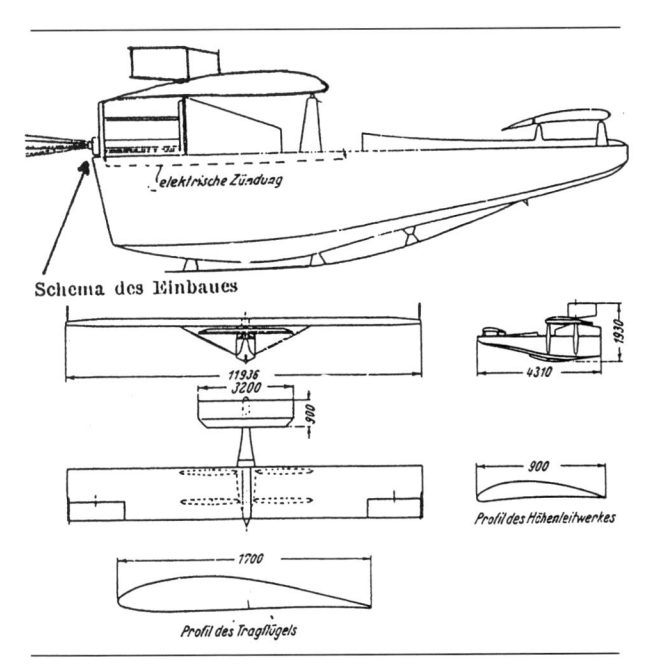

Die »Raketen-Ente«.

Der schwanzlose »Storch« als Motorsegler.

dem Jahre 1925 hätte damals wohl kaum jemand zugetraut, daß er am Anfang einer Reihe berühmter Nurflügelkonstruktionen stand.
Der »Storch« wurde von *Nehring* eingeflogen und soll wie die »Ente« befriedigende Leistungen und Flugeigenschaften besessen haben. 1930 folgte als Schritt auf dem Weg zum Nurflügelflugzeug »Delta I«, mit dem *Kronfeld* (1904–1948) die ersten Starts unternahm. Der dreieckige Flügel besaß ein sehr dickes Profil. Bei größerer Auslegung hätte er Pilotensitz, Rollwerk und Motorträger aufnehmen können – entsprechend den Nurflügel-Vorstellungen von *Professor Hugo Junkers,* wie sie bereits 1910 patentiert und in den dreißiger Jahren mit der viermotorigen G 38 andeutungsweise verwirklicht wurden. Wie der »Storch«, wurde auch »Delta I« später motorisiert und als »Fliegendes Dreieck« bekannt. Mit ihm sollten Steuerbarkeit, Stabilität und Flugeigenschaften eines Nurflügels umfassend erprobt werden. Es war

Günther Groenhoff (1908–1932), der dieses Flugzeug meisterhaft beherrschte.
Sein Absturz mit dem »Fafnir« am 23. Juli 1932 setzte der weiteren Erprobung allerdings ein Ende; ein Nachfolgepilot stürzte mit »Delta I« schon beim ersten Start ab.
Lippisch gab – nachdem er zwischendurch auch immer wieder »normale« Flugzeugmuster konstruiert hatte, von denen noch die Rede sein wird – den Nurflügelgedanken nicht auf. Etwa von 1934 an befaßte er sich bei der DFS praktisch nur noch mit Sonderkonstruktionen. Von 1939 an gehörte er mit seiner Arbeitsgruppe zur Messerschmitt AG und entwickelte dort den Raketenjäger Me 163 »Komet«. Mit diesem Flugzeug erreichte *Heini Dittmar* (1911–1960), einer der erfolgreichsten Segelflieger der dreißiger Jahre, am 2. Oktober 1941 eine Geschwindigkeit von 1003 km/h = Mach 0,85. Dieser für die damalige Zeit phantastische Weltrekord wurde aus Geheimhaltungsgründen jedoch

Das Nurflügelflugzeug »Delta I« nach einer Landung in Berlin-Tempelhof.

nicht veröffentlicht. Auf *Lippischs* Untersuchungen gehen auch die Deltaflügel geringer Streckung zurück, wie sie heute so gut wie alle Überschallflugzeuge aufweisen. Immer wieder ist es erstaunlich festzustellen, was alles mit bescheidenen Mitteln auf der Wasserkuppe seinen Anfang genommen hat und welche entscheidenden Impulse für die Luftfahrtentwicklung letztlich vom Segelflug ausgegangen sind. Daß er ein ideales Experimentierfeld war, wußten die fähigsten Wissenschaftler und Konstrukteure schon in den zwanziger Jahren.

Den Segelflug selbst haben allerdings *Lippischs* Normalflugzeuge weitaus nachhaltiger beeinflußt als seine Sonderkonstruktionen. Von *Lippischs* Schulgleitern und Übungssegelflugzeugen war schon die Rede. Nach den sprunghaften Fortschritten des Segelfluges im Jahre 1926 wünschten sich die Vereine auch ein Leistungssegelflugzeug, das sie ohne große Probleme selbst bauen konnten. Als solches entwarf *Lippisch* 1928 im Auftrag von *Professor Georgii* den

Robert Kronfeld im »Professor«.

»Professor«

Die Konstruktionszeichnungen des »Professor« stammten von *Hans Jacobs* (geb. 1907), der seit August 1927 in der Abteilung Flugtechnik des RRG-Forschungsinstitutes arbeitete. Tatsächlich war das neue Muster recht einfach aufgebaut: ein mit V-Stielen abgestrebter Hochdecker von 16 m Spannweite und einem Seitenverhältnis von 14. Die Tragfläche bestand, wie bei größeren Spannweiten üblich, aus drei Teilen. Der durchgehende Holm besaß die bewährte Torsionsnase. Wegen seines sechseckigen Querschnittes warf auch der Rumpf keine besonderen Bauschwierigkeiten auf. Um geringes Sinken und eine gute Gleitzahl zu erreichen, hatte *Lippisch* den spitzen Außenflügeln nur eine minimale Schränkung gegeben. Das machte den »Professor«-Prototyp zu einem »tückischen Vogel«, wie *Peter Riedel* ihn aus eigener Erfahrung genannt hat. »Der Vogel drohte bei jedem Kurvenansatz mit geringer Fahrt ins Trudeln zu gehen«, schreibt er in seiner »Erlebten Rhöngeschichte«. Tatsächlich hat es dadurch tödliche Unfälle gegeben. Für den Schulbetrieb mußten die Querruder so geändert werden, daß die Außenflügel eine Schränkung erhielten. Gegenüber den freitragenden Segelflugzeugen der »Darmstädter Schule«, die neben guten Flugleistungen hervorragende Flugeigenschaften besaßen, erscheint der »Professor« als Rückschritt. Zugute kam ihm jedoch, daß er von einem so begabten Piloten wie *Robert Kronfeld* – damals erst seit ganz kurzer Zeit Fluglehrer auf der Wasserkuppe – eingeflogen wurde. *Kronfeld* war offenbar mit dem schwierigen Flugzeug sofort vertraut und führte es fortan von Erfolg zu Erfolg. Zuhilfe kam ihm dabei das Variometer, das damals für den Segelflug neu entdeckt und erstmals in den »Professor« eingebaut worden war. Das Gerät, das die Steig- und Sinkgeschwindigkeit anzeigt, war die wohl wichtigste Voraussetzung für die Nutzung thermischer Aufwinde. *Lippisch,* der schon bei einer früheren Tätigkeit als Aero-

»Professor« mit *R. Hakenjos* beim Rhön-Wettbewerb 1931.

dynamiker bei Dornier mit einem Atmos-Variometer gearbeitet hatte, erzählt von seiner wegweisenden Idee:

». . . Ich machte dann 1928 Kronfeld auf die Verwendung des Variometers für Thermiksegelflüge aufmerksam, aber bei Atmos, die inzwischen auch in der alten Form nicht mehr existierten, bekamen wir keinen Variometer mehr. So mußten wir einen von Avia-Paris besorgen, der dann sofort einwandfreies Thermikfliegen ermöglichte. 1928 hielt Kronfeld das neue Instrument noch geheim und deklarierte es als . . . ›Kaffeebehälter‹.«

Geheimgehalten wurde das alte, aber für den Segelflug neuentdeckte Gerät auch auf Wunsch *Professor Georgiis,* wohl weil er die neue Segelflugmethode zur Überraschung der »9. Rhön« (1928) machen wollte. Das ist ihm vollauf gelungen. Auch in den folgenden Jahren wurde das Variometer noch geheimgehalten – nur *Kronfeld* und *Groenhoff* nutzten es in ihren Flugzeugen, und nur *Lippisch* und *Georgii* wußten davon.

Wohl unabhängig davon benutzte ein anderer Segelflieger, der in den dreißiger Jahren zu den bedeutendsten überhaupt zählen sollte, ein Variometer erstmals im Oktober 1930: *Wolf Hirth,* der sich damals in den USA aufhielt. Schon beim ersten Flug mit Variometer erkannte er, von welch entscheidender Bedeutung es für die Nutzung thermischer Aufwinde war, und er kam von sich aus auch sogleich auf die Steilkreistechnik, die im selben Jahr ebenfalls schon von *Günther Groenhoff* auf der Wasserkuppe praktiziert worden war (auf dem »Kreuzberg«-Flug mit dem »Fafnir« am 17. August 1930). *Hirth* behielt seine Erfahrungen jedoch nicht für sich, sondern veröffentlichte sie in der Zeitschrift »Flugsport« im September 1930, worin sein »Musterle« komplett mit Instrumenten, auch mit Variometern, gezeigt wurde. Dadurch und durch weitere Veröffentlichungen wie das Buch »Die Praxis des Leistungssegelfliegens« von *Erich Bachem* im April 1932 wurde das Variometer und seine entscheidende Bedeutung für den Segelflug schließlich allgemein bekannt. Obgleich es in den damaligen Notzeiten für viele Vereine fast unerschwinglich teuer war, gehörte es doch bald zur »Grundausstattung« eines Leistungssegelflugzeugs. Eine solche Entwicklung war 1928 noch nicht absehbar, und nur die wenigen Eingeweihten ahnten, welche Rolle das Variometer spielen würde.

Schon vor dem Rhönwettbewerb 1928 hat *Kronfeld* mit dem »Professor«, eingewiesen von *Professor Georgii,* mindestens einen Flug im Wolkenaufwind ausgeführt und dabei die Taktik des Kreisens im Aufwindbereich geübt. Beim Wettbewerb selbst – genau am 6. August – fand *Kronfeld* nach dem Gummiseilstart von der Wasserkuppe erneut Anschluß an den Wolkenaufwind. Zum Höhengewinn immer wieder kreisend, flog er zum 8 km entfernten Himmeldunkberg und wieder zurück. Sein bewußter und erstmals öffentlich vorgeführter Thermikflug dauerte – praktisch unabhängig vom Hangaufwind – über 3 Stunden. Es war, wie *Professor Georgii* es ausdrückte, »eine geradezu schulmäßige Vorführung der richtigen Technik, die dann von allen seinen Kameraden nachgeahmt wurde«. Schon zwei Tage später erflog *Edgar Dittmar* (geb. 1908) auf »Albert« mit der Taktik, die *Kronfeld* angewandt hatte, einen neuen Höhenweltrekord von 775 m. Der 6. August 1928 gilt als die Geburtsstunde des modernen Segelfluges unabhängig vom Hangaufwind. Der Prototyp des »Professor«, der den Namen »Rhöngeist« trug, hatte damit trotz mancher Unvollkommenheit Geschichte gemacht.

»Wien«

Nach den Erfolgen von *Robert Kronfeld,* der mit 41 km Strecke, 660 m Höhengewinn und 7 Stunden 58 Minuten Dauer Gesamtsieger der IX. Rhön geworden war, entwarf *Lippisch* 1929 in Weiterentwicklung des »Professor« die »Wien«; die Konstruktionszeichnungen stammten von *Emil Bochorille* (Dresden) und *Hans Jacobs* (Wasserkuppe). Mit diesem Flugzeug, das die größere Spannweite von 19,10 m bei einem Seitenverhältnis von 20 hatte, qualifizierte sich *Kronfeld* als der erfolgreichste Segelflieger der ausgehenden zwanziger Jahre. In der Tat war der Leistungsgewinn gegenüber dem vorangegangenen Muster erheblich, denn *Lippisch* hatte die »Wien« schon mit ihrem runden Rumpf, der im Querschnitt auf den körperlich kleinen *Kronfeld* zugeschnitten war, aerodynamisch erheblich sorgfältiger durchkonstruiert. Zwar wies auch die »Wien« noch leistungsmindernde V-Streben auf, doch *Lippisch* nahm an, daß dieser Nachteil durch die Verwendung eines Profils mit geringer Bauhöhe bei großer Spannweite (wie sie in freitragender Bauweise damals kaum möglich gewesen wäre) mehr als ausgeglichen werde. Als Profil hatte er, wie beim »Professor«, das bewährte »Gö 549« gewählt, allerdings leicht modifiziert mit verdickter Nase und verstärkter Wölbung. Die Flächenbelastung war mit 13,8 kg/m² bei einer Flugmasse von 248 kg sehr gering. Das Gesamtkonzept ist typisch für die Forderungen, die damals an ein Leistungssegelflugzeug gestellt wurden: Es ging noch nicht um hohe Schnellflugleistungen (wie sie nur durch widerstandsarme, schwach gewölbte Profile erreichbar gewesen wären), um möglichst große Strecken zurücklegen zu können, sondern um eine möglichst geringe Sinkgeschwindigkeit, damit jeder Thermikhauch ausgenutzt werden konnte und man möglichst lange »obenbleiben« konnte. Dieses Ziel wurde mit der »Wien« voll erreicht: Ihre (erflogene) Sinkgeschwindigkeit lag bei 0,71 m/s bei der relativ guten Gleitzahl von etwas über 20. Die Fluggeschwindigkeit hingegen lag nur um 60 km/h; jeder Versuch, sie nennenswert zu erhöhen, wurde mit starker Zunahme der Sinkgeschwindigkeit erkauft. Tatsächlich aber hielt sich *Kronfeld* mit der »Wien« oft noch in der Luft, wenn alle anderen längst gelandet waren. Ideal war das Flugzeug wohl auch für die speziellen Rekordleistungen, die *Kronfeld* damit erflog: Am 15. Mai 1929 segelte er am Teutoburger Wald von Bergeshövede bei Rheine bis

Kronfelds »Wien« – Weiterentwicklung des »Professor«.

Horn bei Bad Meinberg – erstmals über 100 km, genau 102,2 km, ein neuer Weltrekord, damals ebenso sensationell wie vier Jahrzehnte später die ersten 1000 km. Es war ein Flug überwiegend im relativ schwachen Hangaufwind des langgestreckten Gebirgszuges; Quertäler wurden wohl mit Thermikhilfe überbrückt – alles in allem eine Meisterleistung, wie sie damals nur mit einem so leichten und langsamen Flugzeug möglich war.

Seine eigene Streckenleistung sollte *Kronfeld* noch im selben Jahr gleich zweimal überbieten: am 20. Juli bei seinem ersten Gewitterflug mit 143 km (und einem neuen Höhenweltrekord mit 2281 m) und am 30. Juli ebenfalls vor einem Gewitter mit 150 km (und 2589 m Höhe). Damit war *Kronfeld* mit Abstand der erfolgreichste Segelflieger des Jahres – und die »Wien« das erfolgreichste Flugzeug.

1931 überquerte *Kronfeld* mit der »Wien« als erster den Ärmelkanal in beiden Richtungen – allerdings nach Start im Flugzeugschlepp nur im Gleitflug – und gewann damit einen wertvollen Geldpreis der »Daily Mail«, und bei der XII. Rhön flog er thermisch von der Wasserkuppe nach Arnsberg – 156 km. Ansonsten aber war 1931 das »Groenhoff-Jahr«, wie *Peter Riedel* es nannte.

»Fafnir«

Groenhoff flog das wohl schönste und bis heute berühmteste Segelflugzeug am Ende der Pionierjahre, den »Fafnir«. Damit begann ein neuer Abschnitt der Evolution, denn der »Fafnir« besaß eine Reihe von Merkmalen, die für die dreißiger Jahre prägend werden sollten. Erstmals hatte *Alexander Lippisch* ein Flugzeug großer Spannweite (19 m,

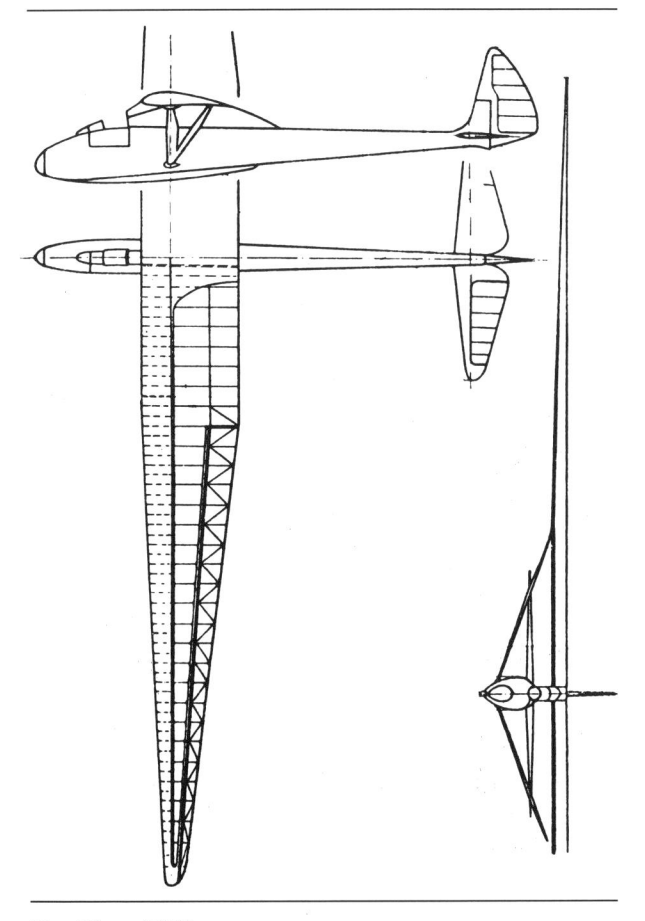

Die »Wien« (1929).

Günther Groenhoff im »Fafnir« mit dem ursprünglichen Rumpf-Flügelübergang und der seitlich offenen Sperrholzhaube.

Flug, vogelähnlich elegant erscheinen ließ. Mit dem »Fafnir« kam der Knickflügel in Mode und prägte das vorherrschende Erscheinungsbild der Segelflugzeuge für die dreißiger Jahre und noch weit darüber hinaus. Er wurde zum äußeren Kennzeichen der »Schule Wasserkuppe«, wie *Georg Brütting* sie genannt hat. Über seine Vor- und Nachteile hat es lange Diskussionen gegeben, die noch immer nicht ganz verstummt sind und nicht verstummen werden, solange Knickflügelflugzeuge noch als Oldtimer fliegen und durch ihre Schönheit die Zuschauer begeistern. Ihr Nachteil ist der große Bauaufwand und das zusätzliche Gewicht für die notwendigen Holmverstärkungen; in Transportwagen beanspruchen sie mehr Platz als gerade Flügel. Doch von ihren Verfechtern wurden – und werden – ihnen gewichtige Vorteile zugesprochen, vor allem im Hinblick auf Flugeigenschaften: Knickflügel bewirken »hohe Kurvenstabilität«, »gute Kursstabilität«, »erhöhte Seitenstabilität«; außerdem habe ein Knickflügelflugzeug an den Flügelenden mehr Bodenfreiheit, ein Vorteil bei Außenlandungen. Dagegen wenden die »Gegner« ein, daß sich genau das auch mit einfacher V-Stellung gerader Flügel erreichen lasse. Als Vorteil des Knickflügels erkennen sie jedoch an, daß er bei Schulterdeckern einen guten Rumpf-Flügel-Übergang (im rechten Winkel; spitze Winkel erhöhen den Interferenzwiderstand) ermöglicht. Daß er zwar eine schöne, aber doch nur eine Modeerscheinung war, geht schon daraus hervor, daß so gut wie alle namhaften Konstrukteure der dreißiger Jahre nach ihrer Knickflügelphase wieder zum weitaus einfacheren geraden Flügel zurückgefunden haben (im Vorgriff auf spätere Kapitel: *Hans Jacobs* vom geraden »Rhönadler« über die geknickten »Sperber« und »Reiher« zur geraden »Weihe« – *Schempp-Hirth* von der Gö 1 »Wolf« über Gö 3 »Minimoa« mit besonders ausgeprägtem Knickflügel zur wieder geraden »Göviér«). Heute werden aus

Streckung 20) mit freitragendem Flügel entworfen. Dieser war zweiteilig und konnte jeweils an einem Mittelstück, das zum Rumpf gehörte, an drei Beschlägen angeschlossen werden. Die Konstruktion mit dem Flügel-Strakplan stammte von *Jacobs*. Nach den bitteren Erfahrungen mit dem »Professor« hatte *Lippisch* diesmal eine ziemlich große Schränkung vorgesehen. In dem schlanken und stark zugespitzten Flügel gingen drei Profile mit nach außen hin immer schwächer werdender Wölbung ineinander über: Göttingen 652 – Göttingen 535 – Clark Y (mit gerader Unterseite). Von der Bautechnik her war der Flügel konventionell: Holm und Torsionsnase wie bei den wegweisenden »Vampyr« und »Konsul«. Zur Verbesserung der Biegesteifigkeit bei der großen Spannweite war jedoch innerhalb der Torsionsnase vor dem Hauptholm noch ein Stützholm eingebaut. Die größte Besonderheit aber war die Ausführung als Knickflügel, der den Segler, vor allem im

Gummiseilstart des »Fafnir«.

»Fafnir«
Ausführung 1 … 3

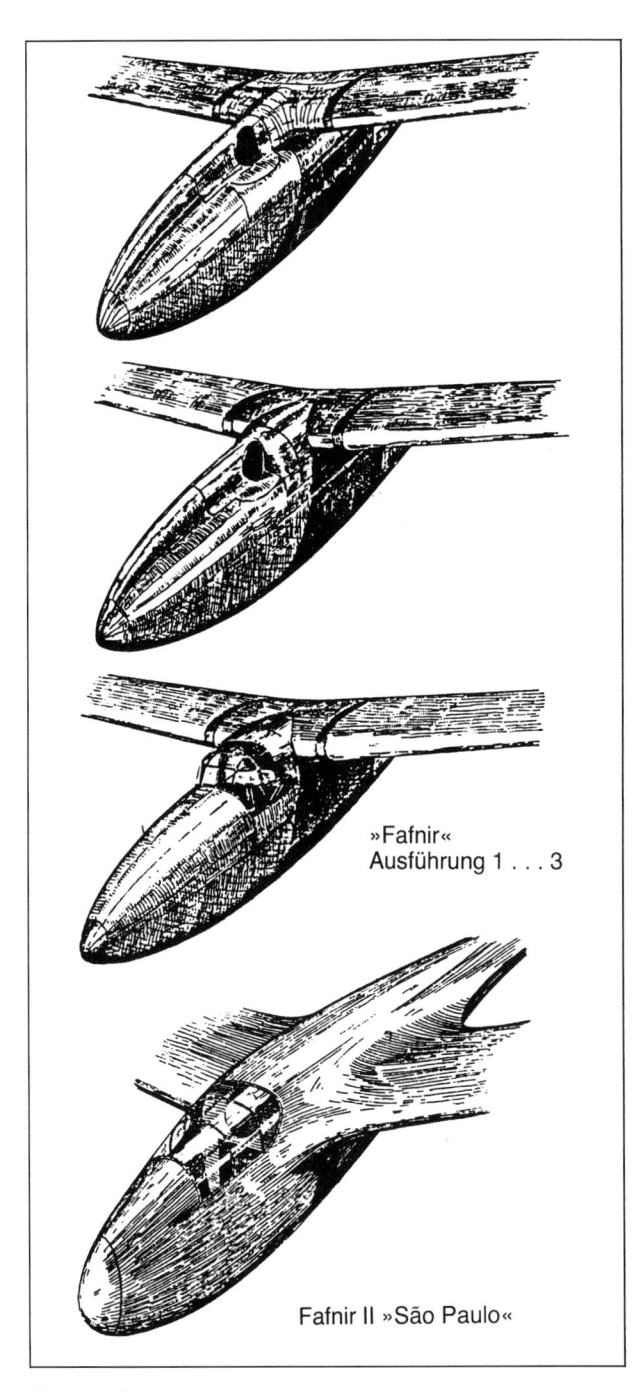

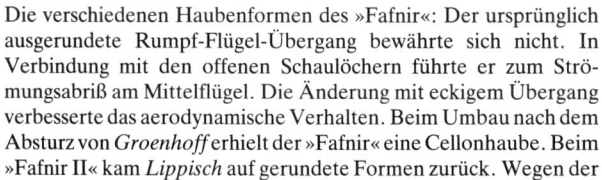

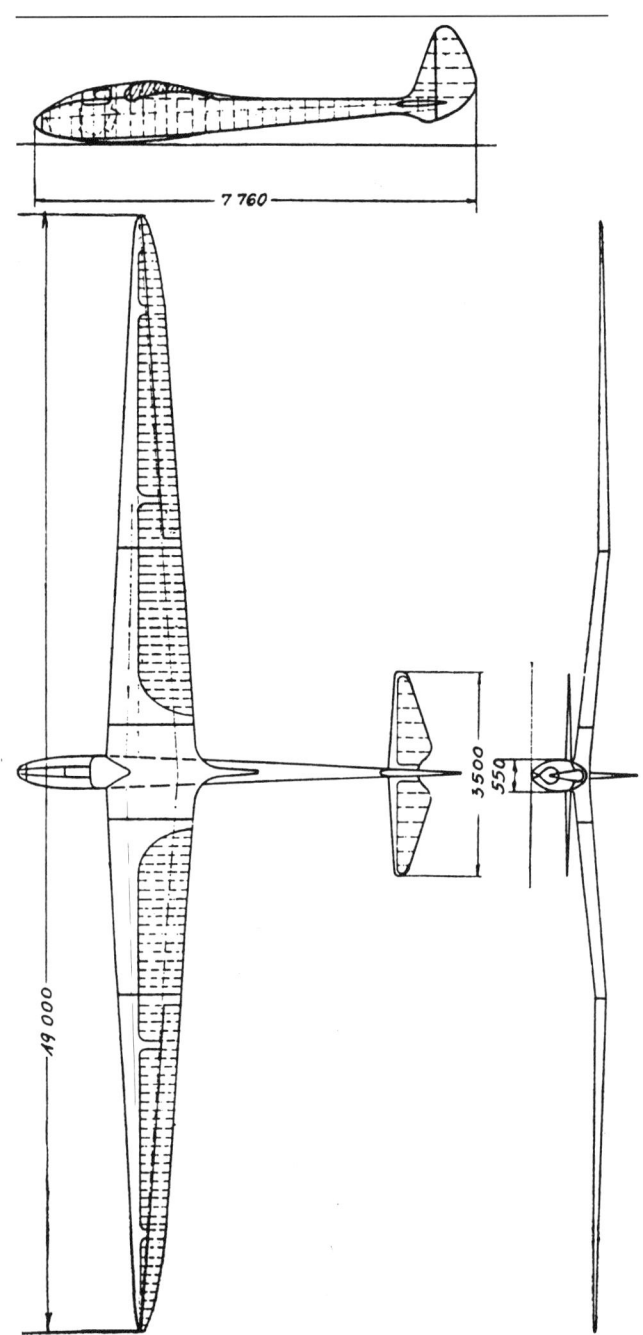

Fafnir II »São Paulo«

Die verschiedenen Haubenformen des »Fafnir«: Der ursprünglich ausgerundete Rumpf-Flügel-Übergang bewährte sich nicht. In Verbindung mit den offenen Schaulöchern führte er zum Strömungsabriß am Mittelflügel. Die Änderung mit eckigem Übergang verbesserte das aerodynamische Verhalten. Beim Umbau nach dem Absturz von *Groenhoff* erhielt der »Fafnir« eine Cellonhaube. Beim »Fafnir II« kam *Lippisch* auf gerundete Formen zurück. Wegen der

Der »Fafnir« – am Ende der Pionierzeit des Segelfluges.

geschlossenen Cellonhaube traten keine unerwünschten Abrißerscheinungen mehr auf. Auch die Mitteldecker-Konstruktion, die einen günstigen Rumpf-Flügel-Übergang ermöglichte, trug dazu bei.

praktischen Gründen Segelflugzeuge nur noch mit geraden Flügeln gebaut.

Daß *Lippisch* an guten Flugeigenschaften für den »Fafnir« besonders interessiert war, zeigt sich auch daran, daß er ihm einen verhältnismäßig langen Rumpf gab. Das ziemlich kleine Pendelruder saß in der Mitte des auslaufenden Rumpfes recht tief – das wirkte sich später leider verhängnisvoll aus. Der Rumpf selbst war schlank und in seinem ovalen Querschnitt der Körperform von *Groenhoff* angepaßt. Eine weitere Neuerung war die völlige Abdeckung des Pilotensitzes mit einer der Rumpfform angepaßten Sperrholzhaube. Sie war nach vorn geschlossen; der Pilot mußte sich mit zwei seitlichen »Bullaugen« begnügen – unter diesem Handicap, das heute wohl kaum ein Pilot mehr in Kauf nehmen würde, gewinnen *Groenhoffs* fliegerische Leistungen im »Fafnir« noch besonderes Gewicht. Große Sorgfalt hatte *Lippisch* in Anlehnung an Untersuchungen von *H. Muttray* auf den Rumpf-Flügel-Übergang verwandt: Eine handwerklich meisterhafte schuppenartige Sperrholzverkleidung, die beide Teile ineinanderwachsen ließ, führte sogar zur Namensgebung: »Fafnir«, nach dem schuppenbedeckten Drachen in der Siegfriedsage. Doch genau hier lag anfangs der wunde Punkt des neuen Flugzeugs.

Ein Starthelfer und Augenzeuge, *Erwin Primavesi*, schildert das anfängliche Dilemma:

»Meister *Richard Mihm* arbeitete Tag und Nacht, um den »Fafnir« rechtzeitig fertigzustellen. Schließlich stand er, der schönste Sperrholzvogel der Welt, pünktlich am Startplatz. Nun erlebten wir den großen Jammer, den der Konstrukteur *Lippisch* und *Groenhoff* durchstehen mußten, denn das Flugzeug leistete nicht, was man errechnet und erhofft hatte. *Groenhoff* machte einen Start nach dem andern, wir schufteten, keuchten und schwitzten – es nützte nichts . . .«

Die Gleitzahl lag kaum über der eines Schulflugzeuges. Doch die Ursache war bald gefunden: Es war der wuchtige Rumpf-Flügel-Übergang in Verbindung mit den offenen

Die »Kassel 25« des Flugzeugbaues Kassel, der zunächst von *Max Kegel*, später von *Gerhard Fieseler* geleitet wurde. Wie die »Kassel 20«, so war auch die »Kassel 25« für den preisgünstigen Serienbau entworfen worden. Bei 18 m Spannweite hatte sie eine Flügelstreckung von 20,9 und bei einer Flugmasse von 217 kg die geringe Flächenbelastung von 14 kg/m² – bezeichnend für die Auslegung eines Leistungssegelflugzeugs um 1930.

seitlichen Guckfenstern, die den Fahrtwind verwirbelten. *Primavesi* weiter:

»Gerade dieser für das Auge so wohlgefällige Übergang ließ die Strömung am Mittelflügel abreißen und führte zu Auftriebsverlust

Der »Marabu« – ein Segelflugzeug, das (wohl einmalig in der Evolution) mit und ohne Schwanz geflogen werden konnte. Es stammte von *Ernst Philipp* aus Landsberg an der Warthe, der es auf der Wasserkuppe in Anlehnung an den »Storch« von *Lippisch* gebaut hatte und damit am Rhönwettbewerb 1933 teilnahm.

und Leitwerkschütteln. Nach einigen Tagen wurde sie durch eine senkrecht auf den Flügel stoßende Verkleidung aus Balsaholz ersetzt. Das Flugzeug flog nun viel besser und ermöglichte sogleich ein fliegerisches Meisterstück: *Groenhoff* flog in 15 Minuten zu dem 15 km entfernten Kreuzberg und schaffte es nach fünfstündigem Kampf um jeden Meter Höhe zurück zur Wasserkuppe.«

Mit diesem Flug begannen *Günther Groenhoffs* bedeutende Erfolge – nicht nur in sportlicher Hinsicht, sondern auch als Versuchspilot bei der RRG. Der »Fafnir«, dessen wirkliche Leistungen (geschätzte Gleitzahl 25, geringstes Sinken 0,75 m/s) nun endlich annähernd erreicht wurden, war für Forschungsflüge, darunter Segelflüge vor und im Gewitter, speziell konstruiert worden. Wegen seiner vergleichsweise hohen Rüstmasse (200 kg) war auch die Flächenbelastung (16,9 kg/m^2) relativ hoch, obgleich das Flugzeug mit seiner durchscheinenden Bespannung filigranhaft leicht wirkte.

Neue Startart: Flugzeugschlepp

Vom Herbst 1930 an begannen zunächst Forschungsflüge zur systematischen Erprobung des Flugzeugschlepps – auch dafür erschien der »Fafnir« wegen seiner hohen Festigkeit besonders geeignet. Schleppflüge hatten schon vorher stattgefunden – 1927 im März durch *Fieseler* und *Espenlaub*, im April durch *Raab* und *Katzenstein* (beide in Kassel), im Mai durch *Espenlaub* und *Edgar Dittmar* in Rossitten sowie 1929 durch *Hesselbach* und *Nehring* in Babenhausen und durch *Peter Riedel* und *Günther Groenhoff* auf der Wasserkuppe – die letztgenannten auf Vorschlag von *Professor Georgii*, der trotz Bedenken einiger Piloten an den Flugzeugschlepp als ideale Startmethode für den Segelflug im Flachland glaubte. Denn nach dem nur begrenzt geeigneten Autoschlepp befand sich ja auch der Windenstart – hauptsächlich vorangetrieben durch *Robert Kronfeld* und *Ernst Jachtmann* – noch im Versuchsstadium. Die Schleppflugversuche mit dem »Fafnir«, die 1931 erfolgreich auch mit anderen Flugzeugen fortgesetzt wurden, führten zur Gründung der »Abteilung Schleppflugschule« auf dem Flugplatz Griesheim bei Darmstadt als Ableger der Flugschule Wasserkuppe. Die Leitung lag praktisch in Händen von *Peter Riedel*, der hier bis zu seinem Ausscheiden Ende August 1933 weit über tausend Schleppflüge mit Schülern ausführte und in dieser Zeit die Methodik des Flugzeugschlepps entwickelt hat.

Sein Schleppflugzeug war der BFW U 12 a »Flamingo«, ein robuster, auch als Schulflugzeug bewährter Doppeldecker. Er trug ein am Baldachin befestigtes Schleppgestell, dessen ursprünglicher Entwurf von *Hans Jacobs* stammte. Das bewegliche Gestell führte das insgesamt 120 m lange Schleppseil bei seitlichen Schwankungen um das Leitwerk herum.

Eine Alternative wäre die (heute übliche) Anbringung des Schleppseils am Heck des Motorflugzeugs gewesen, doch damals fürchtete man – bei dem relativ schwachen Motor des Schleppers wohl nicht zu unrecht – Auswirkungen auf die Steuerung und Fluglage beispielsweise bei unerwartetem Hochziehen des Segelflugzeugs. Für die Schleppflugschulung bzw. Einweisung standen »Professor«- und »Falke«-Muster zur Verfügung.

Der »Fafnir« blieb weiteren Erprobungs- und Leistungsflügen vorbehalten. So segelte *Günther Groenhoff* am 13. April 1931 nach dem Start im Flugzeugschlepp von Darmstadt entlang der Bergstraße 138 km nach Bühl. Am 4. Mai wollte er auf einem Flugtag in München wieder im Schlepp von *Peter Riedel* die neue Startmethode vorführen – und flog mit einem aufziehenden Gewitter 272 km weit nach Kaaden in der Tschechoslowakei – ein Weltrekord, der aber von der FAI nicht anerkannt wurde, weil der Flugzeugschlepp als Startmethode offiziell noch nicht genehmigt war. Internationales Aufsehen erregte kurz darauf auch *Groenhoffs* Flug vom Jungfraujoch. Bei einem mißglückten Gummiseilstart im Schnee riß eine Hälfte des tief angesetzten »Fafnir«-

Einer der ersten Schleppflüge im Mai 1927 in Rossitten. Im Segelflugzeug (hinten) *Edgar Dittmar*; das Motorflugzeug (mit 35-PS-Motor) flog *Gottlob Espenlaub*. Nach mühsamem Start konnte *Dittmar* erst ausklinken, nachdem er sich losgeschnallt und vornübergebeugt an der Schleppkupplung gerissen hatte.

Die DB 10 der Akaflieg Dresden (1931). Trotz ihres einfachen Aufbaues mit rechteckigem Rumpf war sie recht leistungsfähig.

Höhenruders ab. Nach einem Sturzflug hinter einer Felskante konnte *Groenhoff* das Flugzeug abfangen und nach fast einstündigem Flug in Interlaken glatt landen – wieder eine Meisterleistung. Nach weiteren großen Erfolgen – so wurde *Groenhoff* mit Streckenflügen von 220 km und 107 km sowie mit einer Startüberhöhung von 2050 m Rhönsieger 1931 – kam das bittere Ende. Bei einem überhasteten Rückenwindstart im Rhönwettbewerb 1932 wurde das tief liegende Höhenleitwerk erneut beschädigt. Die Steuerung blockierte; *Groenhoff* sprang mit dem Fallschirm ab, doch aus zu geringer Höhe. Sein Tod erschütterte nicht nur die Segelflieger, sondern auch die Öffentlichkeit, die inzwischen nicht zuletzt dank seiner Erfolge und seines sympathischen Auftretens an der Segelflugentwicklung großen Anteil nahm.

Für eine gute Flugzeugkonstruktion ist es ein Glücksfall, wenn sich ein Pilot findet, der ihre Möglichkeiten ausschöpfen und in der Öffentlichkeit vorführen kann. In der »Evolution« des Segelfluges hat es mehrmals Flugzeuge gegeben, die gleichwertig oder leistungsmäßig sogar besser als die berühmten Repräsentanten der jeweiligen Entwicklungsphase gewesen sind, doch es fehlte der Pilot, der sie rechtzeitig aus dem »Ferner liefen« heraushob und bekanntmachte. Dazu gehört beispielsweise die D B 10 der Akaflieg Dresden aus dem Jahre 1931, die einfach aufgebaut, aber erstaunlich leistungsfähig war (Konstrukteur *Erhard Muschik*). Bei einer Spannweite von 20 m und einer Flügelstreckung von 22 besaß sie wohl eine Gleitzahl von 30 und ein geringstes Sinken von 0,55 m/s. Erst 1934 fand sie mit *Otto Bräutigam* den adäquaten Piloten, dem mit ihr beim Rhönwettbewerb 1935 ein Streckenweltrekord von 504 km Wasserkuppe–Brünn gelang.

Der »Fafnir« war – auch nach *Groenhoffs* Unfall – in Hinsicht auf die Piloten vom Glück begünstigt. *Peter Riedel* übernahm das mit geringen Änderungen (so einer neukonstruierten Haube) wiederaufgebaute Flugzeug und wurde mit ihm Gesamtsieger der XIV. Rhön und erfolgreichster Pilot des Jahres 1933. *Hanna Reitsch* (1912–1979), Schülerin von *Wolf Hirth* und schon auf dem Weg zur bekanntesten deutschen Fliegerin, stellte mit dem »Fafnir« im März 1934 mit einem 160-km-Flug von Darmstadt nach Reutlingen einen neuen Streckenweltrekord für Frauen auf. Bald danach kam der »Fafnir« ins Berliner Luftfahrtmuseum, wo er mit vielen anderen berühmten Flugzeugen 1943 bei einem Bombenangriff zerstört wurde.

Lippischs letzte »normale« Segelflugzeugkonstruktion war der »Fafnir II« von 1934, bei dem er die Erfahrungen mit dem Vorgängermuster berücksichtigte. Mit diesem Mitteldecker, der bei praktisch gleichen Abmessungen mit 21,60 kg/m² eine erheblich höhere Flächenbelastung hatte, begann die neue Generation schwererer und schnellerer Leistungssegelflugzeuge. Mit seinem von der DFS entwickelten Profil erreichte »Fafnir II« die (gemessene) Gleitzahl 26 bei einem geringsten Sinken von nur 0,63 m/s. Der für dieses Flugzeug vorgesehene Pilot *Heini Dittmar*, der schon als Flugmodell-

»Fafnir II«, davor *Heini Dittmar*, der gleich beim ersten Start mit dem neuen Flugzeug einen Streckenweltrekord aufstellte.

bauer und bei Juniorsegelflugwettbewerben hervorgetreten war, erwies sich wiederum als Glücksfall. Schon bei seinem ersten Start mit »Fafnir II« auf der Wasserkuppe – das Flugzeug war erst während des Rhönwettbewerbes fertiggeworden – flog er nach Liban in der Tschechoslowakei, 375 km – neuer Weltrekord. Gesamtsieger der XV. Rhön wurde allerdings wegen größerer Gesamtstrecke *Ludwig Hofmann* auf »Rhönadler«, den *Hans Jacobs* von der DFS konstruiert hatte. Davon wird im übernächsten Kapitel die Rede sein.

> Es gibt ... überhaupt keinen Grund dafür, daß man – auch als Anfänger auf einem Gebiet – nicht kreativ sein könnte. Im Gegenteil: Oft sind die Nicht-Fachleute, die Nicht-Experten die Kreativsten.
>
> *Gerd Binnig*

Zu neuen Grenzen

Nicht selten waren es Außenseiter, die fertigbrachten, was Fachleuten nicht oder noch nicht möglich erschien. Schon 1922 hatte es *Gottlob Espenlaub* gewagt, ein Segelflugzeug mit einer nur zweiteiligen Tragfläche von 17 m Spannweite freitragend zu bauen. Selbst beim »Vampyr« war man nicht über 12,60 m hinausgegangen, und das dreiteilig. »Espe« war 1920 durch glücklichen Zufall als Küchenhelfer auf die Wasserkuppe gekommen und entwickelte sich sehr schnell zu einem Improvisationsgenie. Praktisch ohne Geldmittel und Helfer hatte er sofort angefangen, Fluggeräte zu entwerfen und zu bauen. 1922 war schon »Espenlaub 3« startbereit – 17 m freitragend. Er wollte das Flugzeug auch gleich selbst einfliegen, doch glücklicherweise – er hatte nie fliegen gelernt – zerbrach gleich beim ersten Versuch eines der Räder, die Espe aus runden Stuhlsitzen gefertigt hatte. Als der Schaden repariert war, fand sich ein erfahrener Pilot: *Dipl.-Ing. Martin Schrenk,* der die Festigkeit der Holme und Beschläge nachrechnete und für ausreichend befand. Er flog das Flugzeug ein und gewann beim Wettbewerb mehrere gute Preise für *Espenlaub,* der sich damit immerhin das Material für ein neues Flugzeug kaufen konnte. Die bedeutende Pionierleistung – der freitragende 17-m-Flügel – ging im Jubel um die ersten Stundenflüge mit dem »Vampyr« im Bewußtsein der Öffentlichkeit unter. Vergessen war sie keineswegs, wie die freitragenden Segelflugzeuge gleicher und größerer Spannweite der folgenden Jahre erkennen lassen.

Ku 4 »Austria«

Mit 30 m Spannweite blieb die »Austria« ein Einzelstück und bis heute das größte einsitzige Segelflugzeug der Luftfahrtgeschichte. Gebaut wurde es 1930 beim Segelflugzeugbau Kassel. Wegen des grauen Anstrichs und der eigenartigen Rumpfform mit dem rüsselartigen Leitwerksträger bekam der Riesenvogel den Spottnamen »der kaltgezogene Elefant«. Seine fliegerischen Erfolge standen im umgekehrten Verhältnis zu seiner Größe. Trotzdem war er ein Meilenstein in der Segelflugzeugentwicklung.

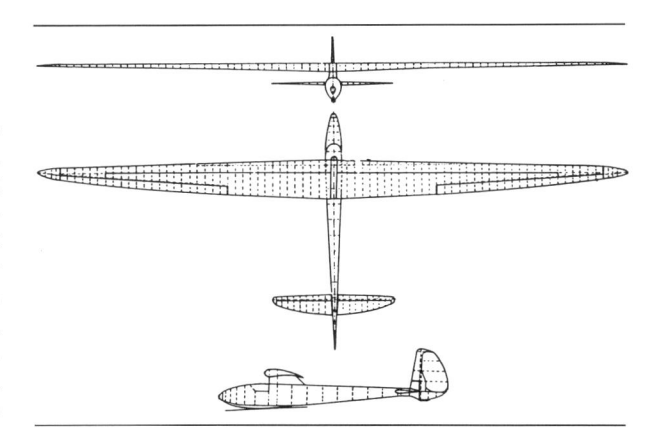

Mü 3a »Kakadu« der Akaflieg München. Mit 19,6 m Spannweite und ihren spitz zulaufenden Flügeln gilt sie als Vorläufer der »Austria«. An der Konstruktion war außer *Dr. Kupper* auch *Egon Scheibe* beteiligt.

Der Entwurf stammte von *Dr. August Kupper* (1905–1937), der als Mitglied der Akaflieg München bereits 1929 an der Mü 3a »Kakadu« (Ku 1) und an dem Nurflügel Ku 2 »Uhu« mitgewirkt hatte. Er war Physiker und Aerodynamiker, kein Ingenieur.

Parallel zur »Austria«, die *Robert Kronfeld* in Auftrag gegeben hatte, arbeitete er an dem Nurflügel Mü 5 »Wastl«. Als Hochdecker in Normalkonfiguration und hoher Flügelstreckung war Ku 4 »Austria« jedoch eine Weiterentwicklung des »Kakadu«. Der 30-m-Flügel war stark zugespitzt und hatte bei einer Gesamtfläche von 35 m² eine Streckung von 25,7. Die Rüstmasse lag bei 400 kg; die Flächenbelastung war mit 13,7 kg/m² vergleichsweise gering. Als Profil hatte Kupper Gö 652 gewählt und mäßig geschränkt. Der Flügel besaß unterteilte Wölbklappen und einige weitere für die damalige Zeit erstaunliche Besonderheiten wie automatische Steuerungsanschlüsse; die Holmanschlüsse ließen sich mit einem Vierkantschlüssel durch ein Loch von nur 9 mm Durchmesser bewirken; es gab keine losen und ver-

Das größte und teuerste Segelflugzeug der dreißiger Jahre: *Kronfelds* »Austria«.

Der mächtige Rumpf der »Austria«. Die Flügel setzten so hoch an, weil sie wegen ihrer großen Spannweite von 30 m tief durchhingen.

wechselbaren Teile. Die gesamte Flügeloberfläche war ungestört: keine Klappen, Deckel oder Spaltverkleidungen. Die ungewöhnliche Form des Rumpfes mit seinem hohen »Turm« ergab sich aus der großen Spannweite und der leicht negativen V-Stellung der Flügel wegen ihrer Biegeweichheit am Boden. Der Pilot saß tief unter der Tragfläche in einem nur 55 cm breiten »Boot«, das eine durchgehende Kufe besaß. Der Leitwerksträger, eine kräftige Röhre, wuchs in Höhe der Tragfläche aus dem Turmaufbau heraus. Das Höhenleitwerk besaß Seitenleitwerks-Endscheiben, die zur Erhöhung der Sinkgeschwindigkeit auch gegenläufig schräggestellt werden konnten, aber als »Bremsklappen« nur mäßig wirksam gewesen sein sollen. Warum die große Spannweite? *Kronfeld* und *Kupper* hofften, dadurch eine besonders gute Gleitzahl und gleichzeitig ein geringes Sinken zu erreichen – unter Verzicht auf Wendigkeit und Handlichkeit etwa beim Rücktransport nach Außenlandungen. Die leider nie gemessenen Leistungsdaten der »Austria« sollten alles in den Schatten stellen, was es bisher gab. Steilkreise zur Ausnutzung enger Thermikschläuche, wie *Hirth* und *Groenhoff* sie erfolgreich praktizierten, hielt *Kronfeld* für »unökonomisch«, weil durch die notwendigen

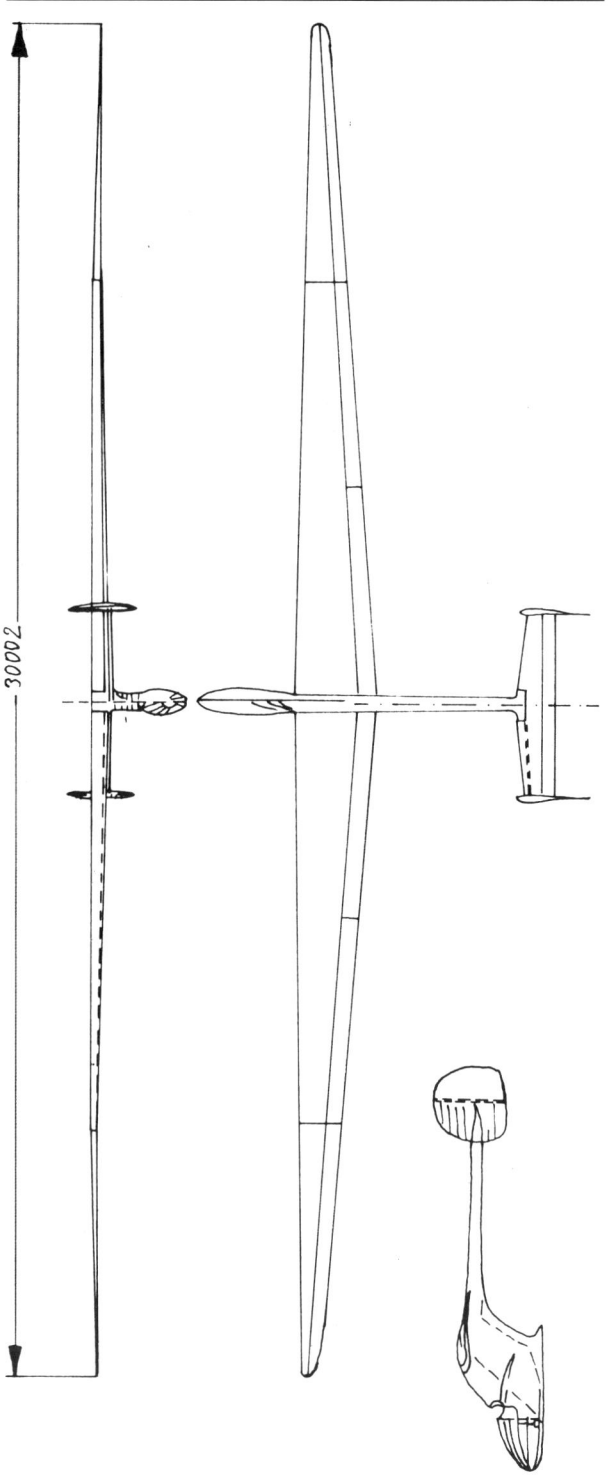

Die »Austria«.

groben Ruderausschläge die Flugleistungen beeinträchtigt würden. Bei den wenigen Flügen mit der »Austria«, die er mit glatter Landung ausführen konnte, erkannte er jedoch bald, daß er mit einem kleineren, wendigeren Flugzeug wie mit seiner »Wien« weitaus mehr leisten konnte. Am 22. Juli 1932 wurde er nach Start im Flugzeugschlepp in eine Wolke mit starker Turbulenz hineingezogen. Die »Austria« montierte an den Flächenenden ab. *Kronfeld* konnte mit dem Fallschirm abspringen und kam, mehrmals umkreist von den Resten seines Riesenvogels, wie durch ein Wunder heil zu Boden. Die Versicherungssumme betrug 30 000 Mark – damals ein Vermögen, doch soviel hatte der Bau gekostet. Immerhin hat die »Austria« die Segelflugforschung um eine Reihe wesentlicher, wenn auch überwiegend negativer Erfahrungen bereichert. Sie waren teuer, aber heilsam.

KR 1a, ein fast vergessener Doppelsitzer

Eine Reihe weiterer Segelflugzeuge, die in Zusammenarbeit zwischen *Robert Kronfeld* und *Dr. August Kupper* entstanden, sind weitgehend unbekannt geblieben. Der Kronfeld-Sammler *Wilhelm Heine sen.* in Horn-Bad Meinberg hat sich europaweit bemüht, Informationen darüber zusammenzutragen. Das folgende Segelflugzeug KR 1a, an dem *Ing. Eugen Wagner* wesentlich mitgearbeitet hat, war selbst ihm nicht bekannt. Nach seinen Informationen hat es mindestens drei weitere Segelflugzeuge mit der Bezeichnung KR 1 oder KR 1a gegeben. Zwei davon sollen in der Fliegerwerkstatt der Ingenieurschule Weimar gebaut worden sein. Mit dem einen führte *Kronfeld* zahlreiche Schleppflüge im In- und Ausland durch, auch über weite Strecken überland. Das andere war mit bis zum Hinterholm durchgezogener Nasenbeplankung besonders für Kunstflug ausgelegt. Auf einigen Flugveranstaltungen soll er damit mehr als 50 Loopings hintereinander vorgeführt haben.

Die Informationen über den Doppelsitzer KR 1a stammen von *Eugen Wagner*. Dieses schon von den Konstruktionsdetails her sehr interessante Flugzeug wurde 1932/33 an der Ingenieurschule Weimar von *Dr. Kupper, Robert Kronfeld* und *Eugen Wagner* entwickelt und von dem eigens dafür gegründeten Flugzeugbau Eugen Wagner in Gunzenhausen gebaut. Das Hauptmotiv war der Wunsch nach einem gleichermaßen für die Schulung wie für den Leistungssegelflug geeigneten Doppelsitzer, denn sowohl *Kronfeld* als auch *Wagner* hatten als Fluglehrer – letzterer auf dem Hesselberg in Franken – mit der damals vorherrschenden Alleinschulung nicht nur gute Erfahrungen gemacht.

Das hochgesteckte Ziel für KR 1a wurde auf originelle Weise erreicht: Für die Schulung genügte die Spannweite von 16 m; für den Leistungsflug konnte sie durch aufsteckbare Flügelenden auf 22 m vergrößert werden. Für den Straßentransport ließen sich die beiden je 3 m langen Flügelenden in die Wurzeln der Tragflächenhälften einschieben.

Mit dem Flugzeug, das unter großen Mühen und finanziellen Opfern fertiggestellt worden war, gelang *Eugen Wagner* gleich beim ersten Start am Hesselberg am 8. Oktober 1933 ein Segelflug von 2 Stunden 45 Minuten. Dabei stellte er eine gewisse Instabilität infolge Schwanzlastigkeit, zugleich aber recht gute Flugleistungen fest. Der Mangel sollte durch Rumpfverlängerung nach vorn beseitigt werden.

Doch bevor es dazu kommen konnte, erlitt die KR 1 bei der Bruchlandung eines damals schon recht bekannten Segelfliegers, der das Flugzeug in Abwesenheit von *Wagner* unberechtigterweise geflogen hatte, Totalschaden. Aus Geldmangel war die KR 1a nicht kaskoversichert worden – und für einen Wiederaufbau war erst recht kein Geld da. So ist eine erfolgversprechende Konstruktion in der Versenkung verschwunden. Von der KR 1a existiert nur noch ein kurzer Filmabschnitt vom ersten Start auf dem Hesselberg und ein Foto, das leider kaum Einzelheiten erkennen läßt.

Die KR 1a wurde hier geschildert als Beispiel für ungezählte andere Konstruktionen, die mit neuen Ideen, technischem und handwerklichem Geschick, finanzieller Opferbereitschaft und großem Idealismus gerade Anfang der dreißiger Jahre an vielen Orten – nicht nur in Deutschland – entstanden sind und oft durch Verkettung unglücklicher Umstände ihren wirklichen Wert nie beweisen konnten. Sie gerieten, nicht zuletzt durch die »Gleichschaltung« des Segelfluges nach 1933, schnell in Vergessenheit.

D 28 »Windspiel«

Dieser 1933 von Mitgliedern der Akaflieg Darmstadt konstruierte und gebaute freitragende Hochdecker war wie die »Austria« ein Flugzeug, das der Forschung dienen sollte, aber genau gegenteilig ausgelegt: klein, leicht, handlich, wendig – und überaus erfolgreich. Der Entwurf stammte von *Riclef Schomerus* (Tragfläche sowie Leitwerk) und *Rüdiger Kosin* (Rumpf). Der trapezförmige Flügel von nur 12 m Spannweite bei der relativ geringen Streckung von 12,6 war einteilig und wie üblich einholmig mit Torsionsnase. Die Querruder liefen mit Ausnahme des Rumpfbereiches über die gesamte Spannweite und dienten bei gleichsinnigem Ausschlag als Wölbklappen; das Flugzeug konnte während des Fluges vom Piloten durch Wölbklappenverstellung auf Schnell- oder Langsamflug getrimmt werden. Als Profil war Gö 535 in leicht veränderter Form gewählt worden.

Der Rumpf war mit knapp 6 m relativ lang; das deutet darauf hin, daß man eine gute Längsstabilität bei kleinen Leitwerksflächen und eine hervorragende Wendigkeit erreichen wollte. Dazu trugen auch das mit dem Seitenruder gekoppelte große Differentialquerruder sowie die Halbdämpfung des Seitenruders bei: Wurde es betätigt, schlug nicht nur das Ruder, sondern auch die Seitenflosse mit ein Drittel des Ruderwinkels aus.

Das »Windspiel« war vor allem zur weiteren Erforschung des

67

Blick in den »Windspiel«-Rumpf: eine Sperrholzröhre mit Formspanten, aber ohne Längsträger.

thermischen Segelfluges im Flachland gedacht, zu dem nach Perfektionierung des Flugzeugschlepps und des Windenstarts die Voraussetzungen bestanden. Um auch schwache und windzerrissene Aufwinde ausnutzen zu können, brauchte man ein Flugzeug, das neben guten Flugleistungen und -eigenschaften besonders wendig war. Das setzte eine geringe Spannweite und Masse voraus. Mit dem »Windspiel«, das seinem Namen durchaus gerecht wurde, gelang ein äußerster Leichtbau: die Leermasse betrug nur 54 kg! Dabei war das Flugzeug auch noch kunstflugtauglich und -zugelassen.

Um das extrem geringe Gewicht zu erreichen, hatte man in der Werkstatt der Akaflieg Darmstadt weder mit Materialkosten noch mit Arbeitszeit gespart. Für die Holzbauteile wurde nur ausgesuchtes Spruce (feinfaserige Rottanne) verwendet. Die ständig nachgeprüften Festigkeitswerte legte man den jeweiligen Detailberechnungen zugrunde. Holme, Rippen und Spanten (das Rumpfhinterteil hatte keine Längsgurte) wurden mit Schieblehrengenauigkeit gebaut. Die Sorgfalt ging soweit, daß aus Klebefugen quellender Leim weggekratzt wurde. Für die Beschläge benutzte man Duraluminium; die Bolzen bestanden teilweise aus Stahlrohr mit Dural»seele«. Der Querruder-Wölbklappenantrieb war ein genietetes konisches Torsionsrohr aus Dural, das gleichzeitig als Querruderholm diente. Flügel und Leitwerk wurden mit »Müllerseide« bespannt. Mit diesen und anderen Feinheiten erreichte man Minimalgewichte, wie sie bis dahin nicht für möglich gehalten wurden: der ganze Flügel wog 27 kg, der Rumpf 17 kg, das Leitwerk 6 kg, die Ausrüstung 4 kg. Heute würde man das »Windspiel« ein Ultraleichtflugzeug nennen.

Den Erstflug am 3. Juli 1933 unternahm *Hans Fischer*, der das Flugzeug bald meisterhaft beherrschte. Am 6. Juni 1934 stellte er mit einem Flug von Griesheim in die Gegend von Montmédy (Frankreich, 240 km) einen Weltrekord in freier Strecke auf, und im März 1935 gelang ihm ein 140-km-Zielflug von Darmstadt nach Saarbrücken, kaum glaublich: bei Schnee! Im selben Jahr allerdings zerstörte ein falsch landender Sportflieger das auf dem Darmstädter Flugplatz abgestellte »Windspiel«.

Gegenstück zur »Austria« war das »Windspiel«, das drei Mann gut tragen konnten.

Das Querruder-Differential der D 28 »Windspiel«.
Wie ähnlich schon beim »Konsul« erhielt das Querruder zur Verringerung des schädlichen Giermoments und damit zur Verbesserung der Wendigkeit ein Differential, das über ein Zahnsegment-Zahnstangen-Getriebe mit den Seitensteuerseilen verbunden war: In Nullstellung des Seitenruders war der Ausschlag nach unten und oben gleich; bei Seitenruder-Ausschlag beispielsweise nach rechts schlug das rechte Querruder stärker nach oben aus als das linke nach unten und umgekehrt. So gab es auch vom Querruder her eine (gewünschte) Drehung um die Hochachse im richtigen Sinne infolge der »Bremsung« des Innenflügels durch den vergrößerten Querruderausschlag nach oben.
Die meisten anderen Segelflugzeuge hatten (und haben) ein unveränderliches Differential.

D 28 »Windspiel«.

Die Akaflieg baute daraufhin 1936 die nur leicht veränderte, mit 72 kg allerdings etwas schwerere D 28b, die den Namen »Windspiel« aber immer noch verdiente. Sie war ähnlich erfolgreich. 1937 gelang mit ihr bei einem 240-km-Flug eine Alpenüberquerung. 1943 wurden ihre Leistungen durch *Hans Zacher* erstmals genau vermessen: bei 160 kg Flugmasse erreichte sie ihre beste Gleitzahl von 23,5 bei 60,5 km/h, ihr geringstes Sinken von 0,66 m/s bei 52 km/h. Bei 100 km/h betrug die Sinkgeschwindigkeit 2 m/s. Es ist anzunehmen, daß die (nie gemessenen) Leistungsdaten des »Windspiels« von 1933 etwa die gleichen Werte erreichten.

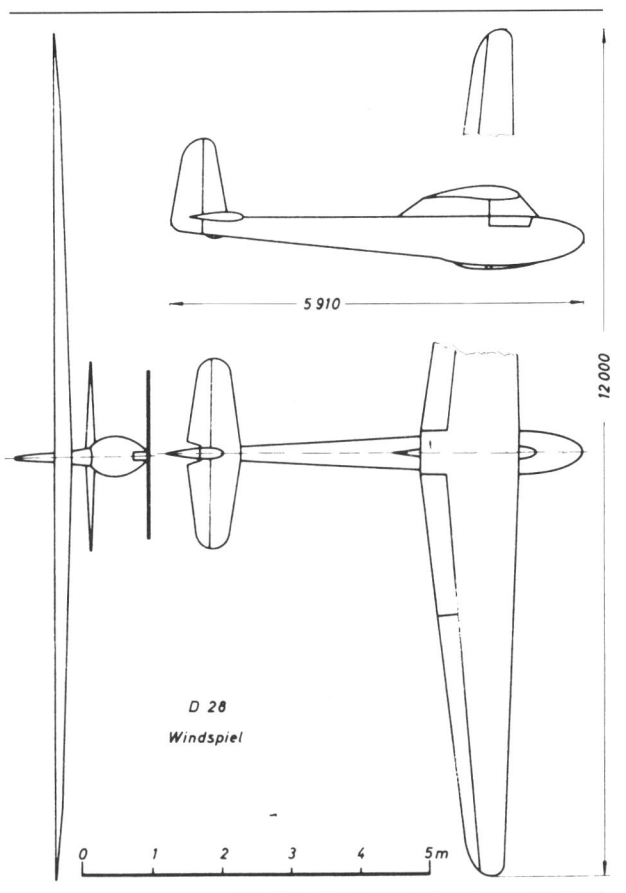

Die D 28 »Windspiel« trug ihren Namen zu Recht.

Seine besondere Qualität als »Schwachwindsegler« lag allerdings in seiner Wendigkeit.

Mit der »Austria« waren die Möglichkeiten extremer Größe und Flügelstreckung, mit dem »Windspiel« die des extremen Leichtbaues ausgelotet worden. Daneben ging die Entwicklung »normaler« Leistungssegelflugzeuge weiter. Hier zeichnete sich ein Trend ab, der lediglich höhere Flächenbelastungen bei geringerem Profilwiderstand und noch besserer aerodynamischer Durchbildung anstrebte. Bereits mit »Fafnir II«, dem letzten konventionell aufgebauten Leistungssegelflugzeug von *Alexander Lippisch,* war der Weg für die dreißiger Jahre vorgezeichnet. Er hatte sich ergeben, weil mit der Entdeckung der thermischen Aufwinde und der Entwicklung der Startmöglichkeiten im Flachland der Streckenflug als sportliches Leistungsziel immer wichtiger geworden war.

ISTUS und OSTIV

Gefördert wurde diese Entwicklung von der ISTUS, der »Internationalen Studienkommission für Segelflug«, die 1930 in Frankfurt auf Initiative von *Professor Georgii* gegründet worden war. Die Aufzählung der beteiligten Nationen macht deutlich, daß der Segelflug inzwischen weltweite Verbreitung gefunden hatte: Belgien, Frankreich, Großbritannien, Italien, die Niederlande, Österreich, Polen, Spanien, Ungarn und die USA. Später kamen noch Brasilien, die Schweiz, Finnland, Jugoslawien, Dänemark und Griechenland dazu. Der Initiator wurde zum ersten Präsidenten gewählt. Die ISTUS bestand bis 1945. Ihre Ziele hatte *Professor Georgii* so umrissen:

»Die ISTUS sollte die Tradition des Segelfluges wahren, bei der sich eine lebendige Zusammenarbeit zwischen Theorie und Praxis ergibt, zwischen Hochschullehrer und Studenten, Flieger und Konstrukteur, so daß der grüne Hang zum Hörsaal wird und Flug und Forschung sich gegenseitig durchdringen.«

Diese Grundidee besteht in der 1948 gegründeten OSTIV (Organisation Scientifique et Technique Internationale du Vol à voile) bis heute weiter.

»Gleichschaltung«

Das Ende der Pionierzeit des Segelfluges ist gekennzeichnet durch den politischen Umbruch, der sich mit der Machtübernahme der Nationalsozialisten im Jahre 1933 in Deutschland vollzog. Für den Segelflug zeigte er sich zunächst in der rigorosen Gleichschaltung der vielen bestehenden Flugvereine und -vereinigungen. Da sie der vorherigen Verzettelung der Kräfte Einhalt zu gebieten schien, wurde sie teilweise von den Segelfliegern begrüßt, zumal gleichzeitig eine starke Förderung des Segelfluges (wie auch anderer zur vormilitärischen Schulung nutzbarer Sportarten) einsetzte. In der Segelflugausbildung wurde die als hart und darum erzieherisch wertvoll eingeschätzte Alleinschulmethode favorisiert. Schulgleiter und Übungssegelflugzeuge standen den Ausbildungsstätten bald in größerer Zahl zur Verfügung. Fliegenlernen und fliegen war jetzt umsonst – aber nur für den, der den Nationalsozialisten genehm war. Jüdische Segelflieger wie *Robert Kronfeld* sahen sich von allen Möglichkeiten abgeschnitten. *Kronfeld* emigrierte nach England; *Dr. Wolfgang Klemperer* war in Vorahnung des Kommenden schon vorher USA-Bürger geworden.

Selbst beim Flugbetrieb versuchten die neuen Machthaber die Uniformierung und militärisches Gehabe durchzusetzen. Es gelang ihnen nur teilweise. Bei den Wettbewerben, die von nun an mit großem Aufwand auf der Wasserkuppe stattfanden, waren zwar die Helfer und Startmannschaften uniformiert, die Piloten aber überwiegend zwanglos gekleidet.

Von den jeweils meist ohne Anhörung »von oben« verfügten organisatorischen Veränderungen wurde auch das Forschungsinstitut der RRG auf der Wasserkuppe, das sich weltweites Ansehen erworben hatte, betroffen. Im Zuge der Gleichschaltung wurde die so verdienstvolle RRG bereits am 26. April 1933 aufgelöst. Ihr Forschungsinstitut, das jetzt mit allen Abteilungen auf den Flugplatz Griesheim bei Darmstadt verlegt wurde, erhielt den Namen »Deutsches Forschungsinstitut für Segelflug« (DFS) und wurde dem neugegründeten »Deutschen Luftsportverband« (DLV) angeschlossen, der die freie wissenschaftliche Arbeit nach und nach einzuschränken versuchte. Diese unhaltbare Situation fand ihr Ende, als vier Jahre später das DFS als die »Deutsche Forschungsanstalt für Segelflug« in die Abteilung Forschung im damaligen Reichsluftfahrtministerium (Ministerialdirigent *Dr. Adolf Baeumker*) eingegliedert wurde und damit zu den großen Luftfahrtforschungsanstalten wie AVA, DVL, LFA und FFO gehörte.

Die DFS blieb bis 1939 in Darmstadt, wurde aber bei Kriegsbeginn zunächst nach Braunschweig und später nach Ainring (Oberbayern) verlagert. Für die inzwischen wesentlich erweiterten Aufgaben entstanden neue Institute: Physik der Atmosphäre, Flugtechnik, Flugausrüstung, Flugmechanik, Flugversuche und Sonderaufgaben.

Festzuhalten ist, daß sowohl **das** DFS (Forschungsinstitut) als auch **die** DFS (Forschungsanstalt) ohne besondere finanzielle Probleme die Segelflugentwicklung vorantreiben und immer bessere Muster entwickeln konnten.

Die Neugründung der DFS in der Nachkriegszeit und die weitere Entwicklung werden in einem späteren Kapitel geschildert.

Die großen Leitlinien der dreißiger Jahre

> Erfolg hat nur, wer etwas tut, während er auf den Erfolg wartet.
>
> *Thomas Alva Edison*

Wolf Hirth und seine Flugzeuge

Schon in den zwanziger Jahren war *Wolf Hirth* (1900–1959) international bekanntgeworden. 1930 nahm er mit seinem »Musterle«, einer Konstruktion von *Paul Laubenthal,* in den USA an einem Segelflugwettbewerb in Elmira (rund 300 km westlich von New York) teil. Dort gelang ihm am 4. Oktober 1930 ein erster thermischer Streckenflug bei Blauthermik (Trockenthermik). Als er ein anderes Segelflugzeug plötzlich, aber nur für einen Augenblick, stark steigen sah, erkannte er die Natur der eng begrenzten thermischen Aufwinde, der »Thermikblasen«. Als er selbst einen »Bart« erwischte, nutzte er ihn eng kreisend zum Höhengewinn aus. Mit dieser »Steilkreistechnik«, die er noch mehrmals anwandte, flog er damals auf Anhieb 53 km weit. Das erstmals mitgeführte Variometer war ihm dabei sehr nützlich. Seine Erfahrungen hat er in Vorträgen und Schriften allen Segelfliegern zugänglich gemacht und damit die sprunghaften Fortschritte der dreißiger Jahre eingeleitet. Seiner bis in die Nachkriegsjahre andauernden publizistischen Tätigkeit verdankt der Segelflug ohnehin weit mehr, als sich aus Buchtiteln, Vortragsthemen und Artikelüberschriften summieren läßt; seine »Öffentlichkeitsarbeit« für den Luftsport war beispielhaft und wirkt heute noch nach.

Anfang 1931 hatte die RRG das silberne Leistungsabzeichen für Segelflieger geschaffen. Das von einem silbernen Kranz umgebene verkleinerte C-Abzeichen (drei Schwingen) durfte tragen, wer eine Mindeststrecke von 50 km zurückgelegt sowie eine Höhe von mindestens 1000 m über Start erreicht hatte und einen Dauerflug von mindestens 5 Stunden nachweisen konnte. Diese Bedingungen hatten *Robert Kronfeld* und *Wolf Hirth* bereits erfüllt; beide erhielten das Abzeichen mit der eingravierten Nummer 1. 1931 folgten *Kurt Starck* und *Otto Fuchs* von der Akaflieg Darmstadt sowie *Günther Groenhoff*. Die 50-km-Forderung für die »Silber-C« trug dazu bei, daß auf den Streckenflug künftig besonderer Wert gelegt wurde. Das wirkte sich auf die Neukonstruktionen aus.

Nach seiner Rückkehr aus den USA leitete *Wolf Hirth* zunächst die Segelflugschule Grunau im Riesengebirge. In Kontakt mit dem Flugzeugbau *Edmund Schneider* und mit *Dr. Friedrich Wenk,* der durch seine Nurflügelkonstruktionen bekanntgeworden war, entwarf er ein Leistungssegelflugzeug, mit dem er die bisher gemachten Erfahrungen berücksichtigen und die sich abzeichnenden Anforderungen möglichst erfüllen wollte.

Vom »Moazagotl« zur »Minimoa«

Seine erste Konstruktion nannte *Wolf Hirth* »Moazagotl« – nach der »stehenden Wolke«, die sich von Zeit zu Zeit zwischen dem Riesengebirgskamm und Hirschberg bildet. Sie ist, wie wir heute wissen, eine »Lenticularis« (Linsenwolke) und zeigt Wellenaufwind an, der aber erst Jahre später erforscht und für den Segelflug nutzbar gemacht wurde. Die den Bauern unheimliche Erscheinung hieß in schlesischer Mundart »Moazagotl«. Das so benannte Segelflugzeug von 20 m Spannweite besaß abgestrebte Knickflügel und leichte Pfeilform, die noch durch nach hinten

Der Knickflügel der »Moazagotl« war noch ausgeprägter als der des »Fafnir«.

gezogene Querruder verstärkt wurde. Innen hatte der zweiteilige Flügel das bewährte Profil Göttingen 535, das nach außen hin in ein symmetrisches Profil überging und sogar negativ geschränkt war. Dadurch besaß das »Moazagotl« trotz seines relativ kurzen Rumpfes eine sehr gute Flugstabilität. Die Verkleidung der Streben konnte bis 12 Grad verdreht und dadurch zusätzlicher Luftwiderstand zur Verringerung des Gleitwinkels und Vergrößerung der Sinkgeschwindigkeit erzeugt werden – als Landehilfe. Das Höhenleitwerk war als Pendelruder ausgelegt und nach den bitteren Erfahrungen mit dem »Fafnir« recht hoch angeordnet. Das Flugzeug hatte zur Starterleichterung erstmals ein abwerfbares Fahrwerk und – ebenfalls erstmals – einen Wassertank, der bis zu 55 l fassen konnte. Die 55 kg zusätzliche Flugmasse erhöhten zwar die Sink-, doch zugleich auch die Fluggeschwindigkeit, und darauf kam es für den Streckenflug an guten Thermiktagen vor allem an. Beim Rhönwettbewerb 1933 schaffte *Hirth* mit dem »Moazagotl« denn auch tatsächlich mit 176 km den längsten Streckenflug, und ein Jahr später segelte er von der Wasserkuppe nach Görlitz, 352 km – es war der erste Segelflug über 300 km. »Moazagotl« blieb jedoch ein Einzelstück. Nach vielen weiteren Wettbewerbserfolgen wurde es 1945 auf »Weisung von oben« zerstört.

In Serie ging die »Minimoa«, die zu einem der berühmtesten Leistungssegelflugzeuge der dreißiger Jahre werden sollte. Der aus den USA zurückgekehrte *Martin Schempp* hatte mit Unterstützung von *Wolf Hirth* im Jahre 1935 in Göppingen einen Sportflugzeugbau gegründet (ab 1938 Schempp-Hirth). Später siedelte der Betrieb nach Kirchheim/Teck über, wo die Nachfolgefirma heute noch ansässig ist. Der erste Serienbau von Schempp-Hirth war der Übungssegler Göppingen 1 »Wolf«, ein kunstflugtauglicher abgestrebter Hochdecker mit vergrößerten Querrudern, der das »Baby« ablösen sollte, aber bei weitem nicht dessen Stückzahlen erreichte (nur etwas über 100). Ein in den USA nachgebautes Exemplar befindet sich im Deutschen Segelflugmuseum auf der Wasserkuppe.

Weniger verbreitet war der Doppelsitzer Göppingen 2, ebenfalls ein abgestrebter Hochdecker, für die Doppelsitzerschulung, vor allem für Thermikeinweisung vorgesehen. Ein durchschlagender Erfolg wurde erst Göppingen 3 »Minimoa«. Das »Mini-Moazagotl« besaß »nur« 17 m Spannweite und war freitragend. Der ausgeprägte Knickflügel gab ihm – verstärkt durch die ausladenden Querruder – ein möwenähnliches Aussehen, durch das es selbst in größerer Höhe sofort auffiel. Es war das erste Leistungssegelflugzeug, von dem mehr als 100 Stück hergestellt wurden. Einige davon fliegen heute noch – zur Freude der Zuschauer auf Oldtimertreffen und anderen Flugveranstaltungen. Eine besonders gut erhaltene »Minimoa« aus der Schweiz hängt an zentraler Stelle im Wasserkuppenmuseum.

Bis zur Serienreife der »Minimoa« hatte es mehrere Zwischenstufen gegeben. In der Zeitschrift »Flugsport« (Heft 20/1936) findet sich die folgende Beschreibung (in Auszügen):

». . . Mit der Musterprüfung wurde eine dreijährige Entwicklung abgeschlossen, die von der Leistungsmaschine ›Moazagotl‹ mit 20 m Spannweite über die ›Minimoa‹ als Hochdecker mit Hängeknüppel und Pendelruder zu der heutigen Hochleistungsmaschine führte. Diese kann heute, bei ihren verhältnismäßig niedrigen Anschaffungskosten, wegen der wirklich kleinen Sinkgeschwindigkeit als gutes Reisesegelflugzeug für alle angesehen werden . . . Der Gedanke *Dr. Wenks* (auf den die Formgebung des Knickflügels zurückgeht), durch Verbreiterung der Flächen von der Einsatzstelle

Die »Minimoa« im Flugzeugschlepp bei einem Oldtimertreffen in den siebziger Jahren auf der Wasserkuppe.

der Schränkung an, trotz ausreichender Schränkung eine günstige Auftriebsverteilung zu erzielen, sowie die Wahl eines Profils mit sehr geringem Widerstand bei kleinen Auftriebsbeiwerten, brachte auch bei höheren Geschwindigkeiten von 90 und 100 km/h nur eine geringe Erhöhung der Sinkgeschwindigkeit. Geschlossene Führerkabine mit verschließbaren Fenstern ist heute eine Selbstverständlichkeit. – Die Flügel wachsen nahezu senkrecht aus dem Rumpf heraus; dadurch konnte der Flügelübergang aus Balsaholz sehr klein gehalten werden. Die Anordnung des freitragenden Höhenleitwerks auf der Seitenleitwerksflosse gibt günstige Strömungsverhältnisse ... Der schon beim ›Moazagotl‹ angewandte sehr starke Knick in Verbindung mit starker Pfeilstellung des Außenflügels wurde, sogar noch etwas verstärkt, auch für die ›Minimoa‹ übernommen. Nach langen Versuchen und manchen Abänderungen gelang es dadurch schließlich, das Flugzeug eigenstabil und spiralsturzsicher zu bekommen ... Es konnten mit der Maschine Kreise von nur 12 Sek. Dauer mit losgelassenem Knüppel geflogen werden und es war möglich, sie dann nur mit dem Seitenruder wieder herauszunehmen. Zugunsten der absoluten Eigenstabilität ist auch auf das Pendelruder verzichtet. Um gute Wendigkeit um die Hochachse zu erzielen, wurde nach Vorschlägen *Dr. Wenks* der Außenflügel in ganz schlanke, bis zur ›Messerschärfe‹ auslaufende Profile gebaut und überdies gegen die Flügelspitzen zu jedes Gramm gespart. Das Seitenruder ist gegenüber der ersten Ausführung etwas vergrößert ... Zur Erleichterung der Landung sind an der Flügeloberseite, außerhalb des Anströmbereiches zum Leitwerk, Bremsklappen aus Leichtmetall angeordnet. Diese schließen in Ruhestellung bündig mit der Flügeloberseite ab und werden in dieser Lage durch starke Federzüge gehalten. Laut Prüfbericht des RLM wird durch sie im ausgeschlagenen Zustand die Sinkgeschwindigkeit der Maschine reichlich verdoppelt. Das Rad ist bremsbar, was bei Ziellandungen angenehm, bei Hanglandungen sogar sehr nötig sein kann ... Auch verhält sich ein Rad bei Schiebelandungen günstiger als eine Kufe ... Der Zusammenbau ist denkbar einfach, so daß drei Mann bequem die Maschine in 20 Minuten montieren können ... Der Aufbau ist normal: die Maschine ist freitragend und einholmig mit Torsionsnase und einem kleinen Hilfsholm zur Erleichterung der Herstellung. Ungewöhnlich ist der doppelt geknickte Holm. Um keine großen Vorspannungen an der Knickstelle zu haben, ist der Knick groß und weich ausgeführt. Die Gurte sind 12 bzw. 16fach lamelliert. Kastenholm, Rippenabstand 230 und 235 mm, in der Torsionsnase Hilfsrippen. Die Torsionsnase und das Rumpfende sind mit Diagonalsperrholz beplankt ... Flächen-Innenprofil G 693, Rüstgewicht mit Rad 210 kg, Zuladung (normal) 80 kg. Flächenbelastung 15,3 kg/m² (kann erhöht werden auf 19,6 kg/m²). Beste Gleitzahl 1:26 bei ca. 85 km/h, beste Sinkgeschwindigkeit 0,65 m/sec. bei ca. 58 km/h.«

Die Serienausführung wurde 1938 den seit 1935 gestiegenen Leistungsanforderungen angepaßt. Mit einer Verringerung der Rüstmasse, einer geringfügigen Vergrößerung der Spannweite auf 17,50 m und einem etwas stärker gewölbten Profil (Gö 535 verdünnt) konnte die Sinkgeschwindigkeit noch verbessert werden. Mit diesem Muster stellte *Erich Vergens* am 24. Mai 1939 den deutschen Vorkriegs-Streckenrekord von 523 km (Trebbin–Tiefenried/Obb.) auf. Ebenfalls mit einer »Minimoa« hatte Flugkapitän *Drechsel* bei der »Gewitter-Rhön« 1938 einen Höhenweltrekord von 6687 m Startüberhöhung erflogen.

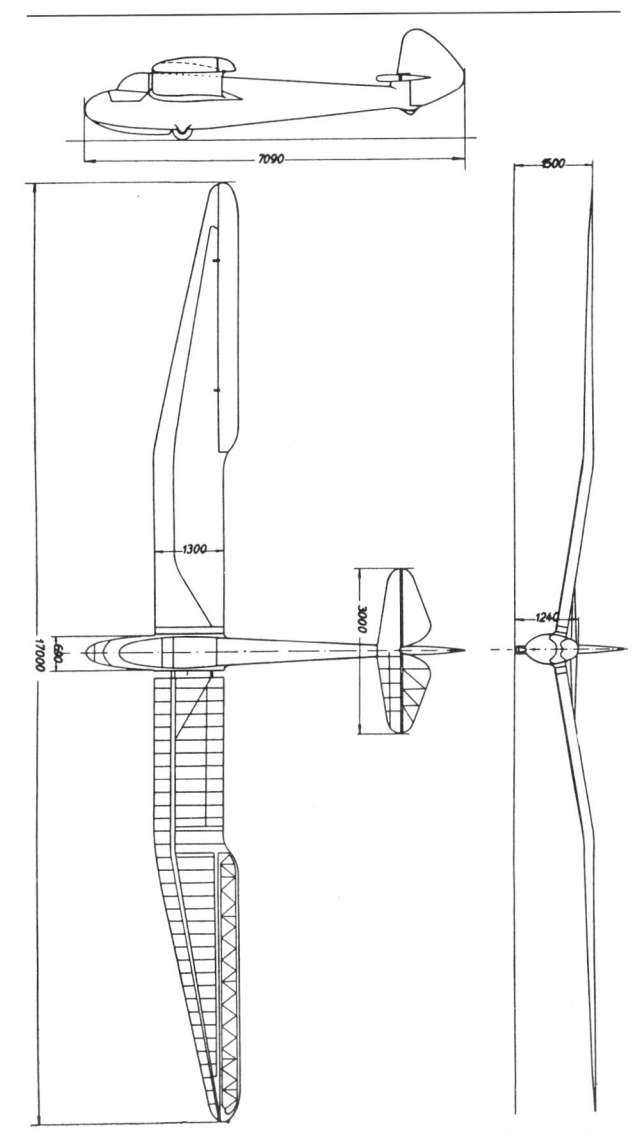

Gö 3 »Minimoa«.

Der Doppelsitzer Gö 4

Wolf Hirths Erfahrungen als Fluglehrer hatten dazu geführt, daß er sich – zumindest für die kritischen Einweisungen in neue Startarten wie Windenstart und Flugzeugschlepp sowie in Gefahrenzustände – für die Doppelsitzerschulung einsetzte. Die vorhandenen Doppelsitzermuster hatten hintereinanderliegende Sitze. Pädagogisch vorteilhafter waren jedoch nebeneinanderliegende Sitze, wie sich bei der Motorflugschulung gezeigt hatte. Darum wies der zweite

Die Gö 4, konstruiert von *Wolfgang Hütter*.

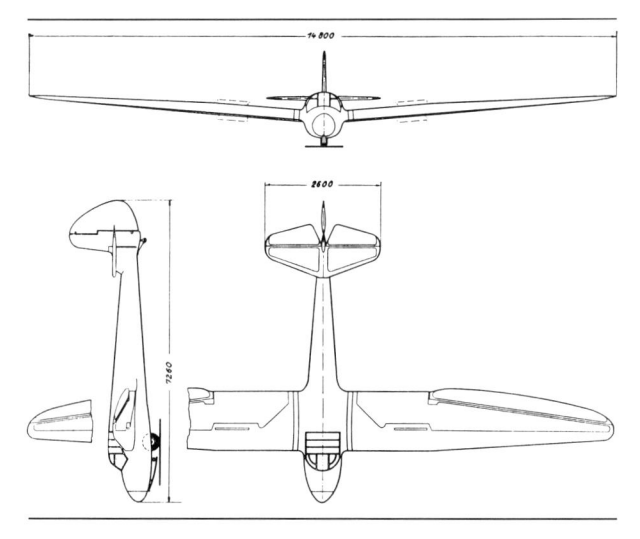

Die Gö 4 – mit dem typischen Flügelgrundriß der Schempp-Hirth-Flugzeuge der dreißiger Jahre.

Übungsdoppelsitzer der Firma Schempp-Hirth, die Gö 4, diese Sitzanordnung auf. Das Flugzeug wurde 1937 von *Wolfgang Hütter* als Diplomarbeit konstruiert. *Hütter* und sein Bruder *Ulrich* waren bereits durch ihre Untersuchungen und Entwürfe zu Kleinseglern bekanntgeworden. Auf diese Vorarbeiten war sicherlich die überaus geschickte Platzausnutzung der Gö 4 zurückzuführen: Dadurch, daß Ellenbogen und Schultern der Piloten in den Flügelwurzeln des Mitteldeckers Platz fanden, war der Rumpf außen nur 92 cm breit. Die geraden Flügelteile waren mit leichter V-Form an den ovalen Rumpf angesetzt. Der Flügelumriß mit den großen Querrudern entsprach dem »Wolf« und der »Minimoa«. Der Hauptholm hatte C-Querschnitt, wie auch ein nach hinten offener C-Holm die Querruder aufnahm und dabei gleichzeitig die Spaltabdeckung bewirkte. Die Bauweise mit Torsionsnase und Stoffbespannung war konventionell. Die hochliegende Höhenflosse und das Seitenruder ließen ebenfalls die Verwandtschaft mit den Vorgängermustern erkennen. Statt einer Kufe besaß die Gö 4 ein Zentralrad, das durch einen Hebel zwischen den Pilotensitzen gebremst werden konnte. Zur Start- und Landeerleichterung war es kurz vor dem Schwerpunkt angeordnet. Die Pilotensitze, für die nur ein Satz Instrumente benötigt wurde, waren durch eine Haube aus Astralon auf einem leichten Stahlrohrgerippe abgedeckt. Eine Besonderheit war die Bauweise der Rumpfnase und der Flügelübergänge: man hatte sie aus kauritleimdurchtränkten Lagen von Sackrupfen auf einer Positivform hergestellt – eine Vorahnung der späteren faserverstärkten Kunststoffbauweise.

Der Erstflug fand am 30. November 1937 durch *Heinz Kensche* auf dem Hornberg statt. In der Serie wurden weit über 100 Gö 4 gebaut; das Muster war noch nach Wiederzulassung des Segelfluges in den 50er Jahren gefragt.

Bei einer Spannweite von 14,80 m, der relativ geringen Streckung von 11,5 und einer Länge von 6,74 m lag die Rüstmasse bei 180 kg und die Zuladung bei rund 200 kg – Flächenbelastung 18,4 kg/m², bei Baureihe II wegen noch erhöhter Zuladung bei 21,6 kg/m². Die beste Gleitzahl wurde mit 19, das beste Sinken mit 1 m/s angegeben. Bei einsitzigem Flug mußte ein Trimmgewicht von 25 kg mitgeführt werden; die Sinkgeschwindigkeit verringerte sich dabei um 10 Prozent. Die Mindestgeschwindigkeit lag bei 50 km/h.

Der Motorsegler Hi 20 »MoSe«

Schon in den zwanziger Jahren hatte sich *Wolf Hirth* mit dem Motorseglergedanken befaßt, doch das Flugzeug, das ihm vorschwebte, ließ sich nach dem Stand der Technik erst Ende der dreißiger Jahre verwirklichen – wenigstens versuchsweise. Der Entwurf geht auf 1937 zurück. Verwendet wurden Flügel und Leitwerk der Gö 4. Nur der Rumpf, ein stoffbespanntes Stahlrohrgerüst, war von *Ulrich Hütter* extra für den Motorsegler konstruiert worden und konnte das erstmals in dieser Größenordnung verwirklichte Klapptriebwerk aufnehmen. Es handelte sich um einen Vierzylinder-Zweitakter von nur 500 cm³ Hubraum, den *Dipl.-Ing. W. Krautter* speziell für Motorsegler entworfen hatte. Bei 5500 min⁻¹ leistete er 25 PS (18 kW) bei einer Masse von

Der Motorsegler Hi 20 mit ausgeklapptem Triebwerk (1940).

20,5 kg. Bei der Hi 20 befand sich der Motor im Rumpf; der Propeller wurde über eine Königswelle im Schwenkarm angetrieben. Bei abgestelltem Motor konnte – so war es gedacht – der Schwenkarm mit dem senkrecht gestellten Propeller in den Rumpf eingefahren worden.
Im Segelflug entsprachen die Flugleistungen und -eigenschaften der Gö 4.
Die Arbeit an der Hi 20, die schon weit fortgeschritten war, mußte wegen des Kriegsausbruchs im September 1939 eingestellt werden. Erst Ende Oktober 1941 war der Erstflug möglich. Bei wenigen weiteren Erprobungsflügen wurde mit laufendem Triebwerk im Schlepp gestartet. Daß es nach dem Ausklinken abgestellt und zum Segelflug eingefahren wurde, ist belegt.
Nach nur neun Flügen mußte das Projekt kriegsbedingt eingestellt werden. *Wolf Hirth* wollte mit diesem Flugzeug seine Vorstellung vom »Luftwandern« verwirklichen – im Krieg kaum vorstellbar. Wie zukunftweisend jedoch das Konzept des Klapptriebwerks war, zeigt die moderne Motorseglerentwicklung.

Heini Dittmar und seine Flugzeuge

Daß hervorragende Piloten auch sehr gute Konstrukteure sein können, beweist nicht nur das Beispiel *Wolf Hirth* – es hat sich in der Segelfluggeschichte immer wieder bestätigt, bis in die Gegenwart hinein. Oft suchen sie dabei die Zusammenarbeit mit anderen Fachleuten, mit denen sie ihre Konstruktionsüberlegungen diskutieren, die schwierige Berechnungen übernehmen oder nachprüfen können oder eigene Ideen für einzelne Baugruppen verwirklichen möchten. Auf Anregung von *Fritz Stamer*, beraten von *Alexander Lippisch* und unter Mitarbeit von *Fritz Krämer* konstruierte und baute der damals erst zwanzigjährige *Heini Dittmar* 1931/32 ein eigenes Leistungssegelflugzeug.

»Condor« I–IV

Peter Riedel schreibt in Band II seiner »Erlebten Rhöngeschichte«:

»Heini konstruierte den ›Condor‹, eine geschickte Mischung von zwei Lippisch-Maschinen, der ›Wien‹ und dem ›Fafnir‹. Sein Freund, Dipl.-Ing. *Fritz Krämer*, ebenfalls bei *Lippisch* beschäftigt, machte für ihn die nötigen statischen Berechnungen. Vor kurzem bestätigte *Krämer* brieflich, daß *Heini Dittmar* allein der Konstrukteur seines ›Condor‹ gewesen ist. Von dritter Seite war behauptet worden, daß *Krämer* die Maschine entworfen hätte. Nur der hintere Teil des Rumpfes und das Leitwerk waren mit Hilfe von ›Fafnir‹-Zeichnungen gebaut worden. Alles andere war Heinis Entwurf, besonders die verstrebten Tragflächen mit ihrer starken Schränkung. Nach *Lippischs* und *Stamers* Fürsprache erlaubte *Professor Georgii*, daß Heini RRG-eigenes Material beim Selbstbau seines Segelflugzeugs verwenden durfte. 2000 Arbeitsstunden waren erforderlich bis zur Fertigstellung und zum Einfliegen im Juni 1932. Heini wurde der beste in der Juniorengruppe des Übungswettbewerbs 1932 . . .«

Er sollte noch viele weitere Erfolge mit dem »Condor« erringen. So stellte er am 16. Februar 1934 während der von *Professor Georgii* geleiteten Segelflugexpedition nach Südamerika den damals phantastisch anmutenden Höhenweltrekord von 4350 m über Ausklinkhöhe auf – über Rio de Janeiro. Die bisherige Weltbestleistung, aufgestellt 1929 durch *Robert Kronfeld*, lag bei 2560 m.
Bei 17,26 m Spannweite bei einer Flügelstreckung von 18,4 und einer Länge von 7,65 m war der »Condor« konventionell aus Holz gebaut: einholmiger Flügel mit Torsionsnase, sperrholzbeplankter Rumpf. Die Rüstmasse lag mit 230 kg

»Condor I« von und mit *Heini Dittmar* beim Rhönwettbewerb 1934.

relativ hoch, entsprechend auch die Flächenbelastung mit 19,12 kg/m² bei 310 kg Flugmasse. Wegen des dicken und stark gewölbten Profils, dessen Luftwiderstand mit der Fluggeschwindigkeit besonders stark zunahm, kam der Vorteil der hohen Flächenbelastung trotz guter Gleitzahl (26) und geringem Sinken (0,65 m/s bei normaler Fluggeschwindigkeit) kaum zum Tragen.

Für den Rhönwettbewerb 1935 konstruierte *Heini Dittmar*, der inzwischen beim Technikum Weimar tätig war, den »Condor II«. Die Tragfläche, in Größe und Umriß gegenüber dem ersten »Condor« kaum verändert, hatte mit Göttingen 532 ein erheblich dünneres Profil und deshalb bei erhöhter Geschwindigkeit weniger Luftwiderstand. Außerdem war die Flügelschränkung geringer – auch das wirkte sich günstig auf das Fliegen mit erhöhter Geschwindigkeit aus. Um dem Piloten mehr Bewegungsfreiheit zu bieten, hatte *Dittmar* den Rumpf etwas verbreitert. Bei geringfügig erhöhter Flugmasse und mit 19,75 kg/m² etwas größerer Flächenbelastung hatten sich die Leistungswerte nicht nennenswert verändert. Allerdings besaß auch »Condor II« noch die V-Streben.

Die Möglichkeit, ohne allzugroße Zunahme des Sinkens mit erhöhter Geschwindigkeit zu fliegen, wirkte sich sofort auf die Streckenleistungen aus. Mit »Condor II«, der gleich in Serie gebaut wurde, hatte *Dittmar* ein von Anbeginn erfolgreiches Leistungssegelflugzeug geschaffen. Noch vor der »16. Rhön« gelang *Peter Riedel* mit dem Prototyp ein Zielflug von Berlin nach Hamburg, und beim Wettbewerb selbst stellte *Rudolf Oeltzschner* auf »Condor II« mit 504 km (Wasserkuppe–Brünn) einen neuen Weltrekord auf. Beim Rückschlepp allerdings stürzte er bei extremer Turbulenz durch Abreißen des Rumpfvorderteils tödlich ab. Drei weitere Piloten – *Otto Bräutigam*, *Ernst Steinhoff* und *Rudolf Heinemann* – hatten die gleiche Strecke zurückgelegt, verzichteten aber auf ihre Weltrekordanmeldung zugunsten *Oeltzschners*, der gleichzeitig Rhönsieger wurde – vor *Wolfgang Späte*, der ebenfalls einen »Condor« flog, und *Ernst Steinhoff* auf »Rhönadler«.

Mit dem »Condor« gewann *Dittmar* 1936 den 1. Zielflugwettbewerb, und im selben Jahr überquerte er als erster die Alpen im Segelflug. Im Zielstreckenwettbewerb 1937 lag wieder ein »Condor« vorn – geflogen von *Heinz Huth*, der von nun an für mehr als dreißig Jahre einer der erfolgreichsten Segelflieger bleiben sollte.

Im Jahre 1938 erschien »Condor III« – jetzt endlich freitragend und auch leistungsmäßig verbessert (beste

Der Doppelsitzer »Condor IV« auf dem Jungfraujoch 1952.

Gleitzahl 28, geringstes Sinken 0,60 m/s). Rumpf und Flügel wurden, wohl nicht zuletzt im Hinblick auf die bittere Erfahrung mit dem Absturz von *Oeltzschner*, verstärkt und erhielt die neu entwickelten DFS-Sturzflugbremsen. Gebaut wurde das neue Muster bei Flugzeugbau Schleicher in Poppenhausen, der auch die Serienfertigung übernahm.

Aus diesem Flugzeug entwickelte *Heini Dittmar* nach Wiederzulassung des Segelfluges im Jahre 1951 den Doppelsitzer »Condor IV«. Er war wohl die letzte und einzige deutsche Knickflügelkonstruktion der Nachkriegsjahre und wurde in den Vereinen zur Thermikeinweisung, aber auch auf Wettbewerben viel und gern geflogen. Ein auch von der Farbgebung her sehr schönes Exemplar steht im Segelflugmuseum auf der Wasserkuppe. Gegenüber dem »Condor III« wurde die Spannweite auf 18 m vergrößert und der Rumpf verbreitert und verlängert. Bei 510 kg Flugmasse lag die Flächenbelastung bei 24,9 kg/m². Die Gleitzahl näherte sich der 30 (bei 80 km/h), die Sinkgeschwindigkeit stieg geringfügig auf 0,71 m/s (bei 70 km/h). *Ernst-Günter Haase* flog damit 1952 ein 100-km-Dreieck mit einer Durchschnittsgeschwindigkeit von 80,90 km/h – es war der erste Segelflug-Weltrekord für Deutschland nach dem Zweiten Weltkrieg.

Wenig bekannt ist, daß der »Condor« auch in der Motorsegler-Entwicklung eine Rolle spielte. 1935 ließ *Peter Riedel* beim Robert Bley-Flugzeugbau in Naumburg an der Saale einen »Condor« mit verstärkten Flügelholmen und einem abnehmbaren Kroeber-Motor über der Tragflächenwurzel bauen. In seiner »Erlebten Rhöngeschichte«, Bd. III, schreibt er dazu:

»Seit langem war ich am Motorseglergedanken interessiert. Unabhängig von einem Schlepper abfliegen zu können, ist von jeher der Traum vieler Segelflieger gewesen. Damals schon setzte sich *Wolf Hirth* dafür ein. Der bewährte Dr.-Kroeber-Motor von 18 PS erschien geeignet, als eine Art Außenbordmotor auf einem etwas verstärkten ›Condor‹ für Rücktransporte nach Streckenflügen dienen zu können. Mir schwebte vor, daß man anstelle des Transportanhängers nur den abnehmbaren Motor zur Landestelle zu bringen brauche, dort auf den Condor setzen und nach einem Gummiseilstart damit nach Hause fliegen könnte ... Mitte Mai 1935 flog ich den Motor-Condor auf dem Segelflugplatz Laucha ein. *Heini Dittmar* war anwesend, weil er sich natürlich für solche Experimente mit dem von ihm entworfenen Condor interessierte. Die Rollstrecke mit dem üblichen abwerfbaren Fahrwerk war kurz, bei Windstille etwa 120 m, aber die Steiggeschwindigkeit recht niedrig, gegen 50 m/min. Enttäuschend war, daß der Auf- und Abbau des Motoraggregates viel länger dauerte als erwartet. Man hätte eine ganze Anzahl von Änderungen vornehmen müssen, um meinen Gedanken des Rückfliegens nach einem Streckenflug wirklich praktisch durchführbar zu machen. Dazu hatte ich weder die Zeit noch die Mittel. So endete dieses Experiment nach einigen Vorführungen mit Eigen- oder Gummiseilstart in Laucha, Weimar und auf der Wasserkuppe ...«

Vor der Fernsehkamera erzählte *Riedel* 1978, daß »La Falda«, wie er den Motor-Condor genannt hatte, wegen des hochliegenden Motors leicht ins Trudeln geraten konnte und daß er ihn einmal nur im allerletzten Augenblick aus diesem gefährlichen Zustand habe abfangen können. Auch das wird ein Grund dafür gewesen sein, das Experiment, das später von anderen mit veränderter Zielsetzung und mit anderen Mustern noch mehrfach wiederholt wurde, aufzugeben.

Der Motorsegler »La Falda« mit *Peter Riedel* (1935) – ein verstärkter »Condor II«.

Egon Scheibe und seine Flugzeuge

Den Modetrend der Knickflügel machte er nicht mit, seine eckigen Stahlrohrrümpfe wirkten neben den eleganten Rundungen der Konkurrenten wie aus Pionierzeiten – aber leistungsmäßig standen seine Flugzeuge den anderen nicht nach, obwohl sie vom Bauaufwand her erheblich einfacher waren.

Schon *Hermann Mayer* (Aachen) hatte mit der MS I und der MS II versucht, mit einfachen Mitteln ein Segelflugzeug mit guten Leistungen zu schaffen. Die aufgelöste Holzbauweise mit Gurten und Stegen, der Einfachheit halber eckig und stoffbespannt, bewährte sich jedoch nicht. Die empfindlichen Bauteile konnten ausknicken und dadurch eine Schwächung hervorrufen. Das änderte sich erst mit der Stahlrohrbauweise, die *Dipl.-Ing. Egon Scheibe* in den Segelflugzeugbau einführte. Er verwendete sie erstmals 1932 für den Rumpf des mehrsitzigen Segelflugzeugs OBS »Urubu« (Konstruktion *Lippisch*) sowie auch für den Rumpf des Doppelsitzers Mü-10 »Milan« der Akaflieg München im Jahre 1934. Für die Tragflächen (Spannweite 17,80 m) und Leitwerke behielt er den bewährten Holzbau bei, verzichtete aber aus Gründen der Einfachheit auf den Flügelknick. Diese Stahlrohr-Holz-Bauweise, die als »Münchener Schule« bekanntgeworden ist, hat er nicht nur in den dreißiger Jahren, sondern mit seinem in der Nachkriegszeit gegründeten Flugzeugbau Scheibe in Dachau bei München bis in die Gegenwart hinein beibehalten.

Mü 13

Mit der Mü 10 »Milan« hatte die Akaflieg München nicht nur wegen der Stahlbauweise des Rumpfes gute Erfahrungen gemacht. Auch das Flügelprofil (nach eigenem Entwurf) und die Leitwerksanordnung bewährten sich. Deshalb lag es nahe, auf der Basis des »Milan« auch ein einsitziges Leistungssegelflugzeug zu schaffen. Nach dem Entwurf von *Egon Scheibe* unter Beteiligung von *Kurt Schmidt* entstand

Auch die Mü 13 »Atalante«, mit der *Kurt Schmidt* erfolgreich war, besaß einen Stahlrohrrumpf.

die Mü 13, von der 1935/36 gleich zwei Exemplare gebaut wurden, »Merlin« und »Atalante«. »Merlin« war unter *Hans Wiesenhöfer* im 1. Zielflug rund um Süddeutschland und auf Alpenflügen erfolgreich. »Atalante« aber, die *Kurt Schmidt* überwiegend auch selbst gebaut hatte, wurde zu einem der berühmtesten und erfolgreichsten Segelflugzeuge der dreißiger Jahre. Obgleich er sie erst kurz vor der »17. Rhön« einfliegen konnte, wurde er überlegener Sieger. So gelang ihm ein Zielflug von der Wasserkuppe nach Trier (252 km); es war der längste Streckenflug des gesamten Wettbewerbs. Seine Erfolge machten die angesichts der eleganteren Konkurrenz vorher kaum beachtete Mü 13 weithin bekannt. Beim Schwarzwald-Flugzeugbau Wilhelm Jehle in Donaueschingen wurde sie mit geringfügigen Änderungen als Mü 13 D in Serie gebaut und war von nun an auf allen Wettbewerben vertreten. *Kurt Schmidt* setzte seine Erfolgsserie auf der »Atalante« bis 1939 fort. Kurz vor Kriegsausbruch stellte er mit einem Zielflug von Trebbin nach Holzkirchen/Obb. (482 km) noch einen deutschen Zielflugrekord auf – allerdings mit dem »Reiher«, mit dem *Erwin Kraft* beim Rhönwettbewerb 1938 sein heftigster Konkurrent gewesen war.

Die »Mü 13« hatte bei einer Spannweite von 16 m eine Flügelstreckung von 15,85, eine Länge von 6,02 m, eine

Der Doppelsitzer Mü 10 »Milan« der Akaflieg München. Der Konstrukteur *Egon Scheibe* wendete für den Rumpf die Stahlrohrbauweise an, die bis heute sein »Markenzeichen« geblieben ist.

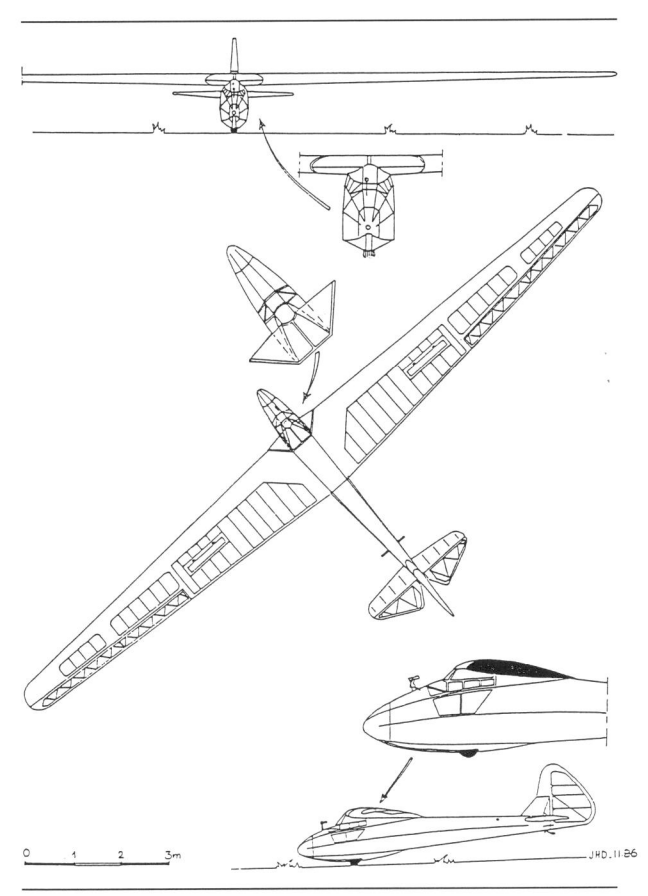

Mü 13 – entworfen von *Egon Scheibe*.

Der Einsitzer »Spatz« folgte 1952 – hier eine schon weiterentwickelte Ausführung mit geblasener Haube – als L-Spatz.

Rüstmasse von 170 kg und bei einem Fluggewicht von 270 kg eine Flächenbelastung von 16,71 kg/m². Die beste Gleitzahl lag bei 28 (nach anderer Quelle 27) bei 66 km/h, das günstigste Sinken bei 0,60 m/s bei 55 km/h. Dank ihres dünnen und darum widerstandsarmen Profils konnte die Mü 13 relativ schnell geflogen werden; so stieg bei 85 km/h die Sinkgeschwindigkeit lediglich auf 1 m/s an. Zur Sichtverbesserung hatte *Schmidt* in die »Atalante« Cellonfenster beiderseits des Pilotensitzes in den Rumpf eingebaut. In Kopfhöhe war auch der Flügelansatz mit Cellon verkleidet. Auf einfache und sichere Montage war vom Konstrukteur besonderer Wert gelegt worden. Der Flügel des Schulterdeckers besaß Klappen über die gesamte Spannweite, die unter Einbeziehung der Querruder zur Auftriebserhöhung verstellt werden konnten und durch Verringerung der Fluggeschwindigkeit das Ausfliegen auch sehr enger Thermikschläuche ermöglichten. *Kurt Schmidts* Erfolge dürften nicht zuletzt darauf zurückzuführen sein, daß er diese Technik meisterhaft beherrschte.

Egon Scheibe setzte die Mü-13-Linie noch in der Nachkriegszeit fort. Nach Aufhebung des Bauverbotes für Segelflugzeuge Ende April 1951 konstruierte er die Mü 13 E, den »Bergfalken«, einen Doppelsitzer mit 17,20 m Spannweite,

Der Doppelsitzer Mü 13 E »Bergfalke« war *Scheibes* erstes Nachkriegsflugzeug (1951).

79

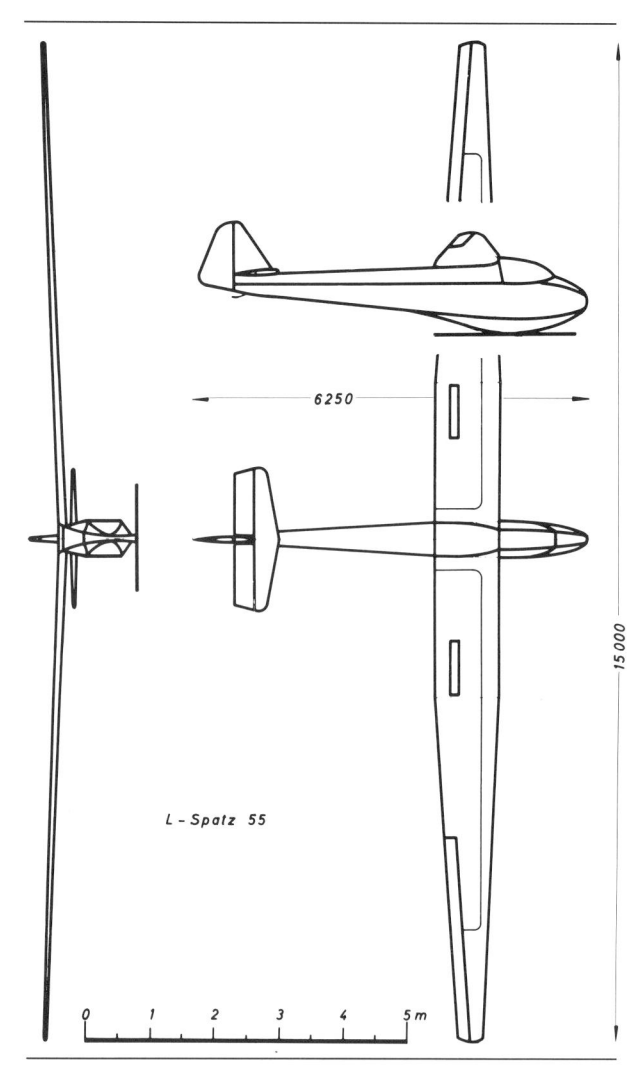

Der »L-Spatz« von *Egon Scheibe.*

Hans Jacobs und seine Flugzeuge

Die Fortschritte im Segelflugzeugbau vollzogen sich, wie die bisherigen Beispiele zeigen, in ständigem Wechselspiel zwischen meist sorgfältig durchdachten wissenschaftlich-technischen Konzepten, wagemutigem Experimentieren und nüchterner Anwendung der dabei gemachten Erfahrungen, die nicht selten unter schweren Opfern erkauft waren. Es gab noch keine Computersimulation, mit der man sich manches Risiko hätte ersparen können. Doch selbst im heutigen Computerzeitalter ist der Drang, etwas Neues auch selbst auszuprobieren, eine wesentliche Triebkraft der Entwicklung geblieben. Bei allem »High tech«, das selbstverständlich Anwendung findet, ist sie immer noch überschaubar und bleibt in »menschlichen Dimensionen«. Im Gegensatz zur Verkehrs- und Militärluftfahrt besteht im Segelflugbereich für den einzelnen Konstrukteur immer noch die Möglichkeit, »ganzheitlich« zu arbeiten, also ein Flugzeug in allen Teilen selbst zu konzipieren, zu konstruieren und schließlich sogar zu bauen und zu fliegen. In den Pionierjahren und in der anschließenden Konsolidierungs- und Optimierungsphase war das allerdings eher die Regel als in unserer mehr rational-betriebswirtschaftlich orientierten Zeit. Schon wegen der extrem gestiegenen Lohnkosten müssen auch die Segelflugzeughersteller mehr rechnen als fliegen.

Wer damals den Segelflug weiterbringen wollte, ließ sich im Rahmen seiner Möglichkeiten durch vorgeprägte Neigungen und Wunschvorstellungen zu Neukonstruktionen inspirieren. Darum war jedes neue Flugzeug, gleich ob es später in Serie ging oder nicht, individuell geprägt, zumal es für die Formgebung nur wenige Berechnungsunterlagen gab. Intuition, ja künstlerisches Formgefühl war gefragt. Ein Konstrukteur, aus dessen Hand überwiegend besonders »schöne« Flugzeuge hervorgegangen sind, war *Ing. Hans Jacobs* (geb. 1907). Seit 1927 Mitarbeiter von *Alexander Lippisch,* wurde er 1934 dessen Nachfolger als Leiter der flugtechnischen Abteilung der DFS. Doch auch schon vorher hatte er eigene Konstruktionen herausgebracht.

»Rhönadler«

Erfahrungen mit dem »Fafnir«, den *Jacobs* nach dem Entwurf von *Lippisch* konstruierte (wie vorher den »Professor« und die »Wien«), fanden ihren Niederschlag im Prototyp des »Rhönadlers«, der wesentlich einfacher gebaut war. Vor allem hatte *Jacobs* auf den aufwendigen Knickflügel verzichtet. Im Rhönwettbewerb 1932 machte *Peter Riedel* mit dem 18-m-Vogel bereits gute Erfahrungen. Der »Rhönadler« wurde beim Flugzeugbau Schleicher in Poppenhausen als erstes Leistungssegelflugzeug in größeren Stückzahlen gebaut und war von da an auf vielen Wettbe-

der für die sich damals endgültig durchsetzende Doppelsitzerschulung vorgesehen, aber auch als Leistungssegelflugzeug geeignet war. In verschiedenen Versionen wird der »Bergfalke« bis heute als Schulflugzeug benutzt. Anzutreffen ist auch noch der »Spatz«, der erste Einsitzer der Nachkriegszeit, der ebenfalls nach der »Mü-Linie« von *Egon Scheibe* 1952 konstruiert worden war. Über seine weiteren Konstruktionen, insbesondere über seine Motorsegler, wird in späteren Kapiteln berichtet.

In der Evolution der Segelflugzeuge gibt es wohl kaum ein Konstruktionsprinzip, das sich über einen so langen Zeitraum gehalten hat wie die Gemischtbauweise nach der »Münchener Schule« – und es bewährt sich heute noch.

Der »Rhönadler« von *Hans Jacobs*.

werben der dreißiger Jahre erfolgreich. Ein Nachbau dieses bewährten Musters von *Klaus Heyn* ist eines der Schmuckstücke des Segelflugmuseums auf der Wasserkuppe.

Der Flügel des »Rhönadlers« war zweiteilig und, wie *Jacobs* selbst schreibt, »gradlinig, stark trapezförmig nach außen verjüngt, mit sehr großem Querruder. Als Profil kam ein abgeändertes ›Gö 652‹ mit geringerer Wölbung zur Verwendung.« Die Streckung betrug 16,8. Der »Rhönadler« gehörte mit seiner Rüstmasse von 170 kg und seiner Flugmasse von 250 kg noch zu den Segelflugzeugen geringer Flächenbelastung (um 14 kg/m^2). Seine Gleitzahl wird mit 20, sein geringstes Sinken mit 0,75 m/s angegeben. Seine Erfolge, wie der Flug von *Ernst Steinhoff* über 504 km im Rhönwettbewerb 1935, lassen jedoch vermuten, daß diese Werte eher zu gering angesetzt waren.

Die Gleitzahl des »Rhönadlers«, die mit 20 angegeben wird, war vermutlich besser.

»Rhönbussard«

Die einfache Linie für den Serienbau und der Eignung für den Nachbau in Vereinen setzte *Jacobs* mit dem Hochdecker »Rhönbussard« fort. Den Fliegergruppen fehlte ein kleines Leistungssegelflugzeug; diese Lücke sollte der »Rhönbussard« ausfüllen. Bei einer Spannweite von 14,30 m und einer Flügelfläche von 14,10 m^2 sowie einer Flugmasse von 245 kg lag die Flächenbelastung bei 17,40 kg/m^2. Die Wendigkeit des »Bussard«, wie er bald vereinfacht genannt wurde, veranlaßte *Eugen Wagner,* den damaligen Leiter der Segelflugschule Hesselberg, dazu, sich ein durch Holmverstärkung kunstflugtaugliches Exemplar davon bauen zu lassen. Mit dieser »D-Hesselberg« flog er bei der »16. Rhön« 330 km weit, wobei er über 3000 m Startüberhöhung erreichte. Damit hatte er als erster die Bedingungen des neu geschaffenen goldenen Leistungsabzeichens erfüllt (Abzeichen »A« vor *Heini Dittmar* mit Nr. 1). In seinen Leistungs-

Beim Oldtimertreffen 1974 auf der Wasserkuppe wird ein restaurierter »Rhönbussard« aufgerüstet.

werten – Gleitzahl um 18, bestes Sinken 0,75 m/s – lag der »Rhönbussard« zwischen den damaligen Übungs- und Leistungssegelflugzeugen.

Die einfache Linie hat *Jacobs* erst gegen Ende des Jahrzehnts mit der »Weihe« und der »Olympia-Meise« fortgesetzt. Zunächst folgten etwas aufwendigere Knickflügel-Konstruktionen, die sich durch ausgewogene Formgebung und herausragende Erfolge auszeichneten.

»Rhönsperber«

Wie entscheidend ein »schnelles« Segelflugzeug bei guten Thermikbedingungen für Streckenleistungen war, hatte sich beim Rhönwettbewerb 1934 mit den Erfolgen des »Fafnir II« erwiesen. Um ein ähnlich leistungsfähiges Segelflugzeug bei geringerem Bauaufwand zu schaffen, entwickelte *Jacobs* aus dem bewährten »Rhönbussard« den »Rhönsperber«. Aus dem Hochdecker wurde ein Mitteldecker mit Knickflügel und größerer Spannweite (15,30 m), mit dem gleichen Profil Gö 535 und ähnlichem Umriß. Er schreibt dazu:

»Die bei Mitteldeckern bisher übliche Bauweise mit einem festen Mittelstück am Rumpf, an das die Flügel beidseitig angeschlossen werden, wurde verlassen. Der Hauptholm wird durch die Rumpfwand gesteckt und die beiden aus dem Flügel herausschauenden Hauptholmstummel in der Mitte des Rumpfes zusammengeschlossen. Die Flügeldrehkräfte werden über den Hinterholm an den Rumpfwänden abgesetzt. Diese Bauweise bringt erhebliche Gewichtsersparnis, da die Hälfte der sonst erforderlichen Hauptbeschläge und größerer Verbandskonstruktionen im Rumpf gespart werden. Bei dem ›Rhönsperber‹, der wie der ›Rhönadler‹ und der ›Rhönbussard‹ für den Serienbau entworfen wurde, wurde auf die Ausgestaltung des Führerraums Wert gelegt: verstellbarer Führersitz, verstellbarer Fußhebel, sämtliche Steuerungsteile und -seile liegen unter einem festen Tretboden usw. Zur Erhöhung der Sinkgeschwindigkeit für die Landung wurden bei dem ›Rhönsperber‹ zum erstenmal bei Segelflugzeugen Störklappen auf der Flächenoberseite angeordnet, die in einem größeren Bereich des Flügels den Auftrieb vernichten. Die Anordnung ist in der Herstellung billig und wirksam . . .«

Der Serienbau wurde nach 1935 beim Flugzeugbau Schweyer in Ludwigshafen aufgenommen. *Hans Jacobs* hatte auch auf gute Sicht für den Piloten großen Wert gelegt. Die Führersitzhaube – erstmals statt aus dem gelblichen Cellon aus klarem Plexiglas – wuchs aus der Rumpfoberseite heraus und gab dem Piloten sogar freie Sicht nach hinten, wodurch das Kreisen in der Thermik im Pulk bei Wettbewerben sicherer wurde. Die Flügelstreckung des »Rhönsperbers« sowie die Flächenbelastung lagen nur geringfügig

Rhönwettbewerb 1937: vorn in der Reihe ein »Rhönsperber«.

höher als bei dem Vorgänger, ebenso die Leistungsdaten – aber auch sie erscheinen angesichts der tatsächlichen Leistungen des »Rhönsperber« untertrieben. Geflogen von *Rudolf Heinemann* war er einer von den vier Leistungsseglern, die bei der 16. Rhön die magischen 500 km übersprangen, und lang ist die weitere Erfolgsreihe bei Wettbewerben und Rekordflügen. Nach kurzer »Hochkonjunktur« (1936: 26 »Rhönsperber« im Rhönwettbewerb) verschwanden sie allerdings fast völlig von den Meldelisten – das Bessere war der Feind des Guten.

Es zeichnete sich schon ab: 1936 modifizierte *Hans Jacobs* den »Rhönsperber« für *Hanna Reitsch* zum »Sperber-Junior«. Die Spannweite hatte er auf 16 m erhöht und den Knickflügel stärker ausgeprägt, den Rumpf hingegen der zierlichen Figur der schon recht bekannten jungen Fliegerin angepaßt. In ihren Lebenserinnerungen schrieb sie später:

»Mein Sperber-Junior war eine Spezialausführung, die mir vom Konstrukteur *Hans Jacobs* wie ein Kleid angemessen war. Kein Mensch, der etwas breiter oder länger war, hätte in dem winzigen, fast röhrenartigen Rumpf Platz gefunden . . . Die Flächen schienen mir wie eigene Flügel aus den Schultern zu wachsen. So bildeten mein Sperber und ich eine Einheit.«

Kein Wunder, daß *Hanna Reitsch* damit bedeutende Erfolge erzielen konnte. *Hans Jacobs* kam es jedoch hauptsächlich darauf an, mit diesem Flugzeug und einer so feinfühligen Fliegerin wie *Hanna Reitsch* Fragen der Formgebung zu studieren, wie Größe des Flügelknicks, Rumpf-Flügel-Übergang und Seitenruderwirksamkeit. Die hierbei gemachten Erfahrungen fanden ihre Anwendung bei der Konstruktion des »Reiher«, der ein Höhepunkt der Entwicklungsreihe werden sollte.

Mehr Sicherheit durch die »Sturzflugbremse«

Der »Rhönsperber« war das erste Flugzeug, das mit einer von *Jacobs* bei der DFS neu entwickelten Sturzflugbremse ausgerüstet wurde. Sie war auch als Landehilfe sehr wirksam. Über ihre Entwicklung und Wirkungsweise schreibt *Jacobs* (in einem Bericht aus den fünfziger Jahren, der von ihm 1991 ergänzt wurde):

»Durch die hohe aerodynamische Güte der Leistungssegelflugzeuge einerseits und die mehr und mehr durchgeführten Wolkenflüge andererseits konnten die Segelflugzeuge durch Steuerfehler ihrer Führer auf Geschwindigkeiten kommen, denen die Festigkeit der Flugzeuge nicht mehr gewachsen war . . . Eine Vergrößerung der Lastannahmen hätte eine Erhöhung der Flugmasse gebracht und damit noch größere Geschwindigkeiten. Wir mußten neue Wege beschreiten: Die Höchstgeschwindigkeit mußte durch den Piloten begrenzt werden können. Die Bremsklappe brachte die Lösung: Ausfahrbare Flächen, ober- und unterhalb der Flügel, konnte der Pilot leicht von Hand betätigen und so zu große Geschwindigkeiten verhindern. Durch sehr viele Versuche, die Flugkapitän *Hanna Reitsch* ausführte (unter anderem einen senkrechten Sturzflug aus

Ein »Rhönsperber« im Segelflugmuseum auf der Wasserkuppe.

3000 m Höhe) wurde die richtige Form und Anordnung gefunden. Dadurch konnte beim »Rhönsperber« die Sturzfluggeschwindigkeit auf 200 km/h beschränkt werden. Die Luftbremse bewährte sich auch bei anderen Flugzeugmustern . . . Kommt der Führer in eine von ihm nicht zu beherrschende Fluglage, zieht er die Luftbremsen, und es ist damit zu rechnen, daß die Fluggeschwindigkeit nicht mehr über 200 km/h anwachsen kann, das Flugzeug also nicht in der Luft zu Bruch gehen wird. Darüber hinaus stellen diese Luftbremsen eine ausgezeichnete Landehilfe dar, da die Sinkgeschwindigkeit um 3–4 m/s erhöht wird, so daß Landungen auch auf kleinsten Plätzen mit diesen Klappen möglich sind.«

Der Rhönwettbewerb 1938, der als »Gewitterrhön« in die Segelfluggeschichte eingegangen ist, brachte die große Bewährungsprobe für die neue Sturzflugbremse, mit der inzwischen auch mehrere andere Neukonstruktionen ausgerüstet waren. Den Gewittertürmen, die mit ihren Aufwinden bis zu 10 000 m Höhe hinaufreichten und Segelflugzeuge wie Blätter ansogen und emporwirbelten, entrannen nur die Segler mit Sturzflugbremse. Einige andere montierten durch Überbeanspruchung ab. Der Sicherheitsgewinn durch die Sturzflugbremse war unverkennbar. Ihr Einbau wurde Vorschrift.

Die DFS-Sturzflugbremsen wurden von den Gebrüdern *Hütter* bei der Firma Schempp-Hirth weiterentwickelt und unter dem Namen »System S H« in viele spätere Segelflugzeuge eingebaut (Entwicklung der Bremsklappen – siehe Anhang).

»Kranich«

Aus dem »Rhönsperber« entwickelte *Hans Jacobs*, unterstützt von *Herbert Lück*, auch einen Doppelsitzer, den »Kranich«. Der Prototyp entstand schon 1935 bei der DFS; den späteren Serienbau übernahm wieder Flugzeugbau Schweyer. Auch äußerlich war der »Kranich« ein vergrößer-

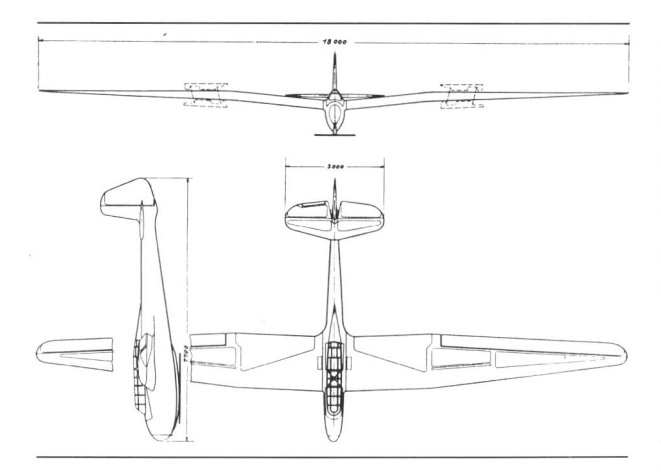

Der »Kranich« von *Hans Jacobs*.

ter »Rhönsperber« – Spannweite 18 m. Er wurde entworfen, wie *Jacobs* schreibt,

»um ein Flugzeug zu schaffen, welches für die Leistungs- und Blindflugschulung eingesetzt werden kann. Weiter sollten mit diesem Flugzeug Überprüfungsflüge von Segelfliegern durchgeführt werden, um den Stand ihres fliegerischen Könnens festzustellen. Gerade dieser Punkt führte zu einem starken Einsatz des ›Kranich‹, da bei der üblichen ›Alleinschulung‹ vom Lehrer nur grobe Fehler erkannt werden konnten . . . Der ›Kranich‹ kann in seiner Bauweise als normal angesehen werden. Der Flügel hat leichte Pfeilform, um den hinteren Führer im Schwerpunkt anordnen zu können, so daß das Flugzeug einsitzig ohne Ballast geflogen werden kann. Die Hauptholme werden wie beim ›Sperber‹ in Rumpfmitte zusammengeschlossen . . .«

Die ursprünglich vorgesehenen Störklappen wurden beim »Kranich« durch die neu entwickelte Sturzflugbremse ersetzt.

Trotz keineswegs überragender Leistungsdaten (Gleitzahl 23,6, bestes Sinken 0,69 m/s) kam auch der »Kranich« zu sehr guten Erfolgen. Seine Domäne waren Zielstrecken- und Zielrückkehrflüge, bei denen ein Rekord auf den andern folgte. Seine Robustheit ließ ihn auch für Höhenflüge, bei denen mit starker Turbulenz gerechnet werden mußte, geeignet erscheinen. Ende November 1938 stellte *Erwin Ziller* im Moazagotl über Grunau mit 6838 m Startüberhöhung einen neuen deutschen Rekord auf, und im Oktober 1940 erreichte *Erich Klöckner* in einem speziell ausgerüsteten »Kranich« im Wellenaufwind über dem Großglockner eine absolute Höhe von 11 410 m – damals eine Sensation.

»Habicht«

Je besser die Flugzeuge wurden, je weniger Schwierigkeiten der Segelflug an sich, das »Obenbleiben« machte, je mehr das fliegerische Können der Piloten zunahm, desto eher bestand die Neigung, das neugewonnene Selbstbewußtsein in jugendlichem Überschwang auch im Kunstflug zu zeigen. Das war noch nicht gefährlich, wenn sich erfahrene Piloten mit ausgeprägtem fliegerischen Gefühl auf Trudeln, Turns und Loopings beschränkten. Wer sich aber auch mit Rollen, Rückenflug oder gar dem Looping nach vorn produzieren wollte oder die einfachen Figuren mit zuviel »Pfeffer« flog, überforderte die Festigkeit seines Flugzeuges. Es kam zu Unfällen, die ein generelles Verbot des Kunstfluges mit Segelflugzeugen notwendig machten. Gleichzeitig aber wurde die DFS beauftragt, ein vollkunstflugtaugliches Segelflugzeug, das auch für Leistungsflüge geeignet sein sollte, zu entwickeln. Diese Aufgabe löste *Hans Jacobs* mit dem »Habicht«. Er schreibt dazu:

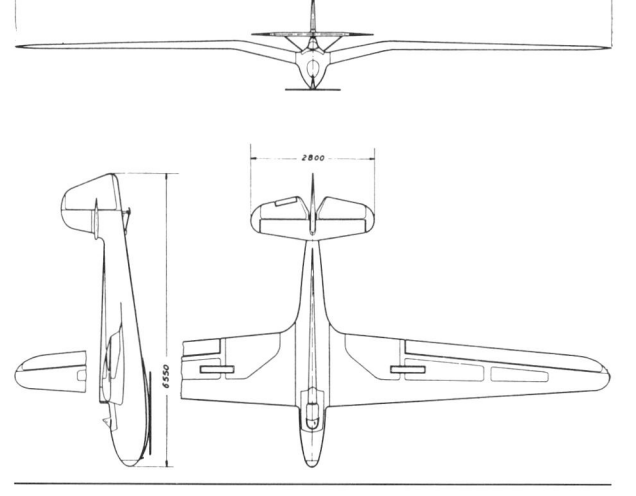

Der »Kranich« war der erfolgreichste Doppelsitzer bei den Rhönwettbewerben.

Der »Habicht« von *Hans Jacobs*.

84

Der »Habicht« als Nachbau von *Josef Kurz* auf der Wasserkuppe 1989 – vor dem ersten Start. Davor ein Segelflugzeugmodell als naturgetreue Nachbildung.

»Der ›Habicht‹ ist ein Mitteldecker von 13,6 m Spannweite und wurde nach den schärfsten bestehenden Vorschriften gerechnet. Schon das gedrungene Aussehen dieses Flugzeugs weist auf den Verwendungszweck hin. Sämtliche Ruder sind gewichtlich und aerodynamisch ausgeglichen, da Sturzflug von 420 km/h durchgeführt werden sollte. Neu war bei diesem Entwurf, daß das gesamte Steuerwerk einerseits für die normale Fluggeschwindigkeit von 60 km/h dimensioniert und ausreichend wirksam sein mußte, aber andererseits bei dem Kunstflug, der bis zur Geschwindigkeit von 180 km/h durchgeführt wird, die Ruderdrücke von dem Führer einwandfrei beherrscht werden müssen.«

Auch das Flügelprofil mußte unterschiedlichen Anforderungen genügen, es sollte bei geringen Drehkräften einerseits ausreichende Auftriebsbeiwerte für den Segelflug aufweisen, andererseits aber auch für den Rückenflug geeignet sein. *Jacobs* entwickelte hierfür das Profil Gö 756/676. Wohl aus optischen Gründen erhielt auch der »Habicht« einen Knickflügel. Um die Schieberollmomente – bei reinen Leistungssegelflugzeugen durchaus erwünscht – nicht zu stark anwachsen zu lassen, war der Knick nur kurz angesetzt. Der Außenflügel hatte wegen seiner horizontal ausgerichteten Unterkante eine schwach negative V-Form, die den Rückenflug, bei dem sie positiv wirkte, erleichtern sollte. Das Festigkeitsproblem wurde mit der konventionellen Holzbauweise gelöst: einholmiger Flügel mit Torsionsnase (aus diagonal verarbeitetem Sperrholz). Zur Aufnahme der Flügeldrehkräfte erhielt der Rumpf einen verstärkten Spant. Seine gedrungene Form ergab sich aus den Festigkeitsanforderungen.

Hans Jacobs konnte mit seiner Konstruktion zufrieden sein:

»Der ›Habicht‹ erfüllte alle Forderungen, die an ihn gestellt wurden, Rollen, gerissene Rolle, Loopings nach vorne konnten ohne besondere Schwierigkeiten einwandfrei geflogen werden. Auch die Leistung, die ungefähr der des ›Rhönbussard‹ entspricht, befriedigte vollkommen.«

Als Meister auf dem »Habicht« erwiesen sich vor allem *Hanna Reitsch,* die auch die Flugerprobung vorgenommen hatte, und – im Dreierverband – *Ludwig Hofmann, Otto Bräutigam* und *Ernst-Günter Haase.* Sie begeisterten die Zuschauer auf Flugtagen.

Trotz größeren Serienbaues ist kein Original erhalten geblieben. Doch ein Nachbau fliegt: In jahrelanger Arbeit, bei der allein schon die Beschaffung der Pläne größte Mühe machte, haben *Josef Kurz* und der Oldtimer-Segelflug-Club Wasserkuppe das »Traumflugzeug« wiedererstehen lassen. Es befindet sich, wenn es nicht gerade an Luftfahrtveranstaltungen teilnimmt, im Deutschen Segelflugmuseum auf der Wasserkuppe.

»Reiher«

Im Jahre 1937 konstruierte *Hans Jacobs* erstmals ein Segelflugzeug, bei dem es um reine Leistungssteigerung ohne die für den Serienbau notwendigen Spar-Kompromisse ging. Mit den Erfahrungen, die mit dem »Sperber-Junior« gemacht worden waren, entstand der »Reiher« – das unbestritten schönste Segelflugzeug, das aus der DFS hervorging. Seine vollendete Form beruhte neben der optischen Ausgewogenheit der Proportionen von Flügel, Rumpf und Leitwerk auf einer Reihe zukunftweisender Details wie der kompromißlosen Integration des Führersitzes und der Haube in den vorgegebenen (geringen) Rumpfquerschnitt, einer glatten Außenhaut (innenliegende Ruderantriebe) sowie scharf auslaufender Hinterkanten bei dünnem Flügelquerschnitt. Ohne den Knickflügel, der zwar die Eleganz noch steigerte, aber den »Reiher« der mit den dreißiger Jahren auslaufenden »Wasserkuppenschule« zuordnete, wäre er das erste wirklich moderne Segelflugzeug gewesen, das neben den heutigen Kunststoffmustern kaum als überholt auffallen würde.

Der freitragende Flügel von 19 m Spannweite mit den Profilen Gö 549 im Mittelbereich und 676 außen war für die

Der »Reiher«, das wohl schönste Segelflugzeug der dreißiger Jahre.

Der in den Rumpf eingestrakte Pilotensitz des »Reiher«.

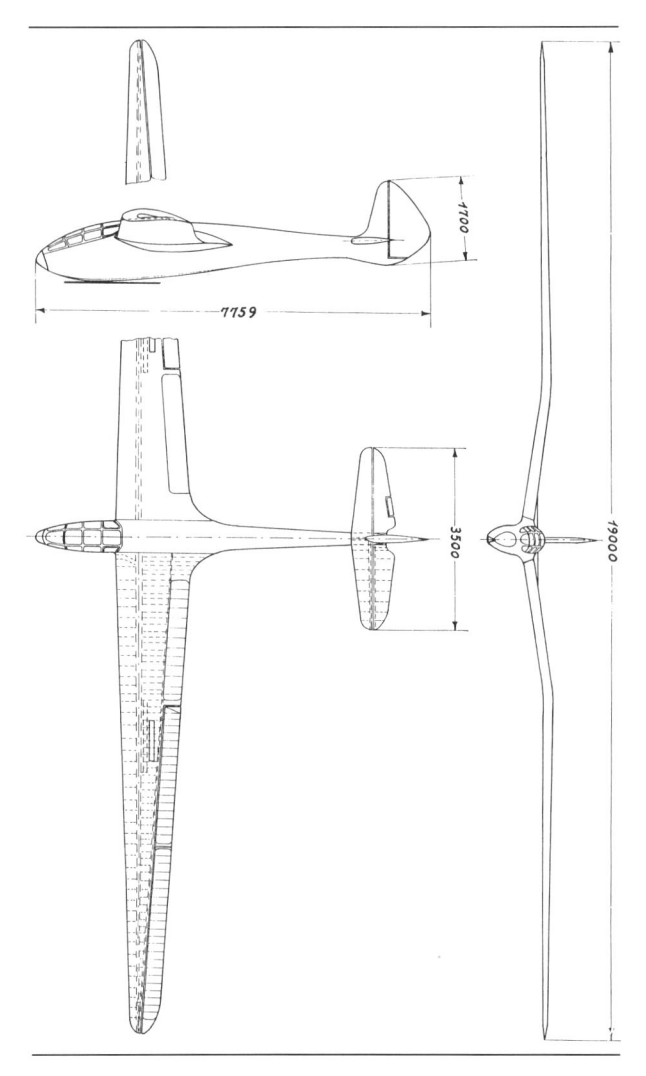

damaligen Möglichkeiten extrem dünn: der Hauptholm, ein breiter Kastenträger aus Kiefer mit Stegen in Rippenbauweise, war an der Einspannstelle nur 18,8 cm hoch. Tatsächlich erwies sich der Flügel zunächst als zu weich; es kam bei hoher Fluggeschwindigkeit zu Flügelschwingungen. Deshalb hat *Jacobs* die Holmhöhe des »Reiher« von der Rumpfmitte aus auf je etwa 1 m Länge verstärkt. Der Mitteldecker besaß selbstverständlich auch die DFS-Bremsklappen. Was äußerlich nicht zu sehen, aber ebenfalls ein wichtiger Fortschritt war: die beiden Flügelteile konnten mit drei Handgriffen zusammengeschlossen werden. Dabei wurden alle Anschlüsse für den Querruderantrieb, die Wölb- und die Bremsklappen automatisch gekuppelt. Auch das Höhenleitwerk ließ sich mit wenigen Griffen anbringen. Die schnelle und zugleich sichere Montage war wichtig für die Wettbewerbe, bei denen der »Reiher« seine Qualität unter Beweis stellen sollte. Mit einer Gleitzahl von 33 und einem Sinken von 0,50 m/s erreichte er die bisher günstigsten Leistungswerte. Erfolgreichster Pilot auf dem »Reiher« war *Wolfgang Späte,* der mit Abstand Sieger der »Gewitter-Rhön« von 1938 wurde. Auch er hatte in den Wolkentürmen eine extreme Höhe (7800 m) erreicht, konnte sich aber mit der Sturzflugbremse rechtzeitig aus den Turbulenzen, die anderen zum Verhängnis wurden, befreien. Seinen Sieg verdankte er vor allem seinen Streckenflügen, bei denen er erstmals sein System der »optimalen Gleitfluggeschwindigkeit« anwandte. In seinem Aufsatz »Beste Reisegeschwindigkeit bei Segelflugzeugen«, der in den DFS-Flugberichten von den Wettbewerben 1938 erschien, untersuchte er auf mathematischer Grundlage die Beziehungen zwischen den mittleren Steigwerten an einem Thermiktag und der Fluggeschwindigkeit von Segelflugzeugen. Seine Überlegungen wurden wegweisend für die moderne Entwicklung der Taktik des Segelfliegens.

Die »Rheinland« (16 m Spannweite) mit *Felix Kracht.* Schon kurz nach dem Erstflug im Mai 1937 gelang ihm mit diesem Flugzeug eine Alpenüberquerung.

◁ Der »Reiher« von *Hans Jacobs.*

Erfolge mit dem »Reiher« hatte auch *Hanna Reitsch,* die 1938 den Zielflug-Wettbewerb Sylt–Breslau gewann. Rhönsieger 1939 wurde *Erwin Kraft* auf »Reiher III« – inzwischen war entgegen der ursprünglichen Absicht doch eine kleine Serie aufgelegt worden. An der 20. Rhön nahmen bereits fünf »Reiher« erfolgreich teil, daneben übrigens auch die neue FVA 10 b »Rheinland« aus Aachen, bei der ebenfalls der Führerraum bereits voll in den Rumpf eingestrakt war. Konstrukteur war *Dipl.-Ing. Felix Kracht* (geb. 1912), der bei der DFS der Nachfolger von *Hans Jacobs* werden sollte. Für die Weiterentwicklung des »Reiher« wurden Versuche angestellt, unter Verwendung von Stahl und Aluminium für den Holm zu dünneren Flügelquerschnitten zu kommen. Sie führten aber bis 1939 nicht mehr zu Ergebnissen.

»Weihe«

Das Flugzeug sah aus, als sei *Hans Jacobs* zu seinen Anfängen zurückgekehrt: die »Weihe« war ein freitragender Hochdecker mit geraden Flügeln in der üblichen Holzbauweise, wie sie schon 1923 vorgegeben wurde. Auch die Ähnlichkeit mit dem alten »Rhönadler« war unverkennbar, und in der Tat sollte die »Weihe« ihn als unkompliziertes, sicheres und kostengünstiges Leistungssegelflugzeug ablösen. Doch so unauffällig sie wirkte: in ihr steckten die Erfahrungen, die *Hans Jacobs* in fast einem Jahrzehnt gesammelt hatte. Bis auf den Knick war der Aufbau des zweiteiligen dünnen Flügels ähnlich wie beim »Reiher«, dem auch die Profile entsprachen. Ähnlich war ferner die Befestigung des Höhenleitwerks. Für den Flügelanschluß hatte sich *Jacobs* ein besonders einfaches und praktisches Verfahren ausgedacht. Beide Flügelteile konnten zunächst mit den Untergurten am Rumpf angeschlossen und die Flügelenden abgelegt werden. Nach Montage der Steuerung und Anheben der Flügelenden ließen sich die oberen Flügelbolzen durch eine Spindel leicht einkurbeln. Auch dieses Muster besaß die DFS-Sturzflugbremse. Der Piloten-

Die »Weihe« als Oldtimer Anfang der achtziger Jahre.

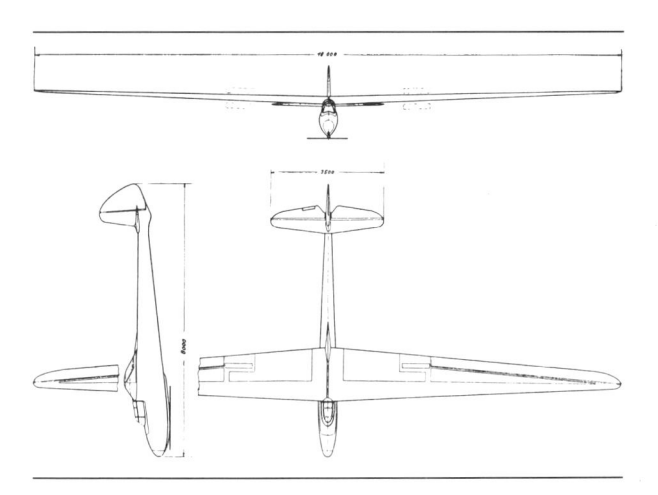

Die »Weihe« von *Hans Jacobs* ähnelt seinem »Rhönadler« von 1932.

Die »Weihe« im Abflug von der Wasserkuppe. Mit dieser Konstruktion, die auch in der Nachkriegszeit lange erfolgreich blieb, hatte *Hans Jacobs* zu der einfachen, klaren Form des Segelflugzeugs zurückgefunden.

sitz bot viel Bewegungsfreiheit. Von der recht großen Haube, die gute Sicht ermöglichte, hat es mehrere Ausführungen gegeben. Die beste war die geblasene Haube der »Weihe 50«, die nach 1951 bei der Focke-Wulf GmbH in Bremen gebaut wurde. Bei ihr war die freie Sicht durch kein Stützgestell eingeschränkt. Bei 18 m Spannweite hatte der trapezförmige Flügel eine Streckung von 17,80. Die Rüstmasse lag bei 190 kg, die Flugmasse bei 325 kg. Die relativ hohe Flächenbelastung von 18,40 kg/m^2 läßt erkennen, daß die »Weihe« auf gute Streckenleistung ausgelegt war. Ihre Gleitzahl wird unterschiedlich mit 29 und 31 angegeben, das beste Sinken soll 0,6 m/s sogar geringfügig unterschritten haben. Angesichts ihres einfachen Aufbaues und ihrer praktischen Handhabung waren ihre Leistungen so gut, daß sie von ihrem Erscheinungsjahr 1938 bis Ende der fünfziger Jahre auch international zu den begehrtesten und erfolgreichsten Segelflugzeugen gehörte. Nachdem die »Weihe« schon bei den letzten Rhönwettbewerben vor Kriegsausbruch in der Spitzengruppe vertreten war, siegte der Schwede *Axel Persson* mit diesem Flugzeug beim ersten internationalen Nachkriegswettbewerb 1948 in Samedan (Schweiz). Die Erfolgsserie setzte sich – auch nach Wiederzulassung des Segelfluges 1951 in Deutschland – bis Ende der fünfziger Jahre fort. Vielleicht war es der Bequemlichkeit des »Weihe«-Pilotensitzes zuzuschreiben, daß *Ernst Jachtmann* es bei seinem letzten Dauerweltrekord im September 1943 über den Ostseedünen bei Brüsterort 55 Stunden und 51 Minuten im Hangaufwind ausgehalten hatte. Noch im Juni 1959 stellte *Karl Bauer* über der Teck in der »Weihe« mit 9665 m Startüberhöhung einen Weltrekord auf. Von der »Weihe« wurden im damaligen Jacobs-Schweyer-Flugzeugbau 280 Exemplare gefertigt.

Der Erfolg der »Weihe« beruhte nicht zuletzt auf ihrer praxisgerechten Konstruktion, die sich besonders im Vereinsbetrieb bewährte, und auf ihrer Sicherheit. Wie sehr gerade *Hans Jacobs* daran lag, geht auch aus seiner Konstruktion der DFS-Ringkupplung hervor, die allgemein eingeführt wurde und bei Flugzeugschlepp größtmögliche Sicherheit bot.

»Olympia-Meise«

Über die Entstehung der »Olympia-Meise« (15 m Spannweite) schreibt *Hans Jacobs*:

»Das Jahr 1939 begann für den Segelflug mit einem Konstruktionswettbewerb in Rom. Bei den Olympischen Spielen 1940 in Finnland sollte erstmalig der Segelflug als Kampfart beteiligt sein. Um sämtlichen Teilnehmern ein gleiches, geeignetes Fluggerät zur Verfügung stellen zu können, wurde ein Olympia-Segelflugzeug entwickelt. Eine ähnliche Maßnahme, wie sie ja bereits aus dem Wassersegeln mit der Olympia-Jolle bekannt ist. Von der FAI wurden Bestimmungen über Festigkeitsvorschriften, maximales Rüstgewicht, Mindestrumpfbreite und Spannweite von 15 m festgelegt. An diesem Wettbewerb beteiligte sich Deutschland mit

Eine sorgfältig restaurierte »Olympia-Meise«, ausgestellt in der Fluggasthalle des Frankfurter Flughafens.

zwei, Italien mit zwei und Polen mit einem Flugzeug. Bei dem Ausscheidungsfliegen in Rom wurden sämtliche Flugzeuge von 6 Piloten verschiedener Nationen geflogen und gründlich auf ihre Flugeigenschaften geprüft. Auf Grund dieser Beurteilung wurde dann von der internationalen technischen Kommission, die von der FAI ernannt worden war, das Flugzeug für die Olympiade unter Berücksichtigung der konstruktiven Durchbildung ausgewählt. Mit überwiegender Mehrheit fiel die Entscheidung auf das von der Deutschen Forschungsanstalt für Segelflug entwickelte Segelflugzeug ›Meise‹ . . .«

Die Olympischen Spiele 1940 fanden nicht statt, doch die »Olympia-Meise« wurde trotzdem international ein beliebtes Leistungssegelflugzeug, weil ihre einfache Konstruktion einen problemlosen Nachbau ermöglichte. Vor allem in England und Frankreich ist sie nach den DFS-Zeichnungen in großen Stückzahlen hergestellt worden.

»Weltklasse«

In den achziger Jahren ist erneut die Forderung nach einem Einheitsmuster erhoben und verwirklicht worden, um allen Piloten bei Wettbewerben die gleichen Chancen zu bieten. Nicht auf höchste Leistungswerte kommt es an, sondern auf einfache und preisgünstige Herstellung, problemlose Handhabung und größtmögliche Sicherheit für den Piloten. Die Gleitzahl sollte nicht unter 30, die Sinkgeschwindigkeit nicht über 0,75 m/s liegen. An einem Konstruktionswettbewerb Ende der neunziger Jahre, der von der Internationalen Segelflugkommission ausgeschrieben war, beteiligten sich 42 Bewerber aus 20 Ländern, darunter der Hamburger Prof. *Rochelt*. Seine »minair« wurde jedoch zum Ausscheidungsfliegen im Sommer 1991 nicht fertig. Gewählt wurde die polnische PW 5. Auf diesem Flugzeugmuster beteiligten sich an der ersten Weltmeisterschaft bereits 43 Piloten aus 23 Nationen. Sie fand im September 1997 in Inönü in

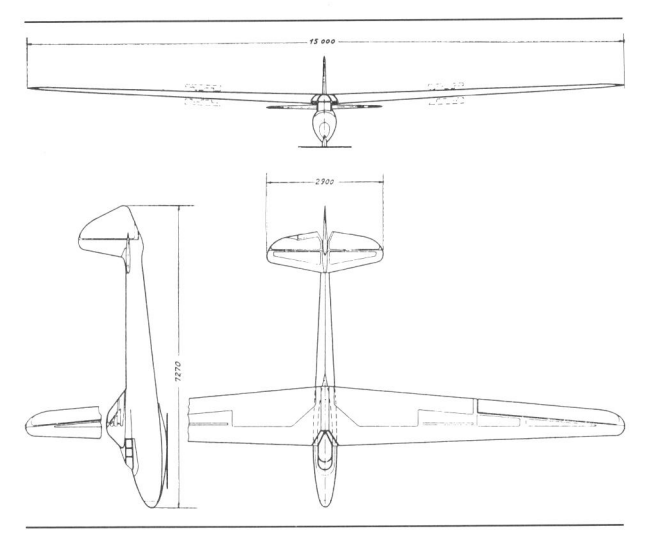

Die »Olympia-Meise« von *Hans Jacobs* – ebenfalls schlicht in ihrer Form und kleiner als die »Weihe«.

der Türkei statt und bewies das weltweite Interesse an der neuen Monoklasse.
Die nächste Weltmeisterschaft der Weltklasse soll im Juli 1999 ausgetragen werden.

»Kranich III«

Außer dem Lastensegler DFS 230, der im Zweiten Weltkrieg verwendet wurde und von dessen Rolle als Forschungsflugzeug noch die Rede sein wird, hat *Hans Jacobs* 1951 nur noch den »Kranich III«, der allerdings mit dem Vorkriegs-»Kranich« keinerlei Ähnlichkeit mehr aufwies, konstruiert.

Der »Kranich III« von *Hans Jacobs* – Rumpf Stahlrohrkonstruktion, »Wirbelkeulen« an den Flächenenden.

Er hatte einen stoffbespannten Stahlrohrrumpf und an den Enden der trapezförmigen Flügelhälften von 18,30 m Spannweite sogenannte Wirbelkeulen, mit denen (nach einer Überlegung des amerikanischen Aerodynamikers *August Raspet*) der induzierte Widerstand durch die Randwirbel am Flächenende vermindert werden sollte – sie wurden sein unverkennbares Merkmal, obwohl sie die in sie gesetzten Erwartungen nicht erfüllten. *Jacobs* verwendete wieder die schon bei den letzten Vorkriegs-Mustern bewährte Profilkombination. Die hintereinanderliegenden Sitze boten ausreichend Platz und durch die gemeinsame Plexiglashaube gute Sicht. Der hintere Sitz befand sich im Schwerpunkt, so daß der »Kranich III« ohne Trimmgewichte einsitzig geflogen werden konnte. Der freitragende Mitteldecker wurde bei Focke-Wulf in Bremen in Serie gebaut.
Den Erstflug unternahm *Hanna Reitsch* am 1. Mai 1952. Sie sollte auf diesem Muster zu ihren ersten größeren Erfolgen nach Wiederbeginn des Segelfluges kommen. Schon bei den Weltmeisterschaften 1952 in Madrid belegte sie in der Doppelsitzerklasse den 3. Platz, nach *Dr. Ernst Frowein* ebenfalls auf »Kranich III«. Wenig bekannt ist, daß auch der letzte von der FAI geführte Dauerweltrekord von 57 Stunden 10 Minuten der Franzosen *Bertrand Dauvint* und *Henri Couston* (1954) auf »Kranich III« aufgestellt wurde.
Mit seiner hohen Flächenbelastung von 25 kg/m² (einsitzig 20 kg/m²) näherte sich »Kranich III« mit seiner Rüstmasse von 320 kg bereits den Werten der nächsten Generation von Segelflugzeugen. Seine beste Gleitzahl von 31 und sein bestes Sinken von 0,70 m/s deuten ebenfalls darauf hin.

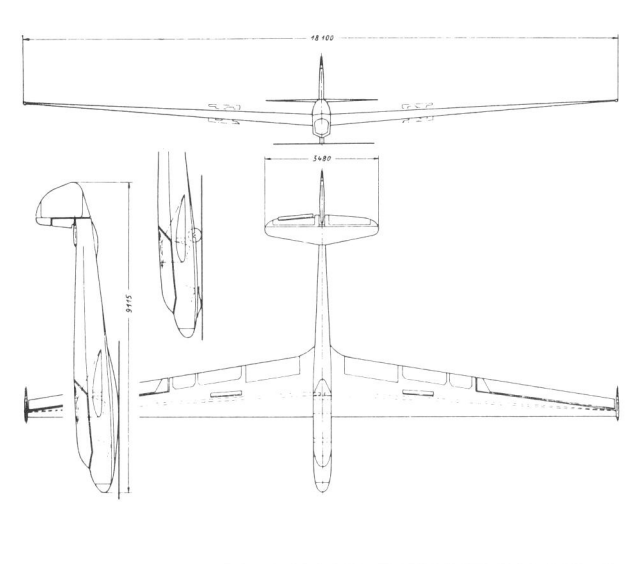

»Kranich III« von *Jacobs* (1952).

Die Gebrüder Horten und ihre Nurflügel-Segelflugzeuge

In der Evolution der Segelflugzeuge gab es (und gibt es) immer wieder Möglichkeiten für Sonderwege und ungewöhnliche Konzepte. Manche berechtigten zunächst zu großen Hoffnungen und erzielten auch gelegentlich Erfolge, doch wegen ungünstiger äußerer Bedingungen, mangelnder Unterstützung, Skepsis gegenüber Ungewohntem, aber wohl auch wegen systembedingter Schwächen konnten sie sich nicht durchsetzen. So war es mit den Nurflügelkonstruktionen der *Gebrüder Horten*.

Schon mehrfach hatte sich die Gleichheit der Interessen und Begabungen zweier Brüder als Glücksfall für die Luftfahrtentwicklung erwiesen. Den *Gebrüdern Montgolfier* war der erste Menschenflug nach dem Prinzip »leichter als Luft« zu verdanken. *Otto* und *Gustav Lilienthal* schufen die Grundlagen für das Fliegen mit Geräten »schwerer als Luft«, und mit *Wilbur* und *Orville Wright* begann der Motorflug.

Walter (geb. 1913) und *Reimar Horten* (geb. 1915) hatten sich schon als Jugendliche für den Gleit- und Segelflug begeistert und die A- und B-Prüfung abgelegt. *Lippischs* Versuche mit schwanzlosen Flugzeugen auf der Wasserkuppe brachten sie darauf, sich mit Nurflügelkonstruktionen zu befassen. Der reine Nurflügel, der nicht einmal eine Seitenflosse haben durfte, wurde bei ihnen geradezu zur fixen Idee.

Ende der zwanziger Jahre begannen sie – noch Oberrealschüler – mit dem Bau von Flugmodellen, die sie in systematischen Versuchen weiterentwickelten. Schließlich entwarfen sie ein erstes bemanntes Nurflügel-Segelflugzeug, das sie unter Mithilfe von Freunden in ihrem Bonner Elternhaus bauten. Nur durch Beseitigung der Fensterkreuze brachten sie im Frühjahr 1933 den Rohbau ins Freie. In einer Flugzeughalle von Hangelar konnte er bespannt und fertiggestellt werden. Die Flugerprobung zunächst mit kleinen Sprüngen im Gummiseilstart, später auch im Winden- und Flugzeugschlepp nahmen sie selbst vor, doch wegen Geldmangels und ihrer noch recht geringen eigenen Flugerfahrung zog sie sich länger als ein Jahr hin. Unter großen Schwierigkeiten brachten sie schließlich ihr Flugzeug zum Rhönwettbewerb 1934 auf die Wasserkuppe, wo *Reimar Horten*, wenn auch vom Pech verfolgt, wenigstens einen Flug zeigen konnte. Für den Rücktransport waren keine Mittel vorhanden, und *Lippisch* wollte den Nurflügel nicht einmal geschenkt entgegennehmen. »Horten I« wurde deshalb mangels einer Schlepp- oder Transportmöglichkeit am Ende des Wettbewerbs kurzerhand auf der Wasserkuppe verbrannt. Nur drei Jahre später nahmen zwei, 1938 drei und 1939 sogar vier Nachfolgemuster am Rhönwettbewerb teil.

Auch nach dem Zweiten Weltkrieg bewährten sich Horten-Nurflügel im In- und Ausland. *Dr. Reimar Horten,* der nach Argentinien ausgewandert war, konstruierte dort unter anderem die H XV c »Urubu«, mit der *Heinz Scheidhauer* am 30. Oktober 1956 als erster die Anden im Segelflug überquerte. Es hat zahlreiche weitere Horten-Flugzeuge gegeben, darunter neben Segelflugzeugen auch Motorsegler und mehrmotorige Motorflugzeuge. Von Bedeutung für die Segelflugentwicklung in Deutschland wurden vor allem die Muster I–IV sowie VI.

»Horten I« und »Horten II«

Die *Gebrüder Horten* waren noch Oberschüler, als sie ihr erstes Flugzeug entwarfen und bauten. Als fliegendes Dreieck hatte die »Horten I« 12,40 m Spannweite und bei 21 m^2 Flügelfläche eine Streckung von 7,3. Die Gleitzahl soll bei 21, das geringste Sinken bei 0,80 m/s gelegen haben. Den Brüdern kam es bei diesem ersten Flugzeug jedoch weniger auf die Leistung, sondern auf die Erprobung der Steuerbarkeit und der Flugeigenschaften an. So stellte sich beispielsweise heraus, daß die Höhenruderwirkung zu gering war. *Reimar Horten* führte das später auf die Ruderanbringung in der Mitte bei der größten Flügeltiefe zurück. Ein Seitenruder im üblichen Sinne gab es nicht; Seitenruderwirkung wurde mit einer Bremsklappe an der Oberseite des Außenflügels erzeugt. Bewundernswert ist, wie systematisch die Brüder die verschiedenen Steuerungsprobleme bei ihrem Nurflügel untersuchten und um Verbesserungen bemüht waren.

Sicherlich hätte *Reimar Horten* die »Horten I« nicht so kurzentschlossen den Flammen überantwortet, wenn nicht die »Horten II« zumindest gedanklich schon fertig gewesen wäre. Auch bei der Konstruktion und dem Bau dieses Nurflügels gab es noch keinerlei Unterstützung von außen; wieder wurde die elterliche Wohnung zur Werkstatt, diesmal sogar für ein mit 16,50 m Spannweite erheblich größeres Flugzeug, in dem die mit H 1 gemachten Erfahrungen berücksichtigt waren. Bei dieser war ein Straßen- oder Bahntransport wegen des 4,20 m breiten Mittelflügels kaum möglich gewesen. Das H-II-Mittelstück wurde deshalb auf 2,40 m Breite reduziert. Hierfür wählten die Brüder eine Stahlrohrkonstruktion, an die konventionell aus Holz gebauten Außenflügel angeschlossen wurden. Der Stahlrohr-Mittelflügel, den die *Hortens* auch bei ihren späteren Konstruktionen beibehielten, nahm den Pilotensitz und das einziehbare Fahrwerk auf. Außerdem war eine Möglichkeit zum Einbau eines Motors vorgesehen. Bei halbliegender Position des Piloten konnte auf den Kopfaufsatz verzichtet werden. Statt dessen erhielt das Vorderteil des Flügelmittelstückes Sichtscheiben – ein weiterer Schritt zum Nurflügel.

Bei der Flugerprobung, die gleich mit kurzen Windenstarts begann, zeigte sich eine deutliche Verbesserung der Leistungen. Die beste Gleitzahl soll bei 24, das günstigste Sinken

Horten II, III und IV – mit der Spannweite und der Flügelstreckung nahmen die Flugleistungen deutlich zu.

bei 0,85 m/s gelegen haben. Zur Verbesserung der Flugeigenschaften und der Ruderwirkung waren jedoch noch umfangreiche Versuche erforderlich. Um sich von Winde und Flugzeugschlepp unabhängig zu machen, bauten die Brüder einen geliehenen Hirth-Motor HM 60, der über eine Fernwelle eine Druckschraube antrieb, in ihr Flugzeug ein. So wurde »Horten II« zum Motorsegler. Hauptzweck war allerdings, ohne besondere Schwierigkeiten und Kosten mehr Flugzeit vor allem zur Erprobung der Stabilität und der Steuerbarkeit zu gewinnen. Wie *Reimar Horten* berichtet, erwiesen sich die Flugeigenschaften als »narrensicher«:

»Das Überziehverhalten, auch in der Kurve, war ohne jede Gefahr, und man konnte in der Kurve das Höhenruder voll durchgezogen halten. Beim Nachlassen des Handsteuers richtete sich das Flugzeug infolge des Schieberollmomentes selbständig (also ohne Seiten- und Querruder) wieder auf bis zum Geradeausflug. Das Einleiten der Kurve war stilrein möglich, auch konnte das Flugzeug nur mit dem Querruder aus der Kurve genommen werden . . .«

Parallel zu diesen Versuchen wurden von der »Horten II« drei weitere Exemplare – zur Sichtverbesserung für den Piloten wieder mit Kopfaufsatz – gebaut. Die nötige Werkstattkapazität hatte inzwischen die Luftwaffe zur Verfügung gestellt. Ebenfalls mit ihrer Unterstützung brachten die Brüder zwei »Horten II« zum Rhönwettbewerb 1937 auf die Wasserkuppe, wo sie auch von anderen Piloten geflogen werden konnten. Die beiden Nurflügel wurden, auch wenn sie nicht zu Segelflugerfolgen kamen, zur flugtechnischen Sensation der 18. Rhön. Für ihre Konstruktionsleistung wurde den *Gebrüdern Horten* der 2. Preis zuerkannt (den 1. Preis erhielt damals die FFG Aachen für die FVA 10 b »Rheinland«, die *Felix Kracht* konstruiert hatte). Später gelangen auch Streckensegelflüge mit der »Horten II« – bis zu 240 km. Schon von der Festigkeit her als Motorflugzeug (nach der Beanspruchungsgruppe 5)

dimensioniert, war sie kunstflugtauglich. Im Sturzflug soll sie sehr hohe Geschwindigkeiten erreicht haben. Wegen der Sturzmöglichkeit gaben ihr die *Gebrüder Horten* den Mustemamen »Habicht«, den kurz darauf – in Unkenntnis der Horten-Namensgebung – auch das DFS-Segelkunstflugzeug von *Hans Jacobs* erhielt. Mit dem »Horten-Habicht« wurde damals ebenfalls auf vielen Flugtagen Segelkunstflug gezeigt.

»Horten III« und »Horten IV«

Für die 19. Rhön sollte ein Nurflügelsegelflugzeug geschaffen werden, das von den Leistungen und Eigenschaften her der »normalen« Konkurrenz nicht nachstand. Das versuchten die Brüder mit einer Vergrößerung der »Horten II« auf 20 m Spannweite zu erreichen. Die Flügeltiefe an der Wurzel wurde auf 3,25 m verringert und die Streckung damit auf 11 erhöht. Bei 220 kg Leermasse und 300 kg Flugmasse ergab sich die überaus geringe Flächenbelastung von 8,2 kg/m^2. Von den drei Klappen an der Flügelhinterkante dienten die beiden äußeren als Quer- und Höhenruder. Die innere Klappe konnte zur Verringerung der Landegeschwindigkeit durch Vergrößerung der Profilwölbung nach unten ausgeschlagen werden. Zur Seitensteuerung dienten Bremsklappen auf der Ober- und Unterseite der Außenflügel. Bei gleichzeitigem Ausfahren bewirkten sie eine Verschlechterung der Gleitzahl wie die üblichen Bremsklappen. Vorgesehen war ein ein- und ausfahrbarer Vorflügel, der dem störenden »Mitteneffekt«, dem zu frühen Abreißen der Strömung am breiten Innenflügel, entgegenwirken und

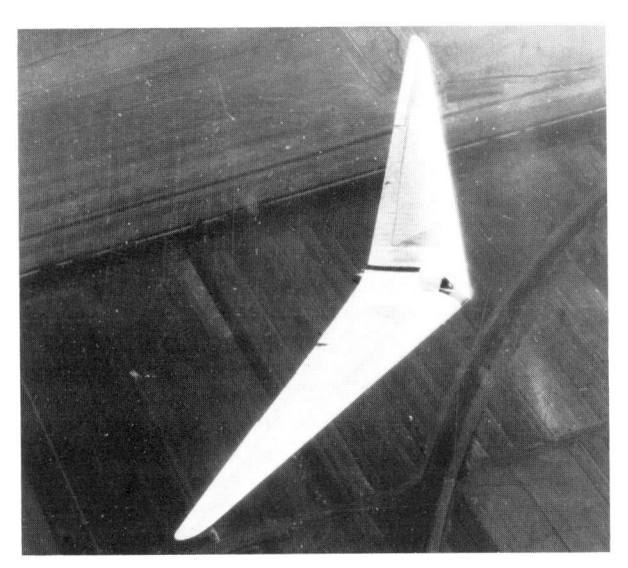

»Horten III«.

»Horten III« mit aufgesetztem Vorflügel, der den Strömungsabriß im Bereich des Mittelflügels hinauszögern sollte. Der Pilot *Werner Blech* kam beim Gewitterflug ums Leben.

zugleich Langsamflug beim Kreisen in der Thermik ermöglichen sollte. Da jedoch die Zeit bis zum Rhönwettbewerb 1938 nicht mehr ausreichte, wurde nur eine »Horten III« (später von *Werner Blech* geflogen) mit dem Vorflügel ausgestattet. Er war jedoch nicht einziehbar und erwies sich zudem als wenig wirksam.

Nach Angaben von *Reimar Horten* in dem Buch »Nurflügel« (von *Horten/Peter F. Selinger*) erreichte die »Horten III« eine beste Gleitzahl von 28 bei nur 0,48 m/s (0,5 bei der etwas schwereren III b) günstigstem Sinken. Nach anderen Angaben, die allerdings ebenfalls nicht auf genauen Messungen beruhen, lag die Gleitzahl bei 24 und das beste Sinken bei 0,64 m/s.

Im Wettbewerb zeigte sich, daß die »Horten III« trotz ihrer großen Spannweite, aber wegen ihrer geringen Flächenbelastung, enger als jedes Schwanzflugzeug kurbeln und damit auch eng begrenzte Thermikbärte nutzen konnte. *Blech* erreichte mit 6380 m die drittbeste Höhenwertung, und er sowohl wie *Heinz Scheidhauer,* der die zweite »Horten III« im Wettbewerb flog, konnten im Zielflug Mannheim (154 km) erreichen. Es war die »Gewitter-Rhön«, und als sich am 6. August über der Wasserkuppe eine riesige Kumuluswolke auftürmte, wurden mit anderen Segelfliegern auch *Blech* und *Scheidhauer* hineingezogen. Was weiter geschah, schildert *Reimar Horten* in dem schon genannten Buch »Nurflügel«:

». . . Nach etwa einer Stunde kam eine H III aus dieser Wolke heraus und schlug offensichtlich steuerlos nahe von Poppenhausen am Boden auf. Es war *Blechs* Maschine. Der Fallschirmsack des automatischen Schirmes war offen, also ein normaler Fallschirmabsprung. Das Flugzeug – vom Hagel durchlöchert – war noch flugfähig . . .«

Es hatte also die Turbulenzen, die bei anderen Flugzeugen zum Abmontieren geführt hatten, bruchfrei überstanden.

Werner Blech allerdings hing regungslos am Fallschirm, als er über der Abtsrodaer Kuppe niederkam – er war tot.

»*Heinz Scheidhauers* Fallschirm und Flugzeug fielen in der Nähe von Wüstensachsen zur Erde. Er war ebenfalls mit dem Fallschirm abgesprungen, als der Hagel Sperrholz und Plexiglas zerschlug. Auch seine Höhe überstieg 8000 m. Sein vereister Fallschirm blieb in einem Baum hängen, so daß er den Landestoß in die Traggurte bekam. Er war von der Höhe ohnmächtig, seine Erfrierungen konnten aber sofort im Krankenhaus Tann behandelt werden, so daß er mit dem Leben davonkam.«

Der dritte Horten-Flieger in dem wohl folgenschwersten Gewitter, das es je zu Segelfliegerzeiten auf der Wasserkuppe gegeben hatte, war *Kurt Hieckmann* auf »Horten II«. Er kam in 5000 m Höhe heil aus der Wolke heraus und landete 50 km von der Wasserkuppe entfernt. So schmerzhaft der tödliche Unfall von *Werner Blech* auch war – die Horten-Nurflügel hatten ihre Lufttüchtigkeit auch bei einer so extremen Wettersituation gezeigt.

Bei der 20. Rhön waren sie wieder dabei: diesmal gleich vier »Horten III b«. *Heinz Scheidhauer* flog bei über 3000 m Startüberhöhung 340 km weit, landete aber in der Gesamtwertung nur im Mittelfeld. So herausragend waren die Leistungen der Teilnehmer in diesem letzten Rhönwettbewerb.

Die »Horten IV« konnte noch 1940, also schon im Krieg, entwickelt werden. Gebaut wurde sie in Königsberg-Neuhausen unter Mithilfe von Luftwaffenangehörigen. Bei dem Entwurf kam es den *Gebrüdern Horten* vor allem darauf an, entsprechend der Entwicklung bei normalen Segelflugzeugen eine hohe Gleitzahl und ein günstiges Schnellflugverhalten zu erreichen. Mit ihren schlanken Flügeln (Spannweite 20,2 m, Streckung 21,4) war die »Horten IV« ihre weitaus eleganteste und, wie sich bald herausstellen sollte, auch leistungsfähigste Konstruktion. Der Pilot steuerte das

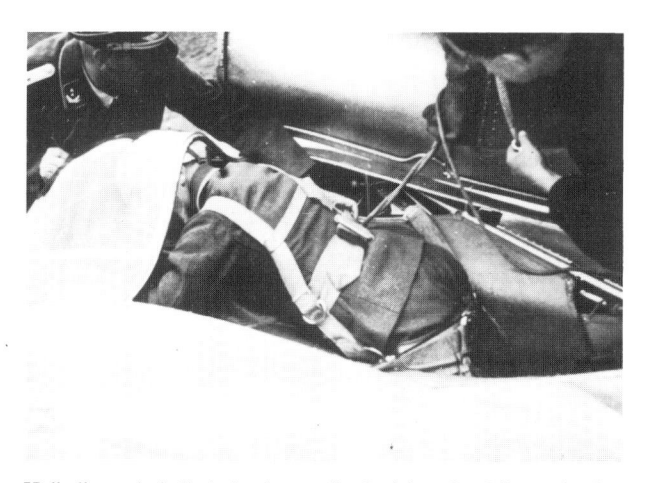

Halb liegend, halb kniend war die Position des Piloten in der »Horten IV« – hier *Heinz Scheidhauer*.

Die »Horten IV« – ein leistungsfähiges Nurflügel-Segelflugzeug.

kleine, kaum Widerstand erzeugende Ruderbewegungen schon eine ausreichende Wirkung. Beim Nurflügler hingegen ist zur Seitenstabilisierung eine starke, aerodynamisch ungünstige Schränkung der Flügelenden erforderlich sowie zur Steuerung ein großer, erheblichen Luftwiderstand erzeugender Klappenausschlag. Auch der Windenstart und der Flugzeugschlepp werden dadurch schwieriger.

Speziell die Horten-Muster besaßen wegen des grundsätzlichen Verzichts auf Seitenflossen nur eine geringe Richtungsstabilität und waren schon deshalb schwieriger zu fliegen als vergleichbare Normalflugzeuge. Selbst die *Gebrüder Horten* geben zu, daß ein Pilot an die 50 Flugstunden brauchte, bis er mit den Nurflügel-Eigenheiten voll vertraut war und das Flugzeug beherrschte.

Flugzeug in halb liegender, halb kniender Position, wobei er von den Knien abwärts im Kufenkasten unter der Flügelmitte ausreichend Platz hatte. Der Erstflug fand im Mai 1941 in Neuhausen statt, zunächst wieder an der Winde, anschließend im Flugzeugschlepp. Bei späteren Dauerflügen bis zu 10 Stunden hat sich die kniend-liegende Pilotenanordnung (mit etwa 30 Grad Neigung) gut bewährt, da sie den Piloten vor allem beim Kurbeln in der Thermik weniger ermüdete als das übliche Sitzen. Das Flugzeug sollte die Gleitzahl 37 erreichen. Es übertraf zwar den »Reiher«, dem es sich in direkten Vergleichsflügen überlegen zeigte – nicht jedoch die D 30, die im folgenden Kapitel beschrieben wird. Lediglich beim Kurbeln in eng begrenzter Thermik stieg sie, wie auch schon ihre Vorgänger, wegen ihrer niedrigen Flächenbelastung und damit ihres engen Kurvenradius jedem anderen Segelflugzeug ihrer Zeit davon.

Mit der Weiterentwicklung der »Horten IV« zur »Horten VI« (24,2 m Spannweite, Flügelstreckung 32,4) mit einem inzwischen entwickelten Laminarprofil sollte im Jahre 1943 erstmals die Gleitzahl 40 überschritten werden. Zu einer genauen Vermessung der Leistungswerte kam es jedoch nicht mehr.

Die Entwicklung von Nurflüglern wurde in Argentinien von *Dr. Reimar Horten* recht erfolgreich fortgesetzt, in Mitteleuropa aber zunächst nicht wieder aufgegriffen. Bei aller Leistungsfähigkeit der Horten-Nurflügel hatten sich doch auch Nachteile herausgestellt, die nur wenige andere Konstrukteure zu weiteren Experimenten ermutigten, zumal sich schon sehr bald mit den Laminarprofilen und mit der Kunststoffbauweise neue Möglichkeiten eröffneten. Der wesentliche Nachteil der Nurflügel, der sich selbst durch die geschickteste Konstruktion kaum beseitigen läßt, ist der kurze Hebelarm für die Steuer- und Stabilisierungsmaßnahmen.

Bei einem »Schwanzflugzeug« kann die um die Querachse stabilisierende Höhenflosse mit dem Höhenruder wegen des langen Hebelarmes klein gehalten werden, ebenso haben

D 30 »Cirrus« als Höhepunkt der Vorkriegsentwicklung

Bis Anfang der dreißiger Jahre hatten die Akafliegs die Entwicklung des Segelfluges wesentlich geprägt. Ein neues Muster nach dem andern war erschienen; nicht wenige hatten entscheidend zu den sprunghaften Fortschritten beigetragen. Nach 1933 schien es zunächst stiller um sie zu werden. Manche mußten sich jetzt »Flugtechnische Fachgruppe« (FFG) nennen, um der allgemeinen »Gleichschaltung« möglichst zu entgehen. Gelegentlich wurden sie auch unmittelbar benachteiligt. So verweigerte man ihnen 1935 und 1936 die Teilnahme am Rhönwettbewerb mit der unsinnigen Begründung, daß dort »zur Mustervereinheitli-

D 30 »Cirrus« – die Außenflügel waren zu Versuchszwecken im Fluge V-förmig verstellbar.

chung Neukonstruktionen unerwünscht» seien. Trotzdem ging die Arbeit weiter.

Schon 1933 hatten *Riclef Schomerus, Helmut Alt* und *Hans-Joachim Puffert*, Mitglieder der Akaflieg Darmstadt, die D 30 entworfen. Ihr Ziel war, an die Grenzen des damals möglich Erscheinenden zu gehen und ein Flugzeug zu

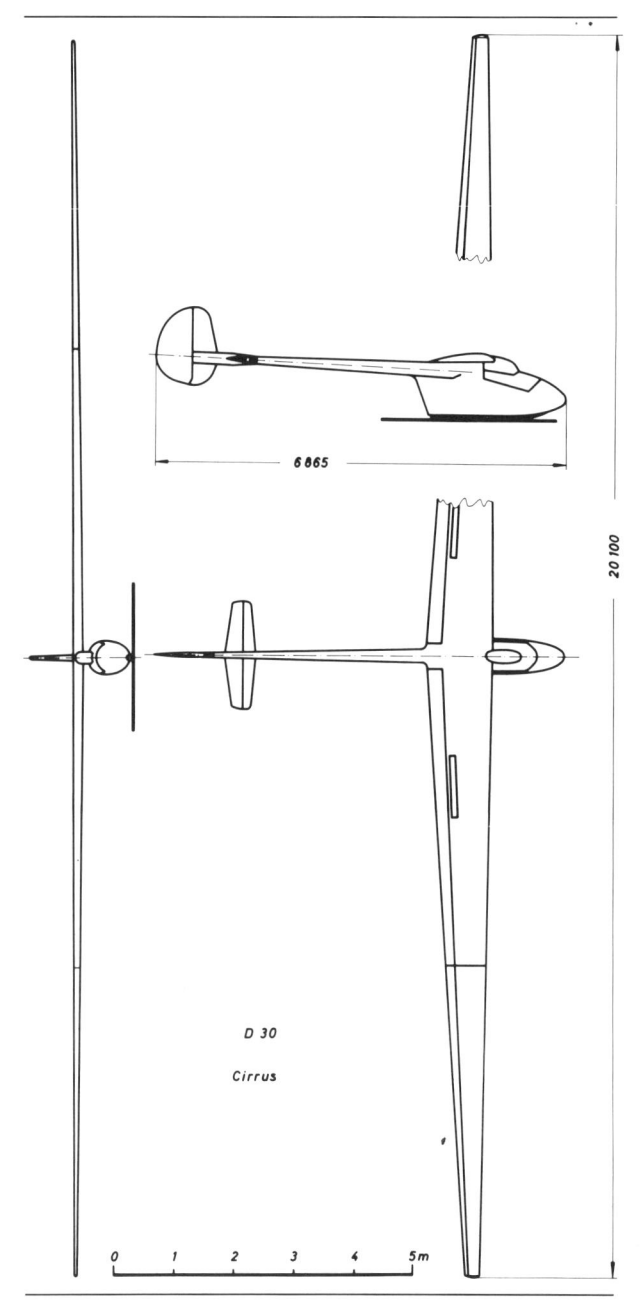

Die D 30 mit gerade gestellten Flügeln. Versuchsweise konnten die Außenflügel sogar negativ eingestellt werden (Bild unten rechts).

schaffen, das alles Bisherige in den Schatten stellte. Dabei sollten ohne Rücksicht auf Kosten und Arbeitsaufwand neue aerodynamische Erkenntnisse erforscht und neue Bauweisen erprobt werden. Ziel dieses reinen Forschungsvorhabens war, die damals bestmögliche Gleitzahl und geringstes Sinken zu verwirklichen. Um das zu erreichen, war als Grundvoraussetzung die bis dahin noch nie gewagte Flügelstreckung von 33,6 vorgesehen – ein Wert, der erst 1972 bei der SB 10 mit 36,6 in Glasfaser- bzw. Carbonfaser-Kunststoffbauweise übertroffen wurde. Die Biege- und Drehkräfte nahm bei der D 30 ein dreistegiger Duralkastenholm auf, dessen Gurte zugleich einen Teil der Flügelhaut bildeten. An den Holm wurden Formteile aus Sperrholz angenietet. Das Profil war »laminarisiert«, indem das Skelett (die Mittellinie) des Profils NACA 24xx mit dem Göttingen 600 (»Tropfen«) überlagert wurde. Damals hat man also wohl erstmals ein (wenn auch noch nicht optimales) Laminarprofil verwendet, wie es in der Segelflugzeugentwicklung von den fünfziger Jahren an eine entscheidende Rolle spielen sollte.

Der Flügel des Hochdeckers war freitragend und bestand aus drei Teilen: einem 10 m langen Mittelstück und je 5 m langen Flügelenden, die im Flug für Stabilitätsuntersuchungen V-förmig von minus 4,4 bis plus 8,5 Grad verstellt werden konnten. Das Mittelstück hatte eine nur am Rumpf unterbrochene Wölbklappe, die sich zwischen plus 34 bis minus 4 Grad verstellen ließ. Die Querruder (mit zu Versuchszwecken veränderlicher Differenzierung) nahmen die gesamte Länge der Flügelenden ein.

Der Rumpf bestand aus einem Sperrholzboot mit geringem Querschnitt und einer dünnen, innen quer und längs versteiften Elektronröhre als Leitwerksträger. Er ähnelte dem von *Dr. Kupper* konstruierten Rumpf der »Austria«. Man ging dabei von der Vorstellung aus, daß die kleinere Rumpfoberfläche den Reibungs- und damit den Gesamtwiderstand herabsetzen würde (was sich bei späteren Windkanal-Messungen als unbedeutend herausstellte). Das freitragende Leitwerk mit sperrholzbeplankten Flossen und

D 30 »Cirrus«.

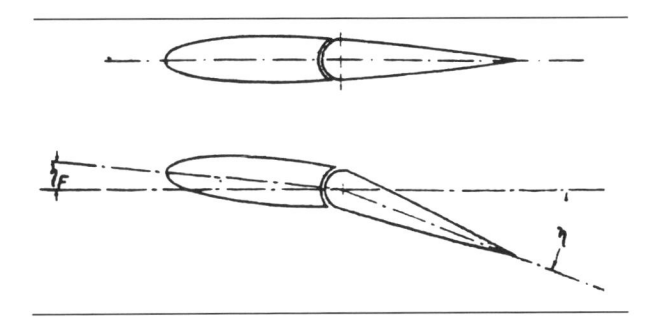

Ein interessantes Detail der D 30: die »Halbdämpfung« des Seitenruders. Mit dem Ruderausschlag verstellte sich sinngemäß auch die Seitenflosse.

stoffbespannten Rudern war »halbgedämpft«: die Flossen schlugen mit den Rudern in gleichem Sinne, aber um einen kleineren Winkel aus. Bremsklappen befanden sich nur auf der Flügeloberseite. Die Flächenbelastung lag bei 24 kg/m². Der Bau in der Werkstatt der FFG Darmstadt begann nach vielen Vorversuchen 1936 und dauerte unter Leitung von *Bernhard Flinsch* rund zwei Jahre. *Flinsch* unternahm auch den Erstflug. Schon nach wenigen Starts stellte er einen neuen Weltrekord im Zielflug mit Rückkehr auf: Lübeck–Bremen–Lübeck, 305 km. Doch auf Rekorde und Wettbewerbserfolge kam es bei diesem Flugzeug nicht allein an.

Wichtig waren die systematischen Versuche, wie sie bisher noch bei keinem Muster so gründlich vorgenommen worden waren. Bei den Flugleistungsmessungen wurde festgestellt, daß die beste Gleitzahl (bei 77 km/h) mit 37,6 noch etwas höher lag als die rechnerisch ermittelte. Auch das beste Sinken (0,55 m/s bei 72 km/h) war sehr günstig. Daß bei 100 km/h das Sinken nur auf 0,91 m/s anstieg und bei 120 km/h um 1,45 m/s lag, hatte bis dahin noch kein anderes Flugzeug aufzuweisen. Die eingehenden Leistungsmessungen sowie die Flugeigenschaftsprüfungen mit verschiedenen Konfigurationen (V-Verstellungen, Wölbklappen, Bremsklappen, Querruderdifferential-Änderungen usw.) nahm *Hans Zacher* vor. Er führte auch Vergleichsflüge mit anderen Mustern aus, u. a. mit der »Horten IV« (Pilot *Heinz Scheidhauer*). Dabei erwies sich die D 30 »Cirrus« bei normaler Fluggeschwindigkeit in Gleitzahl und Sinkgeschwindigkeit als geringfügig besser, bei höheren Geschwindigkeiten jedoch als klar überlegen. Die »Horten IV« war dagegen bei schwacher und eng begrenzter Thermik nicht zu schlagen.

Kurz vor Kriegsausbruch 1939 konnte *Bernhard Flinsch* auf der D 30 »Cirrus« in Wien noch die Studenten-Weltmeisterschaft im Segelfliegen erringen. Im Sommer 1941 fand er bei einem Erprobungsflug mit einem anderen Muster den Tod. Die D 30, wahrhaft ein Meilenstein in der Entwicklung der Segelflugzeuge, wurde bei Kriegsende von Plünderern sinnlos zerstört.

D 30 »Cirrus« mit negativ eingestellten Außenflügeln.

Motorlose Flugzeuge im Zweiten Weltkrieg

Müssen wir das Fliegen untersagen, weil irgendein elender Bandit es sich zunutze machen könnte? Derartige Überlegungen würden uns dazu bringen, alles Vorzügliche auf der Welt abzuschaffen, denn womit treibt man nicht Mißbrauch?

Jean Jacques Rousseau in »Le Dédale«, 1742

Mit dem Kriegsausbruch im September 1939 war der Segelflug keineswegs am Ende. Zwar traten sportliche Ziele gegenüber der fliegerischen Grundausbildung mehr und mehr zurück, doch an den meisten Segelflugschulen und -übungsstätten ging der Flugbetrieb uneingeschränkt weiter, bis ihm das Kriegsgeschehen ein Ende setzte. Ein Teil der bis zur C-Prüfung ausgebildeten Segelflieger war begehrter Nachwuchs für die Motorflugschulen der Luftwaffe. Andere, darunter auch viele, die schon vorher nach der Alleinschulmethode segelfliegen gelernt hatten, erhielten auf »Sonderlehrgängen« die Möglichkeit, zusätzliche fliegerische Erfahrung zu sammeln. Für das »Typenfliegen« standen die verschiedensten gängigen Serienmuster wie »Baby«, Mü 13, »Kranich«, Gö 4, »Minimoa« und »Weihe« in ausreichender Zahl zur Verfügung. Die Ausbildung zum Lastensegler-Piloten wurde anschließend bei der Luftwaffe fortgesetzt.

»OBS-Urubu«, ein dreisitziges Forschungsflugzeug mit Stahlrohrrumpf.

Lastensegler: DFS 230

Als »Segler« war die DFS 230 nicht konstruiert worden, lediglich als »Gleiter«. Die ursprüngliche Tarnbezeichnung wurde jedoch beibehalten. Sein Vorläufer – in der Auslegung, nicht in der Aufgabenstellung – war das dreisitzige Forschungssegelflugzeug »Urubu«, das Anfang der dreißiger Jahre von *Alexander Lippisch* unter Mitarbeit von *Hans Jacobs* und *Egon Scheibe* bei der RRG konstruiert und gebaut worden war. Es war ein abgestrebter Schulterdecker in Gemischtbauweise von 26 m Spannweite. Der geräumige, rechteckige Stahlrohr-Rumpf, der von *Egon Scheibe* stammte, hatte einen seitlichen Einstieg (wohl erstmals bei einem Segelflugzeug). »Urubu« besaß die üblichen Knickflügel. Bekannt wurde das nicht gerade elegante Flugzeug unter dem Namen »OBS« (für Observatorium, D – OBS war auch das Kennzeichen), womit zugleich die Aufgabe umrissen war. Es diente vor allem der meteorologischen Forschung. Starts waren weder mit dem Gummiseil noch an der Winde möglich, sondern allein im Flugzeugschlepp mit einer ausreichend starken Maschine. Für die mitgeführten empfindlichen Beobachtungs- und Meßgeräte bot der vibrationsfreie Flug des »fliegenden Laboratoriums« geradezu ideale Voraussetzungen.

Möglicherweise hat der Deutsch-Amerikaner *Frank Groß* (siehe Seite 54) durch seine Doktorarbeit von 1931 auf den Entwurf der DFS-230 Einfluß genommen. Darin formulierte Grundlagen und Berechnungen für mehrsitzige

Auch im Flug war D-OBS trotz des Knickflügels keine Schönheit.

Segelflugzeuge sind berücksichtigt. *Alexander Lippisch* war Mitte der dreißiger Jahre zu ähnlichen Ergebnissen gekommen. Der Konstrukteur *Hans Jacobs* von der Deutschen Forschungsanstalt für Segelflug schreibt über die Entwicklung der DFS-230:

»Über dieses Flugzeug bzw. über die Idee, die zur DFS 230 führte, ist viel Falsches geschrieben worden ... *Udet, Student, Greim* und andere wurden als die Anregenden genannt. Es gab keine Anregung von irgendeiner Seite, wir, mein Institut, hatten zu der damaligen Zeit keine Verbindung mit irgendeiner militärischen Stelle. Der Anstaltsleiter *Professor Georgii* stellte mir im Laufe einer Besprechung die Frage, ob man Segelflugzeuge nicht für militärische Zwecke einsetzen könne, und damit fing es an. Da ich mich damals mit Büchern aus dem Ersten Weltkrieg beschäftigte, waren mir Begriffe wie Stoß- und Spähtrupp geläufig. Und es war nun nicht so abwegig, ein Segelflugzeug zum Transport einer Gruppe von Soldaten einzusetzen, die im Morgengrauen, im eigenen Land hochgeschleppt, über die Grenze lautlos und ungesehen in fremdes Territorium einschwebten. Und von diesem Gedanken bis zum Entwurf des Flugzeugs war es nur ein kurzer Schritt. Die Größe des Transporters ergab sich aus der Annahme, die von uns getroffen wurde, ... 9 Mann und einen Flugzeugführer einzusetzen. Innerhalb von einigen Wochen wurde ein weitgehend durchgearbeiteter Entwurf erstellt, an dem meine Mitarbeiter *Herbert Lück, Heinrich Voepel, Adolf Wanner* und *Ludwig Pieler* beteiligt waren. Mit einer ausführlichen Denkschrift und den entsprechenden Zeichnungen wurden die Unterlagen durch Boten Anfang 1936 an General *Udet* nach Berlin eingereicht, . . . der die Idee der DFS 230 als richtig und gut erkannte und umgehend den Auftrag erteilte, dieses Flugzeug schnellstens zum Fliegen zu bringen . . .«

Aufgrund der Erfahrungen mit der »OBS« wurde die Aufgabe noch im selben Jahr gelöst. Im Januar 1937 begann die Flugerprobung durch *Hanna Reitsch* und im Mai auf Anordnung von *Ernst Udet* der Serienbau. Von mehreren Versionen wurden in verschiedenen Werken bis 1945 mehr als 1500 DFS 230 hergestellt.

Der abgestrebte Schulterdecker in Gemischtbauweise (wie »OBS«) hatte 21,98 m Spannweite. Der trapezförmige Flügel in einholmiger Bauweise mit Torsionsnase wies bei 41,26 m² Fläche eine Streckung von 18,7 auf. Die Rüstmasse lag bei 860 kg, die Flugmasse bei 2100 kg. Bei Vollast soll die Gleitzahl um 12 und die Sinkgeschwindigkeit etwas über 2 m/s bei einer Fluggeschwindigkeit um 100 km/h gelegen haben. Im Schlepp wurden Geschwindigkeiten um 200 km/h, im Sturzflug (mit Bremsfallschirm) bis zu 300 km/h erreicht. Gestartet wurde auf einem abwerfbaren Fahrwerk. Die ersten Schlepps fanden hinter einer Ju 52 statt, doch auch starke einmotorige Flugzeuge (He 46, HS 126, Ju 87, Avia) reichten zum Vollast-Schlepp aus. Es gibt wohl kein motorloses Flugzeug, mit dem eine solche Fülle von speziellen Flugerprobungen und wissenschaftlichen Versuchen vorgenommen wurde wie mit der DFS 230. *Dipl.-Ing. Karl Kössler,* der frühere Direktor des Luftfahrt-Bundesamtes, schreibt dazu:

»Bei der DFS . . ., die bis Kriegsende in Ainring arbeitete, bildete der Lastensegler ein ideales Mittel zur Erprobung und Anwendung einer Fülle von neuen, z.T. verblüffenden Ideen. So wurden die vielen Arten des Schlepps entwickelt, vom normalen Langseil- zum Kurzseil- bis zum Starrschlepp, der Mehrfachschlepp, der Tragschlepp und der Fangschlepp, d. h. die Aufnahme eines am Boden

Der Lastensegler DFS 230 – hier bei einer Landung mit Bremsfallschirm.

stehenden LS durch ein vorüberfliegendes Flugzeug. Dazu kamen die verschiedenen Fahrwerksarten, vom »Stelzenbein« bis zu Schwimmern, und schließlich auch noch die Umwandlung in einen Tragschrauber. Rechnet man dann noch die unterschiedlichen ›Huckepack‹-Versionen dazu, ergibt sich ein Bild von geradezu unglaublicher Vielfalt.«

Der »Huckepack«- oder Mistel-Schlepp wurde mit einer Me 109 auf dem Lastensegler erprobt. Die DFS 230 erhielt Bremsraketen, mit denen sie beim Aufsetzen nach 6–10 m zum Stehen kam. Umgekehrt wurden auch Raketen zum Start verwendet. Erprobt wurden ferner verschiedene Typen von Bremsfallschirmen, die einen fast senkrechten Sturzflug und in Verbindung mit den Bremsraketen punktgenaue Landungen ermöglichten. Wie vorher »OBS«, wurde bei der DFS auch der Lastensegler als Trägerflugzeug für wissenschaftliche Untersuchungen benutzt. Er erwies sich sogar als weit besser geeignet, weil er umfangreichere Meßgeräte und mehrere Beobachter mitnehmen konnte. Bei meteorologischen Untersuchungen ging es beispiels-

Starrschlepp einer DFS 230 hinter einer Ju 52. Mit dieser Schleppmethode war sogar Blindflug möglich.

weise um die Erforschung von Föhn und Wellenerscheinungen sowie um die Temperaturverteilung in der Atmosphäre. Selbst flugmechanische Versuche wurden vorgenommen: So hat man eine DFS 230 zum Tiefdecker umgebaut, um mit Hilfe eines am Heck angebrachten »Gesamtdruckrechens« Lage und Größe der »Staudruckdelle« im Wirbelbereich hinter dem Flügel zu bestimmen. Auch ihr Einfluß auf die Wirksamkeit des Höhenleitwerks und damit auf die manuelle Steuerbarkeit des Flugzeugs bei verschiedenen Geschwindigkeiten sollte untersucht werden.

Der Hauptzweck der Lastensegler DFS 230 war jedoch die militärische Verwendung. Vor allem *Udet* hatte das Projekt forciert, weil er in der Möglichkeit zu längerem geräuschlosem Anflug zum Absetzen von Soldaten einen Vorteil gegenüber dem Abspringen von Fallschirmjägern über dem Ziel sah. Anfangserfolge wie die Eroberung von Eben Emael gaben ihm recht. Später allerdings wurden Lastensegler fast nur noch zur Kesselversorgung und für Transportflüge verwendet.

Go 242 und Me 321 »Gigant«

Auch der größere Lastensegler Go 242, der 1941 erschien, wurde fast nur noch als Transporter eingesetzt. Bei einer Spannweite von 24,5 m bei einer Flügelfläche von 64,4 m² betrug die Zuladung mehr als 2500 kg – mehr als das Doppelte der DFS 230. Und um die Gigantomanie vollzumachen, folgte kurz darauf der bei Messerschmitt konstruierte und gebaute Me 321 »Gigant« mit 55 m Spannweite, einer Rüstmasse von 11 300 kg und einer Zuladung von über 20 000 kg. Für den Schlepp mußten zwei He 111 zur fünfmotorigen He 111 Z (= Zwilling) verbunden werden. Trotzdem war der Start oft nur mit zusätzlichen Startraketen möglich. Wegen der Unhandlichkeit der Großschlepps wurden sowohl die Go 242 als auch die Me 321 später mit Motoren ausgerüstet – und damit, wenn man so will, zu den größten »Motorseglern«, die es je gegeben hat.

Nach den deutschen Anfangserfolgen haben auch Engländer, Amerikaner und Russen Lastensegler gebaut und eingesetzt.

»Stummelhabicht«

Unter den motorlosen Flugzeugen der Kriegsjahre ist noch der »Stummelhabicht« bemerkenswert – eine bis auf 8 bzw. 6 m Spannweite gestutzte Version des Kunstflugseglers »Habicht«. Die Idee hierzu stammte – so ein Hinweis von *Peter Selinger* – von *Kensche* und *Hirth*, die damit den »Nebenzweck« verbanden, daß dadurch in dem Werk Nabern auch während des Krieges Segelflugzeuge in konventioneller Art gebaut werden konnten.

Der »Stummelhabicht« sollte mit seiner extremen Rollwendigkeit sowie seiner hohen Flug- und Landegeschwindigkeit zur Vorschulung für Jagd- und Stukaflieger sowie für Piloten des Raketenjägers Me 163 dienen. Interessant ist, daß sich die Verringerung der Spannweite nicht so stark auf die Gleitzahl auswirkte wie man erwarten sollte. Der »Habicht« mit 13,6 m Spannweite hatte eine beste Gleitzahl von 19,4, die 8-m-Version von 15,1 und die 6-m-Ausführung immerhin noch 11,5. Die Sinkgeschwindigkeit, über die keine Messungen vorliegen, dürfte hingegen relativ stärker zugenommen haben.

»Motorlos« waren auch die Erprobungsträger bei der Entwicklung der ersten Raketenflugzeuge wie der Me 163, die nach Schubende im Gleitflug landen mußte, sowie der Düsenflugzeuge He 178, He 280 und Me 262. Von einigen Landungen der Gleiter-Versionen sind interessante Filmaufnahmen erhalten geblieben. Erstaunlich ist die Schwebefähigkeit bei der Landung durch den Bodeneffekt der Tiefdecker.

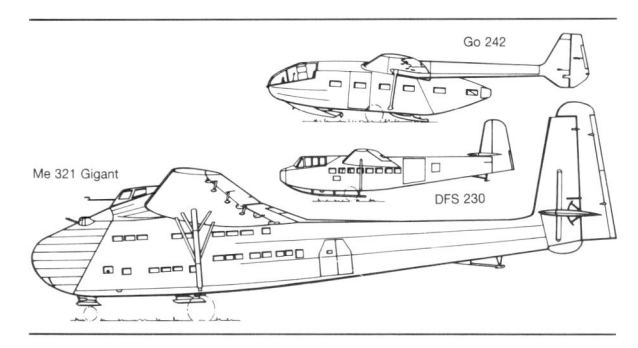

Größenvergleich der »Saurier des Segelfluges«: DFS 230 – Go 242 – Me 321 »Gigant«. Alle waren Gleitflugzeuge. Nur mit der DFS 230, deren Sinkgeschwindigkeit etwas über 2 m/s lag, war unter günstigen Umständen Segelflug möglich.

Ein »Stummelhabicht« von 6 m Spannweite über der Teck.

Wiederbeginn des Segelfluges in Deutschland

> Den lieb' ich, der Unmögliches begehrt.
>
> *Goethe,* Faust II

Nach dem Zusammenbruch 1945 waren die meisten deutschen Städte ein Trümmerfeld. Eine heute kaum noch vorstellbare Not überschattete das Leben der Davongekommenen. Für sie ging es zunächst darum, wieder halbwegs satt zu werden, beruflich Fuß zu fassen und geordnete Verhältnisse zu schaffen. Hohe Verluste hatte es auch unter den Segelfliegern der Vorkriegszeit gegeben – und unter denen, die während des Krieges auf die Schnelle und ohne besondere sportliche Möglichkeiten ausgebildet worden waren. Obwohl sie den Hauch der großen Freiheit, den das Segelfliegen in so einzigartiger Weise vermittelt, nur andeutungsweise erfahren hatten, blieben ihm die meisten verbunden. Viele zog es in der geringen Freizeit, die sie erübrigen konnten, auf die Wasserkuppe, die noch immer als das »Mekka der Segelflieger« galt – trotz aller Zerstörungen und sonstigen Kriegsfolgen, die auch »die Kuppe« betroffen hatten, und trotz des Verbotes der gesamten Zivilluftfahrt, also auch des Segelfluges, durch die Besatzungsmächte. Die »Ehemaligen« bildeten den »Ring der weißen Möwen« und verabredeten sich zu »Wandertreffen«. 1949 wurde es von der Besatzungsmacht verboten, 1950 aber hatte der zuständige US-Offizier nichts mehr dagegen. Daraufhin wurde bei einer Versammlung im Gasthaus »Zur Krone-Post« in Gersfeld am 3. August 1950 spontan der »Deutsche Aero Club« gegründet. Auf diese Nachricht hin fanden sich ebenso spontan innerhalb von zwei Tagen fast 3000 ehemalige Segelflieger in der Rhön ein. Bei der Gründungsversammlung in der Gersfelder Turnhalle wählten sie *Wolf Hirth* zum ersten Präsidenten. Knapp ein Jahr später, am 28. April 1951, wurde der Segelflug in Deutschland wieder zugelassen, doch erst nach der offiziellen Aufhebung auch des Bauverbotes am 19. Juni war der Weg frei. Jeder wußte, daß der Wiederbeginn sehr schwierig werden würde, denn es gab so gut wie nichts mehr, was einen geordneten Flugbetrieb ermöglicht hätte. Trotzdem folgten an die 50 000 ehemalige Segelflieger und segelflugbegeisterte junge Leute – auch aus anderen Ländern – dem Aufruf zu einem »Fest der Freude« auf der Wasserkuppe am 26. August 1951. Einige wenige Flugzeuge standen am Start. Ein Relikt aus der Vergangenheit war ein neuerbauter Schulgleiter 38, den *Fritz Stamer* einflog.

ES 49

Neu war der Doppelsitzer ES 49, die letzte Konstruktion *Edmund Schneiders* vor seiner Auswanderung nach Australien. Er war eine Vergrößerung des erfolgreichen Übungsseglers »Baby« aus den dreißiger Jahren, dem er auch in der Holzbauweise und der Grundkonzeption (abgestrebter Hochdecker) völlig entsprach. Gebaut wurde der Doppelsitzer von 16 m Spannweite bei *Alexander Schleicher* in Poppenhausen, und er wurde gerade rechtzeitig zum »Fest der Freude« fertig, wobei *Heinz Peters* – noch unter offener Haube – den Erstflug unternahm. Später erhielt das Flugzeug, das auch vom äußeren Bild her noch ganz den

Die ES 49 mit *Heinz Peters* beim »Fest der Freude« auf der Wasserkuppe.

dreißiger Jahren entsprach, eine geschlossene Haube. Bei einer besten Gleitzahl von 24 hatte es ein geringstes Sinken von 0,85 m/s. Ein Nachbau dieses Musters, das vom Oldtimer-Segelflug-Club Wasserkuppe bis 1991 flugfähig erhalten wurde, gehört heute dem Segelflugmuseum.

»Doppelraab«

Ein anderes neues Muster, das beim »Fest der Freude« erstmals gezeigt wurde, war der »Doppelraab«, ein doppelsitziges Schul- und Übungssegelflugzeug. Konstruiert hatte es *Fritz Raab,* Gewerbeoberlehrer aus Unterföhring, der große praktische Erfahrungen im Bau von Segelflugzeugen gesammelt hatte. Sein Ziel war ein Flugzeug, das nach der Wiederzulassung des Segelfluges von Vereinen ohne große Probleme selbst gebaut werden konnte und ihnen den »Start« ermöglichte. »Start« hieß auch der Prototyp, der beim »Fest der Freude« erstmals vorgeführt wurde. Der Lehrer saß etwas erhöht dicht hinter dem Schüler, über dessen Schulter hinweg er den Steuerknüppel betätigen konnte. »Start« war ein abgestrebter Hochdecker in Gemischtbauweise – Rumpf bis zur Flügelhinterkante aus Stahlrohr, der dreieckige Leitwerksträger aus Holz. Der hölzerne Flügel hatte 12,76 m Spannweite, bei einer späteren Baureihe zur Leistungsverbesserung 13,40 m. Die Streckung lag bei 9,74 bzw. 10,25. Das Flugzeug erreichte eine beste Gleitzahl von 20 und ein günstigstes Sinken von 0,85 m/s. Beliebt war es aber vor allem wegen seiner Robustheit. Es eignete sich sehr gut zur Überprüfung von Segelfliegern nach der jahrelangen Zwangspause und ebenso zur Anfängerschulung. Mehr als 300 Stück davon wurden gebaut; einige standen noch in den siebziger Jahren im regelmäßigen Vereinsbetrieb. Der »Doppelraab« war eines der wichtig-

Ein »Doppelraab« landet nach einem Schulflug.

sten neuen Flugzeuge am Beginn der zweiten Pionierzeit des deutschen Segelfluges nach sechsjähriger Unterbrechung. Erwähnt werden muß in diesem Zusammenhang auch die Weiterentwicklung der Windenstartmethode durch *Hans Tost.* Von ihm stammen nicht nur Startwinden und die dazugehörigen Kupplungen in den Segelflugzeugen, sondern auch der Seilfallschirm, Sollbruchstellen, Dämpfungsseile und viele weitere Sicherheitseinrichtungen. Vorher hatten schon die Firmen Pfeiffer und Röder gute Startwinden auf den Markt gebracht.

Leistungssegelflug – international

Für den Leistungssegelflug hingegen bestanden zunächst nur geringe Möglichkeiten. Doch gerade auf diesem Gebiet war die Entwicklung international weitergegangen. Schon in den dreißiger Jahren hatte sich der Segelflug weltweit verbreitet

Zum »Fest der Freude« erschien auch schon der erste »Doppelraab« mit dem bezeichnenden Namen »Start«.

und war in einer Reihe von Ländern zu einem eigenen Zweig der Luftfahrtentwicklung geworden. In Großbritannien, Frankreich, der Schweiz, Italien, Jugoslawien, Ungarn, Polen, in der UdSSR und in den USA – um nur die wichtigsten Länder in nicht wertender Reihenfolge zu nennen – gab es nicht nur hervorragende Piloten, sondern auch sehr gute Eigenkonstruktionen von Segelflugzeugen.

Um nur zwei Beispiele anzuführen: Auf dem Segelflugzeug PWS-101, einer Konstruktion von *Waclaw Czerwiński* aus dem Jahre 1937 (19 m Spannweite, Holzbauweise, Gleitzahl 26), gelang dem Polen *Tadeusz Góra* am 18. Mai 1938 ein Streckenflug von 577,8 km, der ihm als erstem Segelflieger der Welt die Lilienthal-Medaille der FAI eintrug. Nahezu unbekannt blieb bei uns, daß am 6. Juli 1939 die russische Segelfliegerin *Olga Klepikova* von Moskau bis in die Gegend von (damals) Stalingrad geflogen war und mit 749 km einen absoluten Streckenrekord aufgestellt hatte. Ihr Flugzeug war der Leistungssegler RF-7, den *Oleg Antonov* 1937 konstruiert hatte. *Olga Klepikovas* Weltrekord bestand bis 1951, als der Amerikaner *Richard Johnson* ihn mit 861,2 km auf seiner RJ-5 überbot. In diesem Jahr des Segelflug-Wiederbeginns in Deutschland waren alle Segelflugrekorde aus den dreißiger Jahren weit übertroffen. Internationale Segelflugwettbewerbe wie 1947 und 1948 in Samedan (Schweiz) und die Weltmeisterschaften 1950 in Oerebro (Schweden) fanden ohne deutsche Beteiligung statt. Allerdings gehörte die »Weihe« von *Hans Jacobs* zu den meistgeflogenen und erfolgreichsten Flugzeugmustern. An den Weltmeisterschaften 1952 in Madrid konnten erstmals wieder Deutsche teilnehmen. *Dr. Frowein* und *Hanna Reitsch* erreichten mit »Kranich III« von *Jacobs* in der Doppelsitzerklasse den 2. und 3. Platz. Es ging wieder aufwärts.

Rudolf Kaisers Weg zur Ka 6

Er hat Flugmodelle gebaut, war begeisterter Segelflieger, legte 1942 die C-Prüfung ab, wurde nach Kriegsende Ingenieur im Bauwesen: *Rudolf Kaiser* (1922–1991). Nachdem er im Selbststudium die erforderlichen Kenntnisse erworben hatte und sich bei *Walter Stender* Rat und Hilfe holen konnte, baute er sich 1951/52 auf dem Dachboden seines Elternhauses sein erstes eigenes Segelflugzeug, die Ka 1. Es mußte klein, einfach zu bauen und handlich sein, so wurde es ein Einsitzer mit 10 m Spannweite, geradem Flügel und 95 kg Leermasse (ein Original befindet sich im Deutschen Segelflugmuseum auf der Wasserkuppe). Ostern 1952 flog *Rudolf Kaiser* es selbst auf der Wasserkuppe ein. Ein Jahr später segelte bereits die Ka 3 über der Rhön. Nach den Erfahrungen, die *Kaiser* inzwischen beim Flugzeugbau Egon Scheibe gesammelt hatte, besaß das neue Muster zu den Ka-1-Tragflächen und dem Leitwerk einen Stahlrohrrumpf, der den zahlreichen Interessenten einen vereinfachten Eigenbau ermöglichen sollte. Von Flugzeugbau Schleicher in Poppenhausen wurde ein Baukasten mit dem vorgefertigten Rumpf und den Holmen geliefert. Der abgestrebte Hochdecker war bald ein beliebtes Übungssegelflugzeug (Gleitzahl 18, bestes Sinken 0,95 m/s). Zumindest eines davon flog noch 1990 als Oldtimer.

Bei Scheibe hatte *Rudolf Kaiser* den »Spatz« nachgerechnet. Für Schleicher entwarf er 1953 mit der Ka 2 »Rhönschwalbe« seinen ersten Doppelsitzer, einen freitragenden Schulterdecker von 15 m Spannweite, der als Besonderheit vorgepfeilte Tragflächen besaß. *Kaiser* bezog sich hierbei auf Untersuchungen, die während des Krieges für den Entwurf der Ju 287 angestellt worden waren. Die Vorpfeilung gab dem zweiten Piloten im Schwerpunkt des Doppelsitzers

Die kleine Ka 1 mit dem Rumpf in Sperrholz-Schalenbauweise. Zur Verringerung von Masse und Luftwiderstand hatte *Rudolf Kaiser* ein V-Leitwerk (mit sperrholzbeplankten Flossen) vorgesehen. Der einholmige Flügel mit Torsionsnase ist abgestrebt.

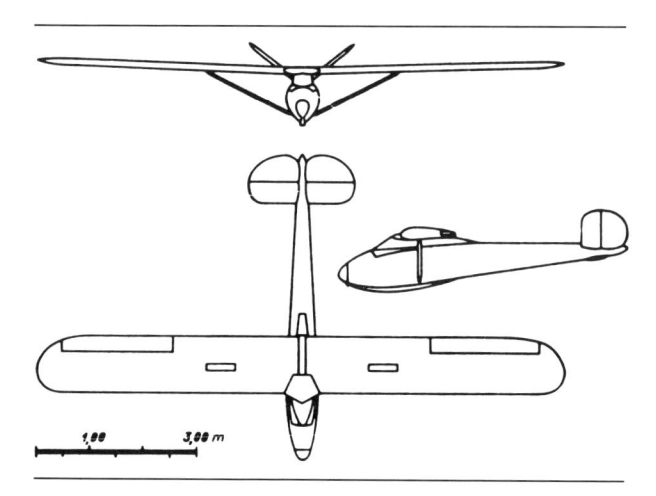

Die Ka 1 von *Rudolf Kaiser*.

bessere Sicht und verbesserte zugleich das Trudelverhalten sowie die Schieberollmomente. *Kaiser* hat auch bei späteren Doppelsitzerkonstruktionen bis zur ASK 13 gern die Vorpfeilung verwendet. Für die einfache und robuste Ka 4 »Rhönlerche II«, die er ebenfalls noch 1953 für Schleicher entwarf, war sie nicht notwendig. Trotz ihrer recht bescheidenen Leistungen (Gleitzahl 19, Sinken 0,95 m/s) bewährte sie sich als Schul- und Übungsflugzeug so gut, daß noch heute einige Exemplare im Vereinsbetrieb stehen. Einigen Amateurflugzeugbauern diente die »Rhönlerche« als Basis für Motorsegler-Umbauten, wofür sie wegen ihrer Robustheit prädestiniert erschien.

Die Ka 5, die *Kaiser* 1954 bei Scheibe entwickelte, war die erste Konstruktion mit einem NACA-Laminarprofil. Sie ist unter dem Namen Scheibe »Zugvogel 1« bekanntgeworden. Die Ka 6, die *Kaisers* berühmtestes Flugzeug werden sollte, baute er zunächst für sich selbst, weil seine Ka 1, auf der er bereits die Bedingungen der Silber-C erfüllt hatte, seinen gestiegenen Leistungsanforderungen nicht mehr entsprach. Dafür aber sollte die Ka 6 dem neuesten Stand der Entwicklung möglichst noch voraus sein. Tatsächlich gilt dieses Flugzeug mit seiner vollendeten, in allen Teilen ausgewogenen Form bis heute als der Höhepunkt der Holzbauweise im Segelflugzeugbau. Der trapezförmige Flügel mit gerader Vorderkante hatte 14 m Spannweite und auch ein Laminarprofil der NACA-Reihe (63_3–618) anstelle der bisher üblichen Göttinger Profile. Die Streckung betrug beim Prototyp 16,3. Besonders elegant wirkte der Holzschalenrumpf, aus dem die Plexiglashaube den strömungsgünstigen Übergang zur Flügelwurzel des Schulterdeckers bewirkte. Ende Oktober 1955 fand der Erstflug statt. Auf Anhieb zeigte die Ka 6 hervorragende Flugeigenschaften und gute -leistungen. Um diese noch zu verbessern, wurde die Spannweite geringfügig (soweit es die Festigkeit zuließ) auf 14,40 m vergrößert. Da das neue Muster sofort Anklang fand, wurde bei Schleicher in Poppenhausen die Serienproduktion aufgenommen. Als 1956 die Technische Kommission der OSTIV die Bedingungen einer neuen »Standardklasse« festlegte (15 m Spannweite und aus Gründen der Kostenverringerung keine Wölbklappen, keine Vorrichtung zur Mitnahme von Wasserballast sowie festes Fahrwerk), paßte *Rudolf Kaiser* seine Konstruktion den neuen Forderungen an. Außer der erneuten Spannweitenvergrößerung erhielt das Flugzeug jetzt statt der bisherigen Kufe ein fest eingebautes Rad. Die neue Typenbezeichnung lautete Ka 6 BR. Bei den Weltmeisterschaften 1958 in Leszno (Polen) belegte *Heinz Huth* damit den 3. Platz in der Standardklasse, und *Rudolf Kaiser* erhielt die OSTIV-Trophy für das beste Standard-Segelflugzeug der Welt. Diese hohe Auszeichnung, die sofort zu zahlreichen Bestellungen auch aus dem Ausland führte, sollte sich noch viele Male als richtig bestätigen. Im selben Jahr nahm *Rudolf Kaiser* noch einmal einige Änderungen am Flügel (Holzverstärkung) und am Rumpf-Flügel-Übergang vor. Als Ka 6 CR »Rhönsegler«

»Zugvogel I« von *Rudolf Kaiser*.

Der Prototyp der Ka 6 von 1955.

ging das Flugzeug 1959 in Serie. Es fand bald eine solche Nachfrage, daß die Lieferzeit bis Mitte der sechziger Jahre auf drei Jahre anwuchs. Bis 1968 wurden rund 700 Ka 6 CR gebaut.

Die 1962/63 entworfene und gebaute K 10 entsprach mit ihrer leicht veränderten, mehr zugespitzten Rumpfnase und vor allem mit einem Wortmann-Laminarprofil neueren Erkenntnissen. Bei hohen Geschwindigkeiten zeigte sie einen deutlichen Leistungszuwachs, im mittleren Geschwindigkeitsbereich jedoch ungünstigere Flugeigenschaften. Diesen Nachteil versuchte *Kaiser* 1965 mit der K 6 E unter Beibehaltung des Leistungszuwachses im höheren Geschwindigkeitsbereich auszugleichen. Um für das NACA 63_3-618-Profil (mit »Wortmann-Nase«) eine möglichst glatte Oberfläche zu bekommen, wurde die Sperrholzbeplankung der Flügelvorderkante auf die Hälfte der Flügeltiefe erweitert. Die Bremsklappen waren aus Duralblech. Der Rumpf wurde um 7 cm niedriger, was den Piloten in eine halb liegende Position brachte. Das jetzt noch etwas spitzere Vorderteil bestand aus glasfaserverstärktem Kunststoff. Die Haube war weiter nach vorn gezogen und noch besser der Rumpfform angepaßt. Die Flugerprobung 1965 zeigte, daß der angestrebte Ausgleich geglückt war. Auch die Ka 6 E ging nun in Serie – bis 1972 mit 394 Exemplaren. Obgleich die Nachfrage immer noch anhielt, wurde die Produktion in den siebziger Jahren zugunsten von Kunststoffseglern eingestellt. Insgesamt sind mehr als 1400 Ka 6 verschiedener Ausführungen gebaut worden. Viele bewähren sich noch heute im Schul- und Vereinsbetrieb. Ihr erfolgreichster Pilot blieb *Heinz Huth,* der auf der Ka 6 sechsmal deutscher Meister und zweimal, 1960 und 1963, Weltmeister der Standardklasse wurde.

Bei einer Rüstmasse von 185 kg und einer maximalen Flugmasse von 300 kg hatten sowohl die Ka 6 CR als auch die Ka 6 E eine Flächenbelastung von 24,2 kg m². Die Leistungswerte wiesen jedoch geringfügige Unterschiede auf:

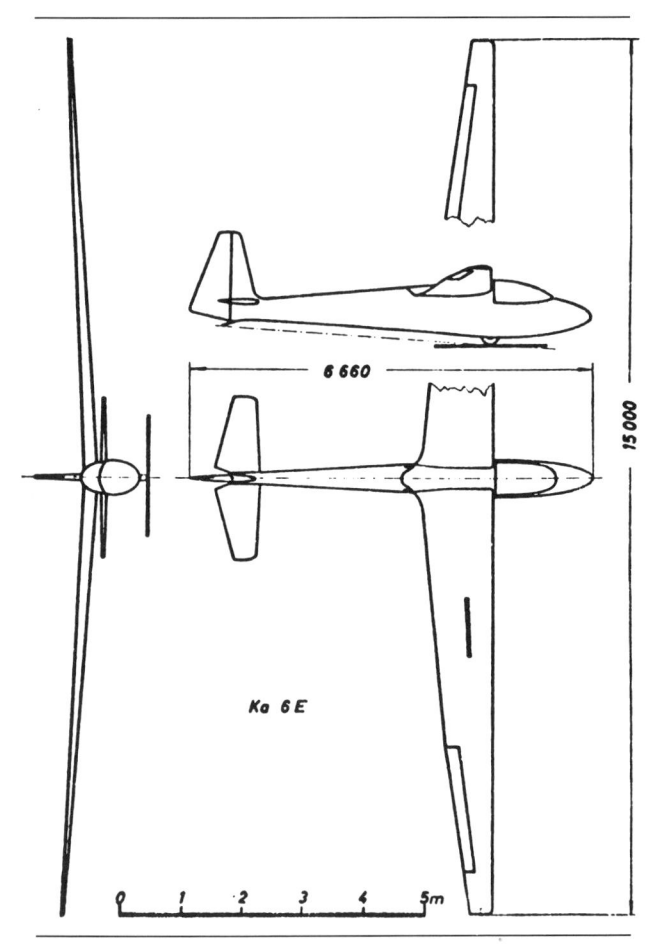

Die Ka 6 E von *Rudolf Kaiser.*

	Ka 6 CR	Ka 6 E
Mindestgeschwindigkeit:	59,5 km/h	59 km/h
Geringstes Sinken	0,65 m/s	0,65 m/s
bei Fluggeschwindigkeit:	67 km/h	72 km/h
(Flächenbelastung 21,8 kg/m²)		
Beste Gleitzahl	30	34
bei Fluggeschwindigkeit	80 km/h	84 km/h
Höchstzulässige Geschwindigkeit	200 km/h	200 km/h

Das Übungssegelflugzeug Ka 8. Im Gegenlicht zeigt sich, daß die Bespannung hinter der Torsionsnase stark einfällt. Dadurch ist bei der konventionellen Holzbauweise keine absolute Profiltreue möglich.

Von der Ka 7 zur ASK 13

Von *Rudolf Kaiser* wurden noch eine Reihe weiterer erfolgreicher Flugzeuge – meist in Gemischtbauweise: Rumpf Stahlrohr, Flächen in konventionellem Holzbau – konstruiert und bei Schleicher in Serie gebaut. 1957 erschien als Weiterentwicklung des Doppelsitzers Ka 2 b die Ka 7 »Rhönadler« – ebenfalls mit vorgepfeilter Tragfläche. Von diesem Muster, das sich für die Schulung bis heute bewährt, wurden bis 1966 über 500 Exemplare in Serie gebaut. Ebenfalls 1957 füllte eine weitere, bis heute beliebte und weit verbreitete Konstruktion *Rudolf Kaisers* eine Lücke im Schleicher-Angebot: der einsitzige Übungssegler Ka 8. Er ist auf den ersten Blick eine vereinfachte und durch einen Stahlrohrrumpf robuster gebaute Ka 6, wurde aber vor allem auf gutmütiges Flugverhalten ausgelegt. Deshalb wählte Kaiser statt des Laminarprofils das altbewährte Göttingen 533. Beim Prototyp reichte die Querruderwirkung nicht aus. Deshalb erschien 1958 die Ka 8 b mit vergrößerten Querrudern und einigen weiteren Verbesserungen. So ging sie bei Schleicher in Serie, wurde aber auch in anderen Werken in Lizenz und mit vorfabrizierten Baukästen von Vereinen und Amateuren gebaut – bis 1976 in insgesamt 1180 Exemplaren. Obgleich keine flug- oder bautechnische Besonderheit, bewährt sich die Ka 8 b – Spannweite 15 m, Gleitzahl 27 – bis heute im Flugbetrieb vieler Segelflugvereine und -schulen, meist zusammen mit dem Doppelsitzer ASK 13, dem Nachfolger der Ka 7 ab 1966. Der wesentliche Unterschied zur Ka 7, von der einige Bauteile übernommen wurden, liegt in der Auslegung als Mitteldecker und in einem besser gefederten Fahrwerk.

Bei 16 m Spannweite, einer Streckung von 14,63, einem Mischprofil aus Göttingen 535 und 549 hat die ASK 13 eine beste Gleitzahl (bei 85 km/h) von 27 – wie die Ka 8 b, der sie auch in den Flugeigenschaften weitgehend entspricht. Darum bedeutet das Umsteigen vom Doppelsitzer ASK 13 nach ausreichender Anfängerschulung auf die Ka 8 b zum ersten Alleinflug kein besonderes Risiko. Die ASK 13 hat sich aber auch im Leistungssegelflug bewährt. So stellten *Siegfried Baumgartl* und *Walter Schewe* am 25. April 1972 mit einem Flug von Dinslaken nach Angers in Frankreich (714 km) einen Weltrekord für Doppelsitzer im Zielflug auf. Wie in der biologischen hält sich auch in der Evolution der Segelflugzeuge das Bewährte erstaunlich lange gegen die Konkurrenz des völlig Neuen.

Die Flügel der ASK 13 sind leicht vorgepfeilt.

Die technische Revolution im Segelflugzeugbau

Was im Laufe der fünfziger Jahre entwickelt, in den Sechzigern vervollkommnet, in den Siebzigern verfeinert und in den achtziger Jahren optimiert wurde, wird wohl von allen Segelfliegern als »neues Zeitalter« empfunden. Wie so oft in der Geschichte der Technik, mußten mehrere neue Erkenntnisse, Werkstoffe und Baumethoden zusammentreffen, um einen vorher ungeahnten und nicht für möglich gehaltenen Fortschritt zu erzielen. »Laminarprofil« und »Kunststoffbauweise« sind die Schlüsselbegriffe. Beide Neuerungen waren nicht plötzlich da, sondern hatten bei ihrem Zusammentreffen, das eine revolutionäre Entwicklung auslöste, schon eine längere »Evolution« hinter sich. Erkenntnisse, die zur Entwicklung von Laminarprofilen führten, wurden bereits in den dreißiger Jahren gewonnen. In dieser Zeit machte auch die Herstellung und Verarbeitung von Kunststoffen die entscheidenden Fortschritte.

Der Weg zum Laminarprofil

In der Aerodynamik ist eine laminare eine geschichtete, unverwirbelte Strömung und damit die Voraussetzung für geringen Luftwiderstand. In der Grenzschicht zwischen einer Tragfläche und der umströmenden Luft läßt sich eine Verwirbelung nicht völlig vermeiden. Am sogenannten Umschlagpunkt geht die laminare in eine turbulente Strömung über. Je weiter der Umschlagpunkt in Strömungsrichtung zurückverlegt werden kann, desto geringer ist der Profilwiderstand des Tragflügels.
Es hat lange gedauert und bedurfte der Fülle von Erfahrungen vor allem aus dem Segelflugzeugbau, bis Wissenschaftler herausfanden, welche Faktoren dabei eine Rolle spielen, wie sie sich mathematisch erfassen und zur Minimierung des Luftwiderstandes beeinflussen lassen. Die wesentlichen sind die Formgebung des Flügelprofils, die Qualität der Flügeloberfläche, die Strömungsgeschwindigkeit sowie ein möglichst ungestörter Strömungsverlauf (durch Vermeidung herausragender oder aufgesetzter Bauteile und Spalten).
Zwar hatte man sich bereits in den dreißiger Jahren von der Vorstellung gelöst, daß ein Segelflugzeug möglichst »leicht« sein müsse, um überhaupt fliegen und Aufwinde ausnutzen zu können. Die Flächenbelastung war von weniger als 10 kg/m² Anfang der zwanziger Jahre auf mehr als 25 kg/m² in den Dreißigern gestiegen. Die Flügelprofile jedoch, die mit relativ stumpfer Nase, einer größten Dicke im vorderen Drittel und einer starken Wölbung dem Vogelflügel entsprachen, hatte man nicht wesentlich verändert. Rein empirisch gefundene Flügelquerschnitte waren im Windkanal sorgfältig auf ihre Auftriebs- und Widerstandswerte hin untersucht und mit ihren Polardiagrammen veröffentlicht worden (z. B. die Göttinger Profile). Ihre größte Dicke lag im ersten Drittel der Flügeltiefe. Durch die Strömungsverzögerung im längeren hinteren Teil gab es Erscheinungen, die zu einem hohen Luftwiderstand führten. Erst in den vierziger Jahren kam man aus dem empirischen Stadium heraus und fand Wege, günstigere Profile rechnerisch zu ermitteln. Als neue Grundform ergab sich eine etwas spitzere Nase, eine größte Dicke etwa in der Flügelmitte und eine erheblich geringere Wölbung. Die ersten »laminarisierten« Profile entstanden, konnten aber noch keinen durchschlagenden Erfolg erringen. Auch die NACA-Profile aus den USA waren nur ein erster Schritt zum Laminarprofil.

Dr. August W. Raspet (1913–1960)

war ein amerikanischer Physiker. Durch seine Forschungsarbeiten hat er von den fünfziger Jahren an entscheidend zu den sprunghaften Fortschritten im Segelflugzeugbau beigetragen. Von 1949 bis zu seinem Tode leitete er das Aerophysics Dept. of Mississippi State University (MSU). Er beriet die OSTIV, als deren Vizepräsident er zeitweise amtierte, förderte die Soaring Society of America und war technischer Schriftleiter der amerikanischen Segelflugzeitschrift »Soaring«, in der er viele seiner Erkenntnisse veröffentlichte.
Von seinen Ideen profitierten nicht zuletzt deutsche Segelflugzeugkonstrukteure, mit denen er bei mehreren Besuchen in Deutschland (so in Göttingen, Dortmund und München) auch persönlichen Kontakt hatte. *Raspet* war erstaunlich vielseitig. Zu seinen Forschungsgebieten gehörte nicht nur alles, was mit der Leistungssteigerung von Segelflugzeugen zusammenhängt, sondern auch die Biophysik mit Problemen des Vogelfluges und des Muskelkraftfluges, die Pflanzen- und Tieraerodynamik sowie die Gebirgsaerodynamik. Um beispielsweise die aerodynamischen Eigenschaften segelnder Vögel zu untersuchen, hat er sie im Segelflugzeug begleitet.

Hans Zacher und *Dr. August Raspet* bei einem Treffen in Dortmund 1951.

Von 1947 an unterstützte er *Harland Ross* und *Richard Johnson* beim Bau des ersten Laminarflugzeuges der Nachkriegszeit, der RJ-5. Bei ihren ersten Flügen erreichte die Neukonstruktion zunächst nur die Gleitzahl 30. Mit einer Vielzahl aerodynamischer Verfeinerungen, die *Raspet* ver-
anlaßt hatte, kam das Flugzeug (16,75 m Spannweite, Flügelstreckung 24,5) schließlich auf eine Gleitzahl von über 40. So waren die Nasenwelligkeit der Holzkonstruktion durch Abspachtelung fast beseitigt, die ursprünglich kugelig herausragende Haube in die Rumpfform eingestrakt, die Flügelhinterkante zugespitzt und die Spoiler- und Wölbklappenspalte abgedeckt worden – vorher beim Segelflugzeugbau nur wenig beachtete Einzelheiten.

Nach den Ergebnissen der Grenzschichtforschung von *Raspet* können sie jedoch in ihrer Summierung die Leistungen eines Segelflugzeugs erheblich verbessern, wie das Beispiel der RJ-5 bewies. Von *Raspet* stammt die bewußt überspitzte Anmerkung: »Jedes Profil ist ein Laminarprofil, man muß ihm nur die Gelegenheit geben, eines zu sein.« Sie bezieht sich auf die Profiltreue und Glätte der Flügeloberfläche. Doch *Raspets* Forschungen bestätigten auch, daß die Verbreiterung des Laminarbereichs eine besondere Profilform voraussetzt, die mit den bis dahin verwendeten NACA-Profilen noch nicht ganz erreicht war. Zugleich hatte er erkannt, daß die erwünschte Laminarwirkung nur bei völlig glatter, durch kein noch so unscheinbares Hindernis oder durch Welligkeit gestörter Flügeloberfläche tatsächlich eintrat. Die Verbesserung der Oberflächenqualität war also

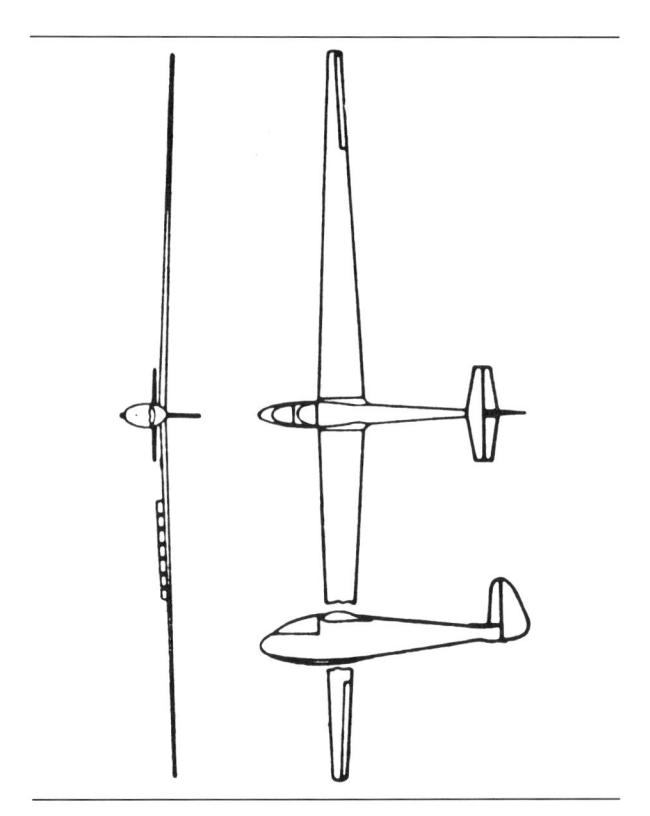

Die RJ-5 (Spannweite 16,75 m).

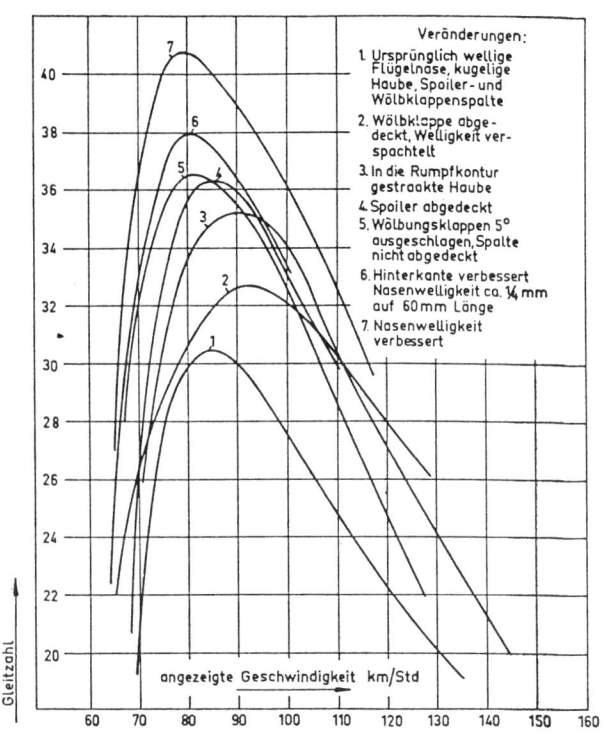

Gleitzahlkurven der RJ-5. Sie zeigen, wie sich die verschiedenen systematischen Verbesserungen an diesem Flugzeug auf die Gleitzahl auswirkten.

das entscheidende Problem bei der Verwendung von Laminarprofilen.

Wie recht er hatte, bewies der Erfolg: Mit der verbesserten RJ-5 überwand *Richard Johnson* in den USA am 5. August 1951 erstmals die 800-km-Grenze im freien Streckenflug und stellte mit 861 km einen neuen Weltrekord auf.

Flugzeuge der Entwicklungsgemeinschaft Haase–Kensche–Schmetz (HKS)

Die HKS 3 mit *Ernst-Günter Haase*. Das Originalflugzeug hängt heute in der Luftfahrtabteilung des Deutschen Museums.

Laminarisierte Profile – überwiegend von der NACA – waren seit den vierziger Jahren auch in Deutschland für Leistungssegelflugzeuge verwendet worden, so bei der D 30 »Cirrus«, der »Horten VI« und in den fünfziger Jahren bei den verschiedenen »Zugvogel«-Mustern von *Egon Scheibe* sowie den Ka-6-Varianten von *Rudolf Kaiser*. Daß sie zwar leistungsfähiger, aber Segelflugzeugen mit Normalprofil nicht haushoch überlegen waren, lag u. a. daran, daß die (nach den späteren Ergebnissen der Grenzschichtforschung) erforderliche Oberflächengüte nicht erreicht wurde bzw. bei Serienflugzeugen in Holzbauweise ohne aufwendige Zusatzarbeiten nicht erreicht werden konnte. Daher lag es nahe, die Holzbauweise ohne Rücksicht auf den Arbeitsaufwand so weit zu verfeinern, daß der Luftwiderstandsvorteil der Laminarprofile besser als bisher genutzt werden konnte. Hierzu entstand bei der Nähmaschinennadelfabrik Schmetz in Herzogenrath, der wegen der Flugbegeisterung des Inhabers ein Segelflugzeugbau angeschlossen war, 1952 die Entwicklungsgemeinschaft Haase–Kensche–Schmetz. Vorangegangen waren ausführliche Gespräche mit *Dr. Raspet* und *Dr. Wenk* während der Segelflug-Weltmeisterschaften 1952 in Madrid, an denen erstmals wieder Deutsche teilnehmen durften, über die Möglichkeiten der Leistungssteigerung von Segelflugzeugen. Initiator und finanzieller Förderer der Entwicklungsgemeinschaft war *Ferdinand Bernhard Schmetz*, der selbst seit 1912 der Fliegerei verbunden war. *Ernst-Günter Haase* und *Heinz Kensche* waren Angestellte der Schmetz-Fabrik und seit langem für den Segelflug tätig. Ziel der Entwicklungsgemeinschaft war ein Leistungssegelflugzeug, das die neuen aerodynamischen Erkenntnisse mit einer aufs äußerste verfeinerten (Holz-)-Bauweise verbinden und der zunehmenden Forderung vor allem nach Schnellflugleistung entsprechen sollte. Die aerodynamische Auslegung und Ausarbeitung war *Kensches* Aufgabe, die Konstruktion übernahm *Haase*.

Zunächst entstand die HKS 1, ein Doppelsitzer von 19 m Spannweite, einer Streckung von 19,7 und einer Flächenbelastung von 29 kg/m². Seine beste Gleitzahl von etwa 38 erreichte er bei 90 km/h, sein bestes Sinken von 0,65 m/s bei 75 km/h. Für die Segelflugzeugentwicklung bedeutsam wurden bei diesem Flugzeug Auslegung und Bauweise sowie

HKS 3 – in der Evolution der Segelflugzeuge zugleich Ende und Anfang: der (gelungene) Versuch, mit der Holzbauweise den Anforderungen der Laminarprofile an die Oberflächengüte gerecht zu werden.

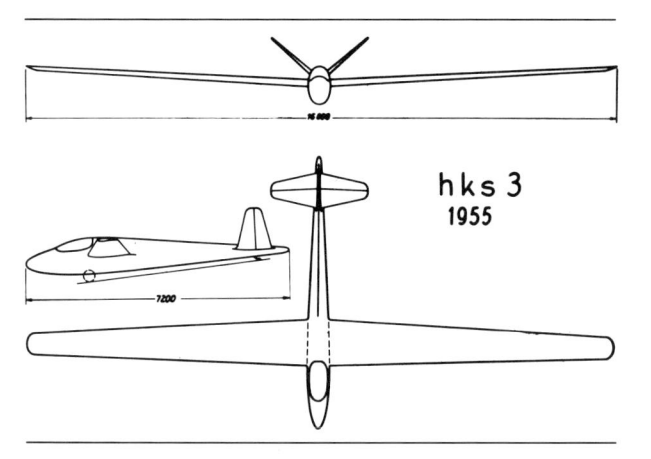

Die HKS 3.

eine Reihe von Besonderheiten, die 1954 auch der Konstruktion der einsitzigen HKS 3 zugrundelagen (eine geplante HKS 2 blieb ein Entwurf). Beiden Flugzeugen gemeinsam war der weitgehend geglückte Versuch, durch hohen Bauaufwand die Nachteile der Holzbauweise wie Welligkeit der Sperrholzbeplankung, einfallende Bespannung und Rauhigkeit der Oberfläche zu vermeiden. Grundsatz war, die vorgegebene Form mit größter Genauigkeit einzuhalten und eine möglichst glatte Oberfläche zu erzielen. Beim Flügel wurde dies dadurch erreicht, daß zunächst eine Innenbeplankung von 0,6 mm Sperrholz und auf diese ein genauestens zu beschleifender PVC-Schaumstoff von 6 mm Stärke aufgebracht wurde. Die Außenbeplankung von 1,5 mm Sperrholz an der Wurzel und 1 mm Sperrholz am Flügelende, die schon eine Genauigkeit von ±0,2 mm aufwies, wurde durch anschließendes Spachteln und Schleifen noch verfeinert. Zur Kontrolle benutzte man ein von *Dr. Raspet* vorgeschlagenes Meßgerät.

Über die HKS 3 schrieb *Ernst Günter Haase* (in der Zeitschrift »Segelfliegen«, Heft 3, August 1983):

»Um es vorweg zu sagen, die HKS 3 hatte nach intensiver Oberflächenbehandlung, die eine Welligkeit von weniger als 0,02 mm erbrachte, eine Gleitzahl von 40 bei einer Flügelstreckung von nur 20 und einem alten, 1945 entstandenen amerikanischen Flügelprofil. Zuletzt war die ganze Geschwindigkeitspolare besser, als die Rechnung ergeben hatte. Da ich für die konstruktive Gestaltung verantwortlich war, konnte ich meinen alten Traum von einer elastischen Flügelsteuerung wahrmachen . . . Einige schlaflose Nächte und viele Stunden harte Arbeit am Tag hatte das schon gekostet, aber dann hatte die HKS eine Flügelsteuerung, wie es sie bis heute nicht gegeben hat. Über die ganze Spannweite wurde das Flügelprofil vom Hinterholm bis zur Hinterkante stufenlos verändert. Für die Quersteuerung war die Wölbungsveränderung an der Flügelwurzel gleich 0, um bis zur Flügelspitze hin gleichmäßig anzusteigen, d. h. es war die ideale Verwindung. Gleichzeitig konnte dem aber durch ein Doppelhebelsystem eine Wölbungsänderung nach unten und oben überlagert werden. Diese Wölbungssteuerung war so konstruiert, daß sich am Flügelende nur ²/₃ des Ausschlags an der Flügelwurzel ergab, so daß der Flügel im Langsamflug eine Schränkung hatte, die im Schnellflug dann auf 0 zurückging. Die ganze Flügeloberfläche hatte dabei keine Unstetigkeit, die Oberseite war ganz geschlossen, nur die Flügelunterseite hatte am Hinterholm einen Schlitz, der durch ein 0,1 mm dickes Stahlblech fast unsichtbar abgedeckt war.«

Die ebenfalls neuartige und ungewöhnliche Bauweise schilderte *Haase* folgendermaßen:

»Da wir von G.f.K. [GFK, die Verf.] noch wenig wußten, haben wir die Flugzeuge aus Holz gebaut, aber bei der HKS 3 an zwei wichtigen Stellen mit Metallen nachgeholfen. So bekamen die Rippenobergurte in ihrem biegsamen Teil Stahleinlagen von 1–0,5 mm abnehmend, und die gelenkige Verbindung mit den Untergurten wurde durch kleine Blechstreifen, die in Gummiklötzchen gelagert waren, hergestellt.«

Auch beim Holm der HKS 3 wurde Metall verwendet:

»Ein Leichtmetallgurt von nur 6 mm Dicke ist von den üblichen Bauelementen der Kastenholmkonstruktion umgeben. Das erlaubte eine Überdimensionierung, so daß wir die ursprüngliche Spannweite von 16 m ohne weiteres auf 17,2 m vergrößern konnten, als uns die Flugleistungen des 16-m-Flügels nicht befriedigten . . . Der Leichtmetallholmgurt war vor dem Einbau in den Holmkasten mit Sperrholz beschichtet worden, und diese Klebeverbindung hätte ein Problem werden können. Aber auch damit hatten wir Glück, denn heute [1983, die Verf.] ist das Flugzeug 28 Jahre alt und noch voll funktionsfähig, nachdem es etwa 500 Flügen in mehreren Wettbewerben mehr als 15 000 km über Land flog und dabei und bei etlichen Außenlandungen entsprechende Beanspruchungen durchstehen mußte.«

Um eine völlig ungestörte Flügeloberfläche zu erhalten, hatten die Konstrukteure sogar auf Bremsklappen verzichtet und statt dessen einen aus- und einziehbaren Bremsschirm als Landehilfe vorgesehen. Für die Könner, die dieses Flugzeug flogen, hat er sich durchaus selbst bei Außenlandungen bewährt.

Von Anbeginn 1955 war *Ernst-Günter Haase* mit diesem Flugzeug, das ein Einzelstück blieb, auf Wettbewerben erfolgreich. Für seine Teilnahme an den Weltmeisterschaften 1958 in Leszno (Polen) erhielt die HKS 3 noch einen „letzten Schliff", der vielleicht dazu beigetragen hat, daß er unter den 37 Teilnehmern aus 18 Nationen überlegener Sieger in der Offenen Klasse wurde – sein größter Erfolg als Flieger und Konstrukteur. Später hatten auch noch andere Piloten Erfolge auf der HKS 3, die heute, noch immer wie neu aussehend, in der Luftfahrtabteilung des Deutschen Museums ihren endgültigen Platz gefunden hat – neben dem nächsten Meilenstein der Segelflugzeugentwicklung, der fs-24 »Phönix«, dem ersten Flugzeug der Luftfahrtgeschichte in Kunststoffbauweise.

Lommatzsch »Libelle Laminar«

Über die Entwicklung der Segelflugzeuge in der ehemaligen DDR ist bei uns nur wenig bekanntgeworden. Seit 1991 wird im Segelflugmuseum auf der Wasserkuppe eine »Libelle Laminar« der VEB Apparatebau Lommatzsch gezeigt. Dieses Leistungssegelflugzeug aus dem Jahre 1958 wurde vom Flugsportclub Kamenz in Sachsen in 800 Arbeitsstunden hervorragend restauriert und dem Museum zur Verfügung gestellt. Konstruiert wurde dieses in der ehemaligen DDR weit verbreitete und gern geflogene Muster von *H. Wegerich, H. Hartung* und *W. Zimmermann,* die für den Flügel ein NACA-Profil der 65ger Reihe auswählten und sich bemüht haben, die Vorteile dieses Laminarprofils trotz der konventionellen Holzbauweise zur Geltung zu bringen. Leimfangnuten auf den Rippen sollten das Einfallen der Sperrholzbeplankung abschwächen. Bei den ersten Exemplaren wurde versucht, durch das Aufbringen einer Dural- bzw. Kunststoff-Folie eine zusätzliche Glättung der Oberfläche zu erreichen. Der Vorteil dabei war, daß diese Außenhaut nicht rissig werden konnte – eine Gefahr, der vergleichbare Laminar-Holzkonstruktionen wegen ihrer starken Spachtelung vielfach ausgesetzt waren.

Die »Libelle Laminar« hatte bei 16,50 m Spannweite und einer Flügelfläche von 14,8 m^2 eine Flugmasse von 335 kg (Flächenbelastung 22,6 kg/m^2). Sie erreichte eine beste Gleitzahl von 36 bei 88 km/h und ein günstigstes Sinken von 0,65 m/s bei 76 km/h. Damit lag sie in der Spitzengruppe der Ostblocksegelflugzeuge. Zahlreiche Wettbewerbserfolge und Streckenrekorde wurden mit ihr erzielt. So gelang *Adolf Daumann* im Juni 1961 ein 665-km-Zielflug von Schönhagen nach Lublin.

Eine Weiterentwicklung der »Libelle Laminar« fand nicht statt, da im Zuge der Produktionslenkung im Ostblock Segelflugzeuge außer in der UdSSR nur noch in Polen und in der Tschechoslowakei gebaut werden durften.

fs-24 »Phönix«

Hermann Nägele und *Richard Eppler* hatten als Mitglieder der Akaflieg Stuttgart schon von 1951 an versucht, mit verfügbaren, wenn auch ungewöhnlichen Werkstoffen ein Leistungssegelflugzeug mit Laminarprofil und glatter Oberfläche zu bauen. Nach ihren Erfahrungen beim Flugmodellbau war Balsaholz ihr wichtigstes Material. Der Flügel hatte zwar einen üblichen Holm aus Kiefernholz, erhielt seine Form aber durch Schalen aus Balsaholz mit geleimten Papier-Zwischenlagen. Der Bau machte Schwierigkeiten und zog sich in die Länge. Er wurde schließlich ganz eingestellt, als aus den USA bekannt wurde, daß sich die inzwischen neu entwickelten Kunststoffe mit Glasfaserverstärkung zum Bau von Segelflugzeugen mit extrem glatter Oberfläche weitaus besser eigneten. Der Balsaholz-Versuch wurde kurzerhand verbrannt, aber aus der Asche stieg (wie der sich selbst verbrennende und aus seiner Asche wieder auferstehende Vogel in der Mythologie der Antike) der neu konstruierte »Phönix« – daher der ungewöhnliche Name.

Die fs-24 (so die Benennung durch die Akaflieg Stuttgart) erforderte umfangreiche Vorarbeiten und Vorversuche. Das Profil entwarf *Dr. Richard Eppler* in Anlehnung an die NACA-Profile nach besonderen mathematischen Verfahren. Es wurde für Langsamflug und gute Kreisflugeigenschaften optimiert, sollte aber zugleich auch ein günstiges Schnellflugverhalten aufweisen. Messungen im Windkanal in Göttingen und spätere Flugvermessungen an der Mississippi State University zeigten, daß dieses breite Leistungsspektrum tatsächlich erreicht wurde.

Für die Konstruktion und die Bauweise mit Kunststoff für tragende Teile gab es kaum Vorbilder. Nach den Erfahrungen mit der Balsaholz-Papierverklebung und wegen der hohen Festigkeit des Kunststoffs war für *Nägele* und seine Mitarbeiter jedoch von Anfang an klar, daß die Sandwichbauweise angewendet werden sollte. Dabei werden unter-

Die »Libelle Laminar« von 1958 auf einem Segelflugplatz der ehemaligen DDR. Das gleiche Flugzeug befindet sich heute im Segelflugmuseum auf der Wasserkuppe.

Holzbau

Holzbauweise – Faserkunststoffbauweise

Die konventionelle Holzbauweise, bei der »von innen nach außen« gearbeitet wird, erklärt sich durch die Fotos auf der linken Seite. Die Faserkunststoffbauweise (umgekehrt »von außen nach innen«) beginnt mit der Lackierung: in die vorbereitete Formmulde (meist ebenfalls aus Kunststoff) wird nach einem Trennmittel zunächst der (weiße) Lack des künftigen Segelflugzeugs aufgespritzt. Es folgen entsprechend den Festigkeitsanforderungen meist diagonal aufgelegte Fasermatten (Glas-, Kevlar-, Aramid- bzw. Carbonfasern), die mit Kunstharz durchtränkt werden und die Außenhaut bilden.

Nach einem Stützstoff (anfangs Balsaholz, heute Schaumstoffe) folgt die innere faserverstärkte Kunststoffschicht. So entsteht das »Sandwich«, das nur wenige zusätzliche Aussteifungen benötigt. Nach dem Innenausbau mit Holmen für den Flügel, Gestänge für den Antrieb der Ruder und Klappen usw. werden die Flügelhälften bzw. die Rumpfschalen miteinander verklebt. Die Außenhaut wird schließlich sorgfältig geschliffen und spiegelglatt poliert.

Faserkunststoff-Bau

Oben: Einlegen der Fasermatten in die Formmulde einer Flügelhälfte und Durchtränken mit Kunstharz.

Rechts: Innenausbau mit Holm und Gestänge für Ruder- und Klappenantrieb.

Unten links: Feinschliff der Außenhaut.

Unten rechts: Die Rumpfschale wird in gleicher Weise in einer Formmulde gebaut.

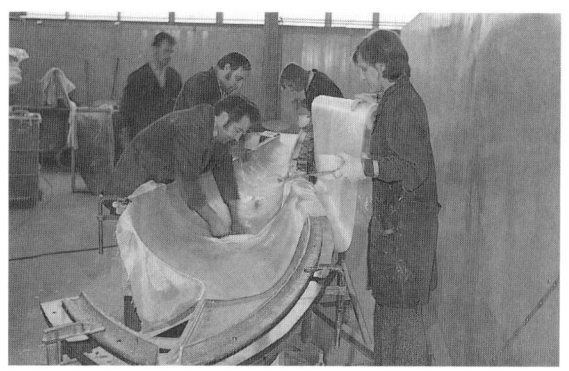

schiedliche Materialien in Schichten miteinander verklebt. Bei der Verarbeitung mit den zunächst flüssigen Kunststoffen sind hierzu Formen notwendig, die mit äußerster Genauigkeit hergestellt werden müssen. Als erstes wird ein Trennmittel aufgebracht, um ein Verkleben der Form mit der zuerst eingespritzten Lackschicht zu vermeiden. Auf den (meist weißen) Lack wird die faserverstärkte Außenhaut aus Kunststoff aufgetragen. Es folgt der sogenannte Stützstoff (beim »Phönix« Balsaholz), und die innere Lage bildet wieder eine GFK-Schicht. Dieser »Sandwich« benötigt nach seiner Austrocknung nur wenige Abstützungen in Form von Stegen oder Rippen.

Bevor die neue Arbeitsmethode erprobt und verfeinert werden konnte, waren zahlreiche Festigkeitsuntersuchungen mit verschiedenen Kunststoff-Glasfaser-Balsaholz-Kombinationen erforderlich, um Berechnungsunterlagen zu gewinnen. Dabei bestätigte sich die Erwartung, daß die neue Bauweise nicht nur eine optimale Oberflächengüte, sondern auch eine Reihe weiterer Vorteile für den Segelflugzeugbau mit sich bringen werde: Der flüssige Kunststoff, der erst durch Zusatz eines Härters fest, unlöslich und unschmelzbar wird, läßt sich in jede gewünschte Form bringen. Dabei können die Schichten so stark aufgetragen und die Glasfaserstränge (Rovings) bzw. -gewebe so eingelegt werden, wie es den jeweiligen Festigkeitsanforderungen entspricht. Bei der fs-24 wurde durch diese Bauweise eine wesentliche Gewichtsersparnis gegenüber einem vergleichbaren Holzbau erreicht. Beim Prototyp bestand die Außenhaut aus glasfaserverstärktem Polyesterharz; später wurde (wie heute noch bei der Kunststoffbauweise) Epoxydharz verwendet.

So einfach beispielsweise ein GFK-Flügel aussieht, so aufwendig ist seine Herstellung. Beim »Phönix« wurden dafür zunächst form- und maßgenaue Positivkerne aus Holz hergestellt, von denen die ebenfalls aus Holz bestehenden Formulden abgenommen und noch einmal genauestens nachgearbeitet wurden. Vier davon waren erforderlich, je eine für die Ober- und Unterschale jeweils beim rechten und linken Flügel. Darin wurden nun die Flügelteile in der schon beschriebenen Weise von außen nach innen, also im völligen Gegensatz zum Holzbau, beginnend mit Trennmittel und Lackierung als Sandwich gefertigt. Nach Einfügung von drei Längsstegen (ein Holm war nicht vorgesehen) und jeweils 13 Rippen je Flügelhälfte sowie der Antriebsstangen für Querruder und Bremsklappe in die Oberteile konnten die jeweiligen Unterseiten aufgeklebt werden. Für die Montage der Flügelhälften am Rumpf ragten auf den Ober- und Unterseiten starke Flügelstummel heraus, in denen aus Festigkeitsgründen ein großer Teil der in den Sandwich eingebrachten Rovings bzw. Fasergewebe zusammengefaßt war. Der erforderliche Festigkeitsnachweis für den Flügel wurde in Zusammenarbeit mit der Firma Bölkow-Entwicklungen KG in einer umfassenden Belastungsprüfung erbracht.

Auch für den Rumpf formte man zunächst einen positiven Innenkern, um den herum der eigentliche Rumpf aus GFK und Balsaholz als Stützstoff aufgebaut wurde. Die so entstandene Rumpfschale wurde in der Horizontalen auf-

fs-24 »Phönix«-Prototyp von *Eppler* und *Nägele* vor der Teck.

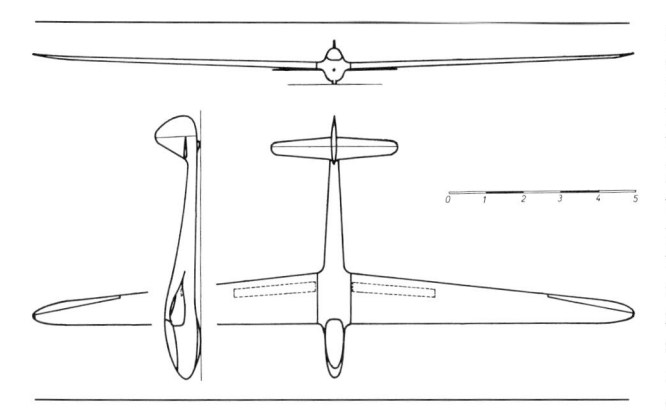

fs-24 »Phönix« – das erste Kunststoff-Flugzeug.

geschnitten, abgenommen und nach Einbau der Steuerungsteile wieder zusammengeklebt.
Durch diese vor allem von *Nägele* in Verbindung mit der Akaflieg Stuttgart entwickelte Bauweise, nach der im Prinzip noch heute gearbeitet wird, gewann der »Phönix« seine Bedeutung als Stammvater der modernen Kunststoff-Segelflugzeuge – wie einst der »Vampyr« für die Holzkonstruktionen. In der Weiterentwicklung wurde zwar im einzelnen manches verbessert, doch dieser glatte weiße Vogel »Phönix«, der dreißig Jahre später seinen Ehrenplatz im Deutschen Museum fand, wies den Weg in einen neuen Abschnitt der Segelflugzeugentwicklung. Die Flugleistungen nahmen nun geradezu sprunghaft zu und führten zu Werten, auf die vorher selbst Fachleute kaum zu hoffen wagten. Sogar ein *Fritz Stamer* hatte beim Stand der Entwicklung im Jahre 1939 noch erklärt, daß das Segelflugzeug »wohl nur unwesentlich weiterentwickelt werden« könne.
Den ersten Flug des »Phönix« unternahm der Konstrukteur und Erbauer *Hermann Nägele* selbst – am 27. November 1957. Mit den dabei schon beobachteten Flugleistungen konnte er zufrieden sein, obgleich die Querruderwirkung zu wünschen übrig ließ.
Bei einer Spannweite von 16 m hatte der »Phönix« eine Flügelstreckung von 17,83 – im Vergleich zu anderen Leistungssegelflugzeugen seiner Zeit war sie nicht sehr hoch. Auch die Flächenbelastung lag mit 18,50 kg/m² (Rüstmasse 124,2 kg, Flugmasse 265 kg) unter dem Durchschnitt. *Eppler* und *Nägele* waren davon ausgegangen, daß das Flugzeug auch für schwache Thermik geeignet sein solle, damit bei den damals noch überwiegenden freien Streckenflügen auch noch die Abendthermik ausgenutzt werden könne. Heute, im Zeitalter der Dreieck- und Zielrückkehrflüge, kommt es dagegen mehr auf Geschwindigkeit an, und die läßt sich ohnehin nur in der Tageszeit der besten Thermik erfliegen. Infolge der »Langsamflugkonzeption« (Schnellflug war in begrenztem Rahmen trotzdem möglich) erreichte die fs-24 eine erstaunlich günstige Sinkgeschwindigkeit: 0,51 m/s bei 69,2 km/h. Recht gut war auch die Gleitzahl des ersten Kunststoffsegelflugzeugs der Welt: 37–40 um 80 km/h. Als Landehilfe besaß es Spreizklappen auf der Flügelunterseite. Wegen seiner guten Flugleistungen blieb der »Phönix« kein Einzelstück. Mit geringen Änderungen, so einem T-Leitwerk, wurden bis 1961 bei Bölkow insgesamt acht Exemplare gebaut. Einige davon fliegen noch heute, ein Beweis für die erstaunliche Dauerhaftigkeit des Kunststoffs, der seine Festigkeit, aber auch seine Oberflächenglätte jahrzehntelang behalten hat. Ein »Phönix«-T im Segelflugmuseum auf der Wasserkuppe sieht noch heute fast wie neu aus. Auch Wettbewerbserfolge und Weltrekorde blieben bei diesem Muster nicht aus. So gewann *Rudolf Lindner* mit dem »Phönix« 1962 in Freiburg die Deutsche Meisterschaft. Im Jahr darauf war er einer von den drei Segelfliegern (dem »schwäbischen Trio«), die mit mehr als 875 km (bis zur Atlantikküste) einen neuen Streckenweltrekord aufstellten. Ebenfalls mit einem »Phönix« schaffte *Emil Bucher* am selben Tag mit 614 km (Hornberg–Chartres) einen neuen Zielflugrekord.

»Phoebus«

Die in mehreren Jahren gewonnenen Erfahrungen mit dem »Phönix« wurden 1963/64 bei der Konstruktion eines Leistungssegelflugzeugs für die Standardklasse berücksichtigt. *Hermann Nägele* und *Richard Eppler* hatten sich mit dem »Phönix«-erfahrenen *Rudolf Lindner* zu der »Entwicklungsgemeinschaft Sport- und Segelflug« zusammengeschlossen und brachten ihre Ideen in das Projekt ein. Als Standardklasseflugzeug hatte es 15 m Spannweite und ein fest eingebautes Rad. Den gewandelten Ansprüchen der Segelflieger folgend, wurde jetzt unter Verzicht auf extreme Langsam- und Kreisflugeigenschaften größerer Wert auf den Schnellflug gelegt. *Dr. Eppler* hatte hierzu das Profil E 403 entwickelt. Auch die mit 26,5 kg/m² erheblich höhere Flächenbelastung als beim »Phönix« (18,3 kg/m²) diente diesem Ziel. Der Festigkeitsgewinn gestattete eine zulässige Maximalgeschwindigkeit von 200 km/h bei böigem Wetter statt der bisherigen 180 km/h bei ruhiger Luft. Doppelseitige Schempp-Hirth-Bremsklappen aus Leichtmetall traten an die Stelle der unteren Spreizklappen beim »Phönix«. Eine Reihe weiterer Verbesserungen wie die Vergrößerung der Kabine, gabelartige Flügelverbindungen, Schnellverschlüsse für die Montageverbindungen, Halterungen für Einbauten usw. dienten der Sicherheit und der bequemeren Handhabung.
Nach dem Erstflug 1964 und weiterer intensiver Erprobung übernahm wieder die Firma Bölkow 1966 die Serienfertigung im Werk Laupheim. Dem Muster A 1 folgte sehr bald eine B-1-Version mit Einziehfahrwerk und schließlich 1967

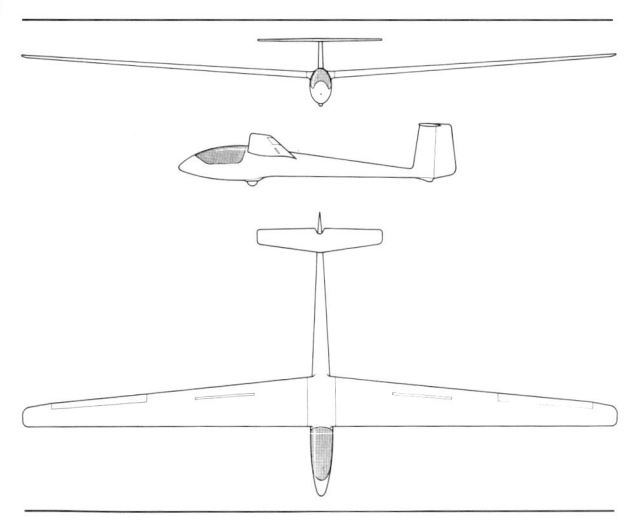

Der »Phoebus« als Weiterentwicklung der fs-24.

für die Offene Klasse der »Phoebus« C 1 mit 17 m Spannweite, Wasserballasttank, Bremsschirm und ebenfalls einziehbarem Fahrwerk. Er erreichte eine Gleitzahl um 40 bei 90 km/h und die günstigste Sinkgeschwindigkeit von 0,55 m/s bei 80 km/h.

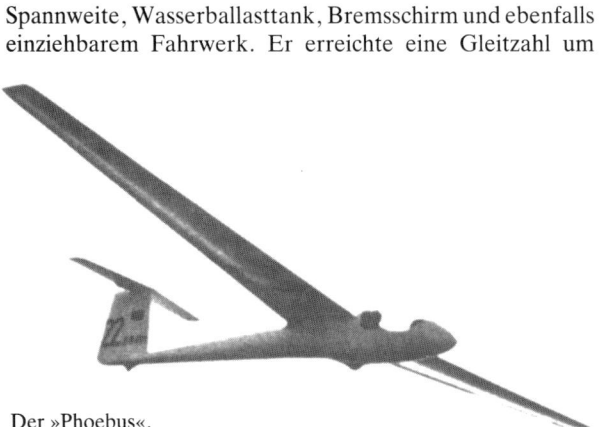

Bis 1970 wurden 254 Exemplare des »Phoebus« gebaut, davon allein 133 in der C-Ausführung. Mit seinem hohen Exportanteil war der »Phoebus« weltweit erfolgreich – sein Name, ein Beiname des griechischen Lichtgottes Apoll, war für ihn ein gutes Omen.

Rudolf Lindner wurde 1966 auf der A 1 Deutscher Meister der Standardklasse. Weitere Wettbewerbssiege folgten, auch von ausländischen Piloten in allen Erdteilen.

Im In- und Ausland wird der »Phoebus«, von dem noch viele Exemplare zugelassen sind, nach wie vor gern geflogen.

In seiner äußeren Form und in seinem Flugbild entspricht dieses frühe GFK-Segelflugzeug noch weitgehend dem Endstand der Holzflugzeuge zu jener Zeit, obgleich Laminarprofil und die völlig glatte Kunststoff-Oberfläche bereits eine deutliche Leistungssteigerung bewirkten. Die rechnerische Gleitzahl 40 ist wohl nie unter realen Bedingungen nachgewiesen worden.

Der »Phoebus«.

»Ventus 2 cT«,

hier aufgeführt als Beispiel für die permanente Weiterentwicklung, dürfte hingegen mit ihrer etwa gleichen Spannweite wie der »Phoebus« die Gleitzahl 40 deutlich übertreffen (das T steht für Turbo, ein Klapp-Hilfstriebwerk nach *Professor Claus Oehler* als »Heimweghilfe«, um eine Außenlandung zu vermeiden (siehe Seite 152). Der Flügel weist eine mehrfache Rückpfeilung der Vorderkante auf und beim 18-m-Außenflügel (es gibt auch eine 15-m-Version) doppelt aufgebogene Flügelspitzen, die dem Flugzeug besonders günstige Kurbel- und Langsamflugeigenschaften verleihen. Mit seiner Flügelstreckung von 29,5 und seiner Profildicke von nur 13,1% weist es schon den Weg zu den späteren »Super-Orchideen«. Das Farbfoto auf dem Umschlag zeigt das seit Jahren beliebte Flugzeug.

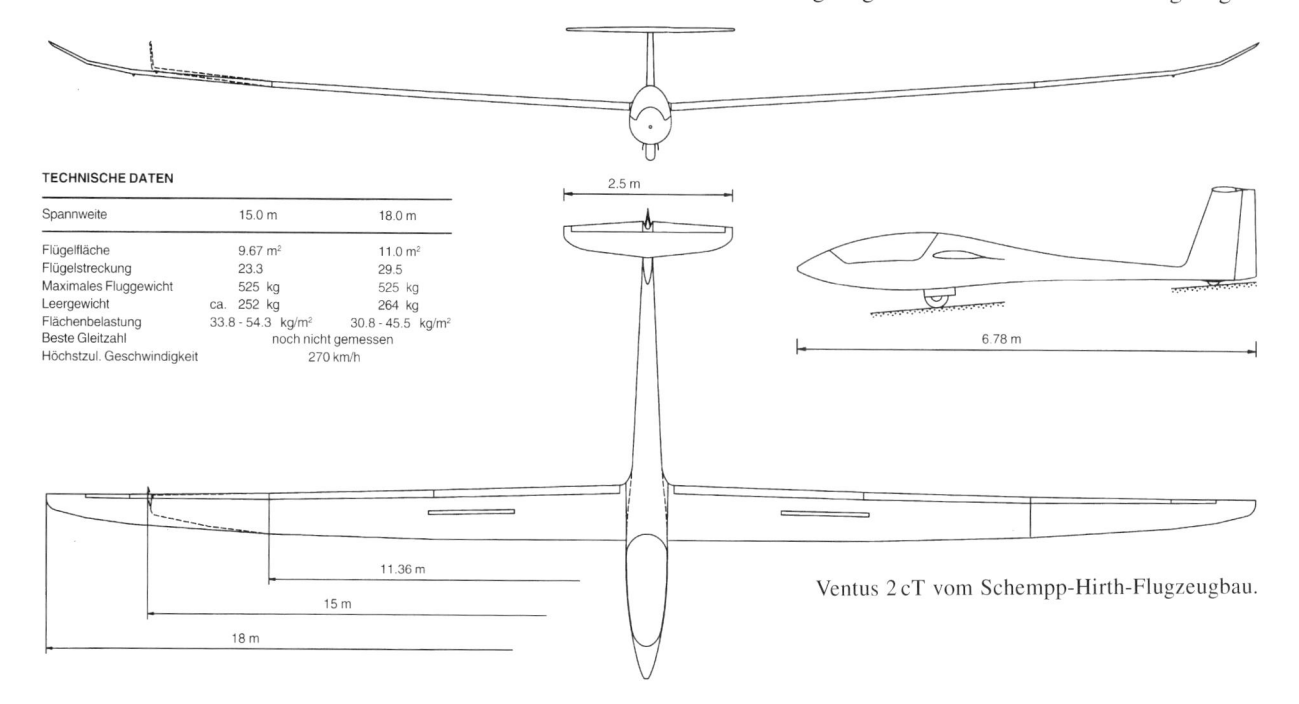

TECHNISCHE DATEN

Spannweite	15.0 m	18.0 m
Flügelfläche	9.67 m²	11.0 m²
Flügelstreckung	23.3	29.5
Maximales Fluggewicht	525 kg	525 kg
Leergewicht	ca. 252 kg	264 kg
Flächenbelastung	33.8 - 54.3 kg/m²	30.8 - 45.5 kg/m²
Beste Gleitzahl	noch nicht gemessen	
Höchstzul. Geschwindigkeit	270 km/h	

Ventus 2 cT vom Schempp-Hirth-Flugzeugbau.

Meilensteine und Leitlinien im Kunststoffzeitalter

> Trifles make perfection, but perfection is no trifle.
> (Kleinigkeiten bewirken Vollkommenheit, aber Vollkommenheit ist keine Kleinigkeit)

In der Geschichte der Luftfahrttechnik überrascht immer wieder, wie schnell aus neuen Forschungsergebnissen und Erkenntnissen erwachsene Konstruktionen einen hohen, bereits annähernd perfekten Stand erreichen. Von dort aus sind nur noch langsame Fortschritte in Form bautechnischer Verfeinerungen und aerodynamischer Optimierung möglich – bis eines Tages wieder eine neue Erkenntnis- und Ideenkette den gewohnten Rahmen sprengt. Besonders deutlich wird das in der Evolution der Segelflugzeuge, in der beispielsweise schon zwei Jahre nach dem wegweisenden »Vampyr« mit dem Darmstädter »Konsul« die für viele Jahrzehnte gültige Grundform und Auslegung gefunden war.

In dem »Kunststoffzeitalter«, das mit dem (teilweise noch überholten Zielsetzungen verhafteten) »Phönix« begonnen hatte, waren die BS 1 von *Björn Stender* und die D-36 V 1 »Circe« der Darmstädter Akaflieger *Gerhard Waibel, Wolf Lemke, Heiko Frieß* und *Klaus Holighaus* die nächsten Schritte – und mit beiden nahezu gleichzeitigen Konstruktionen war die seitdem gültige Grundform und Auslegung der Kunststoffsegelflugzeuge gefunden.

Björn Stender (1934–1963), einer der begabtesten jungen Konstrukteure, kam bei der Flugerprobung seiner BS 1, des damals unbestritten leistungsfähigsten Segelflugzeuges, ums Leben.

Björn Stender (1934–1963) und seine BS 1

Von klein auf war *Björn Stender* der Fliegerei verbunden, denn sein Vater *Walter Stender* konstruierte Flugzeuge schon bei der Akaflieg Berlin (FF 1 »Volksflugzeug«), später bei Blohm & Voss und bei Dornier. Nach Erfolgen im Flugmodellbau war es für ihn selbstverständlich, neben seinen vielfältigen künstlerischen Begabungen seine Luftfahrtbegeisterung zur Grundlage seines Lebensberufes zu machen: Er studierte Flugzeugbau an der Technischen Hochschule Braunschweig. Als Mitglied der dortigen Akaflieg beendete er seine fliegerische Ausbildung und arbeitete mit großem Eifer an der SB 5 mit, einer noch konventionellen Holzkonstruktion mit V-Leitwerk. Bei den Weltmeisterschaften 1958 in Leszno (Polen), wo er eine Rückholmannschaft anführte, sah er die damals modernsten Segelflugzeugkonstruktionen, und in den Vorträgen der OSTIV hörte er von den neuesten wissenschaftlichen und technischen Forschungsergebnissen. Die Kunststoffbauweise lernte er bei einem Besuch der »Phönix«-Fertigung im Werk Nabern kennen. Mit den inzwischen erworbenen Kenntnissen leitete er ab 1960 die Konstruktion und den Bau des ersten Kunststoffsegelflugzeugs der Akaflieg Braunschweig, der SB-6. In der Auslegung und vor allem in der Rumpfform zeigte sie bereits deutlich seine Handschrift. Bei 18 m Spannweite hatte das Flugzeug, dessen Erstflug bereits im Februar 1961 stattfand, eine Streckung von 25. Mit seinem Eppler-Profil STE 871-514 erreichte es die beste Gleitzahl von 39 bei 90 km/h und ein günstigstes Sinken von 0,62 m/s bei 88 km/h bei einer Flächenbelastung von 27,8 kg/m^2. Sein Studium beendete *Stender* 1962 mit einer Diplomarbeit über das Thema »Aerodynamische Berechnung von elastischen Hinterkanten für Tragflügelprofile". Die gewonnenen Erfahrungen wollte er als Hersteller eigener Leistungssegelflugzeuge nutzen. Da es an Geld fehlte, entstand seine BS 1 in einer sparsam ausgestatteten Werkstatt, die er sich in einem alten Bauernhaus bei Nürtingen eingerichtet hatte. Das Flugzeug war von *Heli Lasch,* einem nach Südafrika ausgewanderten deutschen Segelflieger, bestellt worden. Knapp ein halbes Jahr nach dem ersten Entwurf war die BS 1 im Dezember 1962 fertig zum Erstflug, der alle Beteiligten begeisterte. Eine zweite BS 1 wurde sofort von *Hans Böttcher* bestellt; sie war im September 1963 fertig. Bei einem Erprobungsflug am 4. Oktober, bei dem *Björn Stender* noch einmal die Langsam- und Schnellflugeigenschaften überprüfen wollte, brach bei einer Geschwindigkeit von über 300 km/h die rechte Tragfläche. *Björn Stender* sprang ab, doch sein Fallschirm öffnete sich nicht. Der erst 29jährige Konstrukteur, sicherlich einer der begabtesten seiner Generation, fand beim Aufprall den Tod.

Eine Glasflügel-BS 1 im Wettbewerb.

Für die BS 1 lagen damals bereits 16 Bestellungen vor. *Eugen Hänle* übernahm in seiner Firma »Glasflügel« den Weiterbau, der wegen unzulänglicher Unterlagen jedoch erst nach einer Neukonstruktion, bei der die äußere Form unverändert blieb, möglich war. Unter Beibehaltung des Bremsschirms, der einzigen Landehilfe bei den Prototypen, rüstete *Hänle* seine BS 1 mit den Bremsklappen der bewährten, bei ihm hergestellten »Libelle« aus. Eine »Glasflügel«-BS 1 flog erst fast 4 Jahre nach *Björn Stenders* Absturz im Mai 1966 – und war mit ihren Leistungen und Eigenschaften immer noch Spitzenklasse. Insgesamt wurden 18 BS 1 gebaut. Auf Wettbewerben flogen sie bis in die siebziger Jahre hinein von Erfolg zu Erfolg. Wichtiger aber war, daß die BS 1 in ihrer Auslegung und ihren Maßen zum Vorbild für viele andere Konstruktionen wurde.

Bei einer Spannweite von 18 m und einer Flügelstreckung von 22,8 hatte das Flugzeug eine Flächenbelastung von 32,40 kg/m². Mit dem Eppler-Profil 348 K erreichte es eine beste Gleitzahl von 44 bei 91 km/h und ein geringstes Sinken von 0,56 m/s bei 83 km/h. (Die Angaben stammen von einer Flugleistungsmessung der DFVLR im Sommer 1967).

Die Akaflieg Darmstadt und ihre D 36 »Circe«

Das GFK-Leistungssegelflugzeug D 36 »Circe« erreichte damals (als einziges neben der BS 1) ebenfalls die Gleitzahl 44. Sein Vorläufer war die D 34, das erste Nachkriegsflugzeug der Akaflieg Darmstadt. Von 1955 an waren vier Versionen gleicher Auslegung und Größe (12,65 m Spann-

Die D 34 mit *Gerhard Waibel*, *Heiko Frieß* und *Wolf Lemke*.

In diesem im Krieg schwer beschädigten Gebäude in Darmstadt wurde die D 36 von den Darmstädter Studenten und *Meister Hinz* in monatelanger Arbeit gebaut.

Auf dem benachbarten Opernplatz wurde die D 36 erstmals montiert.

weite, Flügelstreckung 17,5, Profil NACA 64_4-621) davon fertiggestellt worden, mit denen neue, laminarprofilgeeignete Bauweisen erprobt wurden. Die erste, D 34 a, hatte noch einen Sperrholzflügel, der als Besonderheit eine Füllung aus Schaumstoff aufwies, um Unebenheiten der Oberfläche zu vermeiden. Die letzte, D 34 d, besaß dagegen bereits einen einteiligen Kunststoff-Flügel: eine holmlose GFK-Schale, die durch Papierwaben gestützt war. Der Rumpf wies noch die konventionelle Holzbauweise auf. Eine von den Darmstädter Akafliegern erst kürzlich hervorragend restaurierte D 34 c befindet sich im Segelflugmuseum auf der Wasserkuppe.

Unter Berücksichtigung der relativ geringen Spannweite waren die Flugleistungen vor allem der d-Ausführung gut: bestes Gleiten 31,5 bei 84 km/h, geringstes Sinken 0,69 m/s bei 73 km/h. Die damit und mit der Braunschweiger SB 6 gemachten Erfahrungen wurden 1962 bei der Nachfolgekonstruktion D 36 berücksichtigt. Als Forschungs- und Leistungssegelflugzeug wies es in Formgebung und Konstruktion einige Besonderheiten auf, die wesentlichen Einfluß auf die weitere Entwicklung der Kunststoff-Leistungssegelflugzeuge ausübten. So besaß es eine sehr lange, voll eingestrakte Haube, deren Vorderteil fest mit dem Rumpf verbunden und aus Gründen der Laminarhaltung an den

Die D 36 bei den Deutschen Meisterschaften 1964 in Roth bei Nürnberg.

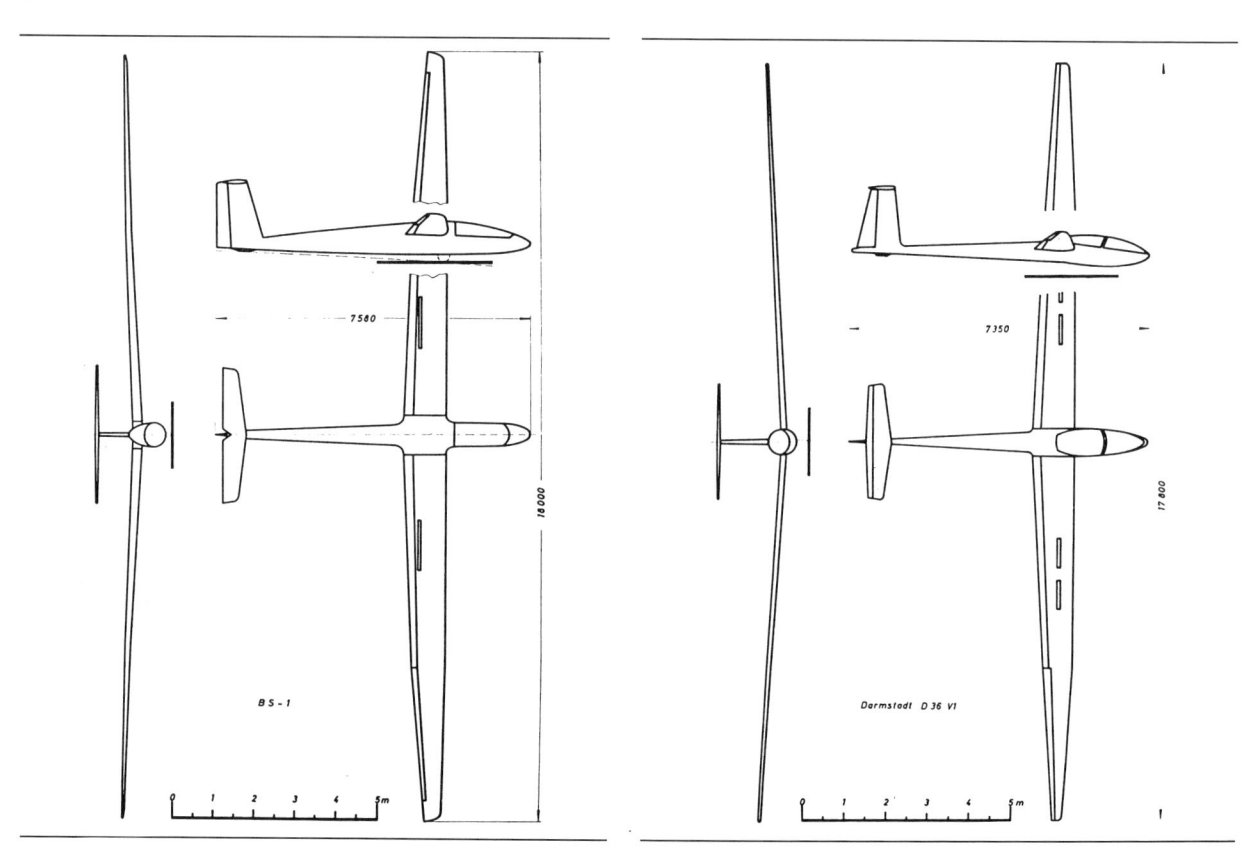

Die BS 1 wurde zum Vorbild für die erste Generation von Leistungssegelflugzeugen in Kunststoffbauweise.

Darmstadt D 36 V 1.

Kanten sorgfältig verspachtelt war. Im Gegensatz zu der bisher vorherrschenden gleichmäßig verjüngten Tropfenform (wie noch bei der BS 1) war der »Circe«-Rumpf hinter dem Flügelbereich zur Widerstandsverringerung entsprechend den Forschungsergebnissen von *Professor Wortmann* deutlich eingeschnürt. Von ihm stammte auch das speziell für die D 36 errechnete und vermessene Profil FX 62-K-131. Es bewährte sich so gut, daß es auch bei späteren Leistungssegelflugzeugen wie der ASW 12, der ASW 17 und der ASW 20 (»Leitlinie Waibel«) sowie den Braunschweiger Konstruktionen SB 8, SB 9 und SB 10 verwendet wurde. Selbst die Steuerungs- und Klappenantriebselemente der D 36 fanden sich in späteren Serienflugzeugen wieder. Das ist allerdings schon deshalb nicht verwunderlich, weil drei der Studenten, die als Mitglieder der Akaflieg Darmstadt an Konstruktion und Bau der D 36 beteiligt waren, nach ihrem Diplom als Ingenieure bei deutschen Herstellern weiterhin im Segelflugzeugbau tätig waren: *Gerhard Waibel,* von dem der Rumpf und die Leitwerke der D 36 stammten, führte beim Segelflugzeugbau Schleicher in Poppenhausen die Kunststoffbauweise ein. *Wolf Lemke,* der den D-36-Flügel entworfen hatte, begann bei *Walter Schneider* in Egelsbach mit der Konstruktion der LS-Muster. *Klaus Holighaus* schließlich, der als jüngeres Semester erst später zum Team hinzugestoßen war und die Leitwerke der D 36 nach Flattererscheinungen bei der Flugerprobung neu konstruiert hatte, ging zu Schempp-Hirth nach Kirchheim und entwickelte dort eine lange Reihe von Segelflugzeugen, die ebenso berühmt wurden wie die seiner ehemaligen Kommilitonen. Ein vierter, *Heiko Frieß,* von dem die Bremsklappen stammten, wechselte nach seinem Diplom zunächst zur Prüfstelle für Luftfahrzeuge, später zum LBA (Luftfahrt-Bundesamt) über. Bezeichnend ist, daß alle aus dem Konstruktionsteam begeisterte Segelflieger waren – und sind. *Wolf Lemke* flog die »Circe« im März 1964 in Gelnhausen ein, und schon im Mai 1964 wurde *Gerhard Waibel* mit »seinem« Flugzeug bei den Deutschen Segelflugmeisterschaften in Roth überlegener Sieger in der Offenen Klasse. *Klaus Holighaus* war bis zu seinem tragischen Unfalltod am 9. August 1994 mit eigenen Konstruktionen bei Wettbewerben und auf Weltmeisterschaften mindestens in der Spitzengruppe vertreten. Auch einige weitere sind selbst Piloten. Begeisterung für den Segelflug hat ihren beruflichen Lebensweg geprägt. Sie ist zugleich ein wesentliches Motiv, die Evolution ihrer Lieblingskinder immer weiterzutreiben.

Diese Begeisterung war auch den Urhebern der D 36 »Circe« anzumerken und blieb noch bei den Nachfolgemustern, die sie bei verschiedenen Herstellern verwirklichten, spürbar. Ihre fruchtbare Konkurrenz untereinander hat die Entwicklung gerade im deutschen Segelflugzeugbau wesentlich gefördert. Es sollte nicht mehr lange dauern, bis er unbestritten führend in der Welt war.

Die D 36 war der Anfang. Bei einer Spannweite von 17,80 m und einer Flügelstreckung von 24,8 hatte das Flugzeug eine Flächenbelastung von 32 kg/m². Auch seine Leistungen sind von der DFVLR genau vermessen worden: beste Gleitzahl 44 bei 87 km/h, bestes Sinken 0,53 m/s bei 82 km/h.

Prof. Dr.-Ing. Franz Xaver Wortmann.

Professor Dr.-Ing. Franz Xaver Wortmann (1921–1985)

Die Laminarprofile und Forschungsarbeiten von *Professor Wortmann* zur Verringerung des Luftwiderstandes bei Segelflugzeugen wurden schon mehrfach erwähnt. Ohne sie wäre die Entwicklung gerade der Kunststoffsegelflugzeuge in Deutschland nicht so schnell so erfolgreich verlaufen.
Wortmann war im Zweiten Weltkrieg Flugzeugführer und Beobachter. Sein Ingenieurstudium in Münster und Stuttgart schloß er 1950 mit dem Diplom ab. 1955 promovierte er mit einem »Beitrag zum Entwurf von Laminarprofilen für Segelflugzeuge und Hubschrauber«. 1960 wurde er Dozent, 1964 Wissenschaftlicher Rat, 1968 schließlich Professor an der Universität Stuttgart, wo auch *Dr. Richard Eppler* einen Lehrstuhl innehatte. 1970 erhielt *Wortmann* die OSTIV-Plakette mit Klemperer Award »in Anerkennung seiner bedeutenden wissenschaftlichen Beiträge zum Segelflug«.
Zusammen mit *Dipl.-Phys. Dieter Althaus* entwickelte er 1962 den Stuttgarter Laminar-Windkanal, in dem zahlreiche von ihm errechnete und entworfene FX-Profile (für Tragflügel und Leitwerke mit und ohne Klappen) gemessen und verbessert wurden. Beide Forscher gaben 1972 den von der Fachwelt lange erwarteten »Stuttgarter Profilkatalog I« als internen Bericht heraus. 1981 erschien er im Buchhandel.
Wortmanns Forschungen erstreckten sich auch auf die Gestaltung der Tragflügel (Umriß, Schränkung, Zuspitzung usw.) und widerstandsarmer Rümpfe sowie auf die Laminarhaltung der Grenzschicht und weitere Möglichkeiten der

Leistungssteigerung von Segelflugzeugen. Altbekanntes hat er neu durchdacht und dazu viel Neues veröffentlicht.

Ein Pluspunkt war es schon, wenn ein Konstrukteur von dem von ihm verwendeten Profil sagen konnte: »Das hat mir F. X. empfohlen!«

So haben beispielsweise verschiedene Versionen der beliebten Glasfügel »Libelle« und »Kestrel« Wortmannprofile, ebenso viele Konstruktionen von *Waibel* bei Schleicher, *Lemke* bei Schneider, *Holighaus* bei Schempp-Hirth sowie Forschungssegelflugzeuge der verschiedenen Akafliegs. Erst seit den achtziger Jahren setzten sich HQ-Profile durch (siehe die Seiten 146, 155, 156, 216).

Die Leitlinie »ASW«

Zu Anfang der sechziger Jahre setzten zunächst nur wenige Hersteller auf die noch in der Entwicklung befindliche Kunststoffbauweise. Zu denen, die nicht daran zweifelten, daß sie schon sehr bald industriell verwertbar sein werde, gehörten außer *Björn Stender* auch die Firmen Glasflügel, Schempp-Hirth, Bölkow und Schleicher. Die traditionsreiche Firma in Poppenhausen am Fuß der Wasserkuppe, schon 1927 vom Senior *Alexander Schleicher* aus einer Tischlerei gegründet, sicherte sich 1964 die Mitarbeit des *Dipl.-Ing. Gerhard Waibel* (geb. 1938), der in Darmstadt gerade sein Studium beendet hatte, aber schon mit der D 34 und vor allem der D 36 ausreichend Erfahrungen mit der Kunststoffbauweise und ihren Möglichkeiten gesammelt hatte.

AS (Alexander Schleicher) war die Benennung der Eigenentwicklungen der Firma. Das dazugefügte K oder Ka deutete auf die leitende Mitarbeit von *Rudolf Kaiser,* das W von nun an auf *Gerhard Waibel* hin, das spätere H auf *Martin Heide.*

ASW 12

Waibels erste Konstruktion bei Schleicher sollte gleich ein Hochleistungssegelflugzeug sein. Da lag es nahe, die erfolgreiche D 36 so weiterzuentwickeln, daß sie möglichst unter Leistungsanhebung für den Serienbau geeignet war. Mit der ASW 12 ist das vollauf gelungen. Der Rumpf weist die gleiche Grundform wie die D 36 auf, ist aber noch schmaler, und die voll eingestrakte Haube überragt ihn nicht. Der Pilot hat dadurch eine fast liegende Position. Ein pilzförmiges Instrumentenbrett in der Mitte läßt auch für lange Beine ausreichend Platz. Das auffallend große Rad, dessen Gabel das Flugzeug am Boden hochbeinig erscheinen läßt, ist voll einziehbar. Unterschiede zur D 36 weist auch der Tragflügel auf: Die Spannweite ist um 0,5 m auf 18,30 m vergrößert, die Streckung damit geringfügig auf 25,8 erhöht. Gewählt wurde das gleiche Profil (FX 62-K-131), allerdings etwas aufgedickt. Die gesamte Flügelhinterkante ist beweglich – ein Drittel Querruder, zwei Drittel Wölbklappen, die in sieben verschiedenen Winkeln gerastet werden können. Die Querruder passen sich den jeweiligen Stellungen an, wodurch die Rollwendigkeit erhöht wird. Bremsklappen sind nicht vorgesehen; als Landehilfe dient ein Bremsschirm im Rumpfende, der nicht variiert werden kann. Dadurch gab es bei schwierigen Landungen Probleme, die durch den Einbau eines zweiten, unabhängig vom ersten auslösbaren Schirms weitgehend gelöst werden konnten.

Das gesamte Flugzeug besteht aus GFK-Balsa-Schalen in Sandwichbauweise. Der Flügel ist zweiteilig und besitzt einen Holm mit GFK-Rovings als Ober- und Untergurte.

Die Flugleistungen entsprachen den Erwartungen: Gleitzahl 46 bei 100 km/h (Flächenbelastung 33 kg/m^2), günstigstes Sinken 0,57 m/s bei 90 km/h (Idaflieg-Messung). Und entsprechend waren die Erfolge, obgleich nur 15 Exemplare der ASW 12 gebaut wurden. Herausragend ist der heute

Die ASW 12 im Landeanflug. Charakteristisch ist das große Fahrwerk.

Gerhard Waibel in seiner ASW 15 (1974).

noch bestehende Weltrekord in der Sparte »Strecke in gerader Linie« durch *Hans Werner Große:* Am 25. April 1972 flog er mit einer ASW 12 (in der für ihn hergestellten Sonderausführung mit 19 m Spannweite) in knapp 12 Stunden von Lübeck nach Biarritz: 1460,8 km!

ASW 15

So gering die Stückzahl bei der ASW 12 blieb, so groß wurde sie bei der ASW 15, die statt der Offenen der Standardklasse entsprach. Nach den Erfolgen des »Phoebus«, der bei Bölkow im Werk Laupheim gebaut wurde, und einiger anderer GFK-Standard-Segelflugzeuge mußte auch Schleicher, der zunächst noch auf die Ka 6 E gesetzt hatte, nachziehen. *Waibel* entwarf 1967 die ASW 15 und leitete den Bau des Prototyps, der am 20. April 1968 seinen Erstflug absolvieren konnte – über der Wasserkuppe. Er war in derselben Bauweise wie die ASW 12 (GFK-Balsa-Sandwich unter Verwendung von Epoxydharz) hergestellt worden, aber nicht in Formen, sondern positiv. Vom Prototyp wurden nun erst die Formen für den Serienbau abgenommen. Das Flugzeug, das noch heute weit verbreitet ist, wirkt wegen der geringeren Spannweite gedrungener als die ASW 12, der im Flügelbereich eingeschnürte Rumpf fast keulenartig. Das Fahrwerk ist bei der Serienausführung einziehbar, aber vergleichsweise niedrig. Als Landehilfe besitzt die ASW 15 Schempp-Hirth-Bremsklappen auf der Ober- und Unterseite. Die Spannweite beträgt 15 m, die Flügelstreckung 20,5, die Flächenbelastung 28 kg/m². *Waibel* modifizierte sein Flugzeug mehrfach, zuletzt zur ASW 15 B, die mit Wasserballasttanks ausgerüstet und etwas schwerer war als die erste Serienausführung. Bei gleicher Profilierung (innen FX 61-163, außen FX 60-126) blieben die Leistungen bis auf eine geringe Erhöhung der Sinkgeschwindigkeit bei der B-Ausführung annähernd gleich: beste Gleitzahl 36,5 bei 90 km/h, günstigstes Sinken 0,58 m/s bei 70 km/h, bei der ASW 15 B 0,63 m/s bei 73 km/h. Von dem Flugzeug wurden bis 1976 insgesamt 453 Exemplare gebaut und ein beträchtlicher Teil davon exportiert. 1977 trat die ASW 19 an seine Stelle. Die bemerkenswerteste Rekordleistung mit der ASW 15 war ein Zielrückkehrflug von *Karl Striedieck* in den USA (entlang der Alleghany-Gebirgskette) mit 1098 km. Sie erzielte aber auch auf Wettbewerben mit dem Konstrukteur sowie *Hans Werner Große* einige Erfolge.

ASW 17

Mit 20 m Spannweite bei gleichem FX(Wortmann)-Profil ist die ASW 17 1970/71 die Weiterentwicklung der ASW 12 – entsprechend den ständig steigenden Anforderungen der Spitzenpiloten. Der Flügel mit einer Streckung von 27 ist vierteilig aufgebaut, wobei die Außenflügelteile mit 2,60 m nur kurz und leicht, die Innenflügel, die den Rest der Spannweite ausmachen, mit über 100 kg jedoch sehr schwer und bei der Montage entsprechend unhandlich sind. Beim Betätigen der Wölbklappen (Ausschläge zwischen −9 bis +13 Grad) werden die Querruder mitverstellt. Bei Querruderausschlägen bewegen sich die Wölbklappen im Verhält-

Die ASW 17 – Weltrekordflugzeug für *Hans Werner Große* und *Karl Striedieck* in den siebziger und achtziger Jahren.

nis 2:1 mit. Dadurch ergibt sich eine aerodynamisch besonders günstige Wirkung.

Der Rumpf fällt durch seine vordere Spitze und die einteilige Haube auf. Er endet in einem großen Seitenleitwerk mit einem gedämpften Kreuz-Höhenleitwerk. Statt des Bremsschirms der ASW 12 hat die ASW 17 große Schempp-Hirth-Bremsklappen auf beiden Flügelseiten. Der Erstflug fand am 17. Juli 1971 auf der Wasserkuppe statt. Er bestätigte die angestrebte Leistungssteigerung bei weiterhin guten Flugeigenschaften.

Die ASW 17 hat bei einer Flächenbelastung von 38 kg/m^2 eine beste Gleitzahl von 48 und bei einer Flächenbelastung von 32 kg/m^2 ein geringstes Sinken von 0,5 m/s bei 75 km/h. Von diesem Flugzeug wurden 55 Exemplare gebaut; nur 15 davon blieben in Deutschland. Eine Spezialausführung für *Hans Werner Große* besaß einen mit hochfesten Karbonfasern und entsprechend leichter gebauten Rumpf; außerdem standen ihm zwei Flügelpaare mit unterschiedlicher Spannweite (19,1 und 21 m, später 19 und 20 m) zur Verfügung, die ihm eine Anpassung an die jeweilige Thermikwetterlage ermöglichten. Neben vielen Wettbewerbserfolgen wurden auch mehrere Weltrekorde mit der ASW 17 aufgestellt. Hierfür nur wenige Beispiele: Am 19. Mai 1976 gelang dem Amerikaner *Karl Striedieck* an den Appalachen ein Ziel-Rückkehr-Flug, auf dem er in 13$^1\!/_2$ Stunden 1635 km zurücklegte – dabei überschritt er erstmals die 1000 Meilen im Segelflug, wahrhaft eine Traumgrenze! *Hans Werner Große* erreichte am 3. Januar 1979 in Australien auf einer Strecke von 1161 km eine Durchschnittsgeschwindigkeit von 145 km/h.

Nachdem die Produktion der ASW 17 wegen der aufwendigen Herstellung 1978 ausgelaufen war, konzipierte *Waibel* Anfang der achtziger Jahre das Nachfolgemuster ASW 22, von dem bei den »Super-Orchideen« die Rede sein wird.

ASW 19

Das Nachfolgemuster der ASW 15 ist die ASW 19. Unter Beibehaltung des bewährten Flügels wird ein völlig neuer, aerodynamisch verbesserter Rumpf mit spitzer Nase und einteiliger Haube ähnlich der ASW 17 konstruiert und das

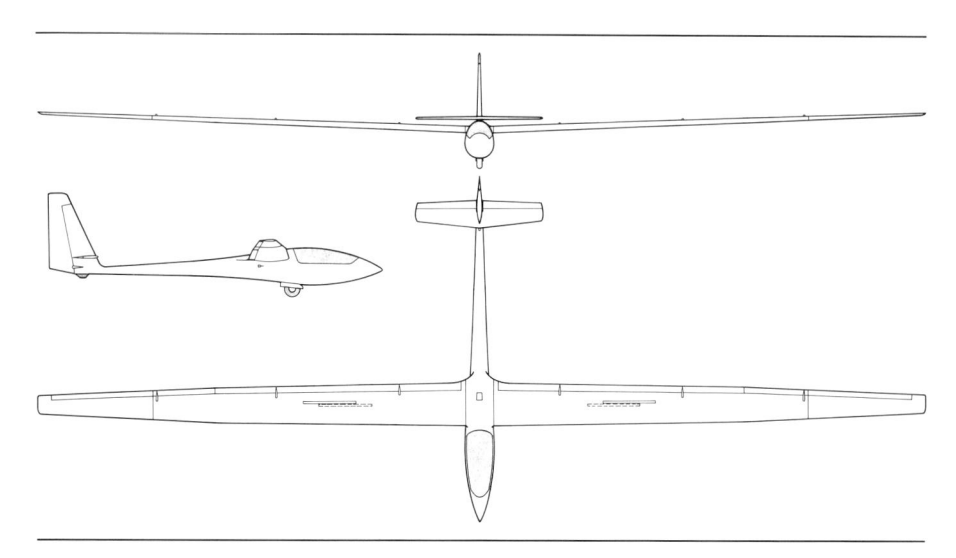

Die ASW 17 – lange Zeit eines der leistungsfähigsten Flugzeuge der Offenen Klasse.

Die ASW 19, Nachfolgemuster der ASW 15.

Flugzeug als Mitteldecker ausgelegt. Die Bremsklappen fahren nur nach oben aus. Im Flügel wird jetzt nicht mehr Balsa, sondern Hartschaum als Stützstoff verwendet. Ein gepreßter Rovingholm ergibt die nötige Festigkeit bei vereinfachter Bauweise. Der Flügel enthält einen Wassertank mit 100 l Fassungsvermögen, der über eine im Schacht des Einziehfahrwerks befindliche Öffnung entleert werden kann.

Der Prototyp wurde im November 1975 eingeflogen. Auf Anhieb übertraf er in seinen Leistungen die ASW 15 und zeigte hervorragende Flug- und Steuereigenschaften. Die Serienproduktion begann 1976 und wurde ein großer auch kommerzieller Erfolg. 1978 folgte eine B-Version mit erheblich erhöhtem Wasserballast. Bei den Weltmeisterschaften 1978 in Châteauroux (Frankreich) flogen bereits 6 von 23 Konkurrenten in der Standardklasse die ASW 19 bzw. 19 B. Der junge Niederländer *Baer Selen* wurde auf diesem Muster Weltmeister. An den Weltmeisterschaften 1981 in Paderborn nahm er mit einer interessanten Sonderausführung teil, der ASW 19 X mit Grenzschichtausblasevorrichtung, die an der Delfter Hochschule und bei der DFVLR in Braunschweig aus einem lange bekannten Prinzip entwickelt worden war. Man hatte es schon 1980 an der SB 12 erprobt. Dazu wurde ein an den Rumpfseiten entnommener Luftstrom zu winzigen Auslaßbohrungen an der Flügelober- und Unterseite geführt und zwar dort, wo die laminare in die turbulente Grenzschicht umschlägt. Dadurch, daß durch die Luftausleitung Ablöseblasen vermieden werden, ergibt sich eine nicht unbeträchtliche Widerstandsverminderung. Bei der ASW 19 X wurde die Blasluft auf der Flügelunterseite entnommen und auf der ganzen Flügelunterseite sowie vor dem Querruderspalt ausgeblasen. Bei ungünstiger Wetterlage blieb *Baer* allerdings erfolglos. Das Konkurrenzmuster LS 4 erwies sich als besser (siehe dort). Weitere Konstruktionen von *Gerhard Waibel* und anderen Mitarbeitern der Firma Alexander Schleicher, des »ältesten Segelflugzeugherstellers der Welt«, folgen in dem Abschnitt »Die Superorchideen«.

Rudolf Kaisers Kunststoff-Segelflugzeuge

Auch der Meister des Holzbaues hat sich gegen Ende der siebziger Jahre noch auf die GFK-Bauweise umgestellt. Bezeichnend für sein Wirken ist, daß es nicht teure Hochleistungssegelflugzeuge, sondern robuste, für Vereine und Schulen erschwingliche Muster mit sehr guten Flugeigenschaften sind, die er geschaffen hat. Seine »AS K 13« sollte in Verbindung mit der »Ka 8« zwar noch lange für Ausbildung und Training benutzt werden – tatsächlich herrschen beide Muster auch Anfang der neunziger Jahre noch auf vielen Segelflugplätzen vor. *Kaiser* war sich aber klar darüber, daß nach dem Siegeszug der Kunststoff-Flugzeuge im Leistungsflug auch die Schulung »auf Kunststoff« umgestellt werden müsse (wie es zur Zeit in gleitendem Übergang geschieht). Hierfür wollte er wieder ein geeignetes Flugzeugpaar schaffen.

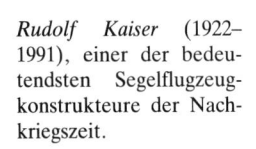

Rudolf Kaiser (1922–1991), einer der bedeutendsten Segelflugzeugkonstrukteure der Nachkriegszeit.

ASK 21 von *Rudolf Kaiser:* Rumpfbau in Serie.

AS K 21

Der Doppelsitzer erschien 1979: ein Mitteldecker von 17 m Spannweite mit einem relativ dicken Profil (Wortmann FX S 02-196 innen und FX 60-126 außen), einer Flügelstreckung von 16,1 und einer geringen Vorpfeilung. Das Profil ist zwar verschmutzungsempfindlich, gibt dem Flugzeug aber gute Flugeigenschaften, die in Verbindung mit groß dimensionierten Schempp-Hirth-Bremsklappen auch eine problemlose Landung ermöglichen. Der Rumpf wirkt recht groß, hat dafür aber ein geräumiges Cockpit für beide Insassen und bietet durch die voll eingestrakte, zweiteilige Haube gute Sicht.

Das gefederte Hauptrad in Schwerpunktnähe wird durch ein kleineres Bugrad ergänzt. Mit seiner (von der DFVLR vermessenen) Gleitzahl von 35 bei 90 km/h und einem geringsten Sinken von 0,72 m/s bei 72 km/h (beides zweisitzig, d. h. mit voller Zuladung) ist es für den Leistungsflug geeignet. Seine besondere Stärke liegt jedoch in den Bereichen Schulung, Inübunghaltung und Einweisung – auch in den Kunstflug, für den es ebenfalls zugelassen ist.

Die Reihe der zur Mittagspause abgestellten Schul- und Übungssegelflugzeuge auf der Wasserkuppe beginnt mit einer ASK 23. Dahinter eine immer noch gern geflogene Ka 8 – ebenfalls von *Rudolf Kaiser*.

Von diesem Muster, das schon im Erscheinungsjahr mit 45 Exemplaren guten Absatz fand, wurden bis 1991 rund 400 Einheiten ausgeliefert.

AS K 23

Die »Ka 8 des Kunststoffzeitalters« ist die ebenfalls von *Rudolf Kaiser* konstruierte AS K 23. Sie besitzt ähnliche Leistungen und Flugeigenschaften wie die AS K 21 und entspricht ihr auch in der Gestaltung des Cockpits, so daß der Übergang auf den Einsitzer – etwa beim ersten Alleinflug – für den Flugschüler ebenso problemlos ist wie der Übergang von der AS K 13 auf die Ka 8. Das Flugzeug von 15 m Spannweite eignet sich nicht nur für den Schulbetrieb, sondern mit seiner (DFVLR-vermessenen) Gleitzahl von 34 bei 90 km/h auch für den Leistungssegelflug im Verein. Es ist zudem für einfachen Kunstflug zugelassen.

Schempp-Hirth mit und unter Holighaus

Noch während seines Studiums an der Technischen Hochschule Darmstadt war *Klaus Holighaus* (1940-1994) als einer der Mitkonstrukteure der berühmten D 36 von der Firma Schempp-Hirth »eingekauft« worden. *Martin Schempp* war persönlich nach Darmstadt gefahren, um Kontakt mit ihm aufzunehmen. Als erstes überarbeitete *Holighaus* die »Standard Austria«, die bei den Weltmeisterschaften 1960 in Köln-Butzweilerhof nicht nur leistungsmäßig gut abgeschnitten, sondern auch die OSTIV-Trophy für das beste Standard-Segelflugzeug erhalten hatte. Die Konstruktion von *Rüdiger Kunz* war danach weltweit gefragt, und Schempp-Hirth übernahm den Lizenzbau. Von den zahlrei-

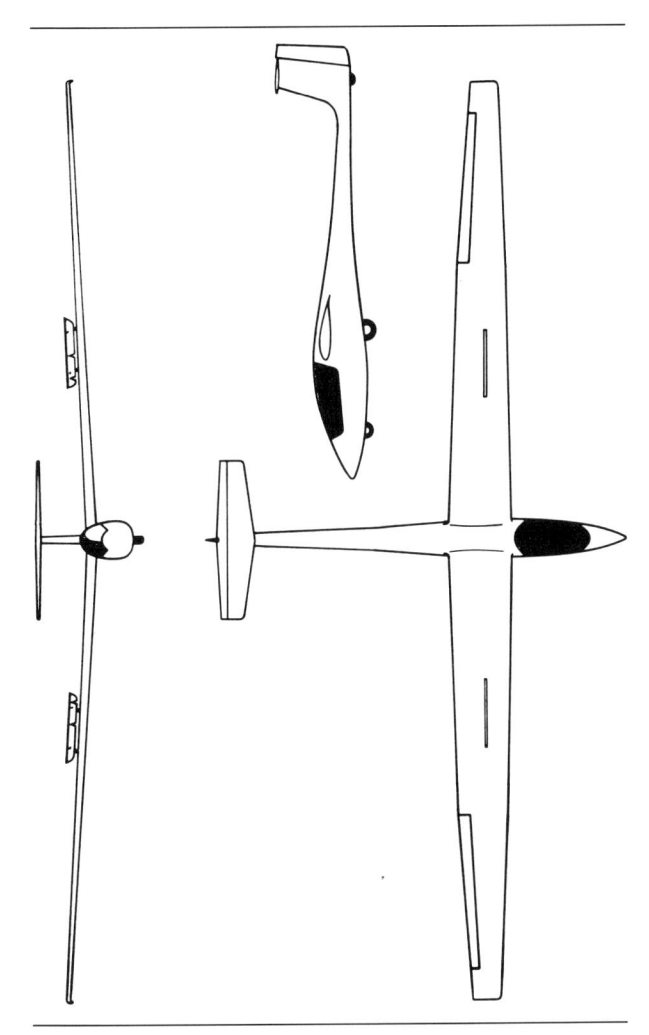

Die ASK 23 – das Übungssegelflugzeug der achtziger Jahre ist leistungsfähiger als die Leistungssegler der fünfziger Jahre.

Die »Standard-Austria« von *Rüdiger Kunz*.

chen Segelflugzeugen mit Laminarprofil, die in der Übergangsphase noch aus Holz gebaut waren, hatte die »Standard-Austria« dank ihrer besonderen Konstruktion die beste Oberflächenqualität. Der Flügel besaß neben dem Hauptholm und den üblichen Rippen mehrere Längsversteifungen. Über den Innenflügel wurde eine in Formen gefertigte mittragende Sperrholzbeplankung geklebt. Eine Kunstharzlackierung machte die Oberfläche der eines GFK-Flugzeugs fast gleichwertig. Der Rumpf war eine Holz-Schalenkonstruktion, die später ein GFK-Vorderteil erhielt. Charakteristisch war das V-Leitwerk als Pendelruder mit Massenausgleich. Von diesem Flugzeug, das mit dem Profil NACA 65_2-415 eine beste Gleitzahl von 34 (bei 105 km/h) und ein günstigstes Sinken von 0,70 m/s (bei 70 km/h) erreichte, wurden bis März 1964 rund 30 Exemplare hergestellt, von zwei verbesserten Versionen bis Ende 1965 noch einmal 36. Nach seinem Eintritt in die Firma entwickelte *Holighaus* aus der »Standard Austria SH 1« die SHK mit 17 m Spannweite für die Offene Klasse. Sie erreichte eine Gleitzahl von 38. Nach der Erprobung, die *Holighaus* selbst vornahm, ging sie in den Serienbau. Auf die Dauer aber war die aufwendige Holzbauweise wirtschaftlich nicht mehr vertretbar, weil etwa doppelt soviele Arbeitsstunden aufgewendet werden mußten wie für ein vergleichbares GFK-Muster.

So begann *Klaus Holighaus* noch vor Jahresende 1965 mit der Konstruktion seines ersten eigenen Kunststoffsegelflugzeugs. Schon in seiner Diplomarbeit »Leistungsvergleich von Segelflugzeugen mit und ohne Wölbklappen in Abhängigkeit von der Flügelstreckung« hatte er die Auslegung eines solchen Segelflugzeugs in Relation zu den statistischen Wetterlagen und der Thermikverteilung in Mitteleuropa durchgerechnet. Das Ergebnis war, daß mit den damaligen Profilen ein Flugzeug mit Wölbklappen keinen entscheidenden Vorteil gegenüber dem einfach profilierten Segelflugzeug hätte. Bei seiner Neukonstruktion ging *Holighaus* deshalb von diesen Überlegungen aus.

»Cirrus«

Holighaus wählte ein ziemlich dickes Wortmann-Profil: FX 66-196 innen und FX 66-161 außen. Dank der großen Bauhöhe konnte der Flügel, der für den Prototyp in Positivbauweise hergestellt werden mußte, relativ leicht gehalten werden. Er besitzt einen GFK-Kastenholm – Ober- und Unterseite mit Glasfaser-Rovings verstärkt – nach technologischen Erkenntnissen, wie sie *Professor Ulrich Hütter* in Zusammenarbeit mit *Eugen Hänle* schon 1957 bei der Fertigung von Flügeln für Windturbinen gewonnen hatte. Sein Bruder *Wolfgang Hütter* hatte sie für Segelflugzeuge erstmals bei seiner »Libelle« (siehe dort, nicht zu verwechseln mit der »Libelle Laminar«) erfolgreich angewendet, und inzwischen war diese Bauweise weltweit auch anderen GFK-Konstruktionen zugrundegelegt worden.

Bei der Positivbauweise der »Cirrus« V 1 wurden zunächst unter Einbeziehung der Steuerungsteile Styroporblöcke an die Holme geklebt und sorgfältig auf Profilform gebracht. Conticell-Hartschaumplatten folgten als Beulschutz. Nach dem Spachteln mit Microballon wurde das Glasfasergewebe aufgelegt und eingeharzt. Sorgfältig geschliffen, lackiert und poliert stand die Deckschicht der aus der Form gewonnenen nicht nach. Als Landehilfe hatte der Flügel Schempp-Hirth-Bremsklappen. Zusätzlich war ein Bremsschirm geplant.

Der Rumpf wurde auf einer Rohrhelling mit gestrakten Holzscheiben als GFK-Balsa-Sandwich aufgebaut und mit GFK-Conticell-Ringspanten verstärkt. Neu und originell war eine Stahlrohrkonstruktion im Rumpfmittelteil. Sie nimmt das Einziehfahrwerk, die Steuerkinematik und vor allem die Flächenanschlüsse mit Bolzen auf. Bei harten Landungen bleibt der Schalenrumpf dadurch weitgehend geschützt. Bewährt hat sich auch der Flügelanschluß, bei dem die Gabel eines Flügels in die Zunge des anderen Flügels eingreift.

Holighaus hat beide Besonderheiten auch bei seinen späteren Konstruktionen beibehalten.

Der »Cirrus« V 1 mit V-Leitwerk. Die Nachfolgekonstruktionen erhielten Kreuzleitwerke.

Ein »Cirrus«, der nach den USA geliefert wurde. Mit einem V-Leitwerk wäre er drüben auf Vorbehalte gestoßen.

Nach gut einem Jahr Bauzeit flog *Holighaus* im Januar 1967 seinen »Cirrus« V 1 selbst ein. Obgleich das V-Leitwerk des Prototyps fliegerisch keine Probleme aufwarf, wurde es beim V 2, dem Prototyp für die Serie, durch ein Kreuzleitwerk ersetzt – wohl als Zugeständnis an Vorbehalte einiger Piloten gegen V-Leitwerke, vor allem in den USA.
Für die Serienflugzeuge wurden von den V-Mustern die Formen abgenommen. Von Nr. 5 an konnte der »Cirrus B«, wie er in der Serienausführung hieß, mit Wassertanks in den Flügeln (links und rechts je 50 l) geliefert werden.
V 1 und das Serienmuster weisen in den Maßen und Flugleistungen nur geringe Unterschiede auf. »Cirrus B« hatte bei 17,74 m Spannweite eine Flügelstreckung von 24,6; der Rumpf war 7,20 m lang. Die Rüstmasse lag bei 260 kg, die maximale Flugmasse bei 460 kg, die Flächenbelastung zwischen 26,2 und 36,5 kg/m^2. Nach einer DFVLR-Messung im Juli 1971 bei einer Flächenbelastung von 29 kg/m^2 hat der »Cirrus B« eine beste Gleitzahl von 39 bei 89 km/h und ein geringstes Sinken von 0,60 m/s bei 80 km/h. Der »Cirrus B« war bei der DFVLR (später DLR) lange Zeit das exakt vermessene Vergleichsflugzeug, genannt »Heiliger Cirrus«.

»Standard-Cirrus«

Bei Schempp-Hirth hatte man sich für ein Flugzeug der Standardklasse besonders gute Verkaufsmöglichkeiten ausgerechnet. So kam es zu der Neuentwicklung: Der »Standard-Cirrus« ist kein verkleinerter »Cirrus«, sondern ein fast völlig neues Flugzeug mit 15 m Spannweite. Das Rumpfvorderteil ist größer als beim »Cirrus« und bietet auch »langen« Segelfliegern ausreichend Platz. Der Rumpf hat trotzdem keinen größeren Luftwiderstand, weil er entsprechend den Untersuchungsergebnissen von *Wortmann* und *Althaus* am Aerodynamischen Institut der Universität Stuttgart im Tragflügelbereich stark eingeschnürt ist. Ein neues Wortmann-Profil FX S 02-196 innen (ursprünglich für Hubschrauber-Rotoren vorgesehen, durch spitzere Nase leicht modifiziert) und FX 66-17-A II-182 außen ergab günstige Schnellflugeigenschaften, in der Praxis sogar bessere als sie der größere »Cirrus« besaß. Der »Standard-Cirrus« hatte – auch das im Unterschied zu seinem Vorläufer – ein T-Leitwerk mit Pendelhöhenruder. Einige weitere Neuerungen, die im wesentlichen der Gewichtsersparnis dienten, betrafen die Bauweise. Mitte 1971 wurde die Serienausführung noch verbessert. Die Änderungen betrafen die Flügelschränkung und die Rumpfnase (jetzt spitzer); außerdem wurden die Bremsklappen vergrößert. Das modifizierte Muster hieß »Cirrus 75«. Es erhielt später noch aufsteckbare Flügelenden, die – zur Benutzung außerhalb von Wettbewerben – die Spannweite zwar nur auf 16 m vergrößerten, jedoch die Langsamflugeigenschaften wesentlich verbesserten.
Bis Anfang 1977 wurden vom »Standard Cirrus« insgesamt 701 Exemplare hergestellt, davon 200 als Lizenzbauten bei der Firma Grob in Mindelheim. Er war damit das bis dahin meistgebaute GFK-Standard-Segelflugzeug überhaupt – der Markt für ein gutes Standardmuster war von *Holighaus,* der 1972 Geschäftsführer von Schempp-Hirth geworden war und 1977 die Firma als Inhaber übernahm, richtig eingeschätzt worden. In Frankreich wurde der »Standard-Cirrus« in Lizenz weitergebaut. Die Kapazitäten in Kirchheim konnten für neuere, ebenfalls gefragte Konstruktionen wie »Nimbus 2«, »Janus« und »Mini-Nimbus« genutzt werden.

Die Leistungsdaten des »Standard-Cirrus« und seiner Weiterentwicklungen:

	Beste Gleitzahl bei		günstigstes Sinken bei	
»Standard-Cirrus«	36	95 km/h	0,65 m/s	75 km/h
»Cirrus 75«, 15 m	37	93 km/h	0,63 m/s	78 km/h
»Cirrus 75«, 16 m	38	88 km/h	0,60 m/s	78 km/h

»Nimbus 1« und »Nimbus 2«

Es war ein von *Professor Wortmann* neu entwickeltes Wölbklappenprofil (FX 67 K 170/150), das *Holighaus* gegen Ende 1967 dazu brachte, ein schon länger geplantes Leistungssegelflugzeug von 22 m Spannweite möglichst umgehend in Angriff zu nehmen. Bei einer Dicke von 17 Prozent ermöglichte das Profil eine so hohe Flügelstreckung, daß rechnerisch eine Gleitzahl von 50 überschritten werden konnte. Zusammen mit seiner Frau und einem weiteren Helfer baute sich *Holighaus* in freien Stunden und an Wochenenden sein neues Superflugzeug selbst. Im Januar 1969 konnte er es auf der Hahnweide einfliegen. Die Leistungen des »Nimbus 1« mit einer Flügelstreckung von 30,6 waren von Anbeginn überragend: beste Gleitzahl 51 bei 90 km/h und einer Flächenbelastung von 30 kg/m^2, geringstes Sinken 0,44 m/s bei 72 km/h und gleicher Flächenbelastung. Auf den Deutschen Meisterschaften 1969 in Roth wurde *Holighaus* Zweiter in der Offenen Klasse, hatte aber die Qualifikation für die Weltmeisterschaften 1970 in Marfa/USA verfehlt. Dort siegte sein Freund *George Moffat*, dem er den »Nimbus 1« zur Verfügung gestellt hatte, in der Offenen Klasse.

»Nimbus 2« entstand aus den Erfahrungen, die *Holighaus* selbst technisch und fliegerisch mit dem »Nimbus 1« gesammelt hatte, und er war die Anpassung des Einzelstücks an die Erfordernisse des Serienbaus. Um die Handlichkeit zu erhöhen, wurde die Spannweite auf 20,30 m verringert und statt des dreiteiligen ein vierteiliger Flügel gebaut. Aus dem Schulterdecker wurde ein Mitteldecker. Ein neues T-Pendelleitwerk erhielt eine leichte Pfeilung. Alles andere wurde vom »Nimbus I« übernommen. Für den Bau bot der »Standard-Cirrus« das Vorbild. In den Negativformen wurde naß in naß gearbeitet und der Sandwich mit Außengewebe, Schaumstoff und Innengewebe in einem Arbeitsgang eingelegt. Der Kastenholm nützt zur Erhöhung der Steifigkeit die gesamte Profilhöhe aus. Trotz der Spannweitenverringerung gingen die Leistungswerte nur wenig zurück: die beste Gleitzahl von 49 wurde bei 90 km/h erreicht und das beste Sinken von 0,48 m/s bei 75 km/h.

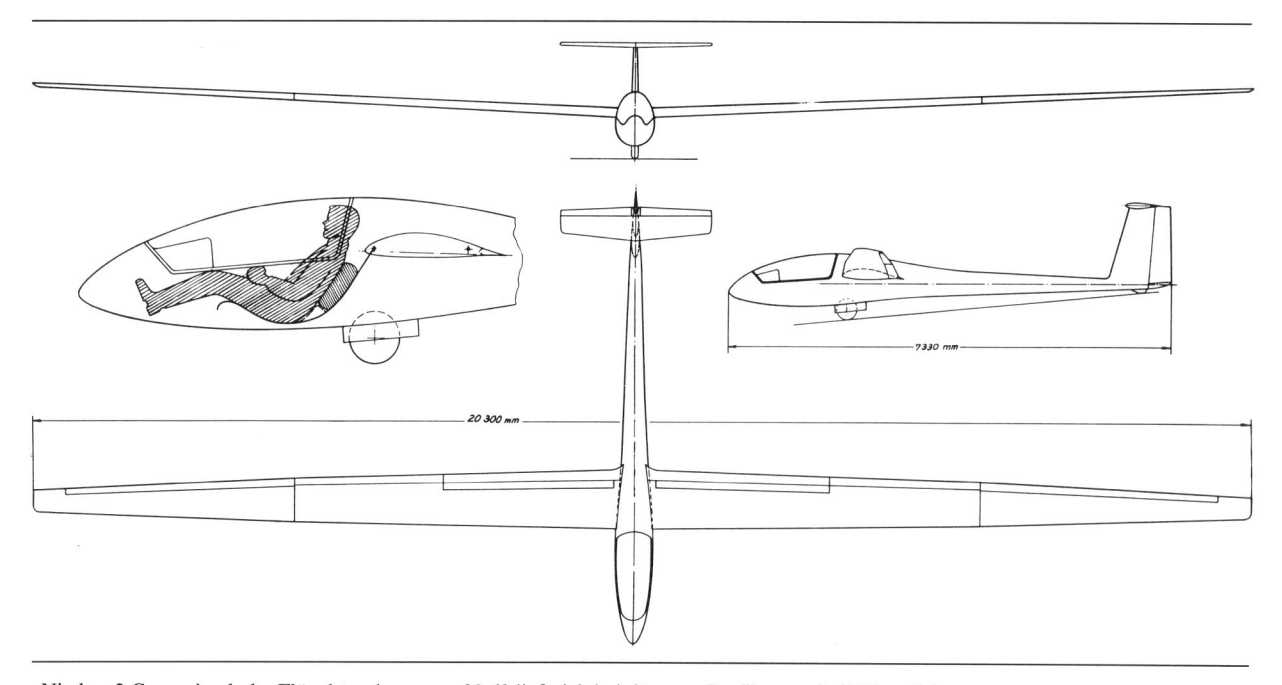

»Nimbus 2 C« – seine hohe Flügelstreckung von 28,62 ließ sich bei dünnem Profil nur mit CFK realisieren.

Ein GFK-Doppelsitzer »Janus« auf dem Flugplatz Fayence in Südfrankreich.

Damit war der »Nimbus 2« für viele Jahre das beste Serienflugzeug der Offenen Klasse. *Holighaus* gewann die Deutsche Meisterschaft 1971, und damit begann eine wohl beispiellose Erfolgsserie auf nationalen und Weltmeisterschaften. Im Mai 1979 bewältigte er das erste 1000-km-Dreieck über der Bundesrepublik Deutschland, eine Leistung, die Fachleute nicht allein wegen der vergleichsweise mäßigen thermischen Verhältnisse in Mitteleuropa, sondern auch wegen der Flugsicherungsprobleme kaum für möglich gehalten hatten. Natürlich war »Nimbus 2« ständig verbessert worden. Die Wölbklappen- und Querruderkinematik wurde verändert – bei erweitertem Stellbereich der Klappen schlagen die Querruder nur bis zu zwei Dritteln der positiven Wölbung aus und wirken so wie eine geometrische Schränkung. Für die Version »Nimbus 2 B« wurde das Rumpfvorderteil zusätzlich versteift und das Höhenleitwerk bekam eine Flosse. Als »Nimbus 2 C« (siehe auch bei »Superorchideen«) konnte das Flugzeug von 1979 an auch mit Flügeln aus CFK (Carbon-Faser-Kunststoff), die trotz Gewichtsersparnis eine erheblich höhere Festigkeit aufweisen, geliefert werden. Die besonders feste Carbonfaser, die auch die Verdrehsteifigkeit günstig beeinflußt, bewährte sich so gut, daß mit ihrer Einführung praktisch wieder eine neue Evolutionsphase begonnen hat: Mit dünneren Profilen konnten nun noch größere Streckungen bei noch höheren Flächenbelastungen verwirklicht werden – und das bedeutete wiederum einen Leistungssprung im Segelflugzeugbau, bei dem allerdings das Risiko von Flattererscheinungen besonderer Beachtung bedarf.

»Janus«

Überlegungen und Entwürfe zu dem GFK-Doppelsitzer »Janus« gab es schon Ende der sechziger Jahre; die Konstruktion begann 1971, der Bau 1972. Wegen der Auslastung der Firma war die Arbeit an dem zusätzlichen Muster erst möglich geworden, nachdem *Jürgen Laude* und *Helmut Treiber,* beide Akaflieg Braunschweig, das Kirchheimer Team verstärkt hatten. So entstand mit dem »Janus« der erste GFK-Doppelsitzer überhaupt, noch dazu als Leistungssegelflugzeug, das sich aber auch zur Grundschulung, zur Einweisung in GFK-Muster und in besondere Flugzustände eignen sollte. Wichtig war, daß er trotz der hohen Anforderungen noch zu einem für Vereine und Privatleute erschwinglichen Preis auf den Markt gebracht werden konnte. Ein Vorbild dafür gab es nicht, und von den im Serienbau befindlichen Mustern konnte kein Original-Teil übernommen werden. Man wählte jedoch die gleiche FX-Profilierung sowie die gleiche Bauweise, Wölbklappen-Querrudersteuerung und Leitwerksform wie beim »Nimbus 2«. Auch das Stahlrohr-Rumpfgerüst zwischen Fahrwerk und Flügelanschluß wurde als typisches und bewährtes Konstruktionselement der Schempp-Hirth-Muster verwendet. Der Rumpf erhielt ein Tandem-Fahrwerk: zum Hauptrad noch ein Bugrad. Besonderer Wert wurde auf hohe Bruchfestigkeit des Cockpits gelegt, das zusätzliche Verstärkungen erhielt. Auffällig ist die (an sich nur geringe) Vorpfeilung der Flügel, um dem Piloten auf dem Hintersitz im Schwerpunkt bessere Sicht zu bieten.

Der »Janus« – der erste GFK-Doppelsitzer Anfang der siebziger Jahre.

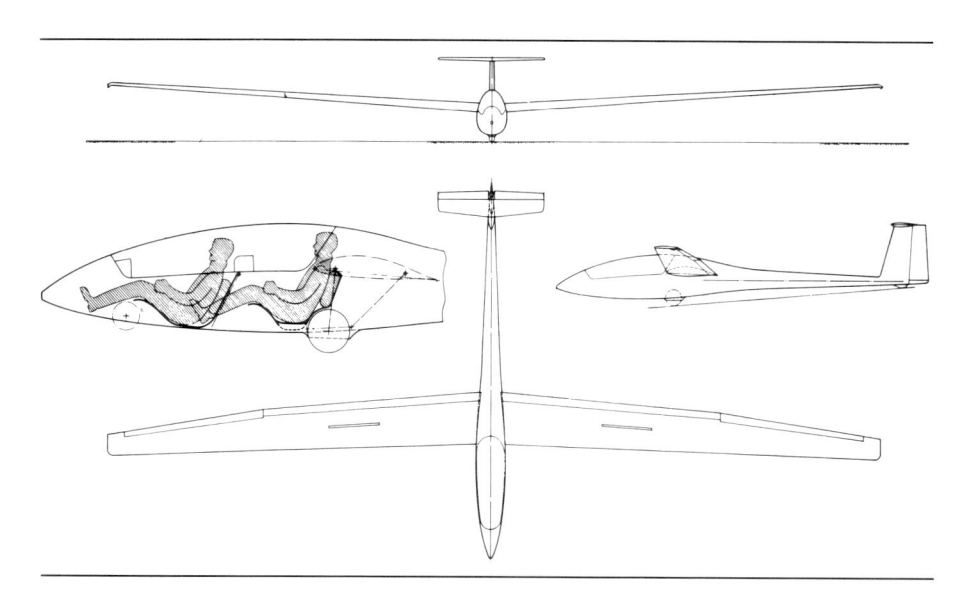

Den Erstflug unternahm *Klaus Holighaus* im Mai 1974. Etwa ein Jahr später begann der Serienbau. In seiner ersten Ausführung hatte der »Janus« bei einer Spannweite von 18,20 m eine Flügelstreckung von 20. Bei einer Rüstmasse von 390 kg betrug die Zuladung bis zu 230 kg (Flächenbelastung 27,4 bis 37,3 kg/m^2). Mit seiner Gleitzahl von 39,5 bei 110 km übertraf er die besten Standard-GFK-Muster. Sein geringstes Sinken von 0,70 m/s erreichte er bei 90 km/h. Mitte 1977, als bereits 55 »Janus« ausgeliefert waren, erschien als Weiterentwicklung »Janus B« mit aerodynamischen und bautechnischen Verfeinerungen, und 1980 ab der Werknummer 91 der »Janus C« als Hochleistungsdoppelsitzer mit jetzt 20 m Spannweite und einer Flügelstreckung von 23. Durch Verwendung der weitaus festeren Carbonfaser als Verstärkung für den Kunststoff (CFK) konnte trotz der größeren Spannweite die Rüstmasse auf 355 kg verringert werden. Die Gleitzahl erhöhte sich auf 43,5, die Sinkgeschwindigkeit ging auf 0,60 m/s zurück.

Das Erfolgskonto des »Janus« weist vor allem zahlreiche Doppelsitzer-Geschwindigkeitsrekorde bei den Dreieckstrecken auf.

»Mini-Nimbus«

Wie auf »Moazagotl« von *Wolf Hirth* Anfang der dreißiger Jahre die »Minimoa« als »Mini-Moazagotl« folgte, gab es bei Schempp-Hirth von 1977 an einen »Mini-Nimbus« für die

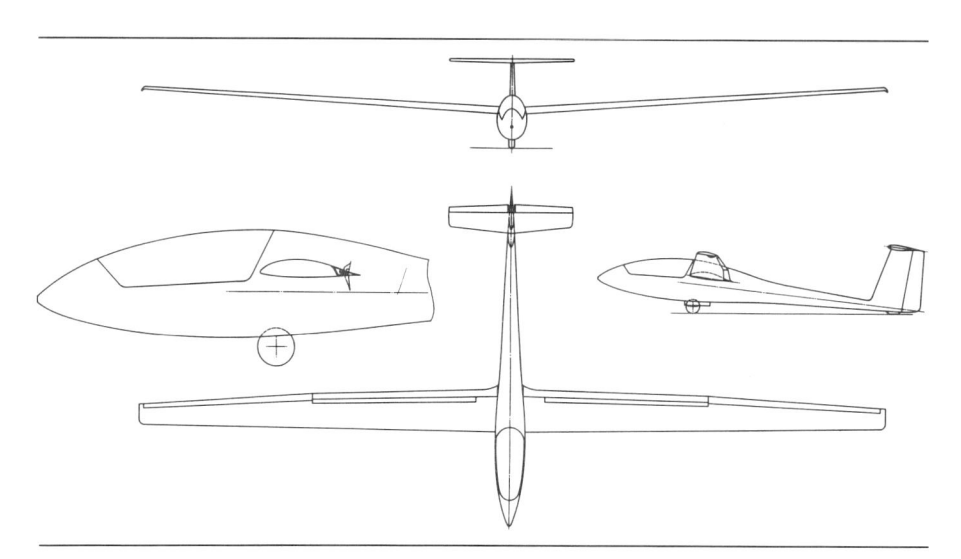

Der »Mini-Nimbus« von 1977.

neugeschaffene FAI-15-Meter-Klasse, die auch als »Rennklasse« bezeichnet wird. Sie weist außer für die Spannweite keinerlei Beschränkungen mehr auf. Nach der »LS-3« von Lemke/Schneider und der »Mosquito« von Glasflügel (siehe dort) war der »Mini-Nimbus« das dritte für diese Klasse bestimmte Flugzeug. Im Zusammenhang mit der engen Kooperation, die sich zwischen Schempp-Hirth und der Firma Glasflügel inzwischen ergeben hatte, wurden sogar der Wölbklappenflügel der »Mosquito« unverändert für den »Mini-Nimbus« übernommen. Er hat das Profil FX 67-K 150 (es wurde auch für den Außenflügel des »Nimbus 2« verwendet) und besitzt ein neues Wölb-Bremsklappensystem (siehe Anhang), das die Klappenfunktionen sinnvoll miteinander verbindet. Bei begrenztem Ausschlag nach oben oder unten läßt sich die Wölbklappe unabhängig von der Bremsklappe betätigen. Bei starkem Wölbklappenausschlag wird automatisch die Bremsklappe voll ausgeschlagen. Bei mittlerem Ausschlag nach unten bleibt die Bremsklappe in einem begrenzten Bereich frei beweglich und kann wie üblich zur Gleitwinkelsteuerung bei der Landung benutzt werden. Rumpfkonstruktion und Leitwerk des »Mini-Nimbus« entsprechen weitgehend dem »Nimbus 2«, wobei durch Verfeinerung der Bauweise die Leermasse mit 235 kg äußerst niedrig gehalten werden konnte. 1978 folgten ein »Mini-Nimbus B« mit gedämpftem Höhenleitwerk und der »Mini-Nimbus C« als erstes Serienflugzeug mit CFK-Flügeln, wodurch die Leermasse verringert werden konnte. Je nach Flächenbelastung (zwischen 29 und 51 kg/m^2) liegt die Gleitzahl zwischen 41 und 42 bei 97 bzw. 119 km/h und das günstigste Sinken zwischen 0,53 und 0,70 m/s bei 79 bzw. 98 km/h.

»Ventus«

Die aerodynamische Forschung ruht nicht auf ihren Lorbeeren aus und gewinnt – oft aus der Analyse von Mängeln – immer neue Erkenntnisse, die im Segelflugzeugbau auch meist recht schnell ihren Niederschlag finden. Diese Art der Evolution zeigt sich besonders deutlich bei einzelnen herausragenden Herstellern – hier am Beispiel Schempp-Hirth. Nachdem sich an einigen Wortmann-Profilen Mängel (durch laminare Ablöseblasen, die unter bestimmten Voraussetzungen zusätzlichen Widerstand erzeugten) herausgestellt hatten, entstand in Zusammenarbeit von *Professor Wortmann*, *Dieter Althaus* und *Klaus Holighaus* am Stuttgarter Laminar-Windkanal eine neue Profilserie, die bessere Leistungen bei gutmütigen Flugeigenschaften erwarten ließ. Mit 14,1% relativer Dicke waren sie schlanker als ihre Vorgänger. Die nun notwendigen dünneren Flügel konnten mit der gleichzeitig von der Industrie neu entwickelten hochfesten Kohlenstoff-Faser risikolos verwirklicht werden. Als erstes Segelflugzeug mit den neuen Profilen XX-79-18 innen und ZZ-79-20 außen erschien der »Ventus« (lat. Wind) für die unbeschränkte FAI-15m-Klasse (»Rennklasse«). Schon kurz nach dem Erstflug des Prototyps am 7. Mai 1980 siegte *Bruno Gantenbrink* mit diesem Flugzeug bei den Deutschen Meisterschaften 1980 in Aalen – auch ein Beweis für die erzielten Leistungsverbesserungen: beste Gleitzahl um 44, geringste Sinkgeschwindigkeit um 0,6 m/s (je nach Flächenbelastung, die zwischen 30 und 45 kg/m^2 variieren kann).
Ein Auftragsboom war die Folge, der dank weiterer Erfolge lange anhielt.

Der »Ventus« mit Winglets, die zur Verringerung des induzierten Widerstandes beitragen sollen.

Der »Discus« mit leicht gepfeilter Flügelvorderkante, die ebenfalls den induzierten Widerstand verringern soll.

»Discus«

Als Nachfolger des »Standard-Cirrus«, der bis 1977 produziert worden war, entstand 1983/84 der »Discus«. Dieses Flugzeug für die Standard-Klasse (keine Wölbklappen zulässig) besitzt ebenfalls eines der neu entwickelten dünnen Profile (FX 71 L 150/30) und einen CFK-Holm. Das Besondere am »Discus« ist jedoch die Flügelform: Die Flügelvorderkanten sind rückwärts gepfeilt – ähnlich wie bei der fünfzig Jahre früher konstruierten »Minimoa«. *Holighaus* und seine Mitarbeiter wählten diese Form aufgrund neuerer Forschungsergebnisse, die unter anderem bei Dornier zu dem ähnlich gepfeilten TNT-Flügel für die Do 228 geführt haben. Sie soll – ähnlich wie Winglets, die aber zusätzlichen Widerstand hervorrufen – den induzierten Widerstand (Wirbelbildung am Flügelende) verringern. Wegen seiner trotz der relativ einfachen Auslegung sehr guten Flugleistungen (Gleitzahl 42,5, geringstes Sinken je nach Flächenbelastung zwischen 0,59 und 0,77 m/s), vor allem aber wegen seiner hervorragenden Flugeigenschaften wurde auch der »Discus« im In- und Ausland zu einem Verkaufserfolg.

◁ »Discus«.

Kunststoff-Segelflugzeuge mit Klapptriebwerk

Was *Wolf Hirth* 1940 mit der »Hi 20« versucht hatte, nämlich ein Segelflugzeug durch Einbau eines Klapptriebwerkes eigenstartfähig zu machen, aber seine Leistungswerte (nach Einklappen des Triebwerks) im freien Segelflug praktisch unverändert zu erhalten, bot sich bei den Kunststoffsegelflugzeugen unter weitaus günstigeren Voraussetzungen an. Ohne dem Kapitel über die Entwicklung der Motorsegler seit den fünfziger Jahren vorzugreifen, sei hier auf die »M«-Ausführung einiger schon beschriebener GFK-Muster hingewiesen. Als einer der ersten rüstete 1976 Ingenieur *Josef Vonderau* eine ASW 15 mit einem selbstentwickelten Klapptriebwerk aus. Ein Wankel-Kreiskolbenmotor von 22 kW/30 PS ermöglichte den problemlosen Eigenstart. Es lag nahe, auch den erfolgreichen »Nimbus 2« eigenstartfähig zu machen. In Zusammenarbeit mit *Willibald Collée* und *Alois Obermeier* entwickelte *Jürgen Laude* den »Nimbus 2 M« (mit 37-kW/50 PS-Zweitakt-Motor), mit dem sehr bald die meisten bestehenden Motorsegler-Rekorde in den Schatten gestellt wurden. Auch ein »Janus-M« flog bereits 1978. *Walter Binder,* verdienstvoller Pionier des Klapptriebwerks und selbst erfolgreicher Segelflieger, hatte das passende 37-kW/50 PS-Antriebsaggregat selbst konstruiert und eingebaut. Ein 950-km-Streckenweltrekord für Motorsegler krönte 1980 seine Arbeit. Heute werden praktisch alle Leistungssegelflugzeuge auch in einer M(oder E-)-Version geliefert.

»Nimbus 2 M« mit *Alois Obermeier* bei einem Motorsegler-Wettbewerb auf dem Flugplatz Feuerstein.

Ein »Janus M« startet auf dem Flugplatz Feuerstein.

»Hornet«.

»Club-Libelle« – »Hornet« – »Mosquito«

Mehr Glück hatte *Hänle* mit weiteren 15-m-Flugzeugen. Von der »Club-Libelle« als Nachfolgemuster der »Standard-Libelle«, die aus Kostengründen wieder eine aufgesetzte Haube erhielt, wurden zwischen 1973 und 1976 insgesamt 171 Exemplare gebaut.

Die »Hornet« hat Flügel und Leitwerk der Club-Libelle, aber einen Rumpf mit eingestrakter Haube. Der Flügel ist zur Aufnahme von Wasserballast schwerer gebaut. Der Erstflug fand im Dezember 1974 statt. 1979 folgte eine Ausführung unter Verwendung hochfester Kohlefasern. Der Absatz blieb jedoch vergleichsweise bescheiden.

Den Erstflug der »Mosquito« im Februar 1976 hat *Eugen Hänle* nicht mehr miterlebt: 1975 war er abgestürzt. Zu diesem Zeitpunkt war die Entwicklung der »Mosquito« schon weitgehend abgeschlossen. Unter der neuen Firmenleitung von *Klaus Hillenbrand* und *Klaus Holighaus* wurde das Projekt vollendet.

Die »Mosquito«, ausgelegt für die neue unbeschränkte 15-m-Klasse (»Rennklasse«), besitzt das Profil FX 67-K-150 mit einer kombinierten Wölb-Bremsklappe. Der Mosquito-Flügel wurde gleichzeitig für den »Mini-Nimbus« von *Holighaus«* (siehe dort) verwendet. Das heute noch beliebte letzte Glasflügel-Flugzeug erreicht (nach Herstellerangabe) eine beste Gleitzahl von 42 bei 114 km/h und ein geringstes Sinken von 0,58 m/s bei 79 km/h. Die Flächenbelastung liegt je nach mitgeführtem Ballast zwischen 31,3 und 45,9 k/m².

Die H 402 blieb ein Einzelstück.

Kunststoff-Segelflugzeuge mit Klapptriebwerk

Was *Wolf Hirth* 1940 mit der »Hi 20« versucht hatte, nämlich ein Segelflugzeug durch Einbau eines Klapptriebwerkes eigenstartfähig zu machen, aber seine Leistungswerte (nach Einklappen des Triebwerks) im freien Segelflug praktisch unverändert zu erhalten, bot sich bei den Kunststoffsegelflugzeugen unter weitaus günstigeren Voraussetzungen an. Ohne dem Kapitel über die Entwicklung der Motorsegler seit den fünfziger Jahren vorzugreifen, sei hier auf die »M«-Ausführung einiger schon beschriebener GFK-Muster hingewiesen. Als einer der ersten rüstete 1976 Ingenieur *Josef Vonderau* eine ASW 15 mit einem selbstentwickelten Klapptriebwerk aus. Ein Wankel-Kreiskolbenmotor von 22 kW/30 PS ermöglichte den problemlosen Eigenstart. Es lag nahe, auch den erfolgreichen »Nimbus 2« eigenstartfähig zu machen. In Zusammenarbeit mit *Willibald Collée* und *Alois Obermeier* entwickelte *Jürgen Laude* den »Nimbus 2 M« (mit 37-kW/50 PS-Zweitakt-Motor), mit dem sehr bald die meisten bestehenden Motorsegler-Rekorde in den Schatten gestellt wurden. Auch ein »Janus-M« flog bereits 1978. *Walter Binder,* verdienstvoller Pionier des Klapptriebwerks und selbst erfolgreicher Segelflieger, hatte das passende 37-kW/50 PS-Antriebsaggregat selbst konstruiert und eingebaut. Ein 950-km-Streckenweltrekord für Motorsegler krönte 1980 seine Arbeit. Heute werden praktisch alle Leistungssegelflugzeuge auch in einer M(oder E-)-Version geliefert.

»Nimbus 2 M« mit *Alois Obermeier* bei einem Motorsegler-Wettbewerb auf dem Flugplatz Feuerstein.

Ein »Janus M« startet auf dem Flugplatz Feuerstein.

Glasflügel – Eugen und Ursula Hänle

Die in den sechziger und siebziger Jahren sehr erfolgreiche Firma Glasflügel besteht nicht mehr. Unvergessen aber sind die Flugzeuge, die daraus vor allem in den Anfangsjahren der GFK-Entwicklung hervorgegangen sind. Von der Glasflügel BS-1 war schon die Rede (siehe im Kapitel »Björn Stender und seine BS 1«). Die Anfänge der Firma gehen aber lange vor 1965 auf die Kontakte *Eugen Hänles* mit den Gebrüdern *Wolfgang* und *Ulrich Hütter* zurück. Er wollte sich 1955 privat eine von den *Hütters* schon 1948 konstruierte H 30 extrem leicht aus Sperrholz und Balsa bauen. Als er jedoch bei *Ulrich Hütter,* der damals bereits Luftschrauben und Rotorblätter für Windenergieanlagen aus GFK herstellte, die neue Technik kennenlernte, verwarf er die Holzkonstruktion. Gemeinsam mit seiner Frau Ursula baute er die H 30 größtenteils als GFK-Balsa-Sandwich. Nur das Hinterteil des Flügels und das Leitwerk waren noch stoffbespannt. Die Kunststoff-H 30 war das erste Segelflugzeug mit GFK-Rovings. Beim Erstflug 1962 mit *Rudolf Lindner* versagte der Bremsklappenantrieb. Nach dem Umbau 1963 absolvierte *Ursula Hänle* den Erstflug. Das Flugzeug von nur 13,60 m Spannweite, aber einer Flügelstreckung von 22,2, zeigte recht gute Leistungen: Gleitzahl 30,4 bei 85 km/h, geringstes Sinken 0,64 m/s bei 65 km/h.

Von der Hütter H-30 TS zur H-301 »Libelle«

Parallel zur H 30 GFK entstand als Konstruktion *Wolfgang Hütters* ohne Beteiligung *Hänles* bei der Firma Allgaier in Uhingen der »Turbinensegler« H 30 TS, der von einer erst kurz vorher von BMW entwickelten Strahlturbine von 40 kp Schub angetrieben wurde. Als »Motorsegler« scheiterte das Flugzeug nach wenigen Starts an der extrem starken Geräuschentwicklung der Turbine. Nicht zuletzt wegen des von *Hütter* selbst entwickelten Wölbklappenprofils bewährte sich der 15-m-Vogel jedoch im Segelflug. Der Schweizer *Eugen Aeberli,* der das Flugzeug ein Jahr lang in seiner Heimat erprobt hatte, drängte zusammen mit *Hütter* den nun schon im GFK-Bau erfahrenen *Eugen Hänle* zum Bau eines weiteren Segelflugzeugs mit dem H 30 TS-Flügel. Aus dieser »Auftragsproduktion« gingen die später berühmten Glasflügel-Muster H-301 »Libelle« und die »Standard-Libelle« hervor. Gleich mit der ersten Serienproduktion, zu der *Aeberli* den vorsichtigen *Hänle* gedrängt hatte, war der neugegründeten Firma Glasflügel Erfolg beschieden: Von der H-301 »Libelle« wurden zwischen 1964 und 1969 erstmals in der Segelfluggeschichte mehr als hundert (114) GFK-Exemplare hergestellt. Den Erstflug hatte *Eugen Aeberli* im März 1964 unternommen.

Bei einer Spannweite von 15 m hat das Flugzeug, das heute noch gern geflogen wird, eine Streckung von 23,6. Nach einer DFVLR-Leistungsmessung 1971 wurde die beste

H 30 GFK.

H 301 »Libelle«.

Gleitzahl von 40,5 bei 94 km/h, das geringste Sinken von 0,58 bei 82 km/h erreicht (bei einer Flächenbelastung von 29,8 kg/m^2).

»Standard-Libelle«

Obgleich die »Standard-Libelle« die Spannweitenbegrenzung der Standardklasse auf 15 m voll ausnutzt, wirkt sie im Vergleich zu anderen Mustern geradezu zierlich – das macht einen Teil ihrer Beliebtheit aus. Der Hauptunterschied zur H-301, der sie sehr ähnlich sieht, liegt im Profil: die Konstrukteure wählten für den Trapezflügel das Wortmann-Profil FX 66-17 A II-182. Den Erstflug der Standard-Libelle, die anfangs noch mit starrem Rad gebaut wurde, unternahm *Huldreich Müller* im Oktober 1967. Bis 1974 wurde 601 Exemplare gebaut; damit war die Standard-Libelle bis Mitte der siebziger Jahre das meistgebaute GFK-Flugzeug der Welt. Eine Version 201 B wurde mit Wassertanks geliefert. Ebenfalls nach DFVLR-Messung (1970) wurde die beste Gleitzahl von 34,5 bei 92 km/h, das geringste Sinken von 0,68 m/s bei 81 km/h erreicht (bei einer Flächenbelastung von 29,1 kg/m^2).

»Kestrel«

Nach den Erfolgen mit den 15-m-Flugzeugen lag es nahe, auch in die Offene Klasse vorzustoßen. Das geschah 1968 mit der »Kestrel« (»Turmfalke«), einer Konstruktion von *Dieter Althaus* und *Josef Prasser*. Sie weicht von der zierlichen Libelle-Form mit aufgesetzter Haube ab und entspricht mit ihrer eingestrakten Haube, der starken Einschnürung des Rumpfes im Flügelbereich und dem gedämpften T-Leitwerk dem noch heute üblichen Formkonzept der Kunststoff-Segelflugzeuge. Sie besitzt das (auch beim »Nimbus« verwendete) Wortmann-Profil FX 67-K-170/150. In den Stellungen von −8 bis +12° gehen die Wölbklappen bei Querruderausschlägen um ein Drittel mit. Werden sie dagegen (mit einem zusätzlichen Hebel) stärker – beim Landeanflug bis zu 40° – ausgefahren, sind sie von den Querruderausschlägen unabhängig. Als zusätzliche Landehilfe dienen große Schempp-Hirth-Luftbremsen auf der Flügeloberseite und ein Bremsschirm unter dem Seitenruder. Beliebt und bis heute vielfach kopiert ist die Federtrimmung, die am Knüppel mühelos betätigt werden kann.

Bis 1975 sind insgesamt 129 »Kestrel« gebaut worden, mehr als bis dahin von irgendeinem anderen Flugzeug der Offenen Klasse.

Bei 17 m Spannweite hat die »Kestrel« eine Streckung von 25. Nach DFVLR-Messungen im August 1971 erreichte sie eine beste Gleitzahl von 41,5 bei 102 km/h und ein geringstes Sinken von 0,63 m/s bei 87 km/h (Flächenbelastung 32,8 kp/m^2).

Glasflügel 604

Die Glasflügel 604 mit 22 m Spannweite (Erstflug 1970) war weniger erfolgreich; von ihr wurden nur 10 Exemplare gebaut. Trotz sehr guter Leistungen – Gleitzahl 49, geringstes Sinken 0,50 m/s – war sie mit ihrem Rüstgewicht von 440 kg für den normalen Vereinsbetrieb zu schwer. *Walter Neubert* gelangen einige Rekordflüge mit diesem mächtigen Vogel, für den wegen seiner dicken Flügelmitte sogar ein spezieller Transportanhänger mitgekauft werden mußte.

»Hornet«.

»Club-Libelle« – »Hornet« – »Mosquito«

Mehr Glück hatte *Hänle* mit weiteren 15-m-Flugzeugen. Von der »Club-Libelle« als Nachfolgemuster der »Standard-Libelle«, die aus Kostengründen wieder eine aufgesetzte Haube erhielt, wurden zwischen 1973 und 1976 insgesamt 171 Exemplare gebaut.

Die »Hornet« hat Flügel und Leitwerk der Club-Libelle, aber einen Rumpf mit eingestrakter Haube. Der Flügel ist zur Aufnahme von Wasserballast schwerer gebaut. Der Erstflug fand im Dezember 1974 statt. 1979 folgte eine Ausführung unter Verwendung hochfester Kohlefasern. Der Absatz blieb jedoch vergleichsweise bescheiden.

Den Erstflug der »Mosquito« im Februar 1976 hat *Eugen Hänle* nicht mehr miterlebt: 1975 war er abgestürzt. Zu diesem Zeitpunkt war die Entwicklung der »Mosquito« schon weitgehend abgeschlossen. Unter der neuen Firmenleitung von *Klaus Hillenbrand* und *Klaus Holighaus* wurde das Projekt vollendet.

Die »Mosquito«, ausgelegt für die neue unbeschränkte 15-m-Klasse (»Rennklasse«), besitzt das Profil FX 67-K-150 mit einer kombinierten Wölb-Bremsklappe. Der Mosquito-Flügel wurde gleichzeitig für den »Mini-Nimbus« von *Holighaus* (siehe dort) verwendet. Das heute noch beliebte letzte Glasflügel-Flugzeug erreicht (nach Herstellerangabe) eine beste Gleitzahl von 42 bei 114 km/h und ein geringstes Sinken von 0,58 m/s bei 79 km/h. Die Flächenbelastung liegt je nach mitgeführtem Ballast zwischen 31,3 und 45,9 k/m².

Die H 402 blieb ein Einzelstück.

H 101 »Salto«.

Start und Flug: H-101 »Salto«

Die Firma Start und Flug, die *Ursula Hänle* 1971 gründete, bestand nur bis 1978. Bekannt geworden ist sie vor allem durch die H-101 »Salto«, die der einst gemeinsam mit ihrem Mann gebauten H 30 GFK zum Verwechseln ähnlich sieht. Der Flügel stammt jedoch von der »Standard-Libelle«; zur Erzielung höherer Festigkeit wurde er an der Wurzel um jeweils 0,70 m gekürzt. Der Erstflug fand 1970 statt. Bei relativ hoher Flächenbelastung (bis zu 36,1 kg/m²) waren die Gleitzahl (33,5 bei 93 km/h) und das geringste Sinken (0,72 m/s bei 81 km/h) durchschnittlich. Das Flugzeug, das ein V-Leitwerk besitzt, erwies sich jedoch als außergewöhnlich wendig und daher für den Segelkunstflug prädestiniert. Auch der mehrfache deutsche Meister *Herbert Tiling* benutzte den »Salto« für seine Vorführungen, mit denen er bei Flugtagen Tausende begeisterte. Vom »Salto« wurden insgesamt 57 Exemplare gebaut.

Von Start und Flug stammte auch H-111 »Hippie«, ein offenes Gleitflugzeug von 8 bis 10 m Spannweite aus Kunststoff und Stahlrohr, das zwar nostalgisches Interesse, aber nur geringen Absatz fand – in der Evolution der Segelflugzeuge ein bewußter Schritt zurück (siehe Farbteil).

Als wirtschaftlicher Fehlschlag, der wohl auch das Ende von Start und Flug besiegelte, erwies sich H-121 »Globetrotter«, ein GFK-Doppelsitzer mit einer interessanten Sitzanordnung, nämlich gestaffelt nebeneinaner. Trotzdem wirkt der Rumpf recht dick. Der Erstflug fand 1977 in Saulgau statt. Mit 17 m Spannweite, einer Streckung von 18,29 und dem Flügelprofil Eppler 603 erreicht das schwere Flugzeug (Rüstmasse 404 kg) eine beste Gleitzahl von 36 bei 100 km/h und ein geringstes Sinken von 0,65 m/s bei 80 km/h. *Ursula Hänle* hätte mehr Erfolg verdient.

Mit ihrem Buch »kleine fiberglasflugzeugflickfibel« hat sie alle ihre Erfahrungen in leicht verständlicher Form niedergelegt und damit vor allem den Vereinen den Einstieg in das GFK-Zeitalter erleichtert.

Lemke – Schneider: Die Leitlinie LS 1 bis LS 8

Wolf Lemke, Jahrgang 1940, gehörte 1963/64 bei der Akaflieg Darmstadt als angehender Diplom-Ingenieur zu der »Erfindermannschaft« der D 36 »Circe«, die zu einem Meilenstein in der Evolution der Segelflugzeuge wurde. Wie *Gerhard Waibel* bei Schleicher und *Klaus Holighaus* bei Schempp-Hirth, so fand er seinen Wirkungsbereich bei der Firma Rolladen-Schneider in Egelsbach – aber nicht um Rolladen, sondern um Segelflugzeuge zu bauen. Die freundschaftliche und faire Konkurrenz der drei Darmstädter Akaflieger hat sich überaus fruchtbar auf den gesamten Segelflugzeugbau ausgewirkt und dazu geführt, daß die deutschen Segelflugzeughersteller die unbestrittene Spitzenstellung in der Welt innehaben. Auf internationalen Wettbewerben stammen meist mehr als 95 Prozent der gemeldeten Flugzeuge aus westdeutscher Produktion und hier wieder überwiegend von den Firmen, bei denen die ehemaligen Darmstädter tätig sind – keine Frage, daß sich auch die internationalen Erfolge entsprechend verteilen.

Wie kommt ein Flugzeugbauer zu einer Rolladen-Firma? Durch den segelflugbegeisterten Juniorchef *Walter Schneider,* der gegen den Willen des Seniors fliegen gelernt und schon in den fünfziger Jahren mit Clubkameraden Holzsegelflugzeuge gebaut hatte. Als er mit den Darmstädter Akafliegern in Kontakt kam und mit dem Werden der D 36 die Kunststoffbauweise und die neueren Erkenntnisse der Aerodynamik kennenlernte, ruhte er nicht, bis er die Erlaubnis zum Nachbau des Prototyps erhalten hatte. Diese D 36 V 2 entstand 1963/64 im Keller seines gleichzeitig im Bau befindlichen Wohnhauses. Zwar hatte er Pech mit diesem Flugzeug – nach einem überstürzten Windenstart mußte er wegen eines Fehlers am Höhenruderanschluß aus knapp 200 m Höhe mit dem Fallschirm abspringen –, aber der Kontakt mit den Akafliegern und speziell mit dem inzwischen zum Dipl.-Ing. avancierten *Wolf Lemke* sollte sich doch noch sehr glücklich für ihn auswirken, denn dieser nahm die angebotene Stellung in Egelsbach an. Schon das erste gemeinsam entwickelte Flugzeug, für das sie sich relativ viel Zeit gelassen hatten, wurde ein großer Erfolg.

LS 1

Von Anbeginn stand fest, daß die LS 1 ein Flugzeug der Standardklasse (15 m Spannweite) werden sollte: GFK mit Conticell-Stützstoff, eingestrakte Haube, T-Leitwerk mit Pendel-Höhenruder, Profil FX 66-S-196 von Lemke modifiziert, Drehbremsklappe an der Flügelhinterkante. Den Erstflug unternahm *Lemke* im Oktober 1967. Die errechneten Flugleistungen bestätigten sich im wesentlichen: Gleitzahl 37 bei 90 km/h, geringstes Sinken 0,60 bei 72 km/h – bei einer Flächenbelastung zwischen 30 und 35 kg/m². Von Anfang an zeigten sich die angenehmen Flugeigenschaften, die sicherlich auch zu den zahlreichen Wettbewerbserfolgen beigetragen haben: Schon im Sommer 1968 wurde *Helmut Reichmann,* damals noch junger »Nachwuchsflieger«, mit der LS 1 in Oerlinghausen Deutscher Meister, und *Walter Schneider* belegte auf demselben neuen Muster den zweiten Platz. Dieser überzeugende Leistungsbeweis führte zu einem ersten Auftragsboom, der von der noch sehr kleinen Firma kaum bewältigt werden konnte, zumal sich im folgenden Jahr mit dem Klassensieg von *Ernst Gernot Peter* bei den Deutschen Meisterschaften und 1970 mit dem Weltmeistertitel von *Helmut Reichmann* in Marfa/Texas die Erfolge noch steigerten. Insgesamt wurden bis 1974 in mehreren, immer wieder verbesserten Versionen (zuletzt LS 1 f) 460 Einheiten hergestellt.

LS 2

Ein Einzelstück, das sich *Walter Schneider* selbst gebaut hatte, erhielt die Bezeichnung LS 2. Statt der Schempp-Hirth-Bremsklappe wie die späteren Versionen der LS 1 besaß es eine auftriebserhöhende Landeklappe, die aber nach dem damaligen FAI-Reglement nicht mit dem Querruder gekoppelt sein durfte. Das verursachte Probleme, vor allem bei der Landung. Trotzdem wurde *Helmut Reichmann* 1974 auch mit diesem schwierigeren Flugzeug noch einmal Weltmeister (in Waikerie/Australien).

LS 3

Für die neue FAI-15-m-Klasse erscheint 1976 die LS 3. Ihr Flügelgrundriß ist ein einfaches Trapez. Der Grund dafür: sie besitzt an der Hinterkante durchgehende kombinierte Wölbklappen und Querruder, sogenannte Flaperons (zusammengesetzt aus englisch Klappe = flap und Querruder = aileron). Diese Kombiklappe gibt der LS 3 eine ausgezeichnete Rollwendigkeit bei einem geringen negativen

LS 1 f.

LS 3 auf dem Flugplatz Fayence in Südfrankreich. Rechts *Walter Schneider.*

Wendemoment, erfordert allerdings als Massenausgleich ein Bleigewicht von 13 kg. Wohl deshalb werden nach 145 Einheiten bei der LS 3a (Auslieferung ab Frühjahr 1978) Wölbklappen und Querruder wieder getrennt ausgeführt. Dadurch kann auch die Rüstmasse verringert werden. Alle LS 3 haben Zwangsanschluß aller Ruder – ein wesentlicher Sicherheitsfaktor. Bei Betätigung der Schempp-Hirth-Bremsklappen werden die Wölbklappen automatisch in Landestellung gebracht. Das relativ dicke von *Lemke* modifizierte Wortmann-Wölbklappenprofil (ohne Bezeichnung) gab der LS 3 gute Flugeigenschaften und ersparte die teure CFK-Bauweise, erwies sich aber als recht verschmutzungsempfindlich (Insektenaufprall und Regentropfen). Ein Vorteil ist das große Cockpit, das auch einem Sitzriesen ausreichend Platz gibt. Der LS-1-Verkaufserfolg wiederholte sich allerdings nicht – trotz guter Leistungswerte: Gleitzahl 40 bei 100 km/h, geringstes Sinken 0,60 m/s bei 70 km/h. Eine Version mit zwei Flügelansatzstücken, durch die sich die Spannweite (wenn nicht im Wettbewerb geflogen wird) auf 17 m vergrößern läßt, erreicht sogar eine Gleitzahl von 45. Von dieser LS 3 17 sind immerhin auch 66 Exemplare verkauft worden. Aufgrund der Initiative eines Firmenmitarbeiters, *Hansjörg Streifeneder,* wurde eine LS 3 Standard mit festgeharzter Wölbklappe (in Normalstellung) gebaut. Mit diesem Flugzeug holte sich *Hans Glöckl* bei den Deutschen Meisterschaften 1980 in Aalen-Elchingen den Meistertitel.

LS 3. Mit Flügelansatzstücken läßt sich die Spannweite des »Rennklasse«-Flugzeugs auf 17 m vergrößern.

LS 4

Auch die neukonstruierte LS 4 war 1980 in der Standardklasse schon dabei, doch konnte sich *Walter Schneider* damit »nur« an sechster Stelle plazieren. Was erfahrene Segelflieger aber sofort bemerkten, war der Leistungsvorteil der LS 4 in allen Geschwindigkeitsbereichen und vor allem die Verschmutzungsunempfindlichkeit des recht dünnen Profils. Mit dem Erfolg, daß bei den Weltmeisterschaften 1981 in Paderborn-Haxterberg schon 16 von 27 Standardklassepiloten die LS 4 flogen – auch *Marc Schroeder,* der den Titel gewann. Zahlreiche weitere nationale und internationale Erfolge schlossen sich an. Die LS 4 – nur geringfügig

LS 4, Standardklasseflugzeug von 1980, ist auch ein Jahrzehnt später noch begehrt.

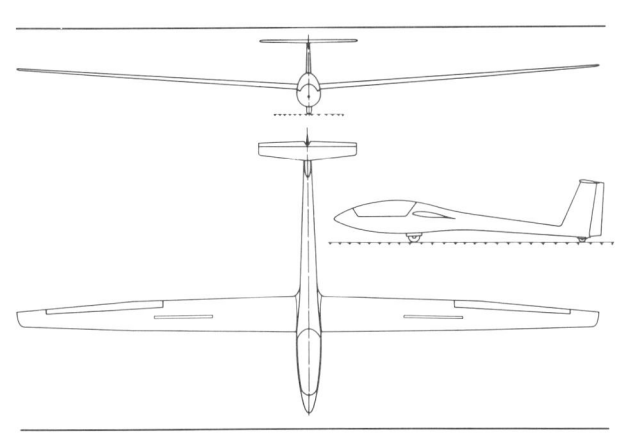

LS 4 – Standardklasseflugzeug mit der Gleitzahl 41.

modifiziert – ist bis heute ein »Renner« geblieben. Wegen ihrer Leistungen – Gleitzahl 41, geringstes Sinken 0,60 m/s – in Verbindung mit guten Flugeigenschaften gehört sie zu den begehrtesten Vereinsflugzeugen. Weit über 800 wurden seit 1980 verkauft, und noch 1991 wurden von ihr wöchentlich 3 Einheiten hergestellt.

LS 5

Mit 22 m Spannweite geplant für die Offene Klasse, wurde die LS 5 als Serienflugzeug aufgegeben, nachdem von den Konkurrenten mit Nimbus-3 und ASW 22 hervorragende Konstruktionen auf den Markt gekommen waren. Wie leistungsfähig dieses Muster mit seinem LS-4-Rumpf war, bewies ein Amateurbau von *Klaus Mies* und *Walter Schuster* in Verbindung mit der Akaflieg Saarbrücken, der 1986 den Erstflug absolvieren konnte. Die erwartete Gleitzahl von 55 und ein geringstes Sinken von 0,45 m/s wurden erreicht.

LS 6

Bei der Neukonstruktion LS 6 für die Rennklasse kamen neben einem von *Lemke* modifizierten Wortmann-Profil von nur 13,4 Prozent relativer Dicke auch die Flaperons wieder zu Ehren. Für die Holmgurte des dünnen Flügels mußte CFK verwendet werden, für die Klappen das etwas leichtere, aber ebenfalls hochfeste Aramid. Wo es irgend möglich war – ob an Oberflächen, Querschnitten und selbst den Leitwerksprofilen – wurde Widerstand eingespart. Selbst der Rumpf wurde im Cockpitbereich deutlich schlanker, enger als etwa bei der LS 4. So kam ein nicht mehr so bequemes, aber besonders leistungsfähiges Flugzeug zustande: Gleitzahl 44, geringstes Sinken 0,57 m/s. Mit dem neuen Flugzeug wurde *Holger Back* bei den Deutschen Meisterschaften 1985 in Mengen auf Anhieb Zweiter, und noch im selben Jahr gewann *Doug Jacobs* in Rieti mit der LS 6 die Weltmeisterschaft in der Rennklasse. Auch dieses Muster wird – geringfügig modifiziert, z. B. mit zusätzlichen Ballasttanks ausgestattet – heute noch produziert, und die Erfolgsliste erweitert sich jedes Jahr. So fand sich die LS 6 (in den Versionen B und C) bei der Weltmeisterschaft 1991 in Uvalde/Texas auf den vier ersten Plätzen der Rennklasse und auch im weiteren Feld hervorragend plaziert.

LS 7

Als Neukonstruktion für die Standardklasse erschien die LS 7 1988 und erwies sich sehr bald als deutlich besser als die LS 4, was allerdings mit einem wesentlich erhöhten Bauaufwand und entsprechend höherem Preis erkauft wurde. Die Flügel in Carbon-Sandwich-Bauweise mit einem von *Lemke* neu entwickelten Profil weisen bei 15 m Spannweite eine Fläche von 9,8 m² und eine Streckung von 23 auf (bei der LS 4 10,5 m² Fläche und 21,4 Streckung). Selbst das Höhenruder mit einem besonders widerstandsarmen Profil wurde mit Carbon-Kevlar-Werkstoffen hergestellt, während für die Querruder Kevlar verwendet wurde. Serienmäßig sind die Flügel für die Aufnahme von 160 l Wasserballast eingerichtet. Die Flächenbelastung läßt sich zwischen 32 und 55 kg/m² variieren (max. Flugmasse 540 kg; Höchstgeschwindigkeit 270 km/h). Der Rumpf entspricht dem der

LS 6. Besondere Sorgfalt wurde auf den Rumpf-Flügel-Übergang gelegt, wie überhaupt alle Teile aerodynamisch aufs Feinste durchgestylt sind. Alle Ruder besitzen automatische Anschlüsse. So ist ein bis heute begehrtes Standardklasse-Flugzeug entstanden – mit Leistungen, die wenige Jahre vorher allenfalls der Offenen Klasse zugetraut wurden: Gleitzahl 43, geringstes Sinken 0,58 m/s.

LS 8

Als Weiterentwicklung der Rennklasse LS 6 erhielt die LS 8 Ansteckflügel für 18 m Spannweite. Damit wurde die Gleitzahl 48 erreicht.

Burkhart Grob Flugzeugbau

Der technisch und platzmäßig hervorragend ausgestattete Betrieb am Flugplatz Mindelheim-Mattsies hatte Anfang der siebziger Jahre 200 Standard-Cirrus in Lizenz hergestellt und dadurch Erfahrungen im Segelflugzeugbau und dabei möglichen rationellen Fertigungsmethoden gesammelt. Für *Burkhart Grob,* der selbst seit langem Segel- und Motorflieger war, lag es nahe, diese Erfahrungen auch für Konstruktion und Bau eigener Muster zu nutzen. Ein vielseitig einsetzbares und dabei preisgünstiges Flugzeug sollte das Eindringen in einen etablierten Markt ermöglichen.

G-102 »Astir CS«

In Auslegung und Leistung gehört die G-102 »Astir CS« zur Standard-, vom Preis her zur Clubklasse. Wegen seiner größeren Flügelfläche (12,40 m²) und seiner geringeren Streckung (18,2) wirkt es zwar nicht ganz so elegant wie seine zierlicheren Konkurrenten. Mit der dadurch gegebenen geringeren Flächenbelastung (26 kg/m²) hat es aber günstige Steigflugleistungen und Landeeigenschaften. Dazu trägt auch die »Gutmütigkeit« des relativ dicken (19 Prozent) Eppler-Profils E 603 bei. Die Landesicherheit wird ferner durch die groß bemessenen Schempp-Hirth-Klappen auf der Flügeloberseite erhöht. Wo noch keine geeigneten GFK-Doppelsitzer vorhanden sind, ermöglicht der »Astir CS« in der Schulung einen meist problemlosen Übergang von üblichen Vereinsflugzeugen (wie der Ka 8) auf Kunststoff-Flugzeuge.

Den Erstflug mit dem »Astir CS«, der auch 90-l-Wassertanks und ein einziehbares Fahrwerk aufweist, unternahm *Burkhart Grob* selbst im Dezember 1974. Gut ein Jahr später waren schon hundert Einheiten ausgeliefert. Das aerodynamische Konzept, das von *Professor Eppler* stammt, bewährte sich und führte dazu, daß *Grob* Ende der siebziger Jahre mit mehr als 1200 verkauften Exemplaren zum damaligen Marktführer avancierte. Allerdings hatte die erste Serie mehrere Modifizierungen erfahren. 1977 flog mit einem etwas schlankeren Rumpf der »**Astir CS 77**« und noch im selben Jahr der erste »**Club-Astir**« (mit fest eingebautem Rad und ohne Wassertanks). Ein »**Speed-Astir**«, ein Wölbklappenflugzeug für die neue »Rennklasse«, schloß

G-102 »Astir CS« vor der Grob-Halle in Mindelheim-Mattsies.

In den Flächentank der »Astir CS« wird Ballastwasser eingefüllt.

sich 1978 an. Er besaß das neue, nur 14 Prozent dicke Eppler-Profil E 662, CFK-Holm sowie die von *Eppler* entwickelte schlitzfreien Elastic-Flaps für Wölbklappe und Querruder. Doch erst der **»Speed-Astir-II«** in der 1979 modifizierten Form (geringfügige Verlängerung und Verbreiterung des Rumpfes, der zunächst als zu eng kritisiert worden war) kam bei den Interessenten an – nicht zuletzt wegen seiner Leistungen: beste Gleitzahl 41,5 bei 120 km/h und geringstes Sinken 0,75 m/s bei 75 km/h (nach Prospektangaben). Außerdem gibt es für ihn Aufsteckflügel, mit denen sich die Spannweite auf 17,5 m erhöhen läßt und die Gleitzahl auf etwa 43 zunimmt.

G-103 »Twin-Astir«

Als Kunststoff-Doppelsitzer flogen Anfang der siebziger Jahre nur die SB-10 der Akaflieg Braunschweig (siehe dort) und eine Sonderkonstruktion von Lemke-Schneider, LSD Ornith, die ein Einzelstück geblieben war. Auch der »Janus« als erster Serien-Doppelsitzer in GFK kam erst in der zweiten Hälfte der siebziger Jahre auf den Markt und war ein Leistungssegelflugzeug. *Burkhart Grob* erkannte, daß die Segelflugvereine zur Umschulung auf GFK und zur Einführung in den Leistungssegelflug einen für sie erschwinglichen Kunststoff-Doppelsitzer benötigten, und so

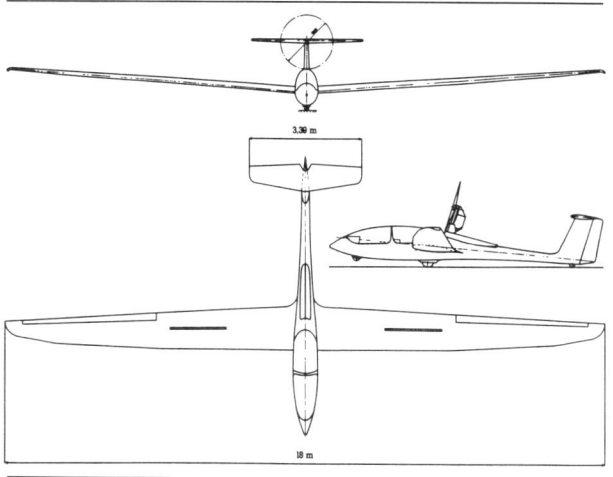

G-103 »Twin III SL« – Motorsegler mit Klapptriebwerk.

G-103 »Twin-Astir«, GFK-Doppelsitzer von 1974.

erschien nach dem aerodynamischen und bautechnisch-wirtschaftlichen Konzept des »Astir CS«, dessen Profil ebenfalls übernommen wurde, der Doppelsitzer »Twin-Astir«. Wie richtig *Grob* den Bedarf eingeschätzt hatte, zeigte sich daran, daß schon zwei Jahre nach dem Erscheinen 1976 rund 250 Exemplare ausgeliefert werden konnten. Bei guten Leistungen – Gleitzahl 38 bei 105 km/h und geringstes Sinken 0,60 m/s (nach Herstellerangabe) – hat der »Twin-Astir« die gleichen guten Flugeigenschaften wie der Einsitzer. In modifzierter Form (Flügel als Dreifach-Trapez mit Pfeilung der Flügelvorderkante ähnlich dem »Discus« sowie mit zusätzlichem Bugrad, wie es auch die inzwischen erschienenen Konkurrenzmuster besitzen) wurde der Grob G-103 »Twin III Arco« noch Anfang der neunziger Jahre angeboten. Er eignet sich sogar für die Einweisung in den Segelkunstflug. Vom »Twin-Astir« sind bis Ende 1991 über 1000 Einheiten hergestellt worden. Eine eigenstartfähige Weiterentwicklung mit Klapptriebwerk (37 kW = 50 PS) war der zu seiner Zeit preisgünstigste doppelsitzige Motorsegler seiner Leistungsklasse (G-103 »Twin III SL«). Die Firma Grob entwickelt und baut seit einigen Jahren nur noch Motorflugzeuge.

Glaser–Dirks – DG 100 bis 800

Im Vergleich zu den meisten anderen deutschen Segelflugzeugherstellern ist Glaser–Dirks (DG) eine recht junge Firma, doch wie die anderen wurde auch sie von Segelfliegern gegründet (1973) und von ihnen geprägt: *Gerhard Glaser,* langjähriger Leistungssegelflieger und *Wilhelm Dirks,* Akaflieg Darmstadt, und beteiligt an der D 37 und der D 38. Ihr erstes Flugzeug war denn auch eine Serienversion der D-38:

DG 100.

DG 100

Die D 38 war 1972 als 15-m-Standard-Segelflugzeug entworfen und gebaut worden. Sie besaß Doppeltrapez-Flügel mit einer Streckung von 20,5 und erreichte mit den Wortmann-Profilen FX 61-184 (innen) und FX 60-126 (außen) eine beste Gleitzahl von 37 bei 90 km/h und ein geringstes Sinken von 0,62 m/s bei 78 km/h (von der DFVLR im Flug gemessene Werte).

Dank einiger aerodynamischer Verfeinerungen und verbesserter Bauweise in einer eigens dafür errichteten Montagehalle in Untergrombach/Bruchsal (Baden-Württemberg)

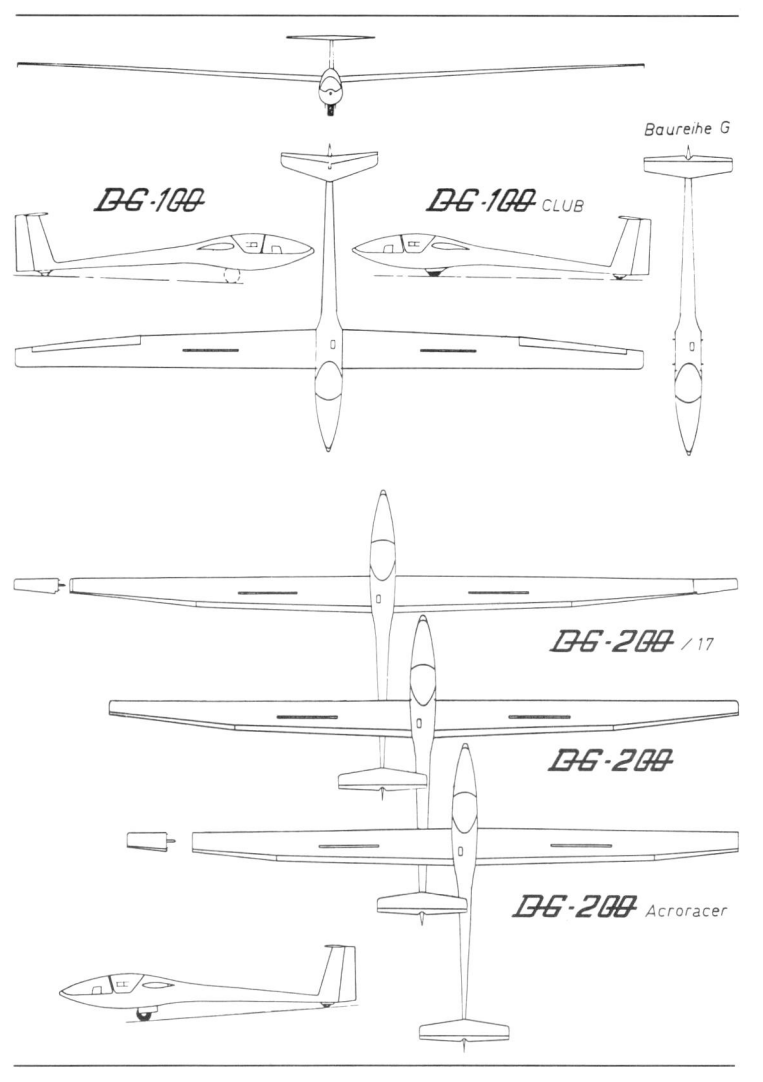

DG 100 und DG 200.

konnten die Leistungen bei der Serienversion noch verbessert werden: beste Gleitzahl 39,2 bei 105 km/h und geringstes Sinken 0,59 m/s bei 74 km/h. Die besonderen Qualitäten liegen jedoch in der guten Ruderabstimmung und Flugstabilität sowie in der wegen der relativ großen Flügelfläche von 11 m² geringen Landegeschwindigkeit, durch die in Verbindung mit großen Schempp-Hirth-Klappen auf der Oberseite selbst Außenlandungen keine besonderen Probleme aufwerfen. Auch die lang heruntergezogene Haube und die bequeme Sitzposition machten das Flugzeug begehrenswert, so daß in fünf Jahren weit über hundert Exemplare ausgeliefert werden konnten. Schon ein Jahr nach dem Erstflug der DG 100 im Mai 1974 durch *Wilhelm Dirks* gewann *Harro Wödl* mit diesem Flugzeug die Österreichische Meisterschaft. Es dauerte nicht lange, bis auch ein Muster für die neue unbeschränkte 15-m-Klasse folgte.

DG 200

Äußerlich entspricht die DG 200 weitgehend der DG 100, nur die Flügelfläche wurde auf 10 m² verringert. Neu sind die Wölbklappen, die über die gesamte Spannweite gleichzeitig als Querruder dienen, wobei die Querruder am Außenflügel sich den Ausschlägen der Wölbklappen anpassen. Als Profil wurde ein modifiziertes FX-K-70 gewählt. Die großen Schempp-Hirth-Bremsklappen auf der Flügeloberseite wurden beibehalten. Nach dem Erstflug im April 1977 fand auch dieses Flugzeug sogleich großes Interesse. 1978 folgte unter dem Namen »Acroracer« eine Kunstflugversion mit 13,10 m Spannweite, die sich aber mit Hilfe von Aufsteck-Flügelenden in eine »normale« DG 200 zurückverwandeln ließ. Von 1979 an gab es auch für die DG 200 aufsteckbare Außenflügel, mit denen sie mit 17 m Spannweite und geringfügig verbesserten Leistungen geflogen werden konnte. Diese waren jedoch auch in der Normalausführung schon recht gut: beste Gleitzahl 42 bei 110 km/h, geringstes Sinken 0,55 m/s bei 72 km/h.

DG 300 Elan

Die Zusatzbezeichnung Elan bedeutet, daß die DG 300 bei der Partnerfirma »Elan Flight« in Jugoslawien gefertigt wird. Sie ist wiederum ein Flugzeug der Standardklasse, in dem – wie auch bei den anderen namhaften Herstellern – inzwischen gewonnene Erfahrungen und Erkenntnisse Berücksichtigung gefunden haben. So besitzt sie ein von *Horstmann* und *Quast* entwickeltes dünneres Profil, das gegen Regen oder Mückenbefall weitgehend unempfindlich ist. Eine Besonderheit – zumindest in der Standardklasse – sind Blasturbulatoren auf der Flügelunterseite, mit denen die Grenzschicht beeinflußt wird. Sie verhindern weitgehend widerstandserzeugende laminare Ablöseblasen und verlängern die Laufstrecke der laminaren Strömung. Wassertanks in Flächen und Seitenflosse mit jeweils eigenen Ablaßvorrichtungen erhöhen den Bauaufwand, so daß die DG 300 nicht billig sein kann. Ihre Leistungen jedoch rechtfertigen die erhöhten Anschaffungskosten: beste Gleitzahl bei 32 kg/m² Flächenbelastung 41, geringstes Sinken 0,59 m/s bei 72 km/h, bei der maximal möglichen Flächenbelastung von 50 kg/m² sogar Gleitzahl 42 bei 122 km/h. Bis 1991 wurden weit über 400 Einheiten ausgeliefert.

Seit Januar 1988 wird neben der DG 300 eine vereinfachte Ausführung geliefert: Die **DG 300 Club Elan** hat weder Blasturbulatoren noch Wassertanks und lediglich ein fest

DG 300 – der Flügel hat eine gerade Vorderkante und ist daher geringfügig vorgepfeilt.

Oben: *Jacob Degens* Schwingenflieger von 1807 besaß über 3500 Ventilklappen, die sich beim Niederschlag schlossen. Am Ballon hängend, gelangen dem Schweizer Uhrmacher damit einige »Flüge«, durch die er weithin bekannt wurde. Die farbige Darstellung stammt aus den damals weit verbreiteten »Bertuchschen Bilderbogen«, die in Weimar herausgegeben wurden.

Mitte: SG 38 – auf dem »Kullerchen«, fertig zum Abtransport ins Fluggelände.

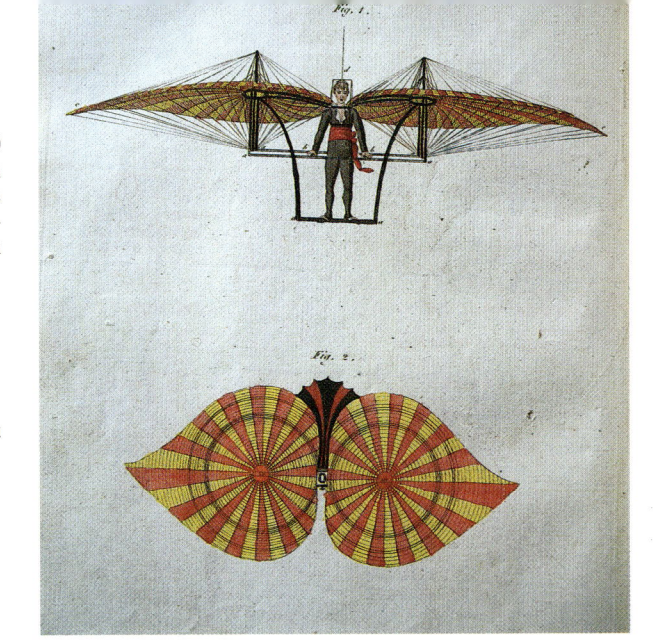

Unten: Ein Schulgleiter 38 im Flug auf der Wasserkuppe.

Oben: Der Übungssegler »Hols der Teufel«, konstruiert von *Alexander Lippisch* 1922/23, mehr Gleit- als Segelflugzeug. Hier ein Nachbau aus den 90er Jahren von *Mike Beach* (im Führersitz). Das noch zugelassene Flugzeug befindet sich heute im Segelflugmuseum auf der Wasserkuppe.

Mitte: Ein SG 38 mit »Boot« startet als Oldtimer an der Winde auf dem Flugplatz Uetersen.

Unten: Ein »Falke« von 1931 im Segelflugmuseum auf der Wasserkuppe – noch »Sperrholz natur«.

Auch 1992 wurde das »Baby« noch gern geflogen.   Startbereit (oben) und Windenstart auf der Wasserkuppe (Mitte).

Auch für große Piloten bietet die »Minimoa« ausreichend Platz.   Die »Minimoa« fliegt nahezu »eigenstabil«, wie es ihre Piloten nennen.

Die Gö 4 bei einem Oldtimertreffen auf der Hahnweide 1989.

»Condor IV« im Segelflugmuseum auf der Wasserkuppe.

△ Der »Habicht«-Nachbau – erfolgreich erprobt. Charakteristisch die kurz angesetzten Knickflügel.

▷ Die Schüler/Lehrer-Sitzposition im »Doppelraab«.

▽ Die Ka 2 »Rhönschwalbe«. Deutlich erkennbar ist die Vorpfeilung. Die ausgefahrenen Bremsklappen und die Seitenleitwerksschere sollen verhindern, daß Windböen Schäden an dem abgestellten Flugzeug verursachen.

Die Ka 4 »Rhönlerche« von 1953 bewährt sich noch heute im Schul- und Vereinsbetrieb.

Ka 6 – Höhepunkt der Holzbauweise von Segelflugzeugen.

Eine Ka 8 im Windenstart auf dem Flugplatz Oerlinghausen am Teutoburger Wald.

△ Die ASK 13 im Schulbetrieb auf der Wasserkuppe.   ▽ fs-24 »Phönix« als Oldtimer auf der Hahnweide 1989.

In der D 36 *Gerhard Waibel,* der spätere Sieger in der Offenen Klasse.

Die ASK 21 im Schulbetrieb auf der Wasserkuppe.

Der »Discus«. Die Flügelform wurde inzwischen auch von einigen anderen Herstellern übernommen.

△ »Standard-Libelle«.   ▽ »Kestrel«.

H 111 »Hippie« mit *Ursula Hänle*.

LS 7. Der Durchblick durch die Haube ist unverzerrt.   »Astir CS«.

Oben: DG 300 unter sengender Sonne.

Mitte links: SB 10 auf dem Flugplatz Braunschweig.

Mitte rechts: »Nimbus 3« im Steilkreis.

Unten: ASH 25 – Spitzenleistungen als Doppelsitzer.

△ ASW 22 BE im Start.

◁ ASH 25 MB im Steilkreis mit starker Flügeldurchbiegung.

▽ Schleicher Poppenhausen – seit 1927 werden hier am Fuße der Wasserkuppe Segelflugzeuge gebaut. Der Betrieb ist mit seinen meist einheimischen Facharbeitern der älteste Segelflugzeughersteller der Welt.

△ Die fs 32. Im Gegenlicht ist der Klappenspalt deutlich sichtbar.

▷ Ein ungewohntes Flugbild: die SB 13.

▽ Ein C-Falke startet auf dem Flugplatz Ithwiesen im Weserbergland.

Oben: SF 25 C 2000 mit Zweibeinfahrwerk – obgleich eine konventionelle Holz-Stahlrohr-Konstruktion, wird er auch Anfang der neunziger Jahre noch gebaut.

Mitte: ASK 14 – deutlich erkennbar ist die Verwandtschaft mit der Ka 6.

Unten: Grob G 109 A – eher ein Leichtflugzeug als ein Motorsegler?

Oben: Die SF 36 von *Egon Scheibe* bei einem Motorseglerwettbewerb auf dem Flugplatz Feuerstein.

Mitte: Stemme S 10 – als Leistungssegelflugzeug ebenso perfekt wie als Reisemotorsegler.

Unten: Auf der Wasserkuppe: der verbesserte »Ulf«, ein Laufstart-Segler (siehe Seite 191).

Standarddrachen. Der »hängende« Pilot verursacht hohen Luftwiderstand.

Zwei Lo 100 »Zwergreiher« im Spiegelflug *(Hubert Jänsch* und *Dieter Wassercordt).*

Rauchspur von Loopings, geflogen von zwei Lo 100 auf der Aero 89 in Friedrichshafen.

Der Motorsegler DG 400 – Steigflug nach dem Start.

eingebautes, kein einziehbares Rad (kann aber nachgerüstet werden). Dafür ist sie spürbar billiger. Die relativ geringen Leistungsverluste (Gleitzahl 39,5 und 40,5 bei etwa gleichen Flächenbelastungen und bei gleichbleibender Sinkgeschwindigkeit) dürften im Clubbetrieb kaum ins Gewicht fallen.

DG 300 ELAN

Die DG 300 ELAN, ein Standardklasse-Flugzeug, kam 1983 auf dem Markt. Gebaut wurde es bei dem slowenischen Hersteller ELAN, mit dem die Zusammenarbeit 1978 begonnen hatte. Nicht zuletzt wegen ihrer trotz hoher Leistung gutmütigen Flugeigenschaften wird die DG 300 bis heute produziert. Bis Ende 1998 waren an die 500 Exemplare ausgeliefert.

DG 400

Der Motorsegler DG 400 erschien bereits 1981, war jedoch mit rund 300 gefertigten Exemplaren bis in die neunziger Jahre Marktführer bei den eigenstartfähigen einsitzigen Segelflugzeugen mit Klapptriebwerk. In Auslegung als Wölbklappenflugzeug entspricht er weitgehend der DG 200; er besitzt auch die Aufsteckflügel zur Erhöhung der Spannweite auf 17 m. Die Tragflächen sind mit Wölbklappen und Querrudern mit CFK hergestellt, wodurch die Leermasse relativ gering gehalten werden konnte.

DG 500

Mit der DG 500 bietet Glaser-Dirks einen Doppelsitzer in zwei Versionen an: als **DG 500 Elan Trainer** mit 18 m

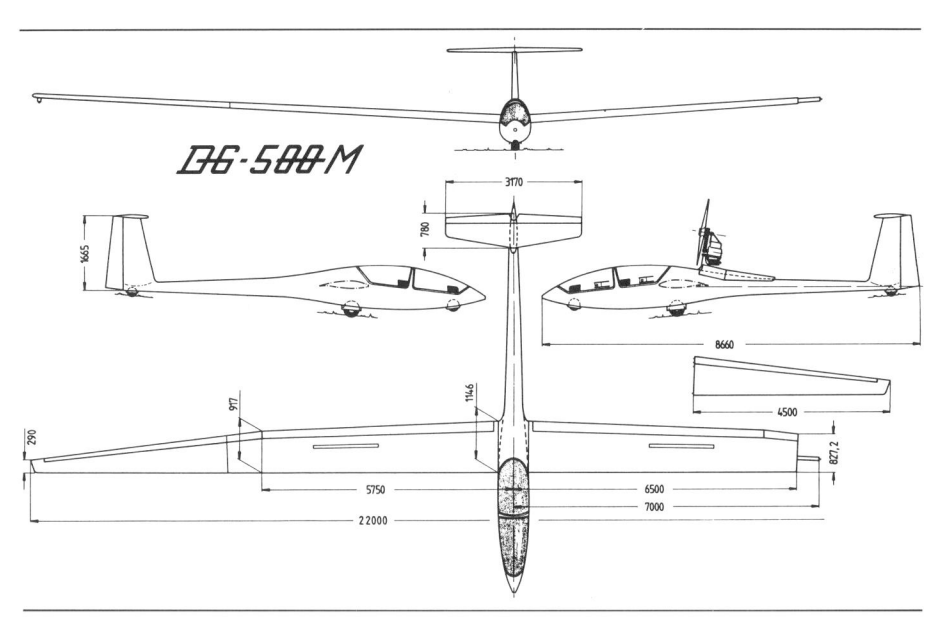

DG 500 M.

Spannweite ohne Wölbklappen als leistungsfähiges Schul- und Übungssegelflugzeug sowie als **DG 500/ 22 Elan** als Hochleistungsdoppelsitzer mit 22 m Spannweite und Wölbklappen der Offenen Klasse, von dem es als **DG 500 M** eine eigenstartfähige Version mit 44 kW = 60 PS-Klapptriebwerk gibt. Die DG 500/22 erreicht mit ihrem vierteiligen Flügel in CFK-Bauweise eine beste Gleitzahl von mehr als 47 bei 110 km/h und ein geringstes Sinken von 0,51 m/s bei 80 km/h. Für die Motorseglerversion werden die gleichen Leistungswerte angegeben.

DG 600

Als Weiterentwicklung der DG 400 besitzt die DG 600 ein modifiziertes HQ Profil 35/37, das mit nur 11,7 Prozent die geringste relative Dicke aller derzeit verwendeten Segelflugzeugprofile aufweist. Die Flugleistungen sowie die Unempfindlichkeit gegen Verschmutzung konnten dadurch weiter gesteigert werden, die Flugeigenschaften finden dagegen im Vergleich zu den bisherigen DG-Mustern kein einheliges Lob. Wie bei der DG 400 besteht auch bei dem neuen

DG 600 – auch bei diesem Rennklasseflugzeug läßt sich die Spannweite durch Aufsteckflügel auf 17 m erhöhen.

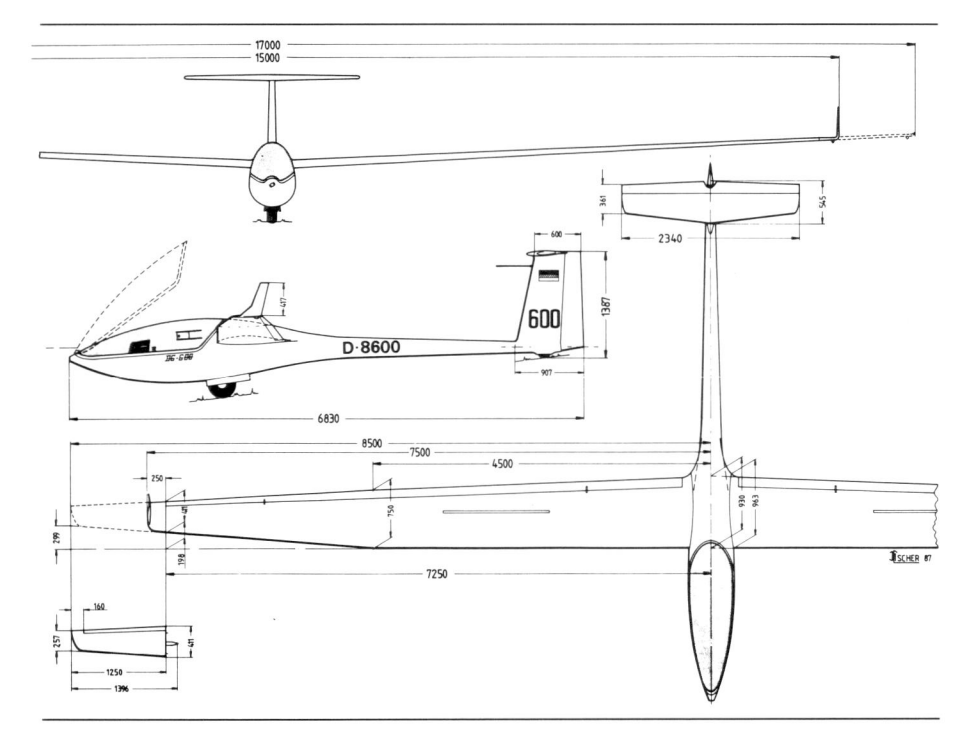

DG 600.

Wölbklappenflugzeug die Möglichkeit, durch Aufsteckflügel die Spannweite auf 17 m zu erhöhen und dadurch die Gleitzahl von 44 (bei 115 km/h) auf 49 zu steigern und das günstigste Sinken (bei 85 km/h) von 0,6 m/s auf 0,53 m/s zu verringern. 1991 ist auch eine motorisierte Version – **DG-600 M** – in Serie gegangen. Das Klapptriebwerk von nur 18 kW/25 PS ist für eine maximale Abflugmasse von 440 kg zugelassen, bei Fremdstart – im Flugzeugschlepp – darf die Abflugmasse bis zu 525 kg betragen (Wasserzuladung ohne Ausbau des Motors möglich). Die Motorseglerversion ist nur 45 kg schwerer als das Segelflugzeug, was durch eine gewichtsparende Kohlen- und Aramidfaserbauweise des Rumpfes und durch das geringe Gewicht des von *Walter Binder* für den Rotax-Zweitakter 275 entwickelten Klappaggregates möglich wurde. Die Steiggeschwindigkeit von etwa 2 m/s bei Vollast ist geringer als bei der stärker motorisierten DG 400 (3,5 m/s); sie reicht jedoch für einen sicheren Eigenstart und als Heimkehrhilfe für das sehr leistungsfähige Rennklasseflugzeug völlig aus.

DG 800

Sie ist ein einsitziger Motorsegler mit Wölbklappen und neuen Flügelprofilen von *L. M. Boermans* (TU Delft). Diese zeichnen sich durch harmlose Überzieheigenschaften, problemloses Kurvenflugverhalten und sehr gute Flugleistungen aus. Das Flugzeug mit 18 m Spannweite ging 1993 in Serie. Bei der Herstellung der Tragflügelformen nutzte *Glaser-Dirks* als erster Segelflugzeughersteller neue Technologien: Die Urmodelle wurden in voller Länge numerisch gefräst und die Formen aus Kohlenstoff-Fasern und mit integrierter Heizung gefertigt. Diese Methoden ermöglichen eine bisher nicht erreichte Präzision und eine gleichbleibende Qualität über den gesamten Zeitraum der Produktion.
Es folgte eine weitere eigenstartfähige Version mit Klapptriebwerk, die **DG 800 B**. Das Triebwerk ist wassergekühlt und liegt im Rumpf. Als zusätzliche Möglichkeit zur Schalldämpfung ist die Luftschraube 1:3 untersetzt. Wegen der Lärmreduzierung ist die DG 800 B bei Vereinen mit kritischen Flugplatzanrainern beliebt.
Alles in allem wurden bis Ende 1998 insgesamt 860 Flugeuge im Werk Untergrombach und 900 von ELAN gebaut.
Ein doppelsitziger Motorsegler, die **DG 1000**, soll noch 1999 die erfolgreiche DG 500 ablösen.

Parallelen in der Evolution der Segelflugzeuge

Die hier geschilderten neueren und neuen Segelflugzeugmuster deutscher Hersteller haben alle jeweils in ihren Firmen einen ähnlichen Evolutionsweg zurückgelegt, zu dem sich ihre Schöpfer als Konkurrenten untereinander (nicht immer zu ihrer Freude) gegenseitig inspiriert und zu den jeweils als notwendig erkannten Verbesserungen genötigt haben, um konkurrenzfähig, also am Leben zu bleiben. Nicht wenige sind auf der Strecke und auch an dieser Stelle unerwähnt geblieben, da nicht einmal alle neueren Muster und tätigen Hersteller hier angeführt werden konnten. Eine Wertung soll damit nicht verbunden sein.

Auch in der Natur laufen Evolutionsvorgänge parallel zueinander ab und führen nicht selten zu gleichen oder ähnlichen Ergebnissen. Darum ist es nicht verwunderlich, daß sich auch in der von menschlicher Intelligenz und Kreativität bewirkten Evolution gleichartige Entwicklungen nebeneinander vollziehen – wie bei den deutschen und zugleich übrigens auch bei den wenigen ausländischen Segelflugzeugherstellern. Der Laie hat damit allerdings seine Schwierigkeiten, denn für ihn sehen die modernen Kunststoffsegelflugzeuge letztlich alle gleich aus, wenn man die ganz großen und besonders schlanken »Super-Orchideen« ausklammert. Und für den Fachmann bzw. den speziell interessierten Segelflieger ist erstaunlich, wie nahe die Leistungswerte jeweils einer »Generation« beieinanderliegen. Sie können davon ausgehen, daß auch in den Flugeigenschaften keine entscheidenden Unterschiede mehr bestehen, denn »tückische Vögel« würden vom LBA (Luftfahrt-Bundesamt) erst gar nicht zugelassen. Zudem sorgen die »Buschtrommeln« in Kreisen der Segelflieger dafür, daß Flugzeuge mit weniger günstigen Flugeigenschaften verbessert bzw. »Mutationen« angeregt werden. Wenn das nicht hilft, verschwinden die Problemkinder meist sehr schnell von der Bildfläche – wie in der freien Natur. Dieser Vorgang entspricht der »natürlichen Auslese« in der Evolution.

Trotz aller Gleichheiten gibt es »Fans« für den einen oder anderen Konstrukteur bzw. Hersteller, und die meisten führen auf Befragen gleich eine Fülle von Gründen an, warum sie ihre Prioritäten setzen. Mit Einflüssen der Werbung hat das wenig oder garnichts zu tun, denn die Segelflugzeughersteller geben dafür im Vergleich zu Auto- oder Zigarettenfabrikanten – nur sehr wenig aus. Es sind für Außenstehende kaum verständliche feine Nuancen in Konstruktion, Form und Eigenschaften, die sie schätzen oder ablehnen, wobei sie das gute und sichere Flugzeug als Grundausstattung voraussetzen. Soweit hat es die Evolution immerhin gebracht.

Der Weg zu den »Superorchideen«

Das Segelflugzeug – »eine der Aerodynamik geweihte Skulptur« . . .

Richard und Monique Ferrière

So nennen die Segelflieger das Feinste vom Feinen, die hochgezüchteten, kompromißlos optimierten, für die meisten von ihnen jedoch unerschwinglich teuren Hochleistungssegelflugzeuge. Mit der Spannweite ihrer mächtigen, messerartig schmalen Flügel um 25 m sind sie zwar nicht mehr handlich. Außenlandungen mit ihnen, trotz ihrer Traumgleitzahl bis zu 60 manchmal unumgänglich, bedeuten ein erhöhtes Risiko. Doch ihr Erscheinungsbild, schon am Boden und erst recht im Flug, ist überwältigend schön, und wer auch nur ein wenig von Segelflugzeugen versteht, der erkennt sofort: Dies ist der Endstand einer hundertjährigen Entwicklung. Aber auch ein Endpunkt?

Auch wenn die Konstrukteure nach dem heutigen Kenntnisstand ohne weiteren vielfachen Mehraufwand, der in keinem Verhältnis zu den damit erreichbaren Leistungsverbesserungen stehen würde, vorerst kaum wesentliche Fortschritte erzielen werden – eines ist klar: Die Evolution ist noch nicht am Ende. In den zwanziger Jahren wäre jeder für unzurechnungsfähig erklärt worden, der für Segelflugzeuge Gleitzahlen um 60 prognostiziert hätte. Wer heute Gleitzahlen um 100 für möglich hält, wird von den Fachleuten wahrscheinlich ebenfalls kaum ernst genommen. Doch gerade in der Luftfahrttechnik zeigt sich immer wieder, daß neue Ideen, neue Prinzipien, neue Erfindungen wahre Entwicklungssprünge hervorrufen können – auch dann, wenn Insider vorher davon überzeugt waren, der Endstand sei erreicht. Und warum sollte es in der Evolution der Segelflugzeuge nicht irgendwann wieder in einem großen Sprung weitergehen?

Wie kam es zu dem »Endstand« Anfang der neunziger Jahre? Zwischen der etablierten Offenen Klasse und der 1978 eingeführten FAI-15m-Klasse (»Rennklasse«) ergab sich von Anbeginn eine fruchtbare Wechselwirkung, konnten doch die schon erprobten Verfeinerungen wie Wölbklappen nun auch für die kleinere Klasse übernommen werden. Das führte dazu, daß deren Leistungen bald kaum noch hinter den Flugzeugen der Offenen Klasse zurückstanden und das Interesse an den weitaus teureren und weniger handlichen Supervögeln nachzulassen schien. Doch nun wirkten neue, in der Rennklasse gewonnene Erfahrungen zurück und gaben der Offenen Klasse neue Impulse. Hinzu kam bei Konstrukteuren und Piloten und erst recht bei denen, die beides sind, der verständliche Drang, an der Spitze der Entwicklung zu stehen und absolute Spitzenleistungen zu erzielen – selbst wenn sich das betriebswirtschaftlich wegen der geringen zu erwartenden Stückzahlen nicht rechnet oder (auf der Pilotenseite) für ein begrenztes Mehr an Leistung tief in die Tasche gegriffen werden muß. Auch die Wissenschaftler – unter ihnen nicht wenige Piloten – sind daran interessiert und bemüht, die Grenzen des jeweils Möglichen auszuloten. Alle lockt der sportliche Aspekt, ihre eigenen und anderer Leistungen zu übertreffen, in die Rekordlisten einzugehen, Wettbewerbe zu gewinnen – und die Grenzen erneut weiter zu stecken.

In der Weiterentwicklung der Laminarprofile waren schon in den siebziger Jahren große Fortschritte erzielt worden. Unter anderem hatte man erkannt, daß sich der Nachteil der Verschmutzungsempfindlichkeit nur durch Verringerung der relativen Profildicke beseitigen und zudem der Widerstand verringern ließ. Eine zusätzliche Möglichkeit zur Leistungsverbesserung besteht in der Vergrößerung der Spannweite bei weiterer Erhöhung der Flügelstreckung. Doch dafür reicht die Festigkeit des glasfaserverstärkten Kunststoffs kaum aus. Festere Fasern und Gewebe gibt es aus Kohlenstoff (Carbon). Sie werden durch Verkohlung anderer Kunststoff-Fasern bei hohen Temperaturen (um 2000° C) gewonnen und sind daher sehr teuer. Welches waren die Meilensteine in der Verwendung und Erprobung der Kohlenstoff-Fasern in der Kunststoff-Bauweise?

CFK – erstmalig in der SB 10

Das erste Segelflugzeug, bei dem in einem hochbelasteten Bauteil CFK (international CFK = Carbon-Faser-Kunststoff genannt) verwendet wurde, war die SB 10. Wegen des damals noch extrem hohen Preises für das Kilogramm Kohlenstoff-Faser (je nach Typ bis zu DM 1800,—) konnte das nur mit Unterstützung des Bundesministeriums für Forschung und Technologie geschehen – eine Investition, die sich gelohnt hat, wenn man sich das Ausmaß der heutigen Verwendung von CFK auch im Großflugzeugbau, z. B. beim Airbus, vor Augen führt. Die Unterstützung erhielten die in der Akaflieg Braunschweig tätigen angehenden Luftfahrt-Ingenieure. Im Nachhinein weiß man nicht, was bewundernswerter ist: die Konstruktion selbst oder der Mut der jungen Akaflieger, das weitaus größte und damals – 1972 – modernste Segelflugzeug bauen zu wollen. Erfahrungen für dieses Vorhaben hatten sie schon mit dem Bau der SB 8 und SB 9 gesammelt, die Ende der sechziger

Die SB 10 – das mit 29 m Spannweite derzeit größte Segelflugzeug der Welt. Möglicherweise wird es demnächst – aber erst 27 Jahre nach seinem Erstflug – von der »eta« (siehe Seite 208) übertroffen.

Der Doppelsitzer SB 10.

149

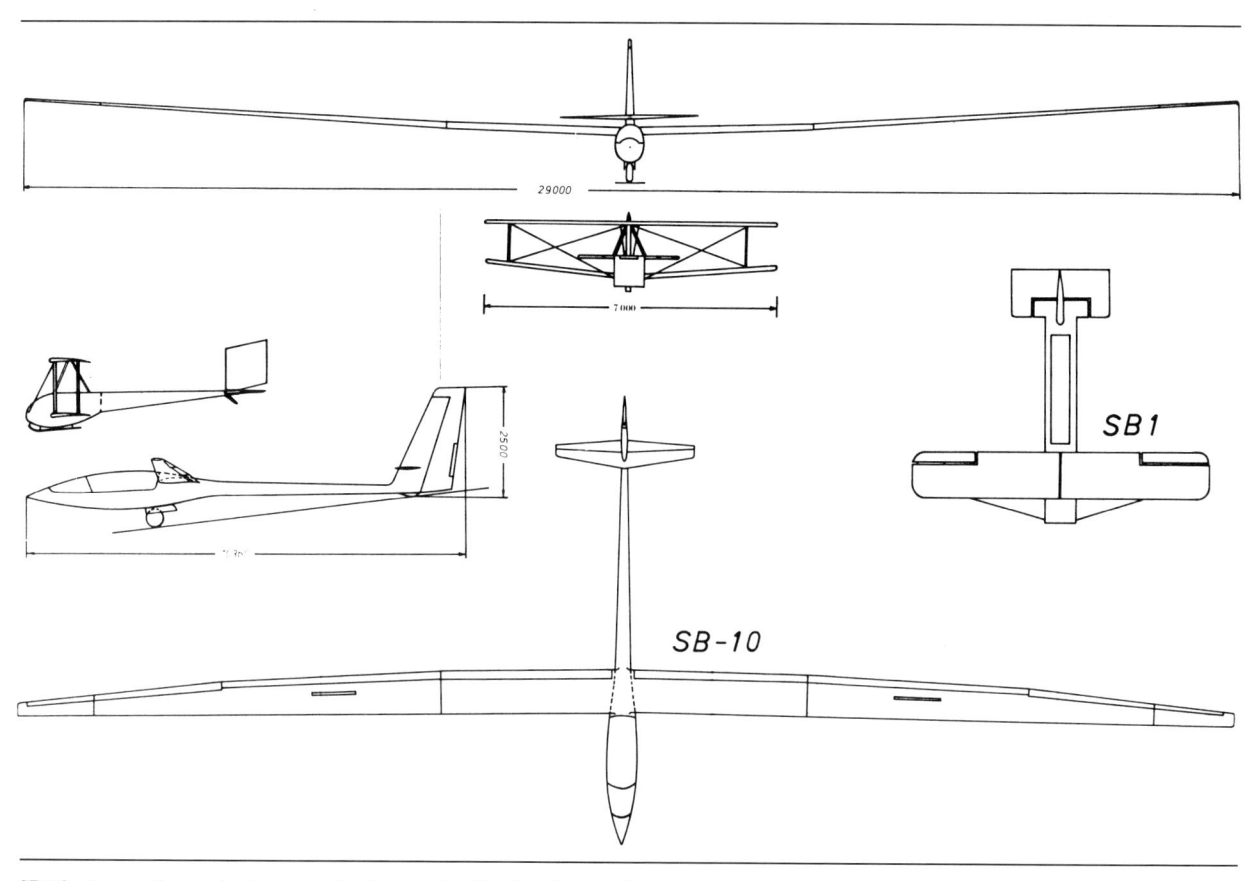

SB 10 – konstruiert und gebaut von Studenten der Akaflieg Braunschweig (zum Vergleich: der Doppeldecker-Gleiter SB 1 »Storch« von 1923).

Jahre mit 18 bzw. 22 m Spannweite ebenfalls bereits Festigkeits- und Flatterprobleme aufgeworfen hatten. Allein durch die Vergrößerung der Spannweite hatte sich die Gleitzahl von 40 auf 46 erhöhen lassen. Das ermutigte sie zu dem Versuch, ein Segelflugzeug mit 29 m Spannweite zu bauen. Rumpf und Leitwerk mußten entsprechend groß bemessen werden. Zur Erzielung der richtigen Schwerpunktlage war ein weit vorgezogenes Rumpfvorderteil erforderlich. Dadurch bot sich die Möglichkeit, das Flugzeug als Doppelsitzer auszulegen.
Der vierteilige Flügel der SB 9, der sich mit seinen Wortmannprofilen (innen FX 62-K-153, Mitte FX-62-K-131, außen FX 60-126) bewährt hatte, wurde übernommen und durch ein rechteckiges Mittelstück von 8 m Spannweite mit dem Innenprofil FX 62-K-153 vergrößert. Dies war das Bauteil, für das GFK nicht mehr ausreichte. Erst die Verwendung von CFK – erstmalig bei einem Segelflugzeug – ermöglichte den Bau des Riesenvogels, der bei 29 m Spannweite eine Streckung von 36,6 (!) und Wölbklappen besitzt.

Der 10 m lange Rumpf besteht aus einem Stahlrohrgerüst, das mit einer GFK-Balsa-Schale verkleidet ist. Es mündet in eine konische Leichtmetallröhre, die den Leichtmetallholm des 2,21 m hohen Seitenleitwerks trägt. Nach kleinen Änderungen bewährt sich das Flugzeug bis heute bei Wettbewerben und Rekordflügen. Die beste Gleitzahl von 53 erreicht es bei 90 km/h, das geringste Sinken von 0,41 m/s bei 75 km/h.

Die CFK-Versionen »Nimbus 2 C« und »Mini Nimbus C«

Auch die Firma Schempp-Hirth gehört zu den Pionieren der Kohlefaser, hat sie doch für den »Mini-Nimbus C« erstmals einen CFK-Flügel in Serie gebaut. Erprobt wurde diese Bauweise parallel dazu mit dem »Nimbus 2 C«, der im

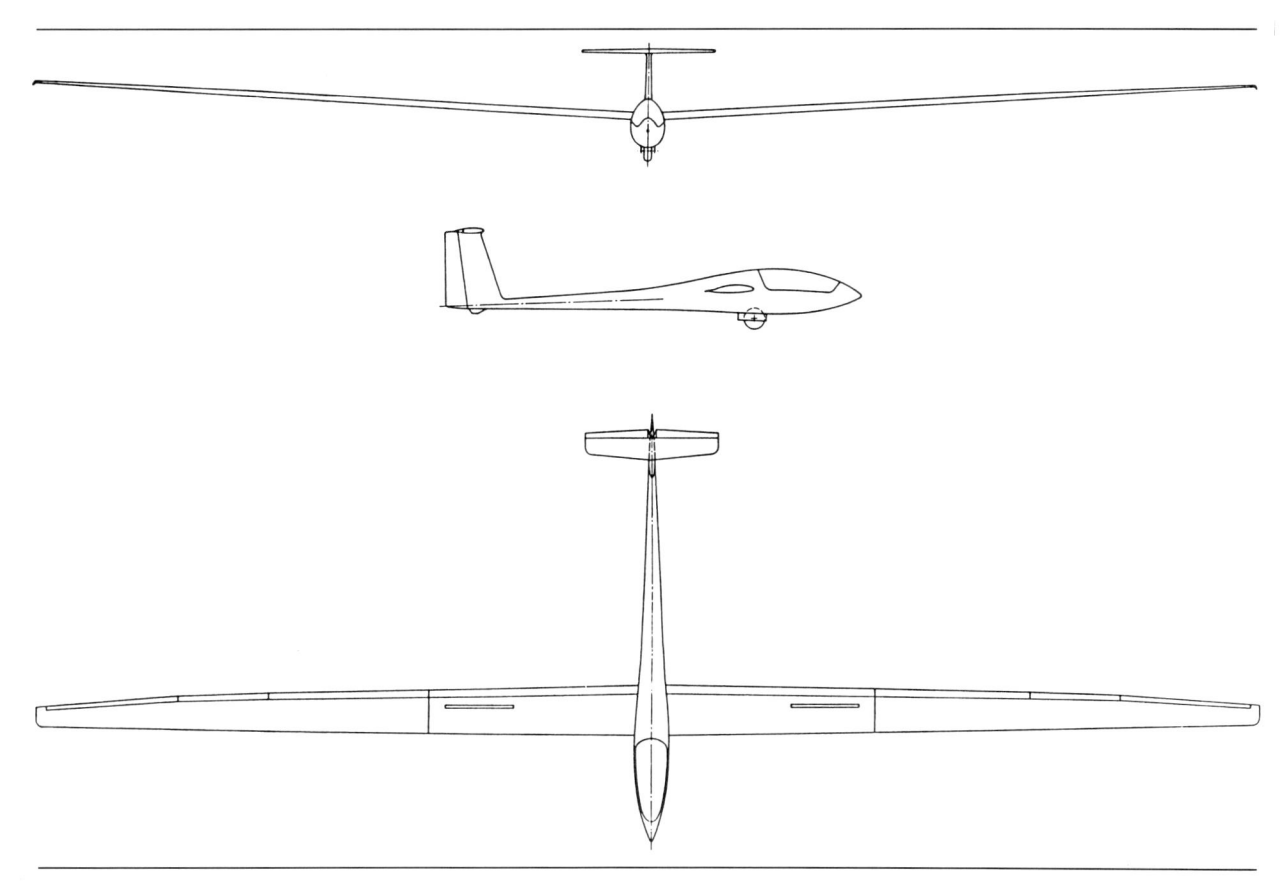

»Nimbus 3« von *Klaus Holighaus*.

Oktober 1978 auf der Hahnweide eingeflogen wurde. *Klaus Holighaus* schrieb damals über die Vorteile der KfK (heute CFK)-Bauweise:

»Dank zweijähriger eigener Festigkeits- und Dauerfestigkeitsversuche sowie der Erforschung geeigneter Herstellungsmethoden sind wir in der Lage, Flügel und Höhenleitwerk der Nimbus 2 C auf Wunsch in Kohlefaser herzustellen. Und zwar nicht nur den Holm, sondern auch die Schale.

Vorteile der KfK-Bauweise:
– Gewichtsersparnis von cirka 40 kg am Flügel
– höhere Biegesteifigkeit
– geringere Flügelverdrehung im Schnellflug

1. Der KfK-Flügel ist mit weniger Anstrengung als ein 15m-GfK-Rennklasse-Flügel zu montieren. Das maximale Gewicht an der Wurzel liegt bei cirka 41 kg!! Der als der leichteste unter den Rennklasse-Flugzeugen bekannte Mini-Nimbus wiegt hier 42,6 kg.
Mit einem Leergewicht von unter 320 kg kann der KfK-Nimbus 2 C mehr als das Doppelte seines Eigengewichtes tragen. Die Flächenbelastung ist von 27 bis 45 kg/m^2 variabel, was bisher auch nicht annähernd ein anderes Segelflugzeug verwirklichen konnte.

2. Der KfK-Flügel ist trotz niedrigerem Gewicht mehr als doppelt so biegesteif wie ein GfK-Flügel. Hierdurch, wie auch durch die niedrigere Masse, ist die Wendigkeit ganz erheblich verbessert. So liegt die Rollzeit für den 45°-Kurvenwechsel im mittleren Langsamflug mit leerem Flügel bei 3,5 Sekunden und mit voller 250-kg-Wasserfüllung bei 4¼ Sekunden!!
Gleichzeitig verringern sich die Querruderkräfte infolge der geringeren Durchbiegung. Der steife Flügel absorbiert gleichzeitig die Böenenergie besser und vermittelt eine wesentlich bessere ›Thermikfühlbarkeit‹. Man spürt sofort, auf welcher Flügelseite der ›Bart‹ steht.

3. Die 2fach höhere Torsionssteifigkeit verhindert das im Schnellflug jedem bekannte Verdrehen des Flügels. Hierdurch behält der Flügel auch im mittleren und hohen Schnellflug einmal seine günstigste Auftriebsverteilung bei, zum anderen bleibt auch die Flügelspitze im Anstellbereich der Laminardelle.«

(zitiert nach »Segelflugzeuge – Vom Wolf zum Discus« von *Peter Selinger*)

Bei der Fülle der hier aufgeführten Vorteile der CFK-Bauweise ist es nicht verwunderlich, daß auch die anderen namhaften Hersteller fast gleichzeitig sich die neue Methode, leichter und zugleich fester zu bauen, zunutze machten. Allen war klar, daß die nun mögliche Erhöhung der Spannweite und der Flügelstreckung sowie die Verringerung der Profildicke verlockende Erfolgschancen auch in der Offenen Klasse bot. Sie wurden von den beiden großen deutschen Herstellern Schempp-Hirth und Schleicher nahezu gleichzeitig genutzt.

»Nimbus 3«

Aufbauend auf die vor allem mit dem »Nimbus 2 C« gewonnenen Erfahrungen – 250 Einheiten waren hergestellt worden – konstruierte *Klaus Holighaus* ein neues Flugzeug für die Offene Klasse: den »Nimbus 3«. Zunächst wurden einige Exemplare mit 22,9 m, die späteren mit 24,5 m Spannweite gebaut. Sie besitzen das gleiche dünne Profil (nur 14 Prozent relative Dicke), das *Holighaus* schon in mehr als zweijähriger Entwicklungsarbeit im »Ventus« angewendet und erfolgreich erprobt hatte: FX 79 K 143/17 innen, XX-79/18 in der Mitte, ZZ 135/20 außen. Sein Flugzeug beschreibt *Klaus Holighaus,* der im Februar 1981 auch selbst den Erstflug unternahm, folgendermaßen:

»Einsitziger Mitteldecker in Kohlenfaser-Bauweise, mit vier- oder sechsteiligem Tragflügel, mit Wölbklappen, doppelstöckigen Schempp-Hirth-Bremsklappen, gefedertem Einziehfahrwerk, gedämpftem T-Leitwerk und getrennten Wassertanks im Außen- und Innenflügel . . . Das sehr dünne Profil hat laminare Laufstrecken von maximal 65% auf der Oberseite und 78% auf der Unterseite. Die Tragflügel bestehen aus einem KfK-Kastenholm im Innen- und einem KfK-Doppel-T-Holm im Außenflügel. Die Schale ist als beidseitig mit KfK-belegtem, sehr steifem Hartschaum-Sandwich ausgeführt. Die Wölbklappen und Querruder sind in KfK/Kevlar-Bauweise hergestellt. Der Holmgurt liegt bei 42% Profiltiefe direkt unter der versteiften Außenhaut des Flügels, um höchstmögliche Biegesteifigkeit für einen so schlanken, dünnen und hochgespannten Flügel zu erzielen . . . Der Rumpf ist aus Steifigkeits- und Gewichtsgründen hinter dem Cockpit als massive, versteifte KfK-Schale, im Cockpitbereich jedoch aus Sicherheitsgründen sowie zur besseren Energieaufnahme im Bruchfalle aus Glasfaser hergestellt . . . Tragflügel wie auch Fahrwerk sind an ein, auch die gesamte Steuerung aufnehmendes Stahlrohrgerüst, welches über kräftige GfK-Spanten mit der Rumpfschale verbunden ist, dergestalt aufgehängt, daß die Hauptfahrwerkskräfte auch bei schwersten Landungen direkt über die Stahlrohre in den Flügel als Gegenmasse eingeleitet werden können, ohne daß die Schale und die damit empfindlichen Verklebungen belastet werden . . .«

Klaus Holighaus führt noch zusätzliche Feinheiten an – ein Beispiel dafür, welche Fülle von Konstruktionsarbeit bei jedem neuen Muster über die Grundauslegung hinaus geleistet werden muß.

Im Fall der »Nimbus 3« hat sie sich wahrhaft gelohnt, denn mit ihrer besten Gleitzahl von 58 bei 115 km/h und ihrem geringsten Sinken von 0,47 m/s bei 99 km/h ist diese Super-Orchidee bis heute auf Wettbewerben international erfolgreich. Selbst bei der Segelflug-Weltmeisterschaft 1991 in Uvalde/Texas findet sie sich, geflogen von *Holger Back,* auf Platz 2 in der Offenen Klasse. Sie hat sogar die neuesten Konstruktionen von *Klaus Holighaus,* den »Nimbus 4«, übertroffen, auch wenn diese die Plätze 3 bis 5 belegte (Platz 4 mit *Holighaus* selbst). Ein wenig Glück spielt bei den Wettbewerben natürlich auch mit, denn sicherlich steht der »Nimbus 4« in der Evolution der Segelflugzeuge wieder eine Stufe höher als »Nimbus 3«.

»Nimbus 4«

Nach dreijähriger Entwicklungszeit flog der neue Einsitzer für die Offene Klasse »Nimbus 4« erstmals im Mai 1990. Mit einer weiteren Vergrößerung der Spannweite auf 26,40 m, mit einer Erhöhung der Flügelstreckung auf 38,8, einer weiteren Überarbeitung des besten »Ventus«-Profils, das von innen nach außen zusätzlich verdünnt wurde, und nicht zuletzt dank der mehrfachen Rückpfeilung der Flügelvorderkante (wie beim »Discus«) wurde das Flugzeug fast kompromißlos auf Leistung getrimmt – die guten Flugeigenschaften sollen jedoch auch im unteren Geschwindigkeitsbereich erhalten geblieben sein. Das wurde durch eine Reihe zusätzlicher aerodynamischer Feinheiten wie der leichten V-Stellung der Flügelspitzen erreicht. Selbstverständlich ist auch für diesen Flügel die Kohlenstoff-Faser-Bauweise entscheidende Voraussetzung.

Der Rumpf wurde von vornherein für den Einbau eines Klapptriebwerkes vorgesehen und ist deshalb im Flügelbereich nicht so stark eingeschnürt wie bei manchen anderen Mustern. Auch im Festigkeitsverband wurde darauf Rücksicht genommen. Das Cockpit ist zudem länger als üblich, damit es als Gewichtsausgleich zur Motormasse soweit vorn wie möglich die Anlasserbatterie aufnehmen kann. Der Prototyp war bereits eine Turbo-Version: Er besitzt ein Klapptriebwerk mit dem Solo-Motor 2350, der mit 17 kW (23 PS) zwar zum Eigenstart nicht ausreicht, sich aber zur Überbrückung von Flauten und als Heimweghilfe ausgezeichnet bewährt hat. Das Turbo-Antriebssystem, das auch in kleinere Muster eingebaut werden kann, wurde von *Professor Claus Oehler* entwickelt und trägt vor allem dazu bei, die oft unfallträchtigen Außenlandungen (rund 40% aller Segelflugunfälle) zu vermeiden. In den groß bemessenen Rumpf des »Nimbus 4« kann jedoch auch ein vollwertiges Klapptriebwerk, das das Flugzeug eigenstartfähig macht, eingebaut werden. Der Rumpf weist zudem eine Fülle weiterer konstruktiver Feinheiten auf. Entsprechend neueren Erkenntnissen wurde beispielsweise auch die Haubenaufhängung verändert. Entgegen einer bei Schempp-Hirth jahrzehntelangen Tradition klappt es nicht nach rechts auf, sondern nach vorn oben – unter Berücksichtigung der Ergebnisse von Notabwurf-Versuchen an der

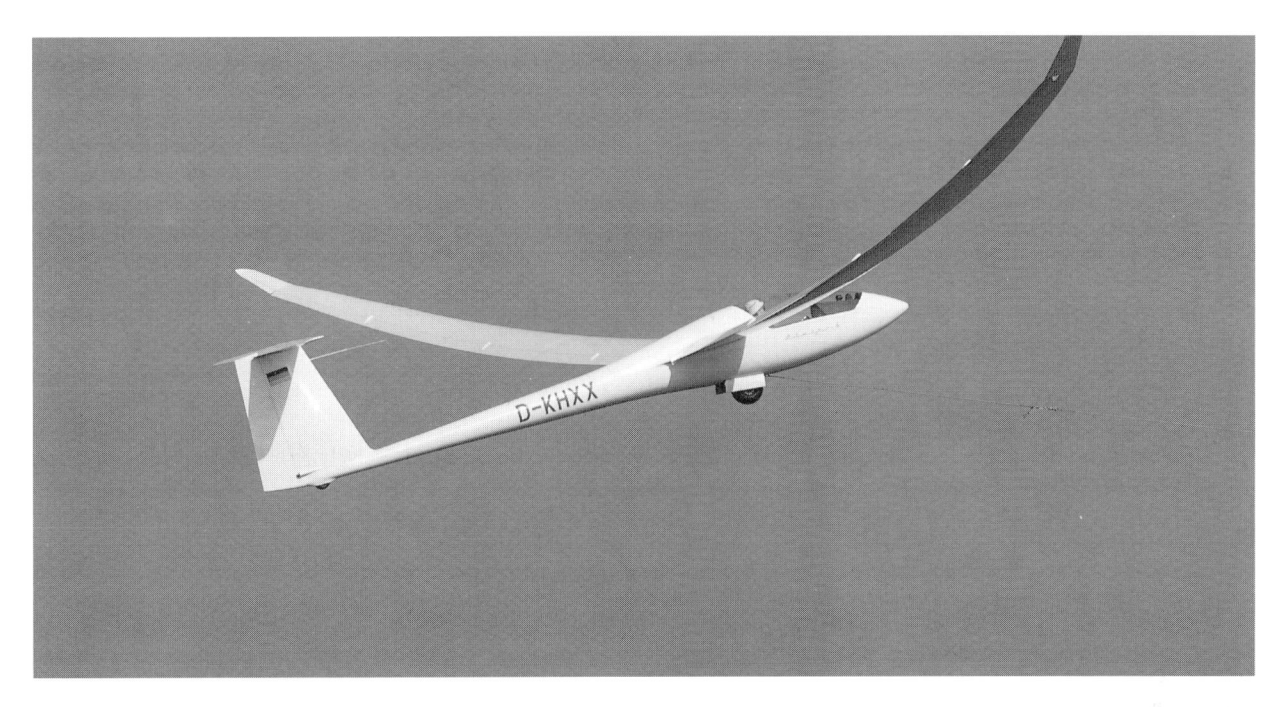

△ »Nimbus 4« im Start. Die hohe Wasserbelastung zeigt sich an der starken Durchbiegung der Tragfläche.

Der »Turbo« betriebsbereit. ▷

Das Turbo-Antriebssystem von *Professor Claus Oehler:* beim Ausklappen entfaltet sich die Luftschraube. ▽

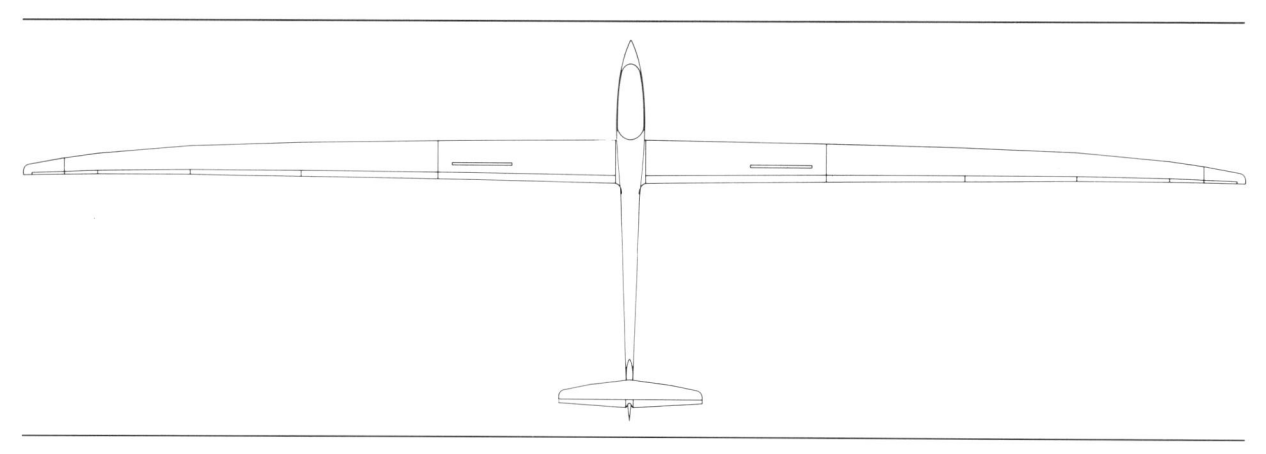

»Nimbus 4« von *Klaus Holighaus* – mit an der Spitze der Evolution (Flügelstreckung 38,8).

Fachhochschule Aachen. Die drei lieferbaren Ausführungen des »Nimbus 4« (reines Segelflugzeug – Turbo-Version – eigenstartfähiger Motorsegler) unterscheiden sich leistungsmäßig in der Gleitzahl (60 bei 110 km/h) überhaupt nicht, im geringsten Sinken (zwischen 0,48 und 0,50 m/s bei 86 bzw. 90 km/h) nur geringfügig voneinander. Die Spitzenrolle des »Nimbus 4« ist international unumstritten. Als gleichwertig gelten lediglich die »Super-Orchideen« des Herstellers Schleicher-Poppenhausen. Bezeichnend dafür ist, daß bei den Weltmeisterschaften 1991 in Texas eine von dem Polen *Janusz Centka* geflogene ASW 22 B in der Offenen Klasse den ersten Platz belegte. Auf den weiteren Plätzen folgten mehrere »Nimbus 4«.

ASW 22 und ihre Versionen

Aufgrund der aerodynamischen und bautechnischen Erkenntnisse, die in den siebziger Jahren gewonnen wurden, fand *Gerhard Waibel* bei Schleicher in Poppenhausen für die Auslegung eines Hochleistungssegelflugzeugs zur selben Zeit ähnliche Lösungen wie *Klaus Holighaus*. Wenn auch im einzelnen aufgrund einer anderen »Konstruktionsphilosophie« wesentliche Unterschiede bestehen, führten sie zu gleichwertigen Ergebnissen. Das Grundkonzept der ASW 22 beruht auf einem Flügel großer Spannweite und hoher Streckung mit angesetzten Wölbklappen, die mit den Querrudern so gekoppelt sind, daß diese einerseits die

Eine ASW 22 mit Winglets (hochgebogenen Flügelenden zur Verringerung des induzierten Widerstandes).

Wölbung unterstützen, andererseits an der Quersteuerung mitwirken. Der Flügelgrundriß ist ein solches Dreifachtrapez, daß es der idealen Ellipse recht nahekommt. Als Profil wählte *Waibel* im Mittelbereich ein HQ 17 von 14,3% relativer Dicke. Nach außen hin geht es beim Grundentwurf in ein FX 60-126 über. Zur Gewichtsersparnis und vor allem wegen der Torsionsfestigkeit und des günstigen Biegeverhaltens bestehen die Ober- und Unterschalen des vierteiligen Flügels aus CFK-Sandwich, Wölbklappen und Querruder hingegen aus Kevlar. Die Basis-Spannweite von 22 m kann durch Ansteckflügel auf 24 m erhöht werden.

Zur Landung lassen sich die inneren Wölbklappen auf +40°, die mittleren auf +10° und die Querruder auf −6° einstellen. In Verbindung mit den doppelstöckigen Schempp-Hirth-Bremsklappen kann die Sinkgeschwindigkeit den Erfordernissen in weitem Rahmen angepaßt werden. Für Wasserballast sind in den Innen- und Außenflügeln Tanks von je 60 l Fassungsvermögen vorgesehen. Bei der 24-m-Version ist die Ballastmitnahme wegen der auf 650 kg begrenzten Abflugmasse jedoch auf etwa 100 l beschränkt.

Die schon bei der ASW 19 X erprobte Ausblasung zur Grenzschichtbeeinflussung wurde auch bei der ASW 22 angewendet: Auf 17 m Spannweite sind auf der Flügelunterseite bei 75% der Flügeltiefe rund 850 Bohrungen (je 0,5 mm Durchmesser) im Abstand von jeweils 2 cm angeordnet. Die hier ausströmende Luft stammt von je zwei Öffnungen in den Flügelhälften. Der hierdurch erzielte aerodynamische Vorteil wirkt sich besonders bei hohen Fluggeschwindigkeiten aus. Beim Rumpf, der überwiegend aus GFK besteht, ist bemerkenswert, daß der Instrumentenpilz mit dem sich nach vorn öffnenden Haubenrahmen nach oben schwenkt, wodurch das Ein- und Aussteigen wesentlich erleichtert wird.

Mit dem Erstflug im Juli 1981 begann die Flugerprobung, die *Martin Heides* Diplomarbeit war. Sie führte zu einer Optimierung der Klappenstellungen zueinander und damit zu einer günstigeren Auftriebsverteilung, die vor allem den Flugeigenschaften und dem Schnellflugverhalten zugutekam. Im Jahr der Musterzulassung durch das LBA (1983) wurden u. a. folgende technische Daten angegeben:

	22 m	24 m
Spannweite	22 m	24 m
Streckung	32,47	37,19
Leermasse (ausgerüstet)	ca. 400 kg	ca. 410 kg
Wasserballast	240 kg	185 kg
Höchstzul. Flugmasse	750 kg	650 kg
Flächenbelastung	32–50,3 kg/m²	31,6–42 kg/m²
Geringstes Sinken	0,44 m/s	0,41 m/s
	(beide Versionen 32 kg/m² und 80 km/h)	
Beste Gleitzahl	54	über 57
bei Flächenbelastung	50 kg/m²	42 kg/m²
bei Fluggeschwindigkeit	115 km/h	110 km/h

Martin Heide, der seine Studienerfahrungen vor allem bei der Konstruktion und dem Bau der fs 31 der Akaflieg Stuttgart gesammelt hatte, wurde bei Schleicher eingestellt und beeinflußte wesentlich die Weiterentwicklung zur ASW 22 B, die in ihren Leistungswerten mit dem »Nimbus 4« gleichzog. Die Besonderheit der fs 31 war die sehr leichte Bauweise des Rumpfes, die durch »Hybridwerkstoff« (Gemisch hochfester Fasern in Kunststoff) ermöglicht wurde.

ASW 22 BE – Flügelstreckung 38,32.

Auch seine aerodynamisch besonders günstige Form mit sehr geringen Widerstandswerten wirkte beispielgebend. Schon lange wünschten sich einige Leistungssegelflieger einen Doppelsitzer mit den Leistungswerten der Einsitzer-»Super-Orchideen«. Darum lag es nahe, für die 24-m-Version der ASW 22 einen leichten Doppelsitzer-Rumpf nach dem Vorbild der fs 31 zu konstruieren. *Erwin Müller* aus Ulm hatte ihn für geplante Doppelsitzer-Rekordflüge in Australien bei Schleicher bestellt. Als **AS 22-2** erfüllte diese Version schon kurz nach dem Erstflug die in sie gesetzten Erwartungen: Am 21. Dezember 1984 flogen *Erwin Müller* und *Otto Schäffner* in Australien ein 300-km-Dreieck mit einer Geschwindigkeit von 149,3 km/h.

Doch die AS 22-2 blieb ein Einzelstück. Die Weiterentwicklung, die nach der weltweiten Nachfrage begann, führte zu dem Doppelsitzer ASH 25, von dem im nächsten Absatz die Rede sein wird. Dessen im Grundriß etwas breiter gehaltenen und neu profilierten Außenflügel bewährten sich so gut, daß sie bald auch für die ASW 22 benutzt wurden und zu einer deutlichen Leistungsverbesserung führten.

Die **ASW 22 B** mit einer Spannweite von 25 m erreichte fast die Traum-Gleitzahl von 60. Mit diesem Flugzeug siegte *Ingo Renner,* der bis dahin vor allem auf »Nimbus 3« erfolgreich gewesen war, bei den Weltmeisterschaften 1987 in Benalla (Australien). Den zweiten Platz in der Offenen Klasse belegte *Marc Schroeder* – ebenfalls auf ASW 22 B. Auf den Plätzen 4 und 5 fanden sich die beiden Doppelsitzer ASH 25 – das neue Außenflügelkonzept, erkennbar an den nach hinten unten gezogenen Flügelenden, hatte sich als ungewöhnlich erfolgreich erwiesen. Selbst die inzwischen entstandene Motorseglerversion **ASW 22 BE** (E für engine = Motor), die von *George Lee* geflogen wurde, erreichte im reinen Segelflug noch den 9. Platz.

Doch auch Herausragendes läßt sich noch verbessern: Seit 1991 kann die Spannweite der ASW 22 B durch Nachrüst-Wingtips noch um 1,40 m auf 26,40 m erhöht werden, wobei die Flügelstreckung auf 41,82 zunimmt. Diese **ASW 22 BL** überschreitet nach Herstellerangabe die Gleitzahl von 60 bei Flächenbelastungen zwischen 32 und 45 kg/m^2. Ohne Ballast soll die ASW 22 BL ihre beste Gleitzahl von 61,5 bei 95 km/h und ihr bestes Sinken von 0,40 m/s bei 80 km/h erreichen – Traumwerte! Bemerkenswert sind auch die Möglichkeiten zur Anpassung an die jeweilige Thermiksituation durch die variable Spannweite. Die Wingtips lassen sich bei allen ASW 22 B nachrüsten.

ASH 25

Für den Doppelsitzer ASH 25 von 25 m Spannweite sind die Wingtips der ASW 22 BL trotz gleichen Außenflügels aus Festigkeitsgründen nicht geeignet. Der für den Doppelsitzer von *Martin Heide* konstruierte neue Außenflügel (der die ASW 22 B so erfolgreich machte) hatte außer dem etwas breiteren Grundriß auch eine neue, von *Loek M. M. Boermans* vom Institut für Aerodynamik an der TH Delft entwickelte Profilierung. Es ist ein dem HQ 17 des Innenteils angepaßtes, jedoch noch etwas dünneres Tragflügelprofil mit der Bezeichnung DU 84-132 V3. Mit nur 13,2% relativer Dicke begünstigt es im Außenflügelbereich die Querruderwirkung. In Verbindung mit dem veränderten Grundriß bewirkt es zudem angenehmere Eigenschaften im Langsam- und im Kreisflug. Entscheidend aber ist die bei Doppelsitzern herausragende Leistungsfähigkeit: Die beste Gleitzahl – um 57 – erreicht die ASH 25 bei 95 km/h, das geringste Sinken von 0,42 m/s bei 85 km/h. Bei einer maximalen Flugmasse von 750 kg und einem möglichen Wasserballast

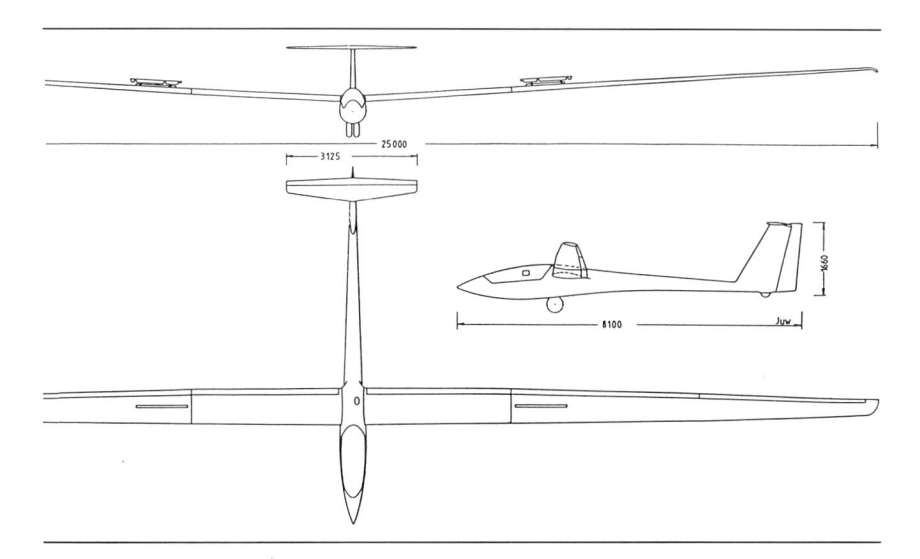

ASW 22 von *Gerhard Waibel.* Ebenfalls an der Spitze der Evolution.

ASH 25 mit nach hinten unten gezogenen Flügelenden.

bis zu 120 kg kann die Flächenbelastung doppelsitzig zwischen 38 und 46 kg/m² variiert werden. Wie gut die neue doppelsitzige Super-Orchidee tatsächlich ist, konnte *Hans-Werner Große* um Weihnachten in Australien beweisen: Mit *Hans-Heinrich Kohlmeier* als Copiloten erflog er mit dem Prototyp der ASH 25 auf Anhieb eine Reihe von Doppelsitzer-Weltrekorden. Den wichtigsten, bei dem die beiden ein 1260-km-Dreieck mit 137,8 km/h durchflogen hatten, verbesserten sie wenige Tage später zu einem 1380-km-Dreieck mit 143,5 km/h – beides waren die längsten bis dahin mit einem Doppelsitzer geflogenen Strecken. Seitdem ist die Erfolgsserie der ASH 25 nicht abgerissen.

> Man sollte über den Rekord nicht den Sport und über den Sport nicht das Spiel vergessen.
>
> *Carl Diem*

Superorchideen als Motorsegler

Die Möglichkeiten des 25-m-Flügels für die ASW 22 B hatte ein erfahrener Motorseglerkonstrukteur, *Walter Binder*, sofort erkannt. Von ihm stammte unter anderem der »Janus M« (1976), dessen Klapptriebwerk er zur Serienreife weiterentwickelte (auch die DG 400, der »Janus C« und die ASW 22 BE sind damit ausgerüstet). Da aber der für die ASW 22 B vorgesehene Rumpf für den Einbau des relativ großen Triebwerkes nicht geeignet war, baute sich *Binder* mit Unterstützung von Schleicher einen eigenen Rumpf: als CFK/Balsa-Sandwich-Schale. Sein Gewicht mußte so niedrig wie möglich gehalten werden. Deshalb verzichtete *Binder* auf den zweiten Instrumentensatz vor dem hinteren Sitz. Die einteilige Haube war auf dem Kern der fs-31-Haube der Stuttgarter Akaflieg gezogen worden. Als **ASH 25 MB** (B für Binder) blieb dieses Flugzeug, mit dem *Walter Binder* 1987 Sieger in der Offenen Klasse bei den deutschen Motorseglermeisterschaften wurde und der sich bis heute bewährt, wegen der aufwendigen, nicht für die Serienfertigung geeigneten Rumpfbauweise ein Einzelstück. *Walter Binder* entwickelte jedoch für Schleicher auf der Basis eines kleineren und leichteren Klapptriebwerkes eine nicht selbststartende Motorseglerversion der ASH 25. Der »Flautenschieber« ermöglicht aber noch einen Steigflug bis zu 0,8 m/s und damit eine sichere Rückkehr zum Startplatz bei Nachlassen der Thermik. Als **ASH 25 E** wird dieser Motorsegler seit Sommer 1987 in Serie gebaut. Als »Heimkehrhilfe« dient ein 18 kW (24 PS)-Rotax-Motor. Mit einer eigenstartfähigen Version mit 33 kW (45 PS) übertraf *Hans-Werner Große* um die Jahreswende 1990/91 in Australien eine Reihe von Segelflug- und Motorseglerweltrekorden. So flog er ein 500-km-Dreieck mit einer Geschwindigkeit von 171,5 km/h – doppelsitzig mit *Jörg Hacker*.

Die »Super-Orchideen« sind aufwendig in Konstruktion und Bau und daher teuer – meist zu teuer für Vereine und durchschnittlich verdienende Piloten, die jedoch mit zunehmender Erfahrung und Freude am Segelfliegen die Traum-Gleitzahlen um 60 nur zu gern auch für sich nutzen würden.

ASH 25 MB mit *Walter Binder* auf dem Flugplatz Ostheim vor der Rhön.

Ein Weg dahin, wenn auch vorerst noch mit Kompromissen, kann die Optimierung der Flugzeuge der 15-m-Klasse sein. Mit der Spannweite verringern sich die Anschaffungs- und Unterhaltungskosten erheblich.

Von der ASW 24 zur ASW 27

Die ASW 24 ist der wesentlich verbesserte Nachfolger der ASW 19, von der im Laufe von über zehn Jahren 425 Exemplare bei Schleicher gebaut worden sind. Als Flugzeug der Standardklasse besitzt sie einen Schalenrumpf aus Verbundwerkstoff (CFK, Aramid und GFK) mit einem Sicherheitscockpit. Auch der Flügel, der mit DU 84–158 ein gezielt für diese Konstruktion vom Institut für Luft- und Raumfahrttechnik an der TH Delft entwickeltes Profil besitzt, ist mit seiner Oberfläche aus einem Glasfaser-/Aramid-Hartschaum-Sandwich und Holmen mit Kohlefasergurten auf besondere Festigkeit bei geringer Masse ausgelegt. Mit ihrer maximalen Abflugmasse von 500 kg kann sie 160 l Wasserballast aufnehmen (Flächenbelastung 50 kg/m^2). Bei rund 30 kg/m^2 Flächenbelastung hat sie ihre beste Gleitzahl von 43,7 bei 95 km/h und ihr bestes Sinken von 0,56 m/s bei etwa 80 km/h – sehr gute Werte für die Standardklasse.

Noch bessere Leistungen weist die 1990/91 konstruierte ASW 27 der FAI-15-m-Klasse (in der Nachfolge der ASW 20) auf. Mit diesem »Rennklasse«-Flugzeug versucht *Gerhard Waibel* unter Ausnutzung aller heute bekannten aerodynamischen und bautechnischen Möglichkeiten, mit einem noch recht »handlichen« Gerät den Leistungen der Super-Orchideen zumindest nahezukommen. Mit ihrer Gleitzahl von 48 steht die ASW 27 jedenfalls den älteren Mustern der Offenen Klasse wie der so erfolgreichen ASW 17 nicht nach. Der 15-m-Flügel mit einer Streckung von 25 hat nur 9 m^2 Fläche und (ähnlich dem »Discus«) eine rückwärtige Pfeilung der Vorderkante. Er besitzt das von den Delfter Aerodynamikern speziell entwickelte Profil DU 89-134/14 und wird – entsprechend den neuesten Erkenntnissen der Forschung auf dem Gebiet der Faserverbundwerkstoffe – im Mischlaminat (Polyethylenfaser/Kohlefaser) gebaut. Die schmalen Wölbklappen und Querruder sind in ihren Ausschlägen ähnlich wie bei der ASW 22 B und der ASH 25 aufeinander abgestimmt. Wegen der geringeren Flügeltiefe ist das Cockpit gegenüber der ASW 24 länger und im hinteren Bereich tiefer ausgeschnitten. Die hochfeste, aber sehr leichte Polyethylenfaser ermöglicht bei einem geringeren Strukturgewicht eine erhöhte Unfallsicherheit des Cockpits.

Die Leermasse der Neukonstruktion liegt mit 225 kg rund 10 kg unter der ASW 24. Bei gleicher höchstzulässiger Abflugmasse (500 kg) und einer maximalen Wasserballastzuladung von 180 l läßt sich die Flächenbelastung zwischen 32,80 und 55,56 kg/m^2 variieren. Bei 320 kg Flugmasse erreicht die ASW 27 die beste Gleitzahl 48 bei 100 km/h und ihr geringstes Sinken von 0,52 m/s bei etwa 85 km/h.

In der Weiterentwicklung erhielt die ASW 27 zurückgesetzte, die Flügelenden sogar leicht überragende Mini-Winglets (mit denen man sie übrigens leicht von anderen Mustern der Rennklasse unterscheiden kann). Dadurch konnten die Flug- und speziell die Kurbeleigenschaften weiter verbessert werden. Die ASW 27 erreicht heute die gleichen Leistungen wie die so erfolgreiche ASW 17 der Offenen Klasse.

Gerhard Waibel vor seiner ASW 24 E auf der Aero Friedrichshafen 1991. Diese Messe (Schwerpunkt Luftsport) findet alle zwei Jahre statt.

ASW 24 E im Start.

In diesen und den vorangegangenen nüchtern aneinandergereihten Fakten dokumentiert sich der gegenwärtige Stand der Evolution der Segelflugzeuge. Alle Erfahrung lehrt, daß sie nicht am Ende ist. Dafür sorgen – neben der Konkurrenz der Hersteller und der Piloten – die rastlos weitergehenden Forschungen auf allen Gebieten der Luftfahrt und speziell des Segelfluges.

Die deutschen Segelflugzeughersteller

Mit rund 80 Prozent haben deutsche Firmen den Löwenanteil an der Weltproduktion von Segelflugzeugen. Wie gut ihre Erzeugnisse sind, zeigt sich auch daran, daß bei internationalen Wettbewerben meist mehr als 90 Prozent aller teilnehmenden Flugzeuge deutscher Herkunft sind. Statistisch gesehen ist der Segelflugzeugbau – wenn auch mit relativ geringen Gesamtumsätzen – einer der erfolgreichsten Exportzweige der Bundesrepublik. Das wird sich in absehbarer Zeit auch nicht ändern, denn der wegen des hohen schon erreichten Leistungsstandards sowie der Langlebigkeit der Kunststoffsegelflugzeuge stagnierende Markt wird Industriemultis kaum interessieren. Außerdem setzt die Serienproduktion hochentwickelter Baumuster langjährige Erfahrungen von Konstrukteuren und Fachhandwerkern voraus.

Nach Zahlen, die in den »Informationen des Luftfahrt-Bundesamtes« (15/1991) in einem Beitrag von *Klaus Neufeldt* veröffentlicht wurden, war das Jahr 1985 für die deutschen Hersteller besonders erfolgreich: Sie produzierten insgesamt 665 Segelflugzeuge, von denen 456 exportiert werden konnten. Die Produktion hat sich inzwischen auf rund 400 Exemplare jährlich stabilisiert. Davon ist wieder jeweils etwa die Hälfte für den Export bestimmt.

Wer ein Segelflugzeug bestellen will, wird sich bei den meisten deutschen Herstellern über die langen Lieferzeiten wundern, die trotz des Produktionsrückganges seit 1985 bestehen. So muß er etwa auf eine Super-Orchidee mit Klapptriebwerk nicht nur Monate, sondern möglicherweise einige Jahre warten, so groß ist die weltweite Nachfrage speziell nach diesen Spitzenprodukten auf dem derzeitigen Endstand der Evolution, trotz ihres hohen Preises. Wenn es um eine Kapazitätserweiterung geht, sind die mittelständischen Betriebe jedoch sehr vorsichtig. Sie sichern lieber langfristig die Arbeitsplätze für ihr erfahrenes und engagiertes Stammpersonal. Rund 800 sind es, die aber meist gerade in strukturschwachen ländlichen Gebieten vorhanden und deshalb dort von besonderem Nutzen sind.

Die Zusammenarbeit mit Akafliegs und Forschungseinrichtungen, denen die Hersteller einen großen Teil ihrer Erfolge verdanken, haben sie in den letzten Jahren eher noch intensiviert. Dazu nötigte sie schon die fruchtbare Konkurrenz untereinander, aber auch das Bestreben, ihren Vorsprung gegenüber den Anbietern aus dem Ausland zu halten. Dabei handelt es sich vor allem um Hersteller aus den ehemaligen Ostblockländern, so aus Polen und aus der Tschechoslowakei, die ihre Segelflugzeuge vergleichbarer Auslegung und Leistungsfähigkeit meist etwas billiger anbieten können, den deutschen Qualitätsstandard aber nicht ganz erreichen. Ernsthafte Konkurrenten sind ferner einige französische Hersteller.

Wesen und Bedeutung der akademischen Fliegergruppen

Die Akaflieg ist wie eine Kur. Die gute Wirkung spürt man erst, wenn man sie hinter sich hat.

Hans Zacher, *fast ganz nach* Curt Goetz

Wie eng die Evolution der Segelflugzeuge, eingeschlossen die Motorsegler, von Anbeginn mit den Akafliegs verbunden ist, ging bereits aus den vorangegangenen Kapiteln hervor. Zwar nicht ausschließlich, aber immer wieder und oft in Vorreiterposition, waren sie es, die neue Ideen hervorbrachten, verwirklichten und erprobten, die in Theorie und Praxis entscheidende Impulse gaben. Seit 1920 sind mehr als 150 komplette Flugzeuge (und dazu eine Fülle nützlichen Zubehörs und wichtiger Details) von den Akafliegs geschaffen worden. Mindestens 30 ihrer Konstruktionen waren in Aerodynamik, Flugmechanik und Bauweise in buchstäblichem Sinne richtungweisend, darunter »Blaue Maus«, »Vampyr«, »Edith«, »Margarete«, »Konsul«, »Karl der Große«, »Roemryke Berge«, »Westpreußen«, »Darmstadt«, »Mü 10 Milan«, »Windspiel«, »Rheinland«, D 30 »Cirrus«, der Motorsegler C 10, fs 24 »Phönix«, D 34, D 36 »Circe«, SB 10 und SB 11, um nur einige zu nennen. Die meisten blieben Einzelstücke, einige wurden in geringer Stückzahl nachgebaut, aber nur wenige gingen (in modifizierter Form) in Serie, darunter die Mü 13 und der »Phönix«. Für die technisch-wissenschaftliche Entwicklung nützlich waren auch die (relativ wenigen) Fehlkonstruktionen und mißlungenen Detailarbeiten, denn sie machten Irrwege rechtzeitig deutlich und verhinderten aufwendigere Fehlentwicklungen bei den Herstellern bzw. in der Industrie.

Die in diesem Buch angeführten Akafliegs sind technisch-wissenschaftlich arbeitende Gruppen von Ingenieurstudenten an Technischen Hochschulen, Technischen Universitäten oder Fachhochschulen (früher auch als Ingenieurschule, Technikum o. ä. bezeichnet). Ihr erklärtes Ziel ist es, »durch innovative Ideen und deren Verwirklichung dem Flugzeugbau neue Impulse zu geben«. Deshalb entwerfen, bauen und betreiben sie ihre Flugzeuge sowie die dazugehörigen Hilfsgeräte selbst. Die Schwerpunkte sind Konstruktion, Bau und Erprobung; der eigentliche Luftsport tritt demgegenüber zurück. Dennoch haben einzelne Akaflieger herausragende segelfliegerische Leistungen aufzuweisen. In den zwanziger und dreißiger Jahren bestanden bis zu 15 Akafliegs (siehe Anhang), daneben einige »Akademische Fliegerschaften«, Fliegergruppen der Deutschen Burschenschaft und der Hochschulinstitute für Leibesübungen sowie Flugtechnische Vereine, die jedoch nur gelegentlich eigene Flugzeuge entwickelten. Etwa 20 weitere Akademische Fliegergruppen trugen zwar den Namen, hatten aber ausschließlich flugsportliche Interessen.

Heute gibt es bereits wieder neun wirklich aktive Akafliegs,

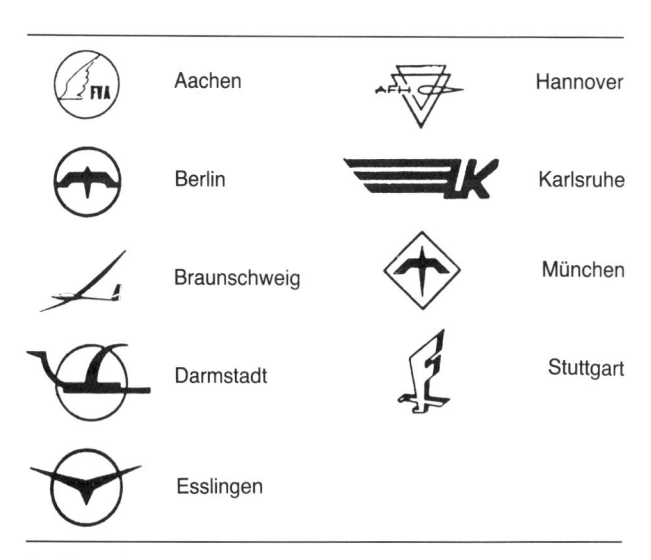

Embleme bestehender Akafliegs.

und zwar die Flugwissenschaftliche Vereinigung Aachen, die Akademischen Fliegergruppen Berlin, Braunschweig und Darmstadt, die Flugtechnische Arbeitsgemeinschaft an der Fachhochschule für Technik in Esslingen sowie die Akademischen Fliegergruppen in Hannover, Karlsruhe, München und Stuttgart. Sie sind in der »Interessengemeinschaft Deutscher Akademischer Fliegergruppen« (verkürzt »Idaflieg«) zusammengeschlossen, die bereits seit 1922 besteht und 1951 wiedergegründet wurde. Ihre Ziele sind die wechselweise Unterstützung untereinander sowie die gemeinsame Darstellung nach außen hin. Mit wissenschaftlichen Einrichtungen (wie DVL, WGL, ISTUS bzw. OSTIV, DFS und DLR) arbeiteten und arbeiten die Akafliegs zusammen; sie waren und sind mit den Luftsportorganisationen freundschaftlich verbunden, halten sich aber möglichst unabhängig. Verbindungen zu ausländischen Studentengruppen mit ähnlichen Zielsetzungen gab es immer, beispielsweise mit den Technischen Hochschulen in Graz, Wien, Prag, Kopenhagen, Delft, Zürich, Helsinki, Warschau und Poitiers.

Jede Akaflieg hat ihren eigenen »Charakter«, der sich vor allem aus ihrer Entwicklungsgeschichte und ihren internen Zielsetzungen, weniger jedoch aus den jeweils wechselnden Mitgliedern und den Unwägbarkeiten gruppendynamischer

Prozesse ergibt. Allerdings durchleben alle Akafliegs bessere und weniger gute Phasen, Höhen und Tiefen, Erfolge und Durststrecken – doch auch der Wechsel gehört zur Kontinuität.

Wohl allen »Akafliegern« gemeinsam ist die Leitlinie: Studieren – Forschen – Entwerfen – Konstruieren – Bauen – Fliegen – Testen – Verbessern . . .

Die Entstehung der Akafliegs reicht bis in die Zeit unmittelbar nach dem Ersten Weltkrieg zurück und hängt eng mit der Entwicklung des Segelfluges auf der Wasserkuppe zusammen. Als der Motorflug für die Deutschen verboten war, mußte eben motorlos geflogen werden! So dachten auch die flugbegeisterten Studenten an den Technischen Hochschulen, unter denen viele aus dem Krieg heimgekehrte Piloten waren. Sie gründeten zwischen 1919 und 1921 eine Reihe von Flugwissenschaftlichen Gruppen in Aachen, Berlin, Darmstadt und Hannover, von denen sich einige schon »Akafliegs« nannten. Weitere folgten in Dresden und Braunschweig sowie an der Deutschen Technischen Hochschule in Prag (1922), in Köthen (1923), in Breslau und München (1924), in Stuttgart (1926), in Karlsruhe und in Esslingen (1928). Nach der Machtübernahme durch die Nationalsozialisten sollten sie aufgelöst, »gleichgeschaltet« bzw. in NS-Organisationen übergeführt werden. Doch die meisten widersetzten sich und fanden Hilfe bei der Deutschen Versuchsanstalt für Luftfahrt (DVL). Dort war es der Segelflugpionier *Dipl.-Ing. Otto Fuchs,* der sie als Leiter der Abteilung für Ingenieurnachwuchs unter seine Fittiche nahm und fortan beschützte, betreute und später sogar finanzierte – nach dem selbst den damaligen Parteigrößen einleuchtenden Motto: Gute Ingenieure noch besser ausbilden! Die Akafliegs mußten jedoch ihren Namen ändern: Sie hießen fortan Flugtechnische Fachgruppe (FFG) oder (an Ingenieurschulen) Flugtechnische Arbeitsgemeinschaft (FAG). An ihrer Arbeit änderte sich wenig. Die Gruppen wurden nicht bevormundet und behielten weitgehend freie

Beispiele der Experimentierfreudigkeit der Akafliegs

Die »Fledermaus« der Akaflieg Stuttgart, konstruiert von *Willy Fiedler,* im Rhönwettbewerb 1933 geflogen von *Karl Baur.* Statt eines Seitenruders besaß sie Endscheiben mit Seitenruder an den Flügelenden. Gegensinnig ausgetreten, wirkten sie wie Bremsklappen.

Die fs 17 der Akaflieg Stuttgart von 1938 diente vor allem als Versuchsflugzeug für eine liegende Unterbringung des Piloten. Sie hatte nur 10 m Spannweite, eine Flügelstreckung von 8,3 und eine Flächenbelastung von 14,2 kg/m², erreichte aber immerhin, wohl durch den geringen Luftwiderstand des schlanken Rumpfes, eine Gleitzahl von fast 20 bei knapp 0,9 m/s Sinken.

Hand bei ihren Projekten. Auch für die Teilnahme an den Rhönwettbewerben, bei denen sie fast immer sehr erfolgreich waren, sowie an Flugveranstaltungen im In- und Ausland gab es zunächst keine Einschränkungen. Ein harter Schlag war jedoch, daß sie 1935 und 1936 zu den Rhönwettbewerben, die sie einst mit initiiert hatten, nicht zugelassen wurden, mit der merkwürdigen Begründung, daß dort »zur Mustervereinheitlichung Neukonstruktionen unerwünscht« seien. Doch dadurch verlagerten sich lediglich die Aktivitäten: Zusammen mit DFS und DVL wurden Wander- und Alpensegelflüge sowie umfangreiche Auslandsexpeditionen (so nach Finnland, nach Portugal und nach Libyen) veranstaltet sowie die sich zunehmend als wichtig erweisenden Idaflieg-Vergleichsfliegen ins Leben gerufen (siehe übernächstes Kapitel).

Nach dem Zusammenbruch 1945 bestand zunächst wieder ein Flugverbot, das für den Segelflug 1951 entfiel. Noch im selben Jahr wurden eine Reihe von Akafliegs sowie die Idaflieg neu gegründet. Mit der inzwischen ebenfalls wiedergegründeten DFS, dort mit *Otto Fuchs* und *Hans Zacher*, gab es erneut Idaflieg-Vergleichsfliegen, die auch unter den Nachfolge-Forschungsanstalten DFVLR und DLR beibehalten wurden und heute noch jedes Jahr im August stattfinden.

Während in den Anfangsjahren einzelne Akafliegs jährlich gleich mehrere (bis zu vier) neue Flugzeuge herausbrachten, erfordern Neukonstruktionen wegen ihrer Komplexität heute einen Zeitraum, der über die Dauer eines Studienganges hinausgeht und meistens sogar zwei »Studentengenerationen« beschäftigt. Doch fast immer ist, wie die bisher angeführten und die noch folgenden Beispiele erweisen, die Bedeutung gerade der Akaflieg-Konstruktionen für die »Evolution der Segelflugzeuge« unverkennbar. Die meist mittelständischen Segelflugzeughersteller könnten sich den erforderlichen Forschungs- und Herstellungsaufwand für eine innovative, risikoreiche Neukonstruktion aus eigenen Mitteln kaum leisten. Die Bedeutung der Akafliegs als Partner der Hersteller ist daher gegenüber früheren Zeiten eher noch gewachsen; sie sind ihre »Entwicklungsbetriebe« und »Erprobungsstellen«.

Wie die Akafliegs arbeiten

Die meisten Akafliegs sind selbständige Vereine (e.V.) mit demokratisch gewähltem Vorstand; der Vorsitzende ist lediglich primus inter pares. Anwärter erhalten nach 200 bis 300 Stunden Werkstattarbeit die »einfache Mitgliedschaft«; erst nach weiterer praktischer Mitarbeit steigen sie zu »aktiven Mitgliedern« auf. Nur diese haben in den Versammlungen ein Stimmrecht. Künftige Aufgaben werden in einem brainstorming-ähnlichen Verfahren festgelegt. Weder Hochschulorgane noch Professoren, »Alte Herren«, Behörden oder Hersteller haben darauf irgendeinen bestimmenden Einfluß. Erwünscht sind dagegen gute Ratschläge, freundschaftliche Hinweise und vor allem finanzielle Hilfen, die jedoch nicht mit einem »Auftrag«, mit irgendeinem Zwang verbunden sein dürfen. Abgelehnt werden auch Einmischung, Besserwisserei und zuviel negative Kritik. Die Professoren wirken insofern wohlwollend mit, als sie Studien- oder Diplomarbeiten aus dem Akafliegbereich annehmen, Institutsräume und -einrichtungen zur Verfügung stellen und bei der Beschaffung von Mitteln behilflich sind.

Einen sicheren Etat, der bei irgendeiner Verwaltungsstelle abrufbar und dieser gegenüber zu vertreten wäre, haben die Akafliegs jedoch nicht. Lediglich in den dreißiger Jahren wurden sie von der DVL nach Haushaltsplan finanziert; die Höhe der Mittel richtete sich nach Leistungen und Erfolgen. In den zwanziger Jahren waren Wettbewerbspreise eine wichtige Einnahmequelle gewesen.

Seit dem Wiederbeginn der Segelflugentwicklung 1951 erhalten die Akafliegs von örtlichen bzw. Landes- oder Bundesbehörden gelegentlich Zuschüsse. Diese Quelle fließt leider immer spärlicher. Ebenso sind die Werkstoff- und Geldspenden von Industrie- und Gewerbebetrieben als freundliche Reaktion auf »Schnorrbriefe« rückläufig. Doch großzügige »Freunde der TH« (oder der TU, Uni bzw. FH) gibt es immer noch. Seltener geworden sind Mäzene oder Sponsoren. Für eine Akaflieg ist es ein ausgesprochener Glücksfall, wenn ein wohlhabender »Alter Herr« oder ein Ehrenmitglied Verständnis für die Jugend hat und regelmäßig Mittel zur Verfügung stellt. Noch immer spendet auch die gesamte Altherrenschaft einer Akaflieg alljährlich meist vierstellige Beträge für bestimmte Projekte oder für die schnelle Fertigstellung bzw. die Reparatur eines Flugzeugs. Die Geldscheine sitzen lockerer, wenn die Gruppe mit Ehrenpreisen (u. a. von FAI, OSTIV, OUV und DAeC) ihr Ansehen steigern konnte. Wesentlich helfen auch reguläre Forschungsaufträge von Bundes- oder Länderministerien. Idaflieg-Vergleichsfliegen und Vortragsveranstaltungen werden von der DLR unterstützt. Das alles bedeutet zwar keine sichere Finanzierung, ermöglicht aber das Weiterbestehen der Gruppen.

In den Akafliegs arbeiten die Studenten freiwillig und ohne Bezahlung, allerdings fast überall beitragsfrei, an selbstgestellten Aufgaben. Sie merken, daß sich nicht jeder Gedanke verwirklichen läßt. Mit gegenseitigen Anregungen, mit Versuchen und Änderungen wird eine Teilaufgabe mehr oder weniger schnell und gut gelöst. Die praktische Erprobung wiederum bringt neue Erkenntnisse und einen Erfahrungsschatz für die Praxis, der sich im Rahmen einer Akaflieg weitaus »billiger« erwerben läßt als später in der gewinnorientierten Berufstätigkeit. Selbst unvollendbare, fehlgeschlagene, schlechte Konstruktionen dürfen als Gewinn betrachtet werden, führen sie doch auf dem Weg über »Versuch und Irrtum« zum Positiven, nämlich die unvermeidliche »Tücke des Objekts« bei künftigen Vorhaben besser im Auge zu behalten. *Professor Schlink* (Darmstadt) resümierte schon 1935: »In der Verbindung der Hochschulausbildung mit den Arbeiten einer guten akademischen Fliegergruppe liegt ein besonders gutes Lehrverfahren vor.« Auch andere der Luftfahrttechnik und vor allem dem Segelflug verbundene Professoren wie *Pröll* (Hannover), *v. Kármán* und *Quick* (Aachen), *Schlichting* und *Thomas* (Braunschweig), *Madelung* und *Wortmann* (Stuttgart), *Prandtl* (Göttingen), *Reichmann* (Saarbrücken), *Bock* und *Hoff* (DVL) haben sich überaus positiv, teilweise begeistert, über die Akafliegs geäußert. Das trifft auch auf Ausländer zu, wie *Dr. Raspet* (USA, Mississippi) und *Professor Morelli* (Italien, Turin). In den USA, Großbritannien, Frankreich und Australien beneidet man uns geradezu um die Akafliegs, auch von seiten der Luftfahrtindustrie, für die ähnliche Institutionen ein sehr erwünschter Partner wären. Doch an einigen ausländischen Hochschulen gegründete Fliegergruppen blieben vergleichsweise erfolglos.

Eine Akaflieg verlangt von ihren Mitgliedern große Opfer an Zeit. Dagegen erscheinen die Vergünstigungen und Vorteile für den einzelnen zunächst gering. Für die meisten aber wiegt das (heute anderswo selten gewordene) Bewußtsein, an einer großen gemeinsamen Aufgabe mitzuwirken, dieses Opfer schon weitgehend auf. Doch zugleich kann jeder Akaflieger darauf hoffen, die unvergleichliche Freude und Befriedigung mitzuerleben, im (zumindest teilweise) selbst entworfenen und gebauten Flugzeug nicht nur zu fliegen, sondern vielleicht sogar besondere Leistungen zu erzielen oder neue technisch-wissenschaftliche Erkenntnisse zu gewinnen. Und was außerdem für den Entschluß eines jungen Studenten, sich einer solchen fliegerischen Gemeinschaft anzuschließen, nicht ganz unwichtig sein dürfte: Fast alle erfolgreichen jüngeren Flugzeugkonstrukteure, von *Holighaus* über *Lemke* und *Waibel* bis *Heide,* sind aus einer Akaflieg hervorgegangen. Gleiches gilt auch für einige der älteren, so für *Egon Scheibe*.

Für Außenstehende ist es immer wieder erstaunlich, daß der spezifische Charakter einer guten Akaflieg über Jahrzehnte erhalten bleibt, auch wenn die »Generationen« alle vier bis sechs Jahre wechseln oder wenn es – wie in der ersten Nachkriegszeit – zu einer langjährigen Unterbrechung kommt. Selbst Inflation, Wirtschaftskrisen, Diktatur, totaler Krieg, Nachkriegsnotstand, Währungsreform, Wirtschaftswunder und (zur Trägheit verleitender) Wohlstand im Laufe von 70 Jahren haben der Kreativität, der Begeisterungsfähigkeit und der Fliegerkameradschaft der Akaflieger keinen Abbruch tun können.

Die Idaflieg-Vergleichsfliegen

Zur Praxis der Akafliegs gehören auch die Idaflieg-Vergleichsfliegen. Das erste Treffen dieser Art, für das jedoch noch kein festes Programm vorlag, fand im Sommer 1935 in Hannover statt. 1937 in Aachen gab es bereits subjektive Überprüfungen von Neukonstruktionen und Aussprachen mit der damaligen Prüfstelle für Luftfahrzeuge, die 1939 in Göttingen ihre Fortsetzung fanden. Selbst während des Krieges wurden die Vergleichsfliegen fortgesetzt, so 1941 in Prien am Chiemsee nach dem »Priener Programm«, das eine möglichst exakte Überprüfung der Flugeigenschaften eines Musters gewährleisten sollte, aber noch keine Leistungsvergleiche und -messungen vorsah. Über die von mehreren Piloten ermittelten und beschriebenen Eigenschaften wurden jedoch bereits Protokolle sowie ein zusammenfassender Bericht veröffentlicht (FFG-Mitteilungen 5). Erst 1943 in Darmstadt wurde auch mit Leistungsvergleichen (im Flug nebeneinander) begonnen. Bereits vorher hatte *Hans Zacher* nach dem von ihm erweiterten »Priener Programm« sowohl die Flugeigenschaften der D 30 geprüft als auch ihre Flugleistungen bei verschiedenen Flügel-, Klappen- und Leitwerkskonfigurationen nach der Höhenstufenmethode bei mehr als 80 Flügen vermessen. Mit der kalibrierten D 30 führte er Vergleichsflüge neben der Horten IV (Pilot *Heinz Scheidhauer*) durch. Für diesen sehr leistungsfähigen Nurflügel konnte danach eine wahrscheinliche Polare gezeichnet werden (FFG-Mitteilungen 6).

Die Idaflieg-Vergleichsfliegen wurden nach dem Kriege fortgeführt. Zunächst ging es um die Schulung der neuen Akaflieger-Generation, so daß es erst wieder 1958 in Braunschweig zu einem echten Vergleichsfliegen kam. Die Ergebnisse wurden mit weiteren, bis 1960 gewonnenen, in dem FFM-Bericht Nr. 40 zusammengefaßt.

Die Messungen im Höhenstufen-Verfahren und auch im Vergleichsflug mit einem kalibrierten (in Höhenstufen vermessenen) Flugzeug konnten aufgrund der gewonnenen Erfahrungen und besserer Instrumente und Meßgeräte immer weiter verfeinert werden und sind heute ein wesentlicher Bestandteil der Informationen über ein neues Muster, an denen auch die DLR interessiert ist. Sie unterstützt deshalb die Idaflieg bei den meist dreiwöchigen Sommertreffen mit Schleppflugzeugen, einem kalibrierten Segelflugzeug, mit Meß- und Auswertemannschaften sowie mit der späteren Zusammenfassung der Ergebnisse.

Bei der ebenfalls jährlichen Wintertagung der Idaflieg werden die Auswertungen der Sommer-Vergleichsflüge bekanntgegeben und diskutiert. Gleichzeitig haben die einzelnen Akafliegs die Möglichkeit, über neue Forschungen zu berichten, Projekte zur Diskussion zu stellen und vielleicht Partner dafür zu gewinnen. Mit Anregungen, aber auch mit Kritik wird dabei nicht gespart. Zur Sprache kommen ferner die Probleme, die wohl bei allen Akafliegs reichlich auftreten. Manche dieser Gruppen haben viel zu wenig Platz oder sind nur behelfsmäßig in Baracken oder zum Abbruch bestimmten Gebäuden untergebracht. Anderswo fehlt ein erfahrener Meister mit Hilfskräften in der Werkstatt. Wieder andere haben ihre besonderen Probleme mit den Zulassungsforderungen des LBA. Schwierigkeiten macht neuerdings die Hochschulreform, die wegen der Regelstudienzeit kaum noch Luft läßt für eine fruchtbare Mitarbeit in einer Akaflieg – und dergleichen mehr.

Ähnliche, in Notzeiten oft noch schwierigere Probleme haben frühere Generationen mit jugendlichem Schwung gelöst – den nachfolgenden wird das ebenso gelingen.

> Eine Gemeinschaft ist nicht eine Summe von Interessen, sondern eine Summe von Hingabe.
>
> *Antoine de Saint Exupéry*

Experimente und Experimentalflugzeuge der Akafliegs

Bewährte Flugzeugmuster zu verbessern ist ein mühseliges Geschäft. Es bedarf einer Fülle von Verbesserungen im Detail, um überhaupt einen meßbaren Erfolg zu erzielen. Diesen Kampf um Promille- und allenfalls Prozentpunkte in den Leistungswerten führen vor allem die Hersteller, die miteinander in Konkurrenz stehen. Doch auch Akafliegs bemühen sich um solche Details, in denen bekanntlich manchmal der Teufel steckt. Dabei geht es nicht nur um mehr oder minder geringfügige Leistungsverbesserungen, sondern neuerdings in zunehmendem Maße auch um mehr Sicherheit für die Piloten. Flattererscheinungen, wie sie bei den zunehmenden Fluggeschwindigkeiten auftreten können, werden mit raffinierten experimentellen Mitteln untersucht. Auch die Cockpitsicherheit und ergonomische Gesichtspunkte sind ins Blickfeld der Arbeitsgruppen geraten, wie überhaupt dem gesamten Rumpf in Formgebung und Festigkeit neuerdings erhöhte Aufmerksamkeit gewidmet wird. Diese meist wichtigen Einzelfragen darzustellen, würde den Rahmen dieses Buches sprengen. Augenfälliger und für den Überblick über die gesamte Evolution der Segelflugzeuge bedeutender sind die Neukonstruktionen der Akafliegs, von denen ein wesentlicher Teil schon geschildert wurde. Einige wichtige Experimentalflugzeuge sowie die neueren Vorhaben stehen jedoch noch aus.

Flugzeuge mit veränderlicher Flächengeometrie

Die Akafliegs waren in den fünfziger Jahren die Pioniere der Kunststoffbauweise. Sie haben in den folgenden Jahrzehnten immer wieder als Vorreiter zu ihrer Verbesserung beigetragen und als erste auch den für den heutigen Entwicklungsstand so wichtigen Schritt zur Verwendung der Kohlefaser und anderen hochfesten Fasern gewagt und zugleich die neuen Möglichkeiten, die sich damit boten, in der Praxis demonstriert. So verwirklichten die Stuttgarter Akaflieger Anfang der siebziger Jahre erstmals den alten Segelfliegerwunsch nach einem Flugzeug mit veränderlicher Spannweite. Sie konstruierten und bauten die **fs 29** mit Teleskopflügel.

Die variable Spannweite ist die theoretisch beste Lösung eines lange erkannten Problems, nämlich das der Anpassung an die unterschiedlichen Anforderungen, die während eines Streckenfluges an ein Leistungssegelflugzeug gestellt werden: Zum Höhengewinn in der (oft eng begrenzten Thermik) soll es langsam fliegen und eng kreisen, die gewonnene Höhe aber im schnellen Gleitflug in eine möglichst große Strecke umsetzen können – und so weiter, bis zur Landung, bei der aus Sicherheitsgründen wieder Langsamflug erforderlich ist. Eine relativ einfache und schon lange praktizierte Lösung ist die Wölbklappe, die in Verbindung mit der Regulierung der Flächenbelastung durch Wasserballast eine weitgehende Anpassung an die jeweiligen Notwendigkeiten ermöglicht. Nachteilig ist jedoch die Widerstandserhöhung durch die Wölbklappe und die Tatsache, daß einmal abgegebener Wasserballast nicht zurückgewonnen werden kann. Ähnlich sind die Nachteile bei einer Flügelverbreiterung durch Fowlerklappen, wie sie trotz des erheblich höheren bautechnischen Aufwandes schon mehrfach verwirklicht wurden, so mit der **AN 66 C** des Schweizers *Albert Neukom* und der englischen »**Sigma**«. Die Flügelvertiefung kann zu einer erheblichen Erhöhung des induzierten Widerstandes gerade im Langsamflug und damit zu einer unerwünschten Leistungsminderung führen. Im Hinblick auf die Flächenbelastung sowie aerodynamisch günstiger ist die Spannweitenveränderung, weil sie vom Start bis zur Landung alle gewünschten Variationen ermöglicht und den für die verschiedenen Flugzustände günstigsten induzierten Widerstand erbringt. Der Konstruktions- und Bauaufwand ist jedoch so groß, daß ein Serienflugzeug dieser Art wohl kaum zu erwarten sein dürfte. Wohl aber konnte eine Akaflieg die Möglichkeiten ausloten.

fs 29

Das Leistungssegelflugzeug fs 29 mit Teleskopflügel der Akaflieg Stuttgart entstand in fast dreijähriger Konstruktions- und Bauzeit von 1972 bis 1975. Dreißig Studenten haben daran mitgearbeitet; sie leisteten für Entwurf,

Der »Rebell« von *Gerhard Blessing* aus den siebziger Jahren.

Ein Motorsegler, der in den fünfziger Jahren in Dresden konstruiert und gebaut wurde: die LA 16 von *Professor Dipl.-Ing. Hermann Landmann*. Eine Weiterentwicklung fand nicht statt, da wegen der Produktionslenkung im Ostblock in der ehemaligen DDR keine Segelflugzeuge und Motorsegler mehr gebaut werden durften.

Peter Limbach vor VW-Motorenteilen, die anfangs die Basis seiner Triebwerke bildeten.

C 10 – konstruiert von *Hans Wünscher* und *Karl Fritsch*.

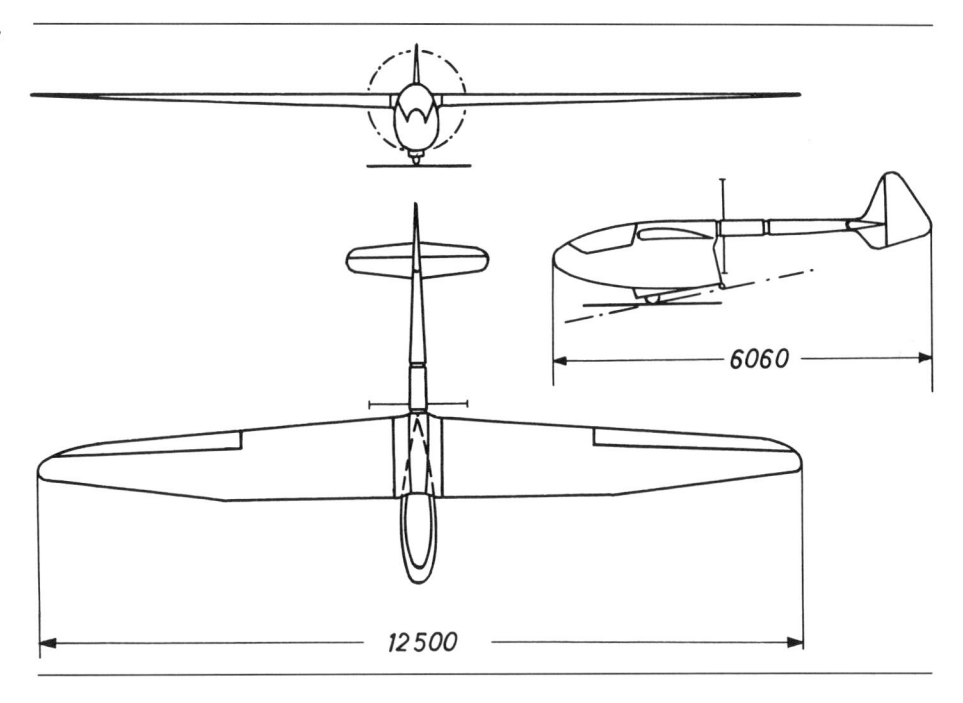

Damit erreichte die »C 10«, deren richtungweisende Konstruktion von *Hans Wünscher* und Meister *Karl Fritsch* stammt, als Segelflugzeug immerhin noch eine Gleitzahl von 22 bei einem geringsten Sinken von 0,85 m/s. Wenn der Motor im Flug oder am Boden erneut angelassen wurde, richtete die Fliehkraft die Propellerblätter wieder auf. Die »C 10« ist 1940 in zwei Exemplaren geflogen.

Weder die »Hi 20« noch die »C 10« dienten als Vorbild, als nach Kriegsende der Motorseglergedanke neu belebt wurde. Das lag sicherlich nicht nur daran, daß über diese beiden echten Motorsegler nur so wenig bekanntgeworden war, sondern wohl auch an den mechanischen Anforderungen, die über das hinausgingen, was in der ersten Nachkriegszeit machbar erschien. Stellvertretend für die vielen, die für sich allein und ohne jegliche Unterstützung unter heute kaum noch vorstellbaren persönlichen Verhältnissen, oft buchstäblich hungernd und frierend, Segelflugzeuge und Motorsegler gebaut haben, seien hier nur ganz wenige Namen genannt:

Gerhard Blessing hat schon 1948 im Keller einer Harburger Bäckerei mit dem Bau eines selbstkonstruierten Motorseglers begonnen, von dem über mehrere Zwischenstufen eine lange Leitlinie zu seinem doppelsitzigen **»Rebell«** (15 m Spannweite, 44-kW-Motor) in den siebziger Jahren führte,

Der Motorsegler »Krähe« von *Fritz Raab* (1957). Von diesem Muster, das für Amateurflugzeugbauer freigegeben war, sollen mehr als 50 Exemplare hergestellt worden sein.

Motorsegler und ihre Rolle in der Evolution der Segelflugzeuge

Der Motorsegler ist ein Loblied auf den Segelflug, aber es kann sein, daß es manche nicht merken.

Hans Zacher, 1970 frei nach *Heinrich Spoerl*

Wer den Motorsegler als »eigenstartfähiges Segelflugzeug« definiert, sieht ihn – wie die Verfasser in den vorangegangenen Kapiteln – in der Kontinuität der Evolution der Segelflugzeuge. Das Triebwerk ist Starthilfe oder »Flautenschieber« und gehört in die Leitlinie der Startmethoden: Hand-, Gummiseil- und Windenstart sowie Flugzeugschlepp. Das integrierte Triebwerk erfüllt die Idealvorstellung vieler Segelflieger, ohne Helfer und umständlichen Startaufbau in die Luft zu kommen, und ist zudem ein Sicherheitsfaktor, weil es das Risiko einer Außenlandung beinahe ausschließt und damit zugleich den zeitraubenden und kostenträchtigen Rücktransport erspart. Wer bedauert, daß dadurch der Gemeinschaftsgeist der Segelflieger weniger Bewährungsmöglichkeiten hat, sollte auch bedenken, daß sich die gesellschaftlichen Verhältnisse gegenüber den Pionierjahren (auch denen beim Wiederbeginn nach dem Zweiten Weltkrieg) entscheidend verändert haben. Engagierte Helfer zu finden, ist immer schwieriger geworden. Auch das hat die Entwicklung zum selbststartenden Segelflugzeug gefördert.

Hinzu kommt die besondere Eignung des doppelsitzigen Motorseglers für die Ausbildung, die sich schon in den zwanziger Jahren herausgestellt hatte, als die Akaflieg Darmstadt die Schulung ihrer Nachwuchspiloten mit dem doppelsitzigen Motorsegler »Karl der Große« betrieb. So ist es kein Wunder, daß bei Wiederbeginn des Segelfluges nach dem Zweiten Weltkrieg der Motorseglergedanke neue Nahrung erhielt. *Wolf Hirths* und *Ulrich Hütters* **»Hi 20 MoSe«** war jedoch wegen der Kriegsereignisse kaum bekannt geworden, und nur wenig hatte die Öffentlichkeit von der ebenso fortschrittlichen **»C 10«** der Flugtechnischen Arbeitsgemeinschaft an der Staatlichen Akademie in Chemnitz gehört. Die Besonderheit des Schulterdeckers war die Umlauf-Klappluftschraube auf dem Leitwerksträger. Das einsitzige Flugzeug hatte 12,50 m Spannweite bei 12 m² Flügelfläche und mit seiner Leermasse von nur 170 kg mit normaler Zuladung eine Flächenbelastung von 25 kg/m². Dadurch reichte der Kroeber-Zweizylinder mit 14 kW (18 PS) aus, um nicht nur den Eigenstart, sondern eine Steigleistung von 1,9 m/s zu ermöglichen. Wurde der Motor abgestellt, legte der Fahrtwind die Propellerblätter zur Verringerung des Luftwiderstandes an den Leitwerksträger.

Der Motorsegler C 10 von 1940 wirkt fast modern.

Die Oskar-Ursinus-Vereinigung (OUV)

Beraten werden Segelflugzeugbauer und Ingenieurstudenten bei ihren Konstruktionsvorhaben und speziellen Problemen ferner von der Oskar-Ursinus-Vereinigung (OUV), dem seit 1968 bestehenden »Verein zur Förderung des Eigenbaues von Luftfahrtgerät« mit weit über 700 Mitgliedern. Präsident ist als Nachfolger des früheren Direktors des LBA, Dipl.-Ing. *Karl Kössler* Prof. Dipl.-Ing. *F. J. Arendts* von der TH Stuttgart. Der Sachverstand und die praktischen Erfahrungen der OUV-Fachleute, von denen einige den schon genannten Forschungseinrichtungen angehören oder dort bis zu ihrer Pensionierung tätig waren, können zur Lösung vieler Schwierigkeiten beitragen. Neben regionalen Veranstaltungen findet mit dem »Hobbyflug« alljährlich ein großes Treffen statt, an dem stets auch ausländische Gäste teilnehmen. Dabei werden Neukonstruktionen vorgestellt, Projekte besprochen und Probleme diskutiert, aber auch Preise vergeben, beispielsweise für:

die besten Sicherheitsvorkehrungen,
die umweltfreundlichste Konstruktion,
die fortschrittlichste Entwicklung und
die beste Bauausführung.

Nicht selten sind Akafliegs mit den gut dotierten OUV-Preisen ausgezeichnet worden.
Die Schwerpunkte der OUV liegen beim Motorflug. Die Beratung durch ihre Fachleute im Bereich der motorlosen Fluggeräte beschränkt sich im wesentlichen auf das Restaurieren und den Nachbau von Oldtimern und einige Neu- und Sonderkonstruktionen (wie »Flair 30« und dem ultraleichten Gleiter ULF 1 mit Bauteilen aus Kevlar).

Ingenieur *Oskar Ursinus* (1878–1952), der Namensgeber der OUV, hatte am Technikum Mittweida Maschinenbau und Elektrotechnik studiert. Als die Flugzeuge Anfang dieses Jahrhunderts wachsende Erfolge erzielten, begeisterte er sich für den Sport und vor allem für die Flugtechnik. Er gründete 1908 die Zeitschrift »Flugsport«, um in ihr für den Entwurf, Bau und Betrieb von Luftfahrzeugen »schwerer als Luft« zu werben. 1909 schon setzte er sich für die ILA in Frankfurt ebenso ein wie von 1920 an für die Rhönsegelflug-Wettbewerbe auf der Wasserkuppe. Er wurde dort treibende Kraft, »Rhönvater« und »Rhöngeist«, regte Neuerungen und Erweiterungen an und ermunterte die Konstrukteure und Flieger, wenn es einmal Mißerfolge gab, mit den Worten: »Es wird weitergeflogen!«
Seine Unterschrift war ein wenig krakelig, aber sein Weg zum Ziel war gradlinig. Sein Bild schickte er 1938 dem stets bewährten Meister *Wilhelm Rabe* der Akaflieg Darmstadt.

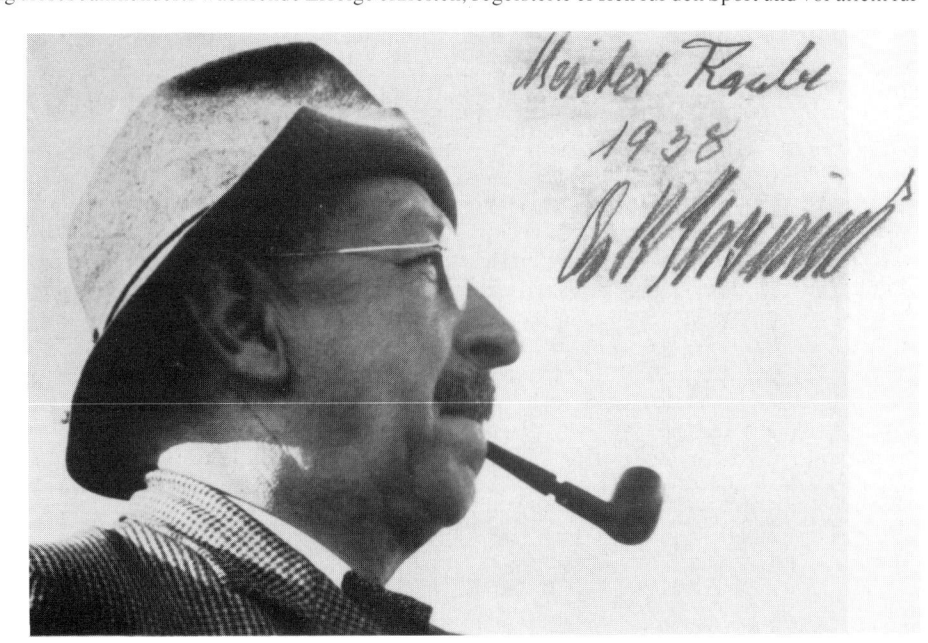

Von der DFS zur DLR

Von der Zusammenarbeit der Segelflugzeug-Hersteller bzw. der Akafliegs mit Forschungseinrichtungen war in den vorangegangenen Kapiteln mehrfach die Rede, und auch von der bedeutenden Rolle, die sie von den zwanziger bis zu den vierziger Jahren für die Entwicklung des Segelfluges und die Evolution der Segelflugzeuge gespielt haben. Herausragend war die Bedeutung der Deutschen Forschungsanstalt für Segelflug (DFS). Sie wurde bereits 1953, kurz nach Wiederzulassung des Segelfluges in der Bundesrepublik Deutschland, von *Dipl.-Ing. Otto Fuchs* (1897–1987) neu gegründet. Den zunächst eingerichteten Instituten für Flugmeteorologie und Flugtechnik wurden 1955 ein weiteres für Flugforschung und 1959 das Institut für Segelflug hinzugefügt. 1963 fusionierte die DFS, die inzwischen in FFM (Flugwissenschaftliche Forschungsanstalt München-Riem) umbenannt worden war, mit der DVL (Deutsche Versuchsanstalt für Luftfahrt, Sitz ursprünglich Berlin-Adlershof, nach dem Krieg Köln). Dabei wurden das Institut für Physik der Atmosphäre und die Abteilung für Segelflug und Leichtflugzeuge neu gebildet. In einer Kette weiterer Fusionen und Umbenennungen wurde aus der DVL die DVLR, die DFVLR und schließlich die DLR.

Als Langzeit-Nachfolgeinstitution der alten DFS kann das Institut für Physik der Atmosphäre der DLR in Oberpfaffenhofen (Ko-Direktor *Dr. Manfred Reinhardt*) angesehen werden, denn es beschäftigt sich wesentlich mit Segelflugmeteorologie und betreut auch die OSTIV, die internationale wissenschaftlich-technische Organisation des Segelfluges. Die »Abteilung für Segelflug und Leichtflugzeuge« war nach dem altersbedingten Ausscheiden ihres langjährigen Leiters *Dipl.-Ing. Hans Zacher* im November 1977 aufgelöst worden. Seitdem versucht eine kleine Gruppe von segelflugbegeisterten Ingenieuren unter Leitung von *Dipl.-Ing. Gerhard Stich* einen Teil der früheren Aufgaben weiterzuführen und nicht zuletzt die Zusammenarbeit mit der Idaflieg aufrechtzuerhalten. Die Gruppe arbeitet in Braunschweig, wo ihr ein »Janus« mit Spezialan- und -aufbauten als Forschungsflugzeug für Profiluntersuchungen, Abkippmessungen und andere Aufgaben zur Verfügung steht. Eine sorgfältig kalibrierte DG 300 mit 17-m-Flügel dient als Vergleichssegelflugzeug für Leistungsmessungen.

Obgleich jahrzehntelange Erfahrungen vorliegen, wird bei der DLR ständig an der Verfeinerung der Meßmethoden gearbeitet, um die Auswirkungen selbst geringfügiger aerodynamischer Verbesserungen an Segelflugzeugen feststellen zu können. Außerdem erhalten Segelflugzeughersteller und Akafliegs Hilfe bei Windkanalmessungen, Betriebsfestigkeitsuntersuchungen sowie bei den Zulassungs-Nachweisflügen. Für diese und weitere Forschungsaufgaben im Zusammenhang mit dem Segelflug sind in Braunschweig folgende Institute tätig:

Das DLR-Institut für Entwurfsaerodynamik
    Aufwindmodellrechnungen zur Flugstreckentheorie
    Profilentwicklungen (HQ-Profile, Zusammenarbeit mit der Universität Delft)
Das DLR-Institut für Flugmechanik
    Vergleichsfliegen mit Idaflieg einschließlich Auswertung
    Polarenmessung in Höhenstufen
    Geräteentwicklung zur Flugvermessung
    Hilfe bei der Musterzulassung
Das DLR-Institut für Strukturmechanik
    Bruchversuche
    Dauer- und Betriebsfestigkeitsuntersuchungen.
Weitere für den Segelflug wichtige Institute sind:
Das DLR-Institut für Aeroelastik in Göttingen
    Flatterrechnungen und -versuche
    Zulassungsnachweise
Das DLR-Institut für Bauweisen- und Konstruktionsforschung in Stuttgart
    Erarbeitung von Prüfmethoden für neue Faserwerkstoffe sowie für neue Bauweisen
    Ermittlung von zulässigen Werten für die Beanspruchung der Werkstoffe
    Untersuchung von Schadensfällen und dergleichen mehr.

Unterstützung finden Segelflugzeugkonstrukteure und Ingenieurstudenten durch die DLR auch auf andere Weise: Eines der wichtigsten Bücher für sie sind die »Grundlagen für den Entwurf von Segelflugzeugen« (1979) von *Prof. Dr. Fred Thomas*, Vorstandsmitglied der DLR.

Auch eine Reihe hier nicht genannter Hochschulinstitute sowie Forschungseinrichtungen der Industrie ist – teilweise über Studien- und Diplomarbeiten – gelegentlich in Segelflugprobleme einbezogen. So hat beispielsweise das Kunststoffinstitut Darmstadt in den Anfängen der GFK-Entwicklung wesentlich zur Anwendbarkeit der neuen Bauweise beigetragen.

Höhenruder. Für eine optimale Auftriebsverteilung erwies sich das in den Außenflügel einbezogene Höhenruder als störend. Die erforderliche Pfeilform (15°) bei hoher Flügelstreckung (19,4) brachte aeroelastische Probleme (Biegesteifigkeit und Flattern) mit sich, die sich nur durch unkonventionelle Holmanordnung in Verbindung mit der Kohlefaserbauweise (unter Verwendung der neu »entdeckten« Hoch-Modul-Carbonfaser) lösen ließen. Daß auch für den Bau selbst eine Reihe von Spezialverfahren erdacht werden mußte, ist schon nicht mehr verwunderlich. Trotzdem blieben für die Flugerprobung, die im März 1988 begann, noch weit mehr Fragen offen als bei einem Normalflugzeug. Um unangenehmen Überraschungen und vor allem einem zu großen persönlichen Risiko für den Piloten entgegenzuwirken, war von vornherein der Einbau eines Bergungs- und Rettungssystems für Pilot und Flugzeug (nach dem Vorbild der Pflicht-Rettungssysteme für Hängegleiter und Ultraleichtflugzeuge) vorgesehen. Wegen der höheren Lasten mußte es aber für das Segelflugzeug extra entwickelt werden. Es befindet sich im hinteren Teil der Rumpfschale und besteht aus einem System von Fallschirmen: einem kleinen Hilfsschirm, einem größeren Aufziehschirm und drei Kreuzschirmen mit insgesamt 300 m² Fläche. Im Notfall soll damit selbst aus sehr geringer Höhe (100 m) eine wirksame Rettung möglich sein. Abwurfversuche von einem Hubschrauber mit einem entsprechend beschwerten Rumpf bestätigten die Betriebssicherheit des Systems, das einer entsprechenden Entwicklung auch für »normale« Segelflugzeuge zugrunde gelegt werden kann.

Das Rettungssystem erwies sich jedoch noch in anderer Hinsicht als rettend, war es doch für einige der späteren Sponsoren ein wesentlicher Grund, sich des Projektes der Braunschweiger Akaflieger anzunehmen. Ohne die Unterstützung von Ministerien, Instituten und der Industrie wäre es einer finanzschwachen Akaflieg nicht möglich gewesen, ein so umfassendes und in vieler Hinsicht bedeutsames Vorhaben zu realisieren. Ohne den Idealismus und die Ausdauer der Studenten wäre das Projekt allerdings schon in seinen Anfängen steckengeblieben.

Segelfliegen – zeitlos schön. »Schlesien in Not« der Akademischen Fliegerschaft Marcho Silesia startet von der Wasserkuppe (1931).

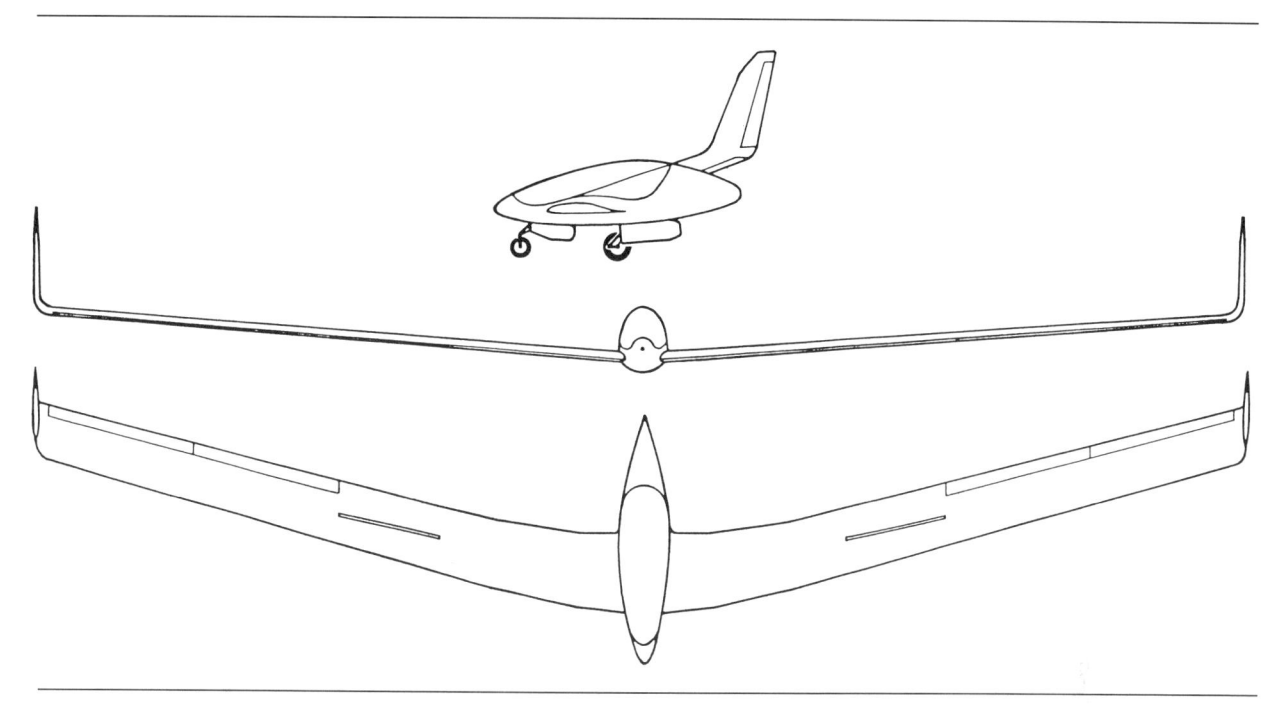

Die SB 13 – fast ein Nurflügel.

Die schwanzlose SB 13 bei der Landung. Anmontiert sind Erprobungseinrichtungen wie Grenzschichtzäune und eine Kamera (zur filmischen Beobachtung des Strömungsverlaufes mit Hilfe angeklebter Wollfäden.

Ein Grundproblem war die Flügelprofilierung. Gesucht wurden Laminarprofile, die bei ausreichenden Auftriebs- und geringen Widerstandsbeiwerten ein minimales Nullmoment aufweisen, um das Höhenleitwerk am langen Hebelarm einsparen zu können. Eine nicht zu starke Pfeilform des Flügels sollte in Verbindung mit einer mäßigen Schränkung des Außenflügels eine ausreichende Stabilisierung ermöglichen. Bei der DFVLR mit dem eigens für Profilerprobungen eingerichteten »Janus« vorgenommene Freiflug-Versuchsreihen führten zu den von *Horstmann* und *Quast* entwickelten Profilen HQ 34/14,83 für den klappenlosen Innenflügel und HQ 36/15,12 im Bereich der Quer- und wird mit 43 (bei eingefahrenen Klappen) angegeben, die geringste Fluggeschwindigkeit (mit Klappen) mit 60 km/h.

Weitere Akaflieg-Aktivitäten

Um die Segelflugzeugrümpfe möglichst schlank und damit widerstandsarm zu halten, weisen die meisten Doppelsitzer hintereinanderliegende Sitze auf. Rechnergestützte Untersuchungen und Windkanalmessungen haben jedoch gezeigt, daß doppelbreite Rümpfe bei geeigneter Formgebung aerodynamisch keineswegs schlechter sein müssen. Die Vorteile nebeneinanderliegender Sitze für die Zusammenarbeit der Piloten bei längeren Streckenflügen und auch für ihr persönliches Befinden (mehr Platz, dadurch angenehmeres Fluggefühl) sind unverkennbar.

Aus solchen Rechnungen, Messungen und Überlegungen entstand bei der Akaflieg Berlin der Doppelsitzer **B 13** mit nebeneinanderliegenden Sitzen. Ein Hilfsmotor in der Rumpfspitze (23 kW Zweitakt Rotax mit 5-Blatt-Klappluftschraube) macht ihn zum Motorsegler. Der Dreifachtrapezflügel von 23,30 m Spannweite hat das Wölbklappenprofil HQ 41. Die Flugerprobung als Segelflugzeug begann 1989 und dauert noch an.

Gleiche Überlegungen – mehr Bewegungsraum im Cockpit – lagen der Konstruktion der **D-41** der Akaflieg Darmstadt zugrunde. Dieser Doppelsitzer mit nebeneinander angeordneten Sitzen bietet besonders viel Platz, was zum Scherznamen »Knutschkugel« führte. Die Studenten konnten mit der aerodynamischen Optimierung des dicken Rumpfvorderteils beweisen, daß ein solcher Rumpf nicht mehr Widerstand haben muß als ein schlanker. Für ihr Flugzeug (Gleitzahl 43,5) erhielten sie 1994 den OUV-Preis für die fortschrittlichste Segelflugzeugentwicklung.

Bei dem anschließenden Projekt **D-42** konnten die Studenten die gewonnenen Erfahrungen zugrunde legen und einen speziell für die Schulung geeigneten Doppelsitzer konstruieren.

Um die Verringerung des Rumpfwiderstandes, wenn auch nicht bei einem Doppelsitzer, geht es bei der **AFH 24** der Akaflieg Hannover, einem Flugzeug der Standardklasse, also ohne Wölbklappen. Der Rumpf ist im Tragflächenbereich stark eingeschnürt und besitzt zur Vermeidung des Haubenspaltes ein nach vorn verschiebbares Rumpfvorderteil. Um den Arbeitsaufwand auf das Wesentliche, nämlich die Rumpfkonstruktion, zu beschränken, wurden die Tragfächen der DG 300 übernommen, der die Flugleistungen und -eigenschaften weitgehend entsprechen. Der Erstflug fand 1990 statt.

Sonderkonstruktionen

Außer um Verbesserungen im Detail und um die Konstruktion von Flugzeugen normaler Konfiguration geht es den Akafliegs von Anbeginn auch immer wieder darum, gänzlich neue Wege zu beschreiten und zu erproben. Der Tradition der Entenkonstruktion **FVA 3** von *Wolfgang Klemperer* aus dem Jahre 1923 folgend, bauen die Aachener Akaflieger ein Ultraleichtflugzeug **(FVA 25)** und ein Segelflugzeug **(FVA 27)** in Entenkonfiguration (Höhenleitwerk vorn).

Schwanzlose bzw. Nurflügelsegelflugzeuge sind im Vergleich zu Enten häufiger konstruiert und – wie das Beispiel der Horten-Nurflügel zeigt – auch erfolgreicher erprobt worden.

Die erste Konstruktion der Akaflieg Berlin gleich nach ihrer Gründung im Jahre 1920 war ein schwanzloses Flugzeug: die **B 1 »Charlotte«**. Im Rhönwettbewerb 1922 ging sie zwar zu Bruch, doch ihre Nachfolgekonstruktion **B 3** fand 1923 erneut große Beachtung. Filmaufnahmen von *Anthony Fokker* zeigen sie mehrfach im ruhigen, gestreckten Gleitflug am Südhang. Miterbauer der »Charlotte« war *Kurt Tank*, der später bei Focke-Wulf unter anderem den »Stößer« und die FW 190, das leistungsfähigste deutsche Jagdflugzeug des Zweiten Weltkrieges, konstruiert hat.

Im Jahre 1961 versuchte sich die Berliner Akaflieg noch einmal an einem schwanzlosen Segelflugzeug, der **B 11** mit vorgepfeilten Flügeln – allerdings mit weniger Erfolg.

Ein schwanzloses Segelflugzeug hatten die Münchener Akaflieger 1930 mit ihrer **Mü 5 »Wastl«** erprobt. Schwanzlos war auch die **fs 26** der Stuttgarter aus dem Jahre 1970. Der neueste Versuch in dieser Richtung unter Ausnutzung aller Möglichkeiten der Kunststoffbauweise, neuer aerodynamischer Erkenntnisse, Rechen- und Simulationsmethoden ist die **SB 13** der Akaflieg Braunschweig.

Als sich die Braunschweiger Akaflieger Ende 1982 für das Projekt SB 13 entschieden, konnten sie nicht ahnen, auf was für ein wissenschaftlich-technisches Abenteuer sie sich eingelassen hatten und daß sie mehr als sechs Jahre bis zum Erstflug benötigen würden – die Erprobung mit den dabei erforderlichen Änderungen dauert noch an.

Es klang so harmlos: handelte es sich doch »nur« um ein Standardklasse-Segelflugzeug, bei dem man zur Widerstands- und Gewichtsverminderung Leitwerksträger und Leitwerk einsparen wollte und dadurch bessere Flugleistungen zu erzielen hoffte. Am Anfang stand ein Flugmodell im Maßstab 1:3, mit dem die entscheidenden Vorversuche unternommen, zugleich aber auch die zu erwartenden Probleme deutlich wurden. Gleichzeitig suchten die Studenten den Kontakt mit nurflügelerfahrenen Wissenschaftlern (wie *Prof. Dr. Karl Nickel*), Konstrukteuren (wie *Dr. Reimar Horten*) und Piloten (wie *Heinz Scheidhauer*), auf deren Ratschläge sie besonderen Wert legen.

Die D 40. Wie auf der Zeichnung ist der Taschenmesserflügel nur einseitig ausgefahren (durch Lösen einer Sperrvorrichtung; im Flugbetrieb nicht möglich).

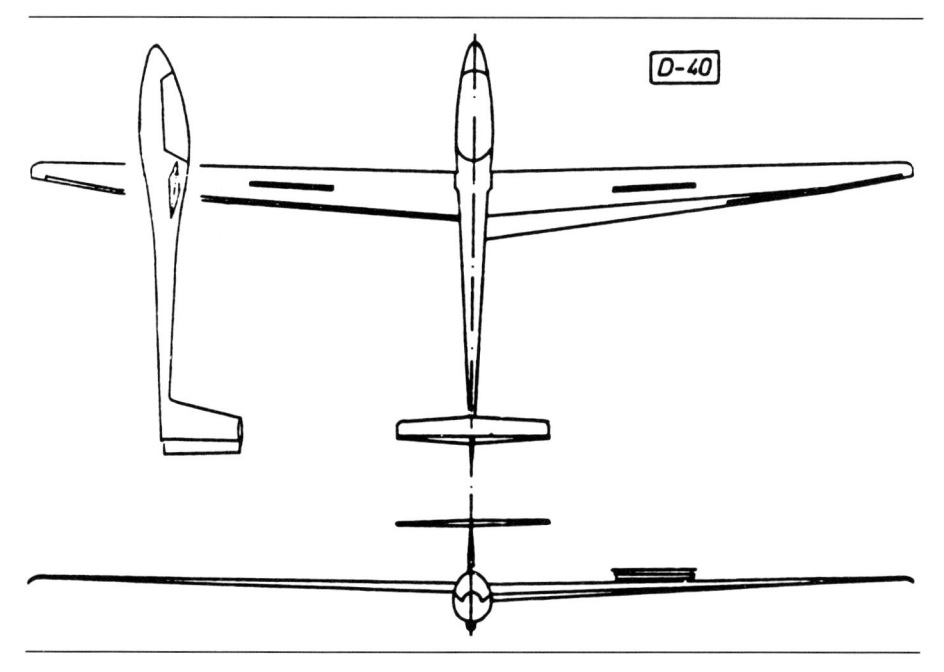

Die D 40 mit dem Taschenmesserflügel, der hier zur Verdeutlichung nur einseitig eingezeichnet ist.

Dabei ändert sich die Flügelstreckung von 23,7 auf 19,6. Rumpf und Leitwerk entsprechen der LS 3. Als Profil für den Taschenmesserflügel wurde das bewährte FX 67-VG 170 gewählt und so modifiziert, daß es nach außen hin in das FX 60-126 übergeht. Bei einer Rüstmasse von 260 kg, 110 kg Zuladung und 120 kg Wasserballast hat die D 40 eine maximale Flugmasse von 490 kg. Die Flächenbelastung liegt zwischen 32 und 51,5 kg/m². Nach mehrjähriger Entwurfs- und Bauzeit begann 1986 die Flugerprobung. 1988 erhielt die D 40 mit ihrer Taschenmesserklappe den Konstruktionspreis der Oskar-Ursinus-Vereinigung (OUV).

fs 32

Als neueste Konstruktion mit variabler Flügelgeometrie wurde Anfang 1992 von der Akaflieg Stuttgart die fs 32 vorgestellt, ein Flugzeug für die »unbeschränkte 15-m-Klasse« der FAI (Rennklasse). Seine Besonderheit ist die Flächenvergrößerung durch eine ausfahrbare Spalt-Fowlerklappe. Dadurch soll der Flügel auch bei hoher Flächenbelastung sowohl auf Langsamflug (enges Kreisen in der Thermik) als auch auf Schnellflug (zwischen den Aufwinden) optimiert werden können. Die beste Gleitzahl

Die Mü 27 – ein Doppelsitzer mit Flächenklappen.

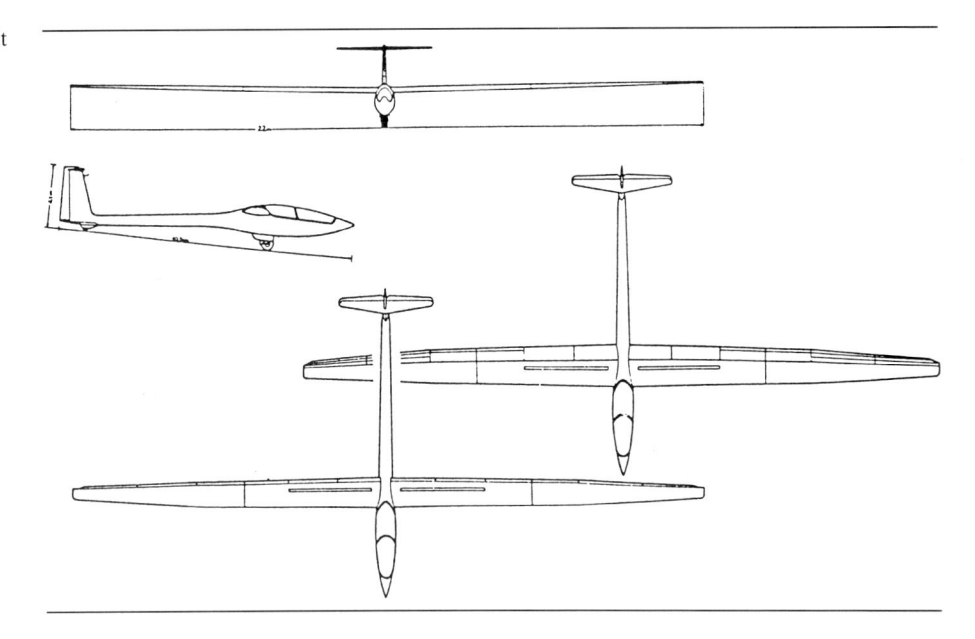

Frankreich mit der SB 11 den Titel in der 15-m-Klasse – ein erstaunlicher Erfolg auch für die Braunschweiger Akaflieger, der nicht zuletzt auf das sorgfältig ausgewählte und modifizierte FX-Profil (FX 62-K-144/21 VG 1,25) zurückzuführen war.

Bei der SB 11 läßt sich die Flügelfläche zwischen 10,56 und 13,20 m² und die Streckung zwischen 21,31 und 17,05 variieren. Bei der (relativ geringen) Rüstmasse von 270 kg kann bis zu 130 kg Wasserballast mitgeführt werden. Die maximale Flugmasse beträgt 470 kg. Als Landehilfe dienen doppelstöckige Schempp-Hirth-Bremsklappen auf der Flügeloberseite. Zusätzlich ist ein Bremsschirm vorgesehen.

Die beste Gleitzahl von 41 wird bei 104 km/h, das geringste Sinken von 0,62 m/s bei 80 km/h, bei Flächenvergrößerung bei 70 km/h erreicht.

Mü 27

Schon vor den Braunschweigern hatten die Münchener Akaflieger mit Konstruktion und Bau eines Flugzeugs, sogar eines Doppelsitzers, mit Flächenklappen begonnen. Das bereits in der englischen »Sigma« erprobte Wortmann-Profil FX 67-VC170/136 gestattete sogar eine Flächenvergrößerung von 36 Prozent. Die Klappen können, in gehärteten Stahlschienen geführt, elektrisch ein- und ausgefahren werden. Bei einer Spannweite von 22 m geriet der vierteilige Flügel mit 450 kg jedoch recht schwer. Daher liegt die Rüstmasse der Mü 27 mit 710 kg noch erheblich über der (wesentlich größeren) SB 10 (577 kg). Sie dürfte das schwerste aller derzeitigen Segelflugzeuge sein. Da ihr Fluggewicht von der Zulassungsbehörde auf 900 kg begrenzt ist, hat sie nur eine vergleichsweise geringe Zuladung. Wasserballast kann nicht mitgeführt werden. Ihren Flugleistungen tut das jedoch keinen Abbruch: Mit eingefahrenen Klappen erreicht sie eine beste Gleitzahl von 47 bei 115 km/h, mit ausgefahrenem Fowler immerhin noch 36 bei 93 km/h. Ihr geringstes Sinken ist eingefahren 0,65 m/s bei 108 km/h, ausgefahren 0,66 m/s bei 77 km/h. Hieran zeigt sich zugleich die starke Wirkung der Flächenklappen.

D 40

Mit dieser Konstruktion der Akaflieg Darmstadt wird eine weitere Spielart der veränderlichen Flächengeometrie erprobt: der Taschenmesserflügel. Eine recht anschauliche Bezeichnung, denn wie ein Messer um einen Drehpunkt ausgeklappt wird, so schwenkt hierbei ein Flügelstück zum Rumpf hin aus; der Drehpunkt liegt dort, wo das Querruder anfängt. An der Flügelwurzel ist die Verbreiterung am stärksten, am Querruder gleich Null. Das wirkt sich günstig auf den induzierten Widerstand aus, der auch bei ausgefahrenem »Messer« im Langsamflug nur geringfügig zunimmt. Die Flächenvergrößerung kann allerdings nur halb so groß sein wie bei vergleichbaren Fowlerklappen und ist daher auch weniger wirksam. Doch die Erfahrungen, die die Darmstädter mit ihrem Flugzeug machen, sind ermutigend. Die D 40 ist ein Flugzeug der FAI-15-m-Klasse, ein einsitziger Schulterdecker. Das »Taschenmesser« vergrößert die Flügeltiefe an der Wurzel von 0,85 m auf 1,20 m, die gesamte Flügelfläche jedoch nur von 9,5 auf 11,5 m².

Sitzwanne, Einziehfahrwerk und Knüppelsteuerung übernommen worden waren.

Im Rahmen der Spannweitenvariation ändert sich die Flügelfläche zwischen 12,65 und 8,56 m^2, die Flügelstreckung zwischen 28,5 und 20,7, die Flächenbelastung (ohne Wasserballast) zwischen 36,5 und 52,6 kg/m^2. Für den rechteckigen Mittelbereich des Flügels wurde das Profil FX 73-170, für den trapezförmigen Außenflügel FX 73-K-170/22 verwendet. Die Rüstmasse liegt bei 365 kg, die maximale Flugmasse bei 450 kg. Nach einer DFVLR-Messung von 1975 erreicht die fs-29 bei voller Spannweite eine beste Gleitzahl von 44 bei 98 km/h und ein geringstes Sinken von 0,56 m/s bei 81 km/h. Als Landehilfe dienen Schempp-Hirth-Bremsklappen auf der Flügeloberseite, die jedoch nur bei voller Spannweite betätigt werden können. Deshalb wird zusätzlich ein großer Bremsschirm mitgeführt.

Die voll ausgefahrene Flächenklappe der SB 11.

SB 11

Die Braunschweiger Akaflieger, die Anfang der siebziger Jahre mit dem Doppelsitzer SB 10 als CFK-Pioniere eine Glanzleistung vollbracht hatten, wandten sich in der Mitte des Jahrzehnts mit einem Flugzeug für die damals neu geschaffene FAI-15-m-Klasse ebenfalls dem Problem der variablen Flächengeometrie zu, wählten aber eine weniger aufwendige Lösung: Sie veränderten die Flügelgeometrie durch Flächenklappen. Mit einer komplizierten, aber robusten Mechanik schafften sie es, die Flügelfläche während des Fluges durch Ausfahren der Klappen bis zu 25 Prozent zu vergrößern und gleichzeitig die Profilwölbung zu erhöhen. Das überproportionale Anwachsen des induzierten Widerstandes gerade beim Landeanflug schränkten sie dadurch ein, daß sich mit dem Ausfahren der Flächenklappen die relative Profildicke von 14,4 auf 11,5 Prozent verringerte. Dadurch erhielten sie – beraten von *Professor F. X. Wortmann* – ein etwas gewölbtes, aber recht dünnes Profil mit einem hohen Auftriebswert bei mäßigem Widerstand im Langsamflug. Zur Erhaltung der Stabilität um die Querachse war jedoch ein langer Leitwerkshebelarm erforderlich. Tatsächlich hat die SB 11 mit 7,40 m den längsten Rumpf aller 15-m-Flugzeuge. Sein Vorderteil entstammt den Formen der ASW 19. Um den Konstruktionsaufwand zu verringern, erhielt das Flugzeug die Leitwerke des Doppelsitzers »Janus«. Die Flugerprobung begann im Mai 1978. Schon zwei Monate später gewann *Dr. Helmut Reichmann* bei den Weltmeisterschaften in Châteauroux in

Die SB 11 im Start mit größtmöglicher Flügeltiefe und Profilwölbung. Auf dem Rumpf ist eine Kamera montiert, die das Aus- und Einfahren der doppelten Fowlerklappen aufnehmen soll.

Die fs 29 mit voll ausgefahrenem Außenflügel (erkennbar an der auch vom Pilotensitz her sichtbaren Strichmarkierung).

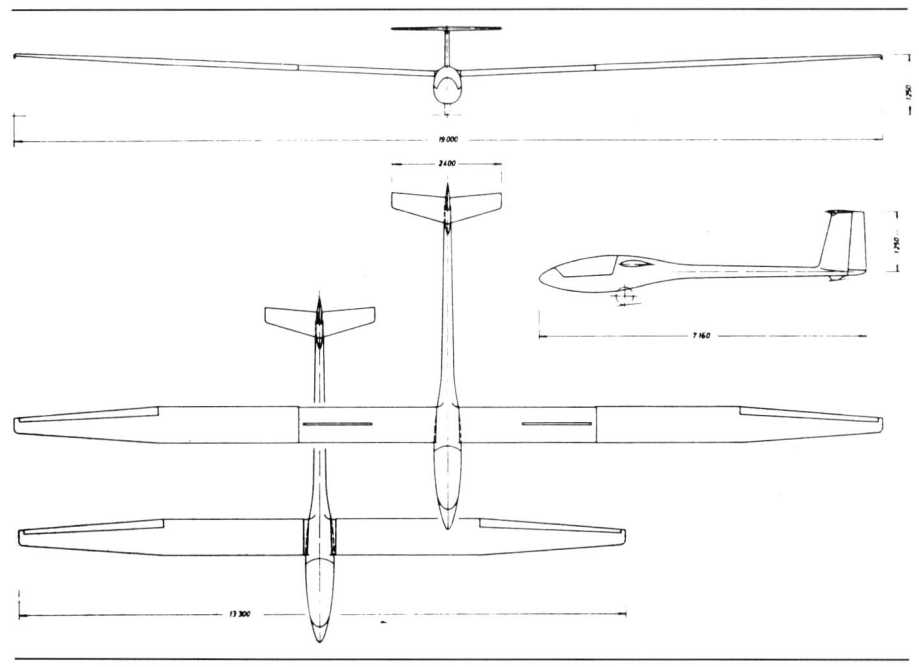

Die fs 29 mit ein- und ausgefahrenem Teleskopflügel.

Entwicklung und Konstruktion rund 8000 und für den Bau rund 12 000 Arbeitsstunden. Zwei Diplom- und sechs Studienarbeiten waren diesem Flugzeug gewidmet. Seine Teleskopflügel lassen sich ineinander verschieben, und zwar so, daß die Außenflügel mit einer komplizierten, handbetriebenen Mechanik über den Innenflügel bewegt werden können – auch während des Fluges. Daß es funktioniert, bewies der Projektleiter *Eberhard Schott* schon beim dritten Versuchsstart auf dem Flugplatz Bartholomae-Amalienhof im Juni 1975. Er startete mit 19 m Spannweite, reduzierte sie in sicherer Höhe auf das Minimum von 13,30 m und fuhr den Teleskopflügel zur Landung wieder auf 19 m aus. Bei der weiteren Flugerprobung zeigte sich, daß bei Streckenflügen schon geringe Spannweitenänderungen ausreichen, um eine optimale Anpassung an die jeweiligen Steig- oder Schnellflugbedingungen zu erreichen. Die Flugeigenschaften und -leistungen der fs 29 entsprechen weitgehend dem »Nimbus II«, von dem auch Teile wie das Leitwerk, Haube, und auch der Bremer *Jan Eilers* baute seine »**LK 10 A**« schon in der ersten Nachkriegszeit. *Alois Obermeier* motorisierte damals einen Schulgleiter, später auch einen »Bergfalken«. Doch zu diesem Zeitpunkt – Anfang der fünfziger Jahre – hatte sich das Alltagsleben schon wieder weitgehend normalisiert, und jetzt an Neukonstruktionen zu denken, war vor allem nach Wiederzulassung des Segelfluges 1951 keine Traumtänzerei mehr. Von *Fritz Raab* und *Alfons Pützer* stammte der »**Motorraab**«, der bereits von einem modifizierten Volkswagenmotor angetrieben wurde. *Pützer* ermutigte den Motorenbauer *Peter Limbach*, auf dieser Basis zuverlässigere und stärkere Triebwerke für Motorsegler zu entwickeln. Gefordert war vor allem ein sicheres Anlassen auch nach längerem Stillstand in der Luft. Damit haperte es noch bei den damals vorhandenen »Rasenmähermotoren«, die für die ersten Neukonstruktionen verfügbar waren.

Motorsegler von Egon Scheibe

Mit den Erfahrungen, die *Egon Scheibe* schon in den dreißiger Jahren mit der Konstruktion der Mü 13 und ihrer Nachfolgemuster sammeln konnte, hatte er 1951 in Dachau seinen eigenen Flugzeugbau gegründet. Mit dem Doppelsitzer Mü 13 E, dem »Bergfalken«, sowie mit dem Einsitzer »Spatz« (vor allem mit dem »L-Spatz« von 1955) war er besonders erfolgreich. Nachdem er Ende der fünfziger Jahre einen »L-Spatz« mit einem 15 kW/20 PS-Motor ausgestattet hatte, ging eine verbesserte Version mit einem 19 kW/25 PS-Motor als **SF 24 »Motor-Spatz«** in Serie. 50 Exemplare wurden gebaut; einige davon fliegen heute noch als Oldtimer. Für Übung und Schulung bestand jedoch zunehmend Bedarf nach einem doppelsitzigen Motorsegler, den *Egon Scheibe* mit der Konstruktion der **SF 25 »Motorfalke«** (1963/64) zu erfüllen hoffte. Er konnte nicht ahnen, daß dieses Flugzeug mit nebeneinanderliegenden Sitzen, das mit einem 18,4 kW/ 25 PS-Solo-Motor in der A-Version noch untermotorisiert war, zu dem weltweit erfolgreichsten Motorsegler werden sollte. Die B-Version (1967) erhielt einen 33 kW/45 PS-Stamo-Motor und war damit schon recht gut für ihre Aufgaben geeignet. Noch besser bewährte sich der **C-Falke** (1971), der einen 45 kW/60 PS-Limbach-Motor besaß. Damit ließ sich die Vielseitigkeit des Motorseglers als Sportfluggerät bereits voll ausschöpfen. Außer für Übungs- und Schulflüge eignet er sich für das »Luftwandern«, wie es einst *Wolf Hirth* vorschwebte: Nach Erreichen der notwendigen Ausgangshöhe Streckensegelflug bis zu dem gewünschten Tagesziel, von dort entweder Rückkehr im Motorflug oder am nächsten Morgen Weiterflug zum nächsten »Wanderziel« – Idealferien für begeisterte Segelflieger mit und ohne Begleitung. Mit einem zuverlässigen Motor, wie er inzwischen zur Verfügung stand, eignete sich der »Falke« auch für den Reiseflug, wobei sein Treibstoffverbrauch etwa um die Hälfte niedriger lag als bei einem vergleichbaren Leichtflugzeug. Bei guter Thermik waren mit ihm jedoch durchaus auch Leistungssegelflüge möglich. Seitdem 1973 *Gerd Stolle* das erste 300-km-Dreieck mit einem Scheibe-Motorsegler im reinen Segelflug umrundet hatte, sind zahlreiche weitere Bedingungen zu FAI-Leistungsabzeichen auf Motorseglern geflogen worden. Auch die Segelflugleistungen bei Motorseglerwettbewerben, wie sie inzwischen regelmäßig veranstaltet wurden, bewiesen die Eignung nicht nur der »Motorfalken« (inzwischen waren

SF 24 »Motor-Spatz« von *Egon Scheibe*. Der Serienbau begann 1957.

Mü 23 »Saurier« – doppelsitziger Motorsegler der Akaflieg München, an dem auch *Egon Scheibe* mitgearbeitet hat. Er besitzt einen Stahlrohrrumpf wie fast alle Scheibe-Konstruktionen.

SF 25 C-Falke, 1971 von *Egon Scheibe* konstruiert.

auch weitere gute Baumuster erschienen) für sportliche Zwecke. Gemeint ist hier der konventionell gebaute ein- oder doppelsitzige Motorsegler mit nicht einklappbarem Triebwerk (meist in der Rumpfspitze), wie er mit dem »Motorfalken« vorgegeben worden war. Ein solches Flugzeug eignet sich ebenfalls für Gastflüge, um beispielsweise im Rahmen eines Luftsportvereins Interessenten oder auch kritischen Anliegern die Schönheit des Fliegens, speziell des motorlosen Fliegens, nahezubringen. Auch für Forschungsflüge, sei es für Tierbeobachtungen aus der Luft, für die Suche nach archäologischen Spuren auf der Erdoberfläche und vor allem für meteorologische Untersuchungen haben sich Motorsegler nach dem »Motorfalken«-Grundkonzept hervorragend bewährt. Es zeigt sich jedoch auch, daß damit

SF 25 C – der wohl meistgebaute doppelsitzige Motorsegler.

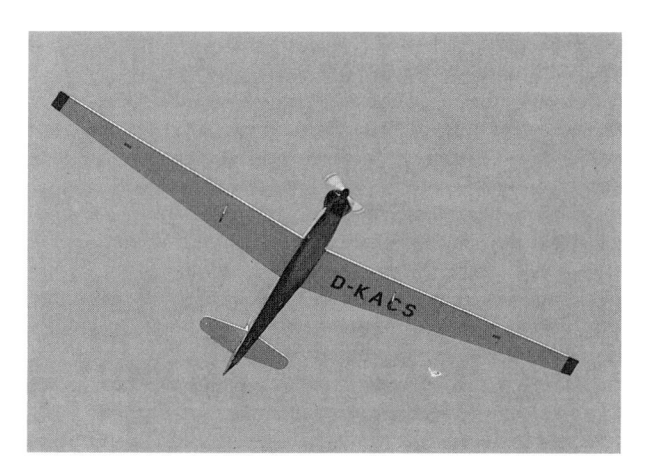

SF 28 Tandem-Falke mit hintereinanderliegenden Sitzen und deshalb schmalem Rumpf.

in der Evolution der Segelflugzeuge ein Nebenweg eingeschlagen wurde, der mancherlei Probleme aufwirft und bis heute nicht unumstritten ist. Von dem »Motorfalken« in seinen verschiedenen Versionen – es gibt auch einen »Tandem-Falken« mit hintereinanderliegenden Sitzen und schlankerem Rumpf sowie den SF 25 E »Superfalken« mit 18 m Spannweite und besseren Segelflugleistungen – wurden bisher über 2000 Exemplare gebaut und nicht wenige davon exportiert.

Scheibe SF 25 C 2000

Nach wie vor wird von Scheibe der Motorsegler SF 25 C 2000 hergestellt. Die Zahl 2000 bezieht sich auf das verwendete Triebwerk, den ebenfalls weiterentwickelten Limbach L 2000 AE mit 58 kW/80 PS. Der Doppelsitzer in der altbewährten Gemischtbauweise (Rumpf Stahlrohr, Flächen und Leitwerke konventionell aus Holz mit Torsionsnase und Stoffbespannung) kann mit Zentralfahrwerk mit Stützrädern unter den Flügeln oder mit Zweibeinfahrwerk geliefert werden. Auch eine Version mit Beiklappflügeln (zur Platzersparnis bei Hallenunterstellung) ist zu haben. Das Flugzeug hat 15,25 m Spannweite und bei 17,46 m^2 Flügelfläche eine Streckung von 13,3. Bei 415 kg Leermasse und mehr als 200 kg Zuladung liegt die Flächenbelastung kaum über 37 kg/m^2. Nach gut 110 m Startstrecke kann das Flugzeug mit 3 m/s steigen. Ein Verstellpropeller (wahlweise lieferbar) ermöglicht in der widerstandsarmen Segelstellung eine beste Gleitzahl von 24 bei 90 km/h und ein geringstes Sinken von 1 m/s bei 80 km/h. Mit 55-l-Tank beträgt die Motorlaufzeit fünf, bei dem ebenfalls lieferbaren 80-l-Tank sogar über sieben Stunden. Das zeigt einerseits den – gegenüber einem zweisitzigen Leichtflugzeug – erstaunlich geringen Treibstoffverbrauch bei fast gleicher Reisefluggeschwindigkeit (150 km/h), beweist andererseits aber auch die vom Segelflug wegführende Eignung zum Reiseflug. Tatsächlich werden Motorsegler dieser Art in vielen Vereinen und auch von Privatleuten überwiegend als sparsames Reiseflugzeug genutzt.

Egon Scheibe war jedoch auch Pionier des »reinen« Segelflugzeugs mit Klapptriebwerk. 1967 versah er sein Leistungssegelflugzeug SF 27 (beste Gleitzahl 32, geringstes Sinken 0,65 m/s) nach Vorversuchen von *Alois Obermeier* mit einem 19 kW/25 PS-Triebwerk, das es eigenstartfähig machte. Mit eingefahrenem Motor stand die **SF 27 M** der antriebslosen Schwester nicht nach. *Kurt Heimann* gelang damit 1975 nach Eigenstart ein Zielflug mit Rückkehr von 531 km – damals Weltrekord für Motorsegler. Im selben Jahr erschien bei Scheibe die **SF 32 M** mit 29,4 kW/40 PS-Rotax-Klapptriebwerk, die allerdings trotz ihrer guten Gleitzahl von 37 bald von der »Nimbus 2 M«, einer Entwicklung von *Jürgen Laude* in Zusammenarbeit mit *Willibald Collée* und *Alois Obermeier,* in den Schatten gestellt wurde. Mit diesen

SF 27 M mit Klapptriebwerk: vier Phasen vom Ausklappen bis zum Start.

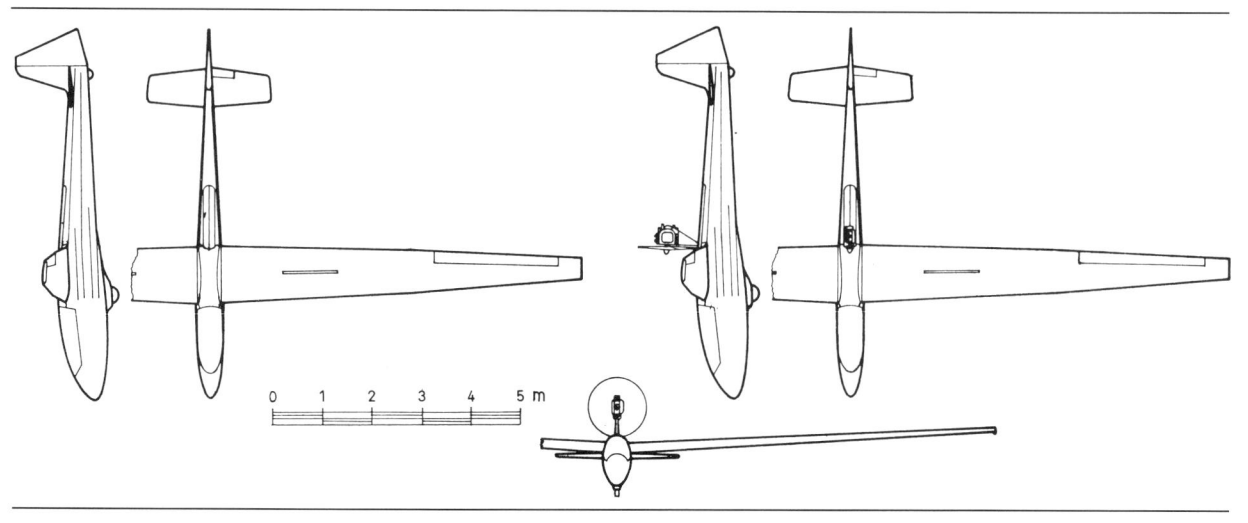

SF 27 und SF 27 M von 1967.

Alfons Pützer vor einer RF 5, die in seinem Werk auf der Dahlemer Binz gebaut wurde. Schon in den fünfziger Jahren hatte er einige Motorsegler entwickelt, darunter die »Dohle«.

Mustern begann der Siegeszug der Hochleistungssegelflugzeuge mit Klapptriebwerk, wie er bereits in vorangegangenen Kapiteln geschildert worden ist.

Motorsegler von Alfons Pützer

Daneben entwickelte sich auch der »Reisemotorsegler« weiter. In den sechziger und siebziger Jahren entstand eine Reihe ähnlich leistungsfähiger Baumuster in Holz- bzw. in Gemischtbauweise, die natürlich auch die gleiche Nutzungsbreite wie die »Motorfalken« besitzen. So baute *Alfons Pützer* in seinem 1964 gegründeten Werk auf der Dahlemer Binz nach Lizenzen des französischen Konstrukteurs *René Fournier* verschiedene Varianten der einsitzigen **RF 3** und

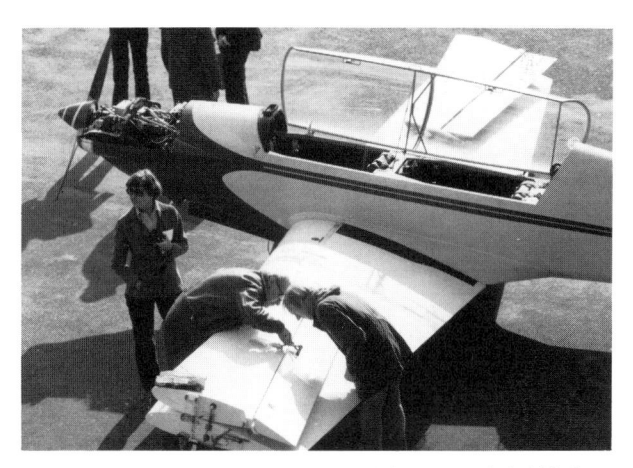

Die Flügelenden der RF 5 können zur Platzersparnis bei Hallenunterstellung beigeklappt werden.

Eine RF 5 startet auf dem Flugplatz Feuerstein.

181

Die RF 5 B eignet sich wegen ihrer größeren Spannweite von 17 m wesentlich besser zum motorlosen Fliegen.

RF 4 sowie der doppelsitzigen **RF 5,** die zwar im Vergleich zu der etwas plumpen »Falken-Familie« recht elegant aussehen, aber (wie die RF 5 mit der besten Gleitzahl 18 und einem geringsten Sinken von 1,4 m/s) an deren Segelflugleistungen nicht heranreichen, sie allerdings in der Reisegeschwindigkeit (170 statt 150 km/h) übertreffen. Mit der Weiterentwicklung **RF 5B »Sperber«,** deren erheblich bessere Segelflugleistungen (beste Gleitzahl 27, geringstes Sinken 0,90 m/s) vor allem durch Vergrößerung der Spannweite von 13,75 m bei der RF 5 auf 17 m erzielt wurden, entsprach *Pützer* 1971 erfolgreich den Pilotenforderungen. Von diesem Muster wurden mehr als 250 Exemplare hergestellt. Die genannten RF-Muster haben einziehbares Zentralfahrwerk, hintereinanderliegende Sitze mit Doppelsteuer und doppelter Instrumentierung sowie zur Platzersparnis bei der Unterstellung abklappbare Außenflügel.

Motorsegler von Rudolf Kaiser

Dem »Zug der Zeit« verschloß sich auch nicht der erfolgreiche Konstrukteur der Ka 6, der Ka 8 und der ASK 13. 1967 erschien nach einem Versuchsmuster **Ka 11** seine **ASK 14,** die zu den elegantesten und leistungsfähigsten einsitzigen Motorseglern jener Zeit gehörte. Das Bugtriebwerk des Tiefdeckers (19 kW/26 PS) war so geschickt in die GFK-verkleidete Rumpfnase einbezogen, daß er – Luftschraube in Segelstellung – noch eine beste Gleitzahl von 28 und ein geringstes Sinken von 0,75 m/s erreichte. Das lag auch daran, daß *Kaiser* die Tragflügel der Ka 6 E praktisch ohne Änderung für das Flugzeug verwenden konnte. Immerhin wurden 65 Exemplare davon hergestellt. Dem Einsitzer folgte – dem Trend entsprechend – 1971 der

ASK 14 – einsitziger Motorsegler von *Rudolf Kaiser.*

Der Prototyp des Doppelsitzers ASK 16 fliegt noch Anfang der neunziger Jahre auf der Wasserkuppe.

Doppelsitzer **ASK 16,** der sich jedoch trotz seiner Eleganz und vieler Konstruktionsvorzüge wohl wegen seines hohen Preises nicht so recht gegen die Konkurrenz der »Motorfalken« durchsetzen konnte. Nur 44 Stück wurden verkauft. Die noch vorhandenen Exemplare sind jedoch als Oldtimer heute besonders gefragt. Auch die Flügel der ASK 16 entsprechen dem Ka 6-Konzept, wurden von *Rudolf Kaiser* jedoch den höheren Belastungen angepaßt. Der Rumpf ist eine Stahlrohr-Fachwerk-Konstruktion, vorn mit Schalen aus Kunststoff verkleidet, hinten teils sperrholzbeplankt, teils über profilierende Spanten und Rippen stoffbespannt. Im Gegensatz zu dem sonst üblichen Zentralfahrwerk mit Stützrädern an den Außenflügeln besitzt die ASK 16 ein Zweirad-Einziehfahrwerk mit 1,50 m Spurweite, das besonders beim Rollen und beim Start mit Seitenwind Vorteile bietet. Das Triebwerk ist ein Limbach SL 1700 EBl von 54 kW/72 PS.

Die ASK 16 hat 16 m Spannweite und bei 19 m^2 Flügelfläche eine Streckung von 13,5. Ihre Leermasse liegt bei 460 kg, ihre höchstzulässige Flugmasse bei 750 kg. Bei einer Flächenbelastung von 37 kg/m^2 hat sie ihre beste Gleitzahl von 25 bei 100 km/h, ihr geringstes Sinken von 1 m/s (mit geringerer Zuladung darunter) bei 85 km/h. Zu ihren Vorteilen gehört das große Cockpit mit nebeneinanderliegenden Sitzen und einer großen einteiligen, etwas nach oben ausgewölbten Plexiglashaube, die eine gute Rundumsicht gestattet. Für Schulung, Gast- und Reiseflüge hat sie sich weitaus besser bewährt als im Segelflug, da sie für das verwendete Profil (NACA 63-618) wohl eine zu hohe Flächenbelastung aufweist. Wie robust sie jedoch ist, beweist täglich noch der Prototyp D-KISO, der seit über zwanzig Jahren auf der Wasserkuppe bei Flugwetter täglich für Schul- und Gastflüge zur Verfügung steht.

Motorsegler – eine Kategorie für sich

Die Diskussion darüber, ob der Motorsegler ein Segelflugzeug mit Hilfsmotor ist oder als eigene Kategorie angesehen werden sollte, ist fast so alt wie die Motorsegler-Entwicklung. Sicherlich war es seine Vielseitigkeit, die 1975 zu seiner Anerkennung als eigene Kategorie führte. Die Begriffsbestimmungen und Lufttüchtigkeitsforderungen, die von der Technischen Kommission des Deutschen Aero Clubs ausgearbeitet worden waren, hatte das Luftfahrt-Bundesamt weitgehend übernommen und nur geringfügig ergänzt:

»Motorsegler sind Luftfahrzeuge ›schwerer als Luft‹ mit starren Tragflächen und einem oder mehreren Motoren zur Erzeugung von Vortriebsleistung. Sie unterscheiden sich dadurch von den Flugzeugen (gemeint sind Motorflugzeuge vergleichbarer Masse, die Verfasser), daß sie mit stillgelegtem Motor das Betriebsverhalten eines Segelflugzeugs aufweisen. Motorsegler müssen so gestaltet sein, daß Landungen auf unvorbereitetem, weichem Boden ohne Gefährdung der Insassen möglich sind.

Motorsegler weisen insbesondere die nachstehend aufgeführten technischen Merkmale auf:
a) Das Fluggewicht darf 750 kg nicht überschreiten,
b) die Startstrecke vom Stillstand bis zum Überfliegen eines Hindernisses von 15 m Höhe darf mit Höchstgewicht bei Windstille und trockener Grasnarbe 600 m nicht überschreiten.
c) Die Steigzeit vom Abheben bis auf 300 m Höhe über Start darf 4 Minuten nicht überschreiten . . .
d) Mit eingefahrenen Luftbremsen darf die Überziehgeschwindigkeit des Motorseglers 75 km/h nicht überschreiten.
e) Die geringste Sinkgeschwindigkeit des Motorseglers darf mit stillgelegtem Triebwerk bei Höchstgewicht und ungünstigster Schwerpunktlage die folgenden Werte nicht überschreiten:

(1) bei Einsitzern 1 m/s
(2) bei Doppelsitzern 1,2 m/s.
f) Die Insassenzahl darf höchstens 2 betragen ...«

(geringfügig gekürzt und vereinfacht)
Gefordert wird außerdem eine Mindest-Gleitzahl von 20.

Die FAI hatte den Motorsegler schon 1971 als Sportgerät anerkannt, aber festgelegt, daß »bei Leistungs- oder Rekordflügen« der Motor bis zur Landung nicht wieder gestartet werden darf.

Mit der Anerkennung als eigene Klasse wurden für »Motorseglerführer« auch eigene Ausbildungs- und Prüfrichtlinien erlassen, die denen für »Privatflugzeugführer« nicht mehr nachstehen.

Die dritte Motorsegler-Generation

Im Zuge der Evolution, die sich auch auf dem Seitenzweig der »Reisemotorsegler« vollzieht, konnte die Kunststoffbauweise nun nicht mehr lange auf sich warten lassen. Die optische und technische Perfektion der Flugzeuge, die Anfang der achtziger Jahre auf dem Markt erschienen, entsprach voll und ganz dem Standard der Leichtflugzeuge, übertraf ihn teilweise sogar. Nach den Pionierkonstruktionen der fünfziger Jahre sowie den »Falken« und »Sperbern« der sechziger und siebziger Jahre sind sie die dritte Generation von Motorseglern.

Als erstes der neuen Flugzeuge erschien die **Grob »G 109 A«,** die sich strenggenommen nur noch durch die größere Spannweite (16,60 m) von einem komfortablen Leichtflugzeug unterscheidet. Dazu tragen auch ihr windschnittig verkleidetes Zweibeinfahrwerk und die große Flügelhaube bei. Ihre beste Gleitzahl von 28 erreichte sie bei 115 km/h, ihr geringstes Sinken von 1,1 m/s bei 108 km/h. Ihre hohe Gleitfluggeschwindigkeit, die das Auskurbeln der Thermik erschwert, läßt jedoch erkennen, daß der reine Segelflug nicht ihre Stärke ist.

Das gleiche gilt für **Valentin »Taifun 17 E«,** der als nächster Kunststoff-Motorsegler erschien. Noch gefälliger als die »G 109«, besitzt er sogar ein Dreibein-Einziehfahrwerk, das allerdings den »Reiseflugzeug«-Charakter noch deutlicher betont. Mit Verstellpropeller in Segelstellung (inzwischen

Die »dritte Generation« der Motorsegler: Grob G 109 A.

Valentin »Taifun 17 E« mit Dreibein-Einziehfahrwerk – nur die Spannweite von 17 m deutet noch auf einen Motor»segler« hin.

bei allen Kunststoff-Motorseglern selbstverständlich) soll der »Taifun« sogar die Gleitzahl 30 erreichen, und zwar bei 105 km/h. Das geringste Sinken von 1,1 m/s hat er bei 90 km/h. Von Segelflugerfolgen hat man jedoch nichts gehört. Bekannt geworden ist das Flugzeug vielmehr durch mehrere Langstreckenflüge.
Ebenfalls Anfang der achtziger Jahre erschien die »**Dimona**«, eine Konstruktion von *Wolf Hoffmann,* die mit ihren wohlgerundeten Formen und ihrer starken Rumpfeinschnürung noch am ehesten ihre Segelflug-Verwandtschaft erkennen läßt und sich vielleicht deshalb bei Segelfliegern besonderer Beliebtheit erfreut. Sie wurde inzwischen zur **»Super Dimona«** weiterentwickelt, die über eine bessere Steigfähigkeit (je nach verwendetem Triebwerk bis über 4 m/s) verfügt. Mit der **SF-36** hat sich auch *Egon Scheibe* an der neuen Motorseglergeneration beteiligt, seinen noch

Die »Dimona« mit 16 m Spannweite ist ebenfalls ein »Reisemotorsegler«.

Egon Scheibe vor der SF 36, seinem ersten Kunststoff-Motorsegler, hier mit Zweibeinfahrwerk. Das Einbeinfahrwerk (wie auf dem Farbfoto) betont den »Segler«.

immer gefragten C-Falken 2000 jedoch nicht aufgegeben. Wie dieser kann auch die SF-36 wahlweise mit Zentralfahrwerk mit Stützrädern unter den Flügeln oder mit Zweibein-Fahrwerk geliefert werden. Ihre Segelflugeignung erscheint nach den vom Hersteller angegebenen Leistungswerten am günstigsten von allen GFK-Motorseglern: beste Gleitzahl 31 bei 115 km/h, geringstes Sinken 0,95 m/s bei 95 km/h.

Von allen Mustern der dritten Generation liegen inzwischen Weiterentwicklungen vor. Größen-, Antriebs- und Leistungsdaten sind einander jedoch so ähnlich, daß hier auf eine detaillierte Aufstellung verzichtet werden kann. Sie haben zwischen 16 und 17 m Spannweite, Limbach- bzw. Rotax-Motoren zwischen 59 kW/80 PS und 66 kW/90 PS, durchweg nebeneinanderliegende Sitze, Verstellpropeller, beiklappbare Flügel, Reiseflugeschwindigkeiten zwischen 170 und 210 km/h bei einem Treibstoffverbrauch zwischen 12 und 15 l/h. Ihre besten Gleitzahlen liegen – nach Herstellerangaben – zwischen 27 und 31, ihr günstigstes Sinken zwischen 0,95 und 1,16 m/s.

Wegen der günstigen Verbrauchswerte haben nicht wenige Motorflieger angesichts der Kostensteigerungen der Flugtreibstoffe ihre bisherigen Vorbehalte gegen Motorsegler aufgegeben und sich solche »Energiespar-Flugzeuge« zugelegt. Das hat dazu geführt, daß von vielen Außenstehenden, aber auch von »Insidern« der Motorsegler als verkapptes Leichtflugzeug angesehen wird. Hierzu schreibt *Benno Schmaljohann* in den »Informationen aus dem Luftfahrt-Bundesamt« (LBA-INFO) Nr. 13 vom Mai 1991:

». . . Die verbreitete Meinung, der Motorsegler sei eigentlich ein verkapptes einfaches Motorflugzeug, ist falsch. Jeder, der einmal einen äußerlich einem Motorflugzeug ähnlichen Motorsegler mit abgestelltem Motor geflogen hat, weiß, daß das Betriebsverhalten das eines Segelflugzeugs ist. Es ist sicherlich richtig, daß die Flugleistungen mit denen eines modernen Hochleistungssegelflugzeugs nicht zu vergleichen sind. Aber ist eine ›Rhönlerche‹ nur deshalb kein Segelflugzeug mehr, weil ihre Flugleistungen deutlich schlechter sind als die modernerer Konstruktionen? Lassen Sie sich von einem erfahrenen Fluglehrer einmal die ›Segelflug-Leistungen‹ einer Cessna 152 mit stehendem Triebwerk demonstrieren! Ein gewaltiger Unterschied . . .«

Die technischen Merkmale des Motorseglers wurden 1991 – nach langen Diskussionen über die Veränderungen seit 1975 – folgendermaßen festgelegt:

1. Allgemeines

Motorsegler sind Luftfahrzeuge mit allen technischen Merkmalen eines Segelflugzeugs und darüber hinaus mit der Möglichkeit des Einsatzes von Motorkraft. Das Anforderungsprofil des Motorseglers weicht auf Grund seiner Anlehnung an den Betrieb von Segelflugzeugen von dem der Flugzeuge ab und setzt der Verwendung diesen gegenüber Grenzen. Motorsegler können daher nicht für Arbeitsflüge (einschließlich des Schleppens von Segelflugzeugen und Reklamebändern) sowie nicht zur gewerblichen Personenbeförderung und nur unter Sichtflugbedingungen verwendet werden.

2. Technische Merkmale

a) Motorsegler können ein- oder zweisitzige Luftfahrzeuge sein.
b) Die Überziehgeschwindigkeit des Motorseglers in Landezustandsform (Fahrwerk und Landehilfen ausgefahren, Motoren im Leerlauf bzw. eingefahren, Luftbremsen eingefahren) bei Höchstmasse, jedoch ohne Wasserballast, und in vorderster Schwerpunktslage darf den Grenzwert von 80 km/h nicht überschreiten.
c) Die Sinkgeschwindigkeit des Motorseglers mit stillgelegtem(ten) Triebwerk(en) bei Höchstmasse und ungünstigster Schwerpunktslage darf im Falle des Einsitzers 1 m/s und im Falle des Zweisitzers 1,2 m/s nicht überschreiten.
d) Die Flugmasse des Motorseglers darf höchstens 850 kg betragen.
e) Der Konstruktionswert W/b^2 (Höchstmasse geteilt durch Spannweite zum Quadrat, einzusetzen in den Einheiten »Kilogramm« und »Meter«), darf nicht größer als 3 sein.

3. Unterscheidung nach Motorleistung

Nach der Leistung des eingebauten Motors (oder der Motoren) werden unterschieden:
a) Motorsegler, die mit eigener Kraft sicher starten können (eigenstartfähige Motorsegler).
b) Motorsegler, deren Motorenleistung für einen sicheren Start mit eigener Kraft nicht ausreicht und die deshalb nur mit Fremdhilfe (z. B. Startwinde, Schleppflugzeug) starten können (nicht eigenstartfähige Motorsegler).

Bekanntmachung des Bundesministers für Verkehr vom 25. 2. 91 (NFL II-28/91)

Hierzu fährt *Schmaljohann* in seinem Artikel fort:

»Diese technischen Eckdaten sollen einfache Handhabung bei segelflugähnlichen Flugleistungen gewährleisten und liefern die Grundlage dafür, daß die Bauvorschrift für Motorsegler einfacher gehalten werden kann als die für Flugzeuge . . .«

Es folgen Ausführungen, weshalb wegen des Fliegens nach Sichtflugregeln auf eine Doppelzündanlage, wie für Flugzeuge vorgeschrieben, verzichtet werden kann, und über die reduzierten Forderungen an die statische Längsstabilität bei Motorseglern usw., die im Zusammenhang dieses Buches zu

Stemme S 10 – ein fast perfektes, aber recht aufwendiges Motorsegler-Konzept: Ein Mittelmotor treibt über eine Fernwelle einen speziell faltbaren Propeller an.

sehr ins Detail gehen. Am Schluß aber erklärt *Schmaljohann:*

»Das Luftfahrtbundesamt hat sich in der Vergangenheit immer auch als Anwalt der Luftfahrzeugart ›Motorsegler‹ gesehen und wird das auch in Zukunft sein. Es geht nicht darum, irgendwelche Eckdaten wie z. B. die Gewichtsgrenze von 850 kg stur zu verteidigen. Es geht darum, den Motorsegler als eine eigenständige und besondere Klasse der Luftfahrzeuge zu erhalten, ohne daß er sich wegentwickelt in eine Richtung, die die Idee ›Segelfliegen mit Motorhilfe‹ verwässert oder auch ad absurdum führt. Es bleibt zu hoffen, daß z. B. die Freunde des Motorseglers erkennen, daß Schlepp- und IFR-Flüge mit dem Sportgerät Motorsegler nicht vereinbar sind.«

Stemme S 10

Die Grenzen der heutigen Motorsegler-Möglichkeiten, auch wohl die finanziellen Grenzen, umreißt die Sonderentwicklung Stemme S 10. Im Evolutions-Nebenweg »Motorsegler« ist dieser Doppelsitzer ein Höhepunkt, weil er sowohl als Reisemotorsegler (mit den vielfältigen weiteren Nutzungsmöglichkeiten) als auch als selbststartende »Super-Orchidee« genutzt werden kann – dank eines völlig neu konzipierten Antriebssystems, das die Nachteile des Bugtriebwerkes (hoher Luftwiderstand durch Motorverkleidung, Lufteinlässe und Propeller, selbst in Segelstellung, Sichtbehinderung nach vorn) und des Klapptriebwerkes (komplizierte Mechanik, Dauer des Klappvorgangs, dabei Schwerpunktverlagerung) vermeidet.

Bei der Stemme S 10, einer Konstruktion von *Dr. Reiner Stemme,* befindet sich das Triebwerk (Limbach L 2400 EBl D, Startleistung 69 kW/93 PS, Dauerleistung 59 kW/80 PS) schwerpunktnah im Rumpf. Über eine Fernwelle mit Untersetzungsgetriebe treibt es einen einfaltbaren Bugpropeller an. Die Fernwelle besteht aus CFK, der Propeller aus einem hochfesten Aluminium-Mittelstück mit angelenkten Blättern aus Faserverbundwerkstoff (Glas-Aramid-Carbon). Beim Segelflug ist er völlig von der Rumpfnase überdeckt. Im Übergang zum Motorflug wird zunächst der »Propellerdom« nach vorn geschoben, zum Ausschwenken der Propellerblätter durch die Fliehkraft der Anlasser kurz betätigt und schließlich der Motor gestartet. Das alles geht weitaus schneller vor sich als das Ausfahren und Starten eines Klapptriebwerkes und hat keinerlei Auswirkungen auf die Schwerpunktlage. Zugleich öffnen sich Lufteinlaß-

Stemme S 10: der in die vorgeschobene Rumpfnase eingeklappte Faltpropeller.

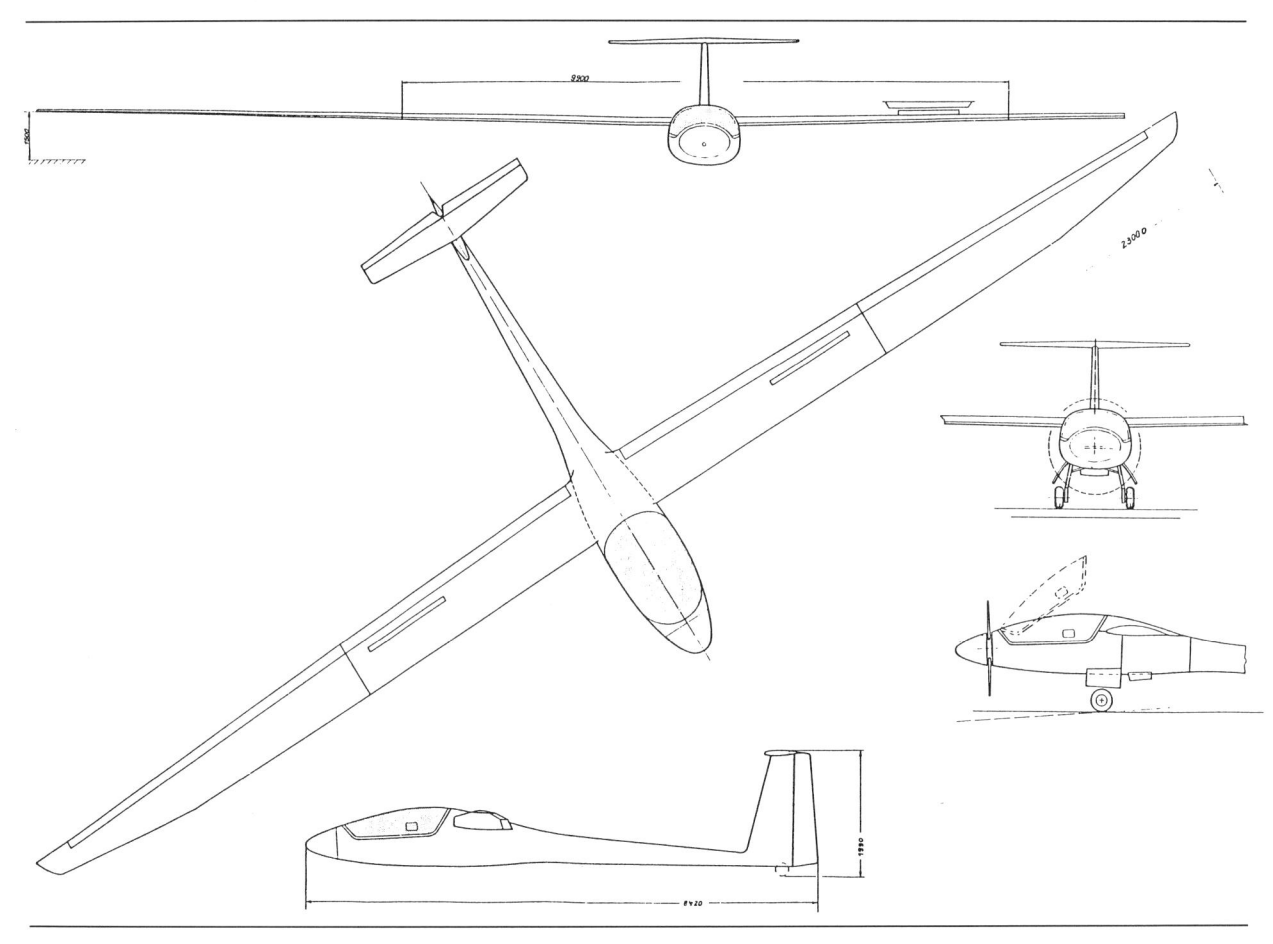

Stemme S 10 – mit nebeneinanderliegenden Sitzen, ein leider teures Traumflugzeug, aber einer der Höhepunkte der Evolution.

schlitze im Rumpf, um dem Motor ausreichend Kühlluft zuzuführen. Während des Segelfluges sind sie zur Verminderung des Luftwiderstandes geschlossen. Mit eingeklapptem Propeller und geschlossener Rumpfnase sowie eingezogenem Fahrwerk erinnert so gut wie nichts mehr an den »Motorsegler«. Die Stemme S 10 ist dann ein Hochleistungssegelflugzeug mit nebeneinanderliegenden Sitzen, für dessen Formgebung kaum aerodynamische Kompromisse geschlossen werden mußten. Allerdings besitzt sie für Start und Landung ein (auch vom Gewicht her) aufwendiges und elektrisch ein- und ausfahrbares Zweibeinfahrwerk, das man sich bei einem »reinen« Segelflugzeug natürlich zugunsten eines Zentralfahrwerks erspart hätte.

Die Stemme S 10 hat bei 23 m Spannweite und einer Flügelfläche von 18,70 m² eine Streckung von 28,2. Mit dem eigens für sie entwickelten Wölbklappenprofil HQ 41/14,35, das für den Segelflug ebenso geeignet sein soll wie für den Motor-Reiseflug, erreicht sie bei einer maximalen Flächenbelastung von 45,3 kg/m² ihre beste Gleitzahl von 50 bei 105 km/h und ihr geringstes Sinken von 0,56 m/s bei 92 km/h. Im Motorflug steigt sie nach dem Start (Rollstrecke knapp 400 m) mit 3 m/s. Ihre Reisefluggeschwindigkeit liegt bei 190 km/h, mit einem Reisepropeller (größere Steigung) bei 200 km/h. Bereits mit ihren 2 × 45-l-Treibstofftanks hat sie bei einem Verbrauch von 15 l/h eine Reichweite bis zu 1300 km, die bei vergrößertem Tankvolumen (Sonderanfertigung) bis zu 2000 km gesteigert werden kann. Ein verstellbarer Schwenkpropeller ist in der Entwicklung.

Ein gewisser Nachteil der Stemme S 10 ist ihre hohe Rüstmasse von 640 kg und die bei der Motorsegler-Flugmassenbegrenzung von 850 kg relativ geringe Zuladung. Großer Wert wurde auf eine möglichst geringe Geräuschentwicklung gelegt. Mit dem Limbach-Viertaktmotor erfüllt die Stemme S 10 die strengen Lärmschutzvorschriften und hebt sich damit in Lautstärke und Frequenzlage wohltuend von den Zweitakter-Klapptriebwerken ab.

Nach längerer Flugerprobung, die Ende 1990 zur Musterzulassung führte, befindet sich dieser sicherlich schönste, aber in der Anschaffung auch teuerste Motorsegler bei der Stemme GmbH & Co in Berlin in der Serienfertigung.

Valentin »Kiwi« mit TOP

Nicht einmal ein Drittel davon kostet die – allerdings einsitzige – »Kiwi« mit TOP-Aufsatz, die vom Valentin-Flugzeugbau in Haßfurt hergestellt wurde. Sie ist der wohl billigste Motorsegler, ein Standardklasse-Segelflugzeug (15 m Spannweite) mit einem halb versenkt eingebauten Aufsetztriebwerk von 18 kW/24 PS. In Ruhestellung ist der strömungsgünstig verkleidete »TOP« nur ein Buckel, an dessen Hinterteil die Faltluftschraube erkennbar ist, auf dem Rumpfrücken in Höhe des Schwerpunktes. Zum Betrieb wird der Motor nicht im üblichen Sinne ausgeklappt, sondern durch eine elektrisch bewegte Spreizenkonstruktion in eine erhöhte Position gebracht. Nach dem Start mit etwas über 200 m Rollstrecke und dem Steigflug mit 1,70 m/s wird das Triebwerk nach Erreichen der Ausgangshöhe für den Segelflug abgestellt und zur Widerstandsverminderung heruntergefahren. Im Flug kann es bei Bedarf wieder in Betriebsposition gebracht und erneut angelassen werden. Die Gleitzahl des »Kiwi« von 37 vermindert sich durch den TOP-Aufsatz nur um zwei Punkte. Das geringste Sinken liegt um 0,60 m/s. Das konventionell aufgebaute Kunststoff-Flugzeug – in der hartschaumgestützten Sandwichschale des

Eine vergleichsweise billige Motorsegler-Lösung: Valentin »Kiwi« mit TOP-Aufsatz, der abgesenkt nur einen Buckel auf dem Rumpfrücken bildet.

Das TOP-Falttriebwerk ausgefahren und betriebsbereit.

Flügels befindet sich ein I-Holm mit Carbonfasergurten – läßt sich auch von weniger Geübten fliegen und ist daher für den Clubbetrieb besonders geeignet. Ein Vorteil beim Motorseglerbetrieb ist die geringe Geräuschentwicklung des TOP. Trotz Zweitaktmotor ist er, wie Überflugmessungen ergeben haben, das zur Zeit leiseste Motorseglertriebwerk. Der Falttriebwerksaufsatz, der von *Thomas Fischer* entwickelt wurde, läßt sich auch auf anderen vergleichbaren Segelflugzeugmustern wie ASW 20, ASW 24 und den verschiedenen »Astir«-Versionen verwenden. Der Trend zum selbststartenden Segelflugzeug wird sich durch die preisgünstige TOP-Lösung sicherlich noch verstärken.

Allerdings hat die Firma Valentin ihre Flugzeugproduktion eingestellt. Die Baumuster »Taifun« und »Kiwi« wurden von der Firma FFT (Gesellschaft für Flugzeug- und Faserverbund-Technologie) in Mengen übernommen.

Die »Motorisierung des Segelfluges«

Als notwendige Konsequenz der Evolution der Segelflugzeuge läßt sich die »Motorisierung« sicherlich nicht verhindern, wohl aber rechzeitig in vernünftige Bahnen lenken. In der Bundesrepublik Deutschland standen 1991 rund 7000 zugelassenen Segelflugzeugen rund 1500 Luftfahrzeuge mit K-Kennzeichen (Motorsegler) gegenüber. Von Jahr zu Jahr hat sich dieses Verhältnis zugunsten der Motorsegler verschoben, und das bedeutet, daß sich auch eingefleischte »reine« Segelflieger auf diese Entwicklung einstellen mußten, so sehr sie der Vergangenheit nachtrauern. Manche von ihnen fürchten, daß der Goodwill, den der Segelflug in weiten Kreisen der Bevölkerung genießt, wegen der mit der »Motorisierung« verbundenen Geräuschzunahme verlorengehen könnte. Es wäre jedoch ein Fehler, einen evolutionsbedingten Fortschritt durch Verordnungen und Verbote abwürgen zu wollen, wie es mehrfach angeregt wurde. Ein Nahziel wäre vielmehr die Entwicklung weitaus leiserer Motorsegler-Triebwerke. Einen Weg hierzu hat *Walter Binder* gewiesen. 1991 baute er in seinem Betrieb in Ostheim vor der Rhön, in dem er sich schon seit mehr als anderthalb Jahrzehnten mit der Motorisierung von Segelflugzeugen beschäftigt, ein vergleichsweise »flüsterndes« Klapptriebwerk. Sein flüssigkeitsgekühlter Rotax-Motor von 35 kW/ 48 PS befindet sich im Rumpf, wo er zusätzlich gekapselt und mit einem großdimensionierten Abgaslärmdämpfer versehen werden kann. Zum Kraftflug wird lediglich der aus CFK aufgebaute, daher relativ leichte, aber hochfeste Propellerträger ausgeschwenkt. Der ebenfalls aus CFK bestehende, recht große (1,52 m) Propeller ist zur weiteren Lärmdämmung 1:3 untersetzt. Angetrieben wird er durch einen im CFK-Propellerträger geführten Zahnriemen aus einem neuartigen Kunststoff mit Kevlar-verstärktem Rücken und Teflon-überzogener Lauffläche, der nur geringen Verschleiß aufweisen soll. Erprobt wird das Klapptriebwerk zunächst in einem »Discus« (Standardklasse), dem es als »Kraftpaket« eine Steiggeschwindigkeit von 3,5 m/s ermöglicht. Auch das bedeutet eine Lärmminderung für die Flugplatzanwohner, da ein schnell steigendes Flugzeug den kritischen Bereich eher verläßt. Bei behördlich veranstalteten Lärmmessungen auf dem Flugplatz von Bad Neustadt war der mit dem Binder-Klapptriebwerk ausgerüstete »Discus« im Vergleich zu anderen Motorseglern und Leichtflugzeugen das bei weitem leiseste Flugzeug, obgleich noch nicht alle schalldämpfenden Möglichkeiten genutzt worden waren.

Leisere Triebwerke sind jedenfalls der richtige Weg, um die Motorisierung der Segelflugzeuge im Sinne der Evolution ohne große zusätzliche Geräuschbelastung zu ermöglichen, zumal gleichzeitig die Flugzeugschleppstarts zurückgehen dürften. Die Vorzüge der motorisierten Segelflugzeuge lassen sich jedenfalls nicht mehr ignorieren. *Gerd Marzinzik* formulierte sie im »Aerokurier« 1/1991 so:

». . . Ihre Piloten gewinnen mit ihnen in hohem Maße Unabhängigkeit: Sie brauchen nicht anzustehen für ein Schleppflugzeug, sind nicht auf den Windenstart mit der geringen Ausgangshöhe und deshalb hohem Absaufrisiko angewiesen, verpassen damit weniger Thermikzeit, ja sie können dorthin fliegen, wo es schon geht, wenn in der Umgebung des eigenen Startplatzes die Entwicklung noch nicht eingesetzt hat. Ein Flugplatz unter einem CVFR-Gebiet verliert für den Motorsegler seinen Schrecken, er macht sich im Motorflug frei. Rückholstreß kennt er kaum, bei zu riskant angesetzten Tagesaufgaben ersetzt halt der Motor die Thermik. Doch viele dieser Vorteile wirken für den Segelflug als Bumerang. Das motorisierte Segelflugzeug verändert den Segelflug und indirekt auch seine Umgebung.«

Veränderungen hat der Segelflug in den Jahrzehnten seines Bestehens immer wieder erfahren, und auch sein Umfeld war stets im Wandel. Die Menschen, die ihn betreiben, sind andere geworden – die »Typen« aus den zwanziger Jahren lassen sich wohl kaum noch mit denen der neunziger Jahre vergleichen. Geblieben ist allein die Flugbegeisterung als wichtigster Beweggrund. Doch wer hat in seiner beruflichen und familiären Situation heute noch die Zeit, Segelflug im Stil der zwanziger, der dreißiger oder auch noch der fünfziger Jahre zu betreiben? Wie viele haben ihren geliebten Sport aufgeben müssen, weil sie sich an Wochenenden nicht freimachen konnten? Wie gern wären sie »zwischendurch« geflogen.

Die »Motorisierung« des Segelfluges trägt nach Ansicht der Verfasser wesentlich dazu bei, daß er als Breitensport und sinnvolles Freizeitangebot erhalten bleibt, denn nur dadurch besteht die Möglichkeit, ihn praktisch jederzeit ausüben zu können, ohne auf (immer rarer werdende) Helfer angewiesen zu sein.

Zurück zu den Anfängen

> Vollkommenheit entsteht offensichtlich nicht dann, wenn man nichts mehr hinzuzufügen hat, sondern wenn man nichts mehr wegnehmen kann. Die Maschine in ihrer höchsten Vollendung wird unauffällig.
>
> *Antoine de Saint-Exupéry*

Wie sich schon mehrfach gezeigt hat, beeinflussen neben den politischen Gegebenheiten auch gesellschaftliche und soziale Entwicklungen die Evolution der Segelflugzeuge. So ist es sicherlich kein Zufall, daß es eine Reihe von »Einfachkonstruktionen« sowie neue Luftsportarten gibt, die dem Trend zum immer perfekteren, immer leistungsfähigeren, zugleich aber immer teureren Fluggerät entgegenwirken. Doch auch sie unterliegen von Anbeginn der Evolution, denn es ist nur zu natürlich, daß – gleich mit welcher Art von Gerät – immer bessere Flugleistungen, immer perfektere Handhabung und immer wirksamere Sicherheitsvorkehrungen angestrebt werden und damit steigende Kosten unvermeidlich sind. Der Evolutionsweg der Segelflugzeuge wird in dem vorgegebenen engeren Rahmen wiederholt. Selbst die »ultraleichten« und damit zu den Anfängen des Segelfluges zurückkehrenden Konstruktionen sind dieser Entwicklung unterworfen. Hierfür nur ein Beispiel:

»ULF 1«

Als »Gleitflugzeug« wurde es bereits 1978 bei einem Hängegleitertreffen auf der Wasserkuppe vorgestellt: »ULF 1« (Ultraleichtflugzeug 1), konstruiert und gebaut von *Heiner Neumann* und *Dieter Reich*. Die Definition für ein solches Flugzeug lautet: »Gleitflugzeuge sind motorlose Luftfahrzeuge, die aerodynamisch um alle drei Achsen gesteuert werden und deren Rüstmasse einschließlich Gurtzeug und Instrumente 70 kg, bei doppelsitzigen Gleitflugzeugen 85 kg nicht überschreitet.« Im Gegensatz zu Hängegleitern dürfen Gleitflugzeuge mit dem Gummiseil gestartet werden. Auch Fußstart und Autoschlepp sind erlaubt.

Schon durch den möglichen Gummiseilstart drängen sich nostalgische Vorstellungen auf. Erst recht aber erinnert »ULF 1« selbst an Anfänge in den zwanziger Jahren: Bei 10 m Spannweite wiegt es nur 46 kg, der Flügel hat eine sehr geringe Streckung, und der Rumpf ist relativ groß und eckig. Ein Leistungssegelflugzeug ist es sicherlich nicht, doch seine Gleitzahl von 15 bei einer Sinkgeschwindigkeit von 0,75 m/s ermöglicht nicht nur Hang-, sondern auch thermische Segelflüge. Mit entsprechenden Ausschnitten im Rumpfboden für die Beine des Piloten konnte sich »ULF 1« sogar im Fußstart als »Laufgleiter« von der Wasserkuppe erheben und übertraf damit seine leichten und ähnlich ausgelegten Vorläufer wie die »Blaue Maus«. Inzwischen gibt es eine Reihe wesentlich verbesserter Nachbauten sowie gelegentliche »ULF«-Treffen.

Hängegleiter und Drachen

Schon vor »ULF 1« und ähnlichen Konstruktionen, die nicht Spitzenleistungen, sondern dem einfachen »Fliegen um des Fliegens willen« dienen sollten, waren Hängegleiter und Drachen am Himmel erschienen. Wir erinnern uns, daß der

Ein »ULF 1« im Laufstart auf der Wasserkuppe (1978).

Luftsport, ja die Luftfahrt überhaupt, vor gut 100 Jahren (1891) mit den nur durch Gewichtsverlagerung steuerbaren Hängegleitern von *Otto Lilienthal* begonnen hat und daß die Anfänge des Segelfluges 1920 auf der Wasserkuppe aufs engste mit dem Hängegleiterflieger *Willy Pelzner* verbunden sind. Danach allerdings sind für mehrere Jahrzehnte kaum noch Hängegleiterversuche bekanntgeworden. Angesichts der raschen Vervollkommnung der Segelflugzeuge erschien wohl den meisten Luftsportenthusiasten das Hängegleiterfliegen als zu primitiv und vor allem zu gefährlich. Erst in den sechziger Jahren hörte man von erneuten Versuchen an der kalifornischen Westküste und ersten Erfolgen, aber Amerika war weit – bis 1973 der Amerikaner *Mike Harker* nach Europa kam und mit seinem »Drachen« von der Zugspitze startete. Etwa 16 Minuten später landete er fast 2000 m tiefer glatt bei Ehrwald. Er flog einen Rogallo-Gleiter, benannt nach *Francis M. Rogallo,* der als Mitarbeiter der NACA schon 1948 nach umfangreichen aerodynamischen Untersuchungen mit Einfachstflügeln eine Art Gleitfallschirm entwickelt und ein Patent darauf erhalten hatte. Dieser bestand aus einem zusammenlegbaren deltaförmigen Traggerüst mit drei Längsstangen, einer Querstange und den dazwischen ausgespannten Segelflächen. Ein solches Gerät war ursprünglich zur (möglichst lenkbaren) Rückführung von Weltraumkapseln nach dem Wiedereintritt in die Erdatmosphäre vorgesehen, konnte aber bei Versuchen die NASA-Experten nicht überzeugen, so daß sie den altbewährten Fallschirm vorzogen. Auch weitere Versuche in den USA und 1965 in Deutschland (Lastentransport mit Rogallo-Flügeln im Schlepp von Hubschraubern bei Dornier) wurden aufgegeben.

Inzwischen hatten jedoch einige junge flugbegeisterte Amerikaner die Idee des Rogallo-Flügels aufgegriffen. Als Gestell aus Bambusstangen, zwischen denen Polyäthylenfolie ausgespannt war, flog der erste »Rogallo« 1964 im Hangaufwind der kalifornischen Westküste. Er fand begeisterte Nachahmer. Wegen der nur begrenzten Steuerbarkeit dieser Drachen und bei leichtsinniger Handhabung kam es häufig zu Unfällen. Die Idee griff auch nach Australien über, wurde dort aber nicht im Freiflug, sondern im Schlepp hinter Motorbooten erprobt. Dabei lösten *Bill Benett* und *Bill Moyes* das bald erkannte Problem der Steuerung mit der Erfindung des trapezförmigen Steuerbügels, wodurch die Gewichtsverlagerung wesentlich erleichtert und vor allem wirksamer wurde. Von nun an breitete sich der neue Luftsport, der ein vogelähnliches Fliegen ermöglichte und nur wenig kostete, in aller Welt aus, nach *Mike Harkers* spektakulärem Flug von der Zugspitze schnell auch in Europa. An vielen Orten im Hoch- und Mittelgebirge entstanden Drachenflugschulen, die ihre Schüler nach kurzer, wenig sachkundiger Einweisung sich selbst überließen, zumal nur wenige der selbsternannten Lehrer ausreichende fliegerische, technische und meteorologische Kenntnisse besaßen. Die Folge waren zahlreiche, nicht selten tödliche Unfälle. Der damals gewonnene Ruf eines gefährlichen Sensationssports haftet dem Drachenfliegen heute noch an. Durch Einführung verpflichtender Lehrpläne sowie einer Ausbildungs- und Prüfungsordnung, durch Pflicht zur Mitführung eines Fallschirms (ab 1. März 1978) und eine vorgeschriebene Geräteprüfung, die zur Erteilung eines »Gütesiegels« führt, ist das Drachenfliegen inzwischen jedoch längst zu einer »normalen« Luftsportart geworden, die zehntausende begeisterte Anhänger hat.

Die aerodynamische und technische Entwicklung der Drachen ist inzwischen weit über den Rogalloflügel hinausgekommen. Ein »Rogallo« war beispielsweise noch in den

Standarddrachen mit geblähten Segeln, zur Landung aufgerichtet (1975).

siebziger Jahren der sogenannte Standarddrachen. Er besaß nur etwa die Gleitzahl 5 (wie Lilienthals »Normal-Segelapparat«) und diente vor allem der Anfängerschulung, für die er sich wegen seiner robusten Bauweise und seiner einfachen Handhabung auch recht gut eignete. Er hatte jedoch keine Profillatten zur Flügelversteifung und keine ausreichende Flügelschränkung. Daher bestand die Gefahr des Flattersturzes. Dazu kann es kommen, wenn ein solcher Drachen zu langsam geflogen wird und abschmiert, wobei die vorher vom Fahrtwind geblähten Segelflächen zu flattern beginnen und ihre Tragfähigkeit verlieren. Der Drachen geht in den Spiralsturz und daraus zum Flattersturz über. Gewichtsverlagerungen zum Steuern sind dabei so gut wie wirkungslos; ein Abfangen ist also nicht mehr möglich. Jetzt hilft nur noch ein Fallschirm-Rettungssystem, das heute Vorschrift ist, aber in der »Pionierzeit« noch nicht vorhanden war. Auch die Festigkeit und die Verarbeitungsqualität ließen bei manchen Konstruktionen der Anfangsjahre zu wünschen übrig.

Ein langer Evolutionsweg in Aerodynamik und Technik führte über viele Zwischenstufen zu den heutigen entscheidend verbesserten und nach menschlichem Ermessen sicheren Drachenkonstruktionen. Welche Bedingungen an sie sowie auch an Gurtzeuge und Rettungsgeräte gestellt werden, läßt sich an den umfangreichen Prüfverfahren zur Erlangung des Gütesiegels erkennen. Es ist heute das wichtigste Kennzeichen zum Nachweis der Betriebstüchtigkeit und wird von dem dafür zuständigen Deutschen Hängegleiterverband e.V. verliehen, der auch die Prüfungen vornimmt. Als Beispiel sei hier nur das Prüfverfahren zur Erlangung des Gütesiegels für Hängegleiter angeführt, wie es in dem Buch »Drachenfliegen« von *Peter Janssen* und *Klaus Tänzler* beschrieben ist:

»Das Prüfverfahren unterteilt sich in fünf wesentliche Schritte:
- Beim Flugmechaniktest auf dem Flugmechaniktestwagen werden alle erdenklichen Fluglagen beim Geradeausflug simuliert, also auch jene Geschwindigkeits- und Anstellwinkelbereiche, die nur unter besonderen Umständen – beispielsweise in Turbulenzen – auftreten können. Die auf dem Testwagen gewonnenen Meßwerte für Auftrieb, Widerstand und aufrichtendes Moment werden mit Hilfe eines besonderen Computerprogramms ausgewertet, und das abschließende Gutachten gibt Aufschluß über die aerodynamische Stabilität eines Gerätes, insbesondere darüber, ob Flattersturzneigung besteht.
- Beim Festigkeitstest wird die Flugbelastung ebenfalls mit Hilfe eines Testfahrzeugs simuliert. Grundsätzlich muß jedes Gerät einer Bruchbelastung von 6 g bei positiver Anströmung (von unten) und von 3 g bei negativer Anströmung (von oben) standhalten. 1 g ist die einfache Erdanziehungskraft. Sie wird bezogen auf die höchstzulässige Zuladung (Pilot mit Ausrüstung), plus Hängegleiter (abzüglich tragende Geräteteile).
- Beim Abwurftest (z. B. von hohen Autobahnbrücken, die Verfasser) muß das Gerät zeigen, daß es nach spätestens 50 m Höhe aus der senkrechten Abwurflage mit frei pendelndem Gewicht, das den Piloten ersetzt, in die horizontale Fluglage zurückkehrt. Der Abwurftest stellt die Urform der flugmechanischen Untersuchung dar. Im Vergleich mit der modernen Flugmechanikuntersuchung auf dem Testwagen zeigt der Abwurftest nur ein schmales Spektrum an möglichen Fluglagen auf.
- Bei den Flugversuchen wird das Flugverhalten des Gerätes um alle Achsen geprüft. Dazu gehören die Kurvenflugeigenschaften, das stall-Verhalten, die Schnellflugeigenschaften, das Handling und die Start- und Landefähigkeit.
- Die abschließende Stückprüfung gilt der Identifikation des Mustergerätes und der eingereichten Musterunterlagen, der Beurteilung von Verarbeitung, Betriebsanleitung und Beschriftungen sowie der Überprüfung der verwendeten Materialien.

Nach Abschluß des Prüfverfahrens erhält der Hersteller das Gütesiegel des DHV sowie die Berechtigung zur Verwendung der Gütesiegel-Plaketten.«

Drachenfliegen auch im Winter. Zur Widerstandsverminderung nimmt der Pilot gleich nach dem Laufstart eine liegende Position ein. Dafür gibt es spezielles Gurtzeug.

Mit vergleichbarem Aufwand werden auch Rettungsgeräte sowie Gurtzeuge überprüft. Sie erhalten ebenfalls das Prüfsiegel, wenn sie die Bedingungen erfüllen.

Neben den Sicherheitsanforderungen, denen hier bewußt Priorität gegeben wird, konnten auch die Flugeigenschaften und -leistungen entscheidend verbessert werden. Statt maximal 5 wie die »Rogallos« erreichen Hochleistungsdrachen inzwischen Gleitzahlen um 10 (wie sie auch die Störche, die für Lilienthal das Vorbild für den Segelflug waren, besitzen). Mit einer Segelfläche zwischen 12 und 20 m² wiegen sie zwischen 15 und 40 kg und kosten zwischen DM 3000,– und DM 6000,–. Die mit ihnen erzielten Segelflugerfolge reichen an die Segelflugleistungen der dreißiger Jahre heran, wobei sie von den flugtaktischen Erkenntnissen des Segelfluges profitieren. Als günstig erweist sich dabei die Fähigkeit der Drachen zum engen Kreisen, mit der sie auch sehr schmale Aufwinde ausnutzen können. Fast unglaublich ist der Streckenweltrekord von 487 km! Doch Streckenflüge über 300 km, Zielstreckenflüge über 200 km, Zielrückkehrflüge über 200 km hat es schon mehrfach gegeben, ebenfalls Flüge mit weit über 4000 m Höhengewinn. In den Alpen sind Begegnungen zwischen Segelflugzeugen und Drachen in großen Höhen längst keine Seltenheit mehr.

Parallel zu den aerodynamischen, technischen und sicherheitstechnischen Fortschritten entwickelten sich auch die Methoden der Schulung und die Prüfungsanforderungen weiter. Zu dem Fußstart, der das Drachenfliegen lange Zeit auf Berggelände beschränkte, wurde der Windenstart erprobt und inzwischen zugelassen, so daß Drachenfliegen auch im Flachland ohne besonderes Risiko betrieben werden kann.

Wohin die Entwicklung der Fluggeräte tendiert, zeigt das Beispiel der »**Flair 30**« von *Professor Günter Rochelt*. Sie ist ein Nurflügelflugzeug von 12 m Spannweite in Kunststoff-Schalenbauweise, das als Mittelding zwischen Hängegleiter und Segelflugzeug angesehen werden kann. Die beiden Flügelhälften können ohne besondere Schwierigkeiten auf jedem Autodach transportiert werden. Der Zusammenbau mit Hilfe eines Zentralbolzens dauert nur wenige Minuten. »Flair 30« kann wie ein Hängegleiter (per Fuß) gestartet werden. In Liegeposition des Piloten, der von einer Plexiglashaube umgeben ist, soll das Fluggerät Gleitzahl 30 erreichen und damit jeden Hängegleiter bei weitem übertreffen. Gesteuert wird es aerodynamisch. Zur Landung, die auf einer ausfahrbaren Doppelkufe erfolgt, kann die Gleitzahl durch Klappen bis auf 5 reduziert werden. Die Erprobung des Seglers, der nur 30 kg wiegt, ist noch nicht abgeschlossen.

Wie beim Segelflug, bei dem die Entwicklung der Startmethoden zwangsläufig zum Motorsegler führte, ließ auch der »motorisierte Drachen« nicht lange auf sich warten. Versuche in dieser Richtung hatte es schon in den siebziger Jahren gegeben.

Ultraleichtflugzeuge

»Das Ultraleichtflugzeug sieht so aus, als sei ein Moped mit einem Liegestuhl gekreuzt worden, vermutlich unter einem Surfsegel« – so treffend beschreibt *Dieter Vogt* das neue

»Flair 30« von *Professor Günter Rochelt* im Landeanflug. Die Doppelkufe ist bereits ausgefahren. Der Pilot liegt im Mittelflügel.

Das Ultraleichtflugzeug »Sherpa« im Start. Der Doppelsitzer hat sich im Schulbetrieb bewährt.

Luftsportgerät, das erst 1982 den Weg aus der (gelegentlich aufgelockerten) Illegalität in die vor- und fürsorglichen Begrenzungen einer behördlichen Verfügung fand. Die »Allgemeinverfügung für den Betrieb von bemannten, nichtzulassungspflichtigen Luftfahrzeugen« vom 15. Mai 1982 enthält nicht nur für Gleitflugzeuge und Hängegleiter, sondern auch für Ultraleichtflugzeuge präzise Begriffsbestimmungen.

Danach sind diese »ein- oder doppelsitzige motorisierte Luftfahrzeuge, die durch Gewichtsverlagerung und/oder aerodynamisch mittels Steuerruder gesteuert werden und deren Rüstmasse einschließlich Gurtzeug, Instrumente und leerem Kraftstofftank 150 kg nicht überschreitet«.

Zusätzlich wurde festgelegt, daß ihre Flügelfläche 10 m^2 nicht unterschreiten darf und ihre Mindeststeiggeschwindigkeit bei höchstzulässiger Flugmasse 1 m/s betragen muß, daß sie an Fluginstrumenten mindestens Fahrtmesser, Höhenmesser und Kompaß mitführen müssen und daß ihr Lärmgrenzwert bei maximaler Motorleistung, gemessen in Anlehnung an die Lärmschutzforderungen für Luftfahrzeuge (Bundesanzeiger Nr. 185 a vom 3. 10. 1985), in einer Höhe von 150 m über Grund 55 dB(A) nicht überschreiten darf. Festgelegt wurde auch, daß der Führer eines Ultraleichtflugzeugs mindestens 18 Jahre alt sein und einen Schutzhelm tragen muß. Zur Pflicht gemacht wird – wie bei Hängegleitern – die Mitführung eines Rettungssystems. (Rettungs-

»Trike« heißt die am Drachen hängende offene Motor-Fahrwerksgondel. Das so entstandene Ultraleichtflugzeug wird nur durch Gewichtsverlagerung gesteuert, ist aber außerordentlich wendig.

systeme befinden sich – nach vielfacher Bewährung – in modifizierter Form auch für Segelflugzeuge in der Entwicklung. Eines wurde bei der schwanzlosen SB 13 versuchsweise verwirklicht. In den USA werden entsprechende Rettungsgeräte für Leichtflugzeuge bereits erprobt.)

In der »Allgemeinverfügung . . .« ist ferner klargestellt, daß Gleitflugzeuge und Hängegleiter bei Anwendung der Luftverkehrsregeln als Segelflugzeuge, Ultraleichtflugzeuge dagegen als Motorsegler gelten. Ein Traum allerdings ist den »zurück zu den Anfängen« strebenden Luftsportlern verwehrt worden: Starts und Landungen von Hängegleitern sowie Ultraleichtflugzeugen sind nicht an beliebigen Stellen, sondern nur auf einem hierfür zugelassenen Flugplatz oder -gelände zulässig, und auch nur dann, wenn der übrige Flugbetrieb durch sie nicht behindert oder gefährdet wird und die zuständige Luftaufsichtsstelle oder Flugleitung ihre Zustimmung erteilt hat. Selbst bei den »fliegenden Liegestühlen« ist es also nichts mit der ganz großen Freiheit, doch die dadurch gewonnene Sicherheit kann darüber hinwegtrösten.

Gleitschirme

Sie sind das jüngste, einfachste und billigste Luftsportgerät, mit dem sich »Segelflug« am Hang oder im thermischen Aufwind betreiben läßt. Ihr Betrieb ist in der Bundesrepublik Deutschland erst seit dem 15. April 1987 erlaubt, und zwar nach den Regelungen für Hängegleiter in der »Allgemeinverfügung . . .«.

Gleitschirme wiegen rund 5 kg; hinzu kommen 5 kg für das Gurtzeug – das reicht für das »Segelflugzeug im Rucksack«, das sich zum Start auf etwa 9 m oder mehr Spannweite bei einer Flächentiefe von rund 3 m entfalten läßt. Selbst bei einem schwergewichtigen Piloten bleibt also die Flächenbelastung äußerst gering. Entwickelt wurde das neue Gerät erst Anfang der achtziger Jahre, und zwar aus dem Rechteckfallschirm, der schon seit den siebziger Jahren durch seine verblüffende Steuerbarkeit den Fallschirmsport revolutioniert hatte. Das Prinzip erscheint simpel: Die Kappe ist ein Flügel (beim Fallschirm und bei den einfacheren Gleitschirmen meist rechteckig), der aus einem Ober- und Untersegel mit Zellzwischenwänden besteht und vom Fahrtwind bei der Vorwärtsbewegung in Form gehalten wird. Sein Querschnitt entspricht einem Flügelprofil, das statt der vorderen Rundung eine Öffnung für den Lufteintritt hat. Dort bildet sich während des Fluges ein Stau, der die Luft wie bei einer »richtigen« Tragfläche dazu nötigt, das Gleitsegel zu umströmen und dabei Sog und Druck, also Auftrieb, zu erzeugen. Stabilisiert wird der Gleitschirm dabei durch die tiefe Schwerpunktlage, die sich dadurch ergibt, daß der Pilot (wie beim Fallschirm) an langen Fangleinen hängt. Diese dienen der möglichst gleichmäßigen Verteilung des Pilotengewichtes auf die einzelnen Kammern des ja nur durch gestaute Luft prall gehaltenen Gleitsegels. Zu den 40 bis 50 Fangleinen kommen noch zwei Steuerleinen, die in mehrfachen Verzweigungen zu den äußeren Hinterkanten führen. Das Herunterziehen jeweils einer Hinterkante bewirkt dort eine Erhöhung des Luftwiderstandes und damit Kurvenflug. Werden beide Hinterkanten gleichzeitig heruntergezogen,

Ein Gleitschirm wird zur Übung aufgerichtet. Inzwischen gibt es Gleitschirme, die Gleitzahlen um 5 erreichen – wie der »Normal-Segelapparat« von *Otto Lilienthal.*

erhält das Profil eine stärkere Wölbung und erzeugt kurzfristig mehr Auftrieb bei erhöhtem Widerstand. Diese Wölbung, die allerdings die Gefahr des Strömungsabrisses mit sich bringt, ist bei der Landung gewollt und ermöglicht ein butterweiches Aufsetzen.

Ein Fluggerät mit so hohem Luftwiderstand kann natürlich keine hohe Gleitzahl besitzen: einfache Gleitschirme, die wegen ihres harmlosen Flugverhaltens vor allem Anfängern zu empfehlen sind, kommen kaum über 2 hinaus. Inzwischen sind jedoch auch schon Hochleistungsschirme mit größerer Spannweite, ellipsenförmiger Verjüngung der Flächenenden und teilweise geschlossenen Kammern entwickelt worden. Sie erreichen Gleitzahlen um 5 und ein geringstes Sinken um 1,5 m/s, setzen aber große fliegerische Erfahrungen voraus. Mit ihnen wurde der Dauerweltrekord auf fast 11 Stunden und der Streckenweltrekord auf über 50 km gebracht.

Obgleich die »Flegeljahre« des »Gleitsegelns«, wie es neuerdings auch genannt wird, vorbei und die Ausbildung sowie die Prüfungen zum Erwerb des »Befähigungsnachweises für Gleitsegelpiloten« streng geregelt sind, bleibt ein erhöhtes Restrisiko, vor allem, wenn sich ein Pilot mit geringen Erfahrungen zuviel zutraut. Da das Gleitsegel nicht steif ist, kann es bei starker Turbulenz – etwa im Lee einer Anhöhe – von oben eingedrückt werden. Wenn dann die Höhe zum Abfangen nicht ausreicht, kann es zum unkontrollierten Aufprall und damit zu einem mehr oder minder schweren Unfall kommen. Im Gegensatz zum Segelflugzeug oder zum Drachen nimmt dabei zwar das Gerät kaum Schaden, wohl aber der weitgehend ungeschützt am Gurtzeug hängende Pilot.

Wie die Segelflugzeuge und Hängegleiter im Zuge ihrer Evolution, so sind auch die Gleitsegel inzwischen unabhängig vom Bergland: Sie wurden im Windenstart erprobt und hierfür zugelassen. Selbst als »Motorsegler« haben sie Anhänger gefunden: Der Pilot trägt das Antriebsaggregat (meist mit 18 kW/24 PS-König-Motor) mit dem durch einen Schutzrahmen umschlossenen Propeller auf dem Rücken, und schon kann er mit seinem »Ultraleichtflugzeug«, als das es rechtlich gilt, zu einem (wenn er will) mehrstündigen Flug starten. Damit er die Hände frei hat, betätigt er den Gashebel über ein »Beißholz« mit dem Mund. Ein Traum vom Fliegen – aber wohl nur für gut trainierte Sportler.

Mit einem solchen motorisierten Gleitschirm wurde 1988 der Ärmelkanal von Frankreich nach England überflogen – in 1 h 36 min.

197

Muskelkraftflug

> Damit das Mögliche entsteht, muß
> immer wieder das Unmögliche versucht werden.
>
> *Hermann Hesse* (1877–1962)

In der »Vorgeschichte« der Luftfahrt haben sich so gut wie alle, die den Menschenflug nach dem Vorbild der Vögel verwirklichen wollten, mit dem Schwingenflug befaßt – selbst die *Gebrüder Lilienthal* in ihren Anfängen, und da kein anderer Antrieb zur Verfügung stand, wollten sie wie ihre Vorgänger die Schwingen mit Muskelkraft bewegen. Erfolg hatten sie erst, als sie auf das ganz große Ziel zugunsten des einfachen Gleitfluges verzichteten.

Der Gedanke, daß man statt der Schwingen auch einen Propeller – mechanisch weitaus einfacher – mit Muskelkraft antreiben könne, wurde bei Fluggeräten »schwerer als Luft« erstmals um die Jahrhundertwende bei den »Flugrädern« verwirklicht. Die »fliegenden Fahrräder« kamen zwar über kurze Sprünge nicht hinaus, doch die Wettbewerbe ihrer Erbauer erfreuten sich großen Zuspruchs, denn ein mit dem Fahrrad kombiniertes »Volksflugzeug« entsprach durchaus den Wunschvorstellungen vor allem der weniger bemittelten Zeitgenossen.

Propeller-Muskelkraftflugzeug von Georg König 1919/20

Ein erstes wirklich erfolgversprechendes Propeller-Muskelkraft-Flugzeug entstand erst kurz nach Ende des Ersten Weltkriegs und war in seiner Konzeption und Leichtbauweise seiner Zeit weit voraus. Noch vor dem ersten Rhönwettbewerb, 1919/20, hatte *Georg König,* Chefkonstrukteur der Flugzeugabteilung der AEG, einen Hochdecker von etwa 12 m Spannweite und nur 38 kg Gewicht entworfen und bauen lassen. Der Propeller an der Rumpfspitze wurde durch eine fahrradähnliche Pedalkonstruktion angetrieben. Der für die Flugversuche vorgesehene Pilot *Petersen* erreichte damit 6 kg Zugkraft, die zwar nicht für den Eigenstart, wohl aber mit einiger Wahrscheinlichkeit für den Schwebeflug ausgereicht hätten. Eine Weiterentwicklung war jedoch nicht möglich, weil auf Forderung der Interalliierten Luftfahrt-Überwachungskommission alle Schuppen und Werkstätten auf dem Flugfeld Niederneuendorf abgerissen werden mußten. Beim übereilten Abtransport bei stürmischem Wetter wurde der filigranhaft zartgebaute Hochdecker schwer beschädigt. Da zugleich das Flugzeugwerk zu bestehen aufhörte, war ein Wiederaufbau nicht möglich. Die vergleichsweise recht fortschrittliche Konstruktion geriet in Vergessenheit.

Schwingenflugzeuge von Dr. Brustmann 1925–1931

Einen Rückschritt, wenn auch mit einem bescheidenen Teilerfolg, bedeutete das Fahrrad-Schwingenflugzeug von

So leicht war das Muskelkraftflugzeug von *Georg König* aus dem Jahre 1919. Mit seinem Propellerantrieb war es für mehr als ein Jahrzehnt die weitaus fortschrittlichste Konstruktion.

Der Schwingenflieger von *Brustmann-Lippisch* aus dem Jahre 1931. Nach Gummiseilstart soll der Schlagflügel die normale Gleitflugstrecke etwa verdoppelt haben.

Dr. Brustmann, einem Sportarzt, der die Leistungsmöglichkeiten gut trainierter Sportler untersucht und dabei festgestellt hatte, daß sie durchaus in der Lage waren, für 10 Minuten eine Leistung bis zu 2½ PS (knapp 2 kW) zu erbringen. Dadurch war der Muskelkraftflug für ihn in den Bereich des Möglichen gerückt. Mit seinem Fahrrad-Schwingenflugzeug hoffte er, der Verwirklichung näher zu kommen. Die fledermausähnlichen Flügel hatten bei einer Fläche von 4 m² eine Spannweite von 6,20 m. Sie wurden durch Schubstangen von der Fahrrad-Tretkurbel auf- und abbewegt, wobei sich beim Niederschlag ein schwach negativer, beim Aufschlag ein stark positiver Einstellwinkel ergab. Der Stabilisierung sollte eine vogelähnliche Schwanzflosse dienen.

Wie eng der Segelflug sich damals schon dem Ziel des Muskelkraftfluges verbunden fühlte, zeigt sich daran, daß beim Rhönwettbewerb 1925 ein relativ hoher Geldpreis (4000 Mark) für einen solchen Flug über 100 m ausgesetzt war. Einer der drei Bewerber war *Dr. Brustmann.* Er

»war der einzige, dem es bereits in den Abendstunden des ersten Wettbewerbstages gelang, mit kurzen Sprüngen von der Erde freizukommen. Da sich die Maschine hierbei als zu unstabil erwies, machte *Dr. Brustmann* bei seinen Segelflugkameraden einige Konstruktionsanleihen, indem er eine Stabilisierungsfläche *Espenlaubs* und das Höhensteuer von *Martens* an seinen Apparat anbaute ... am 4. September nachmittags ... glückte ihm nach einigen kürzeren Sprüngen, in der Senke zwischen Wasserkuppe und Fliegerdenkmal, bei schwachem Wind auf eine Strecke von etwa 20 m vom Boden freizukommen. Es war dies die bis dahin größte, mit reiner Menschenkraft durchflogene Strecke.« (Bericht in dem Buch »Flug durch Muskelkraft« von *Hans Georg Schulze* und *Willi Stiasny,* erschienen 1936.)

1930/31 führte *Dr. Brustmann* seine Versuche auf der Wasserkuppe fort. Das neue Schwingenflugzeug, das einem normalen Segelflugzeug ähnelte und auch mit dem Gummiseil gestartet wurde, hatte *Alexander Lippisch* nach seinen Angaben konstruiert. Der Schlagflügel wurde durch Strecken der Beine bewegt. Bei den Flugversuchen soll er die normale Gleitflugstrecke nach dem Start auf ebenem Platz verdoppelt haben.

Haeßler-Villinger 1935

Es waren aerodynamische und konstruktionstechnische Erkenntnisse aus der Segelflugentwicklung, die schließlich den Muskelkraftflug als Verwirklichung des wohl ältesten Flugtraumes der Menschheit ermöglicht haben. Die Lösung des Problems, die *Helmholtz* 1873 wissenschaftlich vorsichtig als »kaum wahrscheinlich« bezeichnet hatte, gelang allerdings nicht (wie noch im 19. Jahrhundert vorausgesetzt) durch den Schwingenflug als Nachahmung des Vogelfluges, sondern durch extrem leichte, aber aerodynamisch hochwertige Fluggeräte mit pedalangetriebener Luftschraube. Einen ersten erfolgreichen Versuch in dieser Richtung gab es 1935 durch die Diplom-Ingenieure *Helmut Haeßler* und *Franz Villinger.* Mit ihrem Muskelkraftflugzeug, das mit seiner Spannweite von 13,5 m dem Segelflugzeug »Baby« entsprach, aber trotz des Pedalantriebes und des Luftschraubenaufsatzes nur eine Rüstmasse von 36 bis 45 kg (mit eingezogener Startvorrichtung) aufwies, unternahm der Radrennfahrer *Dünnebeil* auf dem Frankfurter Flughafen mehrere Flugversuche. Nach dem Start mit einem selbst ausgespannten Gummiseil gelangen ihm deutlich gestreckte Gleitflüge bis zu 235 m Länge. 1937 flog der Pilot *Hofmann* sogar 720 m weit. Das von dem »Rhönvater« *Ursinus* initiierte Preisausschreiben der Frankfurter Polytechnischen

Das Haeßler-Villinger-Muskelkraftflugzeug von 1935.

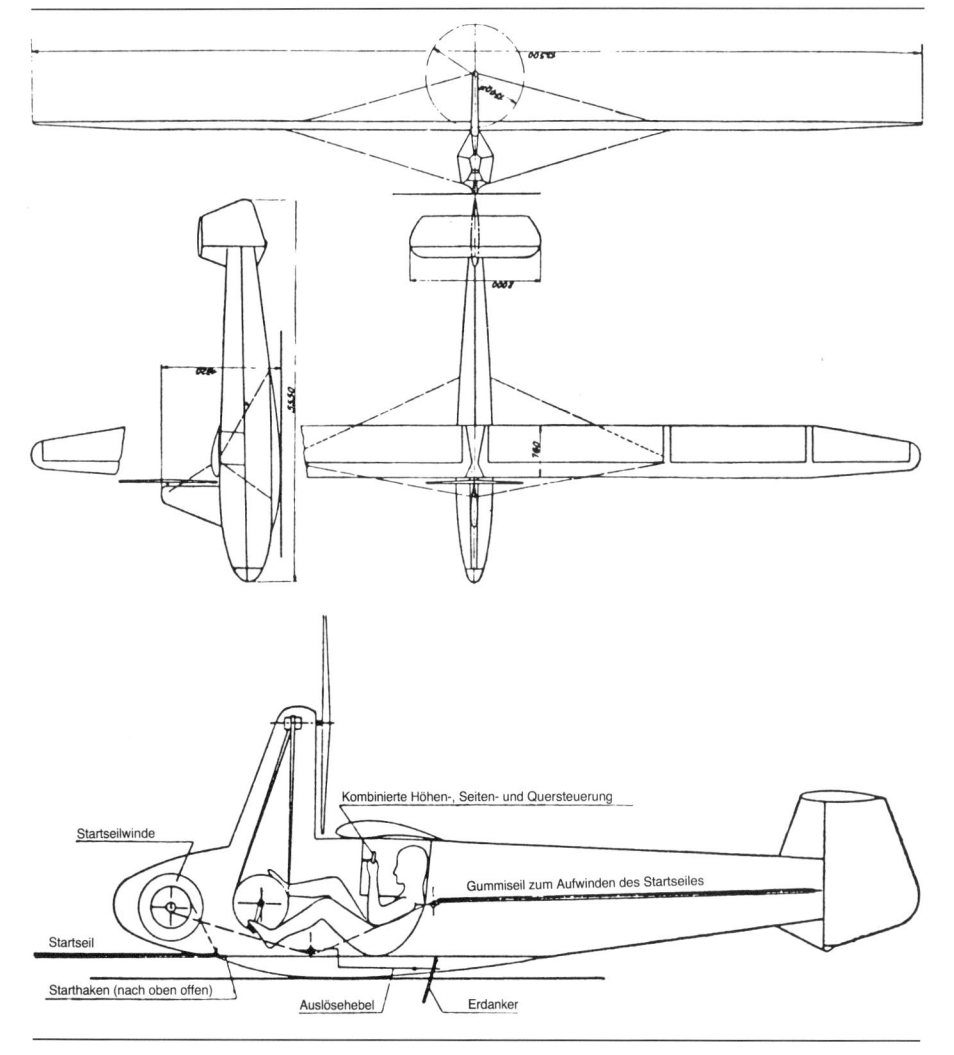

Der Antrieb des »Mufli«, wie das Haeßler-Villinger-Flugzeug auch genannt wurde. Erkennbar ist die Winde, mit der das zum Start benutzte, vorher vom Piloten gespannte Gummiseil eingezogen wurde. Skizze aus dem »Adler«-Archiv.

Ein Trainings- und Meßgerät für Muskelkraft-Piloten aus dem Nachlaß des »Muskelflug-Institutes«, das Ende 1935 von der Polytechnischen Gesellschaft in Frankfurt am Main gegründet worden war. Sein Leiter wurde Ing. *Oskar Ursinus*. Es sollte alle auf dem Gebiet des Muskelfluges Tätigen unterstützen, Antriebseinrichtungen, Startvorrichtungen und Kraftspeicher überprüfen, den Tierflug erforschen, Meßeinrichtungen und Prüfanlagen konstruieren und dergleichen mehr. Von 1936 an erschienen in der Zeitschrift »Flugsport« regelmäßig Berichte über die Arbeit des Muskelflug-Institutes.

Am Gerät *Karl Vey*, der sich als ehrenamtlicher Archivar des Deutschen Aero Clubs und als »konservierender Sammler« große Verdienste erworben hat.

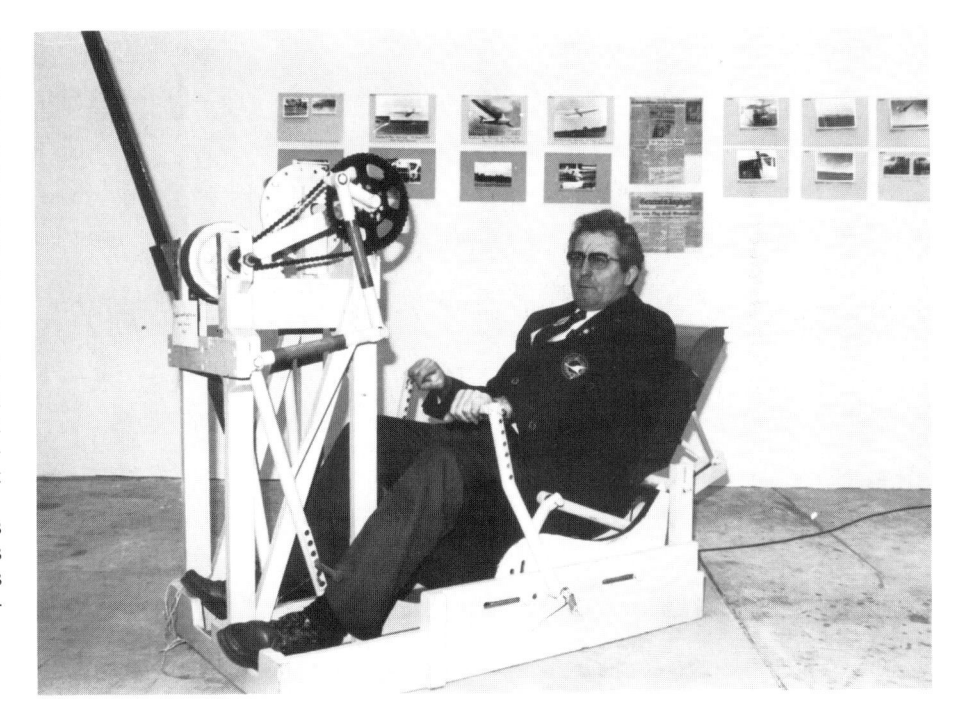

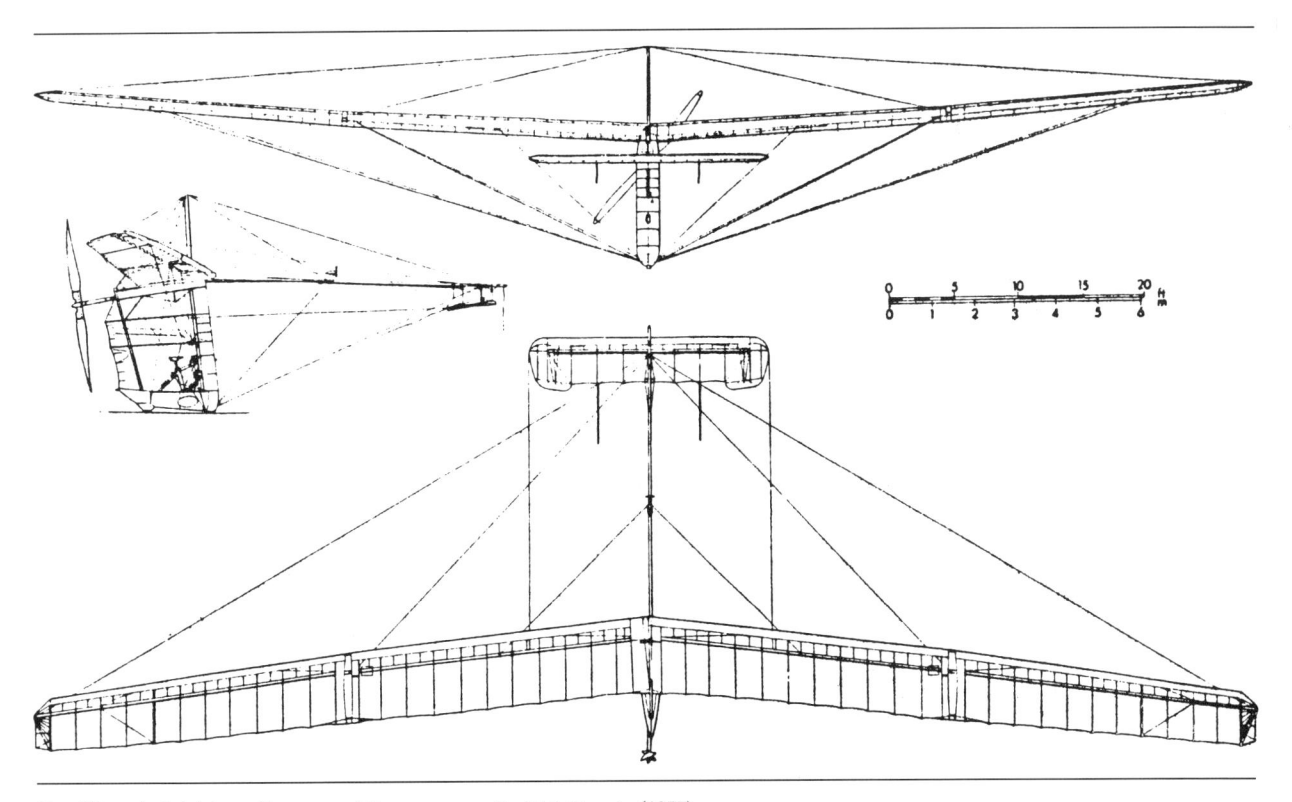

Der filigranhaft leichte »Gossamer Albatross« von Paul McCready (1977).

Gesellschaft, das die Umrundung zweier Wendemarken in 500 m Entfernung vorsah, konnte er damit allerdings nicht gewinnen. *Ursinus* glaubte fest an die Verwirklichung des Muskelkraftfluges und hatte sogar ein spezielles Trainingsgerät hierfür gebaut. Die weitere Entwicklung sollte ihm, wenn auch erst Jahrzehnte später, recht geben.

Durchbruch der Amerikaner

Nach vielen bis zu 2000 m reichenden Geradeausflügen von Muskelkraft-Flugzeugen nach Eigenstart in England und in Japan Anfang und Mitte der siebziger Jahre kam 1977 in den USA der Durchbruch: Mit dem »Gossamer Condor«, einer Konstruktion des segelflugerfahrenen Amerikaners *Paul McCready* nach dem Entenprinzip (29,3 m Spannweite, Rüstmasse 32 bis 34 kg, durch Änderung), durchflog der kalifornische Radrennfahrer *Bryan Allen* um zwei etwa 800 m voneinander entfernte Pylone herum eine Achterschleife von 2300 m Länge. Ihm, dem Konstrukteur und dem Erbauer *Vernon Odershaw,* trug diese Leistung den 1959 gestifteten Preis des britischen Fabrikanten *Henry Kremer* in Höhe von inzwischen 50 000 Pfund ein. Ein weiterer hoher Kremer-Preis für die erste Überquerung des Ärmelkanals mit Muskelkraft spornte das Team zu erneuten Kraftanstrengungen an. 1979 gelang der spektakuläre Flug mit dem »Gossamer Albatross«: Nach 2 Stunden 49 Minuten landete der total erschöpfte *Bryan Allen* nach dem Start in England an der französischen Küste – 36 km von seinem Startplatz entfernt.
Eine Gruppe von Studenten und Doktoranden des Massachusetts Institute of Technology (MIT), die denselben Preis anstrebte, hatte das Nachsehen, gab aber die Arbeit an Muskelkraftflugzeugen in modernster Leichtbauweise (unter Verwendung von CFK) nicht auf. Mit ihrem pedalgetriebenen »Monarch« stellten sie 1984 im Rahmen des Kremer-Speed-Preises mit 34 km/h einen »Geschwindigkeitsweltrekord« für Muskelkraftflugzeuge auf. Ergebnis immer weiterer aerodynamischer Verbesserungen und Gewichtseinsparungen war der »Daedalus«, der bei 35 m Spannweite nur 32 kg Leermasse aufwies. Die Luftschraube von 3,45 m Durchmesser wog nur 0,77 kg. Mit diesem Flugzeug gelang dem griechischen Radrennfahrer *Kanellopoulos* am 23. April 1988 der bisher bedeutendste Muskelkraftflug: Auf den Spuren von Daidalos und Ikaros startete er auf Kreta und erreichte die Insel Santorin. Zwar wurde das Flugzeug bei der Landung von einer heftigen Boe zerbrochen und stürzte ins Wasser, so daß der Pilot den festen Boden nur schwimmend erreichen konnte. Doch er hatte allein mit Muskelkraft in 3 Stunden, 54 Minuten und 59 Sekunden eine Strecke von 116,6 km zurückgelegt – eine phantastische Leistung.

Deutsche Muskelkraft- und Solarflugzeuge der achtziger Jahre

Schon nach den ersten größeren Segelflugerfolgen war Mitte der zwanziger Jahre die Vorstellung aufgetaucht, daß sich Segel- und Muskelkraftflug gegenseitig ergänzen könnten. Unter Ausnutzung aller durch den Segelflug verfeinerten aerodynamischen und bautechnischen Möglichkeiten sollte ein Flugzeug extrem leicht und leistungsfähig, aber fest genug sein, um einerseits die Belastungen des Segelfluges auszuhalten und andererseits es dem Piloten zu ermöglichen, Flauten im Muskelkraftflug zu überwinden oder nach erfolgreichem Segelflug zum Startplatz zurückzu»radeln«.
Die sehr leicht gebauten »Gossamer«-Muster, die in den siebziger Jahren erstmals längere Muskelkraftflüge ermöglicht hatten, waren zum Segelflug nicht geeignet. Nur bei absoluter Windstille konnte mit ihnen geflogen werden.
Anfang der achtziger Jahre griffen in Deutschland der konstruktionserfahrene *Wolfgang Hütter* (damals bereits 73 Jahre), der 75jährige Pionier des Muskelkraftfluges *Franz*

Das HVS-Muskelkraftflugzeug. Es befindet sich heute als Dauer-Leihgabe im Auto- und Technik-Museum Sinsheim.

HVS-Muskelkraftflugzeug von *Wolfgang Hütter*.

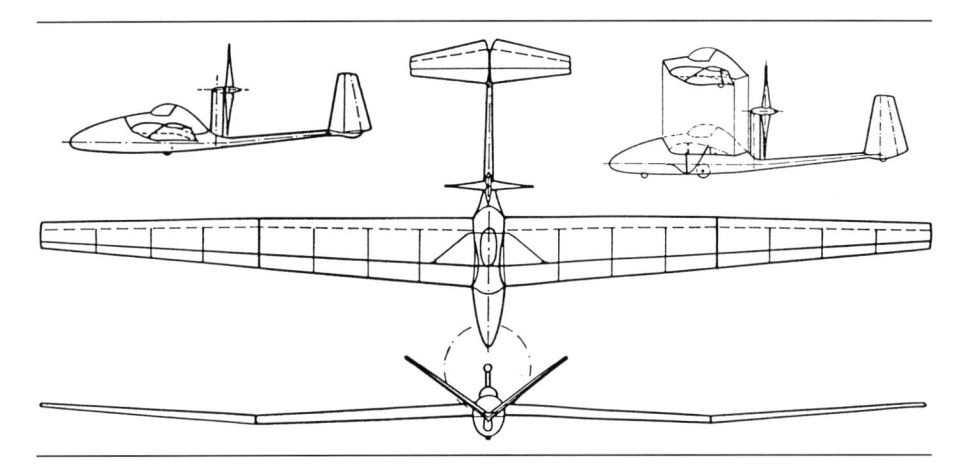

Villinger und der bauerfahrene Segelflieger *Wilhelm Schüle* (74) den alten Gedanken wieder auf, Segel- und Muskelkraftflug miteinander zu verbinden. Ihre HVS – nach dem Entwurf von *Hütter* in Eigenarbeit entstanden – war ein modernes, zwar möglichst leichtes, aber doch ausreichend fest gebautes Segelflugzeug von 16,60 m Spannweite. Der Kompromiß war nur durch die Kohlefaser-Technologie möglich geworden: Alle tragenden Teile wie Holmgurte, Flügelschalen mit Versteifungen sowie die Rumpfröhre bestanden aus CFK und wurden in Negativformen mit besonderer Sorgfalt gebaut. Als Flügelprofil wählte *Hütter* FX 63-137. Die Leermasse betrug 50 kg, die Flugmasse 110 kg – dadurch lag die Flächenbelastung knapp unter 8 kg/m² (vergleichsweise hoch). Errechnet wurde eine Gleitzahl von 36 bei einer Fluggeschwindigkeit von 34 km/h. Bei einer Pressevorführung auf dem Flugplatz Leipheim am 12. März 1983 gelang dem Piloten *Oskar Staudenmaier* bei 4 m/s Seitenwind (bei dem ein »Gossamer«-Flug unmöglich gewesen wäre) nach Eigenstart ein Muskelkraftflug von etwa 600 m Länge und rund 50 Sekunden Dauer – ein vielversprechender Anfang. Wegen verschiedener, vor allem finanzieller Schwierigkeiten kam es jedoch nicht zu einer Weiterentwicklung.

Nachhaltigere Erfolge mit Muskelkraftflugzeugen erzielte kurze Zeit später der Industriedesigner und Segelflieger Professor *Günter Rochelt*. Sein »Musculair« von 1984 hat bei 22 m Spannweite und einer Streckung von 30 nur 28 kg Leermasse. Das Flügelprofil stammt von Professor *F. X. Wortmann* und ist speziell für Langsamflug ausgelegt. Das extrem geringe Gewicht konnte nur durch CFK und eine besondere Schaumstofftechnik erreicht werden. »Musculair« hat – im Gegensatz zu den McCready-Flugzeugen – keinerlei Drahtverspannungen. *Rochelts* 17jähriger Sohn *Holger* erfüllte damit am 19. Juni 1984 auf dem Flugplatz

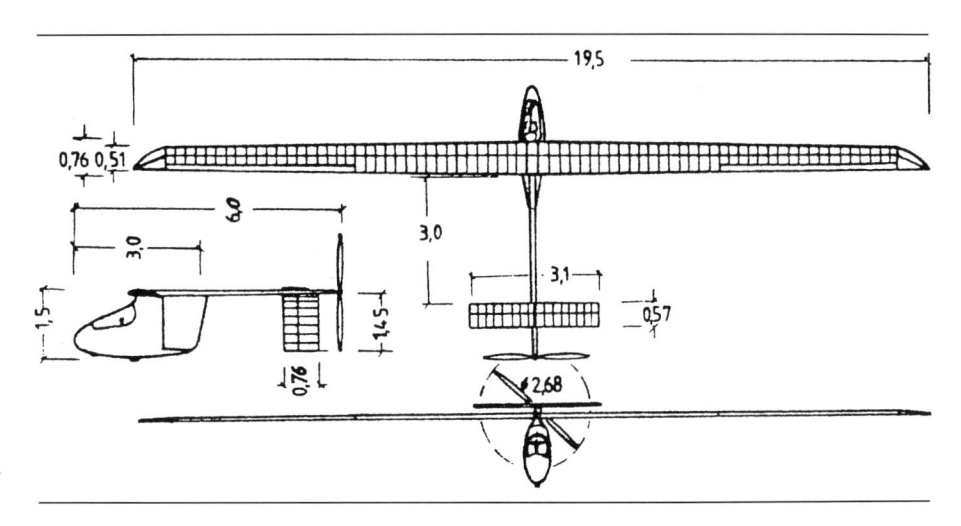

»Musculair 2« von *Professor Günter Rochelt*.

»Solair 1« startet mit Sonnenenergie.

Neubiberg in 4 Minuten 25 Sekunden die Bedingungen (liegende Acht) des Kremer-Preises. Kurz darauf überbot er den »Monarch«-Geschwindigkeits-Rekord, und schließlich gelang ihm Ende 1984 der erste Muskelkraft-Passagierflug (mit seiner Schwester Katrin, 30 kg).
Die Nachfolgekonstruktion »Musculair 2« wies zahlreiche weitere aerodynamische, flugmechanische und strukturelle Verfeinerungen auf. Die Kremer-Speedpreis-Bestleistung konnte damit Ende 1985 auf 44,32 km/h verbessert werden.
»Musculair 1« fand inzwischen im Deutschen Museum einen Ehrenplatz. Dort hängt auch »Solair 1«, ein GFK-Entenflugzeug von 16 m Spannweite. Das Besondere daran ist der Elektroantrieb. Die hierfür notwendige Energie erzeugen

Solarzellen auf der Flügeloberfläche von »Solair 1«.

Solarzellen, die den Flügel und das Höhenleitwerk dicht an dicht bedecken. *Günter Rochelt,* Konstrukteur und Erbauer, erflog damit 1983 in den Alpen einen Dauerweltrekord von 5 Stunden und 41 Minuten.

Als Weiterentwicklung – auch für den sportlichen Bereich – präsentiert sich seit 1998 **»Solair 2«** (siehe Bild Seite 283). Seine von der Wurzel aus zunächst deutlich vorgepfeilten Flügel sind nach außen hin doppelt abgeknickt und nach hinten gepfeilt. Das Flugzeug mit 20 m Spannweite ist an den Oberseiten dicht an dicht mit Solarzellen bedeckt. Sie reichen aus, um bei ausreichender Sonneneinstrahlung zwei Generatoren anzutreiben, die an den Enden des V-Leitwerkes mit Luftschrauben verbunden sind. Das Flugzeug ist extrem leicht gebaut. 1998 wurde es zunächst im Segelflug erprobt. Leider ist *Prof. Rochelt* noch im selben Jahr verstorben. Sein Sohn Holger, erfahren im Muskelkraft- und Elektroflug, wird das Flugzeug weiterentwickeln.

Wie der Muskelkraftflug, so sind auch die Erfolge im Solarflug nur durch die aerodynamischen und bautechnischen Entwicklungen des Segelfluges möglich geworden.
Aus dem Segelflug und seinem wissenschaftlich-technischen Umfeld kommt auch *Peer Frank,* dessen **»Vélair«** 1988 zu seinem Erstflug startete, 1989 auf der Luftfahrtschau in Paris Le Bourget Aufsehen erregte und 1990 bei Flügen von dem noch nicht fertigen neuen Münchner Flughafen seinen geringen Leistungsbedarf nachweisen konnte. *Peer Frank* schreibt dazu:

»Ziel war es, ein Flugzeug zu konzipieren, mit welchem deutlich länger als mit vorherigen europäischen Mustern geflogen werden konnte ... Mit der wachsenden Erfahrung und immer weiter verfeinerten Rechenverfahren wurden immer wieder einzelne Komponenten verbessert oder ausgetauscht. So konnte beispielsweise das Flugzeuggewicht von ursprünglich 37,6 kg auf zuletzt 30,3 kg gesenkt werden (trotz erhöhter Spannweite, Streckung und verringerter Profildicke) ... Das Ergebnis ist nun ein praxistaugliches Flugzeug, mit dem problemlos in der Luft ›geradelt‹ werden kann. Der Schwebeleistungsbedarf von 3,75 W/kg (Pilotengewicht) kann bei entsprechendem Training für knapp 2 Stunden erbracht werden.«

Die technischen Daten des »Vélair«, der wie auch »Musculair« keine Drahtverspannungen aufweist, also einen freitragenden Flügel besitzt, gibt *Peer Frank* folgendermaßen an:

Spannweite: 23,2 m; Flügelfläche: 16,9 m²; Streckung 32
Leermasse: 30,2 kg
Mindestleistungsbedarf bei 60-kg-Pilot: 225 Watt
                       bei 31 km/h.

Die speziellen wissenschaftlich-technischen Anforderungen des Muskelkraftfluges, die nur durch moderne Computer-Rechenverfahren bewältigt werden konnten, verweisen auf eine Anwendungsmöglichkeit, an die bis

»Vélair« von *Peter Frank* beim Erstflug 1988.

vor wenigen Jahren wohl noch niemand gedacht hätte: Die Entwurfssoftware des »Vélair« konnte direkt für die Auslegung eines unbemannten Flugzeugs zur Erforschung der Stratosphäre eingesetzt werden. Auch dieser Aspekt gehört zu den Auswirkungen der Segelflugentwicklung, wie sie im folgenden Kapitel dargestellt werden.

Dazu trägt sicherlich auch der Sonnensegler **»Icaré«** bei, der sich am 7. Juli 1996 auf einem Flugplatz bei Stuttgart erstmals in die Luft erhob und damit den international ausgeschriebenen Ludwig-Berblinger-Preis der Stadt Ulm gewann – und das keineswegs bei strahlender Sonne, sondern bei leicht bedecktem Himmel. Dreißig Bewerber hatten sich gemeldet, fünf waren schließlich in Stuttgart dabei, aber nur **»Icaré«** gelang es, vom Boden freizukommen und einen regulären Flug vorzuführen. Unter der Leitung von *Prof. Voit-Nitschmann* vom Institut für Flugzeugbau an der Universität Stuttgart und mit Unterstützung der Ingenieure *Michael Rehmel* und *Werner Scholz* hatten vierzig Studenten das Flugzeug gebaut. Von einem üblichen Segelflugzeug unterschied es sich nur nur die Bedeckung der Flügeloberseite und des Höhenleitwerks mit Solarzellen und durch sein geringes Gewicht. Die Luftschraube drehte sich am Heck. Bei 25 m Spannweite wog es nur 165 kg, hatte 90 kg Zuladung (Pilot). Die Entwicklung hatte rund 1,5 Millionen DM gekostet. Sie war nur möglich durch Zuschüsse des Stuttgarter Wissenschaftministeriums und mehrerer bedeutender Industriebetriebe. Mit verbesserten Akkus und billigeren Solarzellen, an denen die Industrie arbeitet, rückt die wirtschaftliche Nutzung der Solar-Flugzeuge – auch als Sportgeräte – in den Bereich der Möglichkeiten. Für wissenschaftliche Zwecke werden unbemannte (sehr teure) »Sonnensegler« bereits verwendet, insbesondere für längere Forschungsflüge in sehr großer Höhe.

Auswirkungen des Segelfluges auf die allgemeine Luftfahrtentwicklung

Der erste Hinweis darauf, daß es solche Auswirkungen überhaupt geben könne, findet sich in der »Zeitschrift für Flugtechnik und Motorluftschiffahrt« vom 30. Juli 1921. In einem Artikel zum Rhön-Segelflug-Wettbewerb 1921 schreibt *Professor Dr. Wilhelm Hoff:*

». . . Die Wissenschaftliche Gesellschaft für Luftfahrt hat sich in der Überzeugung, daß die Pflege des Segelflugzeuges der Entwicklung des Flugzeugbaues in vielen Beziehungen förderlich sein wird, durch Übernahme des Ehrenschutzes der Veranstaltung in den Dienst der Sache gestellt und zur Vorbereitung des kommenden Wettbewerbes beigetragen . . .«

Tatsächlich leistete ein Flugzeug, das zu diesem Wettbewerb erschien, bereits einen wesentlichen und bis heute nachwirkenden Beitrag auch für den Holzbau von Motorflugzeugen: Es war der »Vampyr« mit seinem freitragenden einholmigen Flügel mit Torsionsnase. So übernahmen *Klemm* und *Messerschmitt* diese Bauweise für ihre leichten Motorflugzeuge. Als Meister des Leichtbaues erwies sich *Messerschmitt,* der ja aus dem Segelflugzeugbau hervorgegangen war. So schuf er Flugzeuge, deren Zuladung größer war als ihre Rüstmasse. Ebenso hat er die aerodynamischen Anforderungen des Segelfluges weitgehend auf den Motorflug übertragen – wenn auch nicht ganz so konsequent wie zu derselben Zeit die Zwillingsbrüder *Walter* und *Siegfried Günter* (1899–1937 bzw. 1969), die aus der Akaflieg Hannover hervorgegangen waren. Nach dem »Sausewind«, den *Walter Günter* bereits 1925 bei »Bäumer Aero« in Hamburg konstruiert hatte (ein zweisitziger Tiefdecker mit elliptischem Flügelgrundriß und rundem Rumpfquerschnitt), schufen beide 1932 mit der He 70 (mit Einziehfahrwerk) das erste wahrhaft moderne deutsche Schnellverkehrsflugzeug und danach zahlreiche weitere aerodynamisch hervorragend durchgearbeitete Sport-, Verkehrs- und Kampfflugzeuge. Bei der Akaflieg Hannover hatten sie schon 1923/24 das Segelflugzeug H 6 mitkonstruiert und -gebaut. In einer Zeit, in der im Motorflugzeugbau noch verspannte Doppeldecker vorherrschten und selbst Fachleute annahmen, daß Fortschritte nur durch stärkere Motoren erzielt werden könnten, schrieb *Walter Günter* in der Zeitschrift »Flugsport« (Nr. 19/1924, Seite 378):

». . . Daß die Zuverlässigkeit der Leichtmotoren in einem großen Teil der gebauten Leichtflugzeuge nicht befriedigt, liegt wohl nur daran, daß die Motoren in diesen Flugzeugen dauernd mit annähernd Höchstleistung beansprucht werden. Ich halte es aber für einen Irrtum, daraus zu folgern, daß man die Motoren verbessern muß. Ich glaube vielmehr, daß es richtig und technisch jedenfalls fortschrittlicher ist, daß man die Flugzeuge aerodynamisch sorgfältiger baut, so daß man mit einer erheblich geringeren Motorleistung genügende Flugleistungen erzielt. Ein großer Teil der angeführten Flugzeuge ist in diesem Punkte noch sehr verbesserungsfähig. Vielfach ist auch der Wirkungsgrad der Luftschraube schlecht . . .«

Das »aerodynamisch sorgfältiger« bezog sich bei ihm und seinem Bruder auf die Profilauswahl, die Flügelform und -streckung, die Rumpf- und Leitwerksform, die Rumpf-Flügel-Übergänge, die Oberflächenglätte und dergleichen mehr, wie es auch Segelflugzeuge erforderten. Durch sie und zahlreiche andere aus Akafliegs und aus dem Segelflug hervorgegangene Diplom-Ingenieure wurden solche Maßstäbe in den dreißiger Jahren Allgemeingut.

Eine direkte Anwendung im Motorflugzeugbau fanden auch die Stör- und Bremsklappen der Segelflugzeuge und ihre Weiterentwicklungen wie die Sturzflugbremsen der DFS und die Schempp-Hirth-Hütter-Klappen.

Eine besondere Rolle spielen die Profilentwicklungen für Segelflugzeuge. Die hierfür aufgewendete Sorgfalt war im Motorflugzeugbau ungewöhnlich, wurde aber durch die segelflugerfahrenen Konstrukteure im Laufe der dreißiger Jahre auch dort üblich. Erst recht übte die Berechnung und Optimierung von Laminarprofilen einen entscheidenden Einfluß auf die weitere Entwicklung auch größerer Motorflugzeuge aus. Allerdings hat umgekehrt von der hierfür betriebenen aufwendigen Forschung auch der Segelflug profitiert.

Nicht mehr umstritten ist die teilweise Verwendung von faserverstärkten Kunststoffen im Großflugzeugbau, während sich die Kunststoffbauweise im Leichtflugzeugbau bereits weitgehend durchgesetzt hat. Grob G 115, Hoffmann H 40, Ruschmeyer MF-85 P sowie die Entenkonstruktion SC 01 Speed Canard sind bereits »reine« Kunststoff-Flugzeuge, wie weitgehend auch das Höhenforschungsflugzeug »Egrett« von Grob, das Amphibium »Seastar« von Dornier Composite und einige ausländische Geschäfts- und Reiseflugzeuge, darunter die Entenkonstruktion Beech »Starship 1«. Manchen mag es überraschen, daß schon seit den sechziger Jahren auch höchstbeanspruchte Bauteile wie Rotorblätter für Hubschrauber aus faserverstärktem Kunststoff hergestellt werden und sich ausgezeichnet bewährt haben.

Solche Kunststoffe wurden, wie geschildert, erstmals in den fünfziger Jahren für Segelflugzeuge verwendet, und zwar von Anbeginn nicht für einzelne Teile, sondern für alle

Baugruppen. Federführend waren dabei die Akafliegs, bei denen auch die wissenschaftlich-technischen Vor- und Begleituntersuchungen vorgenommen wurden. Dazu gehörten Werkstoffversuche mit Glas-Kohle- und anderen Fasern sowie mit Kunstharzen und -schäumen sowie anderen Stützmaterialien. Baumethoden wurden erforscht und erprobt, der Schalenbau erweitert und verfeinert sowie neue Krafteinleitungs- und Anschlußmöglichkeiten entwickelt. Parallel dazu liefen zahlreiche Voruntersuchungen zur Dauerfestigkeit, Alterungsbeständigkeit und Feuchteempfindlichkeit von Kunststoffen sowie zum Einfluß von UV-Strahlung. Auch die entscheidende Verbesserung der Oberflächenqualität geht auf Akaflieg-Versuche zurück.

Das alles kommt in zunehmendem Maße heute auch dem Großflugzeugbau zugute. So hat die Verwendung von Kunststoffen bei den verschiedenen Airbus-Konstruktionen zu beträchtlichen Gewichtseinsparungen und damit zur Erhöhung der Wirtschaftlichkeit geführt. Natürlich geht die Forschung im entsprechend größeren Maßstab weiter. Neue Verbundstoffe und Laminate werden bereits erprobt. Es zahlt sich aus, daß sich große Firmen die Mitarbeit junger Ingenieure, die als Akaflieger GFK- und CFK-Erfahrungen sammeln konnten, rechtzeitig gesichert haben.

Durch den Segelflug wurden aber auch meteorologische Erkenntnisse gewonnen, so über die Struktur der Gewitterwolken und -böen, der Leewellen und ihrer Rotoren sowie der Strahlströme (Jetstreams). Einige Hochschulinstitute wie das Institut für Physik der Atmosphäre bei der DLR benutzen Segelflugzeuge und Motorsegler für ihre Forschungen. Die damit gewonnenen Erkenntnisse wirken auf den Segelflug zurück und werden, wie auch die aerodynamischen und bautechnischen Forschungsergebnisse der »großen« Luftfahrtindustrie, die weitere »Evolution der Segelflugzeuge« beeinflussen.

Die Zukunft der Segelflugzeuge

Die aerodynamischen und bautechnischen Fortschritte der letzten Jahrzehnte kommen nicht nur dem Segelflugzeug-Spitzensport, sondern auch der Breitenarbeit in der Nachwuchsausbildung zugute. Es wurde nicht nur Wert darauf gelegt, die Flugleistungen zu verbessern – vor allem die Gleitzahl und die Sinkgeschwindigkeit –, sondern auch die Flugeigenschaften, die trotz der gestiegenen Flächenbelastung (um 50 kg/m^2) bei den meisten Mustern besser sind als bei den älteren Mustern mit allenfalls halb so hoch belastetem Tragflügel. Heutige Kunststoff-Flugzeuge, gebaut aus entsprechend den Belastungen der verschiedenen Bauteile verlegten hochfesten Faserstoffen, schützen den Piloten auch besser bei Unfällen, vor allem, wenn für das Cockpit zusätzliche Festigkeit angestrebt wurde. Vereinfachte Anschlüsse mit automatischer Sicherung der Ruder- bzw. Klappengestänge verbessern die Handhabung am Boden und vermeiden Unfälle durch falsches oder fehlerhaftes Anschließen.

Ob es jedoch in absehbarer Zeit dazu kommt – wie bei Drachen und Ultraleichtflugzeugen bereits vorgemacht – Fallschirm-Rettungssysteme zu erschwinglichen Kosten zu installieren, steht dahin. Es wird jedoch an solchen zusätzlichen Sicherheitsmaßnahmen gearbeitet. So an der schwanzlosen SB 13 (siehe Seite 170).

An den hohen Kosten scheitert vorerst auch die bei einigen Hochleistungsflugzeugen schon erprobte, aber leider sehr aufwendige Grenzschichtabsaugung. Sie ermöglicht es, die auch bei besten Laminarprofilen und glasfester Oberfläche noch vorhandene Turbulenz im hinteren Bereich zu verringern. Dadurch läßt sich der Reibungswiderstand von Flügel, Rumpf und Leitwerk nochmals halbieren und so die Polare entsprechend verbessern. Insgeheim hoffen viele Segelflieger jedoch darauf, daß neue Erkenntnisse und Technologien die Gleitzahlen noch viel früher aus dem derzeitigen Stand herausheben und auch die Leistungen der kleineren Klassen steigen.

Möglicherweise wird die derzeitige Grenze von 60 aber schon Mitte 1999 überschritten. Ein technisch historisches Buch wie dieses sollte sich aber nicht auf Prognosen einlassen. Eine sehr bemerkenswerte Konstruktion, die sich bereits im Bau befindet, muß jedoch erwähnt werden. Bei ihr werden alle Verbesserungsmöglichkeiten bis an ihre heute bekannte Grenze ausgeschöpft: Vergrößerung der Spannweite und der Flügelstreckung, sorgfältige Auswahl speziell optimierter Flügel- und Leitwerksprofile, hochfeste Bauweise durch Verwendung neu entwickelter Faserstoffe: das »eta«-Projekt.

Das »eta«-Projekt

Ein Traum: ein Segelflugzeug, das durch Ausnutzung aller heute bekannten aerodynamischen und bautechnischen Möglichkeiten die Grenzen des Machbaren auslotet und damit den Weg bereitet für allgemeine Leistungsverbesserungen. Schon bei anderen »Super-Orchideen« der Offenen Klasse hat sich gezeigt, daß zunehmende Spannweite bei gleichzeitiger Erhöhung der Flügelstreckung und Verringerung der Dicke des Flügels, verbunden mit sorgfältiger Profilauswahl, die Flugleistungen verbessern. Die »eta« hat bei einer Spannweite von 30,84 m eine Flügelstreckung von 51,33.

Für die erwarteten Leistungen werden noch keine Zahlen genannt. Man kann jedoch erwarten, daß die »eta« auch die besten Muster der Offenen Klasse übertrifft, das heißt z. B. die Gleitzahl 60 wesentlich überschreitet.

Getragen wird das aufwendige »eta«-Projekt nicht von einem Herstellerbetrieb oder einem Industrieunternehmen, sondern von Privatleuten, deren Begeisterung für den Segelflug und deren erfolgreiches fliegerisches Wirken allgemein bekannt sind: Neben dem vielfachen Weltrekordpiloten *Hans-Werner Große* (siehe Seite 247) ist es *Erwin Müller* (ebenfalls Weltrekordflieger). Er hat bereits mehrere Sonderkonstruktionen angeregt, so für einen Doppelsitzer der Offenen Klasse, der bei *Schleicher* von der ASW 22 zu der inzwischen auch in größeren Stückzahlen gebauten und weltweit erfolgreichen ASH 25 führte. Beteiligt sind ferner: *Jan Krüger, Hartmut Lodes, Bruno Gantenbrink* sowie der Italiener *Umberto Mantica*.

Der Flügel, das Herzstück des Projektes, wird von *Hansjörg Streifeneder* gebaut – in seinem speziell renommierten Fachbetrieb. Die Antriebseinheit, die das Flugzeug eigenstartfähig macht, stammt von *Walter Binder,* der auch den Rumpf herstellen und die Endmontage vornehmen wird.

Konzipiert, konstruiert und technologisch betreut wird das große Projekt von *Dr. Reiner Kickert,* der in Braunschweig ein Ingenieurbüro betreut und als Spezialist für Faserkunststoffbauweisen gilt. Er hatte an der SB 13 mitgearbeitet und später die Möglichkeiten der Spannweitenvergrößerung der ASH 25 berechnet. Seine Ergebnisse führten zur ASH 25 EB mit bis zu 28 m Spannweite.

Die Erfahrungen mit leistungssteigernden Technologien, die im ETA-Projekt schon in der Konstruktions- und Bauphase, aber vor allem bei der späteren Flugerprobung gewonnen werden, sind sicherlich für die weitere »Evolution der Segelflugzeuge« von großer Bedeutung – und damit letztlich auch für die gesamte moderne Luftfahrt.

Von der sportlichen Seite her gilt der schlichte Wunsch von *Hans-Werner Große:* »Ich möchte noch mehr geradeaus fliegen können.«

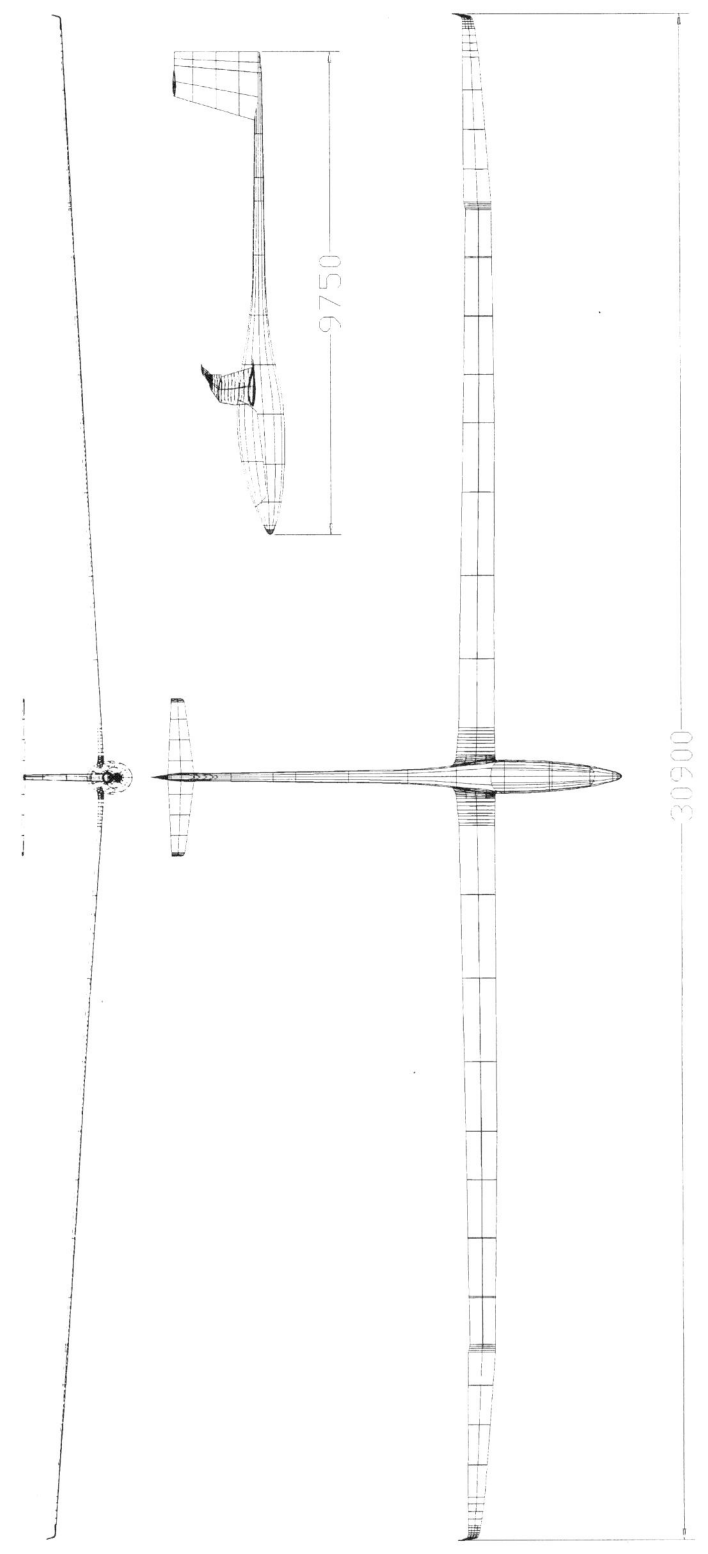

Anhang

Zeittafel

Der Fortschritt ist eine Schnecke.
Günter Grass

Hier die wichtigsten Daten und Fakten zur wissenschaftlich-technischen Entwicklung der Segelflugzeuge und Motorsegler, einige wesentliche zu sportlichen Ereignissen des Segelfluges sowie herausragende Daten der Luftfahrt. Stichworte zur Geschichte und Politik deuten an, daß die Pioniere der Luftfahrt und des Segelfluges auch in schweren Zeiten (z. B. Krieg und Inflation) ihre Ziele nicht aus den Augen verloren haben.

3. Jh. v. Chr.	Drachen in Ostasien
1483–1506	Leonardo da Vinci (1452–1519), viele Skizzen zum Vogelflug, Segelflug, zu Fluggeräten (Schwingenflug, Hubschrauber, Fallschirm).
1783	Erste bemannte Ballonaufstiege (Montgolfier Heißluft, Charles Gas).
1789	Französische Revolution.
1797	Erster Fallschirmabsprung vom Ballon (Garnerin).
1809	Erster unbemannter Gleitflug (Cayley 1773–1857).
1853	Erster bemannter ungesteuerter Gleitflug (Cayley).
1857	Le Bris (1808–1872), Albatros-Gleiter mit Start durch Pferde.
1865	Mouillard (1834–1897), Gleiter Nr. 3 fliegt 42 m. Buch »L'Empire de l'Air« (1881).
1870/71	Deutsch-Französischer Krieg (Ballonpost aus Paris).
1871	Pénaud (1850–1880), Modellflug mit Luftschraube-Gummimotor, sagt 1875 Hang- und Thermiksegeln voraus.
1871	Erster Windkanal (Windham, Browning).
seit 1874	Otto Lilienthal (1848–1896), Profilmessungen (gewölbte Platte!)
1879	Biot, sehr kurze Flüge mit Hängegleiter.
1889	Lilienthal: »Der Vogelflug als Grundlage der Fliegekunst«.
1891	Lilienthal: erste Hängegleiter aus Weide, Schirting, Stahldraht (»1891 lernte der Mensch das Fliegen« [Ferber]). Bis 1896 18 Typen erprobt, 1894 »Normal-Segelapparat« entworfen, gebaut und davon mehr als 8 verkauft. Etwa 2000 Flüge, etwa 5 h Gesamtflugzeit, bis 250 m Strecke.
1893	Hargrave-Drachen.
1894	Chanute (1832–1910), »Progress in Flying Machines«, Modellversuche, Gleiter (Pilot: Herring), Einfluß auf Wrights.
1896	Lilienthal 9. 8. abgestürzt, 10. 8. gestorben.
1897	Ahlborn »Die Stabilität der Flugapparate« (Zanonia).
1898	Pilcher (1869–1899): Gleiter, Seilstart.
1900	2. 7. Erste Fahrt eines Zeppelin-Luftschiffes.
1900/03	Brüder Wright: ≈ 1000 Gleitflüge (Liegegleiter Doppeldecker mit Verwindung, Ente, 2 Kufen).
1903	17. 12. Erster Motorflug Wright mit Katapultstarthilfe.
1904	Avery: Gleiterstart mit Elektrowinde (Patent Chanute).
1905	14. 10. Gründung Fédération Aéronautique Internationale (FAI). Montgomery: Gleiter vom Ballon gestartet.
1905/06	In Frankreich Gleiterschlepp mit Motorboot und Auto.
1906	Etrich und Wels: Zanonia-Nurflügel, 2 Kufen (nach Ahlborn).
1907	9. 11. Gründung Aerodynamische Versuchsanstalt Göttingen (Prandtl).
1908/10	Offermann (1885–1930), Katapultstart von Gleitern mit einer Mittelkufe.
1908	»Flugsport« von Ursinus gegründet.
1909	Juli–Okt. Internat. Luftschiffahrt-Ausstellung Frankfurt/M. (ILA). 25. 7. Blériot überfliegt mit Motor den Ärmelkanal. Flugsport-Vereinigung Darmstadt (FSV) von Schülern gegründet. 10 Typen mit Variationen erprobt, 1911 Wasserkuppe als Fluggelände entdeckt, 1912 mit FSV X 840 m weit geflogen in 1 min 52 s.
1910	Junkers-Patent: freitragender Nurflügel.
1911	24. 10. O. Wright segelt 9 min 45 s im Hangwind 15 m hoch in Kitty Hawk.
1912	Gründung der Wissenschaftlichen Gesellschaft für Luftfahrt (3. 4.) und der Deutschen Versuchsanstalt für Luftfahrt (20. 4.). 22. 7. Gutermuth fliegt mit Doppeldecker FSV X 840 m weit in 1 min 52 s. Knoller-Betz-Effekt: »Dynamischer« Segelflug könnte möglich sein.
1914/18	Erster Weltkrieg.
1915	Junkers J 1 »Blechesel«, 120 PS, freitragender Eisenblechflügel, mehrholmig aufgelöst.
1916	Harth (1880–1936) segelt im August 3,5 min im Hangwind am Heidelstein/Rhön mit dem Harth-Messerschmitt-Segler S 6.
1917	Fokker und Platz erwägen Flugzeugschlepp (1921 in USA patentiert).
1919	Junkers plant Flügelklappen. Verbot des Motorflugs in Deutschland. Ursinus (1878–1952) und Meyer-Dresden regen durch Artikel im »Flugsport« an, Gleit- und Segelfliegen zu betreiben.
1920	24. 3. im »Flugsport« Aufruf zum »Gleit- und Segelflug-Wettbewerb«. 17. 7.–31. 8. (verlängert bis Sept.) 1. Rhönwettbewerb – 25 Piloten mit Flugzeugen (Hängegleiter, Doppeldecker, Gitterrümpfe u. a.). Klemperer Aachen:

»Schwatze Düwel« freitr. Tiefdecker in Mehrholm-Bauweise, 1. Gummiseilstart. Rhön wurde Versuchsgelände. Diskussion über technische Fortschritte und Segelflug (dynamisch).
19. 8. Peschke am Feldberg/Schw. Erstmals: Hangwindtaktik »Achten« (2-min-Flug).
Gründung der ersten Akafliegs (Aachen, Darmstadt, Hannover, Berlin).

1921   2. Rhön mit Nurflügel-, Enten-, Knick-, Möwenflügel- u. a. Flugzeugen. Klemperer mit »Blaue Maus« und Akaflieg Hannover mit »Vampyr« (freitrag. Hochdecker mit einem Holm und Torsionsnase, 12,6 m Spannweite, hochgeschlossener Rumpf mit 3-Fußball-Fahrwerk – der »Großvater« aller Segelflugzeuge (Entwurf Madelung).
13. 9. Harth segelt am Heidelstein 21 min 17 s.

1922   3. Rhön mit mehreren Stundenflügen im Hangaufwind (»Vampyr« 1^h, 2^h und 3^h, »Geheimrat« $1,3^h$). Fokker Doppelsitzer-Doppeldecker. »Geheimrat« mit Flügelsteuerung (dynam. Segelflug!?). Espenlaub »E 3« mit 17 m Spannweite. »Edith« 1. Übungsflugzeug (Vorbild für »Prüfling«). Gründung der Segelflug-Gesellschaft GmbH (bis 1924.)
Gründung der Idaflieg (Interessengemeinschaft Deutscher Akafliegs).

1922/23   Inflation Mitte 1922 bis Nov. 1923.
4. Rhön »Konsul« der Akaflieg Darmstadt, 18,7 m Spannweite, Profil Gö 535 mit Querruder-Differential, Spindelrumpf, großes Seitenleitwerk, gute Gleitzahl (Prandtl schlägt Luftbremsen zur Landeerleichterung vor), »Vater« der Segelflugzeuge. Darmstädter »Margarete« Schul- und Übungsdoppelsitzer. Messerschmitt »S 14«.
Erste Motorsegler im Kommen (u. a. »Karl der Große«, »Kolibri«, »S 15«).
Hoppe-Spies werten mit ihrer Diplomarbeit Segelflugleistungen mit einem (Geschwindigkeits-) Polardiagramm mit Einfluß von Auf-, Ab-, Gegen- und Rückenwind – beim »Konsul« angewendet.

1924   11. 5. Schulz: »FS 3 Besenstiel« fliegt in Rossitten 8 h 42 min.
»Roemryke Berge« mit verwölbbarer Profilhinterkante.
»Pelikan« mit zu kleiner Torsionsnase, Flügelbruch.
»Hilfsmotorflugzeuge« (Motorsegler) in Rhön-Ausschreibung vorgesehen (bester »Motorsegler« Messerschmitt S 15, 14 m Spannweite).
31. 8. Gründung der Rhön-Rossitten-Gesellschaft (RRG).

1924/25   Stamer und Lippisch konstruieren »Zögling« und »Prüfling« nach Forderungen von Ursinus für RRG-Fliegerschule und für Vereins-Nachbau.

1925   April: Gründung des Forschungsinstituts der RRG.
Fuchs segelt thermisch mit Nehring auf »Karl der Große«.

1926   7. Rhön. 4. 8. Nehring 59 min »Schwachwindflug« (Abend-Thermik!), »Roemryke Berge«.
12. 8. Kegel 1. Gewitterflug (ohne Höhenmesser und Fallschirm) 55 km auf »Kassel« (Erbauer: Fritz Paul).
13. 8. Nehring: 1. Ziel-Rückkehrflug Milseburg 5,5 km auf »Roemryke Berge«.
Espenlaub »E 9« mit 24 m Spannweite.
Pröll schlägt Flugzeugschlepp vor für Segelflug über der Ebene.
Klemperer: »Theorie des Segelflugs« erschienen.

1927   3. 5. Schulz: »Westpreussen« fliegt 14 h 7 min, am 5. 5. 503 m Höhe (Wellenaufwind?, Thermik?), am 14. 5. 60,2 km Strecke von Rossitten nach Memel. Mit »Westpreussen« wurde die »Darmstädter Schule« für viele Nachbauer richtungweisend (»Serienbau«).
Flugzeugschlepp (als Attraktion) März–Mai eingeführt durch Fieseler, Espenlaub (E 7), Raab, Katzenstein (RK 7), E. Dittmar; zunächst ohne Einfluß auf den Segelflug.
20./21. 5. Lindbergh: Atlantikflug West–Ost.
RRG: Lippisch beginnt Versuche mit Nurflügeln »Storch I« usw., baut die »RRG Ente« (für z. B. Raketenversuche).
Gründung Schleicher Segelflugzeugbau, Poppenhausen.

1928   12./13. 4. (Köhl + 2) Atlantikflug Ost–West.
31. 5.–9. 6. Kingsford-Smith: Pazifiküberquerung in Etappen.
RRG: Lippisch konstruiert »Professor«, abgestrebt, nachbaufähig (Mai). Kronfeld fliegt mit einem Avia-Variometer. (Nehring u. a. fliegen allenfalls mit Feinhöhenmesser.)
30. 4. RRG Georgii beauftragt Nehring, mit GMGIIa Aufwinde unter Cumuli zu messen.
Gründung Flugzeugbau Edmund Schneider, Grunau.

1929   25. 4. Nehring 1200 m hoch; 15. 5. Kronfeld 100 km weit; 20. 7. 3100 m hoch im Gewitterflug (mit Fallschirm).
RRG: Lippisch konstruiert »Wien« (»Professor«-ähnlich mit rundem Rumpf, abgestrebt) und Übungssegler »Falke« (»Storch«-ähnlich mit Rumpf und Leitwerk).
(Sommer) RRG beginnt mit Flugzeugschlepp.
25. 10. »Schwarzer Freitag«, Weltwirtschaftskrise (bis 1933).

1929/30   Erste Autoschlepp- und Windenstartversuche in Deutschland.

1930   13. 6. Gründung der Internat. Studienkommission für Segelflug (ISTUS) bei 1. Wissenschaftl. Segelflugtagung in Darmstadt, dabei Vortrag Kronfeld zu besseren Flugeigenschaften (wie sie die »Darmstädter Schule« z. B. mit »Westpreussen«, »Darmstadt« hatte).
M. Schrenk tritt für Klasseneinteilung ein: 12m – 16 m – offen.
RRG: Lippisch konstruiert »Fafnir I« mit Knickflügel, wohlgeformtem Rumpf-Flügel-Übergang, Führerverkleidung mit 2 Seitenlöchern, ein eleganter Segler, der lange Zeit führend war, prägte die »Knickflügel-Mode« der dreißiger Jahre.
Kupper entwarf für Kronfeld die »Austria« mit 30 m Spannweite, Leitwerksträger mit 2 Seitenleitwerken (bei Gegenausschlag: Bremse).
4. 10. Hirth wendet in der Thermik die Steilkreistaktik an.

1931	Ausweitung des Serienbaues bewährter Segelflugzeuge. März: 1. Flugzeugschlepp eines Hochleistungsseglers: Riedel schleppt Starck mit »Darmstadt II« in Griesheim, später auch Fuchs mit »Starkenburg« und Groenhoff mit »Fafnir«. 4. 5. Groenhoff: »Fafnir« München–Kaaden (ČSR) 272 km im beabsichtigten Gewitter-Fronten-Flug. Sommer: Kronfeld: Ärmelkanalüberquerung mit »Wien« hin und zurück im Gleitflug. 23. 6.–1. 7. Post und Gatty in 8 Tagen in Etappen um die Erde. Juni: Alpensegelflug vom Jungfraujoch, Berner Oberland, aus. 12. (Thermik-)Rhön. 1. 9. 1. Schleppflugkurs der RRG mit »Falke« in Griesheim. Abwurffahrwerke für die Kufenflugzeuge werden erforderlich für Flugzeugschlepp.
1932	H. Dittmar: »Condor« fliegt (Selbstbau in 2000 Stunden); Jacobs »Rhönadler«, Obs »Urubu« der RRG, 26 m, »Thermikus« von Bachem waren neue Typen. Kronfelds »Austria«: Flügelbruch beim Wolkenflug. Grunau »Baby« Übungsflugzeug wird aufgelegt. Jacobs: »Werkstattpraxis f. d. Bau von Gleit- und Segelflugzeugen«, Bachem: »Praxis des Leistungs-Segelfliegens« erschienen.
1933	30. 1. NS-Machtergreifung mit folgenden »Gleichschaltungen«. 5. 5. Reichsluftfahrtministerium entsteht. April: RRG wird DFS (»Deutsches Forschungsinstitut für Segelflug«). Lippisch setzt die 1931 begonnene Delta-Entwicklung fort. März: Erste Moazagotl-Wellenflüge. Hirth-Wenk: »Moazagotl« mit Wasserballast. Jacobs »Rhönbussard«, DFS »Fafnir II«; Akaflieg DA »Windspiel« (12 m, extremer Leichtbau 54 kg); Horten »H 1« Nurflügel.
1934	Um der »Gleichschaltung« (Übernahme in NS-Organisationen) zu entgehen, wurden fast alle Akafliegs der DVL in Adlershof (Otto Fuchs) angegliedert und Flugtechnische Fachgruppen (FFG) genannt. An Ingenieurschulen wurden Flugtechnische Arbeitsgemeinschaften (FAG) eingerichtet. »Akafliegs« beginnen Versuche mit Wölbklappen für Segelflugzeuge. DFS: Jacobs entwickelt Sturzflugbremsen (zur Sicherung des Wolkenflugs, »nebenbei« zur Erleichterung des Landens), am »Rhönsperber« in Erprobung. »Milan« Doppelsitzer, Akaflieg München, Stahlrohr-Rumpf: Münchener Schule.
1935	29. 7. 504 km Strecke Wasserkuppe–Brünn (ČSR) durch 4 Piloten. DFS »Seeadler«, »Kranich« (immer noch Profil Gö 535), Hirth-Wenk »Minimoa«. Akafliegs (FFG) wurden 1935 und 1936 zur Rhön nicht zugelassen, da »Neukonstruktionen unerwünscht« (Mustervereinheitlichung!). Hirth schreibt »Die hohe Schule des Segelfluges«. Gründung Sportflugzeugbau Göppingen, ab 1938 Schempp-Hirth.
1935 u. 36	Muskelkraftflüge Haessler-Villinger H. V. 1, 13,5 m, 45 kg.
1936	Juni: Süddeutschland-Wandersegelflug DFS und »Akafliegs« von Darmstadt aus. DFS »Habicht«, Segelkunstflugzeug, FFG München »Mü 13« Stahlrohr-Rumpf.
1936 u. 37	Alpenüberquerungen von Prien/Ch. und Salzburg aus, DFS und FFGs.
1937	10. 5. Eugen Wagner (beabsichtigter) Wellensegelflug auf 6500 m in Grunau. Erstes »Idaflieg«-Vergleichsfliegen in Aachen. Motorgleiter-Wettbewerb Rangsdorf (Motorbaby, Mü 13 m). 18. (Internationale) Rhön, »erste Weltmeisterschaft«. DFS »Reiher«, FFG Aachen »Rheinland« mit Einziehfahrwerk. DFS 230. 6. 5. Luftschiff LZ 129 in Lakehurst verbrannt. Ende der Luftschiffe. DFS (Spilger) mißt Segelflugzeuge in Höhenstufenflügen. FAG Esslingen baut Segelflugzeug »E 3« mit auf Holz geklebten Beschlägen.
1938	24. 3. Richtlinien für Olympia-Segelflugzeuge (als Bauvorschriften). Schempp-Hirth Bremsklappen (Hütter). »Akafliegs« Versuche mit Funkgeräten, Laminarprofilen, Instrumenten, Verwendung von Kunststoffen, Einziehfahrwerk. Aug. 19. (Gewitter-)Rhön: Aufwinde bis 30 m/s. DFS »Weihe«, FFG Stuttgart »fs 17« (mit liegendem Piloten und hohem Lastvielfachen), FFG Darmstadt »D 30« (hohe Flügelstreckung, veränderliche V-Stellung, Gleitzahl über 37). Gründung der Flieg. und Techn. Erprobungsstelle des NSFK Trebbin (Haase). Hirth: »Handbuch des Segelfliegens« erschienen.
1939	Zweites »Idaflieg«-Vergleichsfliegen in Göttingen. 18. 5. Klöckner Wellenflug in den Alpen auf 9200 m Höhe. Aug. »Bauvorschriften für Segelflugzeuge« von RLM-PfL. 20. Rhön: alle Segelflugzeuge mit künstlichem Horizont, »Sperry«. Schempp-Hirth »Gövier« Doppelsitzer nebeneinander, DFS »Meise« (Olympia) 15 m, »Mü 17«. Versuche mit Bremsschirmen. 1. 9. Beginn des Zweiten Weltkrieges (bis Mai 1945).
1940	11. 10. Klöckner erreicht 11 400 m Höhe. FAG Chemnitz »C 10« (Motorsegler mit Faltschraube). Wolf Hirth GmbH Nabern/Teck gegründet.
1941	Drittes »Idaflieg«-Vergleichsfliegen Prien/Ch. mit Programm. »Horten IV« fliegt (Mai).
1942	Hirth »Hi 20 Mose« mit Klapp-(Schwenk-)Triebwerk. Exakte Messung der Leistungen und Prüfung der Eigenschaften der »D 30«.
1943	Viertes »Idaflieg«-Vergleichsfliegen Darmstadt (Lei-

stungsvergleich »Horten IV« – »D 30« Scheidhauer – Zacher).
22.–24. 9. Jachtmann fliegt 55 h 51 min auf Sylt.
Im Krieg werden »Mustang«-(Laminar-)Profile bekannt.

1944 Veröffentlichung Flugmessungen »D 30«.
1945 Mai Kriegsende (Verbot der deutschen Fliegerei).
1947 Wiedereintragung der DVL in München.
1948 2. Segelflug-Weltmeisterschaft Samedan/Schweiz. Beginn der Dreiecksflüge.
Gründung der OSTIV.
Dr. August Raspet, USA (1913–1960), beginnt mit Arbeiten für den Segelflug (Vergleichsflüge, Leistungsmessungen, Grenzschichtuntersuchungen, Verbesserung der »RJ 5« [1951] vom Mississippi State College aus mit großem Einfluß auf deutsche Nachkriegsentwicklungen).
1. Jahrgang der Zeitschrift »Thermik«, in der alle wichtigen Themen für den Neuanfang von Fachleuten behandelt wurden (Gründer: Hans Deutsch).
28. 6. Währungsreform in Deutschland (10:1).
1949 23. 5. Gründung der Bundesrepublik Deutschland.
Treffen des »Wanderclubs der weißen Möwen« auf der Wasserkuppe.
Privatbauten von Segelflugzeugen und sogar Motorseglern in Kellern oder Scheunen.
1950 Marshallplanhilfe, freie Marktwirtschaft, im folgenden Jahrzehnt »Wirtschaftswunder«.
3. 8. Bei einem erneuten »Wandertreffen« in der Rhön Gründung des Deutschen Aero Clubs in Gersfeld.
Dritte Weltmeisterschaften im Segelflug in Örebro.
Neuer Schul-Doppelsitzer: »Doppelraab«.
1951 28. 4. / 19. 6. Wiederzulassung des Segelfluges in Deutschland. Vorkriegs-Muster werden in Vereinen gebaut, dazu »Mü 13 E« (doppelsitzige »Mü 13 D« der Münchener).
26. 8. »Fest der Freude« auf der Wasserkuppe. Die meisten Akafliegs und die Idaflieg (25. 8.) wiedergegründet.
»Kranich III« mit Wirbelkeulen an den Flügelenden von Hans Jacobs.
Gründung der Firma Scheibe Flugzeugbau (SF) in Dachau.
Wolf Hirth in Nabern und Schleicher in Poppenhausen bauen wieder.
Geblasene Hauben werden entwickelt.
Seitenwand-(Schwerpunkt-)Kupplung für Windenstart.
1952 19. 3. Wellensegelflug von Küttner in den USA: 600 km in 4 Stunden in Höhen zwischen 6000 und 11 000 m.
Viele neue Muster im Bau, darunter »Kranich III«, »ES 49«, »Lo 100« und »Condor IV« sowie »Ka 1«.
Artikelserie von Walter Stender »Entwurfsgrundlagen für Segelflugzeuge«.
Wiederaufleben der Idaflieg-Vergleichsfliegen in Prien am Chiemsee.
1953 Wiedereintragung der DFS (Neugründung durch Dipl.-Ing. Otto Fuchs) in München.
»HKS 1« mit V-Leitwerk, Profilwölbungsänderung, Bremsschirm und geblasener Haube.
»Motorraab« von Fritz Raab und Alfons Pützer mit modifiziertem VW-Motor.
Schiebe-Wollfaden eingeführt, seit 1939 nur gelegentlich angewendet.

1954 Segelflugzeuge auch in Leichtmetallbauweise – überwiegend im Ausland.
»HKS 3« mit Laminarprofil und elastischer Flügelsteuerung.
1955 1. 4. Die »Deutsche Lufthansa« nimmt den innerdeutschen Flugbetrieb auf.
Die Akaflieg Darmstadt baut die »D 34a« (12,65 m Spannweite) mit T-Leitwerk.
5. 5. Wiederzulassung des Motorfluges in Deutschland. Jetzt fliegen auch die ersten Motorsegler.
Erstflug der »Ka 6« von Rudolf Kaiser.
Schempp-Hirth baut wieder Flugzeuge.
1956 Forschungsarbeiten und Versuche zur Entwicklung der Kunststoffbauweise in Braunschweig, Darmstadt und Stuttgart.
1957 »K 7« Doppelsitzer und »K 8« einsitziger Übungssegler von Rudolf Kaiser.
27. 11. Erstflug des »Phönix« (fs 24) der Akaflieg Stuttgart (15 m Spannweite, Eppler-Laminarprofil, GFK-Bauweise mit Balsa als Stützstoff), das erste GFK-Segelflugzeug (H. Nägele, R. Lindner und Einfluß von U. Hütter).
Gründung der Fa. Glasflügel (Hänle) in Schlattstall (Württemberg).
T-Leitwerke werden mehrfach verwendet.
1958 »Ka 6«: OSTIV-Preis für das beste Standard-Segelflugzeug.
»D 34 c« der Akaflieg Darmstadt.
»Libelle Laminar« der VEB Apparatebau Lommatzsch.
9. Idaflieg-Vergleichsfliegen in Braunschweig mit Leistungsvergleich.
Beginn der Polarenmessung bei der DFS (Zacher und Akafliegs).
1959 Ausschreibung Kremer-Preis für menschlichen Muskelkraftflug.
»Vorläufige Richtlinien . . . für Motorsegler« vom LBA.
Erstes Motorseglertreffen in Augsburg (Medicus).
10. Idaflieg-Vergleichsfliegen in Braunschweig: Beginn systematischer Eigenschaftsprüfungen.
1960 Es fliegen bereits mehr als 10 verschiedene Muster von Motorseglern.
Weiter verbessertes Programm beim 11. Idaflieg-Vergleichsfliegen in Braunschweig.
Rückenlage des Piloten (z. B. bei »Foka« zur Verringerung des Rumpfquerschnittes, wegen ungünstiger Sichtverhältnisse später wieder aufgegeben).
1961 13. 8. Errichtung der Berliner Mauer.
Akaflieg Darmstadt baut die »D 34 d« (GFK mit Wabenstütze), Akaflieg Braunschweig die »SB 6« (GFK).
1962 Laminarwindkanal an der Universität Stuttgart von F. X. Wortmann, der seit 1960 FX-Profile entworfen hat, und Dieter Althaus.

	Zweites Motorseglertreffen in Leutkirch mit Programm und Messungen (DFS mit R. Müller und H. Zacher).
	»BS 1« (GFK) von Björn Stender (1934–1963).
1963	Fusion der DFS mit der DVL.
1964	31. 7. Parker (USA) fliegt mit »Sisu I A« 1041 km.
	»D 36« (17,80 m Spannweite, GFK), »Prototyp« für die späteren Konstruktionen von Waibel, Lemke und Holighaus. Waibel wird damit Deutscher Meister in Roth.
	Hänle und Hütter »Libelle« (GFK).
	Erstflug des »Phoebus«.
	Rogallodrachen fliegen erstmals als Sportgeräte an der kalifornischen Westküste.
1965	»ASW 12« (18,30 m Spannweite, GFK) von Waibel.
	Gründung des Flugzeugbaus Schneider (LS) in Egelsbach.
1966	Serienfertigung des »Phoebus« bei Bölkow im Werk Laupheim.
	V-Leitwerke werden immer weniger verwendet.
1967	Erstflüge der »LS 1«, des »Cirrus« und der »Standard-Libelle« H-201.
1968	Helmut Reichmann wird mit der LS 1 Deutscher Meister.
	5. Motorseglertreffen in Feuerstein mit Wettbewerb und Messungen durch DVL.
	H 401 »Kestrel« fliegt.
1969	Erstflug des »Nimbus I« (22 m Spannweite).
1970	Erstflug der H-101 »Salto« (Ursula Hänle).
	Anfang der siebziger Jahre erscheinen »Reisemotorsegler« in Holz- und Gemischtbauweise wie der »C-Falke«, die »ASK 16« und die »RF 5 B«.
1971	Gründung der Firma Grob Flugzeugbau in Mindelheim. Erstflug der »ASW 17« von Waibel.
1972	Segelflugzeug mit variabler Flächengeometrie »Sigma« fliegt in Großbritannien (mit unbefriedigendem Ergebnis).
	»SB 10« Doppelsitzer (29 m Spannweite, GFK/CFK-Bauweise, erstmalige Kohlefaser-Verwendung) der Akaflieg Braunschweig.
	Weltrekord »Strecke in gerader Linie« 1460,8 km durch H. W. Grosse auf »ASW 12«.
1973	Gründung der Firma Glaser-Dirks (DG) in Bruchsal-Untergrombach.
	Mike Harker führt mit einem Flug von der Zugspitze das Drachenfliegen in Europa ein.
1974	Erstflüge der »DG 100«, der »Astir CS« und des Doppelsitzers »Janus« (alle GFK-Konstruktionen).
1975	Erstflug der »fs 29« der Akaflieg Stuttgart (variable Flächengeometrie: Spannweitenveränderung). Erstflug der »ASW 19«.
1976	Erstflüge des »Janus M« (motorisierter GFK-Doppelsitzer von Walter Binder), des GFK-Doppelsitzers »G 103 Twin-Astir« von Grob, der »LS 3« und der »Mosquito«.
	Johnson (USA) beginnt mit Flugmessungen zur Insektenrauhigkeit der Flügelprofile.
1977	Erstflüge der »DG 200«, des »Nimbus 2 M« (Motorsegler mit Klapptriebwerk) und des »Mini-Nimbus«.
	23. 8. Das Muskelkraftflugzeug »Gossamer Condor«, eine Entenkonstruktion von 29 m Spannweite, gewinnt den Kremer-Preis.
1978	»ULF 1«, ein ultraleichtes Gleitflugzeug, fliegt auf der Wasserkuppe.
	Erstflüge des »Speed-Astir« (mit Wölbklappen) und der »SB 11« der Akaflieg Braunschweig (15 m Spannweite, variable Flächengeometrie: Flügeltiefenveränderung).
	Mehr Sicherheit beim Drachenfliegen: Fallschirmpflicht und Geräteprüfung (»Gütesiegel«).
1979	12. 6. Das Muskelkraftflugzeug »Gossamer Albatross« überquert den Ärmelkanal (36 km in 2 h 49 min).
	Erstes 1000-km-Dreieck über der Bundesrepublik Deutschland durch Klaus Holighaus auf »Nimbus 2«.
	Erstflug des Doppelsitzers »ASK 21« von Kaiser.
	Versuche mit Ausblasen, später mit Zacken- und Noppenbändern, zur Grenzschichtbeeinflussung (Ablöseblase).
	Buch von Prof. Dr. Fred Thomas: »Grundlagen für den Entwurf von Segelflugzeugen«.
1980	Erstflug des »Ventus« (FAI 15-m-Klasse) und Sieg bei den Deutschen Meisterschaften durch Bruno Gantenbrink.
	Erstflug der »LS 4« (15 m Spannweite, Standardklasse).
	Erste »Reisemotorsegler« in GFK-Bauweise wie Grob »G 109 A«, Valentin »Taifun 17 E« und »Dimona«.
1981	Erstflüge der »ASW 22« und des »Nimbus 3«.
	Winglets im Kommen.
	HQ-(Horstmann-Quast-) und DU-(Delft Universität-)Profile führen sich ein.
1982	Erstflug des Motorseglers »DG 400«.
	Beginn der Entwicklung der schwanzlosen »SB 13«.
	Flugbetrieb mit Ultraleichtflugzeugen unter bestimmten Bedingungen erlaubt.
1983	21. 8. »Solair I« (mit Solarzellen) fliegt mit dem Erbauer Günter Rochelt 5 h 41 min.
1984	Rochelts »Muscualir I« gewinnt mit Holger Rochelt den 2. Kremer-Preis und vollführt den ersten Muskelkraft-Passagierflug.
	»Discus« mit rückwärts gepfeilter Flügelvorderkante.
1985	»ASW 22 B« (25 m Spannweite) und BE (motorisierte Version).
	»Muscualir 2« stellt mit Holger Rochelt eine neue Kremer-Speedpreis-Bestleistung auf: 44,26 km/h.
1986	»ASH 25« und »ASH 25 MB« fliegen.
1987	15. 4. Betrieb von Gleitschirmen in der Bundesrepublik Deutschland erlaubt.
	Walter Binder siegt mit seiner »ASH 25 MB« in der Offenen Klasse der deutschen Motorseglermeisterschaften.
	»ASH 25 E« als doppelsitziger Motorsegler in Serie.
	SB 13 fliegt.
1988	H. W. und Karin Große umrunden in Australien auf »ASH 25« ein 1000-km-Dreieck mit 157,6 km/h.
	23. 4. Mit dem Muskelkraftflugzeug »Daedalus« von MIT (Massachusetts Institute of Technology) fliegt der griechische Radrennfahrer Kanellopoulos von Kreta nach Santorin: 116,6 km in 3 h 54 min 55 s.
	Erstflug der »LS 7« von Lemke-Schneider.

1989	9. 11. Die Berliner Mauer fällt, der »Eiserne Vorhang« öffnet sich.
	Doppelsitzer-Familie von Glaser-Dirks komplett: »DG 500/22 Elan« (22 m Spannweite) – »DG 500 Elan Trainer« (18 m Spannweite) – »DG 500 M« (22 m Spannweite, Motorsegler).
	»Flair 30« Nurflügel von Rochelt.
	»Regeln für die Auswahl und Produktion eines Weltklasse-Segelflugzeugs« durch die internationale Segelflugkommission (IGC) der FAI.
1990	3. 10. Die DDR tritt der Bundesrepublik Deutschland bei.
	Das vereinigte Deutschland nach 45 Jahren wieder voll souverän.
	Im Gebiet der ehemaligen DDR ist wieder Luftsport möglich, aber nur an Wochenenden.
	Erstflug des »Nimbus 4« (Gleitzahl 60).
	Konstruktion der »ASW 27«.
	Musterzulassung der »Stemme S 10«.
	14. 12. Auf Neuseeland gelingt Ray Linskey ein Segelflug von 2026 km (in rund 15 Stunden).
1991	17. 1.–28. 2. Golfkrieg.
	5. 9. Ende der bisherigen Sowjetunion.
	Bund unabhängiger Staaten (GUS).
	Erstflug des Motorseglers »DG 800« (18 m Spannweite).
	Serienbau der »DG 600 M«.
	»ASW 22 BL« (mit Aufsteck-Wingtips 26,40 Spannweite, Gleitzahl über 60).
	Neue »Bekanntmachung über technische Merkmale des Motorseglers« durch das LBA.
	14. 12. Walter Binder und Werner Mertel umrunden mit der »ASH 25 BM« ein 1256-km-Dreieck mit 128 km/h und erzielen damit gleich zwei Weltrekorde in der Klasse der doppelsitzigen Motorsegler.
1992	Ende Juni: DG 800/18 mit neuem Flügel, der bei größerer Tiefe zur Flügelspitze hin Profile von L. M. Boermans (TU Delft) mit hohem Auftriebsbeiwert in einem breiteren Anstellwinkelbereich erhalten hat. Man erwartet davon harmlosere Flugeigenschaften. Das Flugzeug erhält den bezeichnenden Namen »Evolution«.
	Probefliegen der »Weltklasse«-Muster in Oerlinghausen. Von 42 eingereichten Entwürfen aus 20 Ländern waren 11 realisiert worden. Von diesen stellten sich sieben dem Wettbewerb. Sieger wurde die polnische PW 5.
1993	Im Mai unternehmen die eigenstartfähige DG-800 A und das Segelflugzeug DG-800 S ihre Erstflüge.
1994	Im Juli kommt die besonders lärmgedämpfte eigenstartfähige DG-800 B auf den Markt.
	Für ihren D-41-Doppelsitzer (»Knutschkugel«) erhalten die Darmstädter Studenten den OUV-Preis für die fortschrittlichste Segelflugzeug-Entwicklung.
	Am 24.10. stirbt Hans Jacobs, einer der erfolgreichsten Konstrukteure der dreißiger und vierziger Jahre.
	Am 6.11. legt Terry Belore auf der Südinsel Neuseelands im freien Flug mit einer ASW 20 um drei Wendepunkte eine Strecke von 2050 km zurück und übertrifft damit den Rekordflug seines Landsmannes Ray Linskey (Dreieck 2026 km) im November 1990.
1995	Im Januar finden in Omarama in Neuseeland die Segelflug-Weltmeisterschaften statt.
	Die LS 8, die schon in der Standardklasse erfolgreich war, erscheint jetzt mit 18 m Spannweite.
1996	Am 22.3. umrundet der Amerikaner Jim Payne im »Diskus a« ein 100-km-Dreieck mit einer Durchschnittsgeschwindigkeit von 235,3 km/h.
	Der Motorsegler »Stemme S 10« wird mehr und mehr für wissenschaftliche Einsätze genutzt und dadurch vom Sport- zum Meßflugzeug (Sonderausführung S 15).
	Am 7.7. gelingt der Erstflug mit dem ultraleichten Solarflugzeug »Ikaré«. Es gewinnt den Ludwig-Berblinger-Preis der Stadt Ulm.
	Die ersten Deutschen Meisterschaften der 18-m-Klasse werden nach »Integrationsregeln« ausgetragen, d. h. Segelflugzeuge und Motorsegler stehen gemeinsam am Start, wobei die Segelflugzeuge mit Klapptriebwerk (also die Motorsegler) überwiegen. Der Wettbewerb diente vor allem dazu, neue Regeln, die jedem der Piloten gleiche Chance geben, zu erproben und zu verbessern. Voraussetzung ist, daß die Motorlaufzeiten exakt dokumentiert werden.
1997	Vom 13. bis 17. Mai findet auf dem Südgelände des Berliner Flughafens Schönefeld die ILA statt. 500 Aussteller präsentieren ihre Fluggeräte sowie Zubehör. (Die gleiche Anzahl Aussteller hatte übrigens die Frankfurter ILA im Jahre 1909.)
1998	Im April unternimmt »Diskus-2«, ein neukonstruiertes Segelflugzeug der Standardklasse, seinen Erstflug.
	Im Sommer wird »Solair 2«, ein solarbetriebenes Flugzeug von 20 m Spannweite von Prof. Günter Rochelt, in Tirol zunächst im Gleit- und Segelflug erprobt. Wenig später verstirbt Prof. Rochelt überraschend. Sein Sohn Holger wird sein Werk fortsetzen. In den USA endet am 6. November das abenteuerliche Leben des bedeutenden Segelflugpioniers Peter Riedel (geb. 1905), der bis zuletzt noch voller Pläne steckte.

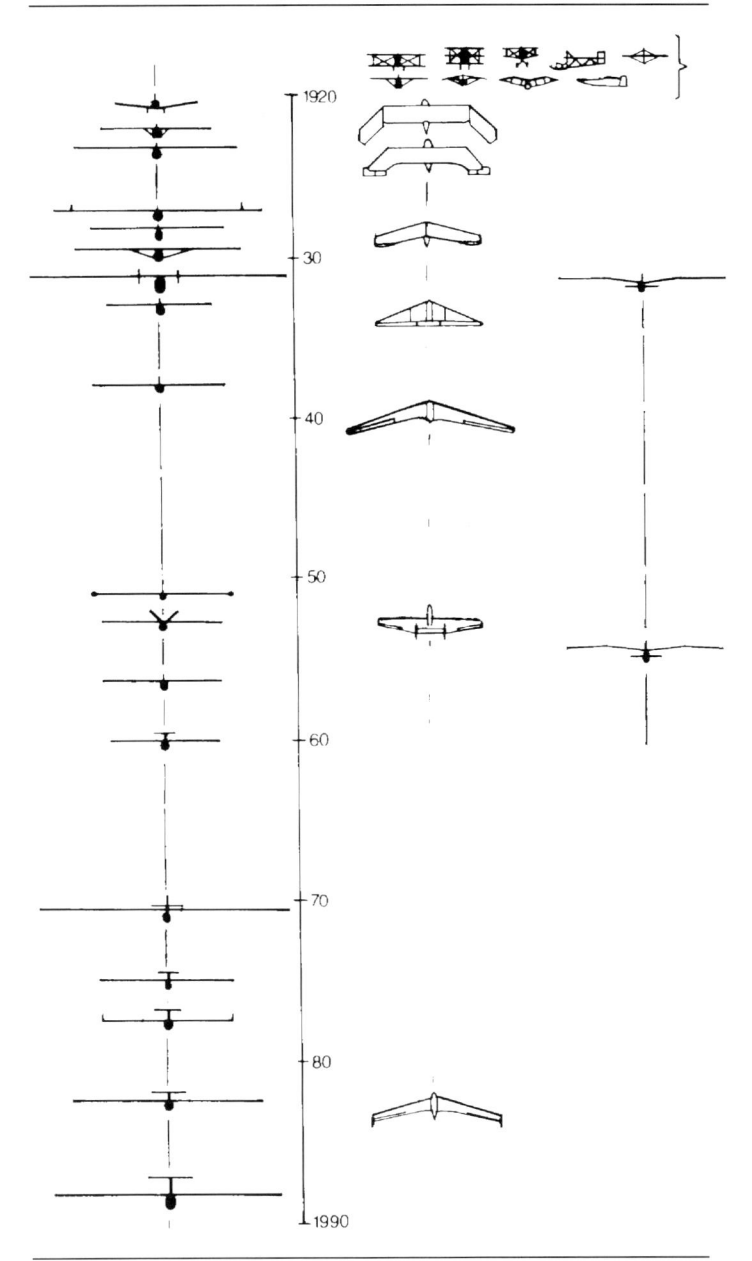

Technische Entwicklung der Segelflugzeuge

Die Segelflugzeuge sind immer sicherer, zuverlässiger, leistungsstärker, wendiger, komfortabler, aber auch teurer geworden. Viele Wege wurden versucht, große und kleine Verbesserungen kamen auf, manche verschwanden wieder. Das »Normal«-Segelflugzeug jedoch, das sich schnell von 1920 bis 1923 richtungsweisend entwickelte, blieb mit freitragendem Flügel großer Streckung und etwa spindelförmigem Rumpf. An der senkrechten Zeitlinie von 1920 bis 1990 ist es links aufgetragen, rechts davon sind die Nebenwege angedeutet, angefangen mit der Vielzahl von Mustern, mit denen der motorlose Flug begann: Doppel-, ja sogar Dreidecker, Hängegleiter, Möwen-, Knick- und Nurflügel, Enten, zum Teil mit Gitterrümpfen, verspannten oder abgestrebten Flügeln. Viele schienen »motorlose Motorflugzeuge« zu sein, wie sie den Kriegsfliegern geläufig waren, andere ahmten die Vögel nach, wenige waren Hängegleiter.

Die Reihe der »Normal«-Flugzeuge begann 1920/21 mit freitragenden Flügeln, mit dem »Schwatzen Düwel« und der »Blauen Maus« der Akaflieg Aachen, führte 1921/22 über den »Vampyr« der Akaflieg Hannover bis zum »Konsul« der Akaflieg Darmstadt 1923. Damit war die Formgebung und Bauweise aller folgenden Segelflugzeuge vorbestimmt; doch gab es noch bis in die 30er Jahre abgestrebte Leistungssegelflugzeuge wie z. B. »Professor« und »Wien«.

Die Spannweite war anfangs von rund 10 m auf etwa 19 m gestiegen; *Espenlaub* versuchte 24 m mit »Seitensteuern« nahe den Flügelspitzen, doch blieben die meisten Konstrukteure bei 14 bis 17 m. Die schwere »Austria« von *Kupper* mit 30 m und das leichte »Windspiel« der Akaflieg Darmstadt mit 12 m zeigten noch einmal zwei Extreme anfangs der 30er Jahre. Danach blieb es im wesentlichen bei 15 bis 20 m. Parallel dazu kamen um 1930 mit dem »Fafnir« von *Lippisch* die Knickflügel auf, die sich wegen ihrer möwenähnlichen Schönheit als Mode noch bis in die 50er Jahre gehalten haben, aber von *Jacobs* beispielsweise mit »Weihe« und »Meise« schon 1938 wieder aufgegeben wurden.

Die Normalflugzeuge entwickelten sich weiter auf der 1923 bereits vorgezeichneten Linie, nur wurden sie ergänzt durch geschlossene Hauben, Einziehfahrwerke, vom Hoch- und Schulter- zum Mitteldecker sich wandelnde Flügelanordnungen, T-Leitwerke und Klappensysteme. Flügelendtropfen (Wirbelkeulen) wie auch V-Leitwerke tauchten in den 50ern, aus USA kommend, auf, verschwanden aber – bis auf Ausnahmen – sehr bald wieder. Auch Bremsschirme waren nur kurze Zeit üblich. Wie sich die neuen Winglets bewähren und die großen, bis über 26 m reichenden Spannweiten auf Dauer bezahlt und bequem gehandhabt werden können, muß die Zukunft zeigen. Jedenfalls wird der Anteil der 15- bis 20-m-Segelflugzeuge am Flugzeugpark sehr groß bleiben.

Entwicklung der Segelflugzeuge.

Flügelumrisse der Segelflugzeuge

Auf der Suche nach günstigen Flügelumrissen wurden viele Möglichkeiten erprobt, teilweise in Anlehnung an die Natur, wie bei *Lilienthal, Etrich* und anderen. Um 1920 waren sie oftmals rechteckig oder schwach trapezförmig. Der »Vampyr« hatte dann ein quasi-trapezförmiges Tragwerk, das aber nach der Erprobung doch noch geändert wurde. Während die »Darmstädter Schule« zunächst den quasi-trapezförmigen Flügel des »Konsul« verwendete und danach den völligen, fast elliptischen Umriß der »Westpreußen« entwarf, blieb die »Wasserkuppenschule« mit dem »Professor«, der »Wien« und dem »Fafnir« bei einer stark zugespitzten Flügelform, die ungünstige Abkippeigenschaften hat und deshalb stark geschränkt werden mußte. *Kronfeld* hat mehrfach darauf hingewiesen. Eine interessante Sonderumrißform hatten *F. Wenk* und *W. Hirth* mit dem »Moazagotl« und der »Minimoa« geschaffen.

Nach dem Krieg setzten sich etwa mit der Ka 6 die von *Walter Stender* empfohlene und u. a. von *Rudolf Kaiser* angewendete Doppeltrapezform immer mehr durch, bis es mit dem »Discus« von *Holighaus* zu der geknickten Pfeilform der Flügelvorderkante kam.

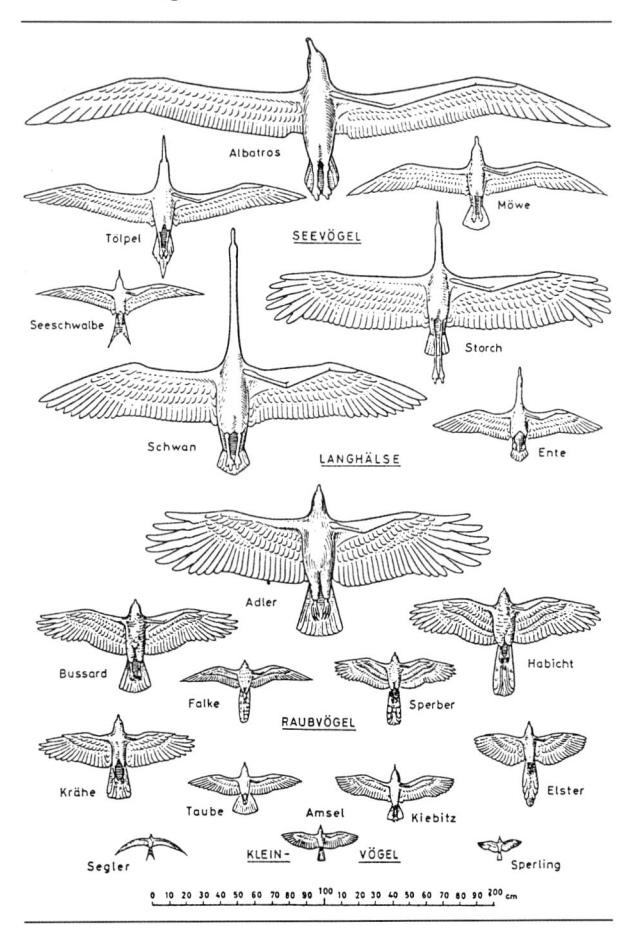

Zum Vergleich: Flügelumrisse der Vögel (nach Karl Herzog).

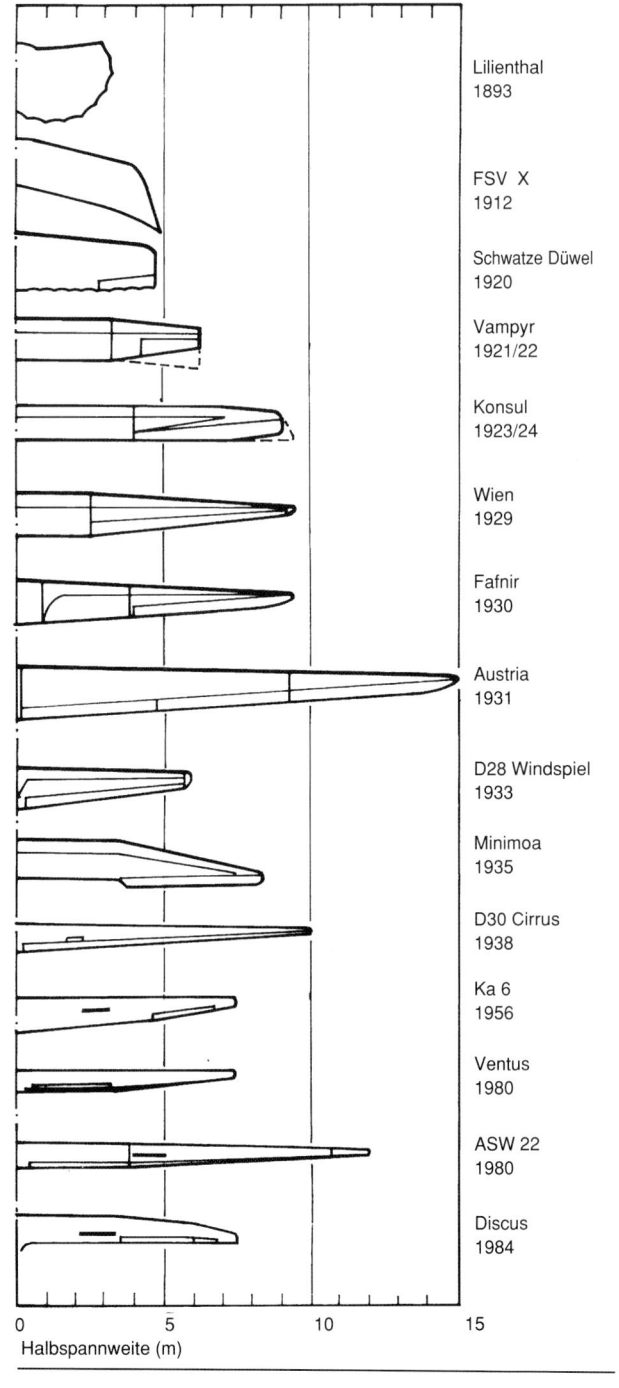

Entwicklung der Flügelumrisse

Charakteristische Flügelprofile ihrer Zeit

Lilienthal, die FSV, *Harth* und viele andere haben eigene Profile entworfen. Später boten sich die Windkanalergebnisse der Aerodynamischen Versuchsanstalt Göttingen, der NACA (heute NASA genannt), die gerechneten Profile von *Eppler* und die gemessenen von *Wortmann* (FX) an. In jüngster Zeit kamen Profile von *Horstmann-Quast* (HQ) und von der Technischen Universität Delft hinzu. Der freitragende einholmige Flügel mit Torsionsnase verlangte dicke Profile mit einer Wölbung, die hohe Auftriebswerte bei noch mäßigen Widerstandswerten lieferte. Durch den Wunsch nach besseren Schnellflugleistungen wurden die Profile wieder etwas dünner gewählt, doch sind dieser Tendenz im Hinblick auf das Vermeiden von Flattererscheinungen Grenzen gesetzt.

Ein großer Fortschritt war bekanntlich die Entwicklung von Laminarprofilen in Verbindung mit der Faserkunststoffbauweise, die hervorragende Profiltreue über die ganze Flügeltiefe und dazu noch sehr glatte, wellen- und knickfreie Oberflächen ermöglichte.

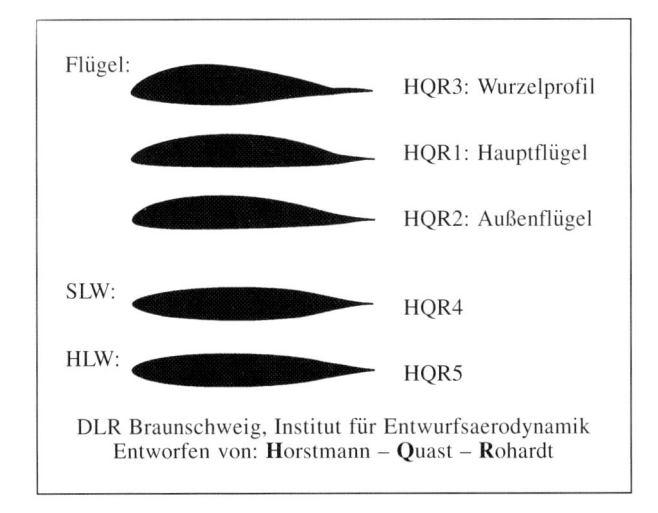

Charakteristische Profile ihrer Zeit
(ausgeführte Segelflugzeuge)

≈1860	
1895	Lilienthal
1910	FSV 5
1922	Gö 482
1925	Gö 535
1930	Gö 549
1940	NACA 23 012
1950	NACA 63_3-618
1958	EC 86(-3)-914
1968	FX 67-K-150
1982	HQ 21/II

Flügel:
- HQR3: Wurzelprofil
- HQR1: Hauptflügel
- HQR2: Außenflügel

SLW: HQR4

HLW: HQR5

DLR Braunschweig, Institut für Entwurfsaerodynamik
Entworfen von: **H**orstmann – **Q**uast – **R**ohardt

Welche Mühe man sich heute mit den Prifilformen gibt, zeigt das Beispiel für die verschiedenen Flügel- und Leitwerksprofile des »eta«-Projekts (siehe Seite 208).

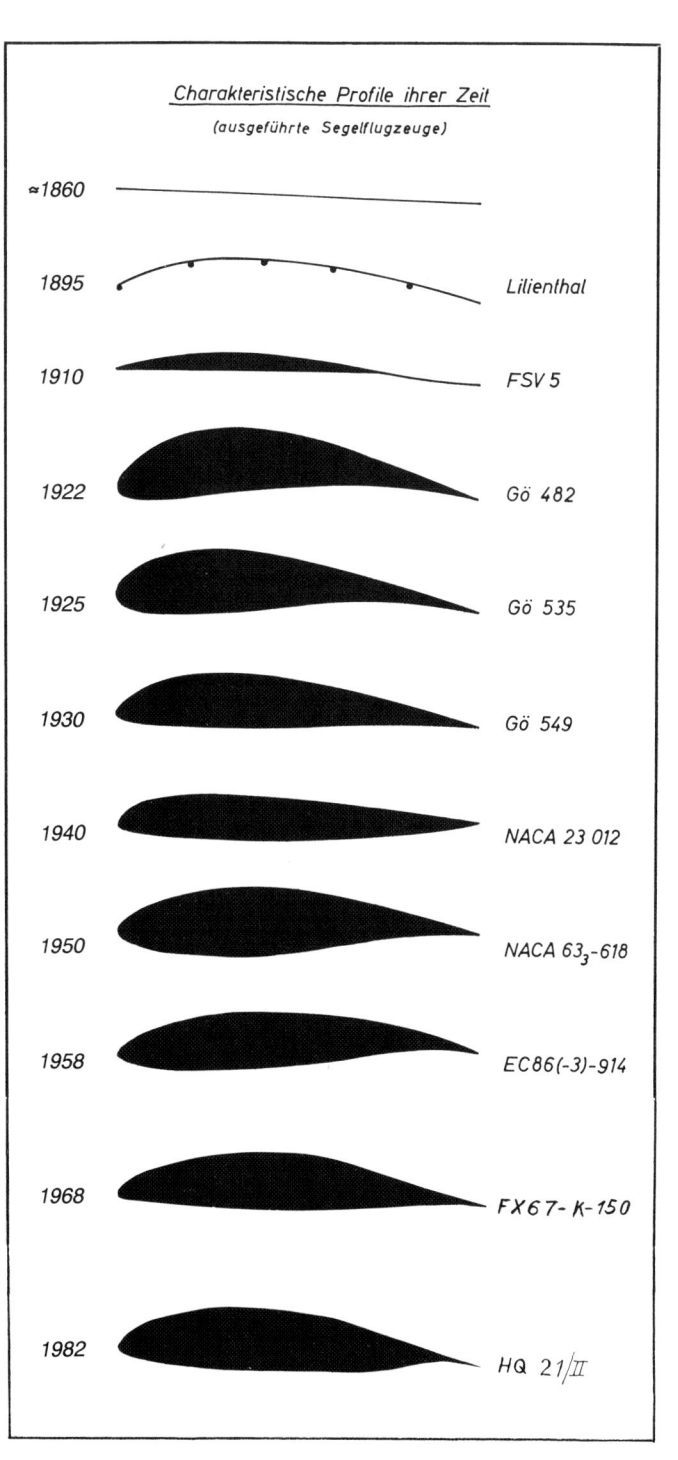

Weitere Flügelquerschnitte siehe Seite 223.

Leitwerke

Seitenleitwerke waren oft, besonders bei den großen Flügelspannweiten, zu klein bzw. zu wirkungsschwach. Manchmal wurden sie durch (eckige) Rümpfe oder durch den Flügelnachlauf abgeschirmt. Das Seitenleitwerk beansprucht den Rumpf auf Biegung und Drehung – deshalb wurde es anfangs nicht allzu hoch gebaut mit einer Streckung von 0,5 bis 1,0. Heute liegt diese bei 1,5 bis 2,0, und die Seitenleitwerke haben durch das aufgesetzte Höhenleitwerk (Endscheibe) eine bessere Wirkung. Das zeitweise verwendete Seitenleitwerk mit schräger Ruderachse war nur eine Modeerscheinung (Jet-Aussehen!). Seit 30 Jahren dominiert ein einfaches Trapez mit senkrechter Achse.

Das **Höhenleitwerk,** meist aus Flosse und Ruder bestehend, manchmal aber auch als Pendelruder (ohne Flosse) angebracht, hat sich im Laufe der Zeit immer mehr der Flügelumrißform angepaßt mit einer Streckung von 3 bis 7. Das tiefsitzende, aus dem dünnen Rumpfende herausragende Höhenleitwerk berührte nicht selten den Boden und konnte dabei beschädigt werden, was z. B. zu den Unfällen mit »Fafnir«, »Condor« und anderen führte. Deshalb wurde es auf den Rumpf oder noch etwas höher gesetzt, bis es gegen Ende der 50er Jahre oben auf das Seitenleitwerk gelangte (T-Leitwerk). Das V-Leitwerk wurde nach dem Krieg in den USA ziemlich oft verwendet; es führte sich auch in Deutschland über die HKS ein, doch wurde es, bis auf wenige Ausnahmen, wegen seiner Flugeigenschafts- und Leistungsmängel bald nicht mehr vorgesehen. Ein Höhenleitwerk mit Seitenleitwerks-Endscheiben, die auch gegeneinander betätigt als »Bremsen« wirken sollten, waren eine Besonderheit der »Austria«, denn es gab damals noch keine DFS-Bremsklappen.

Querruder oder eine Verwindung hatte *Lilienthal* noch nicht; er erreichte die »Steuerung« um die Längsachse mit seitlicher Schwerpunktverlagerung und durch V-Stellung der Flügel, mit der Schieberollmomente erzeugt wurden. Erst die Brüder *Wright* benutzten eine Verwindung. Es folgten die manchmal sehr tiefen Querruderklappen und einige Sonderformen, wie z. B. die drehbaren Flügelspitzen am »Besenstiel« von *Schulz*. Beim »Vampyr« von 1922 griff man die Verwindung ebenso wieder auf wie viel später bei der HKS.
Im allgemeinen blieb es jedoch bei den Querrudern, die in der Folge immer schlanker und oft mit den Wölbungsklappen gekoppelt wurden. Auch dabei gab es Sonderformen wie bei der »Minimoa« und »Gövier«. Um eine Beschädigung der Querruder beim Ablegen des Flügels zu vermeiden, wurden sie nicht mehr ganz bis zur Flügelspitze durchgezogen, oder es wurde außen eine Mini-»Kufe« angebracht.

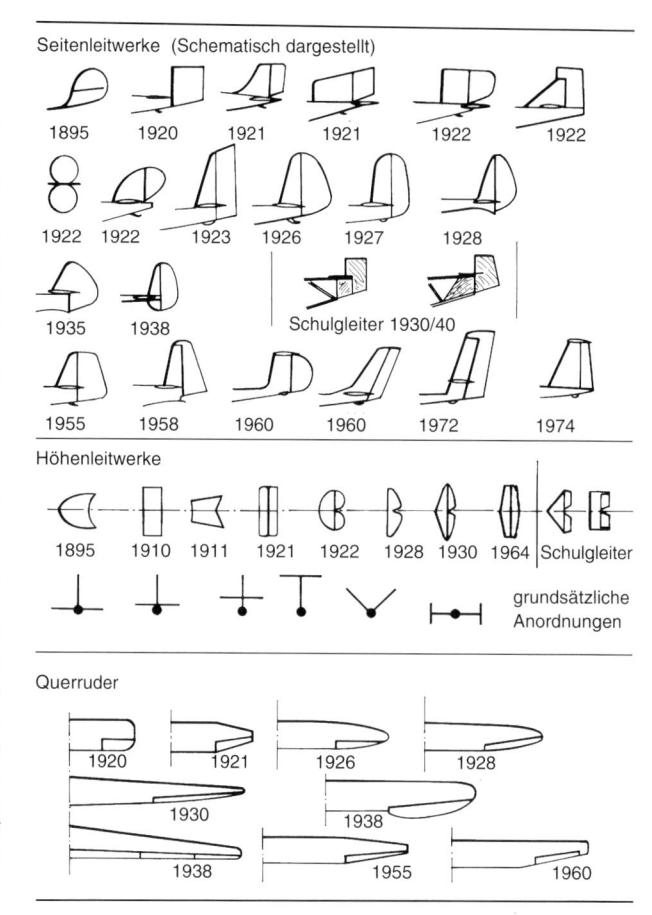

Enten-, Tandem- und Nurflügelbauart

Die Gebrüder *Wright, Offermann, Klemperer, Budig,* die RRG, *Farner* und viele andere haben Segel-Enten gebaut und geflogen, doch sind ihnen wesentliche Erfolge versagt geblieben.

Auch Tandem-Segler, sogar ein »dreifacher« von *Maykemper,* waren erfolglos, wenn auch in Frankreich ein von *Peyret* entworfener 1922 über drei Stunden in der Luft blieb. Ein alter Fliegerspruch lautet: »Bei viel Wind fliegt auch ein Scheunentor.« Konstrukteur und Pilot sind jedoch zu bewundern, denn die Flugeigenschaften waren immerhin »brauchbar«.

Es war verlockend und es scheint auch heute noch zu sein, ein Flugzeug zu entwickeln, dessen Flügel und Leitwerk nur Auftrieb liefern (wohingegen doch beim »Normal«-Flugzeug aus Stabilitätsgründen das Leitwerk im allgemeinen Abtrieb liefern muß).

Nurflügel und Schwanzlose hat es schon vor *Lilienthal* gegeben, der aber erkannte, daß ein Leitwerk notwendig ist. Der Zanonia-Samen und der Gleiter von *Etrich-Wels* (1906) flogen aber für damalige Zeiten recht gut. Seitdem wird immer wieder versucht, nach den verschiedenen »Philosophien« den besonderen Problemen beizukommen. Vom Junkers-Nurflügel-Patent 1910 über *Wenk, Schulz,* die Akafliegs Berlin und München, *Kupper, Espenlaub* in den 20er Jahren führt ein Weg zu *Lippisch* und *Horten* und weiter in die Gegenwart. Diese beiden hatten nach umfangreichen Forschungen und Modellversuchen, verschiedenen Konzepten folgend, eine Reihe von Mustern entwickelt, die sehr bekannt wurden. *Lippisch* entwickelte die Me 163 und einige Deltaflugzeuge, die Nachfolger im Großflugzeugbau fanden und auch bei den Modellfliegern beliebt waren. Doch meinte *Lippisch* selber, daß ein Nurflügel im Segelflug nur geringe Chancen habe. Trotzdem gelangen einigen Horten-Typen (wie auch der französischen AV 36) große Leistungen mit tüchtigen Piloten am Steuer.

Nurflügel haben eben neben einigen Vorteilen auch viele wesentliche Nachteile, über die alles in dem ausgezeichneten Buch von *Nickel* und *Wohlfahrt,* »Schwanzlose Flugzeuge«, zu lesen ist, auch das, was man tun muß, um Mängel zu beheben oder wenigstens zu mildern. Daß auch die guten Leistungen und Eigenschaften, mit denen immer wieder geworben wird, nicht stimmen können, ist vorgerechnet und an Hand von Meßergebnissen belegt worden. Nie hat eine Horten VI eine Gleitzahl von 45 gebracht, denn die Horten IV hatte auch nicht 37, sondern 32, war aber zum Vergleichsflug mit der VI angetreten. Falsche Meßergebnisse fördern die Entwicklung nicht. Wenn die Arbeiten an der SB 13 der Braunschweiger Akaflieger fortgeführt würden, die sie mit so viel Idealismus, Aktivität, Ingenieurarbeit und ehrlicher Berichterstattung begonnen haben, dann wäre der Nurflügelsache sehr gedient.

Inzwischen wird die SB 13 nach umfangreicher Erprobung und einigen Änderungen im Gruppenflugbetrieb der Akaflieg Braunschweig eingesetzt. Sie darf nur nach sorgfältiger Einweisung, vor allem in das Start- und Schleppverhalten, von Neulingen geflogen werden.

Die französische AV 36 von Vauvel, ein schwanzloses Segelflugzeug ohne Pfeil- oder V-Form, wurde auch in Deutschland in einigen Exemplaren nachgebaut. Bei Flugveranstaltungen war sie wegen ihres ungewöhnlichen Flugbildes (»fliegendes Brett«) eine beliebte Attraktion. Erwähnt wird sie hier wegen ihrer außergewöhnlichen Wendigkeit, die bei begrenzter Thermik große Vorteile bietet.

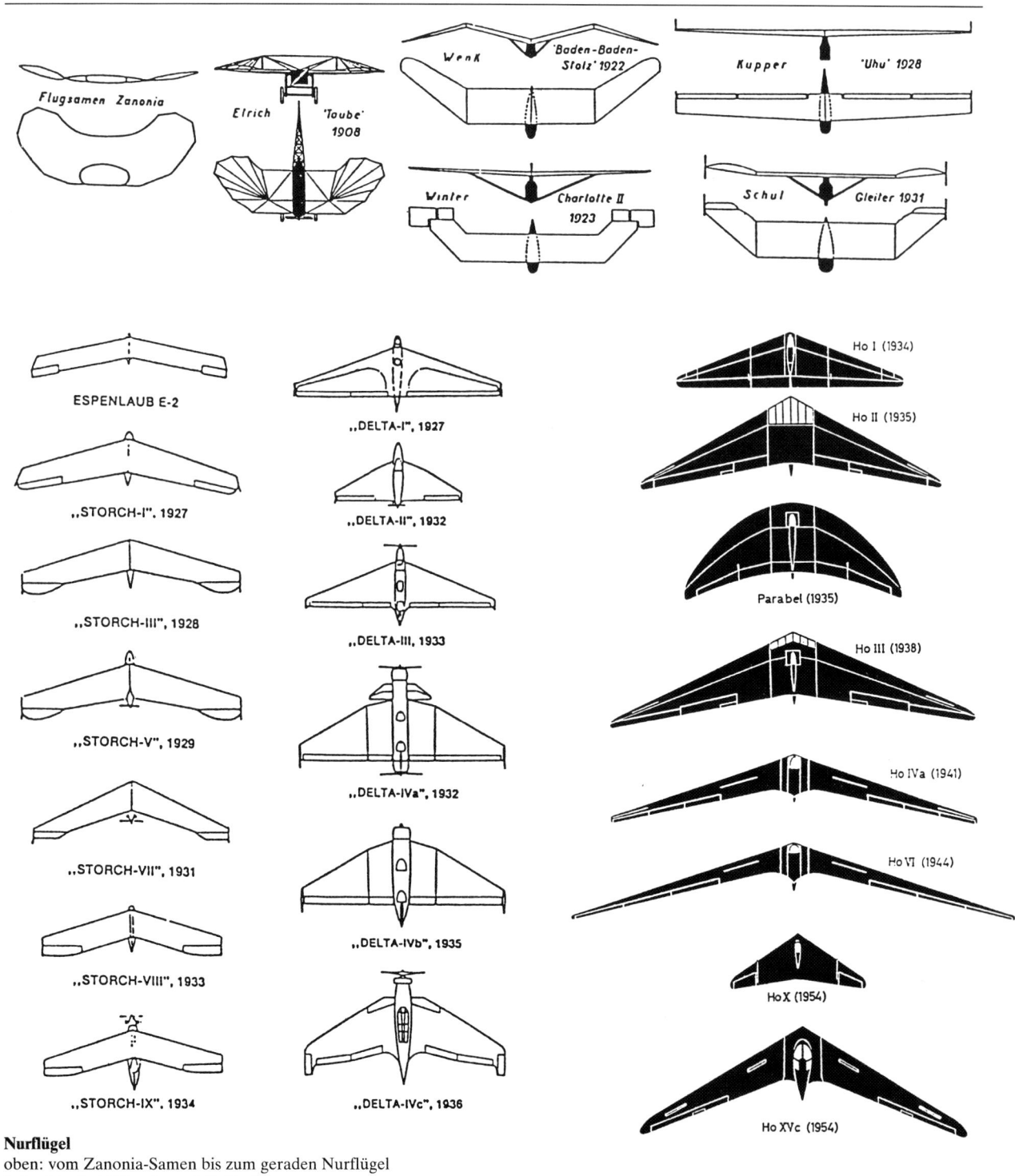

Nurflügel
oben: vom Zanonia-Samen bis zum geraden Nurflügel
links: Lippisch' Storch- und Delta-Typen
rechts: Horten-Segelflugzeuge

Segelkunstflugzeuge

> Zum Kunstflug braucht man inn'ren Schwung
> und äußere Beschleunigung.
> Die Steuertechnik zu beschreiben,
> muß mangels Raum hier unterbleiben.
> *Walter von Müller* (Peter Bulte)

Kunstflug wurde in den 30er Jahren immer mehr üblich. Könnern gelang er mit normalen Segelflugzeugen (n · j. ≈ 8, z. B. Sperber, Windspiel, Baby), Nichtkönner fielen »aus der Rolle«, machten Bruch. Deshalb wurde ein festeres Flugzeug verlangt (n · j ≈ 12, V_{max} ≈ 400 km/h). Das war 1936 der »Habicht«. Nach dem Krieg (1951) kamen die »Lo 100« von *Alfred Vogt,* die Ly 542 von *Paul Lüty* und die »SP 1« von *Heinz Peters,* später die B 4 von *Basten.* Die Lo 100 hielt sich 40 Jahre, obwohl immer wieder eine Verbesserung verlangt wurde. Um 50 Stück, wenn nicht mehr, wurden gebaut. 1970 kam der H 101 »Salto« von *Ursula Hänle* mit größerer Spannweite und V-Leitwerk,

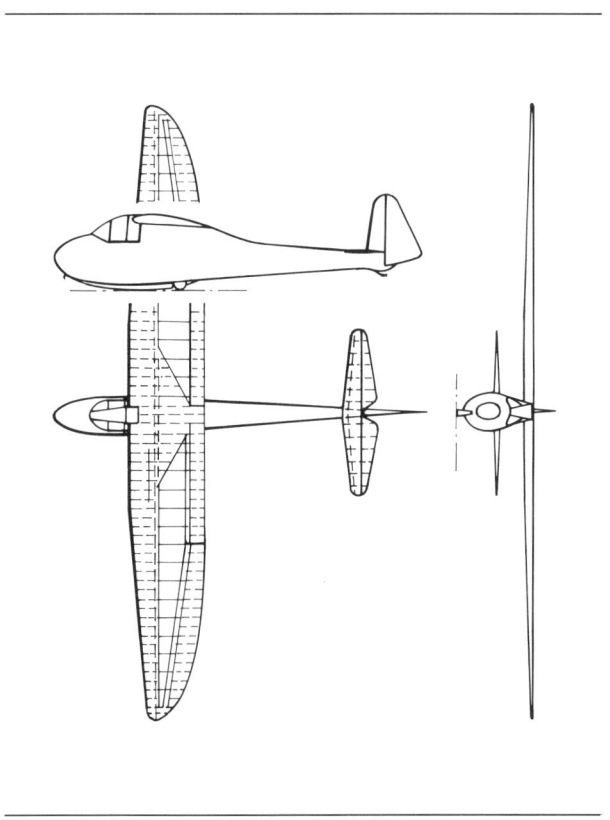

»Salto« im Rückenflug.

Lo 100, von 1951, im Größenverhältnis mit Mü 28.

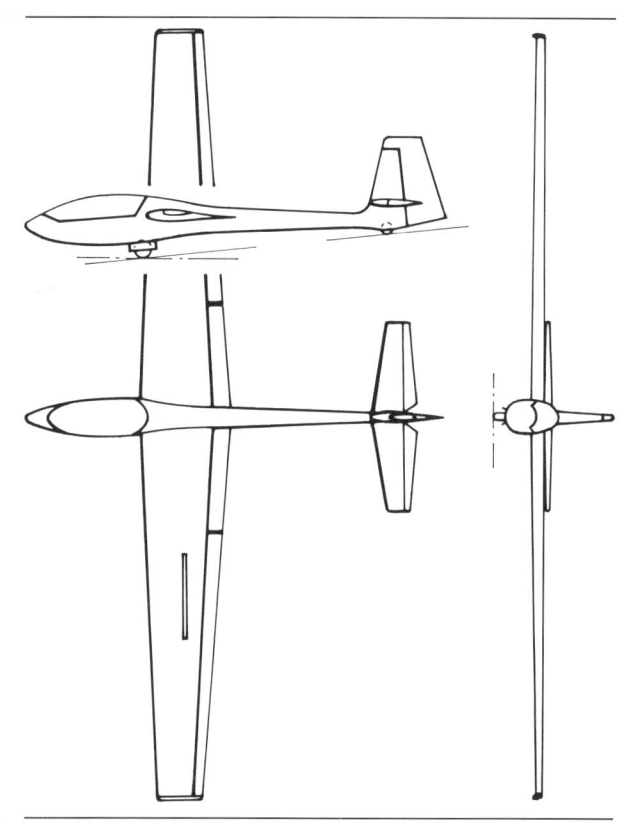

Mü 28 der Akaflieg München von 1983.

von dem mehr als 50 Stück hergestellt wurden, da er auch mit 15 m Spannweite angeboten wurde.

Die Akaflieg München zeigte mit der Mü 28 1983 neue Wege, u. a. mit einer Wölbklappenautomatik.

Inzwischen werden von der Industrie Segelflugzeuge, insbesondere Doppelsitzer, mit Kunstflugzulassung zum Schulen und Üben angeboten.

Die »Rundumpolare« eines Kunstflugzeuges zeigt sehr schön die Bahn-, Horizontal- und Sinkgeschwindigkeiten im Normal- und im Sturz- wie auch im Rückenflug. Erkennbar ist, daß hier die größte Horizontalkomponente der Geschwindigkeit bei steiler Bahnneigung, die größte Bahngeschwindigkeit und auch das schnellste Sinken kurz vor dem senkrechten Sturz vorkommen und daß die Rückenflugpolare etwas schlechter ist als die im Normalflug.

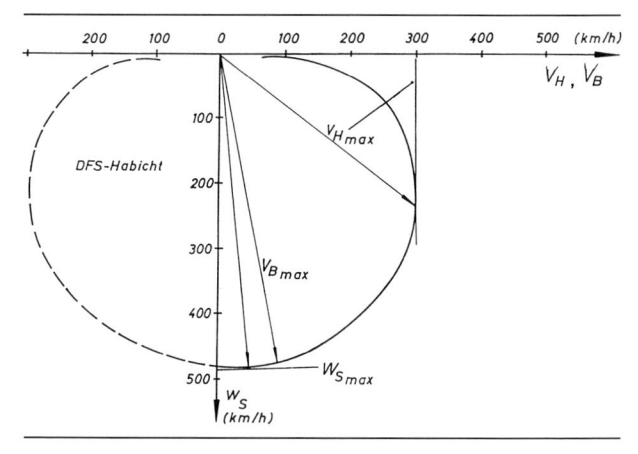

»Rundumpolare« des »Habicht«.

Segelkunstflugzeuge

		DFS »Habicht« 1936	A. Vogt Lo 100 1952	Pilatus B 4	Ursula Hänle »Salto« 1970	Akaflieg München Mü 28 1983
Spannweite	m	13,6	10,0	15,0	13,3	12,0
Flügelfläche	m²	15,8	10,9	14,0	8,6	13,2
Streckung	–	11,7	9,2	16,0	21,8	10,9
Rüstmasse	kg	200	150	230	182	315
max. Flugmasse	kg	290	245	350	280	425
Flächenbelastung	kg/m²	18,4	22,5	24,9	32,7	32,3
Mindestgeschwindigkeit	km/h	60	≈55	62	≈65	67
Sinkgeschwindigkeit	m/s	0,8	0,8	0,7	0,7	1,0
bei	km/h	65	72	74	72	89
beste Gleitzahl	–	20	25	30	35	27
bei	km/h	75	85	85	93	103
Höchstgeschwindigkeit	km/h	250/410	290	240	280	380

Flügelaufbau

Nach *Lilienthal,* der im wesentlichen fledermausartig faltbare, verspannte Flügel baute, gab es bis in die 20er Jahre hinein vorzugsweise verspannte oder abgestrebte Zweiholmer mit ziemlich dünnen Profilen. *Klemperer* baute 1920 bis 1922 freitragend mehrholmig nach Junkersart. Nach RRG-Zeichnungen kamen in der Gruppenselbstbauzeit 1925 bis 1935 fast nur Zweiholmer, meist mit Brettholmen, vor. Der mit dem »Vampyr« 1921 eingeführte freitragende Kasten- oder Doppel-T-Holm mit Torsionsnase aus Sperrholz blieb den Leistungsseglern Vorbild. Die Rümpfe wurden meist spindelförmig aus Spanten und Längsträgern aufgebaut und mit Sperrholz beplankt.

In den 30er Jahren begannen Versuche mit Kunststoffen (Akaflieg Berlin 1936, *Horten* 1940) für einzelne Bauteile. Auch Stahlrohr-Rümpfe (Mü 10, Mü 13 . . . »Münchner Schule«) sowie Metallholme und -leitwerksträger (Dural und Elektron bei der D 30) wurden erprobt und nach 1950 weiter entwickelt, doch blieb der Leichtmetall-Flugzeugbau dann hauptsächlich auf die Sowjetunion, Jugoslawien und vor allem auf die USA (Gebrüder Schweizer) beschränkt.
In Deutschland begann 1957 bei *Hänle,* den Akafliegs Stuttgart, Darmstadt und Braunschweig die Beschäftigung mit GFK (H 30, Phönix, D 34 und SB 6). Statt wie im Holzflugzeugbau von innen nach außen wurde mit GFK meist von außen nach innen gebaut, d. h. daß die Flügelaußenhaut bzw. die Rumpfschalen in Formmulden gelegt werden und der weitere Innenaufbau des Bauteils danach erfolgt. Mit verschiedenen Fasern (Glas-, Kohle-, Aramid-), Harzen (früher Polyester-, heute Epoxid-), Füllstoffen (Balsa, Schaum, Waben), mit unterschiedlichen Sandwich-Bauweisen (zwischen zwei Faserlagen befindet sich der Füll- oder Stützstoff) und zahlreichen Flügelaufbauformen wurde experimentiert. Bruch- und Dauerversuche bei den Herstellern, an Hochschulen und bei der DLR galten der Erhöhung der Sicherheit und der Verbesserung der Konstruktion. Wie sich eine Flügelausführung entwickeln kann, soll an dem Beispiel des »Cirrus« und »Nimbus« gezeigt werden.
Während die Beschläge und Anschlüsse der Flügel an den Rumpf anfänglich noch sehr kompliziert waren, ist jetzt mit dem Gabel-Zungen-Anschluß (erstmals bei der SB 6) ein Verbindungs-Element gefunden worden, das die Montage eines Segelflugzeuges sehr erleichtert, vor allem dann, wenn sich auch noch die Steuer automatisch anschließen.

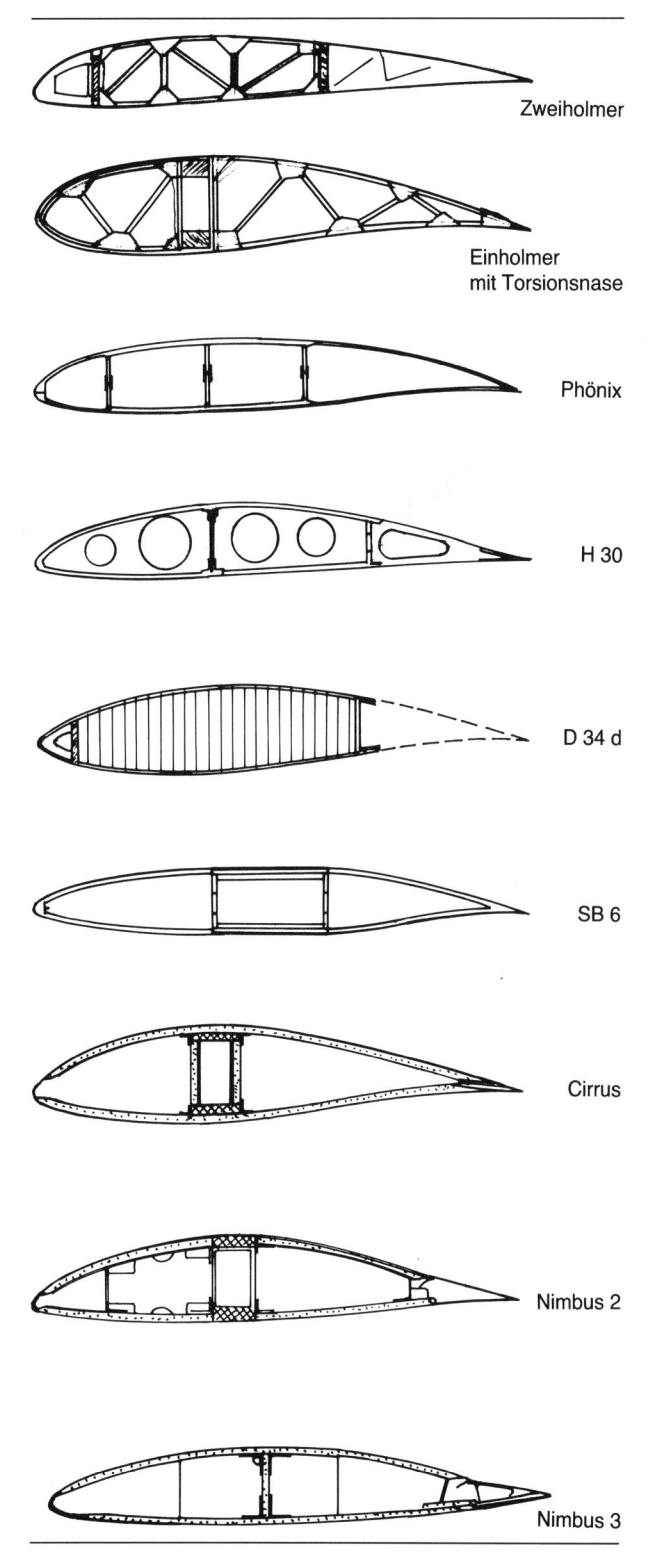

Einige Flügelschnitte in verschiedener Bauweise.

223

Gabel-Zungen-Anschluß (zwei Bolzen).

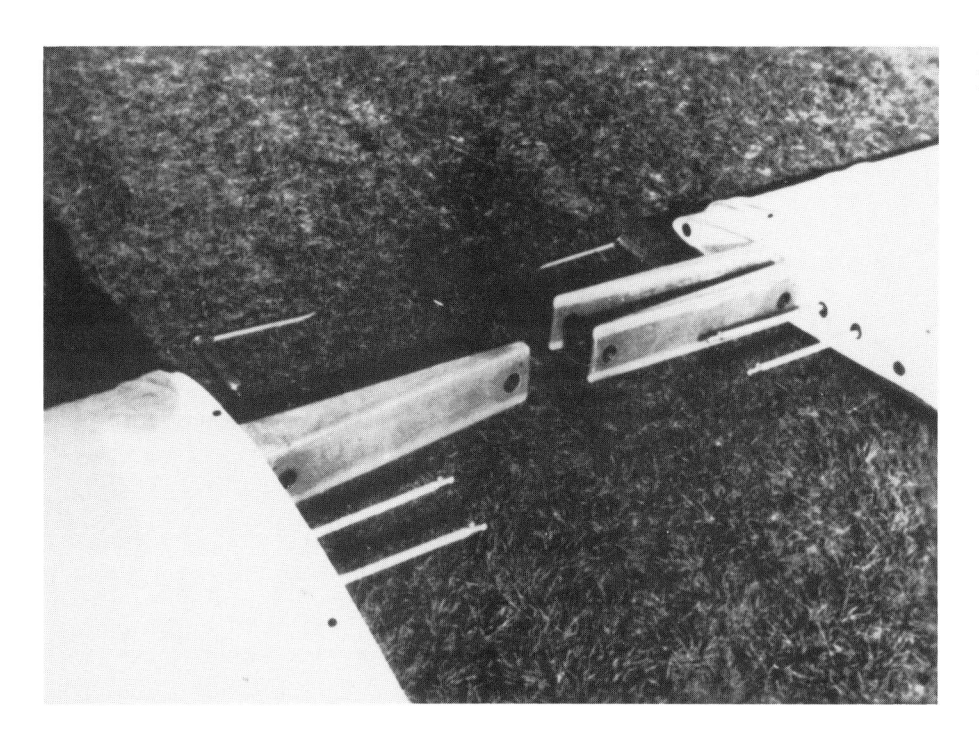

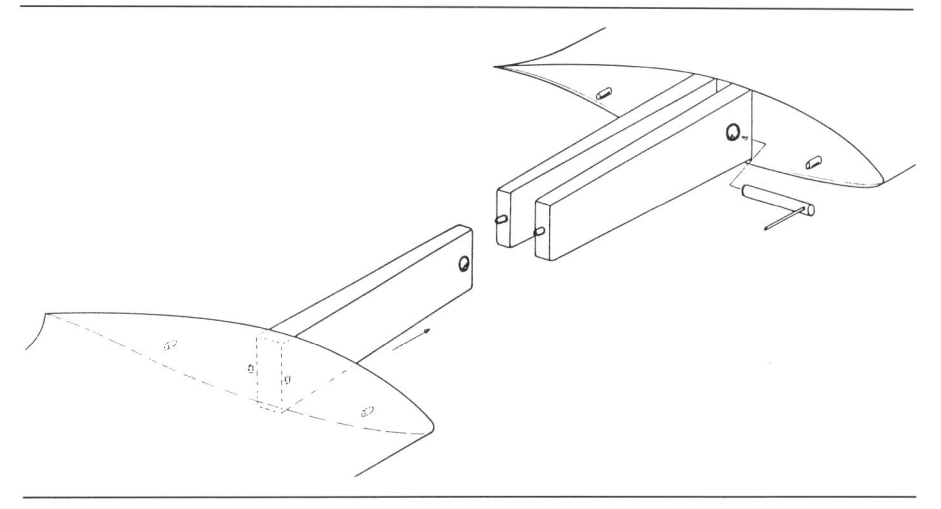

Gabel-Zungen-Anschluß (ein Bolzen).

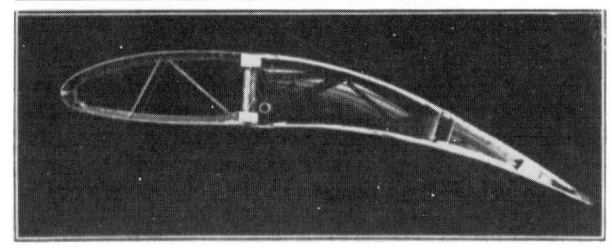

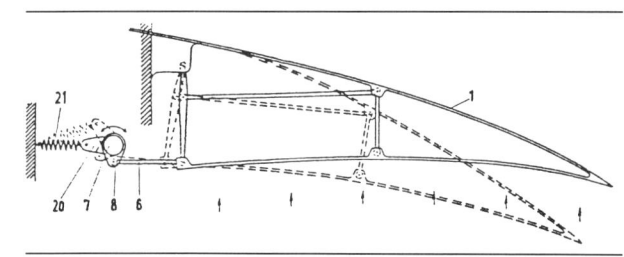

Klappen an Segelflugzeugen

Versuche, das Profil eines Segelflugzeuges im Flug stetig elastisch zu wölben, gab es schon um 1923 (D 10 »Hessen«, *von Schertel* mit wenig, D 12 »Roemryke Berge« mit mehr Erfolg).

Als Windkanalmessungen von Klappenprofilen (Wölbungs-, Spreiz-, Spalt- und Fowler-Klappen sowie Junkers-Doppelflügel) bekannt wurden, untersuchten vor allem *Kupper* und die Akafliegs an ihren Neukonstruktionen neben den Wölbungsklappen (Austria, D 28, D 30, Mü 15) auch die Fowler- (AFH 10) und Junkers-Klappe (B 6) in den 30er Jahren.

Nach dem Krieg nahm die Zahl der Klappenflugzeuge schnell zu; auch der elastisch verwölbbare Flügel wurde erfolgreich bei der HKS wieder aufgegriffen, *Björn Stender* betrachtete in seiner Diplomarbeit die elastische Hinterkante, und *Richard Eppler* entwickelte für *Grob* eine »elastic flap«, doch gab es kaum Nachahmer. Bei der nach 1970 mehrfach versuchten »Variablen Geometrie« wurde ein der Fowler-Klappe ähnliches, aber spaltloses System (Flächen- oder auch Wortmann-Klappe genannt) angewendet: in der Flügeltiefe vergrößerte Fläche und Wölbung wie bei der SB 11, Mü 27, D 40, fs 32.

Die Bemerkung von *Prandtl* 1923 zur Landung der Darmstädter »Konsul«, daß die guten Flugzeuge für die Sicherheit der Landung eine Gleitwinkelsteuerung haben sollten, wurde nicht so bald ernsthaft in Betracht gezogen. Die »Austria« probierte es mit gegensinnig ausgeschlagenem Doppel-Seitenleitwerk, die F 1 »Fledermaus« der Stuttgarter spreizte die Flügelendscheiben, das OBS erhielt vorübergehend eine Nasenklappe, und andere prüften türenähnliche Klappen seitlich am Rumpf unter dem Flügel. Man blieb damals beim einfachen und gut geübten Slippen.

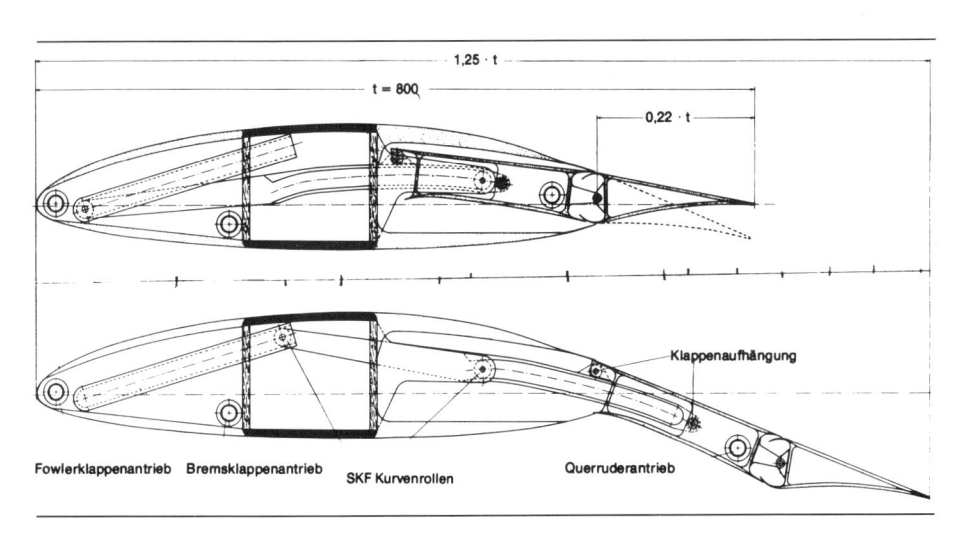

Oben links: Flügelwölbung (Gö 429 bis 432) bei der D 10 »Hessen« (1923).

Mitte links: Wölbprofil der HKS 1 (1952).

Links: Flächen-(oder Wortmann-)Klappe der SB 11.

Erst die Notwendigkeit, den Wolkenflug durch die Begrenzung der Sturzfluggeschwindigkeit mit Stör- oder Bremsklappen (auch Sturzflugbremsen oder Luftbremsen genannt) sicherer zu machen, ließ *Jacobs* DFS 1934 damit ein wirksames Mittel entwickeln, auch die Landung zu erleichtern. Diese Klappen wurden danach von *Hütter* bei Schempp-Hirth modifiziert und finden sich heute in fast allen Segelflugzeugen. Das Bestreben aber, die Flügeloberfläche ungestört zu lassen, führte jedoch auch zu Auswegen: so bekamen die HKS und einige andere Segelflugzeuge einen Bremsschirm, der sich im Sturzflug bei der DFS 230 schon bewährt hatte. Manche versuchten, die Bremsklappen weiter zurück zu verlegen, kamen dabei aber in den Bereich geringer Bauhöhe, d. h. kleiner Klappenhöhe, und dazu noch verminderter aerodynamischer Wirkung. So kam man dann auf die Hinterkanten-Spreizklappe, die sehr geschickt mit einer Wölbungsklappe kombiniert wurde.

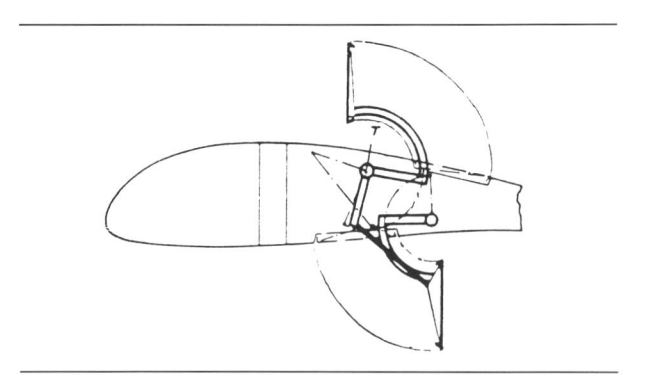

Die erste DFS-Luftbremse 1934.

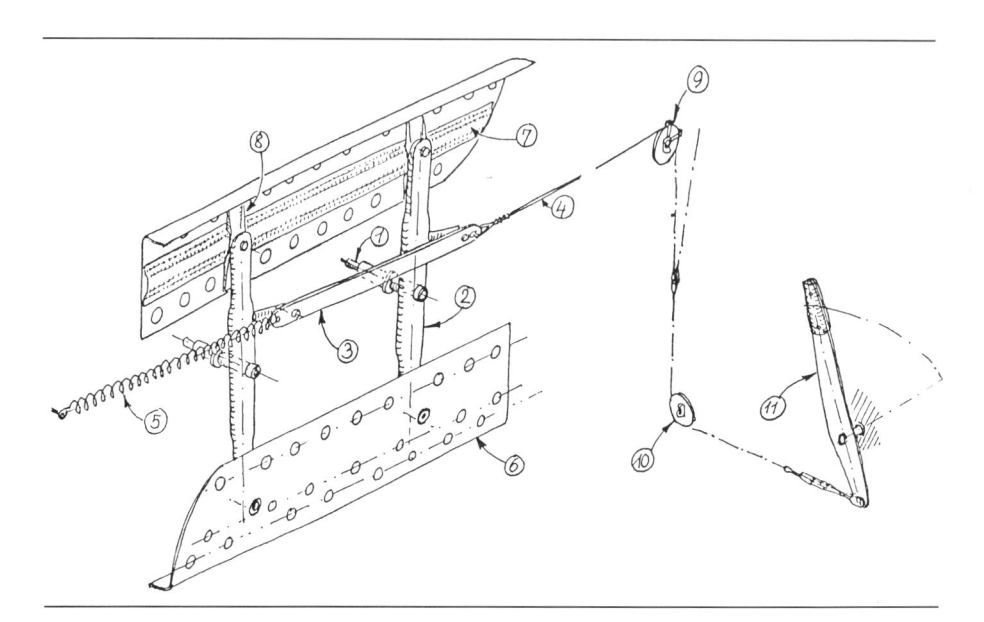

Der erste Entwurf der SH-(Schempp-Hirth)Sturzflugbremse 1938.

Hinterkanten-Spreizbremsen an einer H 17 (1957).

226

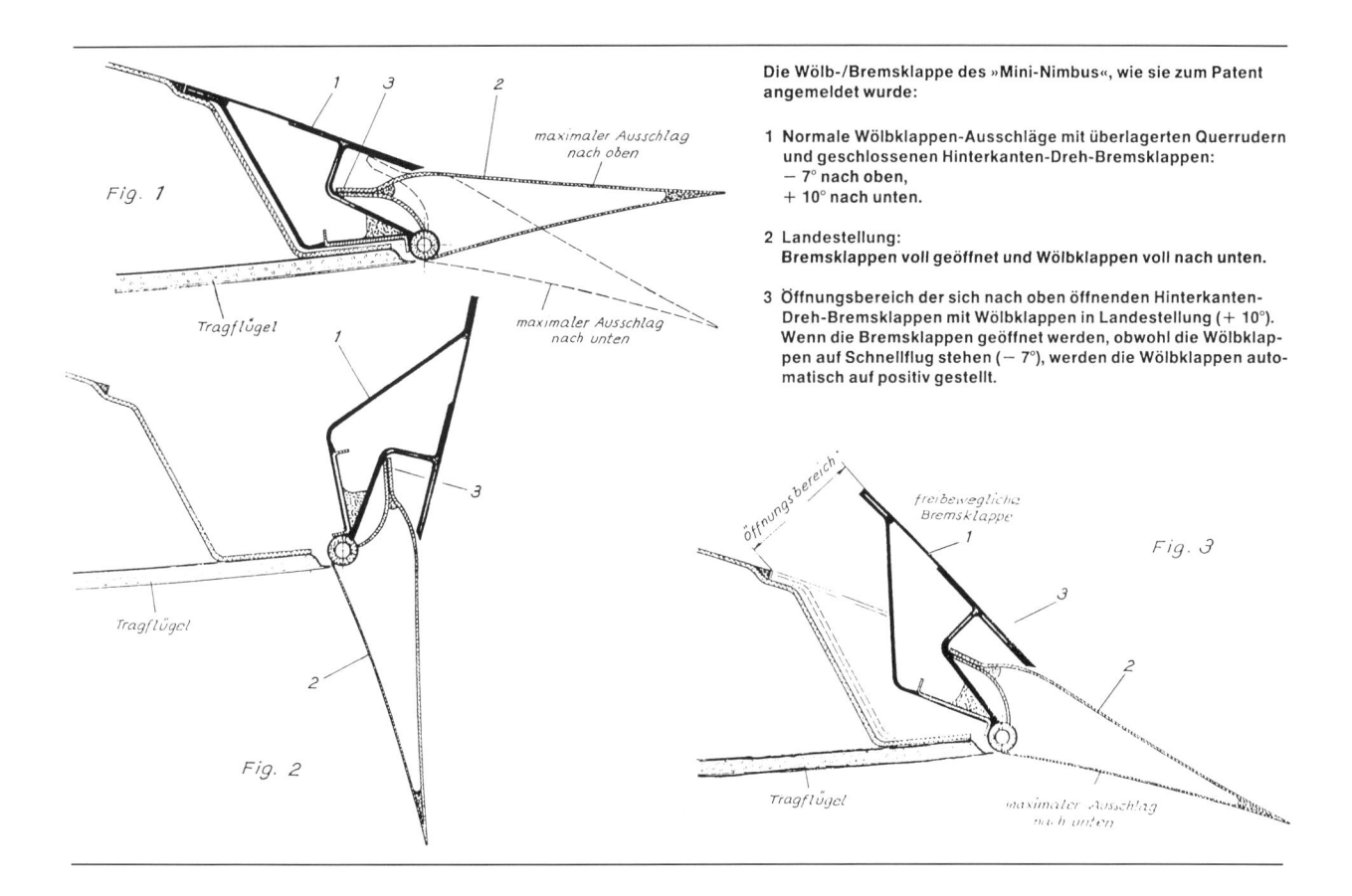

Die Wölb-/Bremsklappe des »Mini-Nimbus«, wie sie zum Patent angemeldet wurde:

1 Normale Wölbklappen-Ausschläge mit überlagerten Querrudern und geschlossenen Hinterkanten-Dreh-Bremsklappen:
   − 7° nach oben,
   + 10° nach unten.

2 Landestellung:
   Bremsklappen voll geöffnet und Wölbklappen voll nach unten.

3 Öffnungsbereich der sich nach oben öffnenden Hinterkanten-Dreh-Bremsklappen mit Wölbklappen in Landestellung (+ 10°). Wenn die Bremsklappen geöffnet werden, obwohl die Wölbklappen auf Schnellflug stehen (− 7°), werden die Wölbklappen automatisch auf positiv gestellt.

Ausrüstung der Segelflugzeuge

Hänge- und einfache Sitzgleiter wurden fast immer, viele Schul- und Übungssegelflugzeuge oft noch bis in die 30er Jahre ohne Instrumente geflogen. Als man aber seit 1922 längere Zeit am Hang segeln und Höhe gewinnen konnte, wurden die damaligen Leistungssegelflugzeuge mit Fahrt- und (Fein-)Höhenmesser behelfsmäßig ausgerüstet und, wie das Bild der D 4 »Edith« zeigt, durch Taschenuhr und Querneigungsmesser (»Libelle«) vervollständigt. Manche hatten auch schon im Instrumentenbrett sehr große Geräte wie Barometer und Differenzdruckmesser für Geschwindigkeiten bis 72 km/h bzw. 20 s/M (!) Anzeige. Die Drücke lieferte meist ein Venturi- oder später ein Prandtl-Rohr. Manchmal benützte man auch ein außen angebrachtes Schalenkreuz-Anemometer zur direkten Geschwindigkeitsablesung. Variometer führten erst 1928 *Lippisch* und *Kronfeld* ein. Hinzu kamen dann Kompaß, Wendezeiger mit Libelle und künstlicher Horizont (der 1939 beim Rhönwettbewerb sogar obligatorisch war). Die Bilder vom »Musterle« und »Windspiel« (um 1935) veranschaulichen die Ausrüstungs-Varianten im Führersitzdeckel.

Beim »Musterle«: von links oben: Uhr, Taschenlampe, Mitte: Kompaß, Höhenmesser, unten: Thermosflasche zum Variometer, Vario-Langgerät, Wendezeiger mit Libelle, Fahrtmesser, Vario-Rundgerät, unten hinten: Radio. Beim »Windspiel«: oben: Wolkenspiegel (der Pilot saß unter dem Flügel!), am Brett: Höhenmesser, Uhr, Feinhöhenmesser, künstlicher Horizont, Fahrtmesser, Kompaß, Variometer, unten vorn: Thermosflasche.

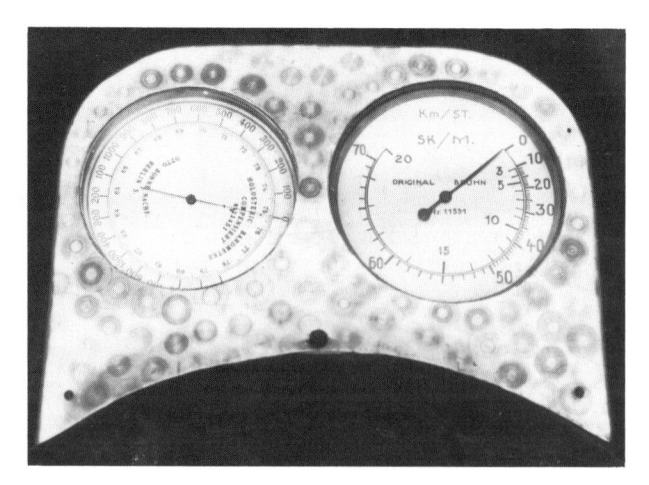

Instrumentenbrett mit Großgeräten ($\approx$ 1923).

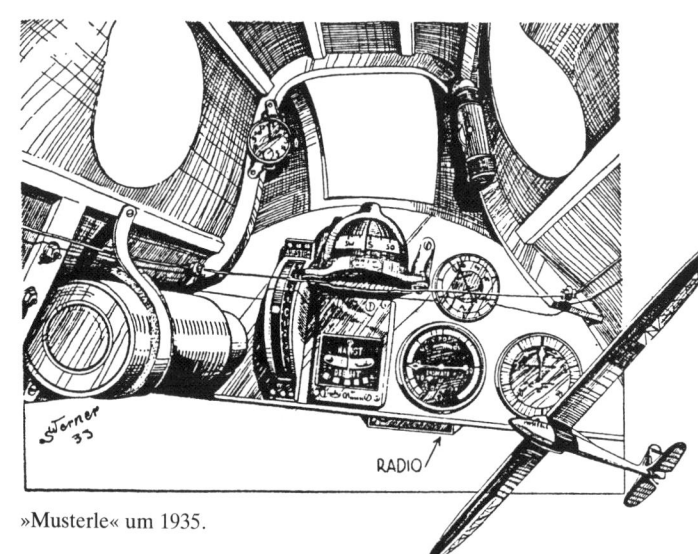

»Musterle« um 1935.

»Ausrüstung« der »Edith« (1922).

»Windspiel« um 1935.

Nach 1950 wurden – nach Untersuchungen und dem Vorschlag von *Raspet* – der statische Druck an der Rumpf-Seitenwand und der Gesamtdruck am Rumpf-Bug abgenommen.

Die einzelnen Systeme der inzwischen eingeführten kompensierten Variometer erfordern besondere Düsen, deren Entwicklung hier nicht weiter dargestellt werden kann. Die Instrumentierung wird immer umfangreicher und teurer: zwei bis vier Variometer, Bordrechner, Sprech- und Navigationsfunk sind üblich, selbstverständlich vorhanden ist auch das billigste »Gerät«, der Schiebe-Wollfaden. Auch die Betätigungsgriffe und -hebel vermehren sich, wie es am Beispiel des »Kestrel« (um 1970) erkennbar wird. Obwohl der Pilotensitz auf den ersten Blick eng und reichlich ausgefüllt erscheint, beweist gerade der »Kestrel«, daß bei der sorgfältigen Auslegung und Anordnung der Einbauten alles ohne Behinderung bequem, handgerecht und sinngemäß zu betätigen ist.

Das Bild des »Kestrel« zeigt:
1. Instrumentenbrett und Kompaß, Variometer, Fahrt- und Höhenmesser, Wendezeiger, Funk
2. Steuerknüppel mit a) Funksprechtaste, b) Trimmknopf, c) Trimmhebel
3. Radbremse
4. Schleppkupplungsgriff
5. Fahrwerkshebel
6. Bremsklappenhebel
7. Wölbklappenhebel
8. Landeklappenhebel
9. Bremsschirmauswurf
10. Bremsschirmabwurf
11. Haubenverriegelung
12. Rückenlehnenverstellung
13. Pedalverstellung
14. Cockpitbelüftung
15. Haubenbelüftung
16. Kniekissenverstellung
17. Wasserballastablaßhahn

»Kestrel« um 1970.

Lufttüchtigkeitsforderungen für Segelflugzeuge (LFS)

Bis Mitte der 20er Jahre wurden Segelflugzeuge nach nicht veröffentlichten, aber anerkannten **Festigkeitsforderungen** in Anlehnung an die der Motorflugzeuge gebaut. In Zusammenarbeit von *Lippisch* und Akaflieg Darmstadt wurden 1927 einige Grundlagen niedergelegt und veröffentlicht, die dann von der Technischen Kommission der Rhön-Wettbewerbe erweitert und von der RRG als »Richtlinien für den Bau von Gleit- und Segelflugzeugen« herausgegeben wurden. 1933 erklärten DFS und DLV sie für verbindlich, so daß sie auch 1938 in die Ausschreibung für das Olympia-Segelflugzeug übernommen werden konnten und damit international wurden. Erst 1939 verfaßte die PfL nach dem Vorbild der »Bauvorschriften für Flugzeuge« von 1936 neue »Bauvorschriften für Segelflugzeuge« (BVS), die bis Mitte der 60er Jahre gültig blieben. Sie enthielten noch keine Flugeigenschaftsforderungen.

1959 wurden sie vom LBA und DAeC mit den »Vorläufigen Richtlinien ... für Motorsegler« ergänzt. Im gleichen Jahr begann die OSTIV, internationale Vorschriften zu erarbeiten, bei denen zeitweise mehr als zehn Nationen mitwirkten. Es entstanden die »OSTIV Airworthiness Requirements (später ›Standards‹ genannt) for Sailplanes« (OSTIVAR bzw. OSTIVAS). Mitte der 60er bis Mitte der 70er Jahre folgten viele nationale Behörden mit ihren Vorschriften den OSTIVAR, auch die deutschen, die sie leicht verändert 1975 als »Lufttüchtigkeitsforderungen für Segelflugzeuge und Motorsegler« (LFSM) herausgaben. Darauf folgten, von den westeuropäischen Zulassungsbehörden gemeinsam beschlossen, 1980 die »Joint Airworthiness Requirements (JAR 22) for Sailplanes and Powered Sailplanes«.

Ohne alle Einzel- und Feinheiten der wechselvollen Organisation des **Prüfwesens** zu erwähnen, sei nur gesagt, daß in den 20er Jahren die DVL, in den 30ern bis Kriegsende die PfL, nach dem Krieg die DVL-PfL und dann das LBA die Musterprüfung und die Aufsicht über die Stückprüfung besorgten, z. T. unter Mitarbeit der Technischen Organisationen des DLV, NSFK, DAeC und seiner Landesverbände.

Für die **Zulassung** werden gefordert die Nachweise
  zum Betriebsverhalten (d. h. Leistungen und Eigenschaften),
  zur Festigkeit (Luft-, Boden-, Schlepp-, Betätigungskräfte usw.),
  zur Gestaltung, Bauausführung,
  zu den Betriebsgrenzen,
  (und ggf. zu Besonderheiten des Motorseglers),
  durch Berechnungen, Zeichnungen,
      Werkstoff- u. Bauweisenversuche,   ⎫
      Bauprüfung eines Musters   ⎬ für die Musterprüfung
      Flugerprobung   ⎭
und Bauprüfung für jedes Stück.

Die LFSM stellen Mindestforderungen dar nach dem Stand der Erkenntnis, von denen man (mit anderen Rechenverfahren oder Versuchsergebnissen) nur abweichen darf, wenn man gleichwertige Sicherheit nachweisen kann. Segelflugzeuge wurden früher in 4 Beanspruchungsgruppen (Bgr. 1 gering, 2 hoch, 3 sehr hoch, 4 Sonder-), heute nur in 2 Lufttüchtigkeitsgruppen eingeteilt (U Utility, A Acrobatic), wobei U der Bgr. 2, A der Bgr. 3 entspricht. Die frühere Sicherheitszahl von $j = 2,0$ ist heute auf $j = 1,5$ festgelegt. Dafür ist das sichere Abfanglastvielfache von $n = 4,0$ auf $n = 5,3$ angehoben worden, so daß das Bruchlastvielfache nach wie vor bei 8 liegt ($n \cdot j \approx 2,0 \cdot 4,0 \approx 1,5 \cdot 5,3$).

Lebensdauer und Betriebsfestigkeit

Neue Werkstoffe, besondere Bauverfahren, handwerkliche Zuverlässigkeit, fliegerischer Einsatz, gute Wartung und genaue Nachprüfung haben Einfluß auf die Lebensdauer eines Flugzeugs. Im früheren Holz- und auch im Metallflugzeugbau konnte man in gewisser Weise auf bewährte Erfahrungen zurückgreifen.

Im neuen Faser-Verbund-Werkstoff(FVW-)-Bau mußten viele Fragen geklärt werden. Von grundsätzlichen Werkstoffprüfungen im Zug-, Druck-, Biege- und manch anderem Versuch über einzelne Bauteile bis zum ganzen Tragwerk, Rumpf und Leitwerk wurden Betriebsfestigkeitsversuche nach einem Blockbelastungsprogramm durchgeführt, dem ein Lastwechselkollektiv (Windenstart, Flugzeugschlepp, Böen, Schnellflug, Lande- und Rollstöße) zugrunde liegt. Einflüsse von Fasern, Harzen und Härtern, von Temperatur, Feuchte, UV-Strahlung, Altern und vieles andere waren zu untersuchen.

Vorsichtshalber wurden anfangs nur sehr niedrige Betriebsstundenzahlen von 3000 festgelegt. Mit zunehmender Erkenntnis und durch statistisch abgesicherte Versuche konnte diese Zahl zunächst auf 6000 und ab 1992 auf 12 000 erhöht werden, nachdem ein 10 Jahre der Witterung ausgesetzter Flügel den Betriebsbelastungsversuch bestanden hat.

12 000 Flugstunden sind viel – so meint man. In Deutschland fliegen Segelflugzeuge bis zu 500 oder auch mal 1000 Stunden, aber in Australien z. B. werden nicht selten 2000 bis 3000 Stunden im Jahr geflogen. Das würde einer Lebensdauer von 12 bis 24 bzw. 4 bis 6 Jahren entsprechen.

Aeroelastizität

Alle Teile eines Flugzeuges besitzen eine gewisse Weichheit, sie sind nicht wirklich »starr«. Flügel, Rümpfe und Leitwerke können sich unter Beanspruchung biegen und verdrehen. Im Wechselspiel von Luft- und Massenkräften führt das bei höheren Geschwindigkeiten oft zu Schwingungen, zum Flattern beim Flügel, z. B. wenn die Frequenzen der Biegung nahe bei denen der Torsion oder der Querruderausschläge liegen. Mit umfangreichen Rechnungen und Standversuchen kann man eine kritische Fluggeschwindigkeit ermitteln. Diese läßt sich – wenn notwendig – steigern durch Erhöhung der Torsionssteifigkeit des Flügels (z. B. durch dickere Nasenbeplankung), durch Massenausgleich der Querruder, durch steife Steuerungen und vieles andere mehr.

Die Bilder zeigen:
1. Den weichen (aber festen) Flügel beim Abfangen mit hoher Last (unten).
2. Den Flügelbruch kurz nach dem Gummiseil-Start des »Pelikan« (1924). Die zu kleine und schwache Nasenbeplankung bewirkte eine Verdrehung des Flügels und führte damit zum Biegebruch (rechts).
3. Ausschnitte aus dem Film der (Akaflieg Braunschweig) SB 9, mit der *Helmut Treiber* nach sorgfältigen Überlegungen, Rechnungen und Bodenversuchen sich im Flug langsam an die Erregung von Schwingungen durch periodisches Bewegen des Quersteuers herantastete. Die ersten beiden Bilder zeigen die Biegegrundschwingung mit 3,3 Hz bei 90 km/h, die beiden anderen Bilder beziehen sich auf die erste Oberschwingung mit 5,8 Hz bei 140 km/h. Viele Versuche mit Änderung der Flügelsteifigkeit, des Querrudermassenausgleichs usw. wurden durchgeführt (rechte Seite).

»Jantar« beim Abfangen.

»Pelikan« 1924. Nach dem Gummiseilstart brach die torsionsweiche rechte Fläche, die das Seitenleitwerk abschlug.

V = 90 km/h   f = 3,3 Hz (beide Aufnahmen).

V = 140 km/h   f = 5,8 Hz (beide Aufnahmen).

SB 9 der Akaflieg Braunschweig bei den Flugversuchen im Jahr 1970.

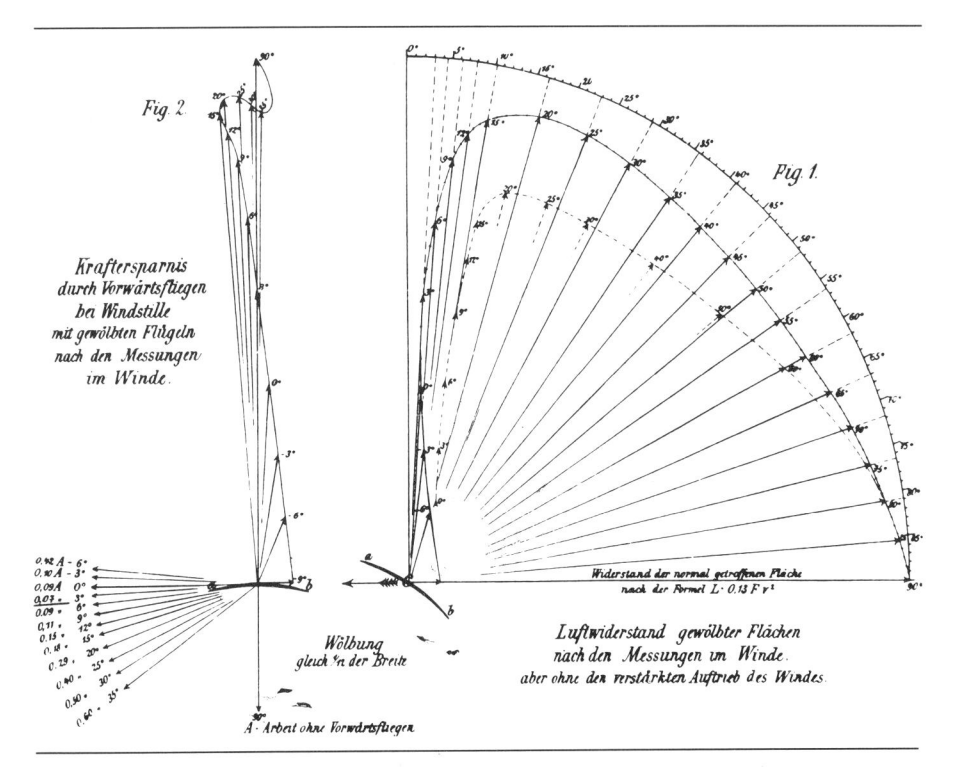

Polare nach Lilienthal (1889).
(Sein »Luftwiderstand« entspricht der heutigen Luftkraft-Resultierenden aus Auftrieb und Widerstand.)

Göttinger Polare des Profils Gö 535 (1923).
(C_A–C_W-Polare mit Anstellwinkelpunkten. Links davon die C_{Wi}-Kurve, rechts die Momenten-Kurve C_M.)

Beiwert- und Geschwindigkeitspolaren

Von *Lilienthal* stammt der Begriff »Polare«. Er trug die im freien Luftstrom gemessene Luftkraftresultierende (aus c_A und c_W), die er »Luftwiderstand« nannte, von einem Pol aus auf und schaffte sich so einen Überblick über die Leistungen eines Profils, z.B. den maximalen Auftrieb, den besten Gleitwinkel bzw. die beste Gleitzahl. Bei den Windkanalmessungen späterer Zeit wurde die Auftragung der Beiwerte modifiziert, doch blieb das Grundsätzliche erhalten (Göttingen, NACA . . .).

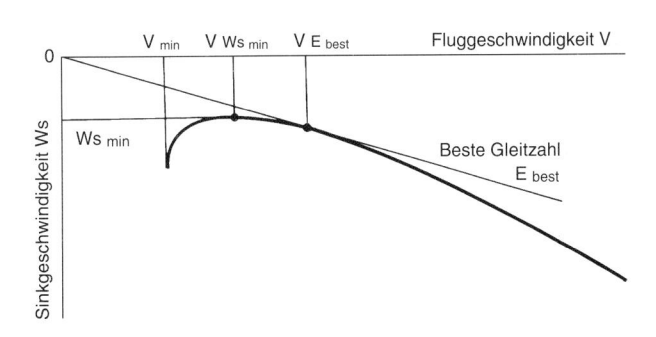

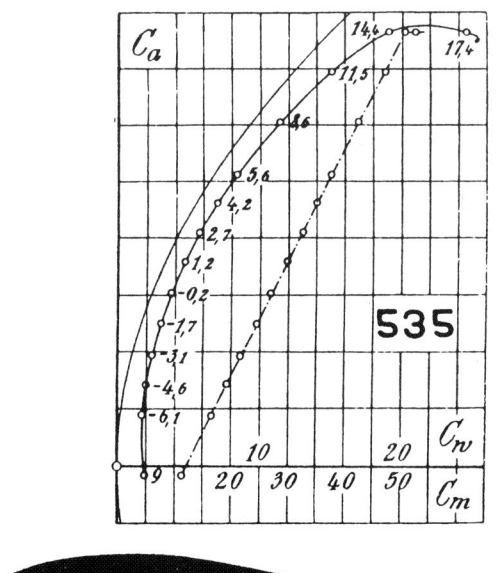

Für die Praxis des Segelfliegens war aber die Geschwindigkeits-Polare wichtig, die 1923 von *Hoppe* und *Spies* eingeführt wurde. Sie zeigten an dieser Polare nicht nur die Geschwindigkeit des minimalen Sinkens und der besten Gleitzahl, sondern auch gleich die Wirkung von Gegen-, Rücken-, Auf- und Abwind, und schufen damit die Grundlage der Streckenflugtheorie.

Wenn man bei der Geschwindigkeits-Polare die umgerechneten Anteile der induzierten, Profil-, Leitwerks- und Restwiderstände einträgt, dann sieht man anschaulich, daß im Bereich des Langsamfluges der induzierte, in dem des Schnellfluges der Profil-Widerstand vorherrscht.

Die Geschwindigkeits-Polaren 1922 bis 1990 lassen erkennen, wie trotz erhöhter Flächenbelastungen von etwa 10 bis über 40 kg/m² die Sinkgeschwindigkeit immer geringer, die Gleitzahl immer besser und vor allem die Schnellflugleistungen immer günstiger geworden sind – dank der aerodynamischen Verfeinerungen. Hatte 1922 der »Vampyr« noch 0,8 m/s Sinken und eine Gleitzahl von 16, so liegen diese Werte heute bei 0,4 m/s und 57 (das ist ein Gleitwinkel von ziemlich genau 1°).

Wie sich die Flächenbelastung an einem einzelnen Stück auswirkt, ist am Beispiel der ASW 20 B zu sehen. Mit den Messungen an der D 36 erkennt man den Einfluß des Klappenausschlages. Die variable Geometrie in der Form der Spannweitenvergrößerung ist mit der fs 29, in der Form der Flügeltiefenvergrößerung mit der SB 11 dargestellt. Dazu ist aber noch zu bemerken, daß mit der Flächenzunahme natürlich auch die Flächenbelastung sinkt und die Flügelstreckung verändert wird.

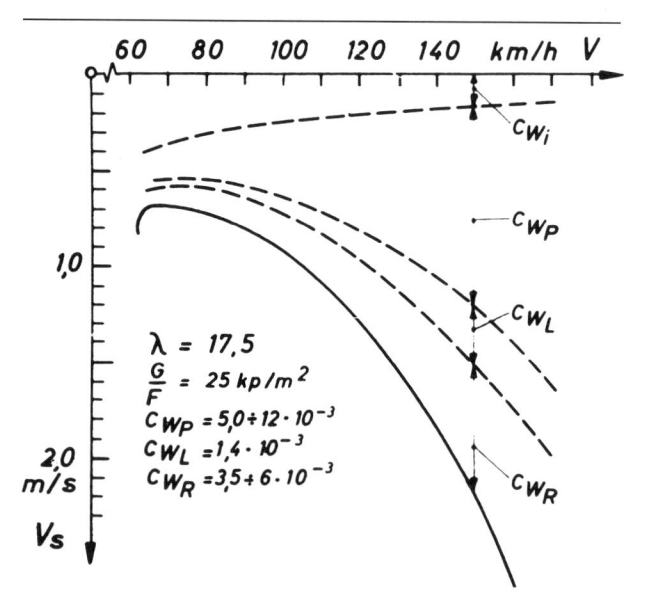

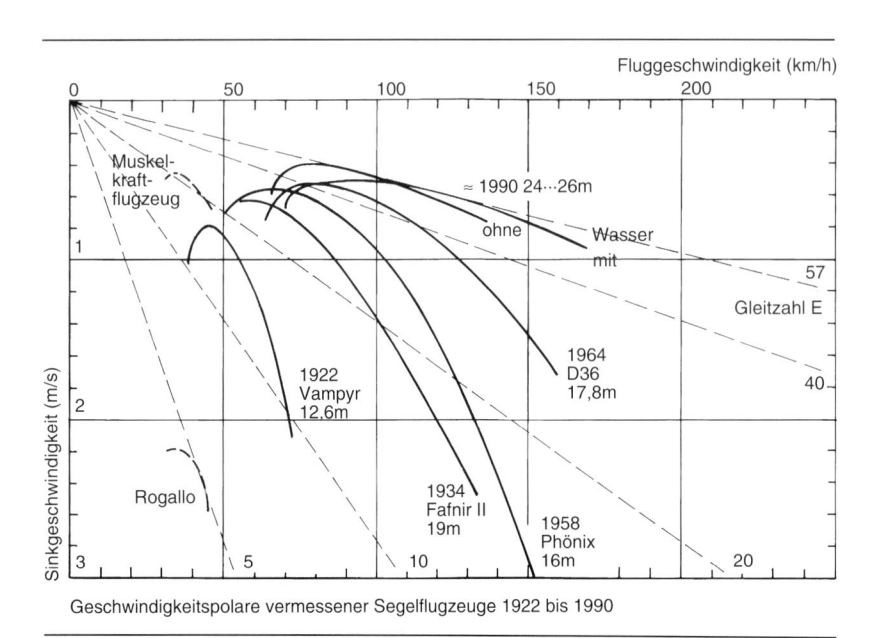

Einfluß der Teilwiderstände auf die Geschwindigkeits-Polare eines 15-m-Segelflugzeuges nach F. X. Wortmann.

c_{Wi} = induzierter Widerstand
c_{WP} = Profil-Widerstand
c_{WL} = Leitwerks-Widerstand
c_{WR} = Rest-Widerstand
V_S = Sinkgeschwindigkeit
λ = Flügelstreckung
G/F = Flächenbelastung

Geschwindigkeitspolare vermessener Segelflugzeuge 1922 bis 1990

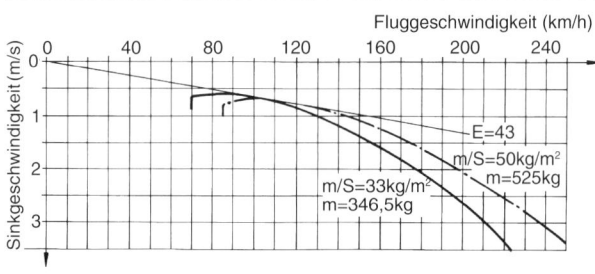

Wie wachsender schädlicher Widerstand, zunehmende Streckung und steigende Flächenbelastung im einzelnen die Polaren grundsätzlich ändern, ist an den drei kleinen Bildern zu sehen (größere Werte in Pfeilrichtung).

Die Laminarprofile können sehr empfindlich auf Rauhigkeit sein, u. a. auch auf Mücken, Staub und Regen.

Wenn auch mittlerweile unempfindlichere Profile entwickelt wurden, so müssen die Flügel vor dem Flug immer noch sorgfältig gesäubert werden. R. *Johnson* in USA hat in den 70er Jahren Flugmessungen mit verschmutzten Flügeln durchgeführt, wobei er fand, daß die Leistungen älterer Segelflugzeuge mit früher üblichen Profilen kaum beeinträchtigt wurden, während moderne Segler mit hochgezüchteten Laminarprofilen Einbußen in der Gleitzahl und im Sinken erlitten, die etwa zu folgenden Zahlen führten:

Flugzeug	min. Sinken [m/s] ohne Insekten	min. Sinken [m/s] mit Insekten	beste Gleitzahl ohne Insekten	beste Gleitzahl mit Insekten	Sinken [m/s] bei ≈ 185 km/h ohne Insekten	Sinken [m/s] bei ≈ 185 km/h mit Insekten
A	0,53	0,58	47	38	2,35	3,15
B	0,47	0,68	47	39	2,05	3,10
C	0,63	0,85	38	29	2,95	3,15
D	0,53	0,72	48	36	2,60	3,15

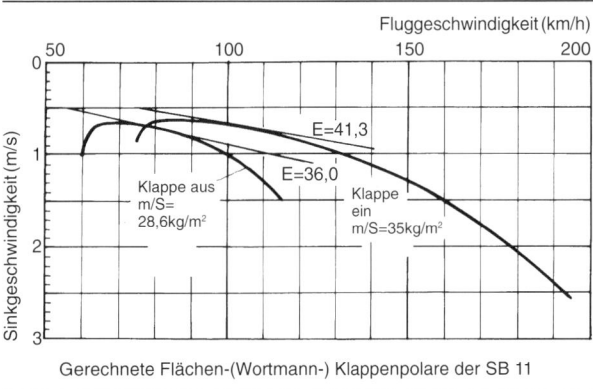

Handbuch-Polaren der ASW 20B ohne und mit Wasserballast

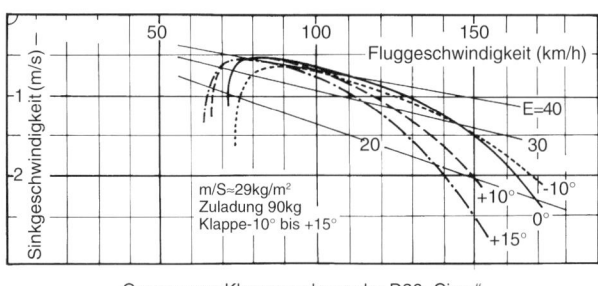

Gemessene Klappenpolaren der D36 „Circe"

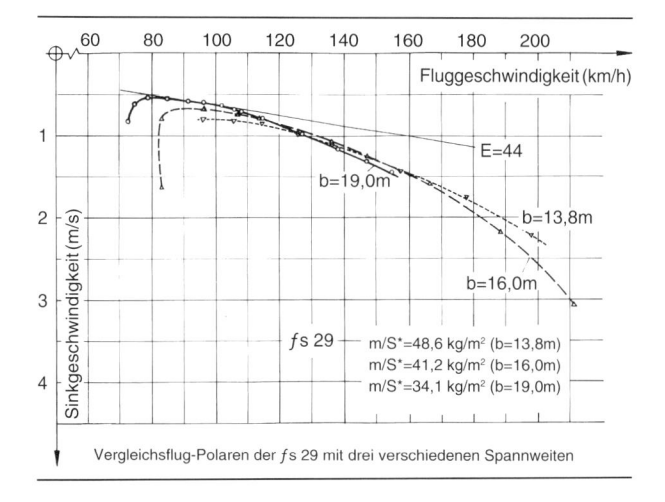

Vergleichsflug-Polaren der fs 29 mit drei verschiedenen Spannweiten

Gerechnete Flächen-(Wortmann-) Klappenpolare der SB 11

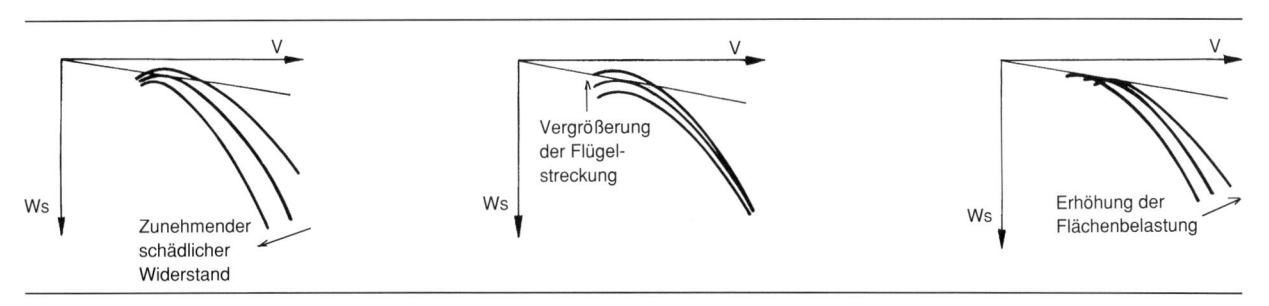

Zunehmender schädlicher Widerstand

Vergrößerung der Flügelstreckung

Erhöhung der Flächenbelastung

Flugmessungen

Bis Ende der 30er Jahre wurden die Leistungspolaren der Segelflugzeuge nicht gemessen und auch die Eigenschaften nicht nach Programm geprüft, denn die Lufttüchtigkeitsvorschriften enthielten keine entsprechenden Forderungen. Im Windkanal der Aerodynamischen Versuchsanstalt Göttingen wurde jedoch um 1923 ein Modell des »Vampyr« untersucht, so daß Anhaltswerte (Gleitzahl 16) verfügbar wurden. Auf der Wasserkuppe wurden während des Wettbewerbes vom Meßtrupp zwar die Flugbahnen der Segelflugzeuge bestimmt, doch konnte der Einfluß des Horizontal- oder Vertikalwindes nicht im einzelnen ermittelt werden. Trotzdem hat man damals Leistungsabschätzungen versucht. Die Flugeigenschaften beurteilte der Pilot nach eigener Erfahrung, seltener ein Versuchspilot mit etwas größerer Musterkenntnis.

Leistungen wurden also geschätzt, mehr oder weniger genau gerechnet oder sogar »gemessen«, d. h. daß in vermutlich (!) ruhiger Luft nach nicht kalibrierten Bordgeräten (!) wie Fahrt- und Höhenmesser das Sinken und die Gleitzahl bei nur ein oder zwei Fluggeschwindigkeiten bestimmt wurden. Diese »Methode« wird auch heute noch manchmal benutzt: ihre Ergebnisse werden gerade dann für richtig und wahr gehalten, wenn sie mit den Erwartungen übereinstimmen oder sie sogar noch übertreffen.

Die DFS und die DVL, ganz besonders aber die Akafliegs und mit ihnen *Hans Zacher*, hatten es sich zur Aufgabe gemacht, exakte Leistungsmessungen und methodische Eigenschaftsprüfungen durchzuführen und nach 1955 zu vervollkommnen, die einfachen Meßgeräte zu verbessern und auch zahlreiche Sonderuntersuchungen einzurichten.

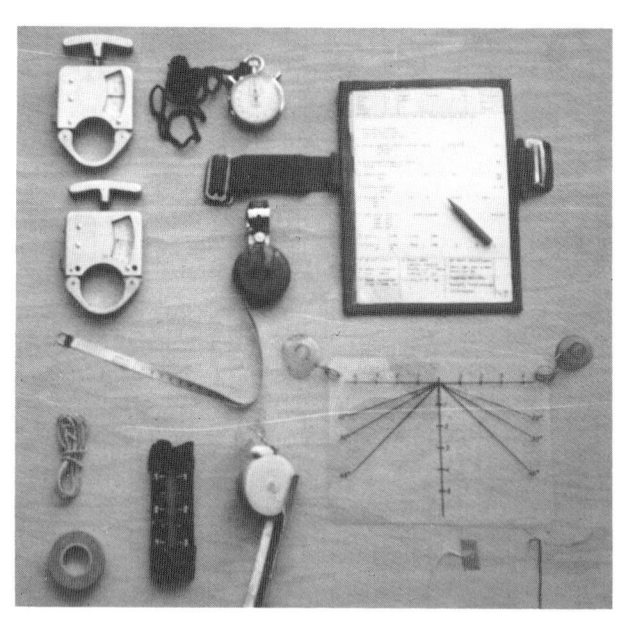

Die einfachen Flugeigenschaftsprüfgeräte: 2 Handkraftmesser, Stoppuhr, Protokoll-Kniebrett, 2 Handwegmesser, Beschleunigungsmesser, Winkelmesser (Phi-Psi-Theta), Hilfsmaterial.

Bis heute werden die Arbeiten beim Idaflieg-Vergleichsfliegen zusammen mit der DLR zum Nutzen der Industrie und zur Ausbildung des Ingenieurnachwuchses weitergeführt. Bei den Flugeigenschaften werden vor allem das Abkippverhalten und die Wendigkeit geprüft, d. h. im einzelnen

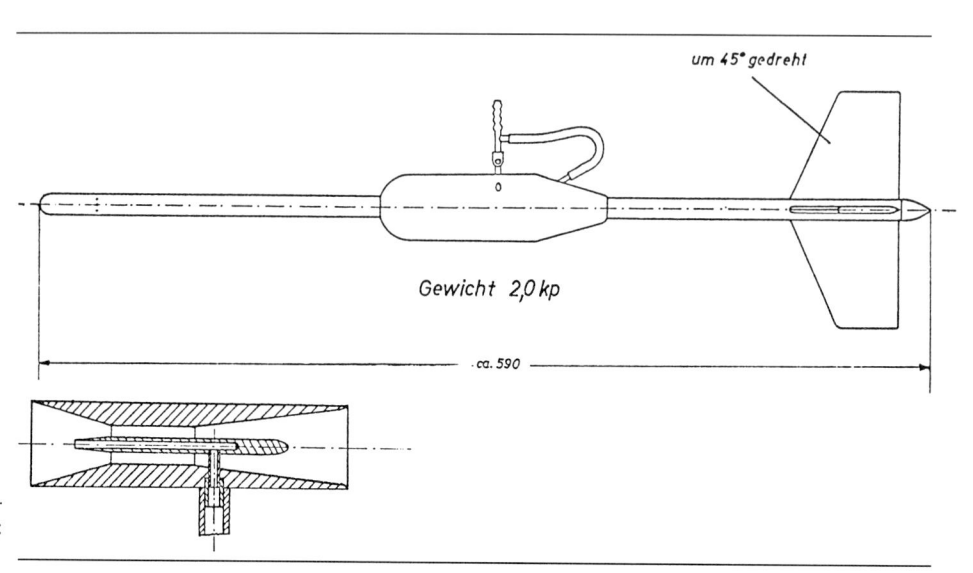

Schleppsonde DFS 60 für statischen Druck. Kleine Zeichnung: Gesamtdrucksonde nach Kiel.

- Langsamflug, Überziehen, Abkippen, Trudeln
- Kurvenwechsel (-zeiten)
- Kurven ohne Quersteuer und ohne Seitensteuer
- Seitengleitflug, Brems- und Wölbklappenwirkung
- Steuerbarkeit und Stabilität um alle Achsen
- Start- und Landeverhalten
- Pilotensitz, Sicht, Geräte, Hebel, Lüftung usw.

Mit eigens dazu entwickelten sehr einfachen Geräten zur Messung der Handkräfte und -wege, der Winkeländerungen um die drei Flugzeugachsen sowie mit den Bordgeräten und einer Stoppuhr werden nach vorgegebenem Programm im Flug Daten gewonnen, die in ein Flugprotokoll eingetragen und am Boden ausgewertet werden. Da von drei oder mehr Piloten nach der gleichen Methode geprüft wird, ergibt sich ein ziemlich objektives Bild über die Eigenschaften.

Zur Vorbereitung der Polarenmessung muß der Bordfahrtmesser kalibriert werden. Der statische Druck wird von einer Schleppsonde, der Gesamtdruck von einem Kielschen Rohr geliefert. Die Schleppsonde hängt an einem etwa 30 m langen Schlauch unten hinter dem Flugzeug und kann für Geschwindigkeiten bis ungefähr 180 km/h verwendet werden. Das Kielsche Rohr ist ein ummanteltes Pitotrohr, das fest am Flugzeug angebracht ist und noch bei Schräganströmungen bis 45° genau mißt. Nach Abbau der Kaliergeräte ist das Flugzeug ohne diese »Störkörper« bereit für die eigentliche Messung, die **Höhenstufenflüge**. Bei konstanter Geschwindigkeit wird eine Höhendifferenz $H_1 - H_2 = \triangle H$ durchflogen, die Zeit dafür gestoppt, die mittlere Höhe $\frac{H_1 + H_2}{2}$ und die dazugehörige Luftdichte ϱ bestimmt und die Sinkgeschwindigkeit errechnet. Auf diese Weise müssen 60 bis 90, bei Klappenflugzeugen auch mehr »Stufen« gemessen werden. Warum? Die Unruhe selbst der »ruhigen« Atmosphäre bringt eine Streuung der Meßpunkte hervor, die nicht zu brauchbaren Polaren führt, wenn man sich mit nur wenigen Punkten begnügt. Alle Daten, die ja aus verschiedenen Höhen stammen, werden noch auf Bodenluftdichte ϱ_0 umgerechnet. Wenn man mehrere Flugzeuge miteinander vergleichen will, ist es zweckmäßig, die Meßflugmasse auch noch auf 90 kg Zuladung einheitlich umzurechnen.

Das so kalibrierte Flugzeug läßt sich nun noch für ein einfacheres und kürzeres Meßverfahren verwenden, nämlich für den **Vergleichsflug.** So kann man einmal den Fahrtmesser des zu vergleichenden Flugzeuges kalibrieren und dann auch noch die Polare mit weniger Meßpunkten (15 bis 30) ermitteln, da ja beide Flugzeuge in derselben Luftmasse fliegen und dadurch die atmosphärische Störung (und Streuung) geringer wird. Beide Flugzeuge fliegen nicht zu nah nebeneinander her, vom daneben fliegenden Schleppflugzeug aus wird zu Beginn des Meßvorgangs die Höhendifferenz fotografisch gemessen, dasselbe nochmals zu Ende und die Zeit sowie die mittlere Höhe über NN ermittelt.

DVL-Schleppsonde mit Haspel an der D 30 »Cirrus« (1942). Im Sitz: *Hans Zacher.*

Geräte für genauere Messungen werden bei Segelflugzeugen zum Gewichts-, Raum- und Energieproblem.
Schleppsonde DFS 60 und PCM-Anlage der DLR.

Meßfoto: mit den Rumpflängen als Bezugsmaß läßt sich der Höhenunterschied gut ermitteln.
Kalibrierter »Cirrus« mit »Standard-Cirrus«.

Die Inversions-Dunstgrenze ermöglicht auch Nickwinkelmessungen.

Vergleichsflug Horten IV – D 30 in Darmstadt, Mai 1943.

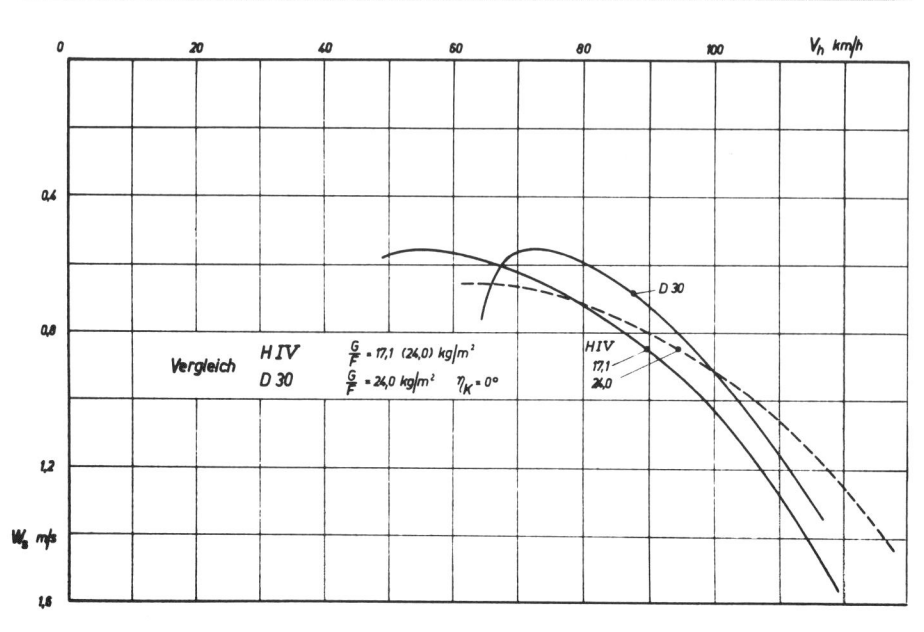

Vergleichspolaren Horten IV–D 30 (gestrichelt: Ho IV umgerechnet auf Flächenbelastung $G/F = 24{,}0$ kg/m²).

238

Das Forschungssegelflugzeug »Hans Zacher« der DLR (früher DFVLR), ein »Janus« mit Profilmeß-Gestell.

So viel in kurzen Worten zu den heute üblichen und langbewährten, aber ständig verbesserten Leistungsmeßverfahren. Andere wie z. B. die sogenannte Ausschießmethode, die Theodolitvermessung vom Boden aus, die Seilzugmessung im Schleppflug sind öfters versucht, aber nie weiterentwickelt worden.

Am Beispiel der Original-Polare der Ka 6 CR nach Höhenstufenmessung bei der DFS 1960 soll gezeigt werden, wie die Streuung der Meßpunkte und die dazugehörige Fehler-Ablage-Kurve (Gauß-Verteilung) aussehen (hier sind G/F die Flächenbelastung, E die Gleitzahl und BK die Bremsklappen).

Bei der Entwicklung neuer Flügel- und Leitwerksprofile ist der »Janus« der DLR (früher DFVLR) sehr hilfreich. Mit ihm können im freien Luftstrom zwischen den beiden Endscheiben Druckverteilungen, Abreißverhalten, Rauhigkeitseinflüsse, Klappenwirkungen usw. an alten und neuen Profilen untersucht werden.

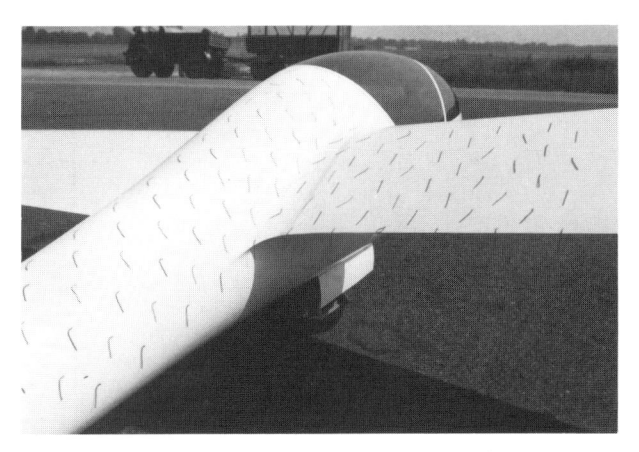

Aufgeklebte Wollfäden zum Sichtbarmachen der Strömungsverhältnisse im Rumpf-Flügel-Bereich.

Die Kamera zum Aufnehmen der Wollfäden mit Spiegel und eingespiegeltem Fahrtmesser.

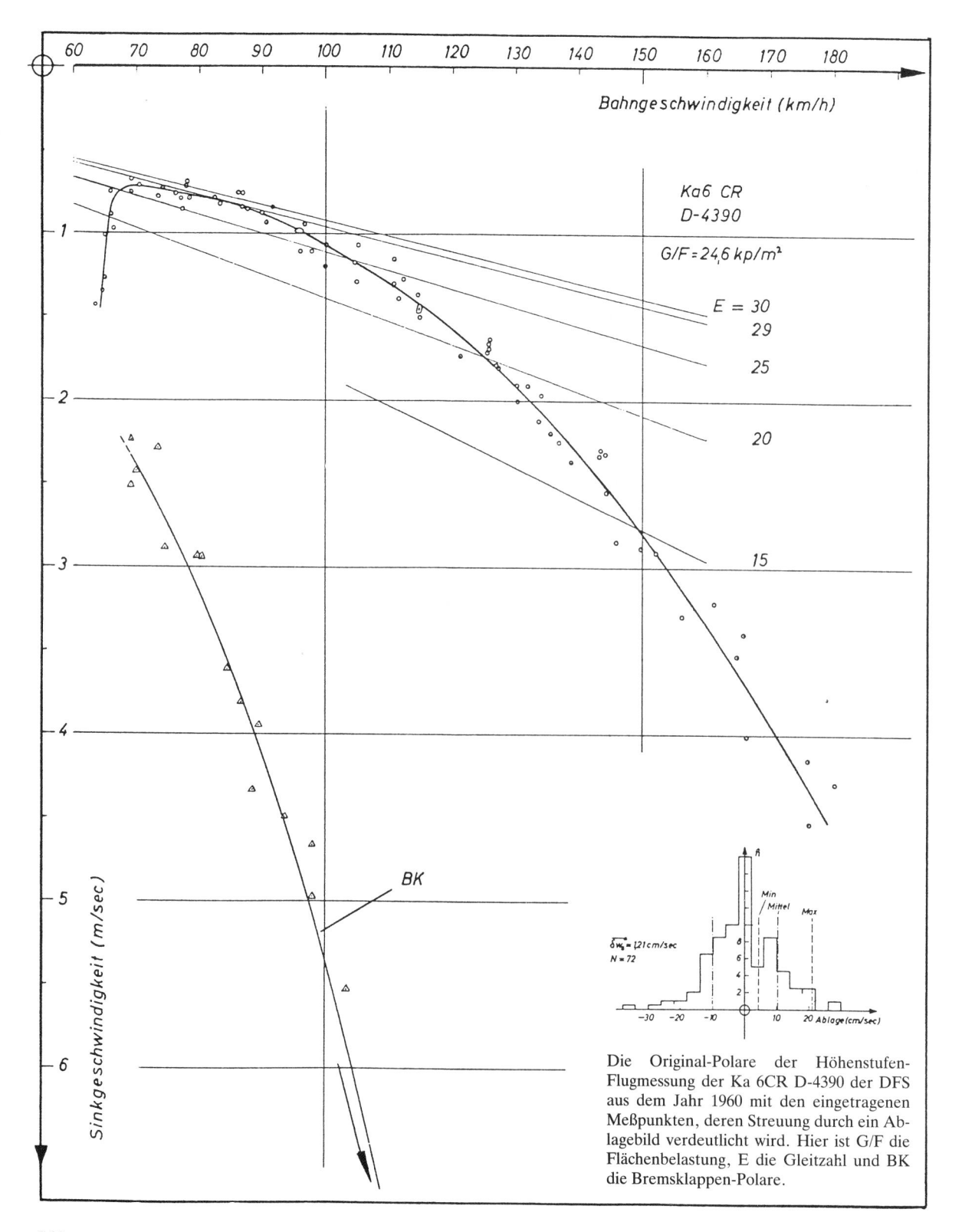

Die Original-Polare der Höhenstufen-Flugmessung der Ka 6CR D-4390 der DFS aus dem Jahr 1960 mit den eingetragenen Meßpunkten, deren Streuung durch ein Ablagebild verdeutlicht wird. Hier ist G/F die Flächenbelastung, E die Gleitzahl und BK die Bremsklappen-Polare.

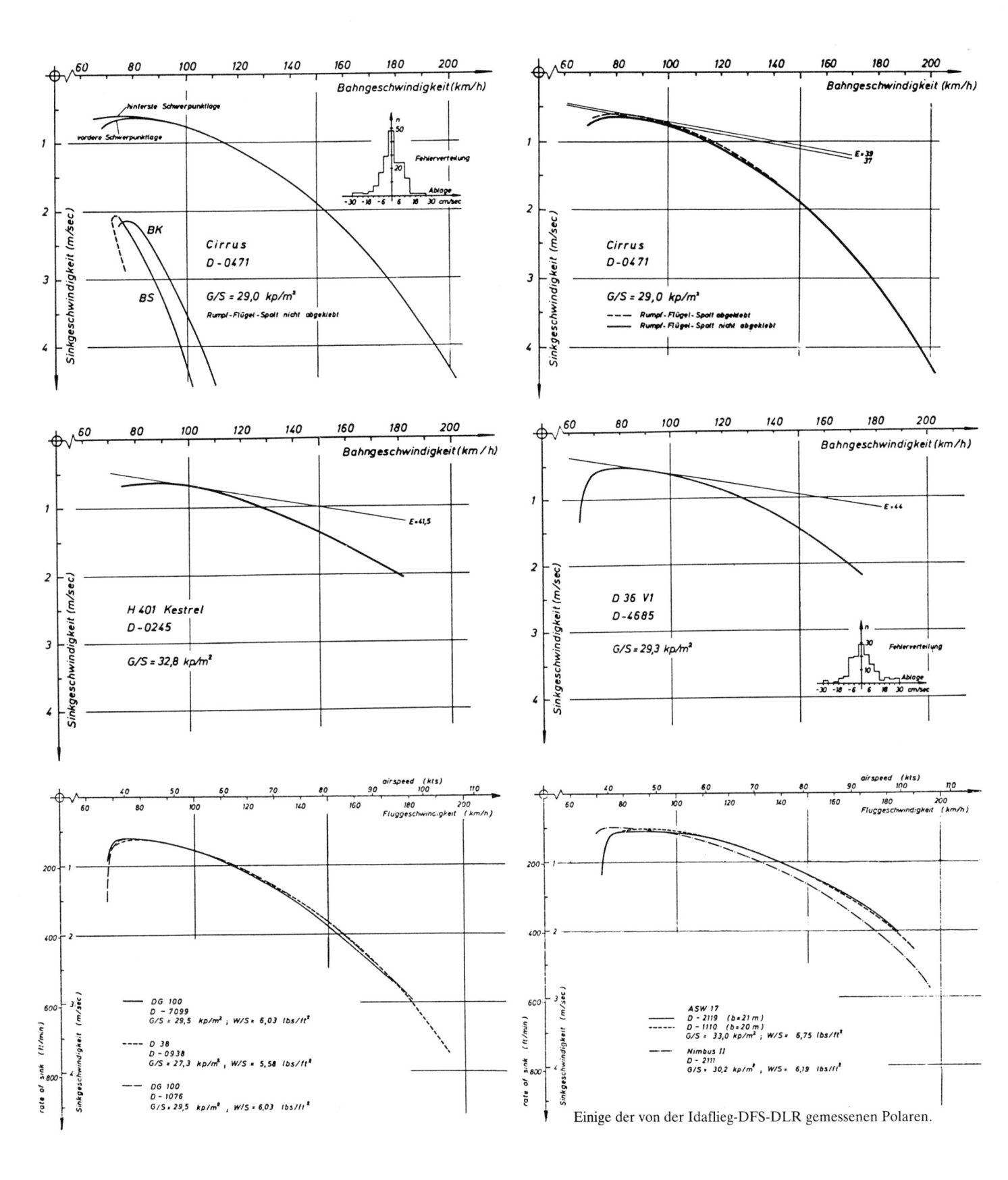

Einige der von der Idaflieg-DFS-DLR gemessenen Polaren.

Flugzeugdaten

Flugzeug	Kennzeichen	Profile	b m	S m²	Λ	G_R kp	G_F kp	G/S* kp/m²	G/S kp/m²	Hersteller
Ka 6CR	D-1810	NACA 63-618	15,0	12,4	18,1	185	305	24,6	22,2	A. Schleicher, Poppenhausen
Cirrus	D-0471	NACA 63-614 Joukowsky 12% FX 65-196 FX 65-160	17,74	12,6	25,0	275	389	30,9	29,0	Schempp-Hirth, Kirchheim
ASW 15	D-0510 D-0791	FX 61-163 FX 60-126	15,0	11,0	20,5	215	322,5 301	29,3 27,4	27,7	A. Schleicher, Poppenhausen
D 36 V1	D-4685	FX 62-K-131 FX 60-126	17,8	12,8	24,8	285	401	31,3	29,3	Akaflieg Darmstadt
Elfe S-3	HB-902	FX 61-163 FX 60-126	15,0	11,85	19,0	224	312	26,3	26,5	A. Neukom, Neuhausen, Schweiz
FK 3	D-0292	FX 61-K-153	17,4	13,8	22,0	260	398	28,8	25,4	VFW-Fokker, Speyer
FS 25 Cuervo	D-8141	FX 66-S-196 FX 61-184 FX 61-168 FX 61-147 FX 60-126	15,0	8,54	26,4	154	235	27,5	28,6	Akaflieg Stuttgart
H 101 Salto	D-2040	17-A-II	13,6	8,55	21,6	180	258	30,2	31,6	Start + Flug GmbH, Saulgau
H 201 Stand.-Libelle	D-0082 D-0697	17-A-II	15,0	9,8	23,0	195	282 275	28,8 28,1	29,1	Glasflügel, Schlattstall
H 301 Libelle	D-9412	H 1/H 2	15,0	9,53	23,6	194	276	29,0	29,8	Glasflügel, Schlattstall
H 401 Kestrel	D-0245	FX 67-K-170 FX 67-K-150	17,0	11,58	25,0	290	368	31,8	32,8	Glasflügel, Schlattstall
LS 1A LS 1C	D-4734 D-0558	FX 66-S-196	15,0	9,74	23,1	197	288 301	29,6 30,9	29,5	Schneider, Egelsbach
Mü 22 b	D-1848	NACA 63₃-618	17,0	13,54	21,4	268	340	25,1	26,4	Akaflieg München
Mü 26	D-0726	Eppler STE348	16,6	15,3	18,0	275	362	23,7	23,9	Akaflieg München
Nimbus II	D-0107 D-0699	FX 67-K-170 FX 67-K-150	20,3	14,4	28,6	345	436 449	30,3 31,2	30,1	Schempp-Hirth, Kirchheim
Phoebus C	D-0559	Eppler 403	17,0	14,05	20,6	269	362,5	25,8	25,6	Bölkow, Laupheim
Sagitta	PH-319	NACA 63-618 NACA 4412	15,0	12,0	18,8	234	324	27,0	27,0	N. V. Vliegtuigbouw, Holland
SB 8 V2	D-6085	FX 62-K-153a FX 62-K-131a FX 60-126	18,0	14,1	23,0	301	385	27,3	27,7	Akaflieg Braunschweig
SB 9	D-6085	wie SB 8	21,0	15,2	29,0	325	414	27,3	27,3	Akaflieg Braunschweig
SF 27 A	D-6068	FX 61-184 FX 60 126	15,0	12,1	18,6	222	295	24,6	25,8	E. Scheibe, Dachau
Stand.-Cirrus	D-0483	FX 65-196	15,0	10,0	22,5	205	300 312,5	30,0 31,2	29,5	Schempp-Hirth, Kirchheim
SZD-30 Pirat	D-3660 PH-392		15,0	13,8	16,3	255	360 342	26,1 24,8	25,0	SZD, Polen
AS-K 13	D-2018	Gö 535/549 Gö 532	15,95	17,5	14,6	293	456	26,0	27,0	A. Schleicher, Poppenhausen
Bergfalke III	D-1737	Mü-Profil	16,6	18,06	15,3	275	482,5	26,7	25,2	E. Scheibe, Dachau
K 8-KM 48	D-KIBO	Gö 533/532	15,0	14,2	15,9	232	321	22,6	22,7	A. Schleicher, Poppenhausen Fichtel & Sachs-Flugsportgr.

Daten der gemessenen Leistungen

Flugzeug	G/S kp/m²	$w_{s\,min}$ m/sec	bei V km/h	E_{max}	bei V km/h	w_s bei 100 km/h m/sec	w_s bei 120 km/h m/sec	w_s bei 150 km/h m/sec
Ka 6CR	22,2	0,68	67	29	78	1,13	1,70	3,05
Cirrus	29,0	0,60	80	39	89	0,74	1,06	1,88
ASW 15	27,7	0,63	77	36,5	89	0,80	1,14	1,93
D 36 V 1	29,3	0,53	82	44	87	0,65	0,88	1,47
Elfe S-3	26,5	0,65	80	36	91	0,79	1,14	1,89
FK 3	25,4	0,63	78	37	90	0,78	1,13	1,88
FS 25 Cuervo	28,6	0,60	79	38,5	87	0,79	1,22	2,12
H 101 Salto	31,6	0,72	81	33,5	93	0,86	1,21	2,00
H 201 Stand.-Libelle	29,1	0,68	81	34,5	92	0,82	1,16	1,96
H 301 Libelle	29,8	0,58	82	40,5	94	0,70	0,98	1,60
H 401 Kestrel	32,8	0,63	87	41,5	102	0,68	0,89	1,40
LS 1C	29,5	0,63	78	36	90	0,80	1,17	2,02
Mü 22b	26,4	0,63	70	35,5	87	0,83	1,20	2,16
Mü 26	23,9	0,63	77	40	95	0,72	1,00	1,68
Nimbus II	30,1	0,52	80	46	95	0,61	0,86	1,37
Phoebus C	25,6	0,63	83	39	93	0,73	1,04	1,76
Sagitta	27,0	0,76	70	27,5	83	1,10	1,60	2,70
SB 8 V2	27,7	0,62	86	40	97	0,76	0,96	1,67
SB 9	27,3	0,51	81	46	88	0,64	0,94	1,65
SF 27A	25,8	0,69	70	30,5	85	0,97	1,33	2,02
Standard-Cirrus	29,5	0,65	75	36	95	0,78	1,06	1,78
SZD-30 Pirat	25,0	0,73	71	29,5	84	1,02	1,43	2,26
ASK 13	27,0	0,84	73	26	88	1,10	1,58	2,75
Bergfalke III	25,2	0,77	70	26,5	84	1,14	1,73	2,94

Original-Beispiele von Datentabellen und Polaren sowie von Flugeigenschaftsbeurteilungen der Idaflieg-Vergleichsfliegen 1966–1976.

Flugeigenschaften

Flugzeug	Führerraum	Ueberziehverhalten	Steuerbarkeit im Normalflug	Slip	Kurvenwechselzeit
Ka 6CR D-4116	Ein- u. Ausstieg trotz hoher Bordwand noch gut. Sitz mässig, zu steil. – Sicht durch hohe Bordwand etwas behindert. – Steu sehr gut, leichtgängig. SSt-Pedale schlecht verstellbar. – Federtrimm. umständlich. – BK-Hebel gut. – Für Instr. ausreichend Platz. – Lüftung nicht regulierbar	$V_{A\,warn}$ = 60 km/h Schütteln $V_{A\,min}$ = 55 km/h leichtes Taumeln, gut im Sackflug zu halten	Start sehr einfach. F-Schlepp sehr gut, eigenstabil. Steuerabsti sehr gut. Fahrtschwingung indifferent. BK-Wirkung sehr gut. Sehr leicht zu landen, Ziellandung gut.	Mit grossem β gut mögl. Wirkung gut	3,5 sec
Cirrus D-8141	Ein- u. Ausstieg gut. – Sitz und Verstellung sehr gut. Sicht sehr gut nach allen Seiten. – Steu gut. SSt-Pedale gut verstellbar aber unbequem. – Trimmhebel unhandlich. – BK- u. FW-Hebel gut – Instr. br. gross, behindert grosse Piloten beim Einstieg. Lüftung gut; laut	$V_{A\,warn}$ = 80 km/h leichtes Schütteln Ab 70 km/h starkes Schütteln, Nicken und Taumeln $V_{A\,min}$ = 65 km/h Abkippen weich	Start: Richt.korr. durch Spornrad behindert. Steuerabsti leicht stabil. BK-Wirkung gut – leicht zu landen. Kurzlandung mit Bremsschirm.	Mit grossem β möglich Wirkung mässig	4,5 sec
AS-W 15 D-0791	Ein- u. Ausstieg gut. – Sitz sehr gut. Sicht sehr gut. – Grosse Knüppelreibung, Steu sonst gut. BK-Hebel zu dicht an Bordwand. – FW- u. Trimmhebel gut. – Instr. übersichtlich. Lüftung ausreichend; leise	$V_{A\,warn}$ = 68 km/h leichtes Schütteln $V_{A\,min}$ = 63 km/h ruhiger Sackflug, zeitweise starkes Nicken	Start: leichte Ausbrechneigung nach rechts. F-Schlepp stabil. Steuerabsti gut. Fahrtschwingung instabil. Mässige Spi.neigg. Schneller Kurvenw. nahezu schiebefrei. BK-Wirkung gut – leicht zu landen.	Mit grossem β gut mögl. Wirkung gut HSt leicht drücken	3,0 sec
D 36 V1 D-4685	Ein- u. Ausstieg gut. – Sitz geräumig, Liegepos. etwas unbequem. – Sicht nach vorn sehr gut, seitlich mässig. Steuerkn. ungewöhnl. Asymmetrie. – SSt unbequem, Instr.-Turm unten zu breit. – BK-Betätigung nur wenn FW ausgefahren. – Keine Trimmung. – Lüftung unzureichend	$V_{A\,warn}$ = 70 km/h Schütteln, Taumeln, Nicken $V_{A\,min}$ = 65 km/h	Start: etwas schwierig durch bodennahe Flügelspitzen, Knüppelasymmetrie und sehr empfindl. HSt. Steuerabsti gut. BK-Wirkung sehr gut – leicht zu landen.	Mit mittlerem β möglich Wirkung mässig	3,9 sec
Elfe S-3 HB-902	Ein- u. Ausstieg: niedere Bordwand gut, Instr.-Brett behindert. – Sitz zu schmal, Verstellbarkeit gut. – Sicht ausreichend (etwa Ka 6) – Knüppel zu weit vorn. – Keine Trimmung. – Instr.: ausreichend Platz. Lüftung ausreichend; laut	$V_{A\,warn}$ = 60 km/h leichtes Schütteln $V_{A\,min}$ = 57 km/h Sackflug möglich Nicken, dann Abkippen	Start: lange Rollstrecke. F-Schlepp: bei 80 kp Zuladung HSt oft voll gedrückt. Steuerabsti mittel. Gleichgew.-geschw. 140 km/h. BK-Wirkung gut – leicht zu landen, aber hohe Aufsetzgeschw., Landestösse sehr hart.	Mit mittlerem β möglich Aufbäumneigung HSt stark drücken Wirkung mässig	3,5 sec
FK 3 D-0292	Ein- u. Ausstieg: ziemlich eng, hohes Fahrwerk. Sitz mässig. – Sicht gut. – Steu: HSt-Reibung gross, Knüppel zu weit vorn. – WK- u. FW-Hebel gut, BK- u. Trimmhebel schlecht erreichbar. – Instr.: wenig Platz. – Lüftung ausreichend	$V_{A\,warn}$ = 68 km/h leichtes Schütteln $V_{A\,min}$ = 64 km/h Taumeln, Abkippen immer rechts (Unsymm. bei D-0292)	F-Start gut mit Wölbkl.st. –5°. Steuerabsti gut, mittlere Kräfte. Fahrtschwingung leicht stabil. Spi.neigg. Kleine QGi. BK-Wirkung sehr gut – leicht zu landen, Kurzlandung sehr gut. Bremswirkung u. Federung gut.	Mit mittlerem β möglich Wirkung mässig	4,2 sec
FS 25 «Cuervo» D-8141	Ein- u. Ausstieg gut. – Sitz sehr gut. Sicht sehr gut. – Steu sehr gut (vorbildl. Knüppelgr.). Bedienhebel gut. – Instr.anordn. sehr platzspar. Lüftung nicht ausreichend	$V_{A\,warn}$ = 63 km/h leichtes Schütteln $V_{A\,min}$ = 58 km/h Sackflug möglich	Start: HSt empfindlich, sonst normal. Steuerabsti sehr gut. Fahrtschwingung leicht gedämpft. Richt.stab. gering. Spi.neigg gering. BK-Hinterkanten-Drehklappe, Wirkg im Langsamflug mässig, Schnellflug gut. Landung: langes Ausschweben, langer Rollweg.	Mit kleinem β möglich Wirkung gering	3,8 sec
H 101 Salto D-2040 (Prototyp)	Ein- u. Ausstieg gut. – Sitz gut. – Sicht gut, nach vorn beschränkt. – Steu gut, leichtgängig. – BK-Hebel unhandlich. – Trimmhebel sehr gut. – Ausklinkvr. noch erreichbar. – Instr.: genügend Platz	$V_{A\,warn}$ = 70 km/h starkes Schütteln $V_{A\,min}$ = 68 km/h Taumeln, Abkippen	F-Start gut, 2 kp Drücken. Steuerabsti mittel, geringe Kräfte, SR-Wirkung zu gering. Fahrtschw. leicht stabil. Spi.-neigg. gering. Kleine QGi. In Thermik: optimales Fliegen schwierig. BK-Wirkung mässig. Ziellandung schwierig, langes Ausschweben, langer Rollweg.	Mit mittlerem β möglich Wirkung ausreichend	3,2 sec

Original-Beispiel einer kurzgefaßten Flugeigenschaftstabelle.

Zur Entwicklung der Hauptdaten der Segelflugzeuge

Spannweite, Streckung, Flugmasse, Flächenbelastung, Gleitzahl und Sinkgeschwindigkeit sind über der Zeit aufgetragen, und zwar wesentlich für einsitzige Leistungssegelflugzeuge. Schulgleiter und Übungssegler sind nicht dabei, nur wenige Doppelsitzer sind einzeln vermerkt, ebenso die Extremwerte richtungweisender oder besonderer Segelflugzeuge.

Bei der Spannweite ist mit 15 m der Höchstwert für das Olympiaflugzeug von 1939, das Standardflugzeug von 1958 und auch die FAI-(Renn-)Klasse festgelegt worden. Das erklärt die im Diagramm seit 1940 mit vielen Mustern dicht belegte 15-m-Linie.

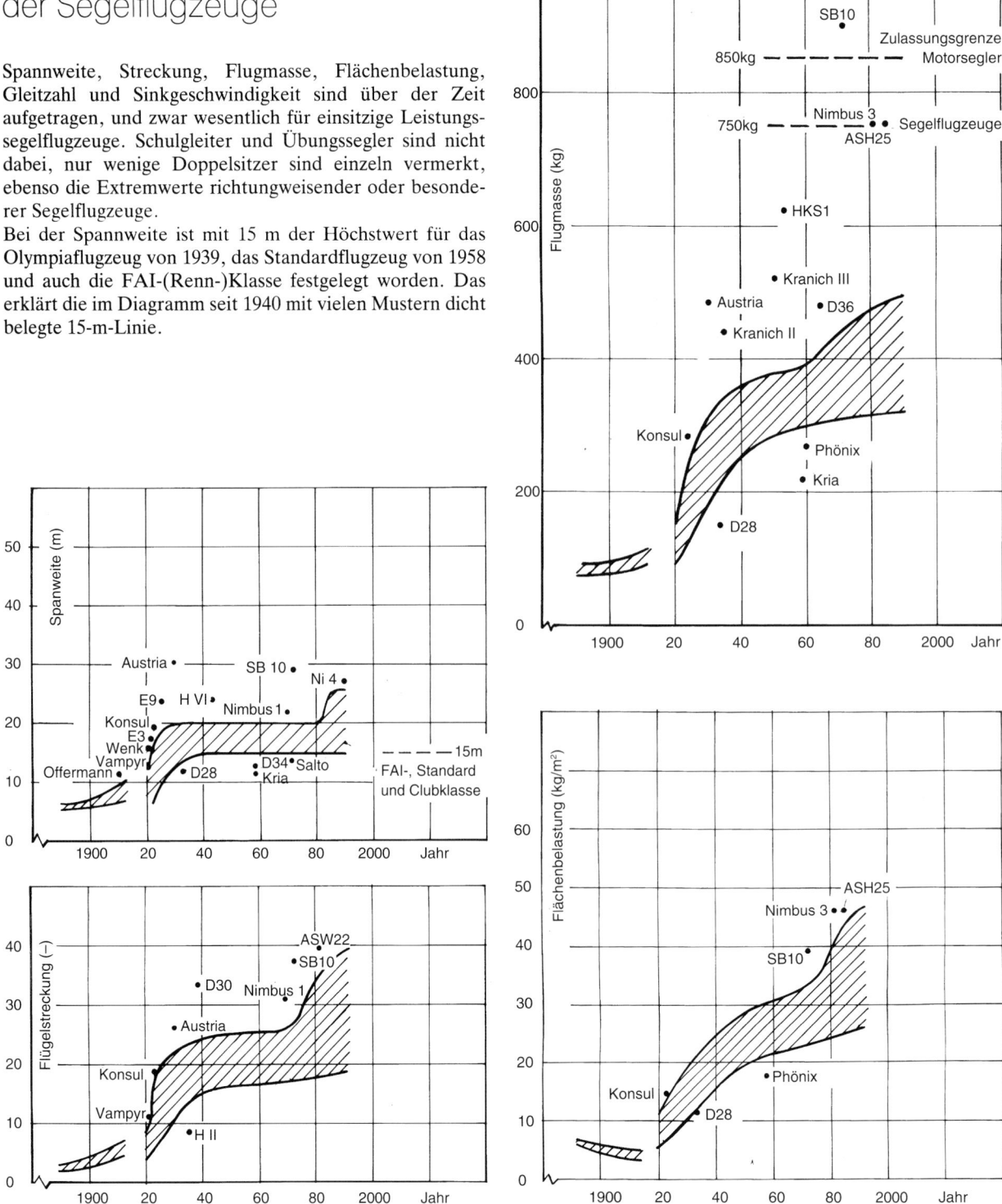

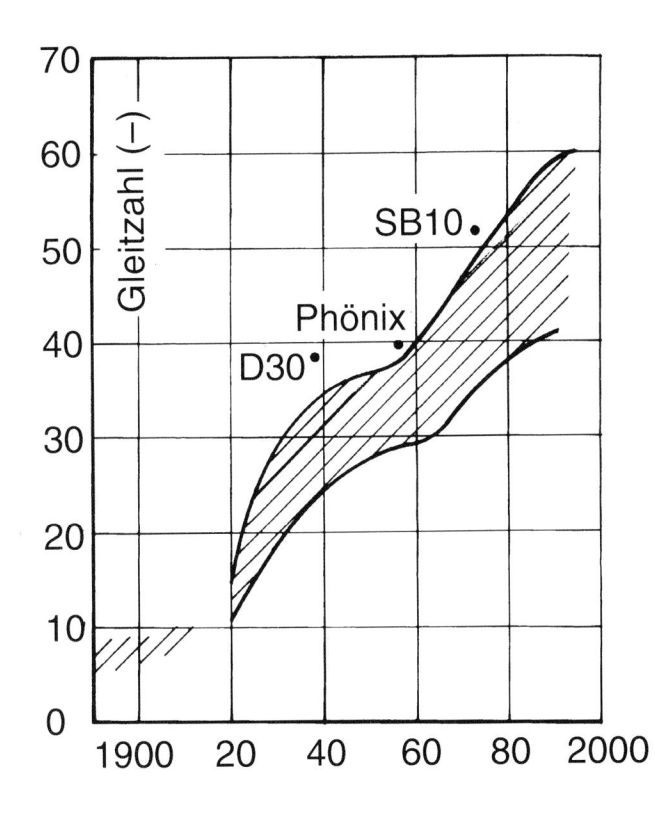

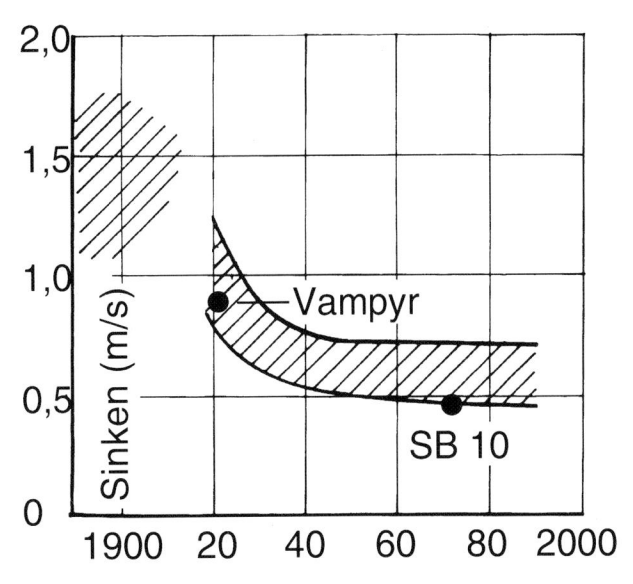

Bei der Flugmasse sind die heute höchstzulässigen Werte nach OSTIVAS, LFSM und JAR 22 mit 750 kg für Segelflugzeuge und 850 kg für Motorsegler angedeutet.
Von 1920 bis 1923 stiegen Spannweite, Streckung, Masse und Gleitzahl sehr schnell bei gleichzeitiger Verminderung der Sinkgeschwindigkeit: *das* Segelflugzeug war mit den zu jener Zeit üblichen Mitteln gefunden worden.
Nach 1960 gab es nochmals einen bedeutenden Anstieg besonders der Gleitzahlen als Folge der Anwendung von Laminarprofilen, neuen Werkstoffen und Bauweisen, die eine bessere Formgebung ermöglichten. Als CFK eingeführt wurde, konnten Spannweite und Streckung wiederum vergrößert werden. Als immer mehr Wasserballast mitgenommen wurde, kamen die maximalen Flächenbelastungen bald von etwa 30 auf über 50 kg/m^2.

Man kann nicht sagen, daß das Ende der Entwicklung erreicht ist, aber sicherlich werden steile Anstiege der Leistungen nicht mehr erwartet.

Wieviel kostet ein Segelflugzeug?

1894 verkaufte *Lilienthal* seinen »Normalsegelapparat« für		500,– Goldmark
≈ 1928 kostete bei *Espenlaub* der einfache Schulgleiter »Zögling«		850,– Reichsmark
1933 zahlte *Wolf Hirth* bei Schneider, Grunau, für das »Moazagotl« (Einzelstück)		5 000,– Reichsmark
1931 kostete die »Kassel 25« (18 m) aus der Kleinserie		1 600,– Reichsmark
1930 wurde die »Austria« versichert mit		30 000,– Reichsmark
≈ 1953 verkaufte *Schmetz* den Doppelsitzer »Condor IV« für	≈	12 000,– DM
hatte aber 18 000,– DM Selbstkosten		
1956 lieferte *Scheibe* den »Spatz 55« für	≈	5 700,– DM
1975 lieferte *Grob* den »Astir CS« für	≈	25 000,– DM
1981 lieferte *Schneider* die »LS 4« für	≈	40 000,– DM
1990 lieferte *Schleicher* die »ASW 20« für	≈	57 000,– DM
1992 kostet ein Serien-Doppelsitzer z. B.	≈	95 000,– DM
der gleiche mit Rotaxmotor z. B.	≈	150 000,– DM
Drachen ohne Ausrüstung liegen bei		3 000,– bis 6 000,– DM
1999 muß für ein Flugzeug der Standardklasse mit		80 000,– DM
der Rennklasse mit		100 000,– DM
der Offenen Klasse mit		200 000,– DM
gerechnet werden.		
Ein Klapptriebwerk kostet zusätzlich um		50 000,– DM

Leistungs- und Sicherheitsverbesserungen führen zu Preiserhöhungen ebenso wie die Inflationsrate und die Lohnkostensteigerungen. Der Preis hängt im einzelnen noch ab
1. vom Verwendungszweck (Schul-, Übungs-, Leistungs-, Hochleistungsflugzeug) und von der Klasse (Club-, Standard-, Renn-, Offene Klasse),
2. von den Sitzen (Ein-, Doppelsitzer),
3. von der Ausrüstung und den Zusätzen (Instrumente, Funk, Bordrechner; Einziehfahrwerk, Grenzschichtbeeinflussung u. a. m.)
4. vom Triebwerk (fest, klappbar, Leistung).

Allgemein liegt ein Segelflugzeug bei 40 000,– bis 200 000,– DM (ein Auto bei 15 000,– bis 200 000,– DM). In der »Mittelklasse« kostet die Leermasse eines Autos DM 30,–/kg, eines Segelflugzeugs aber DM 200,–/kg, weil es in Kleinserien handwerklich hergestellt wird, Leichtbau notwendig ist und eine formtreue glatte Oberfläche haben muß.

Die Serien haben eine Stückzahl von 50 bis 500, manchmal über 1000 (»SG 38« und »Baby« hatten wohl mehr als je 5000; bei den Hochleistungsseglern wird auch oft die 50 nicht erreicht).

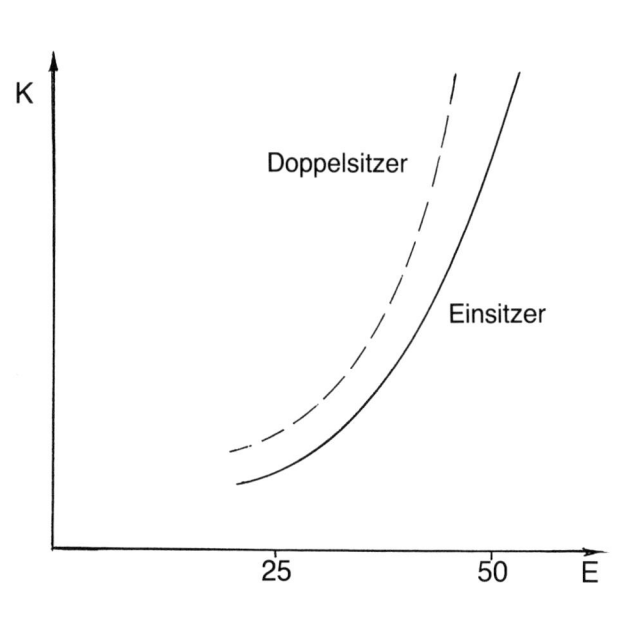

Manche fragen: Wieviel kostet (K) denn die Leistung, ausgedrückt durch die Gleitzahl (E)?
Hier soll nicht mit Zahlen gespielt, sondern nur die Tendenz mit einem einfache Diagramm gezeigt werden: bei niedrigen Gleitzahlen kostet jeder zusätzliche Gleitzahlpunkt weniger als bei höheren. Segelfliegen ist »billig«, wenn man nur einfach »oben bleiben« will.

Sportliche Leistungen

Um einen schnellen und grundsätzlichen Überblick über die Weltbestleistungen zu gewinnen, sind im Diagramm die Werte nur in runden Zahlen aufgetragen, auch wenn sie nicht von der FAI offiziell anerkannt wurden (wie die frühen Rekorde oder auch der Linskey-Flug in Neuseeland mit 2000 km). Es geht hier nur darum, darzustellen, was die technische Verbesserung der Segelflugzeuge in Verbindung mit meteorologischen Erkenntnissen und fliegerischer Erfahrung möglich macht.

Es gibt heute so viele Rekorde mit Ein- und Doppelsitzern sowie Motorseglern (mit abgestelltem Motor), geflogen und gewertet für Damen und Herren in Dauer, Höhe, Strecke und Geschwindigkeit bei verschiedenen Dreiecksflügen, daß nur eine Auswahl von extremen Leistungen getroffen wird.

Im einzelnen ist noch zu erwähnen:

Dauerflüge gingen bis etwa 60 Stunden, wurden dann aber wegen Gefährlichkeit (Übermüdung!) nicht mehr anerkannt.

Höhenflüge haben ihre Grenze wegen des Aufwandes (Druckkabine usw.) bei etwa 13 000 m Startüberhöhung bzw. 15 000 m absoluter Höhe.

Streckenflüge führen geradeaus (mehr oder weniger mit dem Wind), zu einem Ziel, auch mit Rückkehr oder im Dreieck, dabei mit **Geschwindigkeits**wertung. Es wurden erzielt

um 1950	70 km/h im	100-km-Dreieck,
um 1960	110 km/h im	100-km-Dreieck,
um 1970	140 km/h im	100-km-Dreieck,
um 1980	195 km/h im	100-km-Dreieck,
um 1990	170 km/h im	500-km-Dreieck,
und	145 km/h im	1000-km-Dreieck.

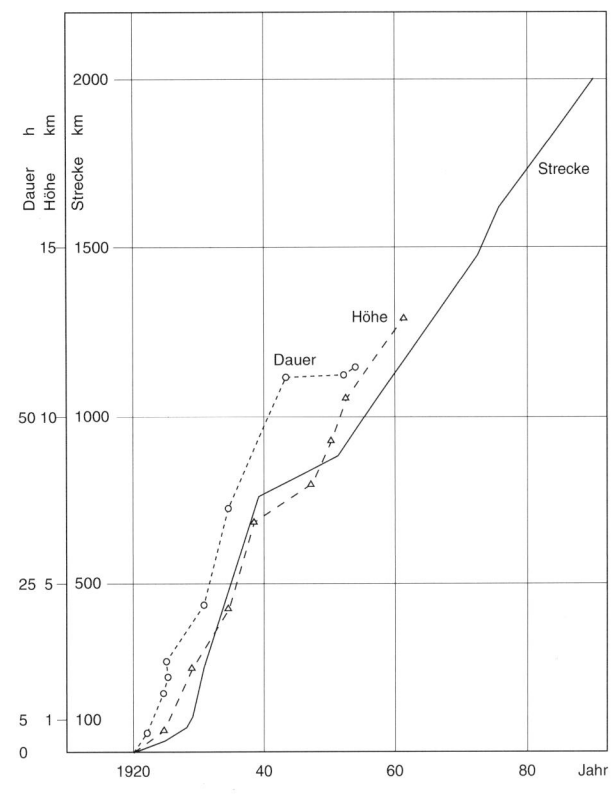

Sportliche Leistungen (Dauer, Höhe, Strecke).

Einige der 47 Weltrekorde von Hans-Werner Große als Beispiele für die Fortschritte in Technik und Taktik des Segelfluges 1970–1993

1032,2 km von Lübeck nach Angers im Ziel-Streckenflug mit einer ASW 12; erstmals wird in Europa die 1000-km-Barriere übertroffen (4. Juni 1970).

1460,8 km von Lübeck nach Biarritz im freien Streckenflug mit einer ASW 12 (25. April 1972) – bis heute nicht übertroffen.

1042,114 km von Waikerie/Australien aus; größtes, bisher geflogenes Dreieck mit einer ASW 17 (6. Februar 1976).

Geschwindigkeits-Weltrekord von Bond Springs/Australien aus; 109,71 km/h (17. 2. 1978) über 1000-km-Dreiecksstrecke mit ASW 17.

Dreiecks-Weltrekordflug von Alice Springs aus; 1229,256 km (größtes bisher geflogenes Dreieck) (4. 1. 1979) mit ASW 17.

Dreiecks-Weltrekord von Alice Springs aus; 1112,620 km (größtes bisher geflogenes Dreieck) (28. 12. 1979) mit SB-10. Gemeinsam mit Hans-Heinrich Kohlmeier.

Doppelsitzer-Ziel-Rückkehrflug von Alice Springs; 970,95 km (7. 1. 1980) mit SB-10.
Gemeinsam mit Hans-Heinrich Kohlmeier.

Doppelsitzer-Geschwindigkeits-Weltrekord für 750-km-Dreiecke: 131,84 km/h (14. 1. 1980) mit SB-10
Gemeinsam mit Hans-Heinrich Kohlmeier.

Dreiecks-Weltrekordflug von Alice Springs aus; 1306,856 km (größtes bisher geflogenes Dreieck) mit ASW 17 (4. 1. 1981).

Doppelsitzer-Geschwindigkeits-Weltrekord von Alice Springs aus; 1379,35 km (größtes bisher geflogenes Dreieck) und 143,46 km/h (Geschwindigkeits-Weltrekord) (10. 1. 1987) mit ASH-25. Gemeinsam mit Hans-Heinrich Kohlmeier.

Lübeck nach Rennes; 1078,07 km (6. 5. 1993). Gerade Zielstrecke, Motorsegler ASH 25 (der bisher letzte Weltrekord).

Zahl der Segelflugzeuge und Motorsegler

Genaue Zahlen sind im Rahmen dieses Buches uninteressant; es soll nur die Größenordnung und der Trend gezeigt werden. Schul-, Übungs- und Leistungssegelflugzeuge sind zusammengefaßt. Motorsegler galten anfangs oft als Motorflugzeuge, später gab es auch Motorsegler, die nach ihrer Leistung eigentlich zu den Motorflugzeugen hätten gezählt werden müssen. Nicht nur die zugelassenen, sondern auch die noch nicht mustergeprüften, aber schon fliegenden (hierzu gehörten zeitweise viele) waren zu zählen. Motorsegler sind in den letzten zehn Jahren besonders zahlreich geworden, weil bei den stark gestiegenen Kraftstoffpreisen durch sie das »billige Fliegen« möglich wurde.

Nach Angaben des DAeC und der FAI gibt es weltweit in etwa 50 Ländern > 24 000 Segelflugzeuge und > 120 000 Segelflieger, in Deutschland > 7 500 Segelflugzeuge und > 40 000 Segelflieger.

Von den etwa 500 deutschen Segelfluggeländen wird jährlich über 600 000mal gestartet; die Piloten sind mehr als 600 000 Stunden in der Luft und fliegen wohl 3 Millionen Kilometer weit mit ihren Segelflugzeugen. Bei den Motorseglern liegen die Zahlen bei 300 000 Starts, 150 000 Stunden und wahrscheinlich 4 Millionen Kilometer.

Ungefähr ein Drittel der Segelflugzeuge sind Doppelsitzer, vier Fünftel sind aus Kunststoff. Gestartet wird überwiegend mit der Winde.

Etwa 900 Segelflugvereine, viele Privathalter und Segelflugschulen sowie einige Forschungsinstitute betreiben Segelflugzeuge und Motorsegler.

Zahl der Segelflugzeuge und Motorsegler in Deutschland

Motorsegler mit eingeklapptem Triebwerk, erkennbar am Kennzeichen D-K . . .

Vom Luftfahrt-Bundesamt zugelassene und vorläufig zugelassene Luftfahrzeuge nach Mustern

Stand: 21. Januar 1999

Art:
M = Muster
B = Baureihe
E = Einzelstück

Status:
ZUG = zugelassen
ANT = Antrag Zulassung
ARN = Antragsrücknahme

Type / Modell	Anz.	Art	Musterzul.	Status
Segelflugzeuge (alphabetisch)				
AFH 22	1	E		ANT
AFH 24	1	E		ANT
AFH 26	–	E		ANT
AK-5	1	E		ANT
AK-5 B	–	E		ANT
Albatross	–	E		ANT
AS 12	–	M	04.04.1967	ZUG
AS 22-2	1	E		ANT
AS-K 13	283	M	13.12.1966	ZUG
AS-K 13, W/N.: 13208	1	E	20.11.1972	ZUG
ASH 25	38	M	22.12.1987	ZUG
ASH 26	11	M	22.09.1995	ZUG
ASK 18	14	M	15.07.1975	ZUG
ASK 18 B	1	B	07.01.1977	ZUG
ASK 21	354	M	18.04.1980	ZUG
ASK 23	9	M	06.03.1985	ZUG
ASK 23 B	38	B	19.03.1986	ZUG
ASTIR CS	207	M	01.09.1975	ZUG
ASTIR CS 77	51	B	15.04.1977	ZUG
ASTIR CS Jeans	114	B	24.06.1977	ZUG
ASW 12	2	M	09.07.1969	ZUG
ASW 12 BV	1	B	07.10.1980	ZUG
ASW 15	55	M	31.03.1970	ZUG
ASW 15 B	131	B	12.05.1972	ZUG
ASW 17	15	M	05.02.1975	ZUG
ASW 17/19m	1	E	16.01.1978	ZUG
ASW 19	53	M	07.05.1978	ZUG
ASW 19 B	108	B	28.06.1978	ZUG
ASW 20	84	M	12.08.1977	ZUG
ASW 20 B	7	B	10.06.1983	ZUG
ASW 20 BL	7	B	11.12.1984	ZUG
ASW 20 C	216	B	07.02.1984	ZUG
ASW 20 CL	36	B	02.07.1984	ZUG
ASW 20 L	90	B	30.03.1979	ZUG
ASW 22	11	M	15.02.1983	ZUG
ASW 22 B	–	B	23.12.1992	ZUG
ASW 22 BL	–	B	23.03.1994	ZUG
ASW 24	90	M	07.03.1989	ZUG
ASW 24 B	12	B	02.12.1994	ZUG
ASW 24 PROTOTYP	1	E		ANT
ASW 27	40	M	21.01.1997	ZUG
AV-36 C	2	M	27.05.1957	ZUG
AV-36 C1	1	B	29.05.1967	ZUG
AV-36 CR	1	B	11.11.1958	ZUG
B 12	keine Angaben	E		ANT
B 4	keine Angaben	M	10.11.1970	ZUG
B 4 V1	keine Angaben	E	17.02.1972	ZUG
B-5	keine Angaben	E		ANT
Baby III	18	M	30.06.1952	ZUG
Bergfalke II	18	B	15.03.1954	ZUG
Bergfalke II-55	30	B	01.11.1955	ZUG
Bergfalke III	54	B	04.09.1963	ZUG
Bergfalke IV	18	B	09.07.1971	ZUG
BKB-1	–	E		ANT
Bremen-Lane	–	M	23.07.1953	ZUG
BS 1	–	M		ANT
BS 1K	–	B		ANT
Calif A 21 S	9	M	28.04.1977	ZUG
Cirrus	25	M	22.11.1968	ZUG
Cirrus-VTC	12	B	24.02.1972	ZUG
CLUB ASTIR II	9	B	20.11.1979	ZUG
CLUB LIBELLE 205	71	M	28.10.1974	ZUG
Condor IV	2	M	23.06.1952	ZUG
Condor IV/2	1	B	24.06.1952	ZUG
Condor IV/3	1	B	29.04.1954	ZUG
Cumulus Cu-IIF	1	M	03.12.1952	ZUG
Cumulus Cu-IIIF	1	B	03.12.1952	ZUG
D 34c	–	M	27.08.1958	ZUG
D 34d	–	B	26.03.1962	ZUG
D 37	1	E	02.07.1979	ZUG
D 36	1	E		ANT
D 38	1	E	06.03.1978	ZUG
D 40	–	E		ANT
D 41	–	E		ANT
Delphin A	–	B	13.01.1964	ZUG
Delphin V1	–	M	13.01.1964	ZUG
DFS Reiher III	–	B		ANT
DG-100	38	M	23.03.1975	ZUG
DG-100 ELAN	8	B	08.02.1980	ZUG
DG-1000 COMPETITION	–	B		ANT
DG-1000 ORION	–	B		ANT
DG-1000 Trainer	–	M		ANT
DG-1000 G	8	B	28.01.1977	ZUG
DG-1000 G ELAN	87	B	08.02.1980	ZUG
DG-1100	–	M		ANT
DG-200	31	M	25.11.1977	ZUG
DG-200/17	26	B	18.01.1980	ZUG
DG-200/17 C	9	B	01.12.1980	ZUG
DG-200/DG-400 D	–	E		ANT
DG-300	9	M	06.04.1984	ZUG
DG-300 CLUB ELAN	39	B	18.03.1988	ZUG
DG-300 CLUB ELAN ACRO	3	B	30.04.1993	ZUG
DG-300 ELAN	120	B	24.09.1984	ZUG
DG-300 ELAN ACRO	10	B	30.04.1993	ZUG
DG-300/17	–	E		ANT
DG-500	–	M		ZUG
DG-500 ELAN ORION	15	B	10.11.1995	ZUG
DG-500 ELAN Trainer	36	B	07.12.1990	ZUG

Type / Modell	Anz.	Art	Musterzul.	Status
DG-500 V	–	B		ANT
DG-500/20 ELAN	8	B	27.06.1995	ZUG
DG-500/22 ELAN	5	M	07.12.1990	ZUG
DG-600	10	M	24.01.1989	ZUG
DG-600/18	4	B	30.06.1992	ZUG
DG-700	–	M		ANT
DG-800 S	16	M	07.02.1995	ZUG
Diamant 16,5	1	B	31.01.1973	ZUG
Diamant 18	4	B	31.01.1973	ZUG
Diamant 16,5	1	B	31.01.1973	ZUG
Discus a	3	M	17.01.1985	ZUG
Discus b	121	B	17.01.1985	ZUG
Discus CS	125	B	31.01.1991	ZUG
Discus-2a	–	B		ANT
Discus-2b	–	B		ANT
Doppelraab 7	3	B	27.05.1958	ZUG
Doppelraab IV	3	M	25.04.1953	ZUG
Doppelraab V	3	B	02.10.1953	ZUG
Doppelraab VI	2	B	23.02.1955	ZUG
Duo Discus	127	M	21.03.1994	ZUG
E 14	–	E		ANT
ELFE S 4	4	M	21.07.1978	ZUG
ELFE S 4 A	11	B	12.12.1984	ZUG
ELFE S 4 D	18	B	21.07.1978	ZUG
ES 49	–	M	18.07.1953	ZUG
Falcon	1	E	25.01.1990	ZUG
Fauvel AV 36	–	M	26.10.1965	ZUG
FK 3	6	M	18.09.1974	ZUG
FS 23 Hidalgo	–	M	15.06.1967	ZUG
FS 24 »Phoenix T«	2	B	12.04.1961	ZUG
FS 24 »Phoenix TO«	–	B	30.05.1960	ZUG
FS 24 »Phoenix«	–	M	31.01.1959	ZUG
FS 24 – Phoenix T	–	E	08.06.1972	ZUG
fs 25	–	E	06.01.1993	ZUG
FS 31	1	E		ANT
FS 32	–	E		ANT
fs 33 'GAVILAN'	–	E		ANT
fs 29	–	E		ANT
FVA 27	–	E		ANT
FVA 20	–	E		ANT
Geier I	–	M	17.03.1958	ZUG
Geier II	2	B	17.03.1958	ZUG
Geier II B	2	B	20.05.1959	ZUG
GLASFLUEGEL 304/17	–	B		ANT
Glasflügel 304	39	B	22.09.1980	ZUG
Glasflügel 304 B	3	B	14.02.1984	ZUG
Glasflügel 604	2	M	06.09.1982	ZUG
Gö 1 »Wolf«	1	E	07.05.1993	ZUG
Gö 3 »Minimoa«	1	M	03.05.1962	ZUG
Goevier III	3	M	30.06.1952	ZUG
Greif I	–	M	26.07.1954	ZUG
Greif II	1	B	18.08.1964	ZUG
GROB G 103 »Twin II«	56	B	22.04.1980	ZUG
GROB G 103 A »Twin II ACRO«	65	B	03.02.1981	ZUG
GROB G 103 C »Twin III ACRO«	47	B	03.02.1981	ZUG
GROB G 103 »Twin III«	10	B	26.09.1991	ZUG
GROB G102 »CLUB ASTIR III b«	29	B	05.02.1981	ZUG
GROB G102 »STANDARD ASTIR III«	8	B	05.02.1981	ZUG
Grunau 9	–	E	28.06.1985	ZUG
Grunau Baby II b	28	M	30.06.1952	ZUG
Grunau Baby II b-DDR	2	BM	06.02.1995	ZUG
Grunau Baby V	–	M	17.07.1958	ZUG
H 101 »Salto«	38	B	28.04.1972	ZUG
H 101 »Salto« V1	1	E	21.11.1975	ZUG
H 17 aS	–	M	09.11.1954	ZUG
H 30 GFK	1	B	19.08.1964	ZUG
H 30 S	–	M	09.02.1967	ZUG
H 301 »Libelle«	8	M	18.08.1965	ZUG
H 301 B	5	M	16.09.1968	ZUG
H 301, Werk-Nr. 1	–	B	07.04.1967	ZUG
Habicht E	1	M	16.02.1988	ZUG
HBV – Diamant	1	M	19.04.1968	ZUG
HD 53	–	M	12.11.1959	ZUG
Hi 25 »Kria«	–	M	28.12.1965	ZUG
HIPPIE	–	M		ARN
HKS 1	–	M	10.07.1954	ZUG
Hks 3 – V 1	–	M	20.06.1956	ZUG
HORNET	29	B	07.11.1975	ZUG
HORNET-C	8	B	23.04.1980	ZUG
HORTEN IC	–	E		ANT
HORTEN IV	–	E		ANT
Hü 17b	–	M	13.04.1954	ZUG
IS-28 B2	–	M	16.10.1980	ZUG
IS-29 D	–	M	10.02.1977	ZUG
IS-29 D2	–	B	03.08.1982	ZUG
Janus	11	M	10.11.1975	ZUG
Janus B	20	B	23.03.1978	ZUG
Janus C	27	B	16.07.1980	ZUG
Janus Ce	16	B	06.11.1991	ZUG
K 10 A	5	M	30.10.1964	ZUG
K 7	140	M	18.05.1957	ZUG
K 9	–	M	08.01.1963	ZUG
K1	–	E		ANT
K8	29	M	27.05.1958	ZUG
K8B	434	B	12.05.1959	ZUG
K8C	6	B	18.04.1974	ZUG
Ka 1	3	M	08.07.1952	ZUG
Ka 2	9	M	31.03.1956	ZUG
Ka 2b	24	M	15.03.1956	ZUG
Ka 3	3	M	09.11.1954	ZUG
Ka 6	12	M	30.10.1956	ZUG
Ka 6 B	26	B	27.09.1957	ZUG
Ka 6 B-S	1	B	20.01.1963	ZUG
Ka 6 BR	1	B	27.09.1957	ZUG
Ka 6 BR-Pe	1	B	20.05.1960	ZUG
Ka 6 C	–	B	24.02.1959	ZUG
Ka 6 CR	288	B	24.02.1959	ZUG
Ka 6 CR-Pe	7	B	20.05.1960	ZUG
Ka 6 E	104	B	29.07.1965	ZUG
Ka 6/0	–	B	30.10.1956	ZUG
KESTREL	73	M	05.02.1970	ZUG
KIWI S	1	E	06.06.1996	ZUG

Type / Modell	Anz.	Art	Musterzul.	Status
Kranich II	1	M	30.06.1952	ZUG
Kranich III	18	M	23.07.1953	ZUG
L 10 »Libelle«	1	M	08.07.1958	ZUG
L 23 Super Blanik	20	B	10.04.1992	ZUG
L 33 Solo	3	M	05.04.1995	ZUG
L 13 A Blanik	1	B	24.07.1997	ZUG
L 13 Blanik	43	M	04.03.1964	ZUG
L-Spatz	10	B	14.06.1954	ZUG
L-Spatz 55	82	B	14.06.1954	ZUG
L-Spatz III	10	B	05.04.1966	ZUG
LCF 2	1	B	12.02.1980	ZUG
LENTUS	–	E		ARN
LK-10A »Laister-Kauffmann«	–	E	13.04.1965	ZUG
Lo 100 »Zwergreiher«	23	M	19.05.1953	ZUG
Lo 100 A	1	E	07.09.1995	ZUG
Lo 150	2	E	25.05.1956	ZUG
Lo 150 b	–	B	07.03.1958	ZUG
LOM 57 »Libelle«	1	M	15.05.1961	ZUG
Lom 58/I	–	B		ANT
LS 1	–	E	07.06.1982	ZUG
LS 1 – 0	8	M	23.01.1970	ZUG
LS 1 – a	–	M	23.01.1970	ZUG
LS 1 – b	1	B	24.01.1970	ZUG
LS 1 – c	55	B	25.01.1970	ZUG
LS 1 – d	43	B	21.06.1972	ZUG
LS 1 – e	2	B	12.05.1986	ZUG
LS 1 – f	125	B	30.08.1974	ZUG
LS 1 – f (45)	2	B	21.05.1976	ZUG
LS 2 –	–	E		ANT
LS 3	60	M	28.01.1977	ZUG
LS 3 STANDARD*	–	E	01.01.1982	ZUG
LS 3–17	29	B	11.05.1979	ZUG
LS 3–a	95	B	14.04.1978	ZUG
Nimbus-2	19	M	18.01.1973	ZUG
Nimbus-2B	18	B	01.03.1977	ZUG
Nimbus-2C	19	B	09.02.1979	ZUG
Nimbus-3	1	B	01.12.1981	ZUG
Nimbus-3/24.5	12	B	23.11.1982	ZUG
Nimbus-3D	3	M	20.01.1989	ZUG
Nimbus-4	2	M	04.01.1994	ZUG
Nimbus-4D	2	B	24.02.1995	ZUG
Olympia-Meise	7	M	30.06.1952	ZUG
PHOEBUS A0	–	B	23.05.1966	ZUG
PHOEBUS A1	19	B	17.02.1966	ZUG
PHOEBUS B1	12	B	11.10.1966	ZUG
PHOEBUS B2	1	E	11.10.1971	ZUG
PHOEBUS B3	–	E		ANT
PHOEBUS C	24	B	08.02.1968	ZUG
PHOEBUS C2	–	E		ANT
PIK 16 c »Vasama«	2	M	11.10.1966	ZUG
PIK 20 D	25	M	26.04.1977	ZUG
Pilatus B4 –PC11	6	B	23.11.1973	ZUG
Pilatus B4 –PC11 A	2	B	08.10.1975	ZUG
Pilatus B4 –PC11 AF	21	B	08.10.1975	ZUG
PW-5	3	M	21.03.1997	ZUG
R 776 DS	–	M		ARN
Rhönbussard	1	M		ZUG
Phönlerche I	–	E	20.05.1954	ZUG
Phönlerche II	28	M	18.08.1954	ZUG

Type / Modell	Anz.	Art	Musterzul.	Status
Rhönsperber	–	E		ANT
SB 10	1	E	18.03.1983	ZUG
SB 11	1	E	01.08.1984	ZUG
SB 12	1	E	24.06.1985	ZUG
SB 13	–	E		ANT
SB 14	–	E		ANT
SB 5 B	14	M	21.05.1964	ZUG
SB 5 C	–	E	21.03.1980	ZUG
SB 5 E	21	B	15.11.1972	ZUG
SB 8	1	E	12.09.1973	ZUG
SB 7B	–	E	31.03.1966	ZUG
SF 26 A »Standard«	7	M	18.03.1963	ZUG
SF 7 A	51	M	09.12.1965	ZUG
SF 27 B	1	B	21.09.1971	ZUG
SF 30 A »Club-Spatz«	1	E	30.09.1976	ZUG
SF 34	6	M	16.07.1981	ZUG
SF 34 B	10	B	01.07.1986	ZUG
SF 38	11	M	30.06.1952	ZUG
SH 2	–	E		ANT
SHK 1	5	M	07.09.1965	ZUG
Sie 3	–	M	30.06.1972	ZUG
Slingsby T 31 B	–	M	12.08.1998	ZUG
Slingsby T 59D	–	M		ANT
Sp 1 – O	–	M	30.04.1955	ZUG
Sp 1 – V	–	B	30.04.1955	ZUG
Spalinger S 18 III	–	E	05.07.1974	ZUG
Spatz 55	1	B	03.12.1952	ZUG
Spatz A	7	M	03.12.1952	ZUG
Spatz B	5	B	03.12.1952	ZUG
Specht	4	M	05.04.1954	ZUG
SPEED ASTIR II	10	M	14.03.1979	ZUG
SPEED ASTIR II B	36	B	29.06.1979	ZUG
SPEED ASTIR IIC	–	B		ANT
Sperber	–	M	22.08.1958	ZUG
STANDARD ASTIR II	10	B	20.11.1979	ZUG
Standard Austria	1	M	05.07.1962	ZUG
Standard Austria S	2	M	04.09.1962	ZUG
Standard Austria SH	1	B	16.06.1964	ZUG
Standard Austria SH 1	2	B	16.06.1964	ZUG
Standard Cirrus	199	M	16.03.1970	ZUG
Standard Cirrus B	15	M	26.11.1975	ZUG
Standard Cirrus CS 11–75 L	2	B	20.06.1978	ZUG
Standard Cirrus G	10	B	16.06.1981	ZUG
Standard Cirrus K	–	E		ANT
Standard Libelle	20	B	22.10.1968	ZUG
Standard Libelle 201 B	104	B	02.06.1972	ZUG
Standard Libelle 202 V1	–	E	04.07.1972	ZUG
Standard Libelle 203	2	B	12.02.1976	ZUG
Standard Libelle 204	1	E	21.06.1974	ZUG
SWIFT S-1	–	M		ANT
SZD-19-2A	–	M		ANT
SZD-22C »Mucha Standard«	–	M	27.05.1964	ZUG
SZD-24 C »Foka««	2	M	19.05.1965	ZUG
SZD-24-4A »Foka 4«	24	B	18.05.1966	ZUG
SZD-30 »Pirat«	147	M	03.04.1969	ZUG
SZD-30C »Pirat«	2	B	03.10.1990	ZUG
SZD-30A »Foka 5«	22	M	03.10.1990	ZUG
SZD-36 A »Cobra 15«	12	M	12.09.1978	ZUG
SZD-38A »Jantar 1«	4	M	03.10.1990	ZUG

Type / Modell	Anz.	Art	Musterzul.	Status
SZD-41A »Jantar Standard«	14	M	21.09.1978	ZUG
SZD-42-1 »Jantar 2«	3	B	03.10.1990	ZUG
SZD-42-2 »Jantar 2B«	7	M	02.10.1986	ZUG
SZD-48 »Jantar Standard 2«	1	B	03.10.1990	ZUG
SZD-48-1 »Jantar Standard 2«	10	M	08.12.1980	ZUG
SZD-48-3 »Jantar Standard 3«	22	B	16.12.1983	ZUG
SZD-50-3 »Puchacz«	57	M	01.06.1982	ZUG
SZD-51-1 »Junior«	17	M	01.12.1988	ZUG
SZD-55-1	24	M	03.01.1995	ZUG
SZD-59 »ACRO«	–	M		ANT
SZD-9 bis »Bocian« ID	2	M	27.03.1962	ZUG
SZD-9 bis 1 E »Bocian«	119	B	03.10.1990	ZUG
TWIN ASTIR	53	M	05.10.1977	ZUG
TWIN ASTIR TRAINER	10	B	04.04.1978	ZUG
UH 36	–	E		ANT
ULF-1	53	E	18.07.1980	ZUG
Ventus a	2	M	25.11.1980	ZUG
Ventus a/16.6	8	B	07.11.1985	ZUG
Ventus b	4	B	01.04.1981	ZUG
Ventus b/16.6	35	B	21.06.1983	ZUG
Ventus c	29	B	30.10.1987	ZUG
Ventus 2a	16	B	26.01.1996	ZUG
Ventus 2b	20	B	26.01.1996	ZUG
Ventus 2c	11	B	26.09.1996	ZUG
WA 28 E	–	M	05.05.1981	ZUG
Weihe 50	8	M	30.06.1952	ZUG
WM 1	–	E		ANT
ZLIN 25	–	M	19.06.1969	ZUG
Zugvogel I	–	M	09.07.1957	ZUG
Zugvogel II	1	M	28.03.1957	ZUG
Zugvogel III	1	M	09.07.1957	ZUG
Zugvogel III A	9	B	08.05.1959	ZUG
Zugvogel III B	7	B	20.07.1963	ZUG
Zugvogel IV	–	M	09.06.1958	ZUG
Zugvogel IV A	3	B	08.07.1959	ZUG

Motorsegler (alphabetisch)

Type / Modell	Anz.	Art	Musterzul.	Status
AK 1	1	E	31.10.1979	ZUG
AMT 100 »Ximango«	–	M		ANT
AMT 200 »Super Ximango«	3	B	20.05.1998	ZUG
AN 20 K	–	E		ANT
AQUILLA	–	E		ANT
ASH 25 E	34	M	20.12.1989	ZUG
ASH 25 EB	–	B	18.12.1997	ZUG
ASH 25 M	27	B	14.11.1997	ZUG
ASH 25 MB	–	E		ANT
ASH 25 SL	–	E		ANT
ASH 26 E	93	M	07.08.1995	ZUG
ASK 14	24	B	15.11.1968	ZUG
ASK 14/KM 29	1	E	01.02.1974	ZUG
ASK 16	23	M	12.09.1973	ZUG
ASK 16 B	4	B	14.09.1976	ZUG
ASK 16 V1	1	E	29.05.1974	ZUG
ASTIR CS 77 TOP	5	M	24.10.1990	ZUG
ASTIR CS Jeans TOP	1	B	24.10.1990	ZUG
ASTIR CS TOP	6	B	17.02.1992	ZUG
ASW 15 BM	1	E	04.11.1981	ZUG
ASW 15 BR	–	E	05.12.1985	ZUG
ASW 20 B TOP	–	B	12.02.1988	ZUG
ASW 20 BL TOP	–	B	12.02.1988	ZUG
ASW 20 C TOP	–	B	12.02.1988	ZUG
ASW 20 CL TOP	2	B	12.02.1988	ZUG
ASW 20 L TOP	8	B	12.02.1988	ZUG
ASW 20 SL	–	E		ANT
ASW 20 TOP	3	M	12.02.1988	ZUG
ASW 22 BE	5	M	03.12.1992	ZUG
ASW 22 BLE	14	B	24.03.1994	ZUG
ASW 22 M	3	B	16.02.1998	ZUG
ASW 24 E	33	M	21.12.1990	ZUG
ASW 24 TOP	6	M	11.02.1992	ZUG
AV 222/H-14	–	E		ANT
AVO 68 – R »Samburo«	6	B	07.06.1996	ZUG
AVO 68 – s »Samburo«	1	B	14.04.1978	ZUG
AVO 68 – v »Samburo«	9	M	21.03.1978	ZUG
B – 13	–	E		ANT
Bergfalke II/55-M	–	E		ANT
BERGFALKE IV M O	–	E		ANT
BERGFALKE IV M S	–	E		ANT
C10/85	–	E		ANT
D-39 HKW	–	E		ANT
D-39B	–	E		ANT
DG-1000 M	–	M		ANT
DG-1000 M ORION	–	B		ANT
DG-1100 M	–	M		ANT
DG-400	111	M	06.09.1982	ZUG
DG-500 M	20	M	28.02.1991	ZUG
DG-500 MB	–	B		ANT
DG-600 M	14	M	10.06.1991	ZUG
DG-600/18 M	27	B	30.12.1991	ZUG
DG-800	–	M		ANT
DG-800 A	3	M	28.02.1994	ZUG
DG-800 B	30	B	09.09.1997	ZUG
DG-800 C	–	B		ANT
DG-800 LA	20	B	28.02.1994	ZUG
Discus bM	7	B	15.02.1996	ZUG
Discus bT	92	M	24.01.1990	ZUG
Discus 2T	–	B		ANT
Doppelraab IV 017	1	E	06.07.1978	ZUG
Doppelraab IV MSR	1	E	29.07.1981	ZUG
Doppelraab IV/V-M	1	E	20.11.1975	ZUG
Doppelraab-EXTRAB V	1	E	18.12.1975	ZUG
Doppelraab/ACOG 1	1	E	18.01.1978	ZUG
Doppelraab/BÖMORA	1	E	30.09.1976	ZUG
Doppelraab/HANKUR 1	2	E	11.09.1978	ZUG
Duo Discus-T	–	M		ANT
ERPEL	–	E		ANT
Fournier RF 3	12	M	24.05.1965	ZUG
Fournier RF 4	1	B	11.01.1967	ZUG
Fournier RF 4D	31	B	06.02.1968	ZUG
FOURNIER RF 5	51	M	28.05.1969	ZUG
FOURNIER RF 9	1	M	10.07.1975	ZUG
FOURNIER RF 9-ABS	–	B	28.11.1997	ZUG
G 103 C TWIN III SL	24	B	20.12.1991	ZUG
GROB G 109	37	M	10.04.1981	ZUG
GROB G 109 B	122	B	10.11.1983	ZUG
H 36 »DIMONA«	80	M	30.03.1982	ZUG

Type / Modell	Anz.	Art	Musterzul.	Status
H 38	–	E		ANT
H 401 »KESTREL« HTW	–	E		ARN
HB-21	1	M	14.09.1979	ZUG
HB-23/2400-SP	–	M	13.02.1989	ZUG
HCF-MOTORFALKE I	–	E		ARN
HI 26	–	E		ARN
HK 36 »SUPER DIMONA«	2	B	16.01.1991	ZUG
HK 36 R »SUPER DIMONA«	68	B	16.01.1991	ZUG
HK 36 TC	4	B	12.11.1996	ZUG
HK 36 TS	8	B	15.05.1996	ZUG
HK 36 TTC	20	B	09.04.1997	ZUG
HK 36 TTS	6	B	09.04.1997	ZUG
icare	–	E		ANT
icaré 2	–	E		ANT
ILLERFALKE I	–	E		ANT
IS-28M2/G	–	M	27.09.1995	ZUG
IS-28M2/GR	–	B	11.12.1998	ZUG
J 5 / Ho	–	E		ANT
Janus CM	9	M	15.11.1984	ZUG
Janus CT	8	B	10.01.1992	ZUG
Janus BM	1	E	16.06.1989	ZUG
JR 1	–	E		ANT
K 11	–	M	03.03.1966	ZUG
K 12	1	M	15.11.1968	ZUG
K 16X	1	E	18.07.1977	ZUG
K 7/Stihl	–	E	01.02.1977	ZUG
K8B – 2MK	–	E		ARN
K8B – LLOYD	–	E		ANT
K8B/KM 48	–	M	16.12.1968	ZUG
K8B/Stihl	–	M	30.06.1966	ZUG
Ka 6/Stihl	–	M	07.03.1969	ZUG
KESTREL-M	–	E		ARN
KIWI	7	M	20.07.1989	ZUG
KIWI 18	–	E		ANT
KN-1	–	E		ANT
Kora 1	–	E		ANT
KRAEHE IV*	–	E	21.07.1970	ZUG
Krähe II	–	M	08.05.1962	ZUG
Krähe III	1	B	17.10.1966	ZUG
Krähe IV	–	B	18.03.1966	ZUG
L 13 SDL Vivat	1	B	03.02.1995	ZUG
L 13 SDM Vivat	4	B	04.01.1995	ZUG
L 13 SEH Vivat	4	B	15.06.1994	ZUG
L 13 SL Vivat	9	M	29.01.1993	ZUG
L 13 »Blanik« M	1	E	16.01.1978	ZUG
L 13 »BLANIK« WD 15	–	E	21.05.1973	ZUG
L-Spatz 55/Stihl	–	M	02.02.1971	ZUG
L-Spatz III/Stihl	–	B	02.02.1971	ZUG
LF 820 E	–	E		ANT
LO 170 2M	1	E	19.08.1996	ZUG
LS 9	–	M		ANT
M 1	–	E		ANT
M 76	–	E		ANT
mistral-cM	–	E	16.06.1998	ZUG
MOKA 1	–	E		ANT
Motor-Rhönlerche WR II	–	E		ANT
MS 1	–	E		ARN
MS 75	–	M		ARN
Mü 23	–	E	05.09.1974	ZUG
Nimbus-2M	4	M	20.06.1980	ZUG
Nimbus-3DM	5	B	12.04.1991	ZUG
Nimbus-3DT	8	M	17.03.1989	ZUG
Nimbus-3MR	1	E	07.12.1988	ZUG
Nimbus-3T	8	M	30.08.1985	ZUG
Nimbus-4DM	18	B	07.11.1995	ZUG
Nimbus-4DT	1	B	05.05.1995	ZUG
Nimbus-4M	7	M	02.11.1993	ZUG
Nimbus-4T	4	B	15.06.1993	ZUG
Piccolo	23	M	15.12.1987	ZUG
Piccolo B	48	B	17.12.1991	ZUG
PIK-20 E	20	M	20.03.1980	ZUG
REBELL	–	E		ANT
RF 5 B »Sperber«	19	B	10.05.1972	ZUG
RHL.II-KIEBITZ	–	E		ANT
Rhoenlerche II-Storch	–	E		ANT
S 10-VT	–	B		ANT
SF 24 A »Motorspatz I«	1	M	24.04.1961	ZUG
SF 24 B »Motorspatz I«	2	B	24.10.1962	ZUG
SF 25	–	M		ZUG
SF 25 A	11	B	13.07.1965	ZUG
SF 25 A »Motorfalke«	–	E	03.07.1991	ZUG
SF 25 B	118	B	11.11.1968	ZUG
SF 25 C	487	B	15.09.1972	ZUG
SF 25 D	29	B	04.08.1978	ZUG
SF 25 E	14	B	08.07.1975	ZUG
SF 25 K	4	B	05.10.1981	ZUG
SF 27 M-A	9	M	22.07.1970	ZUG
SF 27 M-B	–	E		ANT
SF 28 A »Tandem-Falke«	20	M	12.04.1973	ZUG
SF 32	–	E		ANT
SF 35	1	E	04.01.1995	ZUG
SF 36	–	M	05.11.1992	ZUG
SF 36 A	3	B	05.11.1992	ZUG
SF 36 R	3	B	28.02.1995	ZUG
SFS 31	–	M	30.07.1971	ZUG
SIRIUS I	–	E		ARN
SP1-WM	–	B	27.06.1967	ZUG
Standard Cirrus B TOP	2	B	31.07.1992	ZUG
Standard Cirrus M	–	E		ANT
Standard Cirrus TOP	2	M	31.07.1992	ZUG
Stemme S 10	16	M	31.12.1990	ZUG
Stemme S 10-V	14	B	16.09.1994	ZUG
Stemme S 10-VT	3	B	15.08.1997	ZUG
STRATOS 500	–	M		ANT
STY 1	–	E		ANT
SZD-41 AT	–	E		ANT
SZD-45 A »Ogar«	14	M	10.11.1976	ZUG
TAIFUN 17 E	33	M	29.04.1983	ZUG
Taifun 17 E II	9	B	24.09.1987	ZUG
TFK 2	–	M		ANT
Ventus aM	–	E		ANT
Ventus bT	30	M	09.01.1984	ZUG
Ventus cM	61	B	07.03.1990	ZUG
Ventus cT	50	B	18.12.1987	ZUG
Ventus-2cM	34	B	12.03.1997	ZUG
Ventus-2cT	18	B	27.11.1996	ZUG
WK 1	–	M		ANT

Tabellen der Segelflugzeug-Daten

Vorbemerkungen

Vollständige und »richtige« Daten über historische Segelflugzeuge zusammenzustellen ist eine Aufgabe, die nicht leicht zu lösen ist. Es kann nur der Versuch unternommen werden, einem »wahrscheinlichen Wert« nahe zu kommen. Nicht nur bei Leistungsangaben (Gleitzahl, Sinken) und Leermassen, sondern auch bei Flügelflächen, Streckungen, Flächenbelastungen und sogar bei Spannweiten, die doch einfach zu messen sind, gab es (und gibt es oft noch) in den Herstellerunterlagen und in der Literatur unterschiedliche Zahlen. Das ist verständlich, wenn man bedenkt, daß z. B. bei Einzelstücken in der Erprobung viel geändert und verbessert wird, daß im Verlauf der Serienherstellung oder beim Lizenz- und privatem Nachbau die Leer- und Rüstmassen steigen können und daß manche Änderung eingeführt wird. Bei den Flugmassen der frühen Jahre ist zu berücksichtigen, daß als Zuladung nur eine Pilotenmasse von meist 70–80 kg angenommen wurde, während heute mindestens mit 90 kg, fast immer aber mit sehr viel mehr gerechnet wird. Da die Ausrüstung damals sehr dürftig war, gab es auch einen so geringen Unterschied zwischen Leer- und Rüstmasse, daß beide oft gleichgesetzt wurden.

Die Musterbezeichnung und ihre Zählweise ist bei manchen Firmen, besonders aber bei den Akafliegs, nicht immer sehr übersichtlich. Deshalb ist nicht leicht zu erkennen, wie viele verschiedene Muster und ihre Abwandlungen eigentlich gebaut wurden. Einige Beispiele sollen das zeigen:

Die **RRG und DFS** hat nur wenige Male Zahlen eingeführt z. B. R I »Zögling«, R II »Prüfling«, R III »Professor«, R IV (alter) »Rhönadler« und R V »Falke«, später ab und zu DFS 42, DFS 194 oder DFS 230 (»Lastensegler«).
Schleicher hatte vor 1945 keine Musternummern, nach 1951 schloß man sich zunächst den Kaiser-Bezeichnungen an (Ka 1 bis Ka 6, K 7 . . .) und erweiterte dies ab 12 auf ASW 12, ASK 13, ASH 25 (nach den Konstrukteuren *Kaiser, Waibel, Heide*).
Edmund Schneider Grunau bezeichnete einige Flugzeuge mit »Grunau 8« oder »ESG 9« (**E**dmund **S**chneider **G**runau, auch als »**E**inheits-**S**chulflugzeug **G**runau« gedeutet) oder später mit z. B. ES 49.
Hänle Glasflügel fing seine Produktion mit H 301 an (1. Nachfolgemuster der Hütter H 30).

Scheibe legte als erstes Muster die Mü 13 E als doppelsitzige Ausführung der Mü 13 der Akaflieg München auf, bezeichnete später seine Flugzeuge aber mit SF.
Schempp-Hirth und Vorgänger begannen mit Gö 1 bis Gö 4, führten gelegentlich weiter mit HS (z. B. HS 6 »Janus«), gaben aber dann nur -us-Namen (»Cirrus« bis »Discus«).
Grob nannte den ersten »Astir« G 102, den »Twin« G 103.
Glaser-Dirks fing mit der DG-100 an und steigerte um 100 bis DG-800.
Bei allen Firmen gab es auch Einzelstücke, bei einigen überdies Entwürfe, die eine Bezeichnung führten. Ähnlich ist es bei den Akafliegs.
Aachen kennzeichnet mit FVA außer den Flugzeugen und Entwürfen auch noch Entwicklungsarbeiten an Durchblassteuerungen, Auspuffen, Seileinzugvorrichtungen u. ä.
Braunschweig bezeichnet mit SB nur die Segelflugzeuge; mit MB wurden anfangs einige Motorflugzeuge benannt.
Darmstadt hat zwischen D 1 und D 41 viele Segelflugzeuge und Motorsegler, aber auch einige Entwürfe und zudem Motorflugzeuge.
Hannover fing mit H 1 »Vampyr« an, ging aber nach H 6 zu AFH 4 über, zählt auch Entwürfe und z. B. Funkgeräte mit.
München bezeichnet mit Mü nur Flugzeuge und einige Entwürfe.
Stuttgart begann mit F 1 und dann fs 16, hat bis zur fs 32 einige Entwürfe und Motorflugzeuge, führt aber noch andere Bauvorhaben an.

Manche Akafliegs zählten auch selbstgebaute Fremdmuster mit (»Hol's der Teufel«, »Baby«, »LS« usw.), dazu noch Startwinden und andere Hilfsgeräte. Alle Akafliegs, auch und gerade die nichtgenannten, haben außerdem Entwicklungsarbeiten und Untersuchungen durchgeführt, die nicht gezählt werden und in den Tabellen nicht erscheinen.

Fast alle Tabellen stammen von den Herstellern. Sie wurden in manchen Fällen etwas gekürzt, einige weniger wichtige Muster mußten gestrichen werden, um Platz zu sparen. Es war nicht möglich, alle Daten im einzelnen zu kontrollieren und nachzurechnen. Einige Tabellen mit älteren Segelflugzeugen (z. B. RRG-DFS, Schneider-Grunau) wurden nach Literaturangaben und nach Akaflieg-Berichten zusammengestellt. Produktionszahlen entsprechen meist dem Stand von Anfang 1992.

Muster, Name	Baujahr	Entwurf von	Klasse	Flügelprofil	Spannweite m	Flügelfläche m²	Streckung -	Rüstmasse kg	max. Flugmasse kg	Wasser kg	Flächenbelastung kg/m²	Mindestgeschw. km/h	Sinkgeschw. bei Fluggeschw. m/s km/h	beste Gleitzahl -	bei Fluggeschw. km/h	Bemerkungen
Harth-Messerschmitt																
S 1	11	H			12,0	18,0	8,0	56	131	–	7,3					Ente
S 2	12	H			7,0	9,0	5,5	75	150	–	16,6					
S 3	13	H			9,0	14,5	5,6	35	110	–	7,5					Flügelverwindung
S 4	14	H	M		8,0	14,5	4,4	50	125	–	8,6					
S 5	15	H	M		8,0	14,5	4,4	32	107	–	7,3					
S 6	16	H	M		12,0	22,0	6,6	51	126	–	5,7					Flügelsteuerung
S 7	18	H	M		11,0	16,5	7,4	50	125	–	7,6					Flügelsteuerung
S 8	20	H	M		11,0	15,4	7,9	48	113	–	7,3					Flügelsteuerung
S 9	21	M			12,0	14,9	9,7			–						Flügelsteuerung, vorgepfeilter Nurflügel
S 10	22	H	M	Gö 534?	14,0	19,0	10,2	80	155	–	8,2					Flügelsteuerung, 4 Stück gebaut
S 11	22	M			14,0	19,0	10,2	80	155	–	8,2					Flügelsteuerung
S 12	22	M		Gö 535	14,0	19,0	10,2	100	175	–	9,2					Flügelsteuerung
S 13	23	M			14,0	18,0	10,5	100	175	–	9,7					Flügelsteuerung
S 14	23	M		Gö 482	13,8	18,8	10,1	105	180	–	9,6					Flügelsteuerung
S 15	24	M	Do		14,6	15,4	13,8	170	300	–	19,5					Douglas-Motor 16,6 kW
S 16 b	24	M	Do		14,4	14,0	14,8	218	350	–	25,0					Douglas-Motor 16,6 kW
M 17	25	M	Do		11,6	10,0	13,5	190	370	–	37,0	68				Douglas- oder Bristol-Motor 20–26 kW
»Pilotus« (auch S 9)	23	H			12,0	15,0	9,6									Schulgleiter, S 10 ähnlich

RRG – DFS (einschl. Lippisch, Stamer, Jacobs)

Muster, Name	Baujahr	Entwurf von	Klasse	Flügelprofil	Spannweite m	Flügelfläche m²	Streckung -	Rüstmasse kg	max. Flugmasse kg	Wasser kg	Flächenbelastung kg/m²	Mindestgeschw. km/h	Sinkgeschw. bei Fluggeschw. m/s km/h	beste Gleitzahl -	bei Fluggeschw. km/h	Bemerkungen
»Falke«	21	Li			8,0	8,0		35		–						
»Ente«	21	Li			12	?										
»Frohe Welt«	21	Sta								–						Doppeldecker, 2 Kufen, Schulflzg.
»Bremen«	23	Li Sta			13,0	17,0	10,0	130	200	–	11,8					Übungssegler
»Djävlar Annama«	23	Li			10,5	20,0?	5,5?			–						
»Hol's der Teufel«	23	Li		Gö 358	13,0	18,0	9,4	95	165	–	9,2		0,78	15		
»Hangwind«	25	Li			10,6	16,0	7,0	90	180		11,3			14		
R I »Zögling«	26	Li Sta		G 358	10,0	15,8	6,3	85	155	–	9,8			10		Schulgleiter
R IIa »Prüfling«	26	Li Sta			10,6	15,3	7,4	105	175	–	11,4			14		Übungssegler
»Ente«	27	Li			12,0	20,3	7,1			–						Raketenversuche
R III »Professor«	28	Li Ja		Gö 549	16,1	18,6	14,0	166	246	–	13,2		0,67	21		Leistungssegler
»Mannheim«	28	Li	Do	Gö 533	17,6	20,0	15,6	200	340	–	17,0		0,81			
»Wien«	29	Li Ja		Gö 549 mod.	19,1	18,6	20,0	168	248	–	13,3		0,71 52	22	54	
R IV »Rhönadler«	29	Li	Do	Gö 652	17,0	27,0	10,7	207	347	–	12,9		0,81			
»Hangwind«	30	Li			12,0	18,1	8,0	85	155	–	8,6			13		
»Fafnir«	30	Li Ja		Gö 652/535	19,0	18,6	20,0	200	315	–	16,9	50	0,76 56	24	60	erster Knickflügel
R Va »Falke«	31	Li		RRG	13,2	17,8	9,8	165	270	–	15,1	65	0,93 65	19	65	Übungssegler
»Grüne Post«	32	Li			10,0	13,5	7,4	110	190	–	14,1			16		
»Rhönadler«	32	Ja		Gö 652 mod.	17,4	18,0	16,8	170	260	–	14,4	50	0,75	20		
»Rhönbussard«	33	Ja		Gö 535	14,3	14,1	14,5	135	245	–	17,4	50	0,88 58	19	67	Leistungsmessung DFS

Muster, Name	Baujahr	Entwurf von	Klasse	Flügel-profil	Spann-weite	Flügel-fläche	Streckung	Rüstmasse	max. Flugmasse	Wasser	Flächen-belastung	Mindest-geschw.	Sink-geschw. bei Fluggeschw.		beste Gleitzahl bei Fluggeschw.		Bemerkungen
					m	m²	–	kg	kg	kg	kg/m²	km/h	m/s	km/h	–	km/h	
»Präsident«	33	Li		RRG 13	16,0	18,1	14,1	190	290	–	16,0	49	0,71	53	21	62	Leistungsmessung DFS
OBS »Urubu«	33	Li	Do		26,0	38	17,8	390	540	–	14,2				27		3sitzig, fliegendes Observatorium
»Rhönsperber«	34	Ja		Gö 535/409	15,2	15,1	15,3	183	255	–	16,9	50	0,73	58	21	63	Leistungsmessung DFS
»Maikäfer«	34				14,0	17,5	11,2	210	310	–	17,8						Motorsegler Köller 13 kW
Fafnir II »Sao Paulo«	34	Li		DFS-Ent-wicklung	19,0	19	19	270	375	–	19,7		0,63	54	26	66	Leistungsmessung DFS
»Seeadler«	35	Ja		Gö 652 mod.	17,4	18,4	16,5	273	378	–	20,5	50	0,89	55	18	61	Leistungsmessung DFS
»Sperber Junior«	36	Ja		Gö 535/409	15,6	15,5	15,6	175	280	–	18,1	48	0,65	50	24	68	Leistungsmessung DFS
»Kranich II«	35	Ja	Do	Gö 535	18,0	22,7	14,3	255	345/435	–	19,2	48	0,75	51	23	70	Leistungsmessung DFS
DFS 42 »Kormoran«	36	Li			14,0	16,3	12,0			–							negative Pfeilung
»Habicht«	36	Ja		DFS-Ent-wicklg.	13,6	15,8	11,7	200	290	–	18,4	60	0,8	65	20	75	Leistungsmessung DFS
»Reiher«	37	Ja		Gö 549/676	19,0	19,4	18,6	238	315	–	16,4	60	0,5		33		
DFS 230 »Lastensegler«	37	Ja		Gö 549/693	22,0	41,3	11,8	900	2100	–	51,0		2,0		16		10-Sitzer
»Weihe«	38	Ja		Gö 549	18,0	18,2	17,8	190	335	–	18,4	45	0,6	60	30	70	
»Meise«	39	Ja		Gö 549/676	15,0	15,0	15,0	160	252	–	17,0	55	0,67	59	25	69	Olympia-Segelflug-zeug
»Kranich III«	52	Ja	Do	Gö 549/ M 12	18,3	21,1	15,6	320	520	–	24,6		0,75	77	31	90	
Storch I–X	27/36	Li															
Delta I–V	30/37	Li															

Glaser-Dirks

		Stück-zahl															
DG 100	74	89	St	FX 61-189/ FX 60-126	15,0	11	20,5	235	418	100	28	32	60		0,59	39	Prototyp war D 38
DG 100 G	76	16	St	„	15,0	11	20,5	230	418	100	28	32	60		0,59	39	
DG 100 ELAN	78	34	St	„	15,0	11	20,5	235	418	100	28	32	60		0,59	39	
DG 100 G ELAN	78	187	St	„	15,0	11	20,5	230	418	100	28	32	60		0,59	39	
DG 200	77	109		FX 67-K-170/17	15	10	22,5	238	450	130	31	45	62		0,59	42,5	
DG 200 Acroracer	78	1		„	13,1/15	9,3/10	18,6/ 22,5	231/ 242	360/ 450	–/130	32	45	64/62		0,7/0,59	37/42,5	Kunstflug
DG 200/17	79	65		„	15/17	10/10,6	22,5/ 27,3	242/ 246	450	130	30	45	62/60		0,53/0,59	42,5/44,5	
DG 200/17 C	80	22		„	15/17	10/10,6	22,5/ 27,3	220/ 224	480/ 450	160	28	48	57/59		0,51/0,59	42,5/45,5	
DG 300 ELAN	83	383	St	HQ	15,0	10,3	21,9	245	525	190	31	51	65		0,59	41	
DG 300 Club ELAN	87	68	Cl	HQ	15,0	10,3	21,9	238	500	130	31	49	63		0,59	39,5	

Muster, Name	Baujahr	Stückzahl	Klasse	Flügel-profil	Spann-weite	Flügel-fläche	Streckung	Rüstmasse	max. Flugmasse	Wasser	Flächen-belastung	Mindest-geschw.	Sink-geschw. bei Flug-geschw.	beste Gleitzahl bei Flug-geschw.	Bemerkungen
					m	m^2	–	kg	kg	kg	kg/m^2	km/h	m/s km/h	– km/h	
DG 400	81	282		FX 67-K-170/17	15/17	10/10,6	22,5/27,3	306/310	480/460	90	36	48	65/63	0,6/0,54	42/45	Motor Rotax 505 38 kW
DG 500 M	87	21	O	FX 73-K-170/17	22	18,3	26,5	540	750	160	34	45	68	0,51	47	Motor Rotax 535 44 kW
DG 500 ELAN Trainer	89	15	O	„	18	16,6	19,5	390	615	–	28	37	65	0,6	39	
DG 500/22 ELAN	89	9	O	„	22	18,3	26,5	445	825	100	29	41	58	0,49	47	
DG 600	87	59		HQ 35/HQ 37	15/17	11/11,6	22,6/24,9	257/260	525	190	28	48	69/62	0,56/0,5	45/49	
DG 600 M	89	41		„	15/17	11/11,6	22,6/24,9	305/310	525	120	34	48	71/69	0,6/0,53	45/49	Motor Rotax 275 18 kW
DG 600/18	92			„	15/18	11/11,8	20,6/27,4	251/262	525/480	190	29	48	69/62	0,56/0,49	45/50	
DG 600/18 M	91			„	15/18	11/11,8	20,6/27,4	305/312	525/480	120	33	48	71/69	0,6/0,51	45/50	Motor Rotax 275 18 kW
DG 800	93	42	15m	DU HQ 37	15/18	11,8 10,7	27,4/21,1	328	525	100	35	44,5	69/42	0,5/0,69	45/50	Motor Rotax 505 38 kW
DG 800 B	99	74	18m	DU HQ 37	15/18	11,8 10,7	27,4/21,1	339	525	100	35	44,5	69/42	0,5/0,69	45/50	Solo 2625-01 40 kW
DG 800 S	93	32	18m	DU HQ 37	15/18	11,8 10,7	27,4/21,1	339	525	180	29	44,5	65/66	0,55/0,47	45/50	Solo 2625-01 40 kW

Grob Luft- und Raumfahrt

Muster, Name	Baujahr	Stückzahl	Klasse	Flügelprofil	Spannweite	Flügelfläche	Streckung	Rüstmasse	max. Flugmasse	Wasser	Flächenbelastung	Mindestgeschw.	beste Gleitzahl	Bemerkungen
Standard Cirrus	71	200	St	FX-S-196 mod.	15,0	10,04	22,5	220	390	60	28,9/38,8	60	38	Lizenzbau
G 102 Astir CS	75	535	St	E 603	15,0	12,4	18,2	255	450	100	26,2/36,3	60	38	
G 102 Astir CS 77	77	211	St	E 603	15,0	12,4	18,2	255	450	100	26,2/36,3	60	38	
G 102 Astir CS Jeans	77	248	Cl	E 603	15,0	12,4	18,2	255	380	–	26,2/30,6	60	38	
G 102 Standard Astir II	80	37	St	E 603	15,0	12,4	18,2	260	450	100	26,6/36,3	70	38	
G 102 Club Astir II	80	24	Cl	E 603	15,0	12,4	18,2	260	380	–	26,6/30,6	60	38	
G 102 Standard Astir III	81	48	St	E 603	15,0	12,4	18,2	260	450	90	26,6/36,3	70	38	
G 102 Club Astir III	81	10	Cl	E 603	15,0	12,4	18,2	260	300	–	26,6/30,6	60	38	
G 102 Club Astir IIIb	81	95	Cl	E 603	15,0	12,4	18,2	260	300	–	26,6/30,6	60	38	
G 103 Twin Astir	77	263	Do	E 603	17,5	17,8	17,1	400	650	100	26,4/36,5	80	38	
G 103 Twin Astir Trainer	78	28	Do	E 603	17,5	17,8	17,1	400	650	100	26,4/36,5	80	38	
G 103 Twin II	80	241	Do	E 603	17,5	17,8	17,1	380	580	100	25,3/32,6	75	37	
G 103 A Twin II Acro	80	308	Do	E 603	17,5	17,8	17,1	380	580	–	25,3/32,6	75	37	
G 103 C Twin III Acro	89	70	Do	E 583	18,0	17,5	18,5	380	600	–	25,7/34,3	72	37,5	
G 103 C Twin III	91	14	Do	E 583	18,0	17,5	18,5	380	600	–	25,7/34,3	72	37,5	
G 104 Speed Astir II	79	27	FAI	E 662	15,0	11,5	19,6	255	515	180	28,3/44,8	75	41	

Muster, Name	Baujahr	Stückzahl	Klasse	Flügelprofil	Spannweite m	Flügelfläche m²	Streckung –	Rüstmasse kg	max. Flugmasse kg	Wasser kg	Flächenbelastung kg/m²	Mindestgeschw. km/h	Sinkgeschw. bei Fluggeschw. m/s km/h	beste Gleitzahl bei Fluggeschw. – km/h	Bemerkungen
G 104 Speed Astir IIb	79	80	FAI	E 662	15,0	11,5	19,6	255	515	180	28,3/44,8	75		41	
G 104 Speed Astir IIc		1	FAI	E 662	15,0	11,5	19,6	250	515	180	27,8/44,8	75		41	
G 103 C Twin III SL	92	60		E 583	18,0	17,5	18,5	490	710		32,0/40,6	78		37,5	
Grob G 109	81	151		E 572	16,6	20,4	13,5	600	825		32,8/40,4	82		30	
Grob G 109 B	83	322		E 580	17,4	19,00	15,9	620	850		36,3/44,7	70		28	

Stemme GmbH

Reisegeschwindigkeit km/h

Muster, Name	Baujahr	Stückzahl	Klasse	Flügelprofil	Spannweite	Flügelfläche	Streckung	Rüstmasse	max. Flugmasse	Wasser	Flächenbelastung	Mindestgeschw.	Sinkgeschw.	beste Gleitzahl	Bemerkungen
S 10	90	54	0	HQ 41 14/35	23	18,7	28,2	640	850	–	45,3	78	0,56	30	165
S 10-V	95	29	0	HQ 41 14/35	23	18,7	28,2	640	850	–	45,3	78	0,56	30	225
S 10-VT	97	34	0	HQ 41 14/35	23	18,7	28,2	645	850	–	45,3	78	0,56	30	235 260 TAS auf FL 100

Hänle: Glasflügel / Start und Flug

Muster, Name	Baujahr	Stückzahl	Klasse	Flügelprofil	Spannweite	Flügelfläche	Streckung	Rüstmasse	max. Flugmasse	Wasser	Flächenbelastung	Mindestgeschw.	Sinkgeschw. km/h	beste Gleitzahl km/h	Bemerkungen
H 30 GFK	62	1		Hütter	13,6	8,3	22,2	120	210	–	25,2		0,64 65	30 85	V-Leitwerk
H 30 TS	60	1			15,0										BMW-Turbine
H 301 Libelle	64	111		Hütter	15,0	9,5	23,6	185	300		31,6		0,58 82	40 94	Wölbklappen
H 501 BS-1b	66	18	O	Eppler 348 K	18,0	14,2	22,8	335	460		32,4		0,56 83	44 91	
H 201 Stand.-Libelle	67	601	St	FX 66-17 A II-182	15,0	9,8	23,0	200	350		28,6/35,7		0,68 81	34 92	
H 401 Kestrel	68	129	O	FX 67-K-170/150	17,0	11,6	25,0	260	400		29,4/34,5		0,63 87	41 102	
H 604	70	10	O	FX 67-K-170 mod.	22,0	16,2	29,8	440	650		32,7/40,1		0,50 72	49 98	
H 202 Stand.-Libelle	70	1	St		15,0	9,8	23,0								
H 203 Stand.-Libelle	72	2	St	FX 66-17 A II-182	15,0	9,8	23,0	235	380		33,2/38,8				
H 204 Stand.-Libelle	73	1	St												Hinterkanten-Drehklappe
H 205 Club-Libelle	73	176	Cl	FX 66-17 A II-182	15,0	9,8	23,0	217	350		29,0/35,7		0,67 75	33 88	
H 206 Hornet	74	89	St	FX 66-17 A II-182	15,0	9,8	23,0	232	420	60	30,3/42,9		0,60 75	38 103	
Hornet C	79	12	St												
H 303 Mosquito	76	200	FAI	FX 67-K-150	15,0	9,8	23,0	242	450		31,3/45,9		0,58 75	42 114	Wölb-Brems-Klappe
H 304	80	62	FAI	HQ 10-1642	15,0	9,9	22,8	240	450		33,9/45,6		0,57 77	43 96	auch 17 m
H 402	81	1	O	HQ 10-1642	17,0	10,6	27,3	240	500		31,1/47,2		0,52 74	45 105	

Start und Flug Hänle

Muster, Name	Baujahr	Stückzahl	Klasse	Flügelprofil	Spannweite	Flügelfläche	Streckung	Rüstmasse	max. Flugmasse	Wasser	Flächenbelastung	Mindestgeschw.	Sinkgeschw.	beste Gleitzahl	Bemerkungen
H 101 Salto	70				13,3	8,6	21,8	182	280		32,7	60–70	0,7 72	35 93	Kunstflug, auch 15,5 m
H 111 Hippie															
H 121 Globetrotter	77				17,0										2 Sitze gestaffelt nebeneinander

Muster, Name	Baujahr	Stückzahl	Klasse	Flügelprofil	Spannweite	Flügelfläche	Streckung	Rüstmasse	max. Flugmasse	Wasser	Flächenbelastung	Mindestgeschw.	Sinkgeschw. bei Fluggeschw.		beste Gleitzahl bei Fluggeschw.		Bemerkungen
					m	m²	–	kg	kg	kg	kg/m²	km/h	m/s	km/h	–	km/h	

Scheibe Flugzeugbau

Muster, Name	Baujahr	Stückzahl	Klasse	Flügelprofil	Spannweite	Flügelfläche	Streckung	Rüstmasse	max. Flugmasse	Wasser	Flächenbelastung	Mindestgeschw.	Sinkgeschw.	bei Fluggeschw.	beste Gleitzahl	bei Fluggeschw.	Bemerkungen
Mü 13 E	51	160	Do	Mü	17,2	18,3	15,9	250	430	–	23,6		0,7	65	28	80	
»Bergfalke« II	53	30	Do	Mü	16,6	17,7	15,6	240	430	–	24,3	55	0,7	65	28	80	
»Spatz« A-B	51	30		Mü	13,2	10,9	16,0	110	220	–	18,4		0,67	58	25	65	
»Spatz« 55	54			Mü	13,2	10,9	16,0	135	245	–	22,5	50	0,70	65	25	73	
»L-Spatz«	53			Mü 14%	15,0	11,7	19,0	144	250	–	21,3		0,64	62	29	73	
»L-Spatz« 55	54	450		Mü 14 %	15,0	11,7	19,2	140	265	–	22,7	50	0,68	64	29	73	
»Zugvogel I« (u. II)	55	12		NACA 63 215-616	16,0	14,0	18,3	228	345	–	24,7	55	0,62	70	34	86	
»Zugvogel III«	57	110		„ „	17,0	14,5	20,0	245	365	–	25,2		0,61	72	35	86	als IV mit 15,0 m Spannweite
»Bergfalke« III	62	450		Mü	16,6	17,9	15,4	275	465	–	26,0	58			28		
»Bergfalke« IV	69	30		FX 502	17,2	17,5	17,0	300	505	–	29,0	66	0,68	75	32	85	
SF 26	62	60	St	NACA 63$_{616}$	15,0	12,3	18,3	190	310	–	25,1	58			32		
SF 27	64	120	St	FX 61-184	15,0	12,1	18,7	210	330	–	27,4	60	0,6	74	34	88	
SF 25 A »Motor Falke«	64	60	Do	Mü	16,6	17,9	15,4	295	485		27		0,9	65	20		Solo Hirth F10 20 kW
SF 24 »Motor Spatz«	57	60		Mü 14%	14,1	11,8	16,7	237	345		29,2						Solo Hirth F10 20 kW
»Specht«	53		Do	Mü	13,5	16,6	11,0	173	390		23,5	55	0,95	70	18	80	
»Sperber«	56		Do	Mü	14,2	17,7	11,4	220	400		22,6		0,93	68	19	75	
SF 25 B	67			Mü	15,4	17,5	13,6	335	540		30		1,0	70	20		Stamo 37 kW
SF 25 C	71			Mü	15,4	17,5	13,6	375	610		35	65	1,0	75	23		Limbach 45 kW
SF 25 D	77			Mü	14,7												
SF 25 E	74			Mü	18,6	18,2	18,8	410	630		34,7	70	0,85	70	30	85	Limbach 49 kW
SF 27 M	69			FX 61-184	15,0	12,0	18,6	260	370		32		0,7	75	32		Solo Hirth F10 20 kW
SF 28 »Tandem-Falke«	71			Gö 533	16,3	18,4	14,5	400	590		32,2	62	0,9	70	27	95	Limbach 49 kW
SF 34	78			FX 61-184/ 60-126	15,8	14,8	16,9	320	540		25 . . . 36	70	0,7	75	35	95	
SF 36	80			FX 61-184/ 60-126	16,3	15,8	17,1	440	660		38		0,9	80	28	95	Limbach 60 kW

Göppingen, Schempp-Hirth, Wolf Hirth

Muster, Name	Baujahr	Stückzahl	Klasse	Flügelprofil	Spannweite	Flügelfläche	Streckung	Rüstmasse	max. Flugmasse	Wasser	Flächenbelastung	Mindestgeschw.	Sinkgeschw.	bei Fluggeschw.	beste Gleitzahl	bei Fluggeschw.	Bemerkungen
Gö 1 Wolf	35			Gö 535-symm.	14,0	12,0/	13,0	145	245	–	14,6						
Gö 2	35				14,5	21,5	10,0	200		–	17,0		1,0		15		Doppelsitzer, verbesserte Grunau 8
Gö 3 Minimoa	35			Gö 693-681	17,0	19,0	16,0	210	350	75	14,5	60	0,65		26	85	1938: 17,5 m
Gö 4 Gövier	37		Do	Joukowsky mod.	14,8	19,0	11,5	180	350	–	18,4		1,0		19		Doppelsitzer nebeneinander
Gö 5 Hütter H 17	36			Gö 535 – M 6	9,7	9,2	10	65	155	–	16,8		0,88		17		
Hi 20 Mose	41	1			14,8	18,7	11,7	280	380	–	20,3	55	0,9		20		Motorsegler, Krautter Mot. 18 kW
Hi 21	44				19,6	24,0	16,0	323	573	–	23,8		0,66		28		Doppelsitzer, verstellbare Pfeilung
Hi 24					8,2	15,7	4,3										»Krad der Lüfte«
Hi 25 Kria	58	1		STE 96 1516	11,9	9,9	14,4	130	220	–	22,2		0,78	75	28,6	85	mit V-Leitwerk
Gö 4 Gövier III	51		Do		17,5					–							

Muster, Name	Baujahr	Stückzahl	Klasse	Flügelprofil	Spannweite	Flügelfläche	Streckung	Rüstmasse	max. Flugmasse	Wasser	Flächenbelastung	Mindestgeschw.	Sinkgeschw. bei Fluggeschw.	beste Gleitzahl bei Fluggeschw.	Bemerkungen
					m	m²	–	kg	kg	kg	kg/m²	km/h	m/s km/h	– km/h	
Schempp-Hirth															
Einsitzer															
Standard Austria S	62	30	St	NACA 65$_2$-415	15,0	13,5	16,7	245	350	–	23,7-25,9	68		34	
Standard Austria SH	64	36	St	E 266	15,0	13,5	16,7	245	350	–	23,7-25,9	64		34	
Standard Cirrus	69	736	St	FX 502-196 FX 66-17A II-182	15,0	10,0	22,5	210	330	60	28,5-33			37	
Standard Cirrus G	72		St	„	15,0	10,0	22,5	220	390	60	29,5-39	63		37	736, davon 200 Grob, 35 LANA VERDE
Standard Cirrus B	76		–	„	16,0	10,4	24,7	225	330	60	28,5-33	60		38	
Discus a, b, CS	84	655	St	HQ/Althaus/Holig	15,0	10,6	21,3	230	525	168	30-50	69		43	389, davon 260 des Baumusters CS
Discus 2 a/b	98	17	St	HQ/SHK	15,0	10,16	22,2	240	525	200	31-52	67			noch nicht vermessen
Mini-Nimbus HS 7	76	159	St	FX-K-150	15,0	9,9	23	235	450	190	31-46	59		41	
Mini-Nimbus B, C	78		FAI	FX-K-150	15,0	9,9	23	235/225	450/500	190	31-46	61		41	
Ventus a, b	80		FAI	FX/Alth./Holig	15,0	9,5	23,7	220	430	168	31-45	61		44	
Ventus a, b 16,6	82	323	FAI	FX/Alth./Holig	15/16,6	10,0	27,7	228	430	168	31-43	60		47	
Ventus c	86		FAI	FX/Alth./Holig	15/17,6	10,2	30,2	244	500	168	32-49	58		48	
SHK, SHK 1	65	59	O	E 266	17,0	14,7	20,2	260	370	–	23-25	65		38	SHK 1 zusätzlich Bremsschirm
Nimbus 1	69	1	O	FX 67 K 170/150	22,0	15,8	30,6	370	500	130	28-32	63		51	
Cirrus V 1	67	1	O	FX 66-169/161	17,6	12,6	24,6	250	400	–	26-32	62		44	
Cirrus, Cirrus VTC	67/72	168	O	FX 66-169/161	17,7	12,6	25,0	260	460	100	27-37	63		44	168, davon 63 VTC (YU)
Nimbus 2, 2 B, 2 C	71		O	FX 67 K 170/150				340	530	155	29-37	62		48	
„	77	235	O	„	20,3	14,4	28,6	350	580	220	30-40	62		48	
„	78		O	„				315	650	280	27-45	60		51	
Nimbus 3	81	67	O	FX/Alth./Holig	22,9	16,3	32,2	380	700	280	28-43	52		54	
Nimbus 3/24,5	82		O	FX/Alth./Holig	24,5	16,7	35,9	396	750	338	28-45	50		55	
Nimbus 4	90	11	O	FX/Alth./Holig	26,4	17,8	39,1	480	750	324	31-42	64		60	
Doppelsitzer															
Janus, Janus B	74/78	253	Do	FX 67 K 170/150	18,2	16,6	20,0	380/370	620	240	27-37	70		40	
Janus C, Ce	79	253	Do	FX 67 K 170/150	20,0	17,3	23,1	365/	700	240	25-41	65		43	Ce hat Einziehrad
Nimbus 3 D	86	13	Do	FX/Alth./Holig	24,6	16,9	36,0	485/	750	168	33-45	68		57	
Nimbus 4 D	93	9	O	FX/Alth./Holig	26,5	17,96	39,1	515/	750	160	33-42	60		60	
Duo Discus	93	198	Do	FX/Alth./Holig	20,0	16,4	24,4	400/	700	200	29-33	68		45	

Muster, Name	Baujahr	Stückzahl	Klasse	Flügel-profil	Spann-weite	Flügel-fläche	Streckung	Rüstmasse	max. Flugmasse	Wasser	Flächen-belastung	Mindest-geschw.	Sink-geschw. bei Flug-geschw.		beste Gleitzahl bei Flug-geschw.		Bemerkungen
					m	m²	–	kg	kg	kg	kg/m²	km/h	m/s	km/h	–	km/h	
Motorsegler																	
Nimbus 2 M	74	7		FX 67 K 170/150	20,3	14,4	28,6	455	600	–	38–42	75			46		1 sitzig
Nimbus 4 M	91	10		FX/Alth./Holig.	26,4	17,8	39,1	572	800	324	36–45	70			60		1 sitzig
Janus CM	79	36	Do	FX 67 K 170/150	20,0	17,3	23,1	480	700	–	32–40	69			43		2 sitzig
Nimbus 3 DM	88	27	Do	FX/Alth./Holig.	24,6	16,9	36,0	610	820	168	41–49	71			57		2 sitzig
Janus CT	83	17	Do	FX 67 K 170/150	20,0	17,3	23,1	445	700	240	30–36	66			44		2 sitzig, kein Selbstart
Nimbus 3 DT	86	26	Do	FX/Alth./Holig.	24,6	16,9	36,0	530	800	168	40–48	68			57		2 sitzig, kein Selbstart
Ventus cM	88	110	Do	FX/Alth./Holig.	17,6	10,2	30,2	310	430	168	38–42	64			48		
Discus b M	91	9		HQ/Alth./Holig.	15,0	10,6	21,3	300	450	168	36–43	76			43		
Ventus b T	83	179		FX/Alth./Holig.	16,6	10,0	27,7	263	430	168	34–43	61			47		kein Selbstart
Ventus c T	87			FX/Alth./Holig.	17,6	10,2	30,2	289	430	168	36–42	63			48		kein Selbstart
Discus b T	88	166		HQ/Alth./Holig.	15,0	10,6	21,3	275	450	168	34–43	61			43		kein Selbstart
Nimbus 3 T	82	27	O	FX/Alth./Holig.	24,5	16,7	35,9	455	750	338	32–45	58			57		kein Selbstart
Nimbus 4 T	90	11	O	FX/Alth./Holig.	26,4	17,8	39,1	525	800	324	34–45	67			~60		kein Selbstart
Nimbus 4 DT	94	6	Do	FX/Alth./Holig.	26,5	17,96	39,1	565	800	160	36–45	61			~60		kein Selbstart
Nimbus 4 DM	94	35	Do	FX/Alth./Holig.	26,5	17,96	39,1	595	820	160	36–46	63			~60		
Ventus 2 a/b	94	80	FAI	Boermans Alth./SHK	15,0	9,67	23,3	225	525	200	31–54	55			nicht vermessen		
Ventus 2 c	95	40	FAI	Boermans Alth./Holig.	18,0	11,0	29,5	264	525	174	31–48	58			nicht vermessen		
Ventus 2 c T	95	33	FAI	Boermans Alth./Holig.	18,0	11,0	29,5	310	525	174	35–48	60			nicht vermessen		kein Selbstart
Ventus 2 c M	95	33	FAI	Boermans Alth./Holig.	18,0	11,0	29,5	310	525	174	35–48	60			nicht vermessen		kein Selbstart
Nimbus 3 T	82	27		FX/Alth. Alth./Holig.	24,5	16,7	32,2	455	750	338	45–58	57					kein Selbstart
Nimbus 4 T	90	6		FX/Alth. Alth./Holig.	26,4	17,8	39,1	525	800	324	45–67	60					kein Selbstart

A. Schleicher

Einsitzer bis 1945

Muster, Name	Baujahr	Stückzahl	Klasse	Flügel-profil	Spann-weite	Flügel-fläche	Streckung	Rüstmasse	max. Flugmasse	Wasser	Flächen-belastung	Mindest-geschw.	Sink-geschw.	beste Gleitzahl	Bemerkungen
Hol's der Teufel	26	8	?		12,7	30,2	7,98	95	170	–	8,4	41		15	
Prüfling	27	?	?		10,0	15,2	6,85	?	195	–	12,8			14	
Professor	28	1		Gö 549	16,1	18,6	13,94	100	246	–	13,2				
Zögling	28	15		Gö 549	10,04	15,8	6,38	?	180	–	13,0				
Mannheim	28	1	?		15,5	20,0	12,01	?	?	–	?				
Anfänger	27	60	?		10,2	18,0	5,78	?	?	–	?	45		12	
Stadt Frankfurt	28	1	?		15,8	20,0	12,48	?	?	–	?				
Falke	31	25	?		14,0	18,1	10,83	?	250	–	13,8				
Rhön-Adler	32	65		Gö 652 mod.	17,4	18,0	16,8	170	250	–	13,85			20	

Muster, Name	Baujahr	Stückzahl	Klasse	Flügelprofil	Spannweite m	Flügelfläche m²	Streckung -	Rüstmasse kg	max. Flugmasse kg	Wasser kg	Flächenbelastung kg/m²	Mindestgeschw. km/h	Sinkgeschw. m/s	bei Fluggeschw. km/h	beste Gleitzahl -	bei Fluggeschw. km/h	Bemerkungen
Rhön-Bussard	31	220		Gö 532/ Ende symm.	14,3	14,0	14,6	165	245	–	16,78				20		
Seeadler	35	1		Gö 652/ Ende Gö 535	17,36	18,0	16,75	240	325	–	18,0				20		
Zögling 35	35	20		?	12,0	?	?	?	?	–	?						
Condor II A	35	12		Gö 532/ Ende symm.	17,24	16,2	18,4	240	330	–	19,75				26		
SG 38	38	500		Eigenentwickl. ES	10,41	16,0	6,76	105	210	–	12,2		1,3	48	10	52	
Condor III	38	10		Gö 532/ Ende symm.	17,24	20,3	15,0	230	325	–	10,82	53			28		
Olympia-Meise	39	25		Gö 549/ Ende Gö 676	15,0	15,0	15,0	160	255	–	17,0				25		
Grunau Baby IIa	41	20		Gö 532/ Ende symm.	13,50	14,2	12,82	135	215	–	15,10	45			17		
EW 18	41	5		?	18,00	?	?	?	?	–	?						
Grunau Baby IIb	43	40		Gö 532/ Ende symm.	13,57	14,2	13,0	170	250	–	17,68	45			17		
Doppelsitzer bis 1945																	
Rhön-Adler Luftkurort	29	1	Do	?	17,0	26,9	10,74			–	?	?			?		
Poppenhausen	30	1	Do	?	14,6	22,9	9,31	130		–	?	41/49			16		
OBS	27	1		?	26,0	38,0	17,79	390	640	–	16,84	?			?		»Observatorium« 3sitzig
Einsitzer ab 1951																	
Grunau Baby III	51	21		Gö 532/ Ende symm.	13,5	14,4	12,8	164	260	–	18,0	45?			17		
Grunau Baby IIb	54	13		Gö 532/ Ende symm.	13,6	14,2	13,0	170	250	–	17,68	45?			17		
Ka 6 (Baur. 6[0]) »Rhönsegler«	56	840		NACA 63₃-018/ NACA 63 mod. 14%/ Joukowsky-Tropfen 12,5%	14,0	12,0	16,3	170	300	–		60		25,0	29		840 Stück Ka 6 bis Ka 6 CR + 132 in Lizenz
Ka 6 (Baur. 6A)				sh. Ka 6 Baur. (0)	14,4	12,2	17,04	185	300	–	24,65	60			29		
Ka 6 (Baur. B, BR, BR-Pe)			St	sh. Ka 6 Baur. (0)	15,0	12,4	18,1	185	300	–	24,2	59,5			29*		
Ka 6 CR, CR-Pe			St	sh. Ka 6 Baur. (0)	15,0	12,4	18,1	185	300	–	24,2	59,5			29*		
K 10	63	12	St	FX 40– FX 30	15,0	12,5	17,96	210	320	–	25,5	64			32		
Ka 6 E	65	388	St	NACA 63– 618/NACA 63–614/Joukowsky 12%	15,0	12,4	18,1	190	300	–	24,2	59			33		388 + 8 in Lizenz
K 8, B, C	57	875	Cl	Gö 533/ Gö 532	15,0	14,2	15,9	191	310	–	21,9	55			25*		875 + 337 in Lizenz
AS 12	65	1	O	FX 62-K-131 mod./ FX 60–126	18,3	13,0	25,8	296	430	–	33,07	68			46		
ASW 12	66	14	O	FX62-K-131 mod./ FX 60-126	18,3	13,0	25,8	324	430	–	33,07	68			46*		

Muster, Name	Baujahr	Stückzahl	Klasse	Flügelprofil	Spannweite	Flügelfläche	Streckung	Rüstmasse	max. Flugmasse	Wasser	Flächenbelastung	Mindestgeschw.	Sinkgeschw. bei Fluggeschw.	beste Gleitzahl bei Fluggeschw.	Bemerkungen
					m	m²	–	kg	kg	kg	kg/m²	km/h	m/s km/h	– km/h	
ASW 15	68	183	St/Cl	FX 61-163/ FX 60-126	15,0	11,0	20,45	205	318	–	28,9	63		36,5*	
ASW 15 B	71	270	St/Cl	FX 61-163/ FX 60-126	15,0	11,0	20,45	230	408	90	28,0 / 37,0	59		36,5*	
ASW 17	71	55	O	FX 62-K-131 mod./ FX 60-126	20,0	14,8	27,0	405	610	100	30,7 / 38,4	68		48,5*	
ASW 17 S, X	73	2	O	sh. ASW 17	21,0 19,0	15,1 14,3		426	570 630	110	37,6 44,06			50* 47	
ASK 18	74	47		NACA 63₃-618 + Nase FX 40/ NACA 63₃-614 + Nase FX 40/Joukowsky	16,0	13,0	19,7	215	335	–	21,5 / 25,8	60		34	47 + 1 Lizenz
ASK 18 B	77		Cl	NACA 63₃-618 + Nase FX 40/ NACA 63₃-614 + Nase FX 40/Joukowsky	15,0			210	335	–				31	Stückzahl in ASK 18 enthalten
ASW 19	75	425	St/Cl	FX 61-163 FX 60-126	15,0	11,0	20,45	240	408	–	28,2	37,1 67		38,5*	425 für ASW 19 und ASW 19 B
ASW 19 B			St/Cl	FX 61-163/ FX 60-126	15,0	11,0	20,45	245	454	100	28,6	41,3 67		38,5*	
ASW 19 X	80	1	St	DU 80-176/ Du 80-141	15,0	11,0	20,45	248	454	100	28,6	41,3 67		41*	
ASW 20	77	} 511	FAI	FX 62-K-131 mod./ FX 60-126	15,0	10,5	21,43	255	454	120	32	43 67,5		42*	
ASW 20 L	77		FAI O	FX 62-K-131 mod./ FX 60-126	15,0 16,6	10,5 11,0	21,43 24,9	255 260	454 380	120 –	32 30,5	43 67,5 34,4 64		42* 45,5*	Stückzahl bei ASW 20
ASW 20 F FL/FLP	78	100 +40	FAI O	FX 62-K-131 mod./ FX 60-126	15,0 16,6	10,5	21,43	260 267	454 380	120 –	32 30,5	43 67,5 34,4 64		42 44	FLP = Winglets
ASW 20 B	83	39	FAI	FX 62-K-131 mod./ FX 60-126 mod.	15,0	10,5	21,43	270	525	150	32,0	50,0 70		43,5*	
ASW 20 BL	83	44	FAI O	FX 62-K-131 mod./ FX 60-126 mod.	15,0 16,5	10,5 11,0	21,43 25,02	270 275	525 430	150 100	32,0 31,0	50,0 70 39,06 64		43,5* 46	
ASW 20 C	83	98	FAI	FX 62-K-131 mod./ FX 60-126 mod.	15,0	10,5	21,43	270	525	150	32,0	50,0 70		43,5*	
ASW 20 CL	83	73	FAI O	FX 62-K-131mod./ FX 60-126 mod.	15,0 16,6	10,5 11,0	21,43 25,0	260 265	454 380	110 50	31,0 30,0	43,24 70 34,5 64		43,5* 46	
ASW 22	81	36	O	DFLVR-HQ 17/FX-126 K 25	22,0 24,0	14,9 15,5	32,47 37,18	400 410	750 650	240 185		50,32 66 41,96 64		54 57*	* gemessen durch Vergleichsfliegen von DFVLR-Idaflieg
ASW 22 B	86	5	O	HQ 17-14,38 /DU 84-132 V 3	25,0	16,3	38,32	460	750	220		46,0 66		60	

Muster, Name	Baujahr	Stückzahl	Klasse	Flügelprofil	Spannweite	Flügelfläche	Streckung	Rüstmasse	max. Flugmasse	Wasser	Flächenbelastung	Mindestgeschw.	Sinkgeschw. bei Fluggeschw.		beste Gleitzahl bei Fluggeschw.		Bemerkungen
					m	m²	–	kg	kg	kg	kg/m²	km/h	m/s	km/h	–	km/h	
ASK 23, 23 B	83	132	Cl	FX 61-168/ FX 60-126	15,0	12,9	17,44	240	380	–	24	29,46		64	34*		
ASW 24 Prototyp	85	1	St	FX 62-K-131 mod./ FX 60-126 mod.	15,0	10,5	21,43	282	525	160	34,5	50,0		68	43,5		ASW 20 B umgebaut WK 0°/HLW-W 19
ASW 24	87	158	St	DU 84-158	15,0	10,0	22,50	230	500	155	30,0	50,0		70	43,5*		
Doppelsitzer ab 1951																	
ES 49	51	8		Gö 549/ Ende Gö 676	16,0	21,3	11,74	276	480	–		21,6		?	24		
Rhönlerche I	52	1		Gö 535/ Gö 676	13,0	18,1	9,35	210	380	–		21,0		?			
Ka 2 Rhönschwalbe	53	38		Gö 533 mod./ Ende Gö 532	15,0	16,8	13,4	254	460	–		27,4		65	24		38 + 4 in Lizenz
Condor IV (Baur. 3)	53	7		Gö 32/ End. NACA 0012	18,0	21,2	15,3	358	560	–		24,5		60	31		
Rhönlerche II	53	288		Gö 533/ End. Gö 532	13,0	16,34	10,3	200	400	–		24,5		40/50	19		288 + 50 in Lizenz
Ka 2b Rhönschwalbe	55	71		Gö 533 mod./ Ende Gö 532	16,0	17,5	14,63	278	480	–		27,1		62	27		
K 7 Rhönadler	56	490		Gö 533 mod./ End. Gö 532	16,0	17,5	14,6	285	480	–		.27,4		59	25*		490 + 21 in Lizenz
ASK 13	66	603		Gö 535 + 549 gemischt Ende Gö 541	16,0	17,5	14,63	296	480	–	21,7	27,4		57/61	26*		603 + 90 in Lizenz
ASK 21	79	537		FX S02-196/Ende FX 60-126	17,0	17,95	16,1	360	600	–	24,0	33,4		65/74	34*		* gemessen durch Vergleichsfliegen von DFVLR-Idaflieg
AS 22-2	84	1	O	HQ 17-/ 14,38/FX 60-126 K 25	24,0	15,49	37,19	462	750	185		48,42		65	56		
ASH 25	86	83	O	HQ 17-14,38/DU 84-132 V 3	25,0	16,31	38,32	480	750	180	33,7	46,0		65	58		
Motorsegler ab 1951																	
ASK 14	68	62		NACA 63₃-618 + Nase FX 40/ NACA 63₃-614 + Nase FX 40 / Joukowsky	12,68	16,2		245	360	–		28,5		60	28		Selbststarter
ASK 16	71	44	Do	NACA 63-618/63-618/ Joukowsky	16,0	19,0	13,5	460	750	–	28	36,84		64/74	25		Selbststarter
ASW 22 M	83	3	O	DFVLR-HQ 17/ FX-126 K 25	22,0 24,0	14,9 15,5	32,47 37,18	400 410	750 650	240 185		50,32 41,96		66 64	54* 57		Selbststarter
ASH 25 MB	85	1	O	HQ 17–14,38/DU 84-132 V 3	25,0	16,31	38,32	510	750	140	36,0	46,0		68	58		Selbststarter

Muster, Name	Baujahr	Klasse	Flügel-profil	Spann-weite	Flügel-fläche	Streckung	Rüstmasse	max. Flugmasse	Wasser	Flächen-belastung	Mindest-geschw.	Sink-geschw. bei Fluggeschw.		beste Gleitzahl bei Fluggeschw.	Bemerkungen
				m	m²	–	kg	kg	kg	kg/m²	km/h	m/s	km/h	–	km/h
ASW 22 BE	86	5	O	HQ 17-14,38/DU 84-132 V 3	25,0	16,31	38,32	430	810	240	49,7	68			60	Selbststarter
ASH 25 E	87	55	O	HQ 17-14,38/DU 84-132 V 3	25,0	16,31	38,32	530	750	140	36,0	46,0	68		58	Nichtselbststarter
ASH 25 SL	88	1	O	HQ 17-14,38/DU 84-132 V 3	25,0	16,31	38,32	510	750	140	36,0	46,0	68		58	Selbststarter
ASW 24 E	88	46	St	DU 84-158	15,0	10,0	22,50	275	500	155	34,4	50,0	75		43,5	Selbststarter
ASW 24 TOP	88	7	St	DU 84-158	15,0	10,0	22,50	285	500	145	34,4	50,0	75		43	Selbststarter
							250	500	155	32,0	50,0	70		43,5	ohne TOP
ASH 25 MB	85	1	O	HQ 17-14,38/DU 84-132 V 3	25,0	16,31	38,32	510	750	140	36,0	46,0	68		58	
ASH 25 E	87	63	O	HQ 17-14,38/DU 84-132 V 3	25,0	16,31	38,32	530	750	140	36,0	46,0	68		58	
					16,46	39,82	534				45,6				
ASH 25 SL	88	1	O	HQ 17-14,38/DU 84-132 V 3	25,0	16,31	38,32	530	750	140	36,0	46,0	68		58	
ASH 25 M	95	36*	O	HQ 17-14,38/DU 84-132 V 3	25,0	16,31	38,32	530	750	140	36,0	46,0	68		58	
ASH 26 E	93	131*	O	HQ 17-14,38/DU 84-132 V 3	18,0	11,68	27,74	350	525	100	36,0	45,0	65		>50	

Summe der Motorsegler nach 1951   434
Summe aller Flugzeuge von 1951 bis 01/99   7204

Edmund Schneider, Grunau

Muster, Name	Baujahr	Klasse	Flügelprofil	Spannweite	Flügelfläche	Streckung	Rüstmasse	max. Flugmasse	Wasser	Flächenbelastung	Mindestgeschw.	Sinkgeschw.	bei Fluggeschw.	beste Gleitzahl	bei Fluggeschw.	Bemerkungen
E6 (Espenlaub S)	24			12	22	6,6	150	220	–	10						»Schädel-(Hindernis-)Spalter«
Grunau 9 ESG	29			10,7	15,3	7,4	95	180	–	11,8		1,3	45	10		auch mit »Ei« Rumpfausführung
RSG	29			11,2	16,8	7,5	100	180	–	10,7		0,95		15		
ARSG	29			11,2	16,8	7,5	≈110	≈190	–	≈11,3						mit Rädern für Autoschlepp
Wiesenbaude II	30		Gö 535	16,0	16,0	15,8	135	210	–	13,1						
Stanavo	31		Gö 535	16,0	16,3	15,7	135	220	–	13,5		0,60		23	60	
Moazagotl	33		Gö 535 mod.	20,0	20,0	20,0	178	260/310	50	13,0/15,5	45	0,58	48	23	55	
Grunau 8	34		Gö 619	14,5	21,3	9,9	190	360	–	16,9		1,1		14	54	Doppelsitzer
Grunau Baby I	31	80	Gö 535 mod.	12,9	14,0	12,0	100	180	–	12,9		0,73		19?		verstrebt, keine BK
Grunau Baby II	33	} 700	Gö 535 mod.	13,5	14,2	12,9	125	215	–	15,1	40	0,80	45	17	55	mit Nachbau
Grunau Baby IIa	33		Gö 535 mod.	13,6	14,2	12,2	135	215	–	15,2	40	0,85	45	17	55	etwa
Grunau Baby IIb	36		Gö 535 mod.	13,6	14,2	12,2	190	250	–	17,6	45	0,85	55	17	60	mit SH-BK } 5000 Stück
Grunau Baby III	51		Gö 535 mod.	13,6	14,4	12,8	170	260	–	18,0	45	0,85	55	17	60	mit Rad
Motorbaby	35	25	Gö 535 mod.	13,6	14,2	13,0	190	300	–	21,2						mit Köller-Kröber-Mot. 13 kW
SG 38	38		Gö 532	10,4	16,7	6,5	105	210	–	12,6	50			10		verspannt, Schnellmontage
SG 38 A	39		Gö 532	10,4	16,7	6,5	105	210	–	12,6				10		verspannt mit Boot
SG 39 »Eintopf«	44		Gö 532						–							verstrebt mit Boot
ES 49	52		Gö 549/676	16,0	21,8	11,8	277	480	–	22,0	50	0,85	50	24	70	Doppelsitzer

Muster, Name	Baujahr	Klasse	Flügelprofil	Spannweite	Flügelfläche	Streckung	Rüstmasse	max. Flugmasse	Wasser	Flächenbelastung	Mindestgeschw.	Sinkgeschw. bei Fluggeschw.		beste Gleitzahl bei Fluggeschw.		Bemerkungen
				m	m²	–	kg	kg	kg	kg/m²	km/h	m/s	km/h	–	km/h	
ES 49 »Kangaroo«	53		Gö 549/676	18,0				–						27		Doppelsitzer, in Australien gebaut
Nachtrag:																
Grunau 9	31			10,7	16,0	7,2	100	195	–	12,2		1,3		10		auch mit »Ei«
ES M 5	36			10,5	12,5	8,8	190	285	–	22,8	60					Motorsegler mit Ilo 16 kW

Rolladen-Schneider

Muster, Name	Baujahr	Klasse	Flügelprofil	Spannweite	Flügelfläche	Streckung	Rüstmasse	max. Flugmasse	Wasser	Flächenbelastung	Mindestgeschw.	Sinkgeschw. bei Fluggeschw.		beste Gleitzahl bei Fluggeschw.		Bemerkungen
D 36 V 2	64	1	O	FX 62-K-131...	17,8	12,8	24	282	410	–	28	32	65		44	
LS 1 a–d	68	221	St	Wortmann	15,0	9,8	23,1	210	341	60	28	35	65		37	
LS »Gazelle«	69	1	St	Wortmann	15,0	9,8	23,1	185	312	–	26,5	32	65		38	
LSD »Ornith«	69	1	Do	Wortmann	18,0	12,4	26,1	298	450	–	30	36	65/72		38	
LS 1-e-ef	72	3	St	Wortmann	15,0	9,8	23,1	235	341	–	32	35	65		38	
LS 1-f	74	238	St	Wortmann	15,0	9,8	23,1	235	390	90	31,6	40	62		38	
LS 2	74	1	St	Wortmann	15,0	10,3	21,9	260	465	–	34	45	62		40	
LS 3	77	155	FAI	Wortmann mod.	15,0	10,5	21,4	280	472	–	35	45	65		41	
LS 3a/LS 3 ake	78	208	FAI	Wortmann mod.	15,0	10,5	21,4	250	472	–	35	45	65		41	
LS 3–17	79	66	FAI	Wortmann mod.	15/17	11,2	25,8	260	360	–	30	45			45	
LS 4-a	80	830	St	Wortmann-Lemke	15,0	10,5	21,4	240	472	140	29	50	68		41	
LS 4-b		16	St	Wortmann-Lemke												
LS 5	86	1	O	Wortmann-Lemke	23,0	13,9	37,5	340	650	200	30	47	53		55	
LS 6/-a/-b	84	200	FAI	Wortmann-Lemke	15,0	10,5	21,7	250	577	170	31	55	65		44	
LS 6-c		63	FAI	Wortmann-Lemke												
LS 6-17,5	89		FAI O	Wortmann-Lemke	15/17,5	11,3	27,0	255	500	–	30	44			49	
LS 7	88	162	St	Wortmann-Lemke	15,0	9,8		235	490	180	32	50	68		43	

Flugwissenschaftliche Vereinigung Aachen

Muster, Name	Baujahr	Klasse	Flügelprofil	Spannweite	Flügelfläche	Streckung	Rüstmasse	max. Flugmasse	Wasser	Flächenbelastung	Mindestgeschw.	Sinkgeschw. bei Fluggeschw.		beste Gleitzahl bei Fluggeschw.		Bemerkungen
FVA 1 »Schwatze Düwel«	20		Gö 442	9,5	15,0	6,0	62	137	–	9,1		≈1,0		≈10		
FVA 2 »Blaue Maus«	21		Gö 442	9,7	15,5	6,0	53	128	–	8,3						3 Stück gebaut
FVA 3 »Ente«	22		Do	12,0	22,0	6,6	94	160	–	7,3						
FVA 5 »Rheinland«	23			12,7	15,0	10,8	102	172	–	11,5						2sitz. nebeneinander
FVA 9 »Blaue Maus II«	34		Gö 535/549/M 3	15,0	12,6	17,9	89	174	–	13,8		0,54	65	25	72	
FVA 10a »Th. Bienen«	35									–						
FVA 10b »Rheinland«	37		Gö 433/532/M 3	16,0	11,7	21,9	142	240	–	20,5		0,60	60	28	85	Serienbau
FVA 11 »Eifel«	38		NACA 23015	18,0	14,0	23,2	255	350	–	25,0		0,63	64	33	85	
FVA 13 »Olympia-Jolle«	38		Gö 535/549/M 3	15,0	14,5	15,6	156	251	–	17,3		0,72	50	20	55	Olympiaflugzeug

Muster, Name	Baujahr	Klasse	Flügel-profil	Spann-weite	Flügel-fläche	Streckung	Rüstmasse	max. Flugmasse	Wasser	Flächen-belastung	Mindest-geschw.	Sink-geschw.	bei Flug-geschw.	beste Gleitzahl	bei Flug-geschw.	Bemerkungen
				m	m²	–	kg	kg	kg	kg/m²	km/h	m/s	km/h	–	km/h	
FVA 20	79		FX 61-168/60-126	15,0	12,8	17,6	280	380	–	29,7	62	0,6	68	37	90	
FVA 25	–															Ultraleicht-Ente im Bau
FVA 27	–			(15,0)												Segelflug-Ente im Bau

Akaflieg Berlin

Muster, Name	Baujahr	Klasse	Flügel-profil	Spann-weite	Flügel-fläche	Streckung	Rüstmasse	max. Flugmasse	Wasser	Flächen-belastung	Mindest-geschw.	Sink-geschw.	bei Flug-geschw.	beste Gleitzahl	bei Flug-geschw.	Bemerkungen
B 1 »Charlotte«	22			15,2	20,0	11,6	100	170	–	8,5						Nurflügel
B 2 »Teufelchen«	23			11,5	13,7	9,6			–							
B 3 »Charlotte II«	23			14,5	19,5	10,8	133	195	–	10,0						Nurflügel
B 4 FF	31			9,0	10,0	8,1	185	285	–	28,5						Leichtmotorflugzeug Mercedes 15 kW
B 5	37		Gö 549/497	15,0	11,0	20,5	140	225	–	20,5		0,67	64	30	76	
B 6	38			16,0	14,6	17,5	155	240	–	18,5		0,58		30		
B 8	39		Gö 549/535	15,0	15,6	14,4	165	260	–	16,6		0,70	56	23	68	Olympiaflugzeug
B 11	(67)			17,2	15,8	18,8	230	320	–	20,3		(0,42)		(42)		vorgepfeilter Nurflü-gel, nicht geflogen
B 12	77	Do	FX 67-K-170/150	18,2	16,6	20,0	400	582	–	35,1		0,60		41		
B 13	91	Do	HQ 41/14,35	23,3	19,0	28,4	580	850	–	35–45	70	0,55	75	49	105	Motorsegler Rotax 377 24 kW

Flugtechnische Arbeitsgemeinschaft Beuth Berlin

Muster, Name	Baujahr	Klasse	Flügel-profil	Spann-weite	Flügel-fläche	Streckung	Rüstmasse	max. Flugmasse	Wasser	Flächen-belastung	Mindest-geschw.	Sink-geschw.	bei Flug-geschw.	beste Gleitzahl	bei Flug-geschw.	Bemerkungen
FAB 3	40		G 549/693	16,0	15,0	17,0	185	265	–	17,7		0,62	59	27,5	72	Metallsegelflugzeug

Akaflieg Braunschweig

Muster, Name	Baujahr	Klasse	Flügel-profil	Spann-weite	Flügel-fläche	Streckung	Rüstmasse	max. Flugmasse	Wasser	Flächen-belastung	Mindest-geschw.	Sink-geschw.	bei Flug-geschw.	beste Gleitzahl	bei Flug-geschw.	Bemerkungen
SB 1 »Storch«	23								–							
SB 2 »Heinrich der Löwe«	23															
SB 3 »Brockenhexe«	23								–							
SB 5	59	St		15,0	13,0	17,3			–							
SB 5c	65	St	NACA 63₃-618	15,0	13,0	17,3	220	325	–	25,0	60	0,63	66	33	77	Serienbau
SB 6	61		STE 871-514	18,0	13,0	25,0	260	350	–	27,0	58	0,62	88	39	90	
SB 7b	62		FX 61-163 mod.	17,0	12,7	22,8	283	390	–	30,6	65	0,60	75	37	85	
SB 8	67		FX 62-K-153 mod.	18,0	14,1	23,0	260	365	–	25,9	60	0,55	75	41	85	
SB 9	69		FX 62-K-153 mod.	21/18	15,2/14,1	29/23	321/301	421/403		27,7 28,6	59/60	0,45/0,54	72	48/42	85	2 verschied. Spann-weiten
SB 10	72	Do	FX 62-K-153 mod.	29/26	23/21,8	36,6/31,0	638/630	841/888	100	32–37 33–41	65/70	0,41/0,43	75	53/51	90	2 verschied. Spann-weiten
SB 11	78	FAI	FX 62-K-144/21 VG	15,0	10,6/13,2	21,3/17	295	470	105	34,5–44,5 44,5–35,6	75/58	0,67	85/75	41/36	104/85	mit Flächenklappe
SB 12	80	FAI	HQ 14/18,43/15/18,72	15,0	10,0	22,5	238	450	150	31	45	70	0,6	80	41	98	
SB 13	88	St	HQ 34 N/14,83 + HQ 36 N/15,12	15,0	11,6	19,4	267	357/435	136	30,7	37,7					Nurflügel mit Winglets
SB 14	–			18,0	10,8	30,0	(240)	(450)		(30	42)	0,5		50		

Akademische Fliegerschaft Marcho-Silesia Breslau

Muster, Name	Baujahr	Klasse	Flügel-profil	Spann-weite	Flügel-fläche	Streckung	Rüstmasse	max. Flugmasse	Wasser	Flächen-belastung	Mindest-geschw.	Sink-geschw.	bei Flug-geschw.	beste Gleitzahl	bei Flug-geschw.	Bemerkungen
DE 1 »Sperber«	24															Doppeldecker-Schulgleiter
EE 7 »Ober-schlesien«	27			18,0	16,6	19,6	155	225	–	13,6						
EE 11 »Schlesien in Not«	31			18,0	16,0	20,3			–							

Muster, Name	Baujahr	Klasse	Flügel-profil	Spann-weite	Flügel-fläche	Streckung	Rüstmasse	max. Flugmasse	Wasser	Flächen-belastung	Mindest-geschw.	Sink-geschw.	bei Flug-geschw.	beste Gleitzahl	bei Flug-geschw.	Bemerkungen
				m	m²	–	kg	kg	kg	kg/m²	km/h	m/s	km/h	–	km/h	
Flugtechnische Arbeitsgemeinschaft Chemnitz																
C 10	40		NACA 23016/12	12,5	12,0	13,0	200	300	–	25,0	58	0,85	65	22	85	Motorsegler Kröber M 4 14 kW
C 11	38		NACA 3414/2409	16,0	16,0	16,0	195	280	–	17,5		0,65	58	26	72	
Flugwissenschaftliche Arbeitsgruppe Cöthen																
»Der Alte Dessauer«	23		Gö 289	12,8	15,5	10,6	115	185	–	11,9						von Dessau über-nommen und verbessert
Akademische Fliegergruppe Danzig																
Dz 1 »Boot Danzig«	23			13,0	14,2	11,9	138	208	–	14,6						Wassersegelflugzeug
Dz 2 »Libelle«	24			9,6	10,5	8,8			–							
Dz 4 »Pinguin«	38								–							
Akademische Fliegergruppe Dresden																
D-B 1?	21			7,8	17,6	–	60	135	–	7,7						Doppeldecker
D-B 2? »Doris«	22		Gö 441	12,2	15,5	9,5	119	194	–	12,5				14,6		
D-B 7 »Ferdinand«?	29		Gö 527	12,0	18,0	8,0			–							
D-B 8 »Wolfgang Pomnitz«	29			20,0	18,0	22,2	227	297	–	16,5		0,65				
D-B 9	30	Do	Gö 527	19,0	23,0	15,7	320	480	–	20,8						Brems-Nasen-klappen
D-B 10	31			20,0	18,2	22,0	220	300	–	16,5						
Akademische Fliegergruppe Darmstadt																
D 1	20			11,2	24,5	5,1	70	150	–	6,1						
D 4 »Edith«	21		Gö 426	12,6	18,8	8,5	110	190	–	10,1						
D 6 »Geheimrat«	22		Gö 387	12,1	14,8	9,8	98	175	–	11,8		0,9		16		Flügel um y-Achse drehbar
D 7 »Margarete«	23	Do	Gö 533	15,3	22,5	10,4	200	350	–	15,5		1,1		15		2sitz.
D 8 »Karl der Große«	23	Do	Gö 426	14,0	17,9	11,0	270	450	–	25,1	65	1,4		15		2sitzig 22 kW Haacke Mot.
D 9 »Konsul«	23 24		Gö 535	18,7 18,2	21,8 21,0	16,1 15,8	200	280	–	12,8 13,3		0,7		21		Quer-Seitensteuer-Differential
D 10 »Hessen«	23		Gö 429 ... 432	11,1	13,2	9,4	76	156	–	11,8						veränderl. Profilwölbung
D 11 »Mohamed«	24		Joukowski	10,7	12,0	9,6	170	280/360	–	23,4	30,0					2sitzig 15-kW-Black-burne Motor
D 12 »Roemryke Berge«	24		Gö 426	16,0	17,5	14,6	144	224	–	12,8						veränderl. Profilwöl-bung
D 15 »Westpreußen«	26		Gö 535, 430, 431	14/16	15/17	≈13	120	≈195	–	≈12		0,65		21		viele Nachbauten
D 17 »Darmstadt«	27		Gö 535	16,0	16,6	15,5	155	225	–	13,5		0,65		20		
D 19 »Darmstadt II«	28		Joukowski	18,0	16,9	19,2	162	242	–	14,3		0,65		22		
D 20 »Starkenburg«	29		Gö 549?	16,0	17,5	14,8	145	225	–	12,9		0,65		19		verbesserte D 15
D 28 »Windspiel«	33		Gö 535	12,0	11,4	12,6	54	129	–	11,3	43	0,66	52	23,5	60,5	1936 2. geändertes Stück gebaut
D 30 »Cirrus«	38		NACA 24xx ...	20,1	12,0	33,6	190	288	–	24,0	58	0,55	72	38	77	veränderl. V-Stel-lung
D 34a	55		NACA 64₄-621	12,7	8,0	20,0	128	216	–	27,0						Bremsklappen am Rumpf
D 34b	57		NACA 64₄-621	12,7	8,0	20,0	141	240	–	30,0		0,79	77	28	85	Wölbklappen
D 34c	58		NACA 64₄-621	12,7	8,0	20,0	145	250	–	31,2						Stahlrohrrumpf

Muster, Name	Baujahr	Klasse	Flügelprofil	Spannweite	Flügelfläche	Streckung	Rüstmasse	max. Flugmasse	Wasser	Flächenbelastung	Mindestgeschw.	Sinkgeschw. bei Fluggeschw.		beste Gleitzahl bei Fluggeschw.		Bemerkungen
				m	m²	–	kg	kg	kg	kg/m²	km/h	m/s	km/h	–	km/h	
D 34d	61		NACA 64₄-618	12,7	9,2	17,5	155	255	–	27,8		0,69	73	32	84	GFK mit Papierwaben
D 36 »Circe«	64	O	FX 62-K-131 ...	17,8	12,8	24,8	285	410	–	32,0	65	0,53	82	44	87	2 Stück gebaut
D 37 »Artemis«	67	O	FX 66-196 ...	18,0	13,0	24,8	325	460	–	35,4	62	0,57	80	41	89	13-kW-Klapptriebwerk
D 38	72	St	FX 61-184 ...	15,0	11,0	20,5	210	360	–	32,8		0,62	78	37	90	Prototyp der DG 100-Serie
D 39a/b »McHinz«	79		FX 61-184 ...	15/17,5	11/13,4	20,5/22,9	370/438	560	–	51,0/41,8		0,7	87	37	100	verschiedene Motoren ≈55 kW
D 40	86	FAI	FX 67-VG 170 ...	15,0	9,5/11,5	23,7/19,5	303	500		53/32						variable Geometrie Flächenklappe
(D 41)	im Bau		Lemke-FX mod.	20,0	14,0	28,6	(360)	(750)	(200)	32,9/53,6						2sitzig nebeneinander

Flugtechnische Arbeitsgemeinschaft Esslingen

Muster, Name	Baujahr	Klasse	Flügelprofil	Spannweite	Flügelfläche	Streckung	Rüstmasse	max. Flugmasse	Wasser	Flächenbelastung	Mindestgeschw.	Sinkgeschw.	bei Fluggeschw.	beste Gleitzahl	bei Fluggeschw.	Bemerkungen
E 3	38	Do	NACA 2318/12	21,2	20,0	22,5	200	370	–	18,5						2 Sitze gestaffelt
E 11	65	Do	Gö 682	12,5	20,0	7,8	300	420	–	21,0		1,0		22		Vorpfeilung
E 14	–			15,0	8,5	26,5	(130)	(350)	150	41,5	(65)	(0,57	75	(>40	90)	im Bau

Flugwissenschaftliche Fachgruppe Göttingen

Muster, Name	Baujahr	Klasse	Flügelprofil	Spannweite	Flügelfläche	Streckung	Rüstmasse	max. Flugmasse	Wasser	Flächenbelastung	Mindestgeschw.	Sinkgeschw.	bei Fluggeschw.	beste Gleitzahl	bei Fluggeschw.	Bemerkungen
G 2	39		NACA 230 18/10	16,0	14,2	18,0	260	345	–	24,3		0,68	75	30	87	
G 4	(45)		verschiedene	17,0	30,0	9,7			–							Meßsegelflugzeug (mit Chemnitz und München geplant)

Akademische Fliegergruppe Hannover

Muster, Name	Baujahr	Klasse	Flügelprofil	Spannweite	Flügelfläche	Streckung	Rüstmasse	max. Flugmasse	Wasser	Flächenbelastung	Mindestgeschw.	Sinkgeschw.	bei Fluggeschw.	beste Gleitzahl	bei Fluggeschw.	Bemerkungen
H 1 »Vampyr«	21		Gö 482	12,6	16,0	10,0	120	195	–	12,2	39	0,8		16		1922: Flügelfläche 18,2 m²
H 2 »Greif«	22		Gö 449	11,6	16,0	8,4	93	176	–	11,0						
H 6 »Pelikan«	23		Gö 396	15,0	15,0	15,0	75	160	–	10,7		0,65		19,5		
H 8 »Phönix«	25		Gö 396?	15,0	15,0	15,0	120	(200)	–	13,3						
AFH 4	38		NACA 23014/12	15,0	10,0	22,5	170	270	–	27,0		0,72	69	32	91	Fowlerflügel
AFH 10	39		NACA 33012	15,0	13,0	17,4	165	265	–	20,4		0,69	60	25	72	35% Wölbklappen
AFH 22	82	Do	E 603	17,5	17,7	17,1	379	600	–	34,0		0,65		37		
AFH 24	91	St	HQ	15,0	10,3	21,9	257	367		29 ... 47	70			40		
AFH 26	–		HQ 17-14,38	(18,0)	(11,6)	(28,0)	(250)	(550)	180	(47,5)	(77)					Projekt

Akademische Fliegergruppe Karlsruhe

Muster, Name	Baujahr	Klasse	Flügelprofil	Spannweite	Flügelfläche	Streckung	Rüstmasse	max. Flugmasse	Wasser	Flächenbelastung	Mindestgeschw.	Sinkgeschw.	bei Fluggeschw.	beste Gleitzahl	bei Fluggeschw.	Bemerkungen
AK 1 »Mischl«	71		FX 61-163	15,0	14,4	15,7	250	380	–	26,5		0,68	70	30	80	Motorsegler Hirth F 10A 24 kW
AK 5				15,0	10,6	21,1	275	450	160	32 ... 45						
AK 5b	–			15,0	(10,6)	(21,1)		(485)		(30,0)						Projekt

Akademische Fliegergruppe München

Muster, Name	Baujahr	Klasse	Flügelprofil	Spannweite	Flügelfläche	Streckung	Rüstmasse	max. Flugmasse	Wasser	Flächenbelastung	Mindestgeschw.	Sinkgeschw.	bei Fluggeschw.	beste Gleitzahl	bei Fluggeschw.	Bemerkungen
Mü 1 »Vogel Roch«	24		Gö 441	12,6	16,0	9,9	135	215	–	13,4						Wassersegelflugzeug
Mü 2 »Münchner Kindl«	26		Gö 535	15,0	18,0	12,5	140	220	–	12,2						
Mü 3 »Kakadu«	28		Gö 652	19,6	17,2	22,6	200	280	–	16,3						
Mü 4 »München«	27		Gö 549	12,1	17,0	8,6	105	185	–	10,9						
Mü 5 »Wastl«	30			13,4	11,0	16,4	55	135	–	12,3						Nurflügel
Mü 6	31		Gö 549	14,0	16,5	10,9	125	210	–	12,8		0,78		16	55	

Muster, Name	Baujahr	Klasse	Flügel-profil	Spann-weite	Flügel-fläche	Streckung	Rüstmasse	max. Flugmasse	Wasser	Flächen-belastung	Mindest-geschw.	Sink-geschw.	bei Flug-geschw.	beste Gleitzahl	bei Flug-geschw.	Bemerkungen
				m	m²	–	kg	kg	kg	kg/m²	km/h	m/s	km/h	–	km/h	
Mü 8	33		Gö 633	8,6	10,0	7,4	180	280	–	28,0						DKW 15 kW, später Ilo 12 kW
Mü 10 »Milan«	34	Do	Mü	17,8	20,0	15,6	180	335	–	16,8		0,65/0,7	50	20	70	Stahlrohr-Rumpf
Mü 11 »Papagei«	35		Mü					–								Schulgleiter
Mü 12 »Kiwi«	36		Mü	12,4	16,5	9,7	115	200	–	12,1						
Mü 13 »Merlin«	36		Mü	16,0	16,2	15,8	170	270	–	16,7		0,6	55	28	66	Mü 13d Serienbau
Mü 13m	37		Mü	16,0	17,0	15,0	175	285	–	16,9						Kröber M4 14 kW
Mü 15	40	Do	Mü	19,0	18,8	19,2	260	450	–	24,0		0,7	72	29	83	
Mü 17 »Merle«	38		Mü	15,0	13,3	16,9	158	300	–	22,6		0,64	58	26	75	Olympiaflugzeug
Mü 22a	54		NACA 63_3-618	16,6	13,5	20,4	250	400	–	29,5		0,5	62	36	75	V-Leitwerk
Mü 22b			NACA 63_3-618	17,0	13,7	21,1	280	360	–	26,6		0,56	69	36	80	V-Leitwerk
Mü 23 »Saurier«	59	Do	Mü	20,0	24,0	16,7	477	700	–	29,2						VW-Motor 1500 33 kW
Mü 26			E 348	16,6	15,3	18,0	276	382	–	25,0		0,6	83	40	97	
Mü 27	79	Do	FX 67-VG-170/136	22,0	17,6/23,9	27,6/20,3		700	–	40,0/29,4						Variable Geometrie, Flächenklappen
Mü 28	83		FX 71-L-150/20	12,0/14,0	13,2/14,6	10,9/13,5	315/325	425/435	–	32,2/30,0	67	1,0/0,9	89/86	27/30	103/100	Kunstflug, Wölb-klappenautomatik
Mü 30 »Schlacro«	–			8,8	12,0	6,5	(565)	(700/850)		58,4/71,0						im Bau; Kunstflug-Schlepp-Flugzeug

Akademische Fliegergruppe Stuttgart

Muster, Name	Baujahr	Klasse	Flügel-profil	Spann-weite	Flügel-fläche	Streckung	Rüstmasse	max. Flugmasse	Wasser	Flächen-belastung	Mindest-geschw.	Sink-geschw.	bei Flug-geschw.	beste Gleitzahl	bei Flug-geschw.	Bemerkungen
L.S. 2	28							–								
F.1 »Fledermaus«	33							–								
fs 16 »Wippsterz«	37		NACA 2318 ... 4312	16,0	13,3	19,0	150	230	–	17,3		0,58		27		
fs 17	38		NACA 23012	10,0	12,0	8,3	90	170	–	14,4		0,88	64	20	81	Liegender Pilot, n.j >14
fs 18	38		NACA 23018 ... 23012	18,0	18,0	18,0	225	315	–	17,5	38	0,62	53	27	78	
fs 23 »Hidalgo«	66		FX 61-184 ... 60/126	13,0	7,0	24,1	103	190	–	27,2						V-Leitwerk
fs 24 »Phönix«	57		EC 86(-3)-914	16,0	14,4	17,8	164	265	–	18,5	58	0,51	69	37	80	Profil später E 91
fs 25 »Cuervo«	68		FX 66-S-196 ... 60-126	15,0	8,5	26,4	154	250	–	29,4						
fs 26 »Moseppl«	70		E 515	12,6	13,2	12,1	250	360	–	27,2	74	1,0	82	30	70	Motor Hirth F10A 24 kW; Nurflügel
fs 29	75		FX 73-170 ... K-170/22	19,0/13,3	12,7/8,6	28,5/20,7	365	450	–	35,6/52,6	63	0,56	81	44	98	Teleskopflügel
fs 31	81	Do	E 603	17,5	17,8	17,2	350	560	–	24/31	68	0,64	85	38	100	
fs 32	92	FAI	FX-81 K 144/20	15,0	9,9	22,6	284	600	190	35–50	60	0,65	85	43	105	Flächenklappe
fs 33		Do	AH 81-K-144/17	(20,0)	(14,4)	(27,7)	(350)	(640)		(30–44)	64	0,53	80	48	105	Projekt

Weitere bemerkenswerte Muster

Muster, Name	Baujahr	Klasse	Flügel-profil	Spann-weite	Flügel-fläche	Streckung	Rüstmasse	max. Flugmasse	Wasser	Flächen-belastung	Mindest-geschw.	Sink-geschw.	bei Flug-geschw.	beste Gleitzahl	bei Flug-geschw.	Bemerkungen
Lilienthal Normal-segelapparat	94		gewölbt	6,7	13	3,5	≈20	≈90	–	6,9						Hängegleiter
Etrich-Wels Zanonia	07		Zanonia	10	38	2,6	99	164		4,3						Nurflügel
FSV VIII	11		Eigenentwickl.	9	≈21	–	≈35	≈95		4,5						Doppeldecker Sitzgleiter
FSV X	12		Eigenentwickl.	10	22,4	–	44	104		4,7						Doppeldecker Sitzgleiter

Muster, Name	Baujahr	Klasse	Flügel-profil	Spann-weite	Flügel-fläche	Streckung	Rüstmasse	max. Flugmasse	Wasser	Flächen-belastung	Mindest-geschw.	Sink-geschw. bei Fluggeschw.		beste Gleitzahl bei Fluggeschw.		Bemerkungen
				m	m²	–	kg	kg	kg	kg/m²	km/h	m/s	km/h	–	km/h	
v. Lößl 1	20			7,2	21	–	43	113	–	5,4						Doppeldecker
Pelzner	21			5,4	14	–	11,5	86,5	–	6,5				5		Doppeldecker Hängegleiter
Weltensegler »Feldberg«	21			16	17	15	43	113	–	6,7						Nurflügel nach Wenk
Weltensegler »Baden-Baden Stolz«	22			15	16,2	13,9	100	170	–	10,5						Nurflügel nach Wenk
Fokker 4	22	Do		12	36	–	93	263	–	7,3						Doppeldecker
Espenlaub E 3	22			17	17	17	110	170	–	10,0						eckiger Rumpf, ähnlich »Vampyr«
Espenlaub E 4	23			15	21	12,2	120	190	–	9,0						elliptischer Rumpf mit Kufe
Espenlaub E 5	23			12	14	10,3	86	156	–	11,1						elliptischer Rumpf mit 2 Rädern
Schulz FS 3	22		Joukowski	12,5	16	9,8	47	122	–	7,6						»Besenstiel«, »Randbogen«-Querruder
Schulz FS 5	23			13	23	7,4	75	154	–	6,7						Nurflügel »Randbogen«-Querruder
Weltensegler »Bremen«	23			13,2	17	10	130	200	–	11,8						
Martens »Pegasus«	24		Gö 358	10	15	5,6	60	130	–	8,7						T-Leitwerk
Martens »Max«	24			14	14	14	90	160	–	11,4						und »Moritz«, ähnlich »Vampyr«, Ilo-Motor 3 bis 9 kW
Martens »Deutschland«	24	Do		15	22,5	10			–							
Ksoll »Galgenvogel III«	26			15	18	–	135	205	–	11,4						Doppeldecker
Espenlaub E 9	26	Do		24	30	19,2										Seitenruder nahe Flügelende
Kegel »Kassel«	26			16	16	16	160	240	–	15,0				19		später mit DKW-Motor 9 kW
Fulda »Albert«	28			15	19,5	11,6			–							
Berlin »Luftikus«	?		Gö 535	15	15,4	14,6	143	213	–	15,2						
Kirchner »Hessenland«	28			18	20	16,3	81	151	–	7,6						sehr zugespitzter Flügel
Krekel »Rostock III«	29	Do	Gö 532	18	26,6	12,1	154	293	–	11,0		0,78	15			Stahlrohr-Gitterrumpf, verspannt
Kupper »Uhu«	29			17,1	24,0	12,2	122	192	–	8,0						Nurflügel
Mayer-Aachen MS 2	30		Gö 535	20	20	20	195	272	–	13,6						
Kupper »Austria«	31		Gö 652	30	35	25,7	392	482	–	13,8		0,55	56	26	60	
Kassel 25	31			18	15,5	20,9	145	217	–	14,0						
Hirth »Musterle«	31		Gö 535?	16	15	15,4			–							Westpreußen-Typ
Bachem »Thermikus«	32			22	22	22			–							Flügelverwindung über N-Strebe
Blessing »Kolibri«	32?		Gö 535	12	10,8	13,2	110	190	–	17,6		0,75	60	22	70	
Dittmar »Condor II«	35		Gö 532	17,2	16,2	18,5	240	320	–	19,8		0,65	50	26	60	Knickflügel, abgestrebt
Horten IV	41		Eigenentwickl.	20	21,1	19	230	349	–	16,5						Nurflügel
Horten VI	44		Eigenentwickl. Laminar	24,2	17,9	32	335	430	–	24,0						Nurflügel
RJ 5 (USA) z. Vergleich	50			16,8	11,5	24,5	223	314	–	27,2		0,55	74	41	80	untersucht durch A. Raspet

Muster, Name	Baujahr	Klasse	Flügel-profil	Spann-weite	Flügel-fläche	Streckung	Rüstmasse	max. Flugmasse	Wasser	Flächen-belastung	Mindest-geschw.	Sink-geschw.	bei Flug-geschw.	beste Gleitzahl	bei Flug-geschw.	Bemerkungen
				m	m²	–	kg	kg	kg	kg/m²	km/h	m/s	km/h	–	km/h	
HKS 3	55		NACA 65/125-1116	17,2	14,8	20,2	242	380	30	25,7	56	0,55	60	37	90	
Dittmar »Condor IV«	53	Do	Gö 532	18,0	21,2	15,3	358	520	–	24,6	60	0,7	70	30	80	Knickflügel, freitragend
Raab »Doppel-raab IV«	52	Do	Gö 550/629	12,8	18,0	9,2	185	380	–	21,1	50	0,85	50	20	55	
Raab »Motorraab«	55			13,7	18,5	10,1	400	585	–	31,7						Pollmann-Motor 31 kW
Raab »Krähe«	60			12,0	14,2	10,2	222	340	–	24,0		1,0	65			Brändl-Motor 15 kW
Hütter H 30 TS	60			15,0	9,5	23,6	240	370	–	38,8						mit BMW-Turbine 8026
Funk FK 3	68		FX 62-K-153	17,4	13,8	21,9	240	400	50	29,0	65	0,65	64	42	88	
Pützer RF 5b »Sperber«	71	Do	NACA 23015/12	17,0	19,0	15,2	470	680	–	35,7	68	0,89	75	26	98	Limbach SL 1700 50 kW

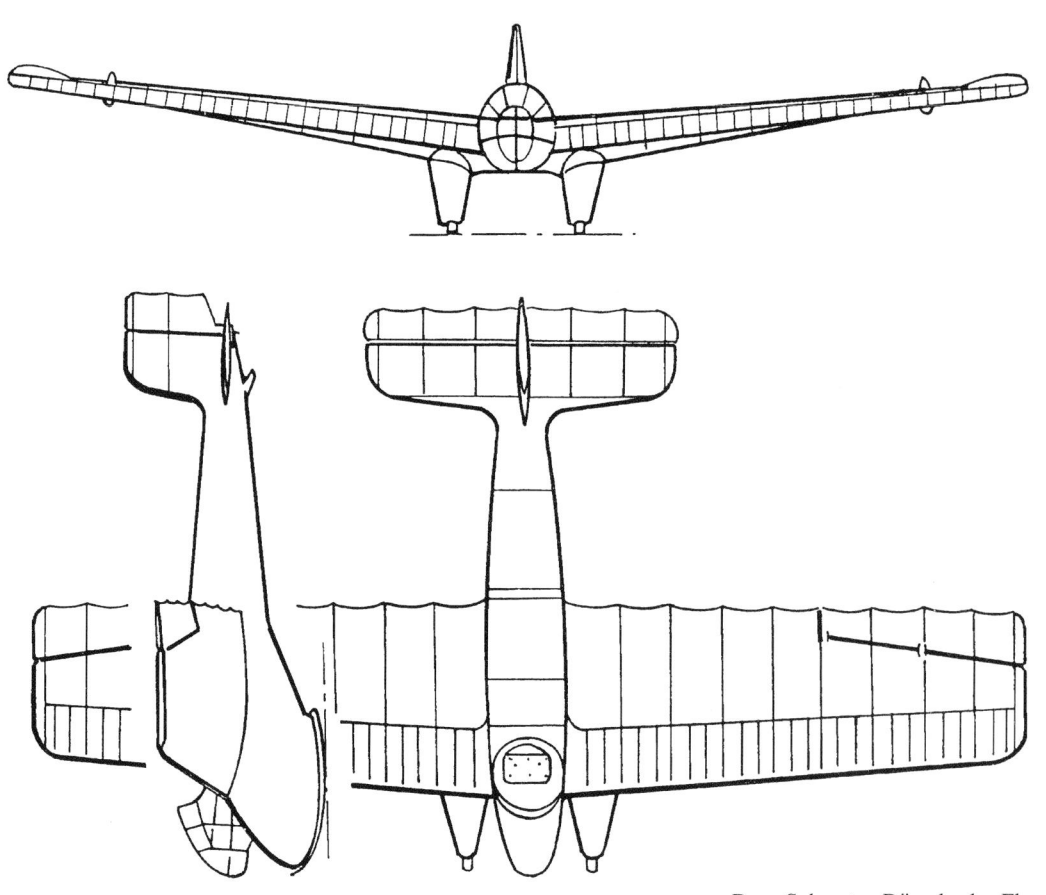

Der »Schwatze Düwel« der Flugwissen-schaftlichen Vereinigung der Aachen (1920).

Anschriften

Hans Eichelsdörfer Flugzeugbau,
Hafenstraße 6, 96052 Bamberg

FFT Gesellschaft für Flugzeug- und Faserverbund-Technologie GmbH, Flugplatz, 79227 Mengen

DG-Flugzeugbau GmbH,
Im Schollengarten 20, 76646 Bruchsal

Burkhard Grob Luft- und Raumfahrt GmbH u. Co. KG,
Postfach 1257, 87719 Mindelheim

Rudolf Lindner Fiberglas-Technik GmbH u. Co. KG,
Alpenweg 11, 88487 Walpertshofen

Rolladen-Schneider OHG,
Mühlstraße 10, 63329 Egelsbach

Scheibe-Flugzeugbau GmbH,
August-Pfaltz-Straße 23, 85221 Dachau

Schempp-Hirth Flugzeugbau GmbH,
Krebenstraße 25, 73230 Kirchheim/Teck

Alexander Schleicher GmbH u. Co,
Postfach 60, 36161 Poppenhausen/Wasserkuppe

Stemme GmbH u. Co. KG,
Flugplatz Strausberg, 15344 Strausberg

Hansjörg Streifeneder Glasfaser-Flugzeug-Service GmbH,
Hofener Weg, 72582 Grabenstetten

Luftfahrt-Bundesamt
Flughafen, 38108 Braunschweig

Deutscher Aero-Club
Rudolf-Bruss-Straße 20, 63150 Heusenstamm

Segelflugzeuge und Motorsegler wurden früher gebaut von:

Bölkow, Laupheim
Focke-Wulf, Bremen
Glasflügel (Eugen Hänle), Schlattstall
Start und Flug (Ursula Hänle), Saulgau
Valentin, Haßfurt u. a.

vor 1945 auch von:

Bahnbedarf Darmstadt
Espenlaub, Düsseldorf
Hannoversche Waggonfabrik
Leichtflugzeugbau Klemm, Böblingen
Gebr. Müller, Griesheim
Rhön-Möbelwerke, Fulda
Schmetz, Herzogenrath
Schneider, Grunau
Schwarzwald-Flugzeugbau Jehle, Donaueschingen
Schweyer, Ludwigshafen
Segelflugzeugbau Kassel (Ackermann; Kegel; Fieseler u. a.)
Segelflugzeugbau Harth-Messerschmitt, Bamberg
Segelflugzeugwerke Baden-Baden u. a.

In der Idaflieg zusammengeschlossene Akafliegs:
(Gründungsjahr)

Flugwissenschaftliche Vereinigung Aachen e. V. (1920)
Templergraben 55, 52062 Aachen, (0241) 806824

Akademische Fliegergruppe Berlin e. V. (1920)
Salzufer 27-29, 10587 Berlin, (030) 3142 4495

Akademische Fliegergruppe Braunschweig e. V. (1922)
Flughafen, 38108 Braunschweig, (0531) 350312

Akademische Fliegergruppe Darmstadt e. V. (1920)
Technische Hochschule, 64289 Darmstadt,
(06151) 24720

Flugtechnische Arbeitsgemeinschaft Esslingen e. V. (1928)
Kanalstraße 33, 73728 Esslingen, (0711) 397 3159

Akademische Fliegergruppe Hannover e. V. (1921)
Welfengarten 1, 30167 Hannover, (0511) 762 6422

Akademische Fliegergruppe Karlsruhe e. V. (1928)
Kaiserstraße 12, 76131 Karlsruhe, (0721) 608487

Akademische Fliegergruppe München e. V. (1924)
Arcisstraße 21, 80333 München, (089) 2861 11

Akademische Fliegergruppe Stuttgart e. V. (1926)
Pfaffenwaldring 35, 70569 Stuttgart, (0711) 685 2443

Außer den heutigen 9 Akafliegs in der Idaflieg waren früher noch weitere **wissenschaftlich-technische Gruppen** mit gleichen oder ähnlichen Zielen tätig, manchmal mit anderem Namen. Sie befanden sich zum Teil im Osten; einige gingen aus den Flugtechnischen Vereinen hervor, andere wurden in den 30er Jahren von der DVL als Flugtechnische Fachgruppen (FFG) oder Flugtechnische Arbeitsgemeinschaften (FAG) gegründet:

Berlin (Beuthschule)	FAG	Graz	FFG
Bremen	FAG	Hamburg	FAG
Breslau Akadem. Fliegerschaft		Konstanz	FAG
»Marcho Silesia«		Magdeburg	FAG
Chemnitz	FAG	Prag	Akaflieg
Clausthal		Stettin	FAG
Cöthen **Flug wiss. Arbeitsgruppe**		Thorn	FAG
Cöthen	Fluwiac	Wismar	FAG
Danzig	Akaflieg	u. a.	
Dresden	Akaflieg		
Frankfurt/M.	Akaflieg		
Göttingen	FFG		

Auch die **Flugtechnischen Vereine** hatten oft Segelflugzeuge entworfen und gebaut sowie wichtige technische Aktivitäten entwickelt wie z.B. in Darmstadt, Dessau, Dresden, Görlitz, Stuttgart, Zwickau.

An Höheren Technischen Lehranstalten, früher meist **Ingenieurschule** oder **Technikum** genannt, hatten zeitweise Dozenten mit ihren Studenten Gruppen gebildet, die auch akafliegähnlich arbeiteten und Flugzeuge bauten. Sehr bekannt waren damals Frankenhausen, Ilmenau, Mittweida, Weimar.

Nicht vergessen werden dürfen die sich auch Akaflieg nennenden, flugsportlich tätigen Studentengruppen. Sie entwickelten zwar keine Eigenkonstruktionen, doch stellten sie mit Hilfe von nachbaufähigen Zeichnungen ihr Fluggerät oft selbst her und überholten es auch. Zu diesen **(Sport-)Akafliegs** zählen u.a. Bonn, Freiburg, Kiel, Köln, Königsberg, Marburg, Münster und Tübingen sowie (früher) die Akaflieg der Deutschen Burschenschaft.

DMSt – Wettbewerbsordnung Teil D
Index-Liste des DAeC 1998

SEGELFLUGZEUG- UND MOTORSEGLERMUSTER INDEX

• **Offene Klasse**
NIMBUS 4; ASW 22 BL 128
Nimbus 3/25,5 m; ASW 22 B; *ASH 25 L; NIMBUS 4D* 126
Nimbus 3/24,5 m; Nimbus 3D, ASW 22/24 m; AS 22-2; ASH 25 124
Nimbus 3/22,9 m; ASW 22/22 m; LS 5 122
SB 10; Glasflügel 604/24 m 120
Glasflügel 604 118
ASW 17; Jantar 2/2b; Nimbus 2 b/c; fs 29 116
Jantar 19 m; Kestrel 19 m 114
ASW 20 16,6 m; Kestrel 17 m; Glasflügel 304/17 112
Duo Discus; D 41; DG 500/505 22 m; Stemme S 10; B 13;
Mü 27; ASW 12 110
Janus C mit EZ; DG 500/505 20 m 108
Janus C ohne EZ; B 12; Calif A 21 106
Janus 18,2 m; *DG 505 ORION 20 M* 104

• **Offene / 18-m-Klasse**
ASH 26; *Ventus 2/18 m; DG 800/18 m; LS 6/18 m* 120
DG 600/18 m; LS 6/17,5 m 118
Ventus 17,6 m; DG 600/17 m 116
Ventus 16 m 114
ASW 20 16,6 m; Kestrel 17 m; Glasflügel 304/17 112
DG 200/17; LS 3/17; DG 400/17 110
Diamant 18 m; BS 1; D 36 108
FK-3; SB 8 106
Mü 26; Diamant 16,5 m 104
Cobra 17 m; Std. Libelle 17 m 102

• **FAI 15-m-Klasse (Flugzeuge in der 15-m-Konfiguration)**
VENTUS 2; ASW 27; DG 800 S 114
Ventus 1; LS 6 112
DG 600; ASW 20, SB 11; fs 32; Glasflügel 304 110
LS 3; DG 200; DG 400; Mini Nimbus; Mosquito; D 40 108
Speed Astir II; PIK 20 D/E 106
LS 2; H 301 102

• **Standard-Klasse**
LS 8; Discus; ASW 24; SZD 55; SB 13; *DG 303* 108

• **Standard-/Club-Klasse**
LS 4; LS 7; DG 300; Falkon; LS 3 Std.; SB 12; AFH 24 106
DG 300 ohne EZ; AK 5; Pegase (alle Baureihen) 104
ASW 19; DG 100; LS 1 f; Hornet; Std. Jantar; Std. Astir; SZD 59 100
ASW 15; Std. Cirrus; Std. Libelle; LS 1-0,c,d; Cobra 15; ASW 19 Club
DG 100 Club; D 38 98

• **Club-Klasse**
Cirrus B[1]; Std. Cirrus 16 m[1]; Phöbus C[1]; D 37[1]; SB 7; Elfe 17 m
DG 500/505 Trainer EZ 100

Mü 22b; DG 500/505 Trainer ohne EZ; fs 31 98
Astir CS; Astir CS 77; Club Libelle; Salto 15,5 m; Elfe S3/S4; G 103 Twin III
Mistral C; Kiwi; AFH 22; Phöbus B; SHK; IS 29 D; LS 1-0 ohne EZ ... 96
Twin Astir mit EZ; Astir CS Jeans; fs 25; Elfe ohne EZ; Phöbus A 94
Twin Astir Trainer ohne EZ; G 103 Twin II; ASK 21; G 102 Club Astir;
ASK 23; Phönix 92
SZD 51 Junior; Zugvogel IIIb; Std. Austria SH1; SF 27 B 90
SB 5 e; SF 27 A; Foka; Zugvogel III a; H 101 Salto; SF 30; SF 34 mit EZ
PIK 16 Vasama; Pilatus B4 mit EZ; Std. Austria SH; Geier; ASK 18 ... 88
Ka 6 E; Ka 10; SB 5 a-c; SZD 30 Pirat; SIE 3; Std. Austria; SF 34 ohne EZ
Pilatus B4 ohne EZ; Zugvogel I,II,IV; PW 5; Solo L 33; Greif II 86
Ka 6; SF 26; H 30; SZD 50 Puchacz; Bergfalke IV; IS 28 B2 84
Sagitta; L 23 Super Blanik 82
Kranich III; LCF II; Weihe 50 80
Ka 8; ASK 13; Bergfalke III; L-Spatz; Blanik; Bocian 78
Ka 7; Ka 2 B; Bergfalke II 76
Ka 2; Spatz 13 m; AV 36 74
Rhönbussard 60
Grunau Baby; Rhönlerche; Specht; Ka 1; Ka 3 54

kursiv = vorläufige Einstufung (EZ = Einziehfahrwerk)
[1] Keine Teilnahme an zentralen Club-Klasse-Meisterschaften

• **18-m-Klasse**
Einsitzige Segelflugzeuge mit einer Spannweite >15 m und ≤18 m außer Club-Klasse; Motorsegler in der Betriebsart Motorsegler (siehe C4) mit einer Spannweite ≤18 m. Diese Flugzeuge werden nur dann in der Offenen Klasse gewertet, wenn dies vor dem Flug in der zu fotografierenden Startbescheinigung durch die Angabe »Offene Klasse« vermerkt ist.

Motorsegler in der Betriebsart Motorsegler müssen grundsätzlich die Klasse vermerken, in der sie gewertet werden wollen.

• **Doppelsitzer-Klasse**
Doppelsitzig geflogene Segelflugzeuge mit einer Spannweite ≤20 m. Bei Doppelsitzern mit mehr als 20 m Spannweite erfolgt eine Wertung immer in der Offenen Klasse. Einsitzig geflogene Doppelsitzer werden entsprechend ihrer Klasseneinstufung wie Einsitzer gewertet.

• **Motorsegler**
Motorsegler (selbststartende und nicht selbststartende), die ein Segelflugzeugmuster als Basis haben, werden mit demselben Index bewertet wie das entsprechende Segelflugzeug.

• **Winglets**
Keine Indexänderung bei Verwendung von Winglets.

Die Index-Liste des DAeC erhebt keinen Anspruch auf Vollständigkeit. Für die Einteilung noch nicht aufgeführter Flugzeuge ist beim DAeC ein Antrag mit technischen Unterlagen über das Flugzeug an das Referat Leistungssegelflug zu stellen.

Literaturverzeichnis

Luftfahrt und -geschichte allgemein

P. Supf: Das Buch der deutschen Fluggeschichte, Bd. 1 und 2, Stuttgart 1956 und 1958
G. Brütting: Das Buch der deutschen Fluggeschichte, Bd. 3 (bis 1945), Stuttgart 1979
K. W. Streit / J. W. R. Taylor: Geschichte der Luftfahrt, Künzelsau 1975
G. Wissmann: Geschichte der Luftfahrt von Ikarus bis zur Gegenwart, Berlin 1960, danach mehrere bearbeitete weitere Auflagen (5. Aufl. 1979)
L. Bölkow (Hrsg.): Ein Jahrhundert Flugzeuge. Geschichte und Technik des Fliegens, Düsseldorf 1990
M. Riedner (Hrsg.): Faszination Fliegen. 100 Jahre Luftfahrt, Stuttgart 1991
Leonardo da Vinci: Tagebücher und Aufzeichnungen. – Nach den italienischen Handschriften übersetzt und herausgegeben von Theodor Lücke, Leipzig 1952
–: I libri del volo. Nella ricostruzione critica di Arture Ucelli con Laboratione di Carlo Zammattio, Milano 1952
G. Halle: Otto Lilienthal und seine Flugzeugkonstruktionen, München und Düsseldorf 1962
W. Schwipps: Lilienthal. Die Biographie des ersten Fliegers, Berlin 1979 / München 1988
–: Der Mensch fliegt. Lilienthals Flugversuche in historischen Aufnahmen. Koblenz 1988
– (Hrsg.): Die Schule Lilienthals, Berlin 1992
K. Kopfermann (Hrsg.): Otto Lilienthal – über meine Flugversuche 1889–1896 / Ausgewählte Schriften, Düsseldorf 1987/88
W. Heinzerling / H. Trischler (Hrsg.): Otto Lilienthal, Dokumentation, Deutsches Museum, München 1991
O. Lilienthal: Der Vogelflug als Grundlage der Fliegekunst. 4. Auflage. Faksimile-Wiedergabe der ersten Auflage mit den handschriftlichen Ergänzungen des Verfassers (1889), München und Berlin 1943
A. Lippisch: Ein Dreieck fliegt (Entwicklung der Nurflügel-Flugzeuge), Stuttgart 1976
–: Erinnerungen, Steinebach 1978
K. von Gersdorff: Ludwig Bölkow und sein Werk – Ottobrunner Innovationen (Band 12 der Buchreihe »Die deutsche Luftfahrt«), Koblenz 1987
R. Storck: Lexikon der Luftfahrt-Museen in Deutschland, Planegg 1990

Luftsport allgemein

G. Brinkmann: Sportfliegen heute, Niedernhausen 1978/81
H. Weishaupt: Das große Buch von Flugsport, Stuttgart 1980
G. Brinkmann: Das Buch vom Luftsport – Die Erben Lilienthals, Stuttgart 1989
K. v. Gersdorff: Bölkow-Sportflugzeuge, Alsbach/Bergstraße 1981

Segelflug und Segelflugzeuge

F. Weinholtz: Grundtheorie des modernen Streckensegelflugs, Bochum 1967
H. Reichmann: Streckensegelflug, Stuttgart 1975
G. Brütting: Die Geschichte des Segelfluges, Stuttgart 1972 (seitdem mehrere weitere bearbeitete Auflagen)
–: Die berühmtesten Segelflugzeuge, Stuttgart 1970 (seitdem weitere bearbeitete Auflagen, 6. Aufl. 1986)
G. Wissmann: Abenteuer in Wind und Wolken. Die Geschichte des Segelfluges, Berlin 1988
P. Riedel, Hrsg. J. von Kalkreuth: Start in den Wind, Erlebte Rhöngeschichte 1911–1926, Stuttgart 1977
–: Vom Hangwind zur Thermik, Erlebte Rhöngeschichte 1927–1932, Stuttgart 1984
–: Über sonnige Weiten, Erlebte Rhöngeschichte 1933–1939, Stuttgart 1985
D. Geistmann: Die Entwicklung der Kunststoff-Segelflugzeuge, Stuttgart 1976
–: Segelflugzeuge in Deutschland. Ein Typenbuch, Stuttgart 1992
R. Ferrière / P. F. Selinger: Rhönsegler. Alexander Schleichers Segelflugzeuge und Motorsegler 1951–1987, Stuttgart 1988
P. F. Selinger: Segelflugzeuge. Vom Wolf zum Discus. Flugzeugbau bei Schempp-Hirth und Wolf Hirth 1935 bis 1985, Stuttgart 1978, 3. Aufl. 1989
W. Hirth (Hrsg.): Handbuch des Segelfliegens, Stuttgart 1938, Neuauflagen 1953 und 1960
R. Horten / P. F. Selinger: Nurflügel. Die Geschichte der Horten-Flugzeuge 1933–1960, Graz 1983, 3. Aufl. 1985
E. Peter: Der Flugzeugschlepp von den Anfängen bis heute. Entwicklung – Methoden – Praxis – Projekte, Stuttgart 1981
–: Segelflugstart. Geschichte – Technik – Praxis, Stuttgart 1981
K. Nickel / M. Wohlfahrt: Schwanzlose Flugzeuge, Basel 1990
H. Jacobs / H. Lück: Werkstattpraxis für den Bau von Gleit- und Segelflugzeugen. Reprint der 7. Auflage von 1955, Hannover 1989
F. Thomas: Grundlagen für den Entwurf von Segelflugzeugen, Stuttgart 1979
H. Zacher: Studenten forschen, bauen, fliegen – 60 Jahre Akademische Fliegergruppe Darmstadt e. V. 1981
Lufttüchtigkeitsforderungen für Segelflugzeuge und Motorsegler (LFSM), LBA 1975

Lastensegler

R. Pawlas: Reihe Luftfahrtmonographie, Dokumentationen DFS 230 – DFS 331 (LS 1); Go 242 – Go 244 – Go 345 – P 39 – Ka 43 (LS 2); Me 321 – Me 323 (LS 3)
J. E. Mrázek: Kampfsegler im 2. Weltkrieg. Stuttgart 1981
G. Schlaug: Die deutschen Lastensegler-Verbände 1937–1945, Stuttgart 1985

Frühe und fremdsprachliche Segelflugliteratur

W. Klemperer: Der Segelflug, 1922
A. Martens: Motorlos in den Lüften, 1927
F. Stamer / A. Lippisch: Gleitflug und Gleitflugzeuge, 1928
–: Handbuch für Jungsegelflieger 1930
W. Kleffel: Der Segelflug, 1930
W. v. Langsdorff: Das Segelflugzeug, 1931

E. Bachem: Die Praxis des Leistungs-Segelfliegens, 1932
F. Stamer: 12 Jahre Wasserkuppe, 1933
W. Hirth: Die hohe Schule des Segelfluges, 1933/35
C. W. Vogelsang: Handbuch des Motor- und Segelfliegens, ≈1934
L. B. Barringer: Flight without Power, 1940
H. Schneider: Flugzeugtypenbuch, 1941
G. Brütting: Segelflug erobert die Welt, 1944
B. Cijan: Vazduhoplovno Jedriličarstvo (Segelflughandbuch), 1949
E. Nessler: Histoire du Vol à Voile, ≈1955
H. Watzinger: Gedenke des Anfangs – Flugversuche der Darmstädter Jugend 1909–1913, 1937
W. Haas, W. Sorg: 50 Jahre Luftfahrt in Darmstadt, 1961
OSTIV: The worlds sailplanes. Die Segelflugzeuge der Welt. Les planeurs dans le monde. Vol. I, 2. Auflage 1962 und Vol II, 1963
A. u. L. Welch: The Story of Gliding, 1965
P. Rowesti: Ali Silenziose nel Mondo, 1976
G. Zanrosso: Storia ed Evoluzione dell'Aliante/History and Evolution of the Glider.
Volume I 1773–1914, Volume II 1915–1945, Volume III 1945–1998. 1996–98 by Egida Editioni, Vicenza.

Motorsegler

H. Penner: Motorsegeln heute – Entwicklung, Praxis, Konstruktion, Stuttgart 1987
H. Zacher: Über die Entwicklung des Motorseglers, in: 50 Jahre Motorsegler (zum 1. Internationalen Motorseglerwettbewerb 1974 in Feuerstein)
–: The »Definition« of the Motorsegler, OSTIV-Publication, sowie DFVLR-Sonderdruck Nr. 424
K. Löhner: Grundlagen des Motorseglers, in: Vorträge auf dem IV. Europäischen Luftfahrtkongreß in Köln, Sept. 1960, und WGL-Jahrbuch 1960
H. Hartmann: Motorsegler, in: Vorträge auf dem IV. Europäischen Luftfahrtkongreß in Köln, Sept. 1960, und WGL-Jahrbuch 1960

Flugmeßberichte

W. Spilger: Flugleistungsmessungen an verschiedenen Segelflugzeugen, Jahrbuch 1937 und 1938 der dt. Luftfahrtforschung
R. Nüßlein: Das Vergleichsfliegen 1941 der Flugtechn. Fachgruppen und Arbeitsgemeinschaften, Mitt. FFG, Folge 5, 1943
– u. E. G. Friedrich: Flugeigenschaftsprüfung von Segelflugzeugen u. Ergebnisse des Vergleichsfliegens 1941, Mitt. FFG, Fol. 5, 1943
H. Zacher: Ergebnisse der Leistungsmessung und der Flugeigenschaftsprüfung der D 28b »Windspiel«, FFG-Bericht 1944
–: Ergebnisse der Leistungsmessung und Flugeigenschaftsprüfung des Segelflugzeuges D 30 »Cirrus«, Mitt. FFG, Folge 6, 1944
–: Flugeigenschaftsuntersuchungen an 14 Segelflugzeugen, Lufoberichte des BMV 1961 und FFM-Bericht Nr. 40, 1963
–: Durch Querruder beeinflußtes Biegeflattern eines Segelflugzeuges, OSTIV-Publication 1970
–: Flugmessungen m. Standard-Segelflugzeugen, DFVLR-Bericht 1965
–: Flugmessungen mit Segelflugzeugen von 12–13 m Spannweite, Aero-Revuè 1/1966 und OSTIV-Publication 1965
H. J. Merklein: Bestimmung aerodynamischer Beiwerte durch Flugmessungen an 12 Segelflugzeugen, FFM-Bericht Nr. 63, 1963
–, H. Zacher: Flugleistungsmessungen an 12 Segelflugzeugen, Aero-Kurier 12/1963 und 1/1964
H. Laurson, H. Zacher: Fluguntersuchungen mit den Segelflugzeugen D 36, BS 1 und ASW 12, OSTIV-Publication X 1968 und DFVLR-Bericht 1968
–, –: Flugmessungen mit 25 Segelflugzeugen, OSTIV-Publication XII 1972 und DFVLR-Bericht 1973
–, –: Flugmessungen an 35 Segelflugzeugen und Motorseglern, OSTIV-Publication XIII 1974 und Aerokurier 1977 (Hefte 2–5).
Idaflieg: 25. Idaflieg-Vergleichsfliegen, Braunschweig 1976
–: 50 Jahre Vergleichsfliegen, Aachen 1987
G. Stich: Flugmessungen an einigen modernen Segelflugzeugen. Vortrag beim XVI. OSTIV-Congress in Châteauroux, Frankreich, Aero-Revue 1978, S. 714–719

Wichtige Zeitschriften- und Buchbeiträge

F. Ahlborn: Zur Mechanik des Vogelflugs, Hamburg 1896
–: Zur Methode des Segelfluges, ZFM 1921
A. Betz: Ein Beitrag zur Erklärung des Segelfluges, ZFM 1912
G. Lachmann: Erfahrungen und Grundsätze im modernen Gleiterbau, ZFM 1913
R. Knoller: Zur Theorie des Segelfluges, ZFM 1913
E. von Lößl: Vom Segelfliegen, Flugsport 1920
L. Prandtl: Bemerkungen über den Segelflug, ZFM 1921
W. Blume: Das Segelflugzeug der akademischen Fliegergruppe der Technischen Hochschule Hannover, ZFM 1921
K. Wegener: Lehren des Rhön-Segelfluges 1922, Illustrierte Flugwoche, Leipzig 1922
E. Thomas: Zur Sinkgeschwindigkeit von Segelflugzeugen, ZFM 1922
F. Nicolaus: Der Gleiter 1921 der Akademischen Fliegergruppe Darmstadt, Flugsport 1922
F. Hoppe: Der Darmstädter »Konsul«, Flugsport 1923
A. Botsch: Der Segelflug über der Ebene, Luftfahrt März 1924
W. Klemperer: Theorie des Segelflugs. Abhandlungen aus dem Aerodynamischen Institut der TH Aachen, Berlin 1927
H. Voigtländer: Der Student und die deutsche Luftfahrt, Der Jungflieger 1929, Hefte 1 bis 4
B. Büg: Neue Segelflugzeuge der Flugtechnischen Fachgruppen, Lilienthal-Gesellschaft, Bericht 098/008, 1938
R. Nüßlein: Das Segelflugzeug D 30 der Flugtechnischen Fachgruppe Darmstadt, Lilienthal-Gesellschaft, Bericht 098/008, 1938
F. W. Winter: Leistungssegelflugzeuge und ihre Werkstoffe, Mitteilungen FFG, Folge 3/1941
H. Wünscher: Aufgaben und Ziele der Flugtechnischen Fachgruppen und Arbeitsgemeinschaften, Mitteilungen FFG, Folge 4/1941
J. A. Simpson: The Evolution of the Sailplane, Soaring (USA), März/April 1946
W. Stender: Entwurfsgrundlagen für Segelflugzeuge, Weltluftfahrt 1952/53
H. Jacobs: Die Entwicklung der Leistungssegelflugzeuge, in: W. Hirth, Handbuch des Segelfliegens, 1953
H. Kensche: Die Entwicklung des Segelflugzeugs HKS 1, Zeitschrift für Flugwissenschaften, 1954
E. G. Haase: Neue Aufgaben für den Konstrukteur von Segelflugzeugen, WGL-Jahrbuch 1960
H. Zacher: The Shape of High Performance Sailplane Technical Development, in: OSTIV The World's Sailplanes II/1963
–: Segelflugzeugbau und -forschung in Deutschland, DVL-Nachrichten 1969

—: Über die technische Entwicklung der Segelflugzeuge, Bericht über das DGLR-HOG-Symposium »Geschichte der Luft- und Raumfahrt« am 22. 9. 78 in Darmstadt, Deutsche Luft- und Raumfahrt, Mitt. 78-01, 1978
—: Bedeutende Entwicklungen im Segelflugzeugbau, DFVLR-Nachrichten 1982
W. Wagner: Die fast vergessenen Pioniere (Flugsportvereinigung Darmstadt) 1909–1914, Aerokurier 1973, Hefte 4, 5 und 9
P. Morelli: The Development of Sailplanes in the Frame of the Education of Students in Aeronautical Engineering at Technical Universites, Politecnico di Torino 1973
OSTIV: Airworthiness requirements for sailplanes, Sept. 1976
J. H. McMasters: Variable Geometry Sailplanes, Soaring (USA), April 1980
J. B Kaiser: Friedrich Harth und seine Flugzeuge, Luftfahrt International 1980 (Heft 12) sowie 1981 (Hefte 1 u. 2).
Fédération Aéronautique Internationale: Code Sportif. Sektion 3, Klasse D. Segelflugzeuge (jeweils neueste Ausgabe)

Weitere Fundgruben:
Technische Berichte über die Rhön-Segelflug-Wettbewerbe in ZFM
Ergebnisse der AVA zu Göttingen, Lieferungen I–IV, 1920–1932
Veröffentlichungen der RRG um 1930
ISTUS-Mitteilungsblätter um 1932
Mitteilungen der FFG und FAG 1939–44
OSTIV-Publications I–XVIII
Idaflieg-(Vortrags-)Hefte I–XVIII
Jahresberichte der Akademischen Fliegergruppen Aachen, Berlin, Braunschweig, Darmstadt, Esslingen, Hannover, Karlsruhe, München, Stuttgart

Zeitschriftenbeiträge über Laminarprofile und Kunststoffbauweise

A. Raspet: Leistungssteigerung von Segelflugzeugen durch Berücksichtigung der Grenzschichtforschung, Handbuch des Segelfliegens, hrsg. von Wolf Hirth, Stuttgart, 6. Aufl. 1952
H. Zacher: Messungen zum Einfluß der Insektenrauhigkeit auf die Flugleistungen, Aerokurier 1978
U. Hütter: Neue Wege im Segelflugzeugbau, Zeitschrift für Flugwissenschaften, Heft 1/1954
—: Probleme der Krafteinleitung in Glasfaser-Kunststoff-Bauteile, Zeitschrift Kunststoffe 12/66
—: Tragende Flugzeugteile aus glasfaserverstärkten Kunststoffen, Luftfahrttechnik Nr. 2/1960
R. Eppler: Laminarprofile für Segelflugzeuge, OSTIV Publication III. Vortrag beim V. OSTIV Congress in Buxton, England, 1954
—: Stand und Aussichten des deutschen Leichtflugzeugbaues, Jahrbuch 1968 der WGL
—: Kunststoff-Flugzeugbau – Lösungen oder Aufgaben, Zeitschrift Kunststoffe 12/1961
—: Die Auslegung von Segelflugzeugen, Aero-Revue 1956
F. X. Wortmann: Ein Beitrag zum Entwurf von Laminarprofilen für Segelflugzeuge und Hubschrauber, Zeitschrift für Flugwissenschaften, Heft 10/1955
—: Experimentelle Untersuchungen an neuen Laminarprofilen für Segelflugzeuge und Hubschrauber, Zeitschrift für Flugwissenschaften, Heft 8/1957
—: Einige Laminarprofile für Segelflugzeuge, Aero-Revue 11/1963
—: Zur Optimierung von Klappenprofilen
A. Raspet, D. Gyorgyfalvy (USA): Der Phönix – eine Lösung für den optimalen Überland-Segelflug, Zeitschrift für Flugwissenschaften, Heft 9/1960
A. Puck: Untersuchungen über die Verwendungsmöglichkeit von Kunststoffen beim Bau von Tragflächen für Segelflugzeuge, Aero-Revue 1/1960
—: Einige Beispiele zu Konstruktion und Bau von hochbeanspruchten Segelflugzeugteilen aus Glasfaserkunststoff, Aero-Revue 12/1962
F. X. Wortmann, K. Schwoerer: Einfluß der Profilpolaren auf die Flugleistungen von Segelflugzeugen, Aero-Revue 9/63
F. Thomas: Luftfahrtforschung und Industrie, Jahrbuch 1968 der WGL
G. Grüninger: Entwicklung einer Glasfaserkunststoff-Leichtbauweise und ihre Erprobung beim Bau eines Versuchsflugzeuges, DFL-Mitteilungen, Heft 8/1968
U. Hänle: The story of fiberglass-sailplanes, Aero-Revue 2/71
D. Althaus: Stuttgarter Profilkatalog I, herausgegeben vom Institut für Aerodynamik und Gasdynamik der Universität Stuttgart, 1972
G. Stich: Einfluß der im Flugversuch vermessenen Tragflächendeformationen auf die Flugleistungen eines Kunststoffsegelflugzeugs, OSTIV Publication XII. Vortrag beim XIII. OSTIV Congress in Vrsac, Jugoslawien, 1972
G. Waibel: Gedanken über Sinn und Möglichkeiten des Wasserballastes bei Standardklassen-Segelflugzeugen, Aerokurier 6/1973
K. H. Horstmann, A. Quast: Tragflügelprofilentwurf für das Weltmeisterschaftssegelflugzeug SB 11, DFVLR-Nachrichten, 1979, Heft 28
W. Stender: Praxisnahe Abschätzungs- und Vorbeugungsmöglichkeiten gegen die Flattergefährdung von Segelflugzeugen und kleinen Motorflugzeugen, Teil I, II, III. DFVLR – IB 151-74/6, IB 151-74/20; IB 151-74/22, 1974
F. Thomas und U. Wieland: Leistungsvergleich von Segelflugzeugen mit im Fluge veränderlicher Flächenbelastung, OSTIV Publication XII. Vortrag beim XIII. OSTIV Congress in Vrsac, Jugoslawien, 1972
Akaflieg Stuttgart: fs 29, erster Leistungssegler der Welt mit Teleskopflügeln, Aerokurier 1975, S. 592, 593, 618, 672, 673, 762-764
Akaflieg Braunschweig: Die SB 11, Auslegung, Konstruktion und Bau. Die Akademische Fliegergruppe Braunschweig 1973–1978

Hängegleiter und Drachen

P. Janssen, K. Tänzler: Drachenfliegen. Ein Lehrbuch für Flugunterricht und Prüfungsvorbereitung, München 1984, Taschenbuch 1988
—: Drachenfliegen für Meister (Fortsetzung).
H. Penner: Der Drachenflieger / Das große Buch vom Hängegleiten: Entwicklung, Praxis, Konstruktion, Stuttgart 1977
E. Reiser: Sicherheit im Deltaflug, Stuttgart 1978
Drachenflieger extra (Sonderheft Drachenflieger-Magazin) »Alles über Drachenfliegen und Gleitschirmfliegen«, München 1987
D. Poynter: Handbuch des Drachenfliegers, Steinebach/Wörthsee 1977

Ultraleichtflugzeuge

H. Penner: Das Handbuch für den Ultraleichtflieger, Entwicklung – Praxis – Konstruktionen, Stuttgart 1983

F. Schmidt: Ultraleichtfliegen, Lehrbuch nach den Richtlinien von DAeC und DULV. München 1987, Neuauflage 1988

Gleitschirme

P. Janssen, F. Kurz, K. Tänzler: Gleitschirmsegeln. Die einfachste Art zu fliegen. München 1987

W. K. Rössli: Gleitschirmpraxis. Eine Einführung in Theorie und Praxis des Gleitschirmfliegens, St. Gallen 1987

P. Gruber: Gleitschirmfliegen, München 1988

Muskelkraftflugzeuge

H. G. Schulze, W. Stiasny: Flug durch Muskelkraft, Frankfurt 1936

A. Raspet: Human Muscle Power Flight, Sailplane and Gliding, London IV 1953

K. Sherwin: Man Powered Flight, Hemel (England) 1971

B. S. Shenstone: Unconventional Flight, The Aeronautical Journal RAeS 1968

J. C. McCullagh (Hrsg.): Pedalkraft, Menschen, Muskeln und Maschinen (Kapitel 7: Aus eigener Kraft in die Lüfte), Taschenbuch: Reinbek bei Hamburg 1988

Fachzeitschriften

Aerokurier
    Vereinigte Motor-Verlage, Stuttgart

Fliegermagazin
    Ringier-Verlag, München

Flug-Revue
    Vereinigte Motor-Verlage, Stuttgart

Flieger-Revue
    Flugverlag Berolina GmbH

Flugzeug
    Flugzeug-Publikations-GmbH, Illertissen

Der Adler
    Baden-Württembergischer Luftsportverband e.V. Stuttgart

Bayerische Luftsportnachrichten
    Mitteilungen des Landesverbandes Bayern, München

Mitteilungen des Landesverbandes Nordrhein-Westfalen, Duisburg

Flugsicherheitsmitteilungen
    Hg. Luftfahrt-Bundesamt
    Vertrieb Wirtschaftsdienst des DAeC, Frankfurt

Pilot und Flugzeug
    Verlag E. S. Mittler & Sohn, Herford

Drachenflieger-Magazin
    Ringier-Verlag, München–Zürich

Aero-Revue
    Aero-Club der Schweiz, Luzern

Flugsportzeitung
    Aktuelles österreichisches Nachrichtenmagazin und Fachzeitschrift für Luftfahrt, St. Pölten

Soaring
    Soaring Society of America

Sailplane and Gliding
    British Gliding Association

Frühere Fachzeitschriften:

Flugsport

Zeitschrift für Flugtechnik und Motorluftschiffahrt (ZFM)

Der Sportflieger

Der Jungflieger

Der Segelflieger

Luftwissen

Thermik

Luftfahrt International

Luftsport

Der Flieger

Abkürzungen, Bezeichnungen

Einige Bezeichnungen, die in historischen Berichten und Diagrammen vorkommen, heute aber nicht mehr üblich sind, wurden einbezogen.

A	Auftrieb
AFH	Flugzeuge Akaflieg Hannover (auch H)
Akaflieg	Akademische Fliegergruppe
AK	Flugzeuge Akaflieg Karlsruhe
ASH	Flugzeuge A. Schleicher (Heide)
ASK	Flugzeuge A. Schleicher (Kaiser)
ASW	Flugzeuge A. Schleicher (Waibel)
AVA	Aerodynamische Versuchsanstalt Göttingen
B	Flugzeuge Akaflieg Berlin
BAG	Bahnbedarf-AG, Darmstadt
BK	Bremsklappe
BS	Bremsschirm
BVF	Bauvorschriften für Flugzeuge
BVS	Bauvorschriften für Segelflugzeuge
C	Flugzeuge Akaflieg Chemnitz
CFK	Carbon-(Kohle-)faserverstärkter Kunststoff
CIVV	Commission Internationale du Vol à Voile
Cl	Clubklasse der Segelflugzeuge
CVSM	Commission du Vol sans Moteur
D	Flugzeuge Akaflieg Darmstadt
DAeC	Deutscher Aero-Club
D-B	Flugzeuge Akaflieg Dresden (B = Baunummer)
DD	Doppeldecker
DFS	Deutsche(s) Forschungs-Anstalt(-Institut) für Segelflug
DFVLR	Deutsche Forschungs- und Versuchsanstalt für Luft- und Raumfahrt
DG	Flugzeuge Dirks-Glaser
DGLR	Deutsche Gesellschaft für Luft- und Raumfahrt
DLR	Deutsche Forschungsanstalt für Luft- und Raumfahrt
DLV	Deutscher Luftfahrt-(später Luftsport-)Verband
Do	Doppelsitzer(-klasse der Segelflugzeuge)
DU	Profile Delft University
DVL	Deutsche Versuchsanstalt für Luftfahrt
Dz	Flugzeuge Akaflieg Danzig
E	Gleitzahl $E = \frac{A}{W} = \frac{c_A}{c_W}$; Profile Eppler
E	Flugzeuge Espenlaub, Akaflieg Esslingen
ED	Eindecker
ES, ESG	Flugzeuge Edmund Schneider, Grunau
F	Flügelfläche (frühere Bezeichnung F, jetzt: S)
FAG	Flugtechnische Arbeitsgemeinschaft
FAI	Fédération Aéronautique Internationale
FAI	FAI-(Renn-)Klasse der Segelflugzeuge
FFG	Flugtechnische Fachgruppe
FFM	Flugwissenschaftliche Forschungsanstalt München
F.S.	Flugzeuge Ferdinand Schulz
FS, fs	Flugzeuge Akaflieg Stuttgart
FSV	Flugsport-Vereinigung Darmstadt
FVA	Flugzeuge Akaflieg Aachen
FVW	Faserverstärkter Werkstoff
FW	Fahrwerk
FX	Profile F. X. Wortmann
G	Flugzeuge Grob
G	Gewicht (G/F = Flächenbelastung in alten Berichten)
GFK	Glasfaserverstärkter Kunststoff
GMG	Flugzeuge Gebr. Müller, Griesheim
Gö	Profile Göttingen; Flugzeuge Göppingen
H	Höhe; Holz
H	Flugzeuge Hänle, Akaflieg Hannover (auch: AFH), Hütter, Horten (auch: Ho)
HAWA	Hannoversche Waggonfabrik AG
Hi	Flugzeuge Hirth
Ho	Flugzeuge Horten (auch H)
HQ	Profile Horstmann-Quast
HLW, HR, HSt	Höhenleitwerk, -ruder, -steuer
Idaflieg	Interessengemeinschaft Deutscher Akademischer Fliegergruppen
IGC	International Gliding Commission
ILA	Internationale Luftfahrt-Ausstellung
ISTUS	Internationale Studienkommission für den Segelflug
JAR	Joint Airworthiness Requirements
K, Ka	Flugzeuge Rud. Kaiser
KFK	Kohlefaserverstärkter Kunststoff
Ku	Flugzeuge Kupper
LBA	Luftfahrt-Bundesamt
LFS (LFSM)	Lufttüchtigkeitsforderungen für Segelflugzeuge (und Motorsegler)
LS	Flugzeuge Lemke-Schneider; Lastensegler der DFS
LW	Leitwerk

Mü	Profile und Flugzeuge Akaflieg München (teils auch Scheibe)	W	Widerstand
NACA	National Advisory Committee für Aeronautics	Wk	Wölb(ungs)klappen
		WGL(WGLR)	Wissenschaftliche Gesellschaft für Luft-(und Raum-)fahrt
NSFK	Nat.-Soz. Fliegerkorps		
OSTIV	Organisation Scientifique et Technique Internationale du Vol à Voile	ZFM	Zeitschrift für Flugtechnik und Motorluftschiffahrt
OSTIVAR (OSTIVAS)	OSTIV Airworthiness Requirements (Standards)	b	Spannweite
		c_A	Beiwert des Auftriebs
OUV	Oskar-Ursinus-Vereinigung	c_W	Beiwert des Widerstands
PfL	Prüfstelle für Luftfahrzeuge (Luftfahrtgerät)	c_{Wi}	Beiwert des induzierten Widerstands
		g	Erdbeschleunigung
QGi	Querruder-Giermoment	j	Sicherheitszahl
QR, QSt	Querruder, -steuer	m	Masse (m/S = Flächenbelastung)
Re	Reynolds-Zahl	m_L, m_R, m_F	Leer-, Rüst-, Flugmasse
RRG	Rhön-Rossitten-Gesellschaft	n	Lastvielfaches
S	Flügelfläche; Flugzeuge Harth-Messerschmitt	p_o, p_{st}	statischer Druck
		p_{ges}	Gesamtdruck
SB	Flugzeuge Akaflieg Braunschweig	q	Staudruck ($q = p_{ges} - p_o$)
SF	Flugzeuge Scheibe Flugzeugbau	w_S	Sinkgeschwindigkeit
SH	Flugzeuge Schempp-Hirth	x, y, z	Längs-, Quer-, Hochachse
SLW, SR, SSt	Seitenleitwerk, -ruder, -steuer	α	Anstellwinkel
Sph	Sperrholz	β	Schiebewinkel
Spi	Spiralsturz	ε	Gleitverhältnis $\varepsilon = \frac{1}{E}$
St, Std	Standardklasse der Segelflugzeuge		
StR	Stahlrohr	η_K	Klappenausschlagwinkel
Teko	Technische Kommission (beim Rhön-Wettbewerb)	ϑ	Längsneigungswinkel
		Λ	Flügelstreckung $\Lambda = \frac{b^2}{S}$
V	Fluggeschwindigkeit	ϱ	Luftdichte
V_A, V_B	angezeigte Fluggeschwindigkeit, Bahngeschwindigkeit	φ	Querneigungswinkel
		ψ	Gierwinkel
V_H	Horizontalkomponente der Bahngeschwindigkeit	$\varphi\,\psi\,\vartheta$	Meßscheibe für die drei Winkel (Phipsitheta genannt)

Personenregister

Adams, Henry 8
Aeberli, Eugen 134
Ahlborn, Friedrich 19
Allen, Bryan 202
Alt, Helmut 94
Althaus, Dieter 119, 127, 131, 135
Antonov, Oleg 101
Appleby, John 13
Atger, Charles 37

Bachem, Erich 58
Back, Holger 140
Basten 220
Bäumer, Paul 47
Baeumker, Dr. Adolf 70
Bauer, Karl 88
Baumgartl, Siegfried 104
Baur, Karl 161
Benett, Bill 192
Betz, Albert 31
Bielefeld, Edith 44
Binder, Walter 133, 147, 157, 190
Binnig, Gerd 9, 65
Blech, Werner 92
Blessing, Gerhard 175
Blume, Walter 32
Bochorille, Emil 58
Bock, Günter 163
Böcklin, Arnold 12, 32
Boermanns, Loek M. M. 156, 213
Böttcher, Hans 115
Botsch, Albert 31, 34, 49, 50
Bräutigam, Otto 64, 76, 85
Bredt, Rudolph 31
Brütting, Georg 34
Brustmann, Dr. 198
Bucher, Emil 113

Cayley, Sir George 13
Centka, Janusz 154
Czerwiński, Waclaw 101
Chanute, Oktave 18
Collée, Willibald 133, 179
Conta, Eberhard von 49
Couston, Henri 37, 89

Daumann, Adolf 109
Dauvint, Bertrand 37, 89
Deutsch, Hans 211
Diem, Carl 157
Dirks, Wilhelm 143, 144
Dittmar, Edgar 54, 58
Dittmar, Heini 56, 64, 75f., 77, 81
Dorner, Hermann 32
Dornier, Claudius 173
Drechsel, Walter 73
Dünnebeil 199

Edison, Thomas Alva 71
Eilers, Jan 177

Eppler, Dr. Richard 109f., 119, 141, 216, 224, 225
Espenlaub, Gottlob 32, 42, 45, 50, 63, 65, 199, 214, 215
Etrich, Igo 19, 219
Euler, August 20

Fauvel 214
Ferber, Ferdinand 18
Ferrière, Richard und Monique 148
Fiedler, Willy 161
Fieseler, Gerhard 62, 63
Fischer, Hans 68
Fischer, Thomas 190
Flinsch, Bernhard 95
Fokker, Anthony 39
Fournier, René 181
Frank, Peer 205
Frieß, Heiko 115, 119
Fritsch, Karl 175
Frowein, Dr. Ernst 89, 101
Fuchs, Otto 39, 40, 48, 49, 71, 161, 162, 172

Gantenbrink, Bruno 131, 208
Georgii, Walter 30, 50, 51, 52, 57, 58, 63, 75
Glaser, Gerhard 143
Glöckl, Hans 139
Goetz, Curt 160
Góra, Tadeusz 101
Grass, Günter 208
Greim, Ritter von 96
Grob, Burkhart 141f.
Groenhoff, Günther 56f., 63, 66, 71
Groß, Franz 54
Große, Hans Werner 121, 122, 157, 208
Günter, Walter und Siegfried 206
Gutermuth, Hans 21, 22

Haase, Ernst-Günter 77, 85, 107
Hacker, Jörg 157
Hackmack, Hans 31, 36
Hänle, Eugen 116, 126, 134f., 222
Hänle, Ursula 134f., 137, 221
Haeßler, Helmut 199
Hakenjos, R. 57
Halle, Gerhard 16
Hargrave, Lawrence 18
Harker, Mike 192
Harth, Friedrich 23f., 26, 34, 50, 216
Hartung, H. 109
Hauenstein 27
Heide, Martin 120, 155, 156, 163
Heimann, Kurt 179
Heine, Wilhelm sen. 67
Heinemann, Rudolf 76, 83
Helmholtz, Hermann von 11
Hentzen, Fritz 31, 32
Herring, Augustus Moore 18

Hesse, Hermann 198
Hesselbach, Peter 48, 49, 53, 63
Heyn, Klaus 37, 81
Hieckmann, Kurt 92
Hillenbrand, Klaus 136
Hirth, Wolf 34, 36, 45, 54, 64, 66, 71, 72, 75, 77, 98, 99, 130, 133, 174, 177, 215
Hoff 163
Hoff, Wilhelm 206
Hoffmann, Wolf 185
Hofmann, Ludwig 42, 65, 85
Hofmann, Hermann 49, 53, 54
Hofmann (Muskelkraftpilot) 199
Holighaus, Klaus 115, 125f., 129, 131, 136, 151, 152, 163, 216
Hoppe, Fritz 32, 39, 232
Horstmann, Karl-Heinz 144, 169, 219
Horten, Walter und Reimar 90f., 169, 219
Horten »Habicht« 91
Hütter, Ulrich 74, 83, 126, 134, 174, 225
Hütter, Wolfgang 74, 83, 126, 134, 202, 226
Huth, Heinz 76, 102

Jacobs, Doug 140
Jacobs, Hans 34, 45, 57, 58, 60, 63, 80f., 86, 88, 101, 215, 216
Jachtmann, Ernst 37, 63, 88
Janssen, Peter 193
Johnson, Richard 101, 106, 107
Junkers, Hugo 27, 56

Kaiser, Rudolf 101f., 107, 123f., 182f., 216
Kármán, Th. von 27, 163
Katzenstein, Kurt 63
Kegel, Max 50, 51f.
Kensche, Heinz 74, 98, 107
Kercher, Rudolf 39
Kickert, Reiner 208
Klemperer, Wolfgang 26, 27, 28, 55, 70, 169, 218, 222
Klemm, Hanns 32, 206
Klepikowa, Olga 101
Klöckner, Erich 84
König, Georg 198
Kössler, Karl 97, 173
Kohlmeier, Hans-Heinrich 157
Koller, Karl 28
Kosin, Rüdiger 67
Kotzenberg, Dr. Karl 26, 33, 50
Kracht, Felix 86, 91
Krämer, Fritz 75
Kraft, Erwin 78
Krauter, W. 74
Kremer, Henry 202
Kreß, Wilhelm 15
Kronfeld, Robert 37, 52, 56, 57f., 65f., 70, 71, 227

281

Kunz, Rüdiger   125
Kupper, Dr. August   65f., 94, 214, 225
Kurz, Josef   85

Landmann, Hermann   176
Langsdorff, Werner von   49
Lasch, Heli   115
Laubenthal, Paul   54, 71
Laude, Jürgen   129, 133
Le Bris, Jean-Marie   13
Lee, George   156
Lemke, Wolf   115, 119, 137, 138, 140, 163
Leusch, Willy   29, 31
Lilienthal, Otto (und Gustav)   8, 10, 11, 14f., 90, 192, 198, 218, 233, 289
Limbach, Peter   176f., 186
Lindner, Rudolf   113, 114
Linskey, Ray   213, 246
Lippisch, Alexander   41, 42, 44, 50, 57, 64, 70, 75, 80, 90, 199, 214, 218, 227, 230
Loeßl, Eugen von   27, 47
Lück, Herbert   83, 88, 96
Lüty, Paul   221

Madelung, Georg   30, 31, 32, 163
Martens, Arthur   30, 31, 32, 41, 47, 199
Marzinzik, Gerhard   190
Massaux, André   37
Mayer, Hermann   78
Maykemper,   27, 218
McCready, Paul   202, 205
Medicus, Franz   211
Messerschmitt, Willy   24, 32, 34, 36, 47, 49, 206
Meyer, Erich   26
Mies, Klaus   140
Mihm, Richard   62
Moffat, George   128
Montgolfier, Gebrüder   90
Mouillard, Louis-Pierre   13, 14
Moyes, Bill   192
Müller, Huldreich   135
Müller, Erwin   156, 208
Müller, Walter von   220
Muschik, Erhard   64
Muttray, Horst   62

Nägele, Hermann   109f.
Nehring, Johannes   34, 37, 48, 50, 53, 54, 55, 63
Nerger, Willy   21
Neubert, Walter   135
Neufeldt, Klaus   159
Neukom, Albert   164
Neumann, Heiner   191
Nickel, Dr. Karl   169, 218
Nitsch, Stefan   16

Obermeier, Alois   133, 177, 179
Odershaw, Vernon   202

Oehler, Claus   152, 153
Oeltzschner, Rudolf   76
Offermann, Erich   20, 218
Olley   39
O'Meara, Jack   53
Opel, Fritz von   55

Papenmeyer, Fritz   50
Pelzner, Willi   26, 27, 37, 192
Pénaud, Alphonse   11f., 15, 19
Persson, Axel   88
Peschkes, Fritz   31
Peter, Ernst Gernot   138
Peters, Heinz   99, 221
Petersen   198
Peyret   218
Pfannmüller, Karl   21, 22
Pfeiffer   100
Philipp, Ernst   62
Pieler, Ludwig   96
Piggott, Derek   13
Pilcher, Percy Sinclair   18
Plauth, Karl   48
Poelke, Bruno   20, 21, 27
Ponçelet   37
Popper, Karl R.   9
Prandtl, Ludwig   28, 34, 163, 225
Prasser, Josef   135
Primavesi, Erwin   62
Pröll, Arthur   31, 32, 163
Pützer, Alfons   177, 181, 182
Puffert, Hans-Joachim   94

Quast, Armin   144, 169
Quick, August-Wilhelm   163

Raab, Fritz   63, 100, 175
Rabe, Wilhelm   173
Raspet, Dr. August   89, 105f., 163, 229
Rehberg   42
Rehmel, Michael   205
Reich, Dieter   191
Reichmann, Helmut   138, 163, 166
Reinhard, Dr. Manfred   172
Reitsch, Hanna   64, 83, 85, 87, 89, 97, 101
Renner, Ingo   156
Richter   27
Riedel, Peter   26, 27, 34, 39, 52, 54, 55, 57, 59, 63, 75, 76, 80
Rochelt, Günter   194, 203, 205
Rochelt, Holger   203
Röder, Wilhelm   100
Rogallo, Francis M.   192
Rolle, Emil   46
Ross, Harland   106
Rousseau, Jean Jacques   96

Saint-Exupéry, Antoine de   191
Schäffner, Otto   156
Schatzki, Erich   39, 52
Scheibe, Egon   78f., 107, 163, 177, 178, 179, 185, 186

Scheidhauer, Heinz   90, 92, 95, 163, 169
Schempp, Martin   72
Schewe, Walter   104
Schleicher, Alexander   120
Schertel, von   224
Schlichting, Hermann   163
Schlink, Wilhelm   50, 163
Schmaljohann, Benno   186
Schmetz, Ferdinand Bernhard   107
Schmidt, Kurt   46, 78f.
Schneider, Edmund   42, 45, 71, 99
Schneider, Walter   138, 139
Schomerus, Riclef   67, 94
Schott, Eberhard   165
Scholz, Werner   205
Schrenk, Martin   32, 65
Schroeder, Marc   139, 156
Schüle, Wilhelm   203
Schulz, Ferdinand   36f., 50, 53
Schulze, Hans Georg   199
Schuster, Walter   140
Schwede, Robert   42
Schwipps, Werner   16
Selen, Baer   123
Selinger, Peter F.   42, 92, 151
Späte, Wolfgang   76, 86
Spies, Rudolf   32, 232
Spoerl, Heinrich   174
Stamer, Fritz   23, 39, 40, 42, 50, 55, 75, 99, 113
Starck, Kurt   71
Staudenmaier, Oskar   203
Steinhoff, Ernst   76
Steinig, Paul   46
Stemme, Dr. Reiner   187
Stender, Björn   115, 120, 224
Stender, Walter   101, 115, 215
Stiasny, Willi   199
Stich, Gerhard   172
Stolle, Gerd   177
Streifeneder, Hansjörg   139, 208
Striedieck, Karl   121, 122
Student, Kurt   40, 96

Tänzler, Klaus   193
Tank, Kurt   169
Thomas, Fred   163, 172
Tiling, Herbert   137
Tost, Hans   100
Treiber, Helmut   129, 231

Udet, Ernst   47, 96, 97, 98
Ursinus, Oskar   20, 21, 23, 26, 41, 47, 173, 199, 202

Valier, Max   55
Vergens, Erich   73
Vey, Karl   201
Vogt, Alfred   221
Voit-Nitschmann   205
Villinger, Franz   199, 203

Vinci, Leonardo da 12
Völker, Hans 53, 54
Voepel, Heinrich 96
Vogt, Alfred 220
Vogt, Dieter 23, 194
Vonderau, Josef 133

Wagner, Eugen 67, 81
Waibel, Gerhard 115, 119, 120, 121, 123, 154, 158, 163
Wanner, Adolf 96
Wegener, Kurt 50
Wegerich, H. 109
Weiß, José 20
Wels, Franz 19
Wenk, Dr. Friedrich 29, 31, 71, 73, 107, 214, 215, 218
Wiesehöfer, Hans 78
Wödl, Harro 144
Wolfmüller, Alois 18
Wortmann, Franz Xaver 119f., 127, 128, 131, 135, 163, 166, 217
Wright, Wilbur und Orville 18f., 90, 218
Wünscher, Hans 175

Zacher, Hans 69, 95, 106, 160, 162, 163, 172, 174, 236, 237
Ziller, Erwin 84
Zimmermann, W. 109

»Solair 2« bei der Erprobung im Gleit- und Segelflug im Sommer 1998. An den Enden des V-Leitwerks die eingeklappten Propeller.

Sachregister

A-B-C-Prüfung 40f., 96
Aerodynamisches Institut der Universität Stuttgart 127
Aero Friedrichshafen 158
Aeroelastische Probleme 171
Aeroelastizität 321
Airbus-Konstruktionen 207
Akademische Fliegerschaft Marcho Silesia (Breslau) 171
Akafliegs (allgemein) 160f., 164, 207
Akaflieg Berlin 115, 169
Akaflieg Braunschweig 115, 129, 148, 169
Akaflieg Darmstadt 32, 34, 39, 40, 48, 52, 67, 116, 119, 143, 173
Akaflieg Dresden 64
Akaflieg Hannover 29, 169, 206
Akaflieg München 65, 78, 178, 221
Akaflieg Saarbrücken 140
Akaflieg Stuttgart 109, 113, 155, 161, 168
Alleinschulmethode 40f., 67, 70, 84, 96
Anden 90
Anklam 14
Aramid 140, 158
ASH 25 (Doppelsitzer) 156f.
ASH 25 MB 157
ASK 13 102, 104, 123
ASK 14 (Motorsegler von Kaiser) 182
ASK 16 183
ASK 21 124
ASK 23 124, 125f.
»Astir« (versch. Versionen) 141f., 190
ASW 12 120f.
ASW 15 121f., 123, 133
ASW 17 121f.
ASW 19 121, 123
ASW 22 (und Versionen) 122, 140, 154f., 156
ASW 20 190
ASW 20 B 234
ASW 24 158, 190
ASW 27 158
Aufsteigende Luftströmungen 12
Auslandsexpeditionen 162
Ausrüstung der Segelflugzeuge 228
»Austria« 65f., 70, 214
Automatische Steuerungsanschlüsse 65
Autoschlepp 63, 191
Auto- und Technik-Museum Sinsheim 202
AV 36 214, 218

B 1 »Charlotte« 169
B 13 (Doppelsitzer) 169
»Baby« 45f., 99
Bahnbedarf A.G. Darmstadt (BAG) 33, 49

»Bäumer Aero« Flugzeugbau 206
Benalla (Australien) 156
Befähigungsnachweis (für Gleitschirmpiloten) 197
Bergungs- und Rettungssystem (für Pilot und Flugzeug) 171
»Besenstiel« 36f.
»Bergfalke« (Mü 13 E) 79, 177
Berliner Luftfahrtmuseum 64
»Blaue Maus« 28, 191, 214
»Bredtsches Verfahren« 31
Bölkow-Entwicklungen KG 112, 113, 120
Bölkow-Werk Laupheim 113, 121
Bremsfallschirm 97, 114, 120, 126, 135, 166, 167, 214, 225
Bremsklappen 66, 73, 83, 91, 103, 116, 127, 161, 166, 225
Bremsraketen 97
Blohm & Voß 115
BS 1 115, 118

»**C**10« (Motorsegler) 174f.
Carbon-Kevlar 141, 155
»C-Falke« 177, 178, 186
»Chanute« (eh. »Darmstadt I«) 54
Châteauroux (Frankreich) 123, 166
CFK 128, 130, 131, 140, 148, 150, 151, 155, 158, 190, 202, 203, 207, 244
»Cirrus« V 1 126, 222
»Cirrus« B 127
»Cirrus« 75 127
»Club-Libelle« 136
»Condor I–IV« 75f.

D 4 »Edith« 228
D 10 »Hessen« 224
D 30 »Cirrus« 93f., 107, 237
D 30 / Horten IV Vergleichsfliegen 163
D 12 »Roemryke Berge« 224
D 34 116, 120
D 36 V 1 »Circe« 115, 116f., 120, 137, 138
D 37 / D 38 143
D 40 167
DAeC (Deutscher Aero Club) 99, 162, 183, 201
»Daedalus« (Muskelkraft-Flugzeug) 202
Daidalos und Ikaros 9, 202
»Darmstadt I und II« 53f.
Darmstädter Gymnasiasten 21, 27
»Darmstädter Schule« 34, 53
Dauerweltrekorde 37, 38, 46, 88, 205
DB 10 64
Delfter Hochschule 123
Derwitz 12, 14, 15

Deutsches Museum (Luftfahrtabteilung) 30, 31, 49, 108, 113, 204
DFS (das Forschungsinstitut, die Forschungsanstalt 70, 88, 162, 172
DFS-230 (Lastensegler) 96f., 225
DFS-Ringkupplung 88
DFS-Sturzflugbremse 77, 87, 226
DG 100–800 143f.
DG 300 mit 17-m-Flügel, kalibriert 172
DG 400 (Motorsegler) 145
DG 500 (Motorsegler-Doppelsitzer) 146
DG 800 (Motorsegler) 147
Diagramm 14
Differential(querruder) 34, 43, 67, 69, 94
»Dimona« (versch. Versionen) 185
»Discus« 132, 190, 215
DLR/DFVLR/DVL 127, 135, 162, 172
DLR-Institut für Aeroelastik 172
DLR-Institut für Bauweisen- und Konstruktionsforschung 172
DLR-Institut für Entwurfsaerodynamik 172
DLR-Institut für Flugmechanik 172
DLR-Institut für Strukturmechanik 172
DLV 70
Do 228 132
»Dohle« (von Pützer) 181
Doppelsitzerschulung 73
Dornier 115, 192
»Drachen« 192f.
Dreidecker 27
DU-Profile 156, 158
DVL 161
Dynamischer Segelflug 20, 24, 28, 55

»**E**dith« 43, 227
»Egrett« von Grob 206
Elan-Flight 144
Elastische Flügelsteuerung 108
Elektroantrieb 204
Elmira (USA) 71
Entenprinzip 19, 20, 24, 55, 169, 202, 204, 206
»Ente« (RRG) 55
Entwicklungsgemeinschaft Sport- und Segelflug 113
Epoxydharz 112
Eppler-Profil 115, 116, 137, 141
ES 49 (Doppelsitzer) 99
»Espenlaub 3« 32, 65
»eta«-Projekt 208
Etrich-Rumpler-Taube 20
Etrich-Wels-Gleiter 19
Evolution 9, 10, 35, 64, 80, 90, 104, 115, 119, 129, 131, 137, 147, 148, 152, 154, 156, 159, 160, 162, 164, 172, 174, 184, 187, 188, 190, 191, 193, 197, 207, 213

»Fafnir« 56, 59f., 64, 72
»Fafnir II« 64, 70
Fahrrad-Schwingenflugzeug 198, 199
FAI-15 Meter-Klasse (»Rennklasse«) 131, 140, 158
»Falke« 44, 55, 63
Fallschirm 51
Fallschirmpflicht (Rettungssystem) 192, 193, 194, 195
Faltpropeller 187
Faserkunststoffbauweise 110, 111
Fayence (Frankreich) 129, 139
Fesselflug 39
»Fest der Freude« 99, 100
FFM (Flugwissenschaftliche Forschungsanstalt München) 172
FFT (Gesellschaft für Flugzeug- und Faserverbund-Technologie) 190
Flächenbelastung 105
Flächenklappe 224
»Flair 30« 173, 194
»Flamingo« (BFW U 12a) 63
Flaperons 138, 140
Flattern 230f.
Flattersturz 193
Flügelsteuerung 20, 24, 25
Flügelverwindung 15, 18, 20, 217
Flügelwölbung 11, 13, 14
Flugeigenschaften 235
Flugeigenschaftsbeurteilungen 242, 243
Flugeigenschaftsprüfungen 95, 235
Flugleistungsmessungen 116
Flugmodelle 11, 19, 20, 85, 90, 109
»Flugsport« (Zeitschrift) 20, 21, 58, 173
Flugsport-Vereinigung Darmstadt 22
Flugvorstellungen 9
Flugwissenschaftliche Vereinigung Aachen 27
Flugzeugbau Grob in Mindelheim 127
Flugzeugbau Scheibe 78, 101
Flugzeugbau Schleicher 77, 80, 99, 101, 120, 123, 152, 154
Flugzeugbau Schweyer 82, 83
Flugzeugbau Eugen Wagner 67
Flugzeugschlepp 63, 97
Focke-Wulf GmbH 88, 89
Focke-Wulf »Stößer« 169
Fokker-Doppelsitzer 39
Frankfurter Polytechnische Gesellschaft 199, 202
fs 26 169
fs 29 164f.
fs 31 155
fs 32 168
FSV-VIII 21
FSV-X 21, 22
Fußstart 191
FX-Profile (siehe auch Wortmann-Profile) 127, 128, 135, 138, 139, 140, 143, 144, 150, 152, 155, 203, 216
Firma Glaser-Dirks 143

Firma Glasflügel 134
Rolladen Schneider 137f.
Start und Flug 137

G-102 »Astir CS« 141
G-103 »Twin-Astir« (versch. Vers.) 142
Gabel-Zungenanschluß 222, 223, 224
Gemischtbauweise 80, 100
»Generation« 147
Gewitter – Rhön (1938) 73, 83, 86
GFK 108, 112, 120, 126, 204, 207, 222
Glasflügel – BS 1 116, 134
Glasflügel »Libelle« 120
Glasflügel »Kestrel« 120, 135
Glasflügel 604 135f.
Glasfaser-Rovings 126
Gleichschaltung 70
Gleitschirm/Gleitsegel 196f.
Gleitschirm, motorisiert 197
Gleiter-Versionen v. Düsenflugzeugen 98
GMG (Gebrüder Müller, Griesheim) 49, 53
Gö 4 (Doppelsitzer) 73f.
Go 242 (Lastensegler) 98
Goldenes Leistungsabzeichen 81
»Gossamer-Albatross« 202
»Gossamer-Condor« 201, 202
Grenzschichtausblasung 123, 144, 155
Grenzschichtforschung 106, 107
Grob G 109 184
Grob G 115 206
Griesheim 63
Grunau 42, 84
»Grunau 9« 42
»Grunau Baby« (siehe unter »Baby«)
Gütesiegel 192, 193
Gummiseilstart 27, 60, 199

H 30 GFK 134
H-301 »Libelle« 134, 135
H-101 »Salto« 137, 220
H-111 »Hippie« 137
H-121 »Globetrotter« 137
H 402 136
»Habicht« 84f., 221
Haeßler-Villinger Muskelkraftflugzeug 199f.
Hahnweide 128
Halbdämpfung (des Seitenruders) 67, 95
He 70 206
He 111 / He 111 Z 98
Heidelstein 24, 25
Hersteller von Segelflugzeugen 273
Hesselberg 67
Hi 20 (Motorsegler) 75, 133
HKS 1 und 3 107f., 224
Hochleistungs-Gleitschirme 197
Hochschulreform 164
Höhenstufenflüge 236
Höhenweltrekorde 75
Hoffmann H 40 206
Holzbauweise 110

Homberg 74
»Hornet« 136
Horten-Nurflügel 90f., 218, 219, 237
HXVc »Urubu« 90
HQ-Profile 146, 155, 156, 216
HVS-Muskelkraftflugzeug 202f.
»Hybridwerkstoff« 155

Icaré 205
Idaflieg 273
Idaflieg-Vergleichsfliegen 162, 163f., 235, 242, 243
Indexliste des DAeC (1998) 274
Ingenieurschule Weimar 67
Institut für Aerodynamik an der TH Delft 156
Institut für Luft- und Raumfahrttechnik an der der TH Delft 158
Institut für Physik der Atmosphäre der DLR 172, 207
Interferenzwiderstand 60
Internationale Luftfahrtausstellung (ILA) 20, 173
ISTUS 70

Jacobs-Schweyer-Flugzeugbau 88
»Janus« (Doppelsitzer) 127, 129f., 166, 172, 238
»Janus-M« 133
JAR 22 229, 244
Ju 52 97
Ju 287 101
Jungfraujoch 63, 76

Ka 6, verschiedene Versionen 102f., 121, 182, 215, 238f.
Ka 8 104, 123, 124
Ka 11 182
»Kestrel« 135, 228
»Kiwi« 189, 190
»Karl der Große« 48f., 174
»Kassel« (Max Kegel) 51
»Kassel 25« 62
Kastendrachen 18
Kitty Hawk 18
Klapptriebwerk 75, 133, 147, 179, 190
Knickflügel 60, 72, 77, 78, 82, 85, 96
Kompaß 227
Kohlensäuremotor 15
Köller-, auch Kroeber-Motor 46, 47, 77, 174
»Konsul« 32f., 214
Kosten von Segelflugzeugen 246
KR 1a 67
»Kranich« 83f., 89, 101
Kremer-Preise 202, 204
Kreta 202
Kohlefasern 136, 148, 164, 203
Künstlicher Horizont 227
Kunstflug 84, 124, 220
Kunststoffbauweise 93, 105, 109, 164
Kunststoffinstitut Darmstadt 172
Kurisches Haff 37

Landehilfe, -klappe 72, 138
Lärmmessungen 190
Lärmschutzforderungen für Luftfahrzeuge 195
»La Falda« (Motorsegler) 77
Laminarprofile 93, 94, 102, 105, 109, 126, 148, 169, 206, 216, 234, 244
Lastensegler (DFS 230) 89, 96f.
Laufgleiter 191
LBA 119, 147, 155, 163, 186, 229
Lebensdauer (von Kunststoff-Flugzeugen) 229
Leewellen 207
Leichtbau 68, 70
Leichtmetall-Flugzeugbau 222
Leipheim, Flugplatz 203
Leszno (Polen) 102
LFSM (Lufttüchtigkeitsforderungen ...) 229, 244
»Libelle« (Hänle) 116
»Libelle Laminar« 109
Lichterfelde 17
Limbach-Motoren 176, 186, 187, 188
»Lo 100« 221
LK 10 A (von Eilers) 177
LS 1, 2, 3 138f.
LS 3 131
LS 4 123
LS 4–7 140
»L-Spatz« 177
Ludwager Kulm 24
Ludwig-Berblinger-Preis 205
»Luftbremsen« 34
Luftfahrtschau (in Paris Le Bourget) 205
Luftwaffe 96
Luftwandern 75

»Marabu« 62
»Margarete« (Doppelsitzer) 40
Martens-Fliegerschule 50
Massachusetts Institute of Technology (MIT) 202
Messerschmitt – Flugschule 25
»Messerschmitt M 17« 49
Me 321 »Gigant« (Lastensegler) 98
»Milan« 78
Mindelheim – Mattsies 141
»Minimoa« 72f., 130, 132, 215
»Mini-Nimbus« 127, 130, 227
Mischlaminat 158
Mittelkufe 20, 24
»Moazagotl« 71f., 130, 215
»Monarch« (Muskelkraftflugzeug) 202, 204
»Mosquito« 131, 136
Motorgleiter 47
Motorsegler 47, 91
Motorsegler – Begriffsbestimmungen 1975 183/184
Motorsegler – Technische Merkmale 1991 186/187

»Münchner Schule« 78, 80
»Mü 13« (und Versionen) 78f., 177
Mü 23 »Saurier« (Motorsegler) 178
Mü 27 167
Mü 28 220
Mü 5 »Wastl« 169
München, der neue Flughafen 205
»Musculair« 1 und 2 203, 205
Muskelflug-Institut 201
Muskelkraftflug 11
Muskelkraftpassagierflug 204
»Musterle« 228

NACA-Profile 102, 105, 107, 109, 126
National Soaring Museum in Elmira (USA) 54
Neubiberg (Flugplatz) 204
»Nimbus« 127f., 131, 133, 165, 222
»Nimbus« 2 M 179
»Nimbus-3« 128, 156
»Nimbus-4« 153f., 155
»Normal-Segelapparat« (von Lilienthal) 10, 15, 16, 17, 192, 193
Nurflügel 90f., 169, 219, 220
Nurflügelflugzeug »Delta I« 56

Oberflächenqualität 106
OBS – »Urubu« 78, 96, 97
Offene Klasse 114, 119, 122, 126, 128, 135, 140, 141, 152
Oldtimer-Segelflug-Club Wasserkuppe 85
»Olympia-Meise« 82, 88f., 214
OSTIV 70, 102, 115, 119, 125, 162, 172
OSTIVAR/OSTIVAS 229, 244
OUV 162, 168

»Pelikan 231
»Phoebus« 113f., 121
»Phönix« fs-24 108, 109f., 115
»Planophore« 11, 12
Polardiagramme, Polaren 14, 232ff.
Polyesterharz 112
Polytechnische Gesellschaft Frankfurt 199, 202
»Priener Programm« 163
»Professor« 57f., 63, 214
Propeller-Muskelkraftflugzeug 198
Prüfverfahren (zur Erlangung des Gütesiegels) 193
PWS-101 (poln. Segelflugzeug) 101

Querruder-Giermoment 37, 69

Raketenantrieb 55
Raketenjäger Me 163 »Komet« 56, 98
»Rebell« v. Blessing 175, 176
Rechteckfallschirm 196
»Reiher« 83, 85f., 93
Rettungssysteme 192f.
RF 3, RF 4, RF 5, RF 5 B »Sperber« 181, 182

RF 7 (russ. Segelflugzeug) 101
»Rheinland« 86f.
Rhinower Berge 15, 17
»Rhönadler« 65, 80
»Rhönbussard« 81, 88
»Rhöngeist« 23
Rhön-Rossitten-Gesellschaft (RRG) 50, 63, 70
»Rhönschwalbe« 101
»Rhönsperber« 82f.
Rhönwettbewerbe 26f., 44, 51f.
»Ring der weißen Möwen« 99
RJ-5 (USA-Segelflugzeug) 101, 107
»Roemryke Berge« 38, 52, 53, 224
Rogallo-Flügel/Gleiter 192
Rossitten 50
»Roter Vogel« 47
Rotorblätter für Hubschrauber 206
RRG-Forschungsinstitut 57, 70
Rückwärtspfeilung 132, 158
Rundlaufgerät 14
Ruschmeyer MF-85 P 206

»Salto« 221
Samedan 88, 101
Sandwich-Bauweise 109
Santorin 202
SB-6 115, 117
SB 8 / SB 9 148, 232
SB 10 149f.
SB 11 166, 224
SB 12 123
SB 13 (Nurflügel) 169f., 214, 218
SC 01 Speed Canard 206
Schalenkreuz-Anemometer 228
Schempp-Hirth 46, 83, 125f., 131, 150, 152, 226
Schempp-Hirth-Bremsklappen 113, 121, 122, 126, 135, 139, 141, 144, 152, 166, 167
Schieberollmomente 91, 102, 217
Schiebe-Wollfaden 228
Schlagflügel 14, 199
Schleppmethoden 97
Schränkung (geometrisch und aerodynamisch) 39
»Schule Wasserkuppe« 60
Schulgleiter 40f., 177
Schwanzlose Segelflugzeuge 169
»Schwatze Düwel« 28, 214, 272
Schwarzwald-Flugzeugbau Wilhelm Jehle 78
Schwingenflieger 199
Schwingenflug 11, 14, 199
»Seastar« von Dornier Composite 206
Segelflugmuseum Wasserkuppe 45, 72, 77, 81, 83, 100, 101, 109, 113, 117
Segelflugschule Grunau 42, 45, 71
Segelflugschule Hesselberg 81
Segelkunstflug 221
SF 24 »Motor-Spatz« 177
SF 25 »Motor-Falke« 177

SF 25 C 2000   179
SF 25 E »Superfalke«   179
SF 27 M   179, 180
SF 32 M   179
SF 36   185, 186
SG 38 (Schulgleiter 38)   43
»Sherpa« (UL-Doppelsitzer)   195
Sicherheit   164
»Sigma«   164, 167
Silbernes Leistungsabzeichen   46, 71, 102
Soaring Society of America   105
»Solair 1a«   204
»Solair 2«   205
Solarflug   205
Spalt-Fowlerklappe   168
»Spatz«   79f., 101, 177
»Sperber-Junior«   83, 85
Sportliche Leistungen im Segelflug   247
Spreizklappen   113
Stahlrohr- (Rumpf bzw. Flügelmittelstück)   78, 89, 90, 126, 178, 183
Standarddrachen   192, 193
»Standard-Austria«   125
»Standard-Cirrus«   127, 132
Standardklasse   102, 121, 123, 125, 127, 132, 139, 169
»Standard-Libelle«   134, 135
»Starship 1« von Beech   206
Startmethoden   174
Startraketen   98
Steilkreistechnik   71
Stemme S 10   187f.
Steuerbügel (beim Drachen)   192
Störklappen   82, 206
»Storch« (schwanzloses Flugzeug)   55, 56
Strahlströme (Jetstreams)   207
Stratosphäre, Flugzeug zur Erforschung   205
»Stummelhabicht«   98

Sturzflugbremse (siehe auch Bremsklappen)   45, 46, 83, 84, 86, 206
Stuttgarter Laminar-Windkanal   131
»Stuttgarter Profilkatalog I«   119
»Super-Orchideen«   10, 147, 148f., 156, 187

Taktik des Segelfliegens   30, 58, 86, 194
Tandem-Fahrwerk   129
»Tandem-Falke« (von Scheibe)   179
Tandem-Segler   27, 218
»Taschenmesserflügel«   167
Teck   88, 112
Teleskopflügel   164, 165
Teutoburger Wald   58
TOP-Aufsatz   189/190
Torsionsnase   31, 33, 60, 73, 85, 206, 216, 222
Trainings- und Meßgerät   201, 202
»Trike«   195
»Turbinensegler« H 30 TS   134
Turbo-Antriebssystem   152, 153, 154

ULF 1   173, 191
Ultraleichtflugzeuge, Begriffsbestimmungen   195f., 197
Uvalde (Texas)   140

Valentin »Taifun 17 E«   184, 185, 190
»Vampyr«   29f., 65, 113, 206, 214, 222, 235
Variometer   57f., 227, 228
Vauville   37
VEB Apparatebau Lammatzsch   109
»Vélair« (Muskelkraftflugzeug)   205
Venturi-Rohr   227
»Ventus«   131
Veränderte Flächengeometrie   164f.
Verwindung des Fügels (siehe Flügelverwindung)
V-Leitwerk   101, 126, 137, 214, 217
Vorflügel   91

Vorpfeilung   101, 104, 129
V-Stellung des Flügels   11, 13

»Wackeltopf«   40
Wankel-Kreiskolbenmotor   133
Wasserkuppe   21, 23, 25f., 39, 173
Wassertanks, -ballast   123, 135, 136, 141, 144, 156, 164
»Weihe«   82, 87f., 214
Wellenaufwind   71, 84
»Weltensegler«   29
Weltklasse   88
Weltproduktion (von Segelflugzeugen)   159
Werkstattpraxis   88
»Westpreußen«   37, 53
Wettbewerbsliste   274
»Wien«   58f., 214
Windenstart   63, 100, 197
»Windspiel«   67f., 70, 214, 227
Winglets   131, 132, 154, 214
Wingtips   156
»Wirbelkeulen«   89, 214
Wissenschaftliche Gesellschaft für Luftfahrt (WGL)   34
Wölb-Bremsklappensystem   131, 136, 227
Wölbklappen   52, 65, 67, 94, 120, 121, 131, 139, 144, 146, 148, 152, 158, 164, 221, 224, 225
Wölbklappenprofil   128
Wortmann-Klappe   224
Wortmann-Laminarprofile (siehe auch FX-Profile)   102f., 119f., 124, 126, 127, 131, 139, 150, 167, 203

Zanonia   19, 219
ZFM (Zeitschrift für Flugtechnik und Motorluftschiffahrt)   55, 206
Ziel-Rückkehr-Flug   122
»Zögling 35«   41
Zulassung von Segelflugzeugen   230

Die Verfasser danken

für tatkräftige Unterstützung, nützliche Ratschläge und kritische Hinweise bzw. für wertvolles Bildmaterial den folgenden Institutionen und Personen:

Herrn Kyrill von Gersdorff als dem Fachbetreuer der gesamten Buchreihe sowie Herrn Walter Amann als dem Gestalter und Hersteller,

dem Deutschen Museum in München, insbesondere den Herren Werner Heinzerling, Hans Holzer und Gerhard Filchner,

dem Deutschen Segelflugmuseum auf der Wasserkuppe mit seinem Leiter Herrn Theo Rack,

den Akafliegs mit den jeweiligen »Alten Herren«,

der Idaflieg,

den im Text bzw. im Anhang genannten Herstellerfirmen,

dem Luftfahrt-Bundesamt,

den Damen Ursula Hänle und Clara Hirth sowie den Herren Otto Bellinger, Peer Frank, Wilhelm Geiger, Ernst-Günter Haase, Karl Herzog, Klaus Heyn, Karl-Heinz Hinz, Hans Jacobs, Hans-Werner Große, Dr.-Ing. Rainer Kickert, Lutz-Werner Jumtow, Theo Lässig, Gero von Langsdorff, Gerhard Marzinzik, Jochen Pieper, Peter Pletschacher, Josef Prasser, Alfons Pützer, Peter Riedel, Günter Rochelt, Gerd Schäfer, Egon Scheibe, Harry Schneider, Werner Schwipps, Peter F. Selinger, Walter Sorg, Fritz Trenkle, Karl Vey, Eugen Wagner, Gerhard Waibel, Hans J. Wefeld und Adolf Wilsch.

Die Autoren

Günter Brinkmann, geboren am 17. Dezember 1922, besuchte in seiner Heimatstadt Dortmund das Gymnasium. Von seinem 10. Lebensjahr an baute er Flugmodelle und beteiligte sich erfolgreich an Wettbewerben.
1938 legte er die Gleitflieger A-, 1939 die Gleitflieger B- und die Segelflieger C-Prüfung ab. Bereits als Siebzehnjähriger besaß er den Luftfahrerschein. Im Zweiten Weltkrieg war er von 1941 bis 1945 Lastensegler an vielen Fronten und hat u. a. den Starrschlepp mit erprobt.
Nach Gefangenschaft und kurzer Lehrerausbildung studierte er in Frankfurt und Mainz Geschichte, Germanistik und Pädagogik und war parallel dazu als Redakteur des Schulfunks beim damaligen Radio Frankfurt tätig. 1949 folgte er einem Angebot des NDR-Schulfunks nach Hamburg, wo er neben seinen Fachbereichen Geschichte und Geographie auch Luftfahrtthemen aufgriff. 1955 bearbeitete er das Buch »Start frei – Atlantik« (deutsche Atlantikflüge in den dreißiger Jahren). Außerdem verfaßte er mehrere Schul- und Jugendbücher und war (bis 1974) Redakteur der Zeitschrift »Schulfunk«.
1967 wechselte er zum Bildungsprogramm im damals neugegründeten III. Fernsehen des NDR über. Dort produzierte er u. a. die Sendereihe »Geographische Streifzüge«, für die umfangreiche Luftaufnahmen erforderlich waren. Von 1974 an entstand die Reihe »Die Erben Lilienthals« (15 Folgen), aus der das Sachbuch »Sportfliegen heute« hervorging. Seit Anfang der siebziger Jahre war er auch selbst wieder fliegerisch aktiv.
Der DAeC verlieh ihm 1978 die Goldene Dädalus-Medaille. Einigen Einzelsendungen über Luftfahrtthemen folgte 1985

Hans Zacher, geboren am 22. November 1912 in Lüdenscheid, machte das Abitur an der Zeppelin-Oberrealschule und danach eine Schlosserlehre. Ab 1933 studierte er Flugzeugbau an der TH Darmstadt, mit Diplom-Abschluß 1938.
Seit 1922 baute er Flugmodelle, trat 1927 dem Fliegerclub bei, half beim Bau von Gleitern und schulte zu einer Zeit, als jede Flugsekunde mit einer Werkstattstunde »bezahlt« werden mußte. 1933 kam er zur Akaflieg Darmstadt, deren Vorsitzender er später wurde, wirkte dort bei der Entwicklung von Flugzeugen mit und erwarb die Segelflug-Silber-C 221. Im Motorflug bildete ihn die DVL in Adlershof aus, bei der er viele Muster flog und auch die beiden Kunstflugscheine erwarb. Motor- und Segelflugwettbewerbe brachten Erfolge und Erfahrungen. Nach 1951 erneuerte er seine Flugscheine, ergänzte sie mit Motorsegler- und Ultraleicht-Berechtigung, schulte auf Hubschrauber und ging als »aktiver Gast« auch mit Heißluft- und Gasballonen sowie einem Kleinluftschiff in die Luft. Von der FAI wurde ihm das goldene Leistungsabzeichen für Motorflug 233 verliehen.
1939 war er bei der DVL, 1940 bis 1945 als Abteilungsleiter Flugmechanik bei der DFS. 1952 fing er bei der Prüfstelle für Luftfahrtgerät als Musterprüfer für Segel- und Leichtflugzeuge an, trat aber 1958 wieder zur DFS über, die später durch Fusion über DVL und DFVLR zur DLR kam. Bis 1977 war er dort Abteilungsleiter für Segelflug und Leichtflugzeuge, bearbeitete u. a. Flugmessungen, Idaflieg-Vergleichsflüge, Ingenieurfliegerkurse, Bauvorschriften, veröffentlichte und trug vor über Flugmechanik, Flugmes-

die Reihe »Pioniere der Luftfahrt«, die er noch kurz vor seiner altersbedingten Verabschiedung als Leiter der Hauptabteilung Bildung des NDR fertigstellen konnte.

Von 1987 an arbeitete er – jetzt als freier Produzent – an einer dreiteiligen Reihe über die Geschichte des Segelfliegens, die unter dem Titel »Der Berg der Segelflieger« 1990 von HR 3 erstgesendet wurde. Ein Nebenprodukt war der Videofilm »Ein Sport im Aufwind« für das Segelflugmuseum auf der Wasserkuppe. 1989 erschien sein »Buch vom Luftsport – Die Erben Lilienthals«, 1992 die »Evolution der Segelflugzeuge« (Mitautor Hans Zacher) in der Buchreihe »Die deutsche Luftfahrt« (Band 19), 1995 schließlich als Bd. 23 »Sport- und Reiseflugzeuge – Leitlinien einer vielfältigen Entwicklung« (mit weiteren Autoren). Für seine Arbeiten erhielt er 1991 das »Diplôme d'Honneur« der FAI.

sungen, Motorsegler, Akafliegs und Geschichte der Luftfahrt.

Hans Zacher erhielt viele Ehrungen, auch ausländische Auszeichnungen und Ehrenmitgliedschaften, war im Vorstand der OSTIV und der OUV sowie u.a. Mitglied des Technischen Ausschusses des DAeC, des Sailplane Development Panel der OSTIV und ist noch im Fachbeirat des Deutschen Museums engagiert.

Mit dem technisch-wissenschaftlichen Nachwuchs fühlt er sich ganz besonders verbunden: keine Akafliegtagung, kein Idaflieg-Vergleichsfliegen hat er seit 1937 versäumt. Sein Hobby wurde zum Beruf, sein Beruf ging wieder ins Hobby über.

Otto Lilienthal in seinem großen Doppeldecker.

Die deutsche Luftfahrt

Die Entwicklungsgeschichte der deutschen Luftfahrttechnik von den Anfängen bis heute in über 25 Bänden

Herausgegeben von Dr. Theodor Benecke (†) in Zusammenarbeit mit dem Deutschen Museum, dem Bundesverband der deutschen Luftfahrt-, Raumfahrt- und Ausrüstungsindustrie (BDLI) und der Deutschen Gesellschaft für Luft- und Raumfahrt (DGLR)

Band 1
Wolfgang Wagner
Kurt Tank – Konstrukteur und Testpilot bei Focke-Wulf
2., überarbeitete Auflage. 1991. 272 Seiten, 130 Fotos, 76 Zeichnungen und Skizzen. Leinen.
ISBN 3-7637-6102-0

» ... eine einzigartige Möglichkeit, sich über die hochentwickelte deutsche Technik im Fluggerätebau zu informieren.« Flug Revue

Band 2
Kyrill von Gersdorff / Kurt Grasmann / Helmut Schubert
Flugmotoren und Strahltriebwerke
3., überarbeitete und erweiterte Auflage. 1995. 416 Seiten und 16 Farbtafeln, 470 Abbildungen (Fotos, Zeichnungen und Skizzen). Leinen.
ISBN 3-7637-6107-1

» ... ein Buch, das man uneingeschränkt empfehlen kann.« Zeitschrift für Flugwissenschaften und Weltraumforschung

Band 3
Kyrill von Gersdorff / Kurt Knobling
Hubschrauber und Tragschrauber
3., durchgesehene und erweiterte Auflage. 1999. 277 Seiten und 16 Farbtafeln, 443 Fotos, Zeichnungen und Skizzen. Leinen.
ISBN 3-7637-6115-2

» ... macht diese Veröffentlichung zu einer wichtigen Bereicherung der Luftfahrtliteratur ... es ist als Standardwerk auf dem Gebiet zu betrachten.« Zeitschrift für Flugwissenschaften und Weltraumforschung

Band 4
Rüdiger Kosin
Die Entwicklung der deutschen Jagdflugzeuge
2., durchgesehene und erweiterte Auflage. 1990. 243 Seiten u. 16 Farbtafeln, 196 Fotos, 165 Zeichnungen u. Skizzen. Leinen. ISBN 3-7637-6100-4

» ... gibt einen hervorragenden Überblick über fast 70 Jahre Jagdflugzeugbau in Deutschland mit allen Höhen und Tiefen.« Soldat und Technik

Band 5
H. Dieter Köhler
Ernst Heinkel – Pionier der Schnellflugzeuge
2., überarbeitete und erweiterte Auflage. 1999. 303 Seiten, 258 Fotos, 62 Zeichnungen und Skizzen. Leinen. ISBN 3-7637-6116-0

» ... zeigt sich, daß auch Technikgeschichte um so interessanter ist, je mehr wir von den beteiligten Menschen erfahren.« Frankfurter Allgemeine

Band 6
Otto E. Pabst
Kurzstarter und Senkrechtstarter
1984. 269 Seiten und 16 Farbtafeln, 235 Fotos, 109 Skizzen. Leinen. ISBN 3-7637-5277-3

» ... vermittelt Glanzpunkte der Luftfahrttechnik und gewinnt dadurch an Bedeutung und Lebhaftigkeit in der Darstellung, daß Pabst zum großen Teil aus eigenen Erfahrungen berichtet.« Rhein-Zeitung

Band 7
Fritz Trenkle
Bordfunkgeräte – Vom Funkensender zum Bordradar
1986. 263 Seiten, 430 Fotos und Skizzen, 4 Farbabbildungen. Leinen. ISBN 3-7637-5289-7

» ... eine komplette Darstellung von Ideen, Konzepten, Geräten (hervorragend illustriert) und Anwendungsprofilen der Funk- und Radartechnik in der deutschen Luftfahrt.« Kölner Stadt-Anzeiger

Band 8
Werner Schwipps
Schwerer als Luft – Die Frühzeit der Flugtechnik in Deutschland
1984. 258 Seiten und 24 Farbtafeln, 222 Fotos, 25 Skizzen und Zeichnungen. Leinen.
ISBN 3-7637-5280-3

» ... Eine derartige überwältigende Fülle von Informationen, Einzelheiten und Daten findet man selten ... ein überaus wertvolles und lehrreiches Werk ...« Technikgeschichte

Band 9
Bruno Lange
Typenhandbuch der deutschen Luftfahrttechnik
1986. 413 Seiten, 464 Fotos, 2 Skizzen. Leinen. ISBN 3-7637-5284-6

» ... ein richtungsweisendes Nachschlagewerk ... Ein Handbuch, an dem man nicht vorbeikommt.« fliegermagazin

Band 10
Theodor Benecke/Karl-Heinz Hedwig/Joachim Hermann
Flugkörper und Lenkraketen
1987. 377 Seiten und 4 Farbtafeln, 8 Farb- und 193 Schwarzweißfotos, 277 Seiten. Leinen.
ISBN 3-7637-5291-9

» ... ein Buch, das Technikgeschichte mit einer Interpretation der „High Technology" verbindet – ein Werk, das wirklich informiert.« VDI-Nachrichten

Band 11
Wolfgang Wagner
Der deutsche Luftverkehr – Die Pionierjahre 1919-1925
1987. 320 Seiten, 222 Fotos, 219 Skizzen, 9 Karten. Leinen. ISBN 3-7637-5274-9

» ... vermittelt ein fesselndes Zeitbild dieser bewegten Jahre.« Luft- und Raumfahrt

Band 12
Kyrill von Gersdorff
Ludwig Bölkow und sein Werk – Ottobrunner Innovationen
1987. 334 Seiten und 24 Farbtafeln, 59 Farb- und 332 Schwarzweißfotos, 103 Pläne, Skizzen, Gliederungen und Diagramme. Leinen.
ISBN 3-7637-5292-7

» ... ein bemerkenswertes Buch, das man nicht nur jedem Interessierten uneingeschränkt empfehlen kann.« Soldat und Technik

Band 13
Siegfried Ruff / Martin Ruck / Gerhard Sedlmayr
Sicherheit und Rettung in der Luftfahrt
1989. 246 Seiten, 288 Fotos, 111 Zeichnungen und Skizzen, 27 Graphiken, 11 Dokumente. Leinen. ISBN 3-7637-5293-5

»... eine Fundgrube für den Techniker und den betroffenen Piloten ... Auch der Laie sollte in dieses Buch hineinschauen. Für den Fachmann ist es ohnehin eine fesselnde Lektüre«
Zeitschrift für Flugwissenschaften und Weltraumforschung

Band 14
Wolfgang Wagner
Die ersten Strahlflugzeuge der Welt
1989. 260 Seiten, 138 Fotos, 234 Zeichnungen und Skizzen, 6 Graphiken, 2 Dokumente. Leinen. ISBN 3-7637-5297-8

»... zu einer unverzichtbaren Anschaffung. Der erfolgreichen Buchreihe ist ein weiterer bemerkenswerter Band hinzugefügt worden.«
Zeitschrift für Flugwissenschaften und Weltraumforschung

Band 15
Roderich Cescotti
Kampfflugzeuge und Aufklärer
1989. 311 Seiten, 156 Fotos, 254 Zeichnungen, Skizzen und Graphiken. Leinen. ISBN 3-7637-5294-3

»... ist sicher nicht zuviel gesagt, wenn man feststellt, daß dieses Buch eines der fesselndsten und attraktivsten seiner Reihe ist.«
Soldat und Technik

Band 16
Jean Roeder
Bombenflugzeuge und Aufklärer
1990. 274 Seiten, 252 Fotos, 312 Zeichnungen und Skizzen. Leinen. ISBN 3-7637-5295-1

»...Der hervoragend ausgestattete Typenband...«
Cockpit

Band 17
Hans J. Ebert / Johann B. Kaiser / Klaus Peters
Willy Messerschmitt – Pionier der Luftfahrt und des Leichtbaues
1992. 416 Seiten und 16 Farbtafeln, 641 Fotos, Zeichnungen und Skizzen. Leinen. ISBN 3-7637-5295-1

»... Aufzeichnungen Willy Messerschmitts beleben jedes Kapitel dieses Buches, das man getrost als das Messerschmitt-Buch bezeichnen kann.«
Jet & Prop

Band 18
Werner Treibel
Geschichte der deutschen Verkehrsflughäfen
1992. 464 Seiten, 597 Fotos, Zeichnungen, Skizzen und Tabellen. Leinen.
ISBN 3-7637-6101-2

»... das verwendete statistische Material ist einmalig und ermöglicht über viele Jahrzehnte absolute und relative Leistungsvergleiche ...«
loyal

Band 19
Günter Brinkmann / Hans Zacher
Die Evolution der Segelflugzeuge
2. Auflage. 1999. 290 Seiten und 16 Farbtafeln, 693 Fotos, Skizzen u. Tabellen. Leinen.
ISBN 3-7637-6119-5

»... ist seinen Preis wert. Seite für Seite. Der Interessierte erwirbt mit ihm eine wahre Fundgrube ...«
aerokurier

Band 20
Kurt Kracheel
Flugführungssysteme – Blindfluginstrumente, Autopiloten, Flugsteuerungen
1993. 293 Seiten und 12 Farbtafeln, 153 Fotos, 378 Skizzen, Graphiken und umfangreicher Tabellenteil. Leinen. ISBN 3-7637-6105-5

»... ein einmalig umfangreiches Nachschlagewerk, das selbst für Fachexperten noch viele neue Einzelheiten aus vergangenen Tagen und deren Zusammenhänge bringt.«
Luft- und Raumfahrt

Band 21
Hans-Jürgen Becker
Wasserflugzeuge – Flugboote, Amphibien, Schwimmerflugzeuge
1994. 284 Seiten und 8 Farbtafeln, 761 Fotos, Skizzen und Tabellen. ISBN 3-7637-6106-3

»... das zur Zeit umfassendste Werk über die deutsche Seefliegerei ...«
fliegermagazin

Band 22
Jürgen Michels / Jochen Werner
Luftfahrt Ost 1945-1990
1994. 360 Seiten und 24 Farbtafeln mit 71 Bildern, 643 Fotos, Zeichnungen und Skizzen, Tabellen. Leinen. ISBN 3-7637-6109-8

»... ist ein ganz besonderes Buch, das weite Verbreitung verdient ...« Frankfurter Allgemeine

Band 23
Günter Brinkmann / Kyrill von Gersdorff / Werner Schwipps
Sport- und Reiseflugzeuge – Leitlinien einer vielfältigen Entwicklung
1995. 406 Seiten und 24 Farbtafeln, 570 Fotos, 384 Zeichnungen, Skizzen und Faksimiledrucke. Leinen. ISBN 3-7637-6110-1

»...ist in der Qualität der vorhergehenden Bände gehalten und absolut empfehlenswert...« Flugzeug

Band 24
Wolfgang Wagner
Hugo Junkers Pionier der Luftfahrt – seine Flugzeuge
1996. 576 Seiten, 520 Fotos, 221 Zeichnungen und Skizzen, zahlreiche Tabellen.
ISBN 3-7637-6112-8

»... zeugt ebenfalls von der intensiven Recherche des Autors, wie auch die ausführliche Junkers-Chronik. So liegt denn eine umfassende, lesenswerte Dokumentation vor, ein bemerkenswertes Buch.«
Flieger Revue

Band 25
Joachim Grenzdörfer / Karl-Dieter Seifert
Geschichte der ostdeutschen Verkehrsflughäfen
1997. 326 Seiten, 186 Fotos, 157 Zeichnungen und Skizzen, zahlreiche Tabellen. Leinen.
ISBN 3-7637-6113-6

»... ein interessantes, umfangreiches Fachbuch, das sauber recherchiert ist und als zuverlässiges Nachschlagewerk weiter empfohlen werden kann.«
der flugleiter

Band 26
Dorothea Haaland / Hans G. Knäuel / Günter Schmitt / Jürgen Seifert
Leichter als Luft – Ballone und Luftschiffe
1997. 376 Seiten und 24 Farbtafeln, 502 Abbildungen (Fotos, Skizzen und Graphiken), zahlreiche Tabellen. Leinen. ISBN 3-7637-6114-4

»In gewohnt ausführlicher Form und hervorragend bebildert, durch viele Tabellen und Übersichten ergänzt, schildern die Autoren die Entstehung der Luftschiffertruppen, der wissenschaftlichen und der sportlichen Ballonfahrt.« Flug Revue

Band 27
H. Beauvais / K. Kössler / M. Mayer / C. Regel
Flugerprobungsstellen bis 1945 – Johannisthal, Lipezk, Rechlin, Travemünde, Tarnewitz, Peenemünde-West
1998. 364 Seiten und 12 Farbtafeln, 270 Fotos, 39 Dokumente, 8 Skizzen, 18 Tabellen. Leinen. ISBN 3-7637-6117-9

»... ist reich an Material und Information, und kann als wichtiger Beitrag zur Fluggeschichte gelten.«
Frankfurter Allgemeine

Band 28
Karl-Dieter Seifert
Der deutsche Luftverkehr 1926-1945 – auf dem Weg zum Weltverkehr
1999. 392 Seiten, 398 Fotos, zahlreiche Tabellen. Leinen. ISBN 3-7637-6118-7

»... und es ist sicherlich nicht übertrieben, wenn man ihn als Standardwerk bezeichnet. Bei allen Luftfahrtinteressierten gehört er eigentlich in den Bücherschrank.« der flugleiter

Weitere Bände in Vorbereitung.